Aufgaben-Sammlung

aus der

analytischen Geometrie

der

Ebene und des Raumes.

Von

Josef Haberl,

Assistenten und öffentlichem Repetitor der höheren Mathematik am k. k. polytechnischen Institute in Wien.

WIEN.

Carl Gerold's Sohn,

1863.

Dem Wohlgebornen

Herrn

FRIEDRICH HARTNER,

o. ö. Professor der höheren Mathematik am k. k. polytechnischen Institute in Wien,

zum Zeichen

aufrichtiger Verehrung und Dankbarkeit

gewidmet

vom

Verfasser.

Vorrede.

So einfach auch die Grundsätze der analytischen Geometrie sind, die Ausführung dieser Grundsätze, d. i. die wirkliche Lösung vorliegender Probleme ist, zumal für den Anfänger, mit mancherlei Schwierigkeiten verknüpft. Mehr als anderswo hat man in diesem Gebiete grosse Uebung nöthig, nachdem hier die wirkliche Durchführung von Aufgaben nicht in dem Sinne nach gegebenen Regeln geht, wie diess in manchen Zweigen der Mathematik wirklich der Fall ist.

Es war also meine Absicht, das Studium der analytischen Geometrie durch eine Sammlung von sorgfältig gewählten Beispielen zu unterstützen, und insbesondere Demjenigen, der ein grösseres Bedürfniss zur exacten Durchbildung der einzelnen Theorien fühlt, ein Materiale der mannigfachsten Art zur eigenen Uebung zu überlassen.

Ich fand mich zur Veröffentlichung dieser Schrift um so mehr ermuntert, da dieses Feld mit Aufgaben-Sammlungen noch ziemlich karg bedacht ist. Als die vorzüglichste Arbeit, die mir in der Hinsicht bekannt ist, muss ich die „Sammlung von Aufgaben und Lehrsätzen" von *J. Magnus* bezeichnen, die jedoch ihres bedeutenden Volumens halber, trotz aller Trefflichkeit, nicht leicht in grösseren Kreisen allgemein werden kann.

Was die Anlage des Ganzen betrifft, so muss ich vorerst bemerken, dass ich jene Fundamental-Aufgaben der analytischen Geometrie, z. B. die Kenntniss der Gleichung einer geraden Linie, welche durch zwei Puncte geht u. a. m. als bekannt voraussetzte, da solche Aufgaben vermöge ihres prinzipiellen Werthes ohnedem im eigentlichen Unterrichte vorkommen müssen. Dort, wo es mir zweckmässig oder nothwendig schien, habe ich einzelnen Abschnitten eine Erklärung vorangehen lassen, oder sie in Anmerkungen eingeschaltet.

Dass ich allen Aufgaben eine mehr oder minder ausführliche Lösung beigegeben habe, schien mir nach dem, was ich Eingangs erwähnte, unerlässlich; auch glaube ich, dass dadurch die Selbständigkeit des Lesers gar nicht beeinträchtiget wird, sobald ihm in Wahrheit daran gelegen ist, seine eigene Kraft zu erproben.

Die Anwendung der Differential- und Integralrechnung erstreckt sich hier nur auf Aufgaben über ebene Curven; sollte jedoch diese Schrift von Sachverständigen mit Nachsicht beurtheilt werden, so würde ich gerne in einiger Zeit auch Aufgaben über Flächen und Körper, mit Differential- und Integralrechnung behandelt, folgen lassen.

Bei Abfassung dieser Schrift benützte ich die Werke von *Brandes*, *Adam* R. v. *Burg*, *Duhamel*, *Léfebure de Fourcy*, *Littrow*, *J. Magnus*, *Salomon*, *Schlömilch*, *Schnuse*, *Sohnke* u. m. a.

Wien, im November 1862.

Der Verfasser.

Inhalt.

Erster Theil.

Die analytische Geometrie in der Ebene.

Zweiter Theil.

Die analytische Geometrie des Raumes.

Dritter Theil.

Die Anwendung der Differential- und Integralrechnung auf die Geometrie.

Erster Theil.

Die analytische Geometrie in der Ebene.

Erster Abschnitt.

Aufgaben über die gerade Linie.

Aufgabe 1. Es soll die Gleichung $mx + ny + p = 0$ construirt werden.

Lösung. Die vorgelegte Gleichung, welche eine gerade Linie repräsentirt, lässt sich auf die Form $y = ax + b$ bringen. Setzen wir ein rechtwinkeliges Coordinatensystem voraus, und tragen wir auf der Ordinatenaxe (Figur 1) $OT = b$ auf; wenn man ferner bedenkt, dass a das Verhältniss von Sinus und Cosinus des Neigungswinkels der gegebenen Geraden mit der positiven Richtung der x-Axe bezeichnet, und a in der Form $\frac{\alpha}{\beta}$ gegeben gedacht wird, so haben wir auf der durch T parallel gezogenen Geraden Tx', $TU = \alpha$ aufzutragen, in U die Senkrechte UV zu errichten und $UV = \beta$ zu machen, und es ist der Winkel UTV derjenige, dessen Tangente $= a$ ist. Die Gerade VT gezogen, stellt uns jene Gerade vor, deren Gleichung gegeben ist.

Fig. 1.

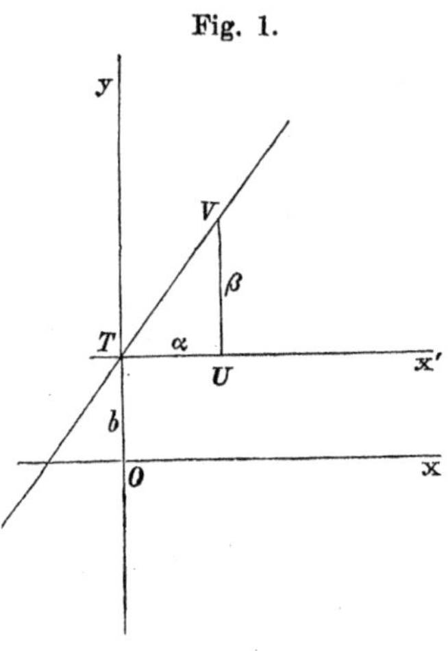

Aufgabe 2. Es soll die Gleichung der Geraden für das schiefwinkelige Coordinatensystem aufgestellt werden.

Fig. 2.

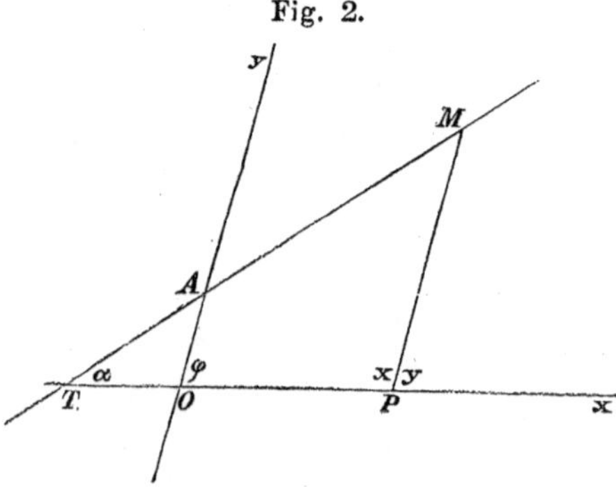

Lösung. Sind, wie in beistehender (Fig. 2), $AO = b$ und $\measuredangle \alpha$ jene Constanten, welche die Lage der Geraden unveränderlich festsetzen, und ist M ein willkürlicher Punct der Geraden, so lässt sich aus der Aehnlichkeit der Dreiecke OAT und MTP immer die Relation aufstellen:

$$OT : OT + OP = AO : MP$$

oder $$OT : OP = AO : (MP - AO) \quad . \quad . \quad . \quad (1)$$

Da nun $OT = \frac{b \sin(\varphi - \alpha)}{\sin \alpha}$, $OP = x$, $AO = b$ und $(MP - AO) = y - b$ ist, so folgt durch Substitution dieser Werthe in (1)

$$y = \frac{\sin \alpha}{\sin(\varphi - \alpha)} \cdot x + b.$$

Bezeichnet man $\frac{\sin \alpha}{\sin(\varphi - \alpha)}$ durch a, so stellt sich die Gleichung der Geraden beim schiefwinkeligen Coordinatensystem genau so wie beim rechtwinkeligen, $y = ax + b$.

Zusatz 1. Ist nun $y = ax + b$ gegeben, und bezieht sich diese Gleichung auf ein schiefwinkeliges Coordinatensystem vom Coordinatenwinkel φ, so lässt sich aus der Gleichung $a = \frac{\sin \alpha}{\sin(\varphi - \alpha)}$ sehr einfach α bestimmen, wenn man $\sin(\varphi - \alpha)$ im Nenner entwickelt und Zähler und Nenner des Bruches durch $\cos \alpha$ dividirt; man erhält dann für $\operatorname{tg} \alpha = \frac{a \sin \varphi}{1 + a \cos \varphi}$.

Zusatz 2. Zum Behufe der Construction ist es hier am zweckmässigsten, die Grösse b aufzutragen und sich noch überdiess einen Punct der Geraden zu bestimmen. Durch diesen Punct und jenen in der Ordinatenaxe ist die Gerade vollkommen bestimmt.

Aufgabe 3. Die Gleichungen zweier Geraden auf ein schiefes Axensystem bezogen, sind gegeben. Man bestimme ihren Neigungswinkel.

Lösung. Es seien $y = ax + b$ und $y = a'x + b'$ die Gleichungen der gegebenen Geraden, α und α' ihre Neigungswinkel mit der x-Axe, δ der Neigungswinkel der beiden Geraden, so folgt sehr einfach $\delta = \alpha' - \alpha$. Um aber für δ einen Ausdruck zu erhalten, der die Constanten a, a' und φ, d. i. den gegebenen Coordinatenwinkel enthält, so stelle man sich $\operatorname{tg} \alpha$ und $\operatorname{tg} \alpha'$ auf, was aus den Gleichungen $a = \frac{\sin \alpha}{\sin(\varphi - \alpha)}$ und $a' = \frac{\sin \alpha'}{\sin(\varphi - \alpha')}$ (nach Aufg. 2, Zusatz 1) sehr leicht geschehen kann. Man hat nämlich für $\operatorname{tg} \alpha = \frac{a \sin \varphi}{1 + a \cos \varphi}$, und für $\operatorname{tg} \alpha' = \frac{a' \sin \varphi}{1 + a' \cos \varphi}$.

Setzt man nun die so erhaltenen Werthe in $\operatorname{tg} \delta = \frac{\operatorname{tg} \alpha' - \operatorname{tg} \alpha}{1 + \operatorname{tg} \alpha \operatorname{tg} \alpha'}$ und reducirt gehörig, so hat man die Formel

$$\operatorname{tg} \delta = \frac{(a' - a) \sin \varphi}{1 + a a' + (a + a') \cos \varphi}.$$

Sollen die beiden Geraden parallel sein, muss $\delta = 0$ sein, also auch $\operatorname{tg} \delta = 0$, d. i. $(a' - a) \sin \varphi = 0$; und da φ nicht Null werden kann, so muss $a' - a = 0$, d. i. $a' = a$ sein.

Sollen die beiden Geraden auf einander senkrecht stehen, muss $\delta = 90^0$, also $\operatorname{tg} \delta = \infty$, d. i.

$$1 + a a' + (a + a') \cos \varphi = 0 \quad \text{sein.}$$

Aufgabe 4. Es ist der Abstand eines Punctes von einer Geraden zu bestimmen.

Lösung. Setzen wir der Allgemeinheit halber ein schiefwinkeliges Coordinatensystem voraus, die Gleichung der gegebenen Geraden sei

$$y = ax + b \quad \ldots\ldots \quad (1)$$

und die Coordinaten des gegebenen Punctes mögen x' und y' heissen.

Vor allem wird man sich die Gleichung derjenigen Geraden aufstellen, die durch den gegebenen Punct geht und gleichzeitig auch senkrecht steht auf der Geraden (1).

Die Gleichung der Geraden, welche durch den Punct $x' y'$ geht, heisst

$$y - y' = a' (x - x') \quad \ldots\ldots \quad (2)$$

Damit aber die Gerade (2) auf (1) senkrecht steht, muss

$$1 + a a' + (a + a') \cos \varphi = 0 \quad \text{sein.}$$

Aus dieser letzten Relation folgt

$$a' = - \frac{1 + a \cos \varphi}{a + \cos \varphi},$$

oder dieser Werth von a' in (2) substituirt, gibt

$$y - y' = - \frac{1 + a \cos \varphi}{a + \cos \varphi} (x - x') \quad \ldots \quad (3)$$

die Gleichung derjenigen Geraden, welche durch $x' y'$ geht und senkrecht auf der Geraden (1) steht.

Für die Bestimmung der Distanz hat man ferner den Durchschnitt der beiden Geraden (1) und (3) zu bestimmen, und die Entfernung dieses Durchschnittspunctes von $x' y'$ zu rechnen.

Ohne übrigens x und y aus den beiden Gleichungen zu suchen, genügt es ja vollkommen, die Differenzen $(x - x')$ und $(y - y')$ zu kennen, und man hat dann für das Quadrat der Distanz

$$d^2 = (x - x')^2 + (y - y')^2 + 2 (x - x') (y - y') \cos \varphi \quad \ldots \quad (4)$$

Die Gleichung (1) können wir auf die Form bringen:

$$y - y' = a (x - x') + a x' - y' + b.$$

Bezeichnen wir der Kürze halber $- \frac{1 + a \cos \varphi}{a + \cos \varphi}$ durch p, und $(a x' - y' + b)$ durch q, so haben wir die Gleichungen:

$$\begin{cases} y - y' = a (x - x') + q \\ y - y' = p (x - x') \end{cases}$$

Aus diesen zwei Gleichungen folgt

$$x - x' = \frac{q}{p - a} \quad \text{und} \quad y - y' = \frac{pq}{p - a};$$

diese Differenzen in (4) substituirt, geben

$$d^2 = \frac{q^2 + p^2 q^2 + 2pq^2 \cos\varphi}{(p-a)^2} = \frac{q^2}{(p-a)^2}(1 + p^2 + 2p\cos\varphi)$$

oder $d = \frac{q}{p-a}\sqrt{1 + p^2 + 2p\cos\varphi}$.

Substituirt man für p und q wieder die übrigen Werthe, so ergibt sich für

$$p - a = -\frac{(1 + a^2) + 2a\cos\varphi}{a + \cos\varphi},$$

und für $1 + p^2 + 2p\cos\varphi = \frac{(1 + a^2 + 2a\cos\varphi)\sin\varphi^2}{(a + \cos\varphi)^2}$,

daher folgt $\quad d = \frac{(y' - ax' - b)\sin\varphi}{\sqrt{(1 + a^2) + 2a\cos\varphi}}$.

Für $\varphi = \frac{\pi}{2}$ folgt die einfachere bekannte Formel $d = \frac{y' - ax' - b}{\sqrt{1 + a^2}}$.

Aufgabe 5. Die Länge des Perpendikels, welches vom Anfangspuncte der Coordinaten auf eine Gerade gefällt ist, und der Winkel, welchen es mit der Abscissenaxe bildet, sind gegeben; man soll die Gleichung jener Geraden finden.

Lösung. Es sei die Länge des Perpendikels $= p$ und der gegebene Winkel $= \alpha$.

Die rechtwinkeligen Coordinaten des Endpunctes des Perpendikels sind demnach $x' = p\cos\alpha$ und $y' = p\sin\alpha$; die Gleichung des Perpendikels ist $y = \operatorname{tg}\alpha \, . \, x$, daher die Gleichung einer Geraden, die durch diesen Endpunct geht und senkrecht auf dem Perpendikel steht,

$$y - y' = -\frac{1}{\operatorname{tg}\alpha}(x - x') \text{ oder } y - p\sin\alpha = -\frac{1}{\operatorname{tg}\alpha}(x - p\cos\alpha).$$

Multiplicirt man diese Gleichung mit $\sin\alpha$, so ergibt sich die verlangte Gleichung $x \, . \cos\alpha + y\sin\alpha = p$.

Aufgabe 6. Es ist die Gleichung einer Geraden aufzustellen, welche durch die Puncte $x'y'$ und $x''y''$, und die Gleichung einer Geraden, die durch den Punct $x'''y'''$ geht und auf ersterer Geraden senkrecht steht.

Lösung. Die Gleichung jener Geraden, die durch die Puncte $x'y'$ und $x''y''$ geht, heisst

$$y - y' = \frac{y' - y''}{x' - x''}(x - x') \quad . \quad . \quad . \quad . \quad . \quad (1)$$

die Gleichung der Geraden, die durch $x'''y'''$ geht, ist

$$y - y''' = a(x - x''') \quad . \quad . \quad . \quad . \quad . \quad (2)$$

Soll aber die Gerade (2) auf (1) senkrecht stehen, so muss $a = -\frac{x' - x''}{y' - y''}$ sein.

Es ist daher die Gleichung der verlangten Geraden

$$y - y''' = -\frac{x' - x''}{y' - y''}(x - x''').$$

Aufgabe 7. Es soll der Abstand zweier paralleler Geraden gesucht werden.

Lösung. Die Gleichungen jener zwei Geraden seien

$$y = ax + b \quad \text{und} \quad y = ax + b'.$$

Denken wir uns ausserhalb der beiden Geraden einen Punct $x'y'$ angenommen, und von diesen ein Perpendikel auf beide Gerade gezogen, so wird die Differenz dieser Längen den Abstand der beiden Parallelen bezeichnen.

Die beiden Perpendikel sind beziehungsweise

$$p = \frac{y' - ax' - b}{\sqrt{1 + a^2}} \quad \text{und} \quad p' = \frac{y' - ax' - b'}{\sqrt{1 + a^2}},$$

daher der verlangte Abstand $p - p' = \frac{b' - b}{\sqrt{1 + a^2}}$.

Es ist noch nothwendig zu bemerken, dass, wenn der Punct $x'y'$ innerhalb der beiden Geraden angenommen würde, man in diesem Falle nicht die Differenz, sondern die Summe dieser Perpendikel zu nehmen habe. Man kommt in diesem Falle ganz auf dieselbe allgemeine Formel, wie sie bereits oben angegeben ist, wenn nur berücksichtiget wird, dass beide Perpendikel entgegengesetzte Zeichen bekommen, wie für sich klar ist.

Im Allgemeinen dürfte es am einfachsten sein, durch den Ursprung das betreffende Perpendikel zu ziehen.

Aufgabe 8. Es ist die Gleichung einer Geraden zu finden, welche durch einen bestimmten Punct geht und mit der positiven Richtung der Abscissenaxe den bestimmten Winkel α einschliesst. Durch denselben Punct ist eine zweite Gerade zu ziehen, welche mit der positiven Richtung der Ordinatenaxe einen bestimmten Winkel β bildet. Welche sind die Gleichungen dieser Geraden, und wie gross ist ihr Neigungswinkel?

Lösung. Die Gleichung der Geraden, die durch den bestimmten Punct geht und mit der Abscissenaxe den Winkel α einschliesst, heisst

$$y - y' = \operatorname{tg}\alpha\,(x - x');$$

die Gleichung der Geraden, welche durch denselben Punct geht und mit der Ordinatenaxe den gegebenen Winkel β einschliesst, heisst

$$y - y' = \operatorname{cotg} \beta (x - x').$$

Man hat daher für den Neigungswinkel die Formel

$$\operatorname{tg} \delta = \frac{\operatorname{cotg} \beta - \operatorname{tg} \alpha}{1 + \operatorname{tg} \alpha \,.\, \operatorname{tg} \beta}.$$

Aufgabe 9. Man soll einen gegebenen Winkel halbiren.

Lösung. Da es sich hier nur um die Gleichung der Halbirungslinie handeln kann, so denken wir uns den Ursprung des Coordinatensystems in den Scheitelpunct des Winkels gelegt, den einen Schenkel als Abscissen-, den andern als Ordinatenaxe benützt.

Verstehen wir unter α die Grösse des gegebenen Winkels, so schliesst die Halbirungslinie dieses Winkels mit der Abscissenaxe den Winkel $\frac{\alpha}{2}$ ein, und geht gleichzeitig durch den Ursprung, sonach ist ihre Gleichung $y = ax$, wo $a = \frac{\sin \frac{\alpha}{2}}{\sin\left(\alpha - \frac{\alpha}{2}\right)} = 1$ ist; daher ergibt sich für die Gleichung der Halbirungslinie $y = x$.

Aufgabe 10. Es sind zwei Puncte gegeben, man soll ihre Verbindungslinie so in zwei Theile theilen, dass sich die Abschnitte wie die Zahlen m und n verhalten. Es sind die Coordinaten des Theilungspunctes zu rechnen.

Lösung. Bezeichnen wir die zwei gegebenen Puncte durch A und B, und ihre Coordinaten beziehungsweise durch $x'\,y'$ und $x''\,y''$, den zu suchenden Punct durch O und seine Coordinaten durch x und y, so soll nach der gegebenen Aufgabe die Proportion bestehen:

$$AO : BO = m : n \quad . \quad . \quad . \quad . \quad . \quad (1)$$

Legen wir, um ganz allgemein zu rechnen, ein schiefes Coordinatensystem zu Grunde, so haben wir vor allem die Distanzen $A\,O$ und $B\,O$ aufzustellen und in die Gleichung (1) zu setzen. Es folgt dann, wenn man gleichzeitig die Proportion wieder in eine Gleichung verwandelt,

$$n \sqrt{(x - x')^2 + (y - y')^2 + 2 (x - x') (y - y') \cos \varphi} =$$
$$= \pm m \sqrt{(x - x'')^2 + (y - y'')^2 + 2 (x - x'') (y - y'') \cos \varphi}$$

oder

$$n(x-x')\sqrt{1+\left(\frac{y-y'}{x-x'}\right)^2+2\frac{y-y'}{x-x'}\cos\varphi}=$$
$$=\pm m(x-x'')\sqrt{1+\left(\frac{y-y''}{x-x''}\right)^2+2\frac{y-y''}{x-x''}\cos\varphi}.$$

Führt man die Bedingung in die Rechnung ein, dass der Punct O in der Verbindungslinie AB liegt, so muss die Gleichung $y-y'=\frac{y'-y''}{x'-x''}(x-x')$ oder $y-y''=\frac{y'-y''}{x'-x''}(x-x')$ Statt finden. Aus diesen zwei Gleichungen geht hervor

$$\frac{y-y'}{x-x'}=\frac{y-y''}{x-x''} \quad . \quad . \quad . \quad . \quad . \quad . \quad (2)$$

In Folge dieser Bedingung lässt sich oben durch den Radikalausdruck abkürzen, und es verbleibt

$$n(x-x')=\pm m(x-x'') \quad . \quad . \quad . \quad . \quad (3)$$

und hieraus folgt weiter $x=\frac{nx'\pm mx''}{n\pm m}$.

Aus (2) folgt $\frac{y-y'}{y-y''}=\frac{x-x'}{x-x''}$, und da aus (3) $\frac{x-x'}{x-x''}=\pm\frac{m}{n}$ sich ergibt, so hat man ferner $\frac{y-y'}{y-y''}=\pm\frac{m}{n}$, woraus

$$y=\frac{ny'\pm my''}{n\pm m} \text{ folgt.}$$

Man erhält also im Allgemeinen zwei solche Theilungspuncte, von welchen der eine auf der Verbindungslinie der gegebenen Puncte selbst, der andere jedoch in ihrer Verlängerung liegt.

Zusatz. Für $n=m$, d. i. wenn der gesuchte Punct die Verbindungslinie in zwei gleiche Theile theilen soll, so werden die Werthe für das untere Zeichen unendlich, für das obere hingegen $x=\frac{x'+x''}{2}$ und $y=\frac{y'+y''}{2}$.

Aufgabe 11. Man soll die Bedingung aufsuchen, unter welcher durch drei gegebene Puncte eine gerade Linie gezogen werden kann.

Lösung. Die Coordinaten der drei Puncte seien $x'y'$, $x''y''$ und $x'''y'''$. Die Gleichung der Geraden, die durch die ersteren zwei Puncte geht, ist $y-y'=\frac{y'-y''}{x'-x''}(x-x')$; soll der dritte Punct in derselben Geraden liegen, so müssen seine Coordinaten der so eben gefundenen Gleichung Genüge leisten, es muss demnach die Relation $y'''-y'=\frac{y'-y''}{x'-x''}(x'''-x')$ Statt finden, und es ist daher $(x'-x'')(y'-y''')=(x'-x''')(y'-y'')$ die verlangte

Bedingungsgleichung, dass durch drei gegebene Puncte eine Gerade gezogen werden kann.

Aufgabe 12. Es soll die Bedingung aufgestellt werden, unter der drei gegebene Gerade sich in einem Puncte schneiden.

Lösung. Es seien die Gleichungen der drei Geraden

$$y = ax + b \quad \ldots\ldots \quad (1)$$
$$y = a'x + b' \quad \ldots\ldots \quad (2)$$
$$y = a''x + b'' \quad \ldots\ldots \quad (3)$$

Um eine Relation, welche zwischen den sechs Constanten für den Fall eines gemeinschaftlichen Punctes Statt findet, aufzustellen, suchen wir uns den Durchschnitt, d. h. die Coordinaten des Durchschnittspunctes zweier der gegebenen Geraden. Geht die dritte Gerade durch denselben Punct, so muss sie durch die Coordinaten des Durchschnittspunctes der beiden andern Geraden befriedigt werden.

Sucht man etwa den Durchschnitt der beideu Geraden (1) und (2), so hat man

$$x = \frac{b - b'}{a' - a} \text{ und } y = \frac{a'b - \bar{a}b'}{a' - a}.$$

Diese Werthe in (3) gesetzt und gehörig reducirt, liefern die Gleichung

$$a(b' - b'') + a'(b'' - b) + a''(b - b') = 0$$

als die verlangte Bedingung, dass sich drei Gerade in einem Puncte schneiden.

Aufgabe 13. Man soll die Gleichung einer Geraden finden, die durch einen gegebenen Punct geht, und durch den Durchschnitt zweier anderer gegebener Geraden.

Lösung. Der gegebene Punct habe die Coordinaten $x'y'$, die Geraden haben die Gleichungen $y = ax + b$,

$$y = a'x + b'.$$

Für den Durchschnittspunct der gegebenen Geraden hat man

$$x'' = \frac{b - b'}{a' - a} \text{ und } y'' = \frac{a'b - ab'}{a' - a}.$$

Die Gleichung der Geraden, die durch den bestimmten Punct $x'y'$ geht, ist

$$y - y' = A(x - x') \quad \ldots\ldots \quad (1)$$

und da sie auch durch den Punct $x''y''$ gehen soll, so muss $A = \frac{y' - y''}{x' - x''}$, oder wenn man für $x''y''$ die Werthe setzt,

$$A = \frac{(a' - a)y' - (a'b - ab')}{(a' - a)x' - (b - b')} \text{ sein.}$$

Dieser Werth von A in (1) gesetzt, gibt die Gleichung der verlangten Geraden.

Aufgabe 14. Zwei Puncte sind gegeben; man soll andere Puncte von der Beschaffenheit suchen, dass ihre Entfernungen von den gegebenen Puncten gleich werden.

Lösung. Es seien die Coordinaten der gegebenen Puncte $x'y'$ und $x''y''$. Irgend einer der fraglichen Puncte habe die Coordinaten x und y. Da die Entfernungen des Punctes xy von den gegebenen Puncten $x'y'$ und $x''y''$ gleich sein müssen, also auch die Quadrate dieser Entfernungen, so hat man die Gleichung

$$(x-x')^2 + (y-y')^2 = (x-x'')^2 + (y-y'')^2.$$

Entwickelt man hier die Quadrate und reducirt, so kommt man auf die Gleichung

$$y = -\frac{x'-x''}{y'-y''} \cdot x + \tfrac{1}{2} \cdot \frac{x'^2 + y'^2 - x''^2 - y''^2}{y'-y''} \quad . \quad . \quad (1)$$

Da nur eine einzige Gleichung zwischen x und y aufgestellt werden kann, so gibt es auch unzählige Werthe für x und y, welche der gemachten Anforderung Genüge leisten.

Das erhaltene Resultat ist in Bezug auf x und y vom ersten Grade, und repräsentirt demnach eine gerade Linie. Diese gerade Linie ist demnach der geometrische Ort aller jener Puncte, welche von den zwei gegebenen Puncten gleiche Entfernung haben.

Untersuchen wir die Lage dieser Linie etwas genauer, so ist sehr leicht zu erkennen, dass sie auf jener durch die zwei gegebenen Puncte gehenden Geraden senkrecht steht; denn es ist die Gleichung der Geraden durch $x'y'$ und $x''y''$

$$y - y' = \frac{y'-y''}{x'-x''}(x-x') \quad . \quad . \quad . \quad . \quad (2)$$

welche Gerade auf jener (1) unzweifelhaft senkrecht steht, nachdem das Product der Coefficienten von x die negative Einheit gibt.

Dass ferner die Gerade (1) im Halbirungspuncte der Verbindungslinie der gegebenen Puncte auf der Linie (2) senkrecht steht, ergibt sich einfach daraus, dass die Coordinaten des Halbirungspunctes, nämlich $\frac{x'+x''}{2}$ und $\frac{y'+y''}{2}$, der Gleichung (1) Genüge leisten, wovon man sich leicht überzeugen kann.

Aufgabe 15. Es ist jener Punct auszumitteln, der von drei gegebenen Puncten dieselbe Entfernung hat.

Lösung. Es seien die Coordinaten der gegebenen Puncte

$x'y'$, $x''y''$, $x'''y'''$, ferner die Coordinaten des fraglichen Punctes x und y.

Zur Ausmittelung von x und y lassen sich allgemein die zwei Gleichungen aufstellen:

$$(x-x')^2 + (y-y')^2 = (x-x'')^2 + (y-y'')^2,$$
$$(x-x')^2 + (y-y')^2 = (x-x''')^2 + (y-y''')^2,$$

oder reducirt kommt man auf die Gleichungen:

$$\left.\begin{array}{l}(x''-x')\,x + (y''-y')\,y + \frac{1}{2}(x'^2 - x''^2 + y'^2 - y''^2) = 0 \\ (x'''-x')\,x + (y'''-y')\,y + \frac{1}{2}(x'^2 - x'''^2 + y'^2 - y'''^2) = 0\end{array}\right\} \text{. I.}$$

Aus diesen beiden Relationen, die in Bezug auf x und y vom ersten Grade sind, lässt sich x und y bestimmen.

Einfacher jedoch wird die Ausmittelung dieses Punctes durch eine passende Wahl des Coordinatensystems. Legen wir das System so, dass der Ursprung in einen der Puncte, etwa in $x'''y'''$ zu liegen kommt, ferner die Ordinatenaxe durch $x''y''$, so gestalten sich die Gleichungen aus I.:

$$-x'x + (y''-y')\,y + \tfrac{1}{2}(x'^2 + y'^2 - y''^2) = 0,$$
$$-x'x - y'y + \tfrac{1}{2}(x'^2 + y'^2) = 0.$$

Durch Subtraction dieser Gleichungen folgt

$$y''.\,y = \tfrac{1}{2}y''^2$$

oder $y = \frac{1}{2}y''$,

und durch Substitution dieses Werthes in der zweiten Gleichung folgt $x = \frac{1}{2}(x'^2 + y'^2 - y'y'')$.

Aufgabe 16. Es sind die Gleichungen zweier Geraden gegeben; man soll den Ort eines Punctes finden, dessen Entfernungen von beiden Geraden ein gegebenes Verhältniss hat.

L ö s u n g. Es seien $y = ax + b$ und $y = a'x + b'$ die Gleichungen der beiden Geraden in rechtwinkeligen Coordinaten, und $1:n$ das gegebene Verhältniss.

Die Entfernungen eines Punctes M, dessen Coordinaten x und y sein mögen, von diesen Linien sind $\pm \frac{y - ax - b}{\sqrt{1+a^2}}$ und $\pm \frac{y - a'x - b'}{\sqrt{1+a'^2}}$;

und weil diese Entfernungen im Verhältniss von $1:n$ stehen sollen, so muss die Proportion Statt finden:

$$\frac{y - ax - b}{\sqrt{1+a^2}} : \pm \frac{y - a'x - b'}{\sqrt{1+a'^2}} = n : 1$$

oder

$$\frac{y - ax - b}{\sqrt{1+a^2}} = \pm \frac{y - a'x - b'}{\sqrt{1+a'^2}} \,.\, n.$$

Diess ist die Gleichung des gesuchten Ortes.

Diese Doppelgleichung entspricht übrigens zweien Geraden, nämlich

$$\frac{y - ax - b}{\sqrt{1 + a^2}} = \frac{y - a'x - b'}{\sqrt{1 + a'^2}} \cdot n \quad . \quad . \quad . \quad . \quad . \quad (1)$$

und

$$\frac{y - ax - b}{\sqrt{1 + a^2}} = - \frac{y - a'x - b'}{\sqrt{1 + a'^2}} \cdot n \quad . \quad . \quad . \quad . \quad . \quad (2)$$

Es ist leicht zu bemerken, dass diejenigen Werthe von x und y, welche zu gleicher Zeit die Gleichungen $y - ax - b = 0$ und $y - a'x - b' = 0$ befriedigen, auch den beiden Gleichungen (1) und (2) Genüge leisten. Solche Werthe sind aber die Coordinaten des Durchschnittspunctes der gegebenen Geraden, es gehen demnach die beiden Geraden, welche den gesuchten Ort bilden, durch den Durchschnittspunct der gegebenen.

Ist $n = 1$, so stehen die gesuchten Geraden noch überdiess auf einander senkrecht, denn die Gleichungen (1) und (2) gehen dann über in

$$\frac{y - ax - b}{\sqrt{1 + a^2}} = \frac{y - a'x - b'}{\sqrt{1 + a'^2}} \quad \text{und}$$

$$\frac{y - ax - b}{\sqrt{1 + a^2}} = - \frac{y - a'x - b'}{\sqrt{1 + a'^2}}.$$

Bezeichnen wir der Kürze halber $\sqrt{1 + a^2}$ durch ω und $\sqrt{1 + a'^2}$ durch ω', und ordnen beide Gleichungen, so erhalten wir

$$y = \frac{a\omega' - a'\omega}{\omega' - \omega} \cdot x + \frac{b\omega' - b'\omega}{\omega' - \omega},$$

$$y = \frac{a\omega' + a'\omega}{\omega' + \omega} \cdot x + \frac{b\omega' + b'\omega}{\omega' + \omega}.$$

Multiplicirt man die Coefficienten von x, so hat man

$$\frac{a\omega' - a'\omega}{\omega' - \omega} \times \frac{a\omega' + a'\omega}{\omega' + \omega} = \frac{a^2\omega'^2 - a'^2\omega^2}{\omega'^2 - \omega^2},$$

oder für ω und ω' wieder die Werthe gesetzt und reducirt, bekommt man dieses Product $= -1$.

Diess ist aber bekanntlich die Bedingung des Senkrechtstehens zweier Geraden im rechtwinkeligen Coordinatensystem.

Aufgabe 17. Es sind die Coordinaten dreier Puncte gegeben. Man soll diess dadurch bestimmte Dreieck zu einem Parallelogramm ergänzen, und die Coordinaten dieses vierten Eckpunctes berechnen.

Lösung. Es seien die Coordinaten der drei Puncte $x'y'$, $x''y''$ und $x'''y'''$; nennen wir die Eckpuncte in derselben Ordnung A, B und C, so lassen sich vor allen die Gleichungen dieser Dreiecksseiten ohne Mühe aufstellen, indem man nur die Gleichungen von Geraden aufzustellen hat, welche durch je zwei bestimmte Puncte gehen. Nennen wir demgemäss die Gleichungen der AB, AC und BC beziehungsweise $y = ax + b$, $y = a'x + b'$ und $y = a''x + b''$, so sind wir in der Lage, das Parallelogramm folgendermassen zu finden:

Denken wir uns durch den Punct A eine mit der BC parallele Gerade gezogen, so wird sie die Gleichung haben:

$$y - y' = a''(x - x') \quad . \; . \; . \; . \; . \quad (1)$$

die Gerade durch B parallel mit AC gezogen, ist

$$y - y'' = a'(x - x'') \quad . \; . \; . \; . \; . \quad (2)$$

die Gerade durch C parallel mit AB gezogen, ist

$$y - y''' = a(x - x''') \quad . \; . \; . \; . \; . \quad (3)$$

Werden nun die Durchschnitte je zweier dieser Geraden bestimmt, so erhält man drei Durchschnittspuncte, d. h. die vierten Eckpuncte der drei möglichen Parallelogramme.

Da sich die weitere Arbeit bloss auf die Auflösung dieser Gleichungen erstreckt, so wollen wir sie der Einfachheit wegen nicht weiter ausführen.

Aufgabe 18. Wenn man in einem gleichseitigen Dreiecke einen beliebigen Punct annimmt, und von diesem Puncte auf die drei Seiten des Dreieckes Perpendikel fällt, wie gross ist die Summe derselben?

Lösung. Bezeichnen wir unser Dreieck durch ABC, und legen wir durch AB die Abscissenaxe, durch den Punct C senkrecht auf AB die Ordinatenaxe. Der Punct M, den wir innerhalb des Dreieckes annehmen wollen, mag die Coordinaten $\begin{cases} x = \alpha \\ y = \beta \end{cases}$ haben.

Um die Abstände des Punctes M von den drei Dreiecksseiten zu erhalten, sind zunächst die Gleichungen der AC und der BC aufzustellen. Da der Neigungswinkel der AC mit der Abscissenaxe 60^0 ist, so hat man die Gleichung der AC

$$y = \text{tang}\, 60^0 . \, x + h,$$

wo h die Höhe des Dreieckes bezeichnet; nun ist aber $\text{tang}\, 60^0 = \sqrt{3}$, daher die Gleichung der AC . . . $y = \sqrt{3} . x + h$. Die Seite BC bildet mit der Abscissenaxe den Winkel von 120^0, demnach ist die Gleichung derselben $y = -\sqrt{3} . x + h$.

Nennen wir die Fusspuncte der Perpendikel auf AB, BC und AC beziehungsweise P, Q und R, so haben wir für die

Längen der drei Perpendikel $MP = \beta$,

$$MQ = -\frac{\beta + \alpha\sqrt{3} - h}{2},$$

$$MR = -\frac{\beta - \alpha\sqrt{3} - h}{2}.$$

MQ und MR haben wir negativ zu nehmen, sobald wir MP als positiv gelten lassen.

Bilden wir nun die Summe der drei Perpendikel, so haben wir:

$$MP + MQ + MR = \frac{2\beta - (\beta + \alpha\sqrt{3} - h) - (\beta - \alpha\sqrt{3} - h)}{2},$$

oder reducirt folgt die Summe dieser drei Abstände $= h$.

Im gleichseitigen Dreiecke ist demnach immer die Summe dieser drei Perpendikel gleich der Höhe des Dreieckes.

Aufgabe 19. Eine Gerade und zwei Puncte ausser ihr seien gegeben; man soll in der Geraden einen Punct dergestalt bestimmen, dass die Verbindungslinien desselben mit den gegebenen Puncten, mit der Geraden gleiche Winkel bilden.

Lösung. Die zwei Puncte seien A und B. Man wähle die gegebene Gerade als Abscissenaxe, und die durch den Punct A auf die gegebene Gerade senkrecht gezogene Linie als Ordinatenaxe. Man hat sonach für $A\begin{cases}x = 0\\ y = y'\end{cases}$, und für $B\begin{cases}x = x''\\ y = y''\end{cases}$.

Bezeichnen wir den in der Abscissenaxe zu suchenden Punct durch C, und die Abscisse desselben durch α, so ist die Gleichung der $AC \ldots y - y' = -x \operatorname{tang} \omega$, und die Gleichung der $BC \ldots y - y'' = \operatorname{tang} \omega (x - x'')$, wo ω den Neigungswinkel dieser Verbindungslinien mit der Abscissenaxe bezeichnet.

Da nun diese beiden Geraden im Puncte C zusammentreffen, so müssen die Coordinaten dieses Punctes, d. i. $x = \alpha$ und $y = 0$, den Gleichungen der AC und BC gleichzeitig genügen. Man erhält so aus beiden Gleichungen beziehungsweise

$$\operatorname{tang} \omega = \frac{y'}{\alpha} \quad \text{und} \quad \operatorname{tang} \omega = \frac{-y''}{\alpha - x''};$$

diese Werthe einander gleich gesetzt, liefern für α den Werth $\alpha = \frac{x'' y'}{y' + y''}$.

Um diesen Werth α durch Construction zu finden, setze man denselben in $\operatorname{tang} \omega = \frac{y'}{\alpha}$, wodurch man

$$\operatorname{tang}\omega = \frac{y' + y''}{x''} \quad \text{oder} \quad y' + y'' = x''.\operatorname{tang}\omega$$

erhält.

Diese Relation ist einem rechtwinkeligen Dreiecke eigenthümlich, dessen Katheten $(y' + y'')$ und x'' sind. Trägt man sich auf der negativen Richtung der Ordinatenaxe noch y'' auf, und verbindet diesen Endpunct mit B, so wird der Durchschnittspunct dieser Verbindungslinie mit der Abscissenaxe den Punct C geben.

Die Richtigkeit dieses Verfahrens ist nach obiger Bemerkung klar.

Anmerkung. Dieser Punct C bedingt die Eigenschaft, dass $AC + BC$ ein Minimum wird.

Aufgabe 20. Durch einen gegebenen Punct eine gerade Linie so zu ziehen durch zwei andere gegebene Puncte hindurch, dass die von diesen Puncten auf die gerade Linie gefällten Perpendikel einander gleich werden.

Lösung. Die Coordinaten desjenigen Punctes, durch welchen die Gerade gehen soll, seien $x'y'$, die zwei andern Puncte $x''y''$ und $x'''y'''$.

Die Gleichung der Geraden, die durch den Punct $x'y'$ geht, ist

$$y - y' = a(x - x') \quad \text{oder} \quad y = ax + (y' - ax') \;\ldots\; (1)$$

Der Abstand des Punctes $x''y''$ von (1) ist $\dfrac{y'' - ax'' - (y' - ax')}{\sqrt{1 + a^2}}$,

und der Abstand des Punctes $x'''y'''$ von (1) ist $\dfrac{y''' - ax''' - (y' - ax')}{\sqrt{1 + a^2}}$.

In Berücksichtigung dessen, dass diese beiden Perpendikel gleich sein müssen, und da sie nach entgegengesetzten Seiten gezogen wurden, auch verschiedene Vorzeichen erhalten, hat man die Gleichung

$$\frac{y'' - ax'' - (y' - ax')}{\sqrt{1 + a^2}} = -\frac{y''' - ax''' - (y' - ax')}{\sqrt{1 + a^2}}$$

oder

$$y'' - ax'' - (y' - ax') = -y''' + ax''' + (y' - ax'),$$

hieraus folgt

$$a = \frac{2y' - y'' - y'''}{2x' - x'' - x'''}.$$

Dieser Ausdruck bestimmt die Richtung, unter der die Gerade durch den Punct $x'y'$ gezogen werden muss. Man hat demnach die Gleichung der verlangten Geraden

$$y - y' = \frac{2y' - y'' - y'''}{2x' - x'' - x'''}(x - x') \quad \ldots \quad (1)$$

Um diese Gerade zu construiren, genügt die Bemerkung, dass sie durch den Halbirungspunct der Verbindungslinie der Puncte $x'' y''$ und $x''' y'''$ gehen muss. Dass dem so sei, überzeugt man sich leicht dadurch, indem die Coordinaten dieses Halbirungspunctes $\frac{x'' + x'''}{2}$ und $\frac{y'' + y'''}{2}$ (Aufg. 10.) der Gleichung (1) genügen.

Man hat

$$\frac{y'' + y'''}{2} - y' = \frac{2y' - y'' - y'''}{2x' - x'' - x'''} \left(\frac{x'' + x'''}{2} - x' \right),$$

$$\tfrac{1}{2}(2y' - y'' - y''') = \frac{2y' - y'' - y'''}{2x' - x'' - x'''} (2x' - x'' - x''') \cdot \tfrac{1}{2}.$$

Die Gleichheit dieser Ausdrücke ist ersichtlich.

Aufgabe 21. In der Ebene eines Winkels ist ein Punct gegeben; man soll durch diesen Punct eine Gerade so ziehen, dass von den Schenkeln des Winkels gleiche Stücke abgeschnitten werden.

Lösung. Nehmen wir einen der Schenkel des gegebenen Winkels als Abscissenaxe, den Scheitel des Winkels als Ursprung des Coordinatensystems, und senkrecht darauf die Ordinatenaxe, so ist die Gleichung des andern Schenkels offenbar $y = ax$.

Sind die Coordinaten des gegebenen Punctes $x' y'$, so ist die Gleichung der Geraden, die durch diesen Punct geht,

$$y - y' = a'(x - x').$$

In dieser Gleichung ist a' noch unbestimmt; um dieses zu bestimmen, bedenke man, dass durch die gleichen Abschnitte auf den Schenkeln ein gleichschenkeliges Dreieck bestimmt wird, in welchem ein Winkel an der Basis $90 - \frac{\alpha}{2}$ ist, sobald wir den gegebenen Winkel durch α bezeichnen. Es ist demnach

$$a' = -\operatorname{tang}\left(90 - \frac{\alpha}{2}\right) = -\operatorname{cotg}\frac{\alpha}{2}.$$

Wir erhalten sonach

$$y - y' = -\operatorname{cotg}\frac{\alpha}{2}(x - x') \quad . \quad . \quad . \quad . \quad . \quad (1)$$

als Gleichung der verlangten Linie.

Die Richtigkeit des erlangten Resultates wird einfach dadurch geprüft, dass man die Durchschnitte der Linie (1) mit den zwei Schenkeln des gegebenen Winkels sucht, und die Entfernungen dieser Puncte vom Scheitel berechnet, und die sich alsdann gleich lang ergeben werden.

Zusatz. Einfacher stellt sich die Sache, wenn die Schenkel des Winkels α als Coordinatenaxen genommen werden; die gesuchte Linie hat dann die Gleichung $y + x = y' + x'$. Nennen wir die Schnittpuncte dieser Linie in den Axen beziehungsweise A und B, so folgt für $y = 0$, $A\,O = x = y' + x'$, und für $x = 0$, $B\,O = y = y' + x'$, d. i. $A\,O = B\,O$, wie es sein muss.

Aufgabe 22. Man soll durch einen gegebenen Punct innerhalb der Schenkel eines Winkels eine gerade Linie so ziehen, dass das zwischen den beiden Schenkeln liegende Stück einem der Stücke gleich wird, welches durch die gerade Linie von einem der beiden Schenkel abgeschnitten wird.

Lösung. Der gegebene Winkel habe die Grösse α. Man benütze einen der beiden Schenkel als Abscissenaxe, den Scheitel des Winkels als Ursprung des Systems, und darauf senkrecht die Ordinatenaxe. Die Coordinaten des gegebenen Punctes seien $x'\,y'$. Wir wollen die Aufgabe derart lösen, dass das zwischen beiden Schenkeln liegende Stück gleich dem durch die fragliche Gerade auf der Abscissenaxe abgeschnittenen Stücke gleich werde.

Die Gleichung der durch $x'\,y'$ gehenden Geraden ist

$$y - y' = a'\,(x - x') \quad . \quad . \quad . \quad . \quad . \quad (1)$$

Die Bestimmung von a', damit der gestellten Forderung Genüge geschieht, kann auf zweifache Weise geschehen: zunächst dadurch, dass wir das dadurch entstehende gleichschenkelige Dreieck betrachten, es folgt hieraus $a' = \operatorname{tg} 2\alpha$; oder wenn wir $\operatorname{tang} \alpha = a$ nennen, so haben wir $a' = \frac{2a}{1 - a^2}$, demnach die gesuchte Gleichung $y - y' = \frac{2a}{1 - a^2}(x - x')$, wenn man den Werth von a' in (1) substituirt.

Man könnte aber auch a' auf rein analytische Weise bestimmen, und zu diesem Behufe müsste man sich die Länge des Stückes zwischen beiden Schenkeln und des Stückes auf der Abscissenaxe ausmitteln, diese Werthe einander gleich setzen und daraus a' berechnen.

Bezeichnen wir den Durchschnittspunct der Geraden (1) mit der Abscissenaxe durch A, mit dem andern Schenkel durch B, und nennen wir den Ursprung O, so haben wir, in (1) $y = 0$ gesetzt, $x = A\,O = \frac{a'\,x' - y'}{a'}$. Die Gleichung des Schenkels $B\,O$ ist $y = a\,x$.

Bringt man diese Gerade mit (1) zum Durchschnitt, so folgen für die Coordinaten des Punctes $B \begin{cases} x = \dfrac{a'x' - y'}{a' - a}, \\ y = a \,.\, \dfrac{a'x' - y'}{a' - a}. \end{cases}$

Da nun $AO = AB$, also auch $\overline{AO}^2 = \overline{AB}^2$ sein muss, so hat man die Gleichung

$$\left(\frac{a'x' - y'}{a'}\right)^2 = \left(\frac{a'x' - y'}{a' - a} - \frac{a'x' - y'}{a'}\right)^2 + a^2 \,.\, \left(\frac{a'x' - y'}{a' - a}\right)^2.$$

Diese Gleichung reducirt, gibt die einfachere

$$\frac{1}{a - a} - \frac{2}{a'} + \frac{a^2}{a' - a} = 0,$$

und hieraus folgt $a' = \frac{2a}{1 - a^2}$, jener Werth, den wir bereits früher auf einfachere Weise gefunden haben.

Sollte das Stück $BO = AB$ werden, so folgt aus der Betrachtung des dadurch entstehenden gleichschenkeligen Dreieckes $y - y' = -a(x - x')$ als die Gleichung der verlangten Geraden.

Aufgabe 23. Auf dem einen Schenkel eines gegebenen Winkels ist ein Punct gegeben. Man soll auf demselben Schenkel einen zweiten Punct dergestalt finden, dass er vom gegebenen Puncte und vom andern Schenkel gleiche Entfernungen hat.

Lösung. Der gegebene Winkel sei α, das rechtwinkelige Coordinatensystem werde eben so angeordnet wie früher, und nun wollen wir annehmen, dass der gegebene Punct A in der Abscissenaxe liege vom Ursprung O in einem Abstande $= m$. Wir haben nun in derselben Axe die Lage eines zweiten Punctes B derart auszumitteln, auf dass, wenn wir den Fusspunct der durch B auf den andern Schenkel senkrecht geführten Geraden durch C bezeichnen, $AB = BC$ werde.

Bezeichnen wir die Abscisse des Punctes B durch x', die Gleichung des andern Schenkels durch $y = ax$, so ist allgemein $AB = x' - m$ und $BC = \pm \frac{ax'}{\sqrt{1 + a^2}}$, sonach $x' - m = \pm \frac{ax'}{\sqrt{1 + a^2}}$, hieraus folgt $x' = \frac{m\sqrt{1 + a^2}}{\sqrt{1 + a^2} \mp a}$. Man bekommt also zwei solche Puncte B, die nach entgegengesetzten Seiten des Punctes A liegen, da die beiden Werthe für x' beziehungsweise grösser und kleiner als m sind. Ueberdiess sind sie beide positiv.

Man hat also für AB die Werthe

$$x' - m = \frac{am}{\sqrt{1+a^2} - a} \quad \text{und} \quad m - x' = \frac{am}{\sqrt{1+a^2} + a}.$$

Ist $\alpha = 90^0$, also $a = \infty$, so hat man für AB die Werthe ∞ und $\frac{m}{2}$, wie es sein muss.

Zusatz. Um den Werth des Bruches $\frac{am}{\sqrt{1+a^2} - a}$ für $a = \infty$ auszumitteln, dividire man Zähler und Nenner durch a, so hat man $\frac{m}{\sqrt{1+\frac{1}{a^2}} - 1}$, und für $a = \infty$ bleibt $\frac{m}{1-1} = \frac{m}{0} = \infty$.

Eben so für $a = \infty$ ist $\frac{am}{\sqrt{1+a^2} + a} = \frac{m}{2}$.

Aufgabe 24. Man nehme in einem Dreiecke einen beliebigen Punct an, verbinde diesen mit den drei Spitzen desselben und verlängere gleichzeitig diese Linien, bis die Dreiecksseiten geschnitten werden. Was lässt sich über die Producte aus je drei Segmenten der Seiten des Dreieckes, welche keinen Endpunct gemeinschaftlich haben, sagen?

Fig. 3.

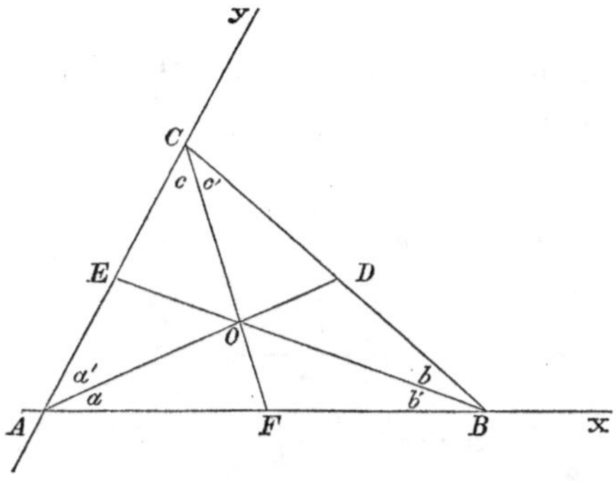

Lösung. Nennen wir die drei Eckpuncte des Dreieckes A, B und C (Fig. 3), die diesen Eckpuncten gegenüberliegenden Seiten beziehungsweise a, b und c.

Es wird hier am zweckmässigsten sein, das Coordinatensystem derart zu wählen, dass in A der Ursprung sich befinde, und die Seiten AB und AC als Coordinatenaxen benützt werden. Der willkürlich angenommene Punct O habe die Coordinaten $x = \alpha$ und $y = \beta$. Für die Eckpuncte des Dreieckes hat man

$$A\begin{cases} x = 0, \\ y = 0. \end{cases} \quad B\begin{cases} x = c, \\ y = 0. \end{cases} \quad C\begin{cases} x = 0, \\ y = b. \end{cases}$$

Um den Ideengang festzusetzen, wollen wir vor allen die Gleichungen der Dreiecksseiten und die Gleichungen der Transversalen aufstellen, die Durchschnittspuncte D, E und F ermitteln, dann die Distanzen AF, FB, BD, . . . rechnen.

Die Gleichung der AB . . . $y = 0$ . . . . . . (1)

" " " AC . . . $x = 0$ . . . . . . (2)

" " " BC . . . $y = -\frac{b}{c}(x - c)$ . . (3)

Die Gleichungen der Traneversalen

CF . . . $y = \frac{\beta - b}{\alpha} . x + b$ . . (4)

BE . . . $y = -\frac{\beta}{c - \alpha}(x - c)$. (5)

AD . . . $y = \frac{\beta}{\alpha} . x$ . . . . (6)

Bei Aufstellung dieser Gleichungen, namentlich (3), (4), (5) und (6), hat man sich nur an jene Aufgabe zu erinnern, durch zwei gegebene Puncte eine Gerade zu legen.

Bringt man (1) mit (4) zum Durchschnitte, so hat man für

$$F\begin{cases} x = \frac{\alpha b}{b - \beta}, \\ y = 0. \end{cases}$$

Ebenso (2) mit (5) zum Durchschnitt gebracht, liefert für

$$E\begin{cases} x = 0, \\ y = \frac{\beta c}{c - \alpha}. \end{cases}$$

Und endlich (3) mit (6) verbunden, gibt für den Punct

$$D\begin{cases} x = \frac{\alpha b c}{\alpha b + \beta c}, \\ y = \frac{\beta b c}{\alpha b + \beta c}. \end{cases}$$

Ferner hat man

$$AF = \frac{\alpha b}{b - \beta}, \quad BF = c - AF = \frac{bc - \alpha b - \beta c}{b - \beta},$$

$$\overline{BD}^2 = \left(\frac{\alpha b c}{\alpha b + \beta c} - c\right)^2 + \left(\frac{\beta b c}{\alpha b + \beta c}\right)^2 + 2\left(\frac{\alpha b c}{\alpha b + \beta c} - c\right) . \left(\frac{\beta b c}{\alpha b + \beta c}\right) . \cos A,$$

oder reducirt

$$\overline{BD}^2 = \frac{\beta^2 c^2}{(\alpha b + \beta c)^2}(b^2 + c^2 - 2bc . \cos A);$$

oder, da nach einem bekannten Satze $b^2 + c^2 - 2bc \cos A = a^2$ ist, hat man für

$$\overline{BD}^2 = \frac{\beta^2 c^2}{(\alpha b + \beta c)^2} . a^2 \quad \text{oder} \quad BD = \frac{a \beta c}{\alpha b + \beta c},$$

sonach $CD = a - BD = a - \frac{a \beta c}{\alpha b + \beta c} = \frac{a \alpha b}{\alpha b + \beta c}$,

ferner

$AE = \frac{\beta c}{c - \alpha}$, daher $CE = b - AE = b - \frac{\beta c}{c - \alpha} = \frac{bc - \alpha b - \beta c}{c - \alpha}$.

Bildet man das Product $AF \,.\, BD \,.\, CE$, so folgt dasselbe

$$= \frac{\alpha b}{b-\beta} \cdot \frac{a\beta c}{\alpha b + \beta c} \cdot \frac{bc - \alpha b - \beta c}{c - \alpha} = \frac{\alpha\beta a b c (bc - \alpha b - \beta c)}{(b-\beta)(\alpha b + \beta c)(c-\alpha)},$$

das Product $BF \,.\, CD \,.\, AE = \dfrac{bc - \alpha b - \beta c}{b - \beta} \cdot \dfrac{\alpha a b}{\alpha b + \beta c} \cdot \dfrac{\beta c}{c - \alpha}$

$$= \frac{\alpha\beta a b c (bc - \alpha b - \beta c)}{(b-\beta)(\alpha b + \beta c)(c-\alpha)}.$$

Es ist demnach ersichtlich, dass diese Producte gleich sind, also allgemein die Relation Statt findet:

$$AF \,.\, BD \,.\, CE = BF \,.\, CD \,.\, AE,$$

d. h. die Producte je dreier nicht unmittelbar an einander stossenden Segmente sind einander gleich.

Der umgekehrte Satz, dass wenn die obige Relation Statt findet, die Verbindungslinien aus den Theilungspuncten und den gegenüberstehenden Eckpuncten sich in einem Puncte schneiden, lässt sich am leichtesten apagogisch beweisen.

Zusatz. Da wir die Strecken AF, BF, . . . bereits aufgestellt haben, so lässt sich bezüglich der Sinusse der Winkel a, a', b, . . . die Relation

$$\sin a \,.\, \sin b \,.\, \sin c = \sin a' \,.\, \sin b' \,.\, \sin c'$$

sehr leicht nachweisen.

Aus dem $\triangle ABD$ folgt $BD : c = \sin a : \sin (a + B)$, oder für BD den bereits früher gefundenen Werth substituirt, hat man

$$\sin a = \frac{a\beta}{\alpha b + \beta c} \sin (a + B).$$

Eben so aus dem $\triangle ACD$ . . . $\sin a' = \dfrac{a\alpha}{\alpha b + \beta c} \sin (a' + C)$.

Auf ganz ähnliche Weise ergibt sich

$$\sin b = \frac{bc - \alpha b - \beta c}{a(c - \alpha)} \sin (b + C),$$

$$\sin b' = \frac{\beta}{c - \alpha} \sin (b' + A),$$

$$\sin c = \frac{\alpha}{b - \beta} \sin (c + A),$$

$$\sin c' = \frac{bc - \alpha b - \beta c}{a(b - \beta)} \sin (c' + B).$$

Man hat ferner

$$\sin a \,.\, \sin b \,.\, \sin c =$$

$$= \frac{a\alpha\beta (bc - \alpha b - \beta c)}{a(\alpha b + \beta c)(c - \alpha)(b - \beta)} \sin (a + B) \sin (b + C) \sin (c + A)$$

und

$$\sin a' \,.\, \sin b' \,.\, \sin c' =$$

$$= \frac{a\alpha\beta (bc - \alpha b - \beta c)}{a(\alpha b + \beta c)(c - \alpha)(b - \beta)} \sin (a' + C) \sin (b' + A) \sin (c' + B).$$

Nun ist

$$\sin(a+B) = \sin \angle ADB = \sin \angle ADC = \sin(a'+C),$$

eben so $\sin(b+C) = \sin(b'+A)$

und $\sin(c+A) = \sin(c'+B)$,

demnach in der That $\sin a \,.\, \sin b \,.\, \sin c = \sin a' \,.\, \sin b' \,.\, \sin c'$.

Dieser Satz in Worten ausgedrückt, heisst: Wenn sich drei von den Ecken eines Dreieckes gezogene Linien in einem Puncte schneiden, so ist das Product aus den Sinussen von solchen drei an den Ecken des Dreieckes gebildeten Winkeln, welche keinen Schenkel mit einander gemein haben, gleich dem Product aus den Sinussen der drei andern Winkel, welche eine gleiche Eigenschaft besitzen.

Aufgabe 25. Wenn die drei Seiten eines Dreieckes so getheilt werden, dass die Summen der Quadrate der nicht an einander stossenden Segmente gleich sind, so lässt sich zeigen, dass die Perpendikel, die man in diesen Puncten auf die drei Seiten errichtet, sich in demselben Puncte schneiden.

Fig. 4.

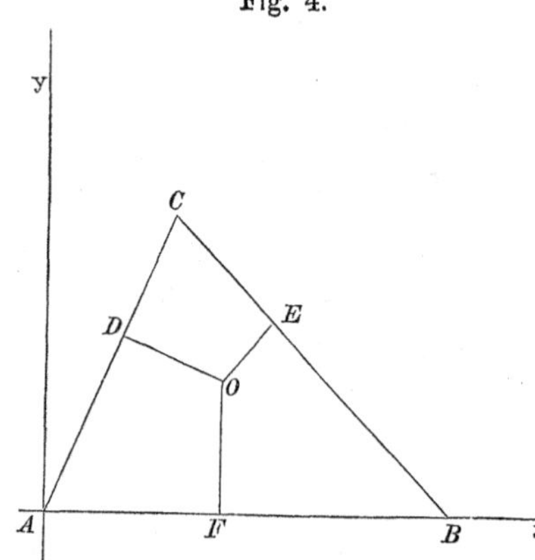

Lösung. Die Eckpuncte des Dreieckes (Fig. 4) seien A, B und C, und die drei Seiten a, b und c. Die Anordnung des rechtwinkeligen Coordinatensystems ist aus der beistehenden Figur ersichtlich.

Um überhaupt einzusehen, dass die Gleichung

$$\overline{AF}^2 + \overline{BE}^2 + \overline{CD}^2 = $$
$$= \overline{BF}^2 + \overline{CE}^2 + \overline{AD}^2$$

möglich ist, nehmen wir die Puncte D und E willkürlich an, und sie seien weiter bestimmt durch die Abstände $AD = l$ und $BE = l'$; suchen wir nun die Lage des Punctes F, und bezeichnen zu diesem Behufe AF durch x', so muss nach Obigem folgende Gleichung Statt finden:

$$x'^2 + l'^2 + (b-l)^2 = (c-x')^2 + (a-l')^2 + l^2,$$

hieraus folgt $x' = \dfrac{a^2 + c^2 - b^2 + 2bl - 2al'}{2c}$.

Aus dem gegebenen $\triangle\, ABC$ folgt aber

$$a^2 + c^2 - b^2 = 2ac\cos B, \quad \text{sonach}$$
$$x' = a\cos B + \frac{bl - al'}{c}.$$

Daraus geht also deutlich hervor, dass immer ein reeller Werth von x möglich ist, die Theilung der Dreiecksseiten im angegebenen Sinne demnach immer ausführbar ist.

Um nun zu zeigen, dass sich die drei Perpendikel OD, OE und OF in einem gemeinschaftlichen Puncte O schneiden müssen, genügt es zu zeigen, dass die Abscisse des Durchschnittspunctes der beiden Perpendikel DO und OE dem Werthe x' gleich sei.

Zu diesem Behufe stellen wir uns die Gleichungen der AC, BC, DO und EO auf, und berechnen die Abscisse des Durchschnittspunctes der beiden Perpendikel DO und EO.

Die Gleichung der AC ist $y = \operatorname{tang} A \,.\, x$,

" " " DC " $y = -\operatorname{tang} B \,.\, x + c \operatorname{tang} B$.

Ferner hat man für $D \begin{cases} x = l\cos A, \\ y = l\sin A, \end{cases}$

und für den Punct $E \begin{cases} x = c - l'\cos B, \\ y = l'\sin B. \end{cases}$

Ferner ergibt sich die Gleichung der

DO . . . $y - l\sin A = -\operatorname{cotg} A\,(x - l\cos A)$,

und für

EO . . . $y - l'\sin B = \operatorname{cotg} B\,(x - c + l'\cos B$.

Um den Werth der Abscisse für den Durchschnittspunct dieser beiden Geraden zu erhalten, subtrahire man die beiden Gleichungen, und es folgt

$$l'\sin B - l\sin A = -(\operatorname{cotg} A + \operatorname{cotg} B)\,x + $$
$$+ l\cos A \,.\, \operatorname{cotg} A + c \,.\, \operatorname{cotg} B - l'\cos B \,.\, \operatorname{cotg.} B \;.\;.\;. \quad (1)$$

Nun ist $b\sin A = a\sin B$

und $b\cos A = c - a\cos B$.

Diese beiden Gleichungen durch einander dividirt, geben

$$\operatorname{cotg} A = \frac{c}{a\sin B} - \operatorname{cotg} B,$$

$$\text{sonach} \quad \operatorname{cotg} A + \operatorname{cotg} B = \frac{c}{a\sin B} \;.\;.\;.\;.\;. \quad (2)$$

ferner ist

$$l\cos A \,.\, \operatorname{cotg} A - l'\cos B \,.\, \operatorname{cotg} B = l \,.\, \frac{\cos A^2}{\sin A} - l' \,.\, \frac{\cos B^2}{\sin B} =$$
$$= \frac{l\,(1 - \sin A^2)}{\sin A} - \frac{l'\,(1 - \sin B^2)}{\sin B} =$$
$$= \frac{l}{\sin A} - l\sin A - \frac{l'}{\sin B} + l'\sin B \;.\;.\;. \quad (3)$$

Diese Entwickelungen aus (2) und (3) in (1) substituirt, geben

$$l' \sin B - l \sin A =$$

$$= -\frac{c}{a \sin B} \cdot x + \frac{l}{\sin A} - l \sin A - \frac{l'}{\sin B} + l' \sin B + c \cdot \frac{\cos B}{\sin B}.$$

Gehörig abgekürzt, folgt

$$x = a \cos B + \frac{b l - a l'}{c},$$

welcher Werth dem bereits schon vorhin gefundenen Werthe x gleich ist, wie es auch sein soll.

Aufgabe 26. Es ist der geometrische Ort des Durchschnittes derjenigen drei Geraden eines Dreieckes zu bestimmen, welche die Halbirungspuncte der Seiten mit den gegenüberliegenden Spitzen verbinden.

Fig. 5.

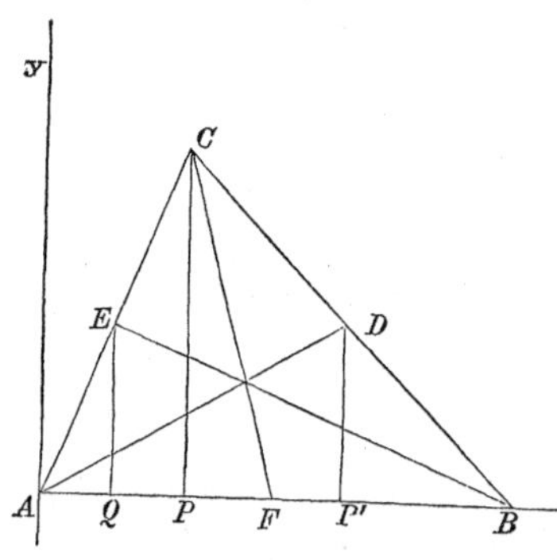

Lösung. Es sei das Dreieck ABC (Fig. 5) gegeben, dessen Seiten durch a, b und e bezeichnet werden mögen.

Benützen wir für das zu wählende Coordinatensystem eine der drei Seiten dns Dreieckes, etwa AB als Abscissenaxe im Puncte A, senkreeht darauf die Ordinatenaxe.

Man hat für die Eckpuncte des Dreieckes die Coordinaten

$$A\begin{cases} x = 0, \\ y = 0, \end{cases} \quad B\begin{cases} x = c, \\ y = 0, \end{cases} \quad C\begin{cases} x = x'; \\ y = y'; \end{cases}$$

für die drei Halbirungspuncte D, E und F die Coordinaten

$$D\begin{cases} x = \frac{x'+c}{2}, \\ y = \frac{y'}{2}, \end{cases} \quad E\begin{cases} x = \frac{x'}{2}, \\ y = \frac{y'}{2}, \end{cases} \quad F\begin{cases} x = \frac{c}{2}, \\ y = 0. \end{cases}$$

Anmerkung. Die Richtigkeit dieser Werthe, namentlich für die Puncte D und E, ergibt sich folgendermassen: die Abscisse des Punctes D ist

$$x = AP' = AP + PP' = AP + \frac{BP}{2} = x' + \frac{c - x'}{2} = \frac{x'+c}{2}.$$

Da die Proportion besteht

$$BD : BC = DP' : CP = 1 : 2,$$

so folgt $DP' = \frac{y'}{2}$, d. i. die Ordinate des Punctes D.

Bezüglich des Punctes E hat man die Proportion

$$AQ : AP = AE : AC = 1 : 2,$$

woraus folgt $AQ = \frac{AP}{2} = \frac{x'}{2}$, die Abscisse des Punctes E. Auf analoge Weise folgt $EQ = \frac{1}{2}CP = \frac{y'}{2}$, die Ordinate des Punctes E.

Für die Gerade AD folgt die Gleichung $y = \frac{y'}{x' + c} \cdot x.$

„ „ „ BE „ „ „ $y = \frac{y'}{x' - 2c}(x - c).$

„ „ „ CF „ „ „ $y = \frac{2y'}{2x' - c}\left(x - \frac{x'}{2}\right).$

Lässt man nun die Gleichungen der AD und BE gleichzeitig bestehen, so folgt für ihren Durchschnittspunct

$$\begin{cases} x = \frac{x' + c}{3}, \\ y = \frac{y'}{3}. \end{cases}$$

Für den Durchschnitt der AD mit CF folgen genau dieselben Werthe der Coordinaten, woraus folgt, dass sich die drei Linien AD, BE und CF in demselben Puncte schneiden.

Zusatz. Um durch ganz einfache Construction die Lage dieses gemeinschaftlichen Punctes, der nach statischen Gesetzen der Schwerpunct des Dreieckes genannt wird, auszumitteln, so bemerke man, dass da die Ordinate des Punctes O, $\frac{y'}{3}$ ist, auch $OF = \frac{1}{3}CF$ sein müsse; eben so ist

$$OD = \tfrac{1}{3}AD \quad \text{und} \quad OE = \tfrac{1}{3}BE.$$

Die Lage dieses Punctes ist demnach sehr einfach bestimmt.

Aufgabe 27. Man errichte in den Halbirungspuncten der Seiten eines Dreieckes auf diese Seitenlinien Perpendikel, und bestimme den geometrischen Ort der Durchschnittspuncte derselben.

Fig. 6.

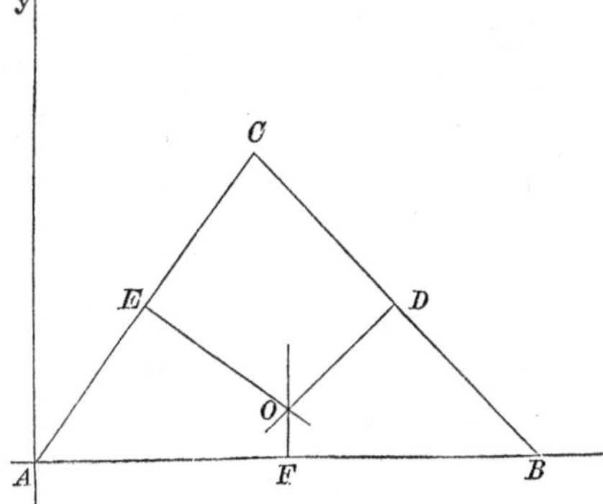

Lösung. Nehmen wir, wie in Aufgabe 26, ein Dreieck ABC (Fig. 6), das Coordinatensystem ganz in derselben Weise, so hat man, wie dort, für die einzelnen Puncte die Coordinaten

$$A\begin{cases}x=0,\\y=0,\end{cases}\qquad B\begin{cases}x=c,\\y=0,\end{cases}\qquad C\begin{cases}x=x',\\y=y',\end{cases}$$

$$D\begin{cases}x=\frac{x'+c}{2},\\y=\frac{y'}{2},\end{cases}\qquad E\begin{cases}x=\frac{x'}{2},\\y=\frac{y'}{2},\end{cases}\qquad F\begin{cases}x=\frac{c}{2},\\y=0.\end{cases}$$

Man hat sonach für die Dreiecksseiten die Gleichungen

für $\underbrace{AB}$ . . . $y=0$,

„ $\underbrace{AC}$ . . . $y=\frac{y'}{x'}\cdot x$,

„ $\underbrace{BC}$ . . . $y=\frac{-y'}{c-x'}(x-c)$;

für das Perpendikel $\underbrace{OF}$ . . . $x=\frac{c}{2}$,

„ „ „ $\underbrace{OE}$ . . . $y-\frac{y'}{2}=-\frac{x'}{y'}\left(x-\frac{x'}{2}\right)$,

„ „ „ $\underbrace{OD}$ . . . $y-\frac{y'}{2}=\frac{c-x'}{y'}\left(x-\frac{x'+c}{2}\right)$.

Sucht man den Durchschnitt der beiden Geraden DO und EO, so folgt

$$x=\frac{c}{2} \quad\text{und}\quad y=\frac{b^2-x'c}{2y'},$$

wo $b^2=x'^2+y'^2$ ist.

Da die Abscisse des Durchschnittes der beiden Geraden DO und EO, $\frac{c}{2}$ ist, so liegt sonach der Durchschnittspunct in der Geraden OF, d. h. die drei Perpendikel schneiden sich in demselben Punct. Diess ist sonach der geometrische Ort der Durchschnittspuncte der drei Perpendikel.

Zusatz. Dieser Punct O ist bekanntlich der Mittelpunct des dem Dreiecke umschriebenen Kreises. Sind die Coordinaten des Punctes O, x und y, so ist offenbar $r=\sqrt{x^2+y^2}$ der Radius dieses Kreises. Setzt man für $x=\frac{c}{2}$ und für $y=\frac{b^2-x'c}{2y'}$, so folgt für $r=\frac{ab}{2y'}$.

Aufgabe 28. Aus den drei Winkelspitzen eines Dreieckes werden auf die gegenüberstehenden Seiten Perpendikel gefällt; man bestimme den geometrischen Ort der Durchschnittspuncte derselben.

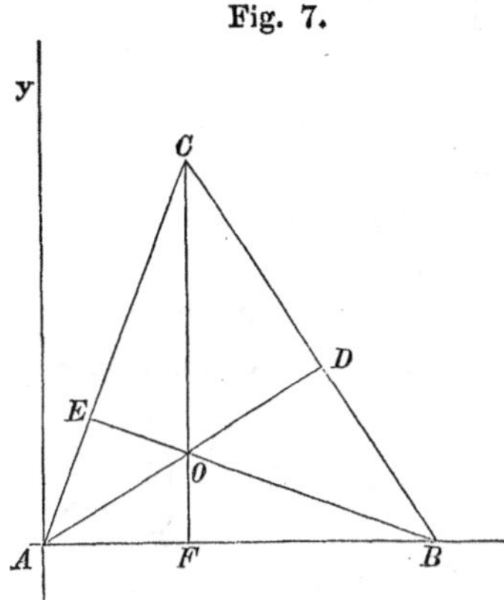

Fig. 7.

Lösung. Für die Puncte A, B und C (Fig. 7) hat man, wie in den vorigen zwei Aufgaben, die Coordinaten

$$A\begin{cases} x = 0, \\ y = 0, \end{cases} \quad B\begin{cases} x = c, \\ y = 0, \end{cases} \quad C\begin{cases} x = x', \\ y = y'. \end{cases}$$

Man hat demnach die Gleichung der

$$AC \ldots y = \frac{y'}{x'} \cdot x,$$

und für

$$BC \ldots y = \frac{-y'}{c - x'}(x - c).$$

Die Gleichungen der drei Perpendikel sind

$$\underbrace{CF} \ldots x = x',$$

$$\underbrace{BE} \ldots y = -\frac{x'}{y'}(x - c),$$

$$\underbrace{AD} \ldots y = \frac{c - x'}{y'} \cdot x.$$

Für den Durchschnittspunct der Geraden AD und CF hat man

$$\begin{cases} x = x', \\ y = \frac{x'(c - x')}{y'}. \end{cases}$$

Ganz dasselbe folgt für den Durchschnittspunct der Geraden BE und CF; diese drei Perpendikel schneiden sich demnach in einem gemeinschaftlichen Punct.

Zusatz. Werden diese drei Puncte, von denen in den vorhergehenden Aufgaben 26, 27 und 28 die Rede war, in demselben Dreiecke construirt, so liegen diese drei Puncte, wie man sich sehr leicht überzeugen kann, in derselben geraden Linie.

Die drei Puncte waren:

$$\text{I.}\begin{cases} x = \frac{c}{2}, \\ y = \frac{b^2 - x'c}{2y'}, \end{cases} \qquad \text{II.}\begin{cases} x = \frac{x' + c}{3}, \\ y = \frac{y'}{3}, \end{cases} \qquad \text{III.}\begin{cases} x = x', \\ y = \frac{x'(c - x')}{y'}. \end{cases}$$

Nach Aufgabe 11 findet man der dort angegebenen Bedingungsgleichung durch die Coordinaten der drei Puncte I., II., III. entsprochen, und sonach liegen sie in einer einzigen Geraden.

Aufgabe 29. In einem gegebenen Dreiecke werden die drei Winkel durch gerade Linien halbirt; man suche den Durchschnittspunct dieser drei Geraden.

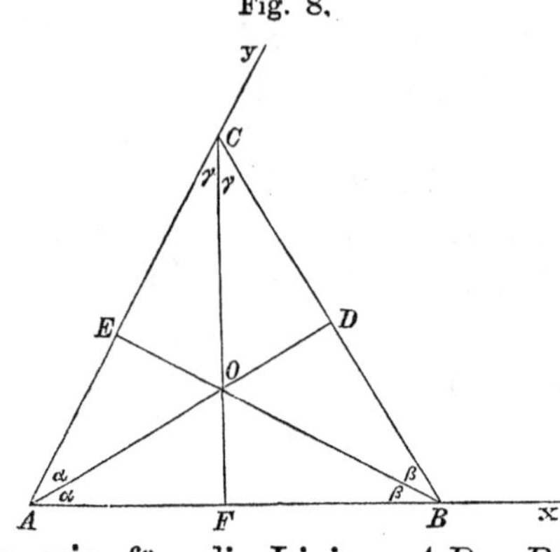

Fig. 8.

Lösung. Wenden wir, wie die beistehende Figur 8 zeigt, ein schiefwinkeliges Coordinatensystem an; AD, BE und CF seien die Halbirungslinien der drei Winkel A, B und C.

Man hat ferner für die Puncte A, B und C die Coordinaten

$$A\begin{cases}x=0,\\y=0,\end{cases}\quad B\begin{cases}x=c,\\y=0,\end{cases}\quad C\begin{cases}x=0,\\y=b,\end{cases}$$

so wie für die Linien AD, BE und CF hat man die Gleichungen

für AD . . . $y = x$ . . . . (1)

„ BE . . . $y = -\dfrac{\sin\frac{B}{2}}{\sin\left(A+\frac{B}{2}\right)}(x-c)$ . . . . (2)

„ CF . . . $y = -\dfrac{\sin\frac{C}{2}}{\sin\left(A+\frac{C}{2}\right)}(x-b)$ . . . . (3)

Suchen wir den Durchschnitt der Geraden (1) und (2), so hat man für die gemeinschaftliche Abscisse die Gleichung

$$x\left[\sin\frac{B}{2}+\sin\left(A+\frac{B}{2}\right)\right]=c\sin\frac{B}{2},$$

und hieraus

$$x=\frac{c\,.\sin\frac{B}{2}}{\sin\frac{B}{2}+\sin\left(A+\frac{B}{2}\right)},$$

eben so für den Durchschnitt von (1) mit (3), wenn wir die Abscisse mit x' bezeichnen,

$$x'=\frac{b\,.\sin\frac{C}{2}}{\sin\frac{C}{2}+\sin\left(A+\frac{C}{2}\right)}.$$

Dividiren wir diese beiden Gleichungen durcheinander, so haben wir

$$\frac{x}{x'}=\frac{c\,.\sin\frac{B}{2}\left[\sin\frac{C}{2}+\sin\left(A+\frac{C}{2}\right)\right]}{b\,.\sin\frac{C}{2}\left[\sin\frac{B}{2}+\sin\left(A+\frac{B}{2}\right)\right]}\quad . . . (4)$$

Da nun bekanntlich $b \sin C = c \sin B$ ist, oder

$$2b \,.\, \sin\frac{C}{2}\cos\frac{C}{2} = 2c \,.\, \sin\frac{B}{2}\cos\frac{B}{2},$$

so folgt hieraus

$$\frac{c \,.\, \sin\frac{B}{2}}{b \,.\, \sin\frac{C}{2}} = \frac{\cos\frac{C}{2}}{\cos\frac{B}{2}}.$$

Dieses einfachere Verhältniss der Cosinusse in (4) gesetzt, so wie $\sin\left(A + \frac{C}{2}\right)$ und $\sin\left(A + \frac{B}{2}\right)$ entwickelt, gibt

$$\frac{x}{x'} = \frac{\cos\frac{C}{2}\left[\sin\frac{C}{2} + \sin A \,.\, \cos\frac{C}{2} + \cos A \,.\, \sin\frac{C}{2}\right]}{\cos\frac{B}{2}\left[\sin\frac{B}{2} + \sin A \,.\, \cos\frac{B}{2} + \cos A \,.\, \sin\frac{B}{2}\right]}.$$

Nimmt man im Zähler $\sin\frac{C}{2}$ und im Nenner $\sin\frac{B}{2}$ aus dem ersten und dritten Glied zum Factor, schreibt statt $1 + \cos A$, $2\cos\frac{A^2}{2}$, setzt für $\sin A$, $2\sin\frac{A}{2} \,.\, \cos\frac{A}{2}$, und kürzt Zähler und Nenner dieses Bruches durch $2\cos\frac{A}{2}$ ab, so hat man

$$\frac{x}{x'} = \frac{\cos\frac{C}{2}\left[\sin\frac{C}{2} \,.\, \cos\frac{A}{2} + \sin\frac{A}{2} \,.\, \cos\frac{C}{2}\right]}{\cos\frac{B}{2}\left[\sin\frac{B}{2} \,.\, \cos\frac{A}{2} + \sin\frac{A}{2} \,.\, \cos\frac{B}{2}\right]} = \frac{\cos\frac{C}{2} \,.\, \sin\left(\frac{A+C}{2}\right)}{\cos\frac{B}{2} \,.\, \sin\left(\frac{A+B}{2}\right)}.$$

Da nun $A + B + C = 180$,

$$\text{also } \frac{A+B}{2} = 90 - \frac{C}{2}$$

$$\text{und } \frac{A+C}{2} = 90 - \frac{B}{2} \text{ ist,}$$

$$\text{so folgt } \sin\left(\frac{A+B}{2}\right) = \cos\frac{C}{2}$$

$$\text{und } \sin\left(\frac{A+C}{2}\right) = \cos\frac{B}{2},$$

sonach hat man

$$\frac{x}{x'} = \frac{\cos\frac{C}{2}}{\cos\frac{B}{2}} \,.\, \frac{\cos\frac{B}{2}}{\cos\frac{C}{2}} = 1 \quad \text{oder} \quad x = x'.$$

Eben so nach (1) $y = y'$, d. h. die drei Halbirungslinien der drei Winkel des gegebenen Dreieckes schneiden sich in einem gemeinschaftlichen Puncte.

Die Coordinaten dieses gemeinschaftlichen Durchschnittspunctes O sind

$$O\left\{x = y = \frac{c \cdot \sin\frac{B}{2}}{\sin\frac{B}{2} + \sin\left(A + \frac{B}{2}\right)}\right., \text{ oder reducirt}$$

$$O\left\{x = y = \frac{c \cdot \sin\frac{B}{2}}{2\cos\frac{A}{2} \cdot \cos\frac{C}{2}}\right..$$

Zusatz. Bekanntlich ist dieser Punct O der Mittelpunct des dem Dreiecke eingeschriebenen Kreises.

Aufgabe 30. In einer Ebene ist ein Punct O und eine Gerade gegeben. Durch diesen Punct werden beliebig viele Strahlen gezogen, welche die gegebene Gerade in den Puncten N, N', . . . schneiden; auf jedem Strahl wird vom Durchschnittspuncte aus ein Stück NM, $N'M'$, . . . aufgetragen, so dass die Verhältnisse $ON : NM$, $ON' : N'M'$ u. s. f. dem constanten Verhältnisse $n : 1$ gleich kommen. Man soll den geometrischen Ort dieser Puncte M, M', : . . bestimmen.

Lösung. Nimmt man den gegebenen Punct O als Ursprung eines rechtwinkeligen Coordinatensystemes, und senkrecht auf die gegebene Gerade die Abscissenaxe, so ist die Gleichung der gegebenen Geraden etwa $x = a$, d. h. die Abscissen aller Puncte N sind constant $= a$. Nennen wir die zu N gehörige Ordinate y' und die Coordinaten eines Punctes M, x und y, so haben wir die Gleichung eines solchen Strahles $y = Ax$, oder da er durch den Punct a und y' geht,

$$y = \frac{y'}{a} \cdot x \quad . \quad . \quad . \quad . \quad . \quad . \quad . \quad (1)$$

die Entfernung

$$ON = \sqrt{a^2 + y'^2} = a\sqrt{1 + \frac{y'^2}{a^2}}$$

$$\text{und } NM = \sqrt{(x-a)^2 + (y-y')^2}.$$

Aus (1) folgt aber

$$y - y' = \frac{y'}{a}(x - a),$$

$$\text{demnach } NM = (x-a)\sqrt{1 + \frac{y'^2}{a^2}},$$

und nach der Grundbedingung

$$ON : NM = n : 1,$$

$$a\sqrt{1 + \frac{y'^2}{a^2}} : (x-a)\sqrt{1 + \frac{y'^2}{a^2}} = n : 1,$$

$$\text{d. i. } a : (x - a) = n : 1,$$

$$\text{hieraus folgt } x = a \cdot \frac{n+1}{n},$$

welches die Gleichung des geometrischen Ortes der Puncte M, M', . . . ist. Alle diese Puncte liegen demnach in einer Geraden, welche zur gegebenen Geraden parallel ist.

Zusatz. Werden die Puncte M, M', . . . nach der entgegengesetzten Richtung aufgetragen, so hat man bloss MN negativ zu nehmen, und erhält dann

$$x = a \cdot \frac{n-1}{n}$$

als die Gleichung des geometrischen Ortes.

Aufgabe 31. Man soll die homogene Gleichung der Geraden aufstellen.

Lösung. Es sei die Gleichung der Geraden allgemein

$$ax + by + c = 0.$$

Dividirt man diese Gleichung durch $-c$, und bezeichnet $\frac{a}{-c}$ durch $\frac{1}{a'}$ und $\frac{b}{-c}$ mit $\frac{1}{b'}$, so hat man die verlangte homogene Gleichung
$$\frac{x}{a'} + \frac{y}{b'} = 1.$$

Anmerkung. Wir werden uns im weiteren Verlaufe unserer Uebungen oft mit dem besten Erfolge dieser homogenen Form bedienen.

Aufgabe 32. Zwei gerade Linien seien durch ihre homogenen Gleichungen gegeben; man soll die Gleichung derjenigen Geraden finden, welche durch den Scheitel der Coordinaten und den Durchschnittspunct der gegebenen Linien geht.

Lösung. Die Gleichungen der gegebenen Geraden seien

$$\frac{x}{a} + \frac{y}{b} = 1 \quad . \ . \ . \ . \ . \ . \ . \quad (1)$$

$$\frac{x}{a'} + \frac{y}{b'} = 1 \quad . \ . \ . \ . \ . \ . \ . \quad (2]$$

Man findet für den Durchschnittspunct der Geraden (1) und (2) die Coordinaten

$$x = \frac{a\,a'\,(b'-b)}{ab'-a'b} \quad \text{und} \quad y = \frac{b\,b'\,(a-a')}{a\,b'-a'\,b}.$$

Es ist demnach die Gleichung derjenigen Geraden, welche durch den Ursprung und den so eben gefundenen Punct geht:

$$y = \frac{b\,b'\,(a-a')}{a\,a'\,(b'-b)} \cdot x.$$

Diese Gleichung lässt sich auf nachfolgende Art schreiben:

$$a\,a'\,(b'-b)\,y = b\,b'\,(a-a')\,x,$$
$$b\,b'\,(a-a')\,x + a\,a'\,(b-b')\,y = 0.$$

Dividirt man diese Gleichung durch $aa'bb'$, so erhält man:

$$\left(\frac{1}{a'}-\frac{1}{a}\right)x+\left(\frac{1}{b'}-\frac{1}{b}\right)y=0 \quad . \quad . \quad . \quad . \quad (3)$$

Diese Gleichung wäre aber offenbar entstanden durch Subtraction der beiden Gleichungen (1) und (2).

Sind also zwei Gerade durch ihre homogenen Gleichungen gegeben, so stellt die Differenz dieser Gleichungen eine Gerade vor, welche durch den Ursprung und den gemeinschaftlichen Durchschnittspunct der gegebenen Geraden geht.

Zusatz. Sind die Linien (1) und (2) parallel, so sind die Coordinaten für ihren Durchschnittspunct unendlich, d. h. es muss $ab'-a'b=0$ sein, oder $\frac{a}{a'}=\frac{b}{b'}$.

Hieraus folgt etwa $a=a'.\frac{b}{b'}$; und wird dieser Werth in (3) gesetzt, so folgt die Gleichung derjenigen Geraden, welche durch den Ursprung geht und mit (1) und (2) parallel ist:

$$\frac{x}{a'}+\frac{y}{b'}=0.$$

Anmerkung. Dass die aus Aufgabe 31 und 32 gezogenen Resultate für jedes Axensystem gelten, ist für sich klar.

Aufgabe 33. Es seien wieder die Gleichungen zweier Geraden durch die homogene Form gegeben. Diese beiden Geraden werden die Coordinatenaxen (Fig. 9) in vier Puncten schneiden, durch welche demnach ein Viereck bestimmt ist. Es soll nun die Gleichung derjenigen Geraden ermittelt werden, welche durch den Durchschnittspunct der beiden gegebenen Geraden und den Durchschnittspunct der Diagonalen des Viereckes hindurchgeht.

Fig. 9.

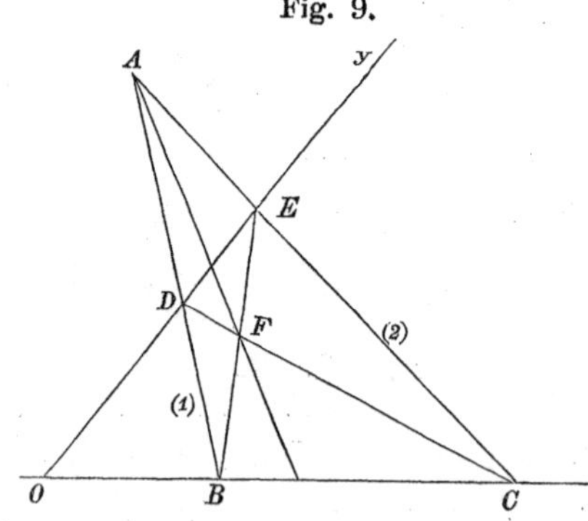

Lösung. Die Gleichungen der gegebenen Geraden seien

$$\frac{x}{a}+\frac{y}{b}=1 \quad . \quad . \quad . \quad . \quad . \quad . \quad . \quad (1)$$

und $$\frac{x}{a'}+\frac{y}{b'}=1 \quad . \quad . \quad . \quad . \quad . \quad . \quad . \quad (2)$$

Für den Punct A hat man nach Aufgabe 32

$$A\begin{cases} x = \dfrac{a a' (b' - b)}{a b' - a' b}, \\ y = \dfrac{b b' (a - a')}{a b' - a' b}. \end{cases}$$

Um die Coordinaten des Punctes F kennen zu lernen, hat man sich vorerst die Gleichungen der Diagonalen CD und BE aufzustellen, und diese dann zum Durchschnitte zu bringen.

Die Coordinaten der Viereckspuncte sind:

$$B\begin{cases} x = a, \\ y = 0, \end{cases} \quad C\begin{cases} x = a', \\ y = 0, \end{cases} \quad D\begin{cases} x = 0, \\ y = b, \end{cases} \quad E\begin{cases} x = 0, \\ y = b', \end{cases}$$

sonach die Gleichung der BE . . $y = -\frac{b'}{a}(x - a)$ od. $\frac{x}{a} + \frac{y}{b'} = 1$,

und „ „ „ CD . . $y = -\frac{b}{a'}(x - a')$ od. $\frac{x}{a'} + \frac{y}{b} = 1$.

Für den Punct F ergeben sich demnach die Coordinaten

$$F\begin{cases} x = \dfrac{a a' (b' - b)}{a' b' - a b}, \\ y = \dfrac{b b' (a' - a)}{a' b' - a b}, \end{cases}$$

demnach die Gleichung der Geraden, die durch die Puncte A und F geht:

$$y - \frac{b b' (a - a')}{a b' - a' b} = \frac{\dfrac{b b' (a - a')}{a b - a' b} - \dfrac{b b' (a' - a)}{a' b' - a b}}{\dfrac{a a' (b' - b)}{a b' - a' b} - \dfrac{a a' (b' - b)}{a' b' - a b}}\left(x - \frac{a a' (b' - b)}{a b' - a' b}\right).$$

Diese Gleichung gehörig reducirt, liefert die einfache Relation:

$$y = -\frac{a + a'}{a a'} \cdot \frac{b b'}{b + b'} \cdot x + \frac{2 b b'}{b + b'}.$$

Befreit man diese Gleichung von Brüchen und dividirt durch $a a' b b'$, so nimmt sie die Gestalt an:

$$\left(\frac{1}{a} + \frac{1}{a'}\right) x + \left(\frac{1}{b} + \frac{1}{b'}\right) y = 2.$$

Dieses Ergebniss hätte aber ganz leicht durch Addition der beiden Gleichungen (1) und (2) sich ergeben.

Man kann demnach dieses Ergebniss in Worten so ausdrücken: die Summe der Gleichungen zweier Geraden bezeichnet immer eine Gerade, welche durch den Durchschnittspunct der beiden ersteren und durch den gemeinschaftlichen Punct der Diagonalen des von ihnen mit den beiden Axen gebildeten Viereckes geht.

Aufgabe 34. Es sind zwei Paare von geraden Linien durch ihre Gleichungen gegeben; man soll die Gleichung derjenigen Geraden finden, welche durch die Durchschnittspuncte dieser Paare bestimmt wird.

Lösung. Das eine Paar der Geraden sei durch die Gleichungen gegeben:

$$ay + bx + c = 0 \quad . \quad . \quad . \quad . \quad . \quad (1)$$

$$a'y + b'x + c' = 0 \quad . \quad . \quad . \quad . \quad . \quad (2)$$

das zweite Paar durch die Gleichungen

$$my + nx + p = 0 \quad . \quad . \quad . \quad . \quad . \quad (3)$$

$$m'y + n'x + p' = 0 \quad . \quad . \quad . \quad . \quad . \quad (4)$$

Um die Gleichung derjenigen Geraden zu finden, welche durch den Durchschnittspunct der beiden ersteren und den der beiden letzteren geht, suche man die Coordinaten der Durchschnittspuncte der (1) und (2), dann der (3) und (4), so lässt sich dann mit Leichtigkeit die Gleichung der verlangten Geraden aufstellen.

Um das Mühevolle dieser Lösung umgehen und gleichzeitig eine elegantere Entwickelung geben zu können, schlagen wir folgenden Weg ein:

Multipliciren wir die Gleichungen (2) und (4) mit noch unbestimmten Factoren λ und μ, und addiren diese Producte beziehungsweise zu (1) und (3), so hat man

$$ay + bx + c + \lambda(a'y + b'x + c') = 0 \quad . \quad . \quad . \quad (5)$$

$$my + nx + p + \mu(m'y + n'x + p') = 0 \quad . \quad . \quad . \quad (6)$$

Diese beiden Gleichungen bezeichnen gerade Linien, und zwar geht (5) durch den Durchschnittspunct der (1) mit (2), ebenso die (6) durch den Durchschnittspunct der (3) mit (4), denn diejenigen Werthe von x und y, welche den Gleichungen (1) und 2) gleichzeitig genügen, befriedigen auch die Gleichung (5); dasselbe gilt von der Gleichung (6), welche durch dieselben Werthe von x und y verificirt wird, die die Gleichungen (3) und (4) gleichzeitig befriedigen.

Sollen diese beiden geraden Linien nun in eine einzige zusammenfallen, so müssen ihre Gleichungen identisch sein, d. h.

$$y + \frac{b + b'\lambda}{a + a'\lambda} \cdot x + \frac{c + c'\lambda}{a + a'\lambda} = y + \frac{n + n'\mu}{m + m'\mu} \cdot x + \frac{p + p'\mu}{m + m'\mu};$$

und da diese Gleichung für alle Werthe von x bestehen soll, so folgt daraus weiter

$$\left.\begin{aligned} \frac{b+b'\lambda}{a+a'\lambda} &= \frac{n+n'\mu}{m+m'\mu} \\ \text{und} \quad \frac{c+c'\lambda}{a+a'\lambda} &= \frac{p+p'\mu}{m+m'\mu} \end{aligned}\right\} \quad . \; . \; . \; . \; . \; . \; . \quad \text{I.}$$

Diese zwei Gleichungen genügen, um λ und μ bestimmen zu können. Löst man die Gleichungen des Systems I. wirklich auf, so überzeugt man sich leicht, dass die Bestimmung immer möglich ist. Setzt man den Werth von λ in (5) oder μ in (6), so ergibt sich die verlangte Gleichung derjenigen Geraden, welche durch die respectiven Durchschnitte der gegebenen Geraden geht.

Zusatz 1. Lässt man (3) als die Gleichung der Abscissen-, und (4) als die Gleichung der Ordinatenaxe gelten, so hat man statt (3) $y=0$, und statt (4) $x=0$, also $m=1$, $n=0$, $p=0$, $m'=0$, $n'=1$, $p'=0$.

Dass durch diese Annahme die Aufgabe 34 auf jene 32 führt, ist leicht einzusehen. Wir wollen beobachten, ob wir hier auch zum nämlichen Resultate gelangen.

Nach obiger Annahme gehen die Gleichungen I. über in die ganz einfachen

$$\frac{b+b'\lambda}{a+a'\lambda} = \mu \quad \text{und} \quad c + c'\lambda = 0,$$

also folgt $\quad \lambda = -\frac{c}{c'} \quad$ und $\quad \mu = \frac{bc'-b'c}{ac'-a'c}.$

Setzt man den Werth λ in (5), so erhält man

$$(ay+bx+c) - \frac{c}{c'}(a'y+b'x+c') = 0$$

oder $\quad (ac'-a'c)y + (bc'-b'c)x = 0,$

oder auch $\quad \left(\frac{a}{c}-\frac{a'}{c'}\right)y + \left(\frac{b}{c}-\frac{b'}{c'}\right)x = 0 \quad . \; . \; . \; . \; . \quad (7)$

Bringen wir ferner (1) und (2) auf eine homogene Form, und setzen zu diesem Behufe

$$\frac{a}{-c} = \frac{1}{\beta}, \quad \frac{b}{-c} = \frac{1}{\alpha}; \quad \frac{a'}{-c'} = \frac{1}{\beta'}, \quad \frac{b'}{-c'} = \frac{1}{\alpha'},$$

so gehen die Gleichungen der Geraden (1) und (2) über in

$$\frac{x}{\alpha} + \frac{y}{\beta} = 1,$$

$$\frac{x}{\alpha'} + \frac{y}{\beta'} = 1,$$

und (7) geht über in

$$\left(\frac{1}{\alpha'}-\frac{1}{\alpha}\right)x + \left(\frac{1}{\beta'}-\frac{1}{\beta}\right)y = 0 \quad . \; . \; . \; . \; . \quad (8)$$

das ist aber nichts anderes als die Differenz dieser Gleichungen, welches Resultat sonach mit den in Aufgabe 32 gefundenen vollkommen übereinstimmt. Es bezeichnet nämlich auch in diesem Falle die Gleichung (8) eine Gerade, welche durch den Durchschnittspunct der beiden Geraden (1) und (2) geht, und gleichzeitig durch den Ursprung.

Zusatz 2. Wir können nach den Bemerkungen, welche in Aufgabe 34 gemacht wurden, auch auf viel einfachere Weise die Aufgabe 33 lösen.

Die gegebenen Gleichungen zweier Geraden waren

$$\frac{x}{a}+\frac{y}{b}=1 \;.\;.\;. (1) \quad \text{und} \quad \frac{x}{a'}+\frac{y}{b'}=1 \;.\;.\;. (2),$$

die Gleichungen der Diagonalen des entstehenden Viereckes

$$\frac{x}{a}+\frac{y}{b'}=1 \;.\;.\;. (3) \quad \text{und} \quad \frac{x}{a'}+\frac{y}{b}=1 \;.\;.\;. (4).$$

Um nun die Gleichung der Geraden zu finden, welche durch die Durchschnittspuncte der (1) und (2) und (3) und (4) geht, verfahren wir auf folgende Art:

Wir multipliciren (2) mit λ und (4) mit μ, und addiren diese Producte beziehungsweise zu (1) und (3), so ergibt sich

$$\frac{x}{a}+\frac{y}{b}-1+\lambda\left(\frac{x}{a'}+\frac{y}{b'}-1\right)=0 \;.\;.\;.\; \text{I.}$$

$$\frac{x}{a}+\frac{y}{b'}-1+\mu\left(\frac{x}{a'}+\frac{y}{b}-1\right)=0 \;.\;.\;.\; \text{II.}$$

Diese beiden Gleichungen sollen in eine einzige übergehen, und führen demnach auf die Bedingungsgleichungen

$$\frac{a'+a\lambda}{b'+b\lambda}=\frac{a'+a\mu}{b+b'\mu} \;.\;.\;.\;.\;.\;.\; \text{III.}$$

$$\frac{1+\lambda}{b'+b\lambda}=\frac{1+\mu}{b+b'\mu} \;.\;.\;.\;.\;.\;.\; \text{IV.}$$

Aus III. entsteht auch

$$a'(b-b')+b(a-a')\lambda-b'(a-a')\mu-a(b-b')\lambda\mu=0 \;.\;.\;.\; \text{V.}$$

und aus IV.

$$(b-b')-(b-b')\lambda\mu=0 \quad \text{oder} \quad \lambda\mu=1;$$

setzt man diesen Werth in V., so folgt

$$b\lambda-b'\mu=b-b',$$

und diese Gleichung führt, mit $\lambda\mu=1$ verbunden und daraus λ eliminirt, auf die Gleichung

$$b'\mu^2+(b-b')\mu=b;$$

hieraus ergibt sich $\mu=1$, also kommt auch $\lambda=1$. Dieser Werth von $\lambda=1$ etwa in I. gesetzt, liefert nach gehöriger Reduction

$$\left(\frac{1}{a}+\frac{1}{a'}\right)x+\left(\frac{1}{b}+\frac{1}{b'}\right)y=2,$$

d. i. die Summe der Gleichungen (1) und (2), was mit dem in Aufgabe 33 gewonnenen Resultate übereinstimmt.

Aufgabe 35. Auf einer Dreiecksseite (Fig. 10) AC ist ein Punct S gegeben. Von diesem werden beliebige Strahlen, wie ST, gezogen. Ein solcher Strahl schneidet die BC in D. Denkt man sich C mit T und A mit D verbunden, so schneiden sich diese beiden Geraden im Puncte M; man soll den geometrischen Ort der so erhaltenen Durchschnittspuncte bestimmen.

Fig. 10.

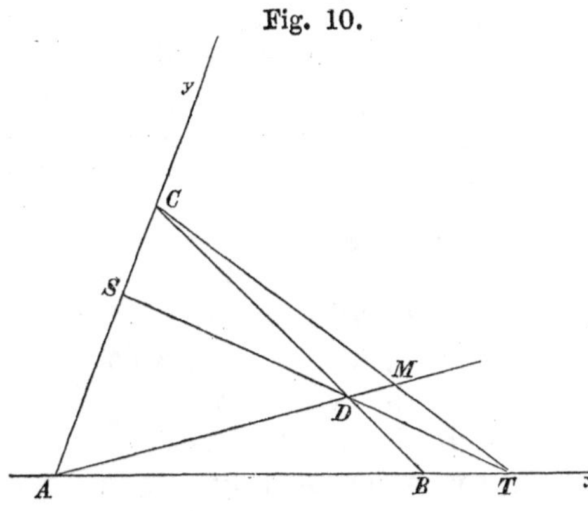

Lösung. Bezeichnen wir AB mit a, setzen $AC = b$, $AT = a'$, $AS = b'$. Da wir das Dreieck so wie die Lage des Punctes als gegeben voraussetzen, so sind a, b und b' bestimmte Grössen, und nur a' veränderlich.

Man hat demnach für die Gleichung der

$$\overline{BC} \quad \ldots \quad \frac{x}{a} + \frac{y}{b} = 1 \quad \ldots \ldots \quad (1)$$

$$\overline{ST} \quad \ldots \quad \frac{x}{a'} + \frac{y}{b'} = 1 \quad \ldots \ldots \quad (2)$$

$$\overline{CT} \quad \ldots \quad \frac{x}{a'} + \frac{y}{b} = 1 \quad \ldots \ldots \quad (3)$$

Durch Subtraction von (1) und (2) folgt

$$\left(\frac{1}{a} - \frac{1}{a'}\right) x + \left(\frac{1}{b} - \frac{1}{b'}\right) y = 0 \quad \ldots \ldots \quad (4)$$

welches nach Aufgabe 32 die Gleichung der AM sein muss.

Addirt man (3) und (4), so ergibt sich

$$\frac{x}{a} + \left(\frac{2}{b} - \frac{1}{b'}\right) y = 1 \quad \ldots \ldots \quad (5)$$

Dass diess die Gleichung der BM sei, ist leicht einzusehen, denn für $y = 0$ muss $x = a$ sein, und dass sie auch durch den Punct M geht, hat seinen Grund darin, dass überhaupt die Summe der Gleichungen zweier Geraden wieder eine Gerade vorstellt (Aufg. 33), welche durch den Durchschnitt der beiden ersteren geht.

Da diese Gleichung gleichzeitig unabhängig ist von der Grösse a', so repräsentirt die Gleichung (5) den geometrischen Ort aller Puncte, welche nach dem angegebenen Constructions-Verfahren erhalten werden.

Aufgabe 36. Auf einem gegebenen Dreiecke ABC bewegt sich eine Gerade mn so, dass sie fortwährend einer Seite, etwa BC, parallel bleibt. Von den Endpuncten dieser Seite sind nach den auf AC und AB fortrückenden Durchschnittspuncten D und E gerade Linien gezogen; man soll den geometrischen Ort dieses Durchschnittspunctes M suchen.

Fig. 11.

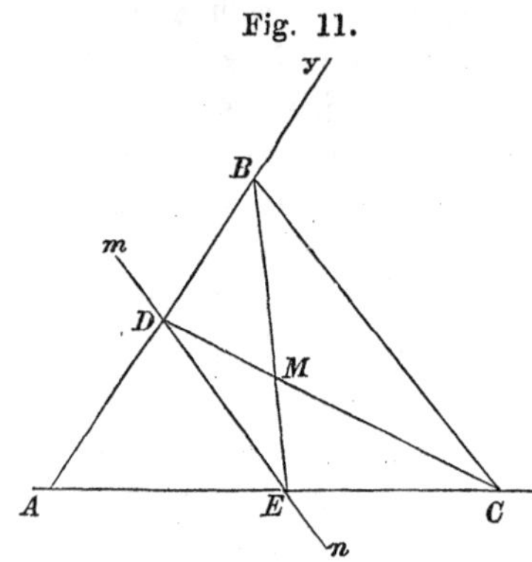

Lösung. Nehmen wir, wie in Fig. 11 ersichtlich ist, AO, und AB als Ordinatenaxen, setzen $AC = a$, $AB = b$, bezeichnen die veränderliche Strecke AE durch x' und AD durch y', so hat man vor allen die Gleichung der BC

$$\frac{x}{a} + \frac{y}{b} = 1,$$

für $\underbrace{DE}$ . . . $\frac{x}{x'} + \frac{y}{y'} = 1.$

Da aber $DE \parallel$ sein soll mit BC, so muss $\frac{b}{a} = \frac{y'}{x'}$ sein; ferner die Gleichung der $\underbrace{CD}$ . . . $\frac{x}{a} + \frac{y}{y'} = 1,$

„ „ „ $\underbrace{BE}$ . . . $\frac{x}{x'} + \frac{y}{b} = 1.$

Eliminirt man aus diesen zwei letzten Gleichungen mit Hilfe der Bedingungsgleichung $\frac{b}{a} = \frac{y'}{x'}$ die Werthe x' und y', so erhält man die gewünschte Relation in x und y. Die beiden Gleichungen von einander abgezogen, geben

$$x\left(\frac{1}{a} - \frac{1}{x'}\right) + y\left(\frac{1}{y'} - \frac{1}{b}\right) = 0;$$

statt y' . . . $\frac{b}{a} \cdot x'$ gesetzt,

$$x\left(\frac{1}{a} - \frac{1}{x'}\right) + y\left(\frac{a}{b x'} - \frac{1}{b}\right) = 0$$

oder
$$x\left(\frac{x' - a}{a x'}\right) + \frac{y}{b}\left(\frac{a - x'}{x'}\right) = 0,$$

abgekürzt $\frac{x}{a} - \frac{y}{b} = 0$ oder $y = \frac{b}{a} \cdot x$

als die Gleichung des gesuchten Ortes.

Diese Gerade geht durch den Ursprung und den Halbirungspunct der BC, denn für $x = \frac{a}{2}$ und $y = \frac{b}{2}$ wird die Gleichung identisch.

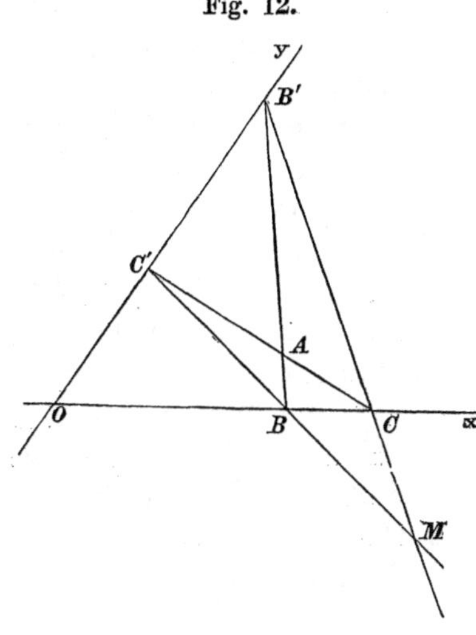

Fig. 12.

Aufgabe 37. Zwei gerade Linien Ox und Oy (Fig. 12) sind der Lage nach gegeben, so wie ein Punct A. Durch diesen Punct werden zwei beliebige Gerade BB' und CC' gezogen; die Durchschnitte B, C', C und B' werden durch gerade Linien verbunden, und es soll der geometrische Ort des Durchschnittes dieser Geraden $B'C$ und BC' gesucht werden.

Lösung. Wir benützen $\sphericalangle\, xOy$ als Coordinatensystem. Der Punct A habe die Coordinaten $x=\alpha$, $y=\beta$. Ferner sei

$$BO=x',\quad CO=x'',\quad B'O=y',\quad C'O=y''.$$

Dieser Bezeichnung gemäss ist die Gleichung

der $\underbrace{BB'}$ . . . $\frac{x}{x'}+\frac{y}{y'}=1$,

„ $\underbrace{CC'}$ . . . $\frac{x}{x''}+\frac{y}{y''}=1$,

„ $\underbrace{BC'}$ . . . $\frac{x}{x'}+\frac{y}{y''}=1$,

„ $\underbrace{B'C}$ . . . $\frac{x}{x''}+\frac{y}{y'}=1$.

Um aber auszudrücken, dass die BB' und CC' durch den Punct A gehen, müssen offenbar noch die Bedingungsgleichungen Statt finden:

$$\frac{\alpha}{x'}+\frac{\beta}{y'}=1 \quad \text{und} \quad \frac{\alpha}{x''}+\frac{\beta}{y''}=1.$$

Die Differenz dieser letzten Gleichungen gibt

$$\left(\frac{1}{y''}-\frac{1}{y'}\right)\beta+\left(\frac{1}{x''}-\frac{1}{x'}\right)\alpha=0,$$

eben so die Differenz zwischen BC' und $B'C$

$$\left(\frac{1}{y''}-\frac{1}{y'}\right)y-\left(\frac{1}{x''}-\frac{1}{x'}\right)x=0.$$

Aus diesen beiden Ergebnissen $\left(\frac{1}{y''}-\frac{1}{y'}\right)$ eliminirt, wodurch gleichzeitig auch $\frac{1}{x''}-\frac{1}{x'}$ wegfällt, ergibt sich

$$\frac{x}{\alpha}+\frac{y}{\beta}=0 \quad \text{oder} \quad y=-\frac{\beta}{\alpha}\cdot x$$

als die Gleichung des gesuchten Ortes.

Fig. 13.

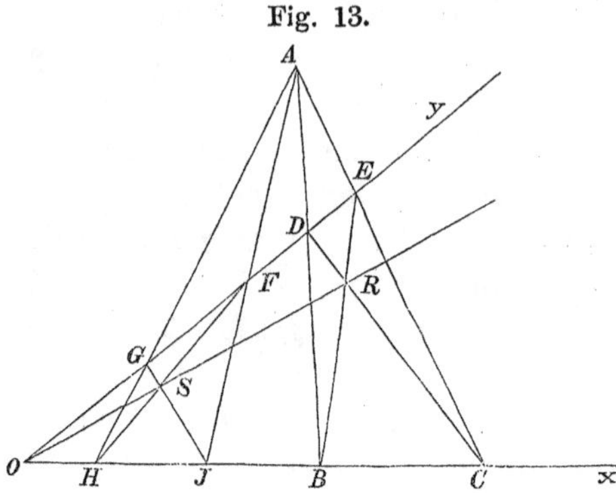

Aufgabe 38. Der Winkel $x\,o\,y$ (Fig. 13) ist gegeben. Von einem Puncte A ausserhalb desselben werden zwei beliebige Gerade AB und AC gezogen. Es entsteht hiedurch das Viereck $BCDE$, dessen Diagonalen BE und CD sich im Puncte R schneiden. Zieht man vom Puncte A zwei beliebige andere Gerade AH und AJ, und sucht wieder den Durchschnitt der so entstehenden Diagonalen des Viereckes $FGHJ$, so lässt sich zeigen, dass der Punct S in der Geraden OR liegen muss.

Lösung. Um diess einzusehen, benützen wir wieder die homogenen Gleichungen der Geraden.

Es sei die Gleichung der $\underbrace{AB}$ . . . $\frac{x}{a} + \frac{y}{b} = 1$,

" " " $\underbrace{AC}$ . . . $\frac{x}{a'} + \frac{y}{b'} = 1$,

so sind die Gleichungen der Diagonalen BE und CD beziehungsweise

$$\frac{x}{a} + \frac{y}{b'} = 1 \quad \text{und} \quad \frac{x}{a'} + \frac{y}{b} = 1.$$

Bringt man nun BE und CD zum Durchschnitt, so ergeben sich für den Punct R die Coordinaten

$$R\begin{cases} x = \dfrac{a\,a'\,(b - b')}{a\,b - a'\,b'}, \\ y = \dfrac{b\,b'\,(a - a')}{a\,b - a'\,b'}; \end{cases}$$

für die Coordinaten des Punctes A findet man

$$A\begin{cases} x = \dfrac{a\,a'\,(b' - b)}{a\,b' - a'\,b} = x', \\ y = \dfrac{b\,b'\,(a - a')}{a\,b' - a'\,b} = y'. \end{cases}$$

Die Geraden AH und AJ werden wieder der Form nach die Gleichungen besitzen

$$\frac{x}{a_2} + \frac{y}{b_2} = 1 \;.\;.\;.\; (\alpha) \quad \text{und} \quad \frac{x}{a_3} + \frac{y}{b_3} = 1 \;.\;.\; (\beta)$$

Nun müssen wir aber ausdrücken, dass beide Gerade durch den Punct A gehen.

Um diess zu bewerkstelligen, stellen wir uns vor, die Gleichung einer Geraden, die durch A geht, ist

$$y - y' = A(x - x'),$$

$$\text{oder} \quad y = Ax + (y' - Ax'),$$

und oben aus (α) folgt

$$y = -\frac{b_2}{a_2} \cdot x + b_2.$$

Sollen diese beiden Gleichungen identisch sein, so muss

$$A = -\frac{b_2}{a_2} \quad \text{und} \quad b_2 = y' - Ax'$$

sein, oder in letzterer Relation für A den Werth substituirt,

$$b_2 = y' + \frac{b_2}{a_2} \cdot x' \quad \text{oder} \quad a_2 b_2 = a_2 y' + b_2 x',$$

$$\text{oder} \quad b_2 = \frac{a_2 y'}{a_2 - x'},$$

$$\text{eben so muss} \quad b_3 = \frac{a_3 y'}{a_3 - x'} \quad \text{sein.}$$

Aus diesen beiden Relationen geht hervor, dass a_2 und a_3 noch immer willkürlich bleiben, dass es also unendlich viele Gerade gibt, welche durch A gehen.

Für den Durchschnitt der beiden Diagonalen FH und GJ hat man analog wie oben

$$S \begin{cases} x = \dfrac{a_2 a_3 (b_2 - b_3)}{a_2 b_3 - a_3 b_3} = x'', \\ y = \dfrac{b_2 b_3 (a_2 - a_3)}{a_2 b_2 - a_3 b_3} = y'', \end{cases}$$

oder setzt man hier statt b_2 und b_3 die vorher gefundenen Werthe und reducirt, so hat man

$$S \begin{cases} x'' = \dfrac{-a_2 a_3 \cdot x'}{a_2 a_3 - (a_2 + a_3) x'}, \\ y'' = \dfrac{a_2 a_3 \cdot y}{a_2 a_3 - (a_2 + a_3) x'}. \end{cases}$$

Nun ist die Gleichung der $\overset{\frown}{RO}$ . . . $y = \frac{y'}{x'} \cdot x$ oder

$$y = \frac{b b' (a - a')}{a a' (b - b')} \cdot x \quad . \; . \; . \; . \; . \; . \; . \quad \text{I.}$$

und sehen wir nun, ob die Coordinaten des Punctes S dieser Gleichung Genüge leisten.

Substituiren wir dieselben in I., so kommen wir auf die Gleichung $\frac{y'}{x'} = \frac{-b b' (a - a')}{a a' (b - b')}$, oder, da der Quotient aus den Coordinaten des Punctes A, nämlich $\frac{y'}{x'}$, eben diesen rechtsstehenden Ausdruck gibt, so geht daraus hervor, dass der Punct S in derselben Geraden OR liegt.

Die Aufgabe hätte demnach auch so ausgesprochen werden können: Zieht man durch einen Punct ausserhalb eines Winkels beliebige Strahlen zu demselben, und bildet sich die Durchschnittspuncte der Diagonalen der so entstehenden Vierecke, so liegen alle diese Durchschnittspuncte in einer durch den Scheitel des Winkels gehenden Geraden.

Fig. 14.

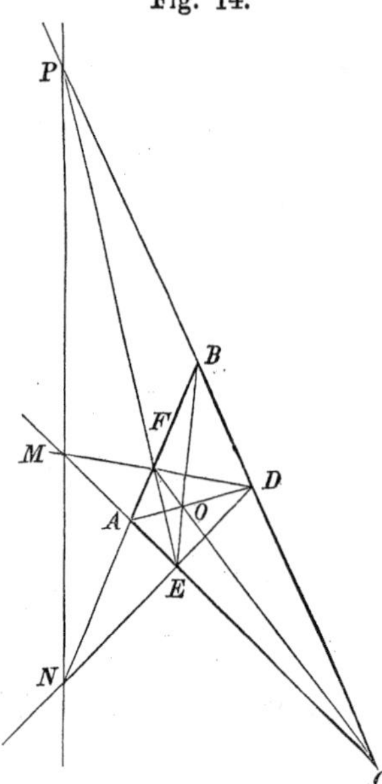

Aufgabe 39. In einem Dreiecke ABC (Fig. 14) ist ein Punct O gegeben; durch diesen werden zu den drei Ecken die Geraden AD, BE und CF gezogen und gleichzeitig die Seiten des Dreieckes verlängert, bis sie von den gleichfalls verlängerten Geraden DF, EF, DE getroffen werden. Es ist die Lage der so entstehenden drei Durchschnittspuncte auszumitteln.

Lösung. Nehmen wir die verlängerte AB als Abscissenaxe, DE als Ordinatenaxe, also einen der sich ergebenden Durchschnittspuncte N als Ursprung des Coordinatensystems.

Setzen wir ferner

$$AN = a, \quad NF = a', \quad NB = a'',$$
$$NE = b, \quad ND = b',$$

so hat man für die Gleichung der

$$\underbrace{AC} \quad \ldots \quad \frac{x}{a} + \frac{y}{b} = 1 \quad \ldots \ldots \quad (1)$$

$$\underbrace{DF} \quad \ldots \quad \frac{x}{a'} + \frac{y}{b'} = 1 \quad \ldots \ldots \quad (2)$$

$$\underbrace{BC} \quad \ldots \quad \frac{x}{a''} + \frac{y}{b'} = 1 \quad \ldots \ldots \quad (3)$$

$$\underbrace{FE} \quad \ldots \quad \frac{x}{a'} + \frac{y}{b} = 1 \quad \ldots \ldots \quad (4)$$

Durch Subtraction der Gleichung (2) von (1) folgt

$$\left(\frac{1}{a} - \frac{1}{a'}\right) x + \left(\frac{1}{b} - \frac{1}{b'}\right) y = 0 \quad \ldots \ldots \quad (5)$$

Diess ist nach Aufgabe 32 die Gleichung der MN.

Gleichung (3) von (4) abgezogen, gibt

$$\left(\frac{1}{a'} - \frac{1}{a''}\right) x + \left(\frac{1}{b} - \frac{1}{b'}\right) y = 0 \quad \ldots \ldots \quad (6)$$

welches die Gleichung der NP ist.

Addirt man die Gleichungen (1) und (3), so hat man

$$\left(\frac{1}{a}+\frac{1}{a''}\right)x+\left(\frac{1}{b}+\frac{1}{b'}\right)y=2\quad . \quad . \quad . \quad . \quad (7)$$

Diese Gleichung stellt nach Aufgabe 33 die Gerade CF vor.

Für dieselbe Gerade können wir aber auch die Gleichung schreiben:

$$\frac{x}{a'}+\frac{y}{\beta}=1\quad . \quad . \quad . \quad . \quad . \quad . \quad . \quad (8)$$

denn für $y=0$ muss $x=a$ werden, β selbst braucht für unsern Zweck nicht bestimmt zu werden.

Da nun diese Gleichungen (7) und (8) identisch sein müssen, so folgt, wenn früher in (7) durch 2 abgekürzt wird:

$$\frac{1}{2}\left(\frac{1}{a}+\frac{1}{a''}\right)=\frac{1}{a'}, \text{ und hieraus}$$

$$\frac{1}{a}-\frac{1}{a'}=\frac{1}{a'}-\frac{1}{a''}.$$

Mit Hilfe dieser Relation ist es uns sonach klar, dass die beiden Gleichungen (5) und (6) nicht von einander verschieden sind, dass demnach die beiden Geraden MN und NP in eine einzige zusammenfallen; oder mit andern Worten, dass die drei Puncte M, N und P in derselben Geraden liegen.

Aufgabe 40. Die Halbirungspuncte der Diagonalen eines vollständigen Viereckes liegen in derselben geraden Linie.

Fig. 15.

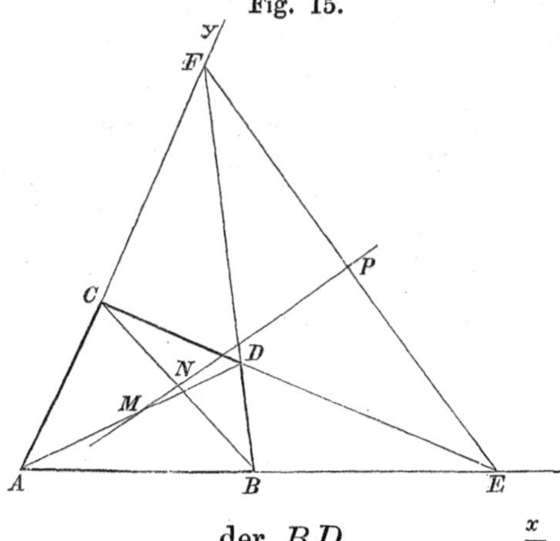

Lösung. $ABCDEF$ (Fig. 15) sei das vollständige Viereck, dessen Diagonalen AD, BC und EF sind.

AF und AE seien die Coordinatenaxen, ferner sei $AB=x'$, $AE=x''$, $AC=y'$ und $AF=y''$.

Nach diesen Voraussetzungen hat man für die Gleichungen

der $\underbrace{BD}$ . . . $\frac{x}{x'}+\frac{y}{y''}=1,$

„ $\underbrace{CD}$ . . . $\frac{x}{x''}+\frac{y}{y'}=1.$

Bringt man diese beiden Geraden zum Durchschnitte, so hat man für $D \begin{cases} x = \dfrac{x'x''(y''-y')}{x''y''-x'y'}, \\ y = \dfrac{y'y''(x''-x')}{x''y''-x'y'}. \end{cases}$

Man hat demnach

für $M \begin{cases} x = \dfrac{x'x''(y''-y')}{2(x''y''-x'y')}, \\ y = \dfrac{y'y''(x''-x')}{2(x''y''-x'y')}, \end{cases}$ $N \begin{cases} x = \dfrac{x'}{2}, \\ y = \dfrac{y'}{2}, \end{cases}$ $P \begin{cases} x = \dfrac{x''}{2}, \\ y = \dfrac{y''}{2}. \end{cases}$

Denkt man sich durch zwei dieser Puncte eine Gerade gelegt, so lässt sich nun sehr leicht nachweisen, dass auch der dritte Punct in derselben liegt.

Aufgabe 41. Man hat auf ein rechtwinkeliges Coordinatensystem n Puncte durch ihre Coordinaten bezogen; man soll eine Gerade suchen, auf dass die Summe der Perpendikel aus allen n Puncten auf die Gerade gleich einer gegebenen Länge l werde.

Lösung. Es seien die n Puncte $x_1 y_1$, $x_2 y_2$, ... $x_n y_n$; die zu suchende Gerade habe die Form $y = ax + b$, so kann zum Behufe der Bestimmung der Grössen a und b die Gleichung aufgestellt werden:

$$\frac{y_1 - ax_1 - b}{\sqrt{1+a^2}} + \frac{y_2 - ax_2 - b}{\sqrt{1+a^2}} + \ldots + \frac{y_n - ax_n - b}{\sqrt{1+a^2}} = l$$

oder $\Sigma(y) - a\Sigma(x) - nb = l\sqrt{1+a^2}$,

welcher Gleichung nun beziehlich der Grössen a und b auf mannigfaltige Weise entsprochen werden kann.

Treffen wir für die zu suchende Gerade eine nähere Bestimmung, etwa die, dass sie durch den bestimmten Punct $x'y'$ gehe, so kommt man zur Bestimmung von a auf die Gleichung

$$a = \frac{-st \pm l\sqrt{s^2+t^2-l^2}}{s^2-l^2},$$

wobei $s = nx' - \Sigma(x)$

und $t = -ny' + \Sigma(y)$ ist.

Für $x' = y' = 0$

$$a = \frac{\Sigma(x)\,\Sigma(y) \pm l\sqrt{\overline{\Sigma(x)}^2 + \Sigma(y)^2 - l^2}}{\overline{\Sigma(x)}^2 - l^2}.$$

Aufgabe 42. Es sind n gerade Linien durch ihre Gleichungen gegeben; man soll Puncte derart suchen, dass die Summe aller Abstände eines solchen Punctes von den gegebenen Geraden gleich einer gegebenen Länge l werde.

Lösung. Die n Geraden seien
$$y = a_1 x + b_1,$$
$$y = a_2 x + b_2,$$
$$\cdots\cdots$$
$$y = a_n x + b_n.$$

Sind die Coordinaten eines solchen fraglichen Punctes $x' y'$, so hat man zu ihrer Bestimmung die einzige Gleichung
$$\frac{y' - a_1 x' - b_1}{\sqrt{1 + a_1^2}} + \frac{y' - a_2 x' - b_2}{\sqrt{1 + a_2^2}} + \ldots + \frac{y' - a_n x' - b_n}{\sqrt{1 + a_n^2}} = l.$$
Alle Puncte von der verlangten Eigenschaft liegen demnach in einer Geraden, welche durch die gefundene Gleichung repräsentirt wird.

Aufgabe 43. Zwei Puncte sind gegeben; man soll einen dritten Punct von der Beschaffenheit finden, dass die Differenz der Quadrate der Verbindungslinien einem gegebenen Quadrate a^2 gleich werde.

Lösung. Legen wir die Abscissenaxe durch die gegebenen zwei Puncte, wählen den einen als Anfangspunct, und nennen die Abscisse des zweiten x', die Coordinaten des zu suchenden Punctes xy, so muss die Relation bestehen:
$$(x^2 + y^2) - [(x - x')^2 + y^2] = a^2,$$
und hieraus $x = \dfrac{a^2 + x'^2}{2x'}$.

Diess ist offenbar die Gleichung einer Geraden, welche mit der Ordinatenaxe im Abstande $\frac{a^2 + x'^2}{2x'}$ parallel läuft, und bildet sofort auch den geometrischen Ort aller der Aufgabe Genüge leistenden Puncte.

Aufgabe 44. Es ist $c^2 y = x^3$ die Gleichung einer Curve; wie gross ist die trigonometrische Tangente des Neigungswinkels einer Geraden mit der Abscissenaxe, welche durch jene beiden Puncte der Curve geht, denen die Abscissen a und b zukommen?

Lösung. Der Abscisse $x = a$ entspricht nach der Gleichung der Curve $y = \frac{a^3}{c^2}$, und der Abscisse $x = b$ entspricht $y = \frac{b^3}{c^2}$.

Man hat demnach die Gleichung jener Geraden, die durch die beiden Puncte $\begin{cases} x = a \\ y = \frac{a^3}{c^2} \end{cases}$ und $\begin{cases} x = b \\ y = \frac{b^3}{c^2} \end{cases}$ geht,

$$y - \frac{a^3}{c^2} = \frac{a^2 + ab + b^2}{c^2}(x - a);$$

die Tangente des Neigungswinkels ist demnach $\frac{a^2 + ab + b^2}{c^2}$.

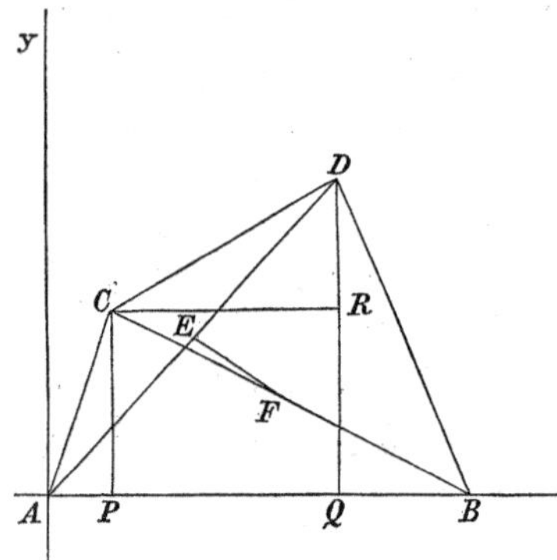

Fig. 16.

Aufgabe 45. In jedem beliebigen Vierecke (Fig. 16) ist die Summe der Quadrate der vier Seiten gleich der Summe der Quadrate der zwei Diagonalen vermehrt um das vierfache Quadrat der Verbindungslinie der Halbirungspuncte der Diagonalen.

Lösung. Es sei $AB = a$, $AC = b$, $CD = c$, $BD = d$. Man lege durch a die Abscissenaxe, A selbst sei der Anfangspunct des rechtwinkeligen Coordinatensystems. Die Coordinaten der Puncte C und D seien $x'y'$ und $x''y''$.

Es folgt $\overline{BC}^2 = (a - x')^2 + y'^2$,

$$\overline{BC}^2 = a^2 + b^2 - 2ax',$$

$$\overline{AD}^2 = x''^2 + y''^2,$$

und da $(a - x'')^2 + y''^2 = d^2$, ist,

so ist $x''^2 + y''^2 = d^2 - a^2 + 2ax''$,

also $\overline{AD}^2 = d^2 - a^2 + 2ax''$,

ferner $E\begin{cases} x = \frac{x''}{2}, \\ y = \frac{y''}{2}, \end{cases}$ $\quad F\begin{cases} x = \frac{a + x'}{2}, \\ y = \frac{y'}{2}, \end{cases}$

demnach, wenn gleich mit 4 multiplicirt wird,

$$4\overline{EF}^2 = [a - (x'' - x')]^2 + (y'' - y')^2,$$

oder wegen $x'' - x' = PQ = CR$

und wegen $y'' - y' = DR$

folgt

$$4\overline{EF}^2 = a^2 + c^2 - 2a(x'' - x').$$

Die Addition der drei Ausdrücke für $\overline{AD}^2$, $\overline{BC}^2$ und $4\overline{EF}^2$ gibt, wie behauptet, $(a^2 + b^2 + c^2 + d^2)$.

Aufgabe 46. Es sei ein Punct A und eine Gerade BC gegeben; man ziehe von A nach BC beliebige Linien, wie AN, mache den Winkel NAM gleich einem gegebenen Winkel α, und schneide auf AM ein Stück ab, so dass AM zu AN in einem gegebenen Verhältnisse steht. Es soll der Ort des Punctes M gefunden werden.

Fig. 17.

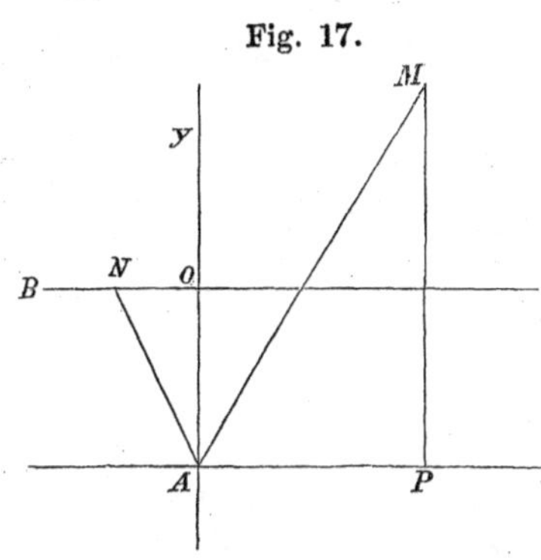

Lösung. Wir nehmen A (Fig. 17) selbst zum Ursprung des Coordinatensystems, $Ax \parallel BC$ sei die Abscissen-, $Ay \perp BC$ die Ordinatenaxe. Es sind daher die Coordinaten des Punctes M,

$$AP = x, \quad MP = y.$$

Man hat für die Gleichung

der $AM \; . \; . \; . \; y = Ax,$

„ $AN \; . \; . \; . \; y = A'x,$

wobei also $\frac{A' - A}{1 + AA'} = \operatorname{tg} \alpha = C$ constant ist.

Man findet ferner $AN = a\sqrt{1 + \frac{1}{A'^2}},$

eben so $AM = x\sqrt{1 + A^2},$

daher wegen $AN : AM = 1 : n$

$$x\sqrt{1 + A^2} = an\sqrt{1 + \frac{1}{A'^2}}.$$

Für $A' = \frac{A + C}{1 - AC}$, und für $A = \frac{y}{x}$ gesetzt, folgt für die Glei_chung des geometrischen Ortes

$$y = -Cx + an\sqrt{1 + C^2},$$

welches sofort die Gleichung einer geraden Linie ist.

Wann wird diese Gerade mit der gegebenen Linie BC parallel sein, wann darauf senkrecht stehen? Kann die gefundene Gerade unter gewissen Umständen durch den Ursprung gehen?

Aufgabe 47. Es sei eine Anzahl von Puncten in einer Ebene gegeben; man suche in derselben Ebene die Lage einer Geraden, welche die Eigenschaft hat, dass die Summe der Lothe, welche von jenen Puncten auf diese Gerade gezogen werden, jedes Loth mit einer gegebenen Zahl multiplicirt gleich Null sei.

Lösung. $y = ax + b \; . \; . \; .$ (1) sei die zu suchende Gerade, die einzelnen Puncte seien $\begin{cases} x_1, \\ y_1, \end{cases} \begin{cases} x_2, \\ y_2, \end{cases} \; . \; . \; . \begin{cases} x_n, \\ y_n, \end{cases}$ die einzelnen Lothe

$$\frac{y_1 - ax_1 - b}{\sqrt{1 + a^2}}, \quad \frac{y_2 - ax_2 - b}{\sqrt{1 + a^2}}, \quad . \; . \; . \quad \frac{y_n - ax_n - b}{\sqrt{1 + a^2}}.$$

Sind die Zahlen, mit denen die einzelnen Lothe vor ihrer Addition der Reihe nach multiplicirt werden, m_1, m_2, . . . m_n, so folgt die Gleichung

$$\frac{m_1(y_1 - ax_1 - b) + m_2(y_2 - ax_2 - b) + \ldots + m_n(y_n - ax_n - b)}{\sqrt{1 + a^2}} = 0$$

oder

$$\Sigma(m_1 y_1) - a\Sigma(m_1 x_1) - b\Sigma(m_1) = 0 \quad . \quad . \quad (2)$$

Diess ist sofort die Bedingungsgleichung, welche zwischen a und b Statt finden muss.

Aus (2) a gesucht und in (1) gesetzt, ergibt sich die Gleichung

$$y = \frac{\Sigma(m_1 y_1) - b\Sigma(m_1)}{\Sigma(m_1 x_1)} + b.$$

Iu dieser Gleichung ist noch die Grösse b willkürlich. Es gibt also unzählig viele Gerade, welche der Aufgabe Genüge leisten.

Aufgabe 48. Es sind die Polar-Coordinaten zweier Puncte gegeben; man bestimme die Entfernung derselben.

Lösung. Es sei P der Pol, Px die Polaraxe, die Puncte M und M' haben die Coordinaten $\begin{cases} u \\ \varphi \end{cases}$ und $\begin{cases} u' \\ \varphi' \end{cases}$.

Es folgt aus dem Dreiecke PMM'

$$d = \sqrt{u^2 + u'^2 - 2uu' \cos(\varphi - \varphi')}.$$

Liegt einer der beiden Puncte, etwa M', im Ursprung, so hat man hiefür $u' = 0$ und $\varphi' = 0$, demnach geht d über in $\sqrt{u^2} = u$.

Aufgabe 49. Es soll die Polargleichung der Geraden aufgestellt werden.

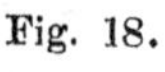

Fig. 18.

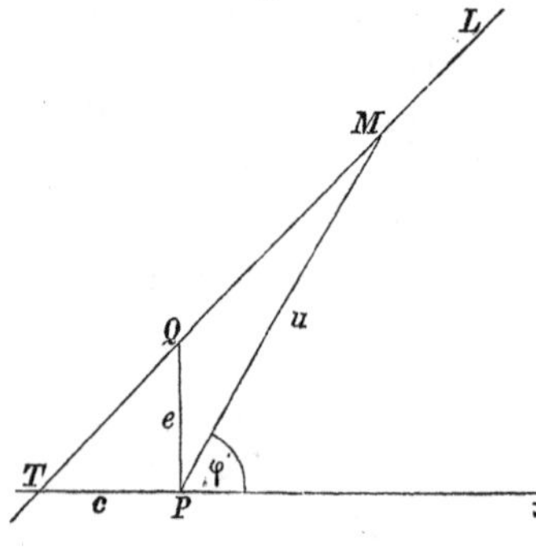

Lösung. Wie aus Figur 18 ersichtlich, wird die Gerade L durch die Entfernung des Durchschnittspunctes T derselben mit der Polaraxe vom Pol P, so wie durch den Neigungswinkel mit der Polaraxe in der Ebene festgelegt. c und $> \alpha$ sind also die Bestimmungselemente der Geraden. Nimmt man in der Geraden einen willkürlichen Punct M an, dessen Coordinaten u und φ sind, so folgt aus dem

Dreiecke MPT

$$u : c = \sin\alpha : \sin(\varphi - \alpha),$$

demnach $$u = \frac{c \,.\, \sin\alpha}{\sin(\varphi - \alpha)} \quad . \quad . \quad . \quad . \quad . \quad . \quad . \quad (1)$$

Diese Relation zwischen u und φ lässt sich offenbar von jedem Punct der Geraden nachweisen, es bildet demnach die Gleichung (1) die Polargleichung der Geraden.

Dividirt man in (1) Zähler und Nenner durch $\sin\alpha$, nennt $\operatorname{cotg}\alpha = a$, so kann man auch statt (1) schreiben:

$$u = \frac{c}{a\sin\varphi - \cos\varphi} \quad . \quad . \quad . \quad . \quad . \quad (2)$$

Zusatz 1. Geht die Gerade durch den Ursprung, so wird $c = 0$, und da φ immer constant $= \alpha$ bleibt, so nimmt u nach (1) die Form an $u = \frac{0}{0}$, u ist also jeden beliebigen Werthes fähig.

Zusatz 2. Setzt man in (2) $\alpha = 90^0$, so kommt $u = -\frac{c}{\cos\varphi}$, die Gleichung $u = \pm\frac{c}{\cos\varphi}$ stellt demnach eine Gerade vor im Abstande c vom Pol senkrecht stehend auf der Polaraxe.

Zusatz 3. Wird der Winkel $\alpha = 0$, also $c = \infty$, so geht die Gleichung (1) über in $u = \frac{\infty \,.\, 0}{\sin\varphi}$. Nun folgt nach Figur 18 $\triangle PQT$, $e = c \,.\, \operatorname{tang}\alpha$, also

$$e = \infty \,.\, 0,$$

demnach $u = \frac{e}{\sin\varphi}$. Diese Gleichung stellt sonach eine Gerade vor, welche im Abstande e parallel mit der Polaraxe läuft. Für die Gleichung der Polaraxe wird $e = 0$, aber auch $\varphi = 0$, demnach $u = \frac{0}{0}$.

Aufgabe 50. Es sind zwei Puncte gegeben durch ihre Polarcoordinaten; man soll die Gleichung der Geraden finden, welche durch diese zwei Puncte geht.

Lösung. Die gegebenen Puncte seien

$$M' \begin{cases} u' \\ \varphi' \end{cases}, \quad M'' \begin{cases} u'' \\ \varphi'' \end{cases}.$$

Die Gleichung der Geraden wird [nach Aufgabe 49, Gleichung (2)] die Form haben $\frac{c}{a\sin\varphi - \cos\varphi}$, und da die Coordinaten der gegebenen Puncte dieser Gleichung genügen müssen,

$$u' = \frac{c}{a\sin\varphi' - \cos\varphi'} \quad . \quad . \quad . \quad . \quad . \quad . \quad (1)$$

$$u'' = \frac{c}{a\sin\varphi'' - \cos\varphi''} \quad . \quad . \quad . \quad . \quad . \quad (2)$$

Aus diesen beiden Gleichungen folgt durch Division und Reduction

$$a = \text{cotang}\,\alpha = \frac{u' \cos \varphi' - u'' \cos \varphi''}{u' \sin \varphi' - u'' \sin \varphi''}.$$

Aus dieser Gleichung würde α gefolgert werden können, welcher Werth von α jedoch, um die Gleichung der Geraden aufzustellen, nicht zu wissen nöthig ist.

Durch Multiplication obiger zwei Bestimmungsgleichungen (1) und (2) bekommt man

$$u' u'' = \frac{c^2}{(a \sin \varphi' - \cos \varphi')(a \sin \varphi'' - \cos \varphi'')},$$

und hieraus

$$c = \sqrt{u' u'' (a \sin \varphi' - \cos \varphi')(a \sin \varphi'' - \cos \varphi'')}.$$

Substituirt man hier statt a den oben gefundenen Werth, und reducirt vollständig, so hat man

$$c = \frac{u' u'' \sin (\varphi'' - \varphi')}{u' \sin \varphi - u'' \sin \varphi''}.$$

Die Werthe von a und c in Gleichung (2) gesetzt, geben die Gleichung

$$u = \frac{u' u'' \sin (\varphi'' - \varphi')}{u' \sin (\varphi - \varphi') - u'' \sin (\varphi - \varphi'')} \quad . \quad . \quad . \quad (1)$$

Diess ist die Polargleichung derjenigen Geraden, welche durch die bestimmten zwei Puncte geht. Man ersieht sehr leicht ihre Richtigkeit, denn sie liefert für $\varphi = \varphi'$ oder φ'' wirklich für $u = u$ oder u'', wie es sein muss.

Zusatz. Haben die beiden Puncte über der Polaraxe denselben Abstand, ist nämlich

$$u' \sin \varphi' = u'' \sin \varphi'' = e.$$

Substituirt man in (1) $u' = \frac{e}{\sin \varphi'}$ und $u'' = \frac{e}{\sin \varphi''}$, so hat man

$$u = \frac{\frac{e^2}{\sin \varphi' \cdot \sin \varphi''} \sin (\varphi'' - \varphi')}{\frac{e}{\sin \varphi'} \sin (\varphi - \varphi') - \frac{e}{\sin \varphi''} \sin (\varphi - \varphi'')}$$

$$= e \cdot \frac{\sin (\varphi'' - \varphi')}{\sin \varphi'' . \sin (\varphi - \varphi') - \sin \varphi' . \sin (\varphi - \varphi'')}.$$

Der Nenner dieses Bruches gibt reducirt

$$\sin \varphi \cdot \sin (\varphi'' - \varphi'),$$

demnach ist $u = \frac{e}{\sin \varphi}$ als Gleichung der mit der Polaraxe im Abstande c parallelen Geraden. Diese Gleichung stimmt mit der in Aufgabe 49, Zusatz 3 gefundenen vollkommen überein.

Aufgabe 51. Die Polargleichungen zweier Geraden seien gegeben; man bestimme ihren Neigungswinkel.

Lösung. Die zwei Geraden seien

$$u = \frac{c}{a \sin \varphi - \cos \varphi},$$

$$u = \frac{c'}{a' \sin \varphi - \cos \varphi}.$$

Nennen wir den Neigungswinkel der beiden Geraden δ, ihre respectiven Neigungswinkel mit der Polaraxe α und α', so folgt ganz einfach

$$\delta = \alpha' - \alpha$$

$$\text{oder} \quad \operatorname{cotang} \delta = \frac{\operatorname{cotang} \alpha' \, . \, \operatorname{cotang} \alpha + 1}{\operatorname{cotang} \alpha - \operatorname{cotang} \alpha'}.$$

Nun ist

$$a = \operatorname{cotang} \alpha \quad \text{und} \quad a' = \operatorname{cotang} \alpha',$$

$$\text{demnach} \quad \operatorname{cotang} \delta = \frac{a a' + 1}{a - a'}.$$

Für $\delta = 0$ ist cotang $\delta = \infty$, also $a - a' = 0$, d. i. $a = a'$. Diess ist demnach die analytische Bedingung, dass zwei Gerade parallel laufen.

Für $\delta = 90$ ist cotang $\delta = 0$, also auch $a a' + 1 = 0$, als analytisches Kennzeichen, dass zwei Gerade auf einander senkrecht stehen.

Aufgabe 52. Es ist eine Gerade gegeben und ein Punct; man soll durch diesen Punct eine Gerade ziehen, welche mit der gegebenen parallel ist.

Lösung. Es sei die Gleichung der gegebenen Geraden

$$u = \frac{c}{a \sin \varphi - \cos \varphi} \quad . \quad . \quad . \quad . \quad . \quad . \quad (1)$$

die Coordinaten des gegebenen Punctes $\begin{cases} u' \\ \varphi' \end{cases}$.

Die Gleichung der zu suchenden Geraden wird die Form haben

$$u = \frac{c'}{a' \sin \varphi - \cos \varphi} \quad . \quad . \quad . \quad . \quad . \quad . \quad (2)$$

Da aber (2) mit (1) parallel sein soll, muss $a' = a$ sein.

Da ferner die Coordinaten des gegebenen Punctes der Gleichung (2) entsprechen müssen, so hat man für c' die Gleichung

$$u' = \frac{c'}{a \sin \varphi' - \cos \varphi'}, \quad \text{und hieraus} \quad c' = u' (a \sin \varphi' - \cos \varphi'),$$

Dieser Werth in (2) substituirt, gibt

$$u = \frac{u' (a \sin \varphi' - \cos \varphi')}{a \sin \varphi - \cos \varphi}.$$

Aufgabe 53. Die Polargleichungen zweier Geraden sind gegeben; man bestimme ihren Durchschnitt.

L ö s u n g. Die Gleichungen der Geraden seien

$$u = \frac{c}{a \sin \varphi - \cos \varphi} \quad \ldots \ldots \ldots (1)$$

$$u = \frac{c'}{a' \sin \varphi - \cos \varphi} \quad \ldots \ldots \ldots (2)$$

Berücksichtiget man, dass die Coordinaten des gemeinschaftlichen Durchschnittspunctes beiden Gleichungen (1) und (2) gleichzeitig genügen müssen, so erübriget nichts anderes, als diese zwei Gleichungen nach u und φ aufzulösen.

Die beiden Ausdrücke für u einander gleich gesetzt, und diese Gleichung von Brüchen befreit, hat man

$$a'c \sin \varphi - c \cos \varphi = ac' \sin \varphi - c' \cos \varphi$$

oder $(a'c - ac') \operatorname{tang} \varphi = c - c'$,

demnach $$\operatorname{tang} \varphi = \frac{c - c'}{a'c - ac'} \quad \ldots \ldots \ldots \text{I.}$$

Hieraus lässt sich der Werth von φ bestimmen.

Um u zu erhalten, hat man in (1) den Werth von φ zu substituiren, was wir auf folgende Art bewerkstelligen wollen.

Nehmen wir in (1) aus dem Nenner rechts $\cos \varphi$ zum Factor, so hat man

$$u = \frac{c}{\cos \varphi (a \operatorname{tang} \varphi - 1)} \quad \ldots \ldots \ldots (m)$$

Aus I. folgt

$$\cos \varphi = \frac{a'c - ac'}{\sqrt{(a'c - ac')^2 + (c - c')^2}},$$

Die gefundenen Werthe von $\cos \varphi$ und $\operatorname{tang} \varphi$ in (m) substituirt, geben

$$u = \frac{\sqrt{(a'c - ac')^2 + (c - c')^2}}{a - a'} \quad \ldots \ldots \text{II.}$$

Wird u unendlich, so laufen die beiden Geraden (1) und (2) parallel; diess geschieht aber für $a = a'$, wie es sein soll.

Die hier über Polarcoordinaten abgehandelten Aufgaben über den Punct und die gerade Linie dürften genügen, um ähnliche Aufgaben, wie sie bei rechtwinkeligen oder schiefwinkeligen Coordinatensystemen vorkommen, auf Grundlage dieser vorigen Aufgaben zu lösen.

Wir wollen noch einige Beispiele über die Transformation des Coordinatensystems hier anführen; gleichzeitig wollen wir bemerken, dass der jeweilige Zusammenhang zwischen den Coordinaten der verschiedenen Systeme stets aus der Figur hergeleitet werden soll, so, dass wir uns demnach von den bekannten Transformations-Formeln unabhängig zu machen trachten.

Aufgabe 54. Es sei $y = ax + b$ die Gleichung einer Geraden auf ein rechtwinkeliges Coordinatensystem bezogen. Man geht von diesem Coordinatensystem wieder auf ein rechtwinkeliges über, dessen Ursprung in der früheren Abscissenaxe liegt, im Abstande $x = d$, und die neue Ordinatenaxe schliesst mit der gegebenen Abscissenaxe den Winkel γ ein; wie heisst jetzt die Gleichung der Geraden?

Fig. 19.

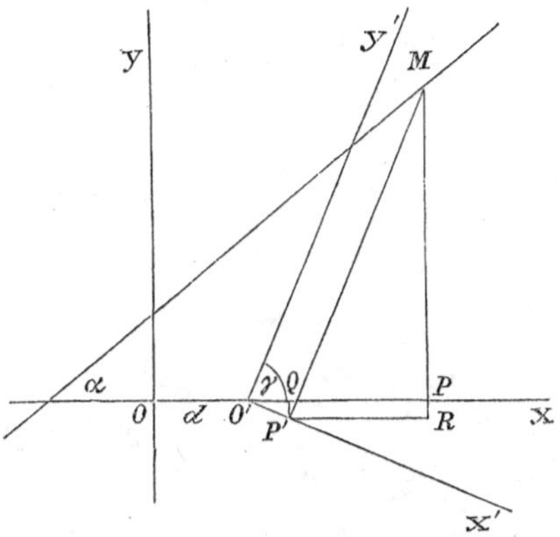

L ö s u n g. Nehmen wir (Fig. 19) in der gegebenen Geraden L den willkürlichen Punct M an, und construiren die Coordinaten dieses Punctes für beide Systeme, so hat man:

$$x = OO' + O'Q + PQ.$$

Nun ist

$$OO' = d,$$

$$O'Q = x' . \sin\gamma,$$

$$PQ = P'R = y' . \cos\gamma,$$

sonach

$$x = d + x' \sin\gamma + y' \cos\gamma;$$

ferner $y = MR - PR,$

$$MR = y' \sin\gamma,$$

$$PR = P'Q = x' \cos\gamma,$$

sonach $y = y' \sin\gamma - x' \cos\gamma.$

Da nun der betreffende Zusammenhang zwischen den Coordinaten beider Systeme hergestellt ist, wird man x und y in $y = ax + b$ substituiren, dadurch erhält man

$$y' \sin\gamma - x' \cos\gamma = a(d + x' \sin\gamma + y' \cos\gamma) + b,$$

$$y' = \frac{a \sin\gamma + \cos\gamma}{\sin\gamma - a \cos\gamma} . x' + \frac{b + ad}{\sin\gamma - a\cos\gamma},$$

die Gleichung der Geraden für das neue Coordinatensystem.

Aufgabe 55. Die Gleichung einer Geraden, auf ein schiefwinkeliges Axensystem bezogen, ist gegeben; man suche die Gleichung dieser Geraden für ein rechtwinkeliges Axensystem, wenn sie gleichzeitig durch den Ursprung dieses Systems gehen soll.

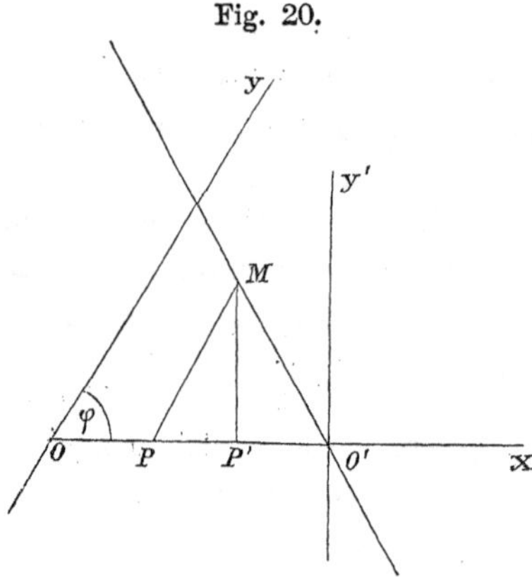

Fig. 20.

Lösung. (Fig. 20.) Da wir der geforderten Bedingung gemäss nun wissen, dass der Ursprung unseres neuen Coordinatensystems in der gegebenen Geraden liegen muss, so wollen wir zur Vereinfachung den Ursprung in die gegebene Abscissenaxe legen, und zwar dort, wo diese von der gegebenen Geraden getroffen wird, d. i. in O'; die neue Abscissenaxe lassen wir mit der früheren zusammenfallen,

$$OO' = -\frac{b}{a} = c, \quad y' = y \sin\varphi, \quad \text{also} \quad y = \frac{y'}{\sin\varphi},$$

$$\text{ferner} \quad PP' = c - (x + x') = y \cos\varphi,$$

$$\text{und hieraus} \quad c - y' \cdot \frac{\cos\varphi}{\sin\varphi} - x' = x.$$

Diese Werthe von x und y in $y = ax + b$ gesetzt, liefern, wenn man auch wieder statt c den Werth herstellt, und bedenkt, dass x' negativ zu nehmen ist, die Gleichung

$$y = \frac{a \sin\varphi}{1 + a \cos\varphi} \cdot x.$$

Zu dieser Gleichung gelangt man auch einfacher, nämlich: die gesuchte Gerade hat die Form $y = \tang\alpha \cdot x$, wo der Werth von $\tang\alpha$ sich aus $a = \frac{\sin\alpha}{\sin(\varphi - \alpha)}$ leicht ergibt.

Aufgabe 56. $y = ax + b$ ist die Gleichung einer Geraden auf ein schiefwinkeliges Axensystem bezogen. Man soll diese Gleichung auf ein neues Axensystem derart transformiren, dass sie in die einfache Gleichung $x' = m$ übergeht.

Lösung. In diesem Falle haben wir nur das neue Axensystem so zu wählen, dass die Ordinatenaxe desselben parallel wird zur gegebenen Geraden; legen wir ferner den neuen Ursprung in die gegebene Abscissenaxe, und lassen die neue Abscissenaxe mit dieser zusammenfallen, so haben wir für die Lage des neuen Ursprunges O'

$$OO' = -\frac{b}{a} - m,$$

wo $-\frac{b}{a}$ die Entfernung des Durchschnittes der gegebenen Geraden mit der Abscissenaxe vom Puncte O bezeichnet.

Aufgabe 57. $y = ax + b$ . . . . (1)
ist die Gleichung einer Geraden auf ein rechtwinkeliges Coordinatensystem bezogen; man soll unter Voraussetzung desselben Ursprunges die Lage eines neuen rechtwinkeligen Systemes ausmitteln, auf dass die transformirte Gleichung der Geraden (1) die Form $y = a'x + b'$ . . . . (2)
annimmt.

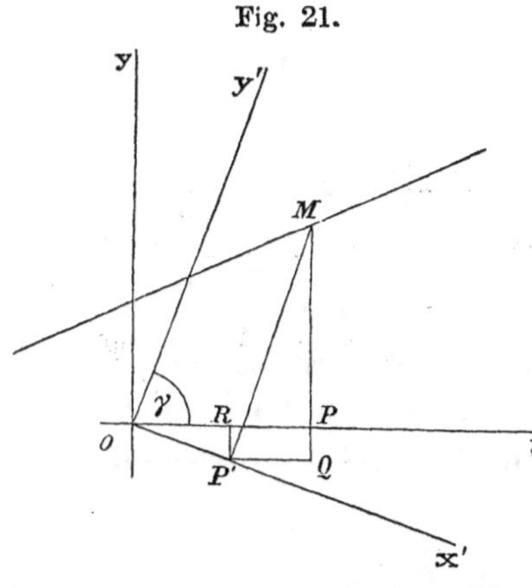

Fig. 21.

Lösung. Denken wir uns für einen Moment, das Coordinatensystem (Fig. 21) $x'Oy'$ sei gegeben, und es handle sich um die Ausmittlung der Gleich. (2). Man hat, wie die Figur zeigt,

$$x = x' \sin\gamma + y' \cos\gamma,$$
$$y = y' \sin\gamma - x' \cos\gamma;$$

x und y in (1) gesetzt, geben die Gleichung

$$y' \sin\gamma - x' \cos\gamma =$$
$$= a(x' \sin\gamma + y' \cos\gamma) + b,$$

und hieraus

$$y' = \frac{a \sin\gamma + \cos\gamma}{\sin\gamma - a\cos\gamma} \cdot x' + \frac{b}{\sin\gamma - a\cos\gamma}.$$

Da an den Accenten nunmehr nichts gelegen ist, und die so eben gefundene Gleichung mit der (2) identisch sein muss, so hat man

$$\frac{a \sin\gamma + \cos\gamma}{\sin\gamma - a\cos\gamma} = a'.$$

Aus dieser Gleichung folgt γ, nämlich $\operatorname{tang}\gamma = \frac{1 + aa'}{a' - a}$. Dieser Winkel γ, nämlich derjenige, welchen die neue Ordinatenaxe mit der ursprünglichen Abscissenaxe einschliesst, bestimmt nunmehr die Lage des Coordinatensystems $x'Oy'$ derart, dass auf dieses System bezogen die Gleichung (1) übergeht in die Gleichung $y = a'x + b''$. Im Allgemeinen wird b' nicht gleich $\frac{b}{\sin\gamma - a\cos\gamma}$ sein, und es lässt sich demnach durch das in der Aufgabe bedingte neue Coordinatensystem die Transformation nicht im gewünschten Sinne vornehmen, da die Lage desselben ohne Zweifel zu beschränkt ist. Es müssen für das zu suchende Coordinatensystem wenigstens zwei Stücke frei zu bestimmen bleiben.

Nennen wir etwa den Neigungswinkel der neuen Ordinatenaxe mit der ursprünglichen Abscissenaxe γ, die Abscisse des neuen Ursprunges d, so hat man jetzt, um von $y = ax + b$ auf $y = a'x + b'$ zu kommen, für γ und d die Werthe

$$\operatorname{tang} \gamma = \frac{1 + a a'}{a' - a}, \quad d = \frac{b'(\sin \gamma - a \cos \gamma) - b}{a}.$$

Zum Schlusse der Aufgaben über den Punct und die gerade Linie wollen wir noch einige Aufgaben über Flächenberechnung folgen lassen.

Aufgabe 58. Es ist ein Dreieck ABC gegeben; man soll durch den Punct A eine Gerade derart ziehen, damit $\frac{1}{n}$ des ganzen Dreieckes abgeschnitten werde, es ist die Lage dieser Theilungslinie auszumitteln.

Lösung. Nehmen wir den Punct A als Ursprung des rechtwinkeligen Coordinatensystemes, die AB als Abscissenaxe, bezeichnen die drei Seiten des Dreieckes beziehungsweise mit a, b und c, und nennen den Neigungswinkel, welchen die fragliche Gerade mit der Abscissenaxe einschliesst, ω, so ist die Gleichung dieser Geraden

$$y = T \, . \, x \quad . \quad . \quad . \quad . \quad . \quad . \quad . \quad (1)$$

wobei $T = \operatorname{tang} \omega$ ist.

Es ist ferner die Gleichung der Dreiecksseite

$$BC \quad . \quad . \quad . \quad y = - \operatorname{tang} B \, . \, x + c \, . \operatorname{tang} B \quad . \quad . \quad . \quad (2)$$

Diese beiden Geraden zum Durchschnitte gebracht, liefern für den Durchschnittspunct D die Coordinaten

$$D \begin{cases} x = \dfrac{c \, . \operatorname{tang} B}{T + \operatorname{tang} B}, \\ y = \dfrac{c \, . \, T \, . \operatorname{tang} B}{T + \operatorname{tang} B}, \end{cases}$$

Die Ordinate des Punctes D kann gleichzeitig als Höhe des $\triangle ABD$ betrachtet werden, und die Fläche dieses Dreieckes ist sonach

$$\frac{c}{2} \cdot \frac{c \, . \, T \, . \operatorname{tang} B}{T + \operatorname{tang} B}.$$

Denkt man sich von C auf AB ein Perpendikel gefällt, so ist dieses offenbar $= a \sin B$, demnach die Fläche des Dreieckes $ABC = \frac{c}{2} \, . \, a \sin B$.

Da nun der gestellten Bedingung gemäss

$$\triangle ABD = \frac{1}{n} \, . \triangle ABC$$

sein soll, so hat man zur Bestimmung der Grösse T die Gleichung

$$\frac{c}{2} \cdot \frac{c \,.\, T \,.\, \operatorname{tang} B}{T + \operatorname{tang} B} = \frac{1}{n} \cdot \frac{c}{2} \cdot a \sin B,$$

hieraus folgt $$T = \frac{a \sin B}{n c - a \cos B}.$$

Um dieses Resultat mit den Ergebnissen der synthetischen Geometrie in Einklang zu bringen, suchen wir uns die Entfernung BD.

Da die Coordinaten der Puncte B und D bekannt sind, so hat man

$$\overline{BD}^2 = \left(\frac{c \,.\, \operatorname{tang} B}{T + \operatorname{tang} B} - c\right)^2 + \left(\frac{c \,.\, T \,.\, \operatorname{tang} B}{T + \operatorname{tang} B}\right)^2$$

oder $$BD = \frac{c \,.\, T \,.\, \sec B}{T + \operatorname{tang} B} = \frac{c \,.\, T}{T \cos B + \sin B}.$$

Setzt man hier statt T den oben berechneten Werth, so folgt $BD = \frac{1}{n} \,.\, a$, d. h. man hat die Grundlinie BC in n gleiche Theile zu theilen, und den ersten Theilungspunct D mit B zu verbinden, so wird dadurch $\frac{1}{n}$ des Dreieckes abgeschnitten.

Aufgabe 59. Es sind die Coordinaten der drei Eckpuncte eines Dreieckes gegeben (Figur 22); man soll die Fläche des Dreieckes aus den Coordinaten der Eckpuncte berechnen.

Fig. 22.

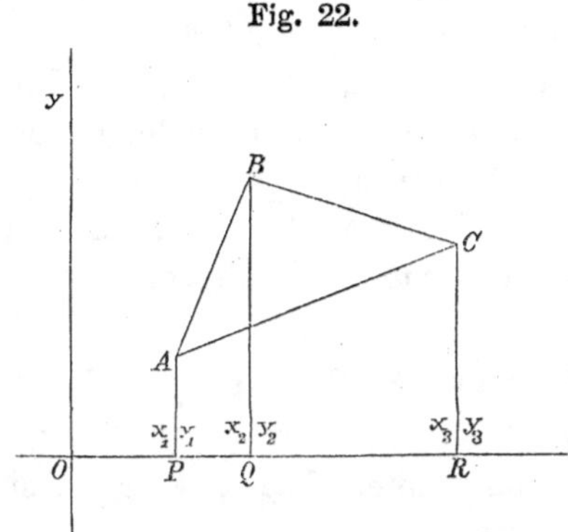

Lösung. Wenn wir das Dreieck ABC allgemein auf das schiefwinkelige Axensystem xOy bezogen denken, so folgt für die Fläche des Dreieckes:

$$\triangle ABC = (ABPQ + BCQR - ACPR),$$
$$\text{ar. } ABPQ = \tfrac{1}{2}(y_1 + y_2)(x_2 - x_1) \sin \varphi,$$
$$\text{ar. } BCQR = \tfrac{1}{2}(y_2 + y_3)(x_3 - x_2) \sin \varphi,$$
$$\text{ar. } ACPR = \tfrac{1}{2}(y_1 + y_3)(x_3 - x_1) \sin \varphi.$$

Bezeichnen wir kurz die Fläche des Dreieckes durch f, so haben wir

$$2f = \sin \varphi \,[(y_1 + y_2)(x_2 - x_1) + (y_2 + y_3)(x_3 - x_2) - (y_1 + y_3)(x_3 - x_1)].$$

Verrichtet man hier die angezeigten Multiplicationen und reducirt, so erhält man

$$2f = \sin \varphi \,[(y_1 x_2 - x_1 y_2) + (y_2 x_3 - x_2 y_3) + (y_3 x_1 - x_3 y_1)].$$

Zusatz 1. Sind vier Puncte durch ihre Coordinaten gegeben, so findet man ganz nach derselben Methode, wie oben, für den Flächeninhalt des dadurch bestimmten Viereckes:

$$2f = \sin\varphi \begin{cases} y_1 x_2 - x_1 y_2 \\ + y_2 x_3 - x_2 y_3 \\ + y_3 x_4 - x_3 y_4 \\ + y_4 x_1 - x_4 y_1 . \end{cases}$$

Das Gesetz, nach welchem nun die Fläche überhaupt zu bilden ist, fällt in die Augen; es wird sich demnach die doppelte Fläche eines n-Eckes ergeben:

$$2f = \sin\varphi \begin{cases} y_1 x_2 - x_1 y_2, \\ y_2 x_3 - x_2 y_3, \\ y_3 x_4 - x_3 y_4, \\ \cdot\ \cdot\ \cdot\ \cdot\ \cdot\ \cdot\ \cdot\ \cdot \\ y_{n-1} x_n - x_{n-1} y_n, \\ y_n x_1 - x_n y_1 . \end{cases}$$

Ist das Coordinatensystem rechtwinkelig, so geht der Factor $\sin\varphi$ in die Einheit über. Kreuzen sich die Seiten des Polygons, so findet die obige Formel offenbar keine Anwendung. Ferner hat man keinen Anstoss vielleicht daran zu nehmen, dass die ganze Summe eine negative Grösse werden kann, da dieses nur von der zufälligen Stellung der einzelnen Puncte in der Figur abhängt; der absolute Werth der Summe bleibt derselbe.

Man hat sechs Puncte:

$$\begin{cases} x_1 = 1, \\ y_1 = 2. \end{cases} \begin{cases} x_2 = 3, \\ y_2 = 4. \end{cases} \begin{cases} x_3 = 5, \\ y_3 = 6. \end{cases} \begin{cases} x_4 = 7, \\ y_4 = 1. \end{cases} \begin{cases} x_5 = 6, \\ y_5 = -2. \end{cases} \begin{cases} x_6 = 4, \\ y_6 = -1. \end{cases}$$

Für die Fläche des dadurch bestimmten 6-Eckes ergibt sich

$$F = 25.$$

Zusatz 2. Liegen die drei Puncte A, B und C in derselben Geraden, so ist offenbar die Fläche dieses Dreieckes $= 0$; denn die Gerade, die durch $x_1\, y_1$ und $x_2\, y_2$ geht, heisst

$$y - y_1 = \frac{y_1 - y_2}{x_1 - x_2}(x - x_1),$$

und da der dritte Punct $x_3\, y_3$ in dieser Geraden liegen soll, so muss

$$y_3 - y_1 = \frac{y_1 - y_2}{x_1 - x_2}(x_3 - x_1),$$

oder auf Null reducirt und geordnet,

$$(y_1 x_2 - x_1 y_2) + (y_2 x_3 - x_2 y_3) + (y_3 x_1 - x_3 y_1) = 0$$

sein, folglich ist auch $f = 0$. wie es sein muss.

Aufgabe 60. Die drei Eckpuncte eines Dreieckes sind durch die Polarcoordinaten gegeben; man bestimme den Flächeninhalt des Dreieckes.

Fig. 23.

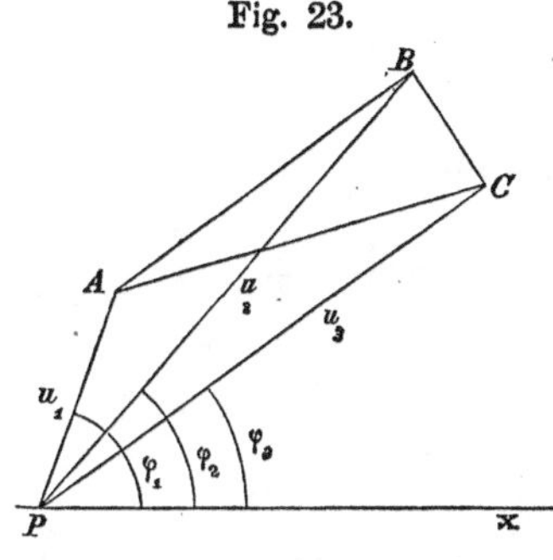

Lösung. Man hat offenbar (Fig. 23)

$$\triangle ABC =$$
$$= \triangle ABP + \triangle BCP - \triangle ACP.$$

Nun ist

$$\triangle ABP = \tfrac{1}{2} u_1 u_2 \sin(\varphi_1 - \varphi_2),$$
$$\triangle BCP = \tfrac{1}{2} u_2 u_3 \sin(\varphi_2 - \varphi_3),$$
$$\triangle ACP = \tfrac{1}{2} u_1 u_3 \sin(\varphi_1 - \varphi_3),$$

sonach für die doppelte Fläche des Dreieckes

$$2f = u_1 u_2 \sin(\varphi_1 - \varphi_2) + u_2 u_3 \sin(\varphi_2 - \varphi_3) + u_1 u_3 \sin(\varphi_3 - \varphi_1).$$

Zusatz. Dehnt man diese Betrachtung auf ein beliebiges Polygon, etwa von n Seiten aus, so findet man für die doppelte Fläche des Polygons:

$$2f = \begin{cases} \quad u_1 u_2 \sin(\varphi_1 - \varphi_2) \\ + u_2 u_3 \sin(\varphi_2 - \varphi_3) \\ + u_3 u_4 \sin(\varphi_3 - \varphi_4) \\ + \cdots\cdots\cdots \\ + u_{n-1} u_n \sin(\varphi_{n-1} - \varphi_n) \\ + u_n u_1 \sin(\varphi_n - \varphi_1). \end{cases}$$

Zweiter Abschnitt.

Aufgaben über die Kreislinie.

Aufgabe 61. Die Gleichung einer Curve

$$Ax^2 + Ay^2 + Bx + Cy + D = 0$$

sei auf ein rechtwinkeliges Coordinatensystem bezogen; man bestimme ihre geometrische Bedeutung.

Lösung. Sind p und q die rechtwinkeligen Coordinaten des Mittelpunctes eines Kreises, p die Abscisse, q die Ordinate und r dessen Radius, so ist bekanntlich die Gleichung des Kreises

$$x^2 + y^2 - 2px - 2qy + p^2 + q^2 - r^2 = 0 \ldots (1)$$

Vergleicht man die gegebene Gleichung mit dieser, so findet man, nachdem früher durch A dividirt wird, $-2p = \frac{B}{A}$, also $p = -\frac{B}{2A}$, $-2q = \frac{C}{A}$, $q = -\frac{C}{2A}$, und da ferner

$$p^2 + q^2 - r^2 = \frac{D}{A}$$

sein soll, so folgt, wenn man die Werthe von p und q substituirt:

$$r = \frac{1}{2A}\sqrt{B^2 + C^2 - 4AD}.$$

Sobald also r eine reelle Grösse bezeichnet, so repräsentirt die gegebene Gleichung einen Kreis, der nach den gefundenen Zahlenwerthen von p, q und r leicht construirt werden kann.

Eine Gleichung der vorgelegten Form wird also immer einen Kreis bedeuten, sobald die zweiten Potenzen der Veränderlichen vorkommen, diese aber gleich bezeichnet und mit denselben Coefficienten behaftet sind. Die Coefficienten der etwa vorhandenen ersten Potenzen bestimmen weiter die Lage des Kreises.

Diese Bemerkungen wollen wir auf einige Beispiele anwenden.

a) $x^2 + y^2 - 3x + 4y - 7 = 0.$

Man hat nach Gleichung (1)

$$-2p = -3 \quad \text{und} \quad -2q = 4,$$

woraus folgt $p = \frac{3}{2}$ und $q = -2$.

Diess sind die Längen beziehungsweise von Abscisse und Ordinate des Kreismittelpunctes. Aus der Gleichung $p^2 + q^2 - r^2 = -7$ folgt $r = \frac{1}{2}\sqrt{53}$.

b) $2x^2 + 2y^2 - 8x + 4y + 13 = 0.$

Man findet hier $p = 2$, $q = -1$ und $r = \sqrt{-1\cdot5}$. Da r sich imaginär ergibt, so hat die gegebene Gleichung keine geometrische Bedeutung.

c) $x^2 + y^2 - 12x = 0$, $p = 6$, $q = 0$, $r = 6$.

Aus diesen Daten geht hervor, dass der Mittelpunct des Kreises in der Abscissenaxe liegt, und die Ordinatenaxe im Ursprunge berührt wird.

Aufgabe 62. Es soll die Gleichung des Kreises, auf ein schiefwinkeliges Axensystem bezogen, aufgestellt werden.

Lösung. Bezeichnen wir wieder Abscisse und Ordinate des Kreismittelpunctes durch p und q, den Radius mit r und den Coordinatenwinkel durch φ, so hat man als die verlangte Gleichung

$$(x-p)^2 + (y-q)^2 + 2(x-p)(y-q)\cos\varphi = r^2;$$

diess gibt weiter

$$x^2 + y^2 + 2xy \,.\, \cos\varphi - 2(p + q\cos\varphi)x - 2(q + p\cos\varphi)y + \\ + (p^2 + q^2 + 2pq\cos\varphi - r^2) = 0 \quad . \quad . \quad . \quad (1)$$

Es folgt nun sehr einfach, dass die Gleichung

$$x^2 + y^2 + Axy + Bx + Cy + D = 0 \quad . \quad . \quad . \quad (2)$$

nur dann die Gleichung eines Kreises auf schiefe Axen bezogen vorstellen könne, wenn die zweiten Potenzen der Ordinaten mit gleichen Zeichen und dem Coefficienten 1 versehen sind; ferner A, d. i. der Coefficient des Productes xy, die Zahl 2 nicht überschreitet.

Sollen die Gleichungen (1) und (2) identisch sein, so hat man für die Bestimmung der Lage des Kreises r die Gleichungen

$$2\cos\varphi = A,$$
$$2(p + q\cos\varphi) = -B,$$
$$2(q + p\cos\varphi) = -C$$
$$\text{und} \quad p^2 + q^2 + 2pq\cos\varphi - r^2 = D,$$

Aus diesen vier Gleichungen ergeben sich nun der Reihe nach die Grössen p, q, r und φ.

Wenden wir das eben Gesagte auf die Gleichung

$$x^2 + y^2 + xy - 4x + 10y - 12 = 0$$

an, so haben wir hier $2\cos\varphi = 1$, also $\cos\varphi = \frac{1}{2}$, d. i. $\varphi = 60^0$, ferner

$$-2\left(p+\frac{q}{2}\right)=-\ \ 4$$

$$-2\left(q+\frac{p}{2}\right)=\ \ 10$$

oder einfacher $2p + \ q = \ \ 4$

$$p + 2q = -10$$

hieraus folgen $p=6$ und $q=-8$,

die Coordinaten des Mittelpunctes.

Endlich folgt aus

$$p^2 + q^2 + 2mpq - r^2 = -12, \quad r = 8,$$

und demnach ist die Lage des Kreises bestimmt.

Aufgabe 63. Man soll die Lage eines Kreises finden, der durch einen bestimmten Punct geht und mit einem gegebenen Kreis concentrisch ist.

L ö s u n g. Der gegebene Kreis habe die Gleichung

$$(x-p)^2 + (y-q)^2 = r^2,$$

die Coordinaten des gegebenen Punctes seien $x'\,y'$, und es heisst die Gleichung des gesuchten Kreises

$$(x-p)^2 + (y-q)^2 = r'^2 \quad . \quad . \quad . \quad . \quad (1)$$

Um den noch unbekannten Radius r' auszumitteln, bedenke man, dass noch die Coordinaten des gegebenen Punctes dieser Gleichung (1) genügen müssen, woraus folgt

$$r' = \sqrt{(x'-p)^2 + (y'-q)^2}.$$

Aufgabe 64. Es sind die Gleichungen zweier Kreise gegeben:

$$(x-p)^2 + (y-q)^2 = r^2 \quad . \quad . \quad . \quad . \quad (1)$$

$$(x-p')^2 + (y-q')^2 = r'^2 \quad . \quad . \quad . \quad . \quad (2)$$

man soll die geometrische Bedeutung der Summe oder Differenz dieser Gleichungen zeigen.

L ö s u n g. Denkt man sich die beiden Gleichungen (1) und (2) auf Null reducirt, beziehungsweise durch K und K' bezeichnet, und multiplicirt man noch jede der Gleichungen $K=0$ und $K'=0$ vor ihrer Addition mit den unbestimmten oder willkürlichen Coefficienten λ und μ, so bezeichnet offenbar die Gleichung

$$\lambda K + \mu K' = 0 \quad . \quad . \quad . \quad . \quad . \quad (\alpha)$$

wieder einen Kreis, denn die Glieder von x^2 und y^2 haben gleiche Coefficienten, nämlich $(\lambda + \mu)$, können also durch Division auf die Einheit gebracht werden; ferner fehlt, wie es für ein rechtwinkeliges Axensystem sein muss, das Product xy. Die Bestimmungsstücke für die Construction dieses Kreises (α) lassen sich nach den in Aufgabe 61 gemachten Bemerkungen leicht rechnen.

Schneiden sich die Kreise $K=0$ und $K'=0$, so genügen, wie leicht zu sehen ist, die Coordinaten dieser Durchschnittspuncte auch der Gleichung (α), was auch λ und μ für Werthe haben mögen; dieser Kreis (α) geht demnach durch die Durchschnittspuncte der gegebenen Kreise.

Ebenso wie die Summe der Gleichungen $\lambda K=0$ und $\mu K'=0$, so stellt auch die Differenz derselben

$$\lambda K - \mu K' = 0 \quad . \quad . \quad . \quad . \quad . \quad (\beta)$$

einen Kreis vor, denn in diesem Falle kommt man auf die Gleichung

$$x^2 + y^2 - 2\frac{p\lambda - p'\mu}{\lambda - \mu} \cdot x - 2\frac{q\lambda - q'\mu}{\lambda - \mu} \cdot y + \\ + \frac{\lambda(p^2+q^2-r^2) - \mu(p'^2+q'^2-r'^2)}{\lambda - \mu} = 0.$$

Diese Gleichung verliert nur dann ihre Bedeutung als Kreis, wenn $\lambda = \mu$ wird.

Multiplicirt man diese letzte Gleichung mit $\lambda - \mu$, so fällt x^2 und y^2 hinaus, und es bleibt, wenn man durch $\lambda = \mu$ abkürzt und mit -1 multiplicirt,

$$(p-p')x + (q-q')y + \tfrac{1}{2}[(p'^2+q'^2-r'^2) - (p^2+q^2-r^2)] = 0.$$

Diese Gleichung ist aber nichts anderes als $K - K' = 0$, d. i. die Differenz der gegebenen Gleichungen, und stellt demnach, da x und y nur in der ersten Potenz erscheinen, eine gerade Linie vor.

Aus dieser letzten Gleichung folgt weiter

$$y = -\frac{p-p'}{q-q'} \cdot x + s \quad . \quad . \quad . \quad . \quad . \quad (\gamma)$$

wobei $s = \dfrac{\frac{1}{2}(p^2+q^2-r^2) - \frac{1}{2}(p'^2+q'^2-r'^2)}{q-q'}$.

Schneiden sich die beiden Kreise $K=0$ und $K'=0$, so müssen die Coordinaten der Durchschnittspuncte auch der Gleichung (γ) genügen, und diese repräsentirt in ihrer Verlängerung die gemeinschaftliche Secante; berühren sich die beiden Kreise, so stellt (γ) die gemeinschaftliche Tangente vor.

Zusatz 1. Ob sich übrigens die beiden Kreise schneiden oder nicht, so ist sehr leicht zu erkennen, dass die Gerade (γ) auf der gemeinschaftlichen Centrallinie der beiden Kreise senkrecht steht, denn die Gleichung der Centrallinie ist

$$y - q = \frac{q - q'}{p - p'} (x - p) \quad . \quad . \quad . \quad . \quad . \quad (\delta)$$

und da $-\frac{p - p'}{q - q'} \cdot \frac{q - q'}{p - p'} = -1$, so steht die Gerade $(\gamma) \perp$ auf (δ).

Zusatz 2. Nehmen wir in der Geraden (γ) einen willkürlichen Punct $x' y'$ an, und denken uns durch diesen Punct an die beiden Kreise Tangenten gezogen, nennen die Entfernungen des Punctes $x' y'$ von den Berührungspuncten e und e', die Distanzen dieses Punctes von den Mittelpuncten der beiden Kreise d und d', so hat man nach einem bekannten Satze der Geometrie

$$e^2 = (d + r)(d - r) = d^2 - r^2,$$

eben so $e'^2 = (d' + r')(d' - r') = d'^2 - r'^2$;

für die Distanzen d und d' hat man

$$d^2 = (x' - p)^2 + (y' - q)^2,$$
$$d'^2 = (x' - p')^2 + (y' - q')^2,$$

also

$$d^2 - d'^2 = -2(p - p')x' - 2(q - q')y' + p^2 + q^2 - p'^2 - q'^2.$$

Da aber der Punct $x' y'$ in der Linie (γ) liegt, so folgt

$$-2(p - p')x' - 2(q - q')y' + p^2 + q^2 - p'^2 - q'^2 = r^2 - r'^2,$$

sonach $d^2 - d'^2 = r^2 - r'^2$,

also $d^2 - r^2 = d'^2 - r'^2$,

folglich $e^2 = e'^2$, d. i. $e = e'$,

d. h. die Entfernungen eines ganz beliebigen Punctes der Linie (γ) zu den Berührungspuncten der Tangenten, die man durch $x' y'$ an beide Kreise zieht, sind einander gleich.

Man nennt nach dieser Eigenschaft die Linie (γ) die Linie der gleichen Tungenten oder die Linie der gleichen Potenzen. Häufiger jedoch wird für diese Linie der Name Chordale gebraucht.

Zusatz 3. Denkt man sich zu je zweien der Kreise $K = 0$, $K' = 0$ und $K'' = 0$ die Chordalen construirt, so schneiden sie sich in einem gemeinschaftlichen Puncte. Warum?

Zusatz 4. Was die Construction der Chordale zweier Kreise betrifft, die sich nicht schneiden, so lässt sie sich nach der in Zusatz 3 gemachten Bemerkung sehr leicht ausführen.

Man construire aus zwei beliebigen Mittelpuncten Kreise, welche die zwei gegebenen schneiden. Die sich schneidenden Kreise liefern Chordalen, deren Durchschnittspunct offenbar ein Punct der Chordale der zwei gegebenen Kreise ist. Macht man ganz dasselbe auch mit dem zweiten Hifskreis, so hat man für die gesuchte Chordale zwei Puncte, durch welche sie nunmehr bestimmt ist.

Aufgabe 65. Es sind zwei Kreise gegeben, O und o ihre Mittelpuncte. Zur Centrallinie Oo (Fig. 24) ist eine Linie AD

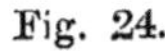

Fig. 24.

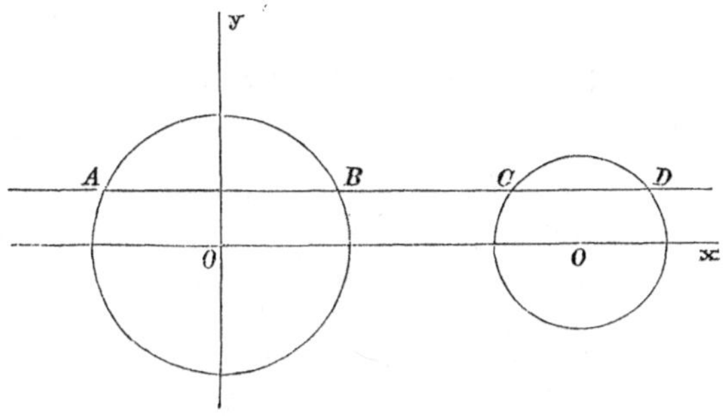

parallel gezogen; es soll 1) die Summe $(AC + BD)$ aufgestellt, 2) $(\overline{AB}^2 - \overline{CD}^2)$ entwickelt werden.

Lösung. Zur Vereinfachung der Rechnung werde die Centrallinie als Abscissenaxe, und durch einen der Mittelpuncte als Ursprung darauf senkrecht die Ordinatenaxe gelegt.

Setzen wir die Entfernung der beiden Mittelpuncte e, so haben wir für die Gleichungen der zwei Kreise

$$x^2 + y^2 = R^2,$$
$$(x - e)^2 + y^2 = r^2.$$

Ist die Gleichung der Parallelen $y = a$, so hat man, wenn diese Gerade mit beiden Kreisen zum Durchschnitt gebracht wird, für die einzelnen Durchschnittspuncte die Coordinaten:

$$A\begin{cases} x = -\sqrt{R^2 - a^2}, \\ y = a. \end{cases} \qquad C\begin{cases} x = e - \sqrt{r^2 - a^2}, \\ y = a. \end{cases}$$

$$B\begin{cases} x = +\sqrt{R^2 - a^2}, \\ y = a. \end{cases} \qquad D\begin{cases} x = e + \sqrt{r^2 - a^2}, \\ y = a. \end{cases}$$

$$AC = \sqrt{R^2 - a^2} + e - \sqrt{r^2 - a^2},$$
$$BD = e + \sqrt{r^2 - a^2} - \sqrt{R^2 - a^2},$$

demnach $AC + BD = 2e$, das ist die doppelte Centrallinie.

Ferner ist

$$AB = 2\sqrt{R^2 - a^2}, \quad CD = 2\sqrt{r^2 - a^2},$$

$$\text{demnach } \overline{AB}^2 - \overline{CD}^2 = 4(R^2 - r^2),$$

d. i. eine constante Zahlengrösse.

Aufgabe 66. Die Gleichung eines Kreises ist

$$(x-p)^2 + (y-q)^2 = r^2,$$

in der Peripherie dieses Kreises ist ein Punct $x'y'$ gegeben, man soll durch diesen Punct an den Kreis eine Tangente ziehen; wie wird ihre Gleichung heissen?

Lösung. Nehmen wir in der Peripherie des gegebenen Kreises noch einen zweiten Punct $x''y''$ an, und ziehen wir durch diesen und den gegebenen Punct eine Secante, so wird ihre Gleichung sein

$$y - y' = \frac{y'-y''}{x'-x''}(x-x') \quad . \quad . \quad . \quad . \quad (1).$$

Um die Bedingung einzuführen, dass diese Puncte $x'y'$, $x''y''$ dem gegebenen Kreise angehören, hat man

$$(x'-p)^2 + (y'-q)^2 = r^2,$$
$$(x''-p)^2 + (y''-q)^2 = r^2.$$

Subtrahirt man diese beiden Gleichungen, so folgt

$$\frac{y'-y''}{x'-x''} = \frac{x'+x''-2p}{2q-y'-y''}.$$

Lässt man den Punct $x''y''$ mit dem gegebenen $x'y'$ zusammenfallen, wodurch offenbar die Secante in die Tangente übergeht, so folgt

$$\frac{y'-y''}{x'-x''} = -\frac{x'-p}{y'-q},$$

und dieser Quotient in (1) substituirt, gibt die Gleichung

$$y - y' = -\frac{x'-p}{y'-q}(x-x') \quad \text{oder}$$
$$(x-x')(x'-p) + (y-y')(y'-q) = 0$$

als Gleichung der verlangten Tangente.

Diese Gleichung lässt sich noch in anderer Form geben, wenn man zu ihr die Gleichung $(x'-p)^2 + (y'-q)^2 = r^2$ addirt wodurch man erhält

$$(x-p)(x'-p) + (y-q)(y'-q) = r^2.$$

Für $p = q = 0$ bekommt man die bekannte Gleichung

$$xx' + yy' = r^2.$$

Aufgabe 67. Ein Kreis $x^2 + y^2 = r^2$ und eine gerade Linie $y = ax + b$ sind gegeben; man soll an den Kreis eine Tangente ziehen, welche mit der gegebenen Geraden einen bestimmten Winkel δ einschliesst.

Lösung. Bezeichnen wir die fraglichen Coordinaten des Berührungspunctes der Tangente mit dem Kreise durch $x'y'$, so ist nach Aufgabe 66

$$x x' + y y' = r^2 \quad . \; . \; . \; (1) \quad \text{oder} \quad y = -\frac{x'}{y'} \cdot x + \frac{r^2}{y'}$$

die Gleichung der Tangente.

Für den Neigungswinkel der gegebenen Geraden mit der Linie (1) haben wir

$$\operatorname{tang} \delta = \frac{a y' + x'}{y' - a x'} = T,$$

wenn wir Kürze halber tang δ durch T bezeichnen.

Aus dieser Gleichung, dann aus $x'^2 + y'^2 = r^2$ lassen sich die Coordinaten des Berührungspunctes berechnen.

Man findet

$$x' = \frac{\pm r (T - a)}{\sqrt{(1 + a^2)(1 + T^2)}} \quad \text{und} \quad y' = \frac{\pm r (a T + 1)}{\sqrt{(1 + a^2)(1 + T^2)}}.$$

Da sich zwei Berührungspuncte ergeben, so sind auch zwei Tangenten möglich, welche der gemachten Anforderung Genüge leisten.

Durch Substitution der gefundenen Berührungs-Coordinaten in (1) ergeben sich die Gleichungen der Tangenten

$$\left.\begin{aligned} (T - a) x + (a T + 1) y &= r \sqrt{(1 + a^2)(1 + T^2)} \\ (T - a) x + (a T + 1) y &= - r \sqrt{(1 + a^2)(1 + T^2)} \end{aligned}\right\} \; . \; . \; . \; \text{I.}$$

Zusatz 1. Sollen mit der gegebenen Geraden die Tangenten parallel gezogen werden, so ist $\delta = 0$, also auch $T = 0$, man hat demnach

$$a x - y = - r \sqrt{1 + a^2}$$

$$\text{und} \quad a x - y = r \sqrt{1 + a^2}.$$

Zusatz 2. Sollen die Tangenten auf der gegebenen Geraden senkrecht stehen, so muss $\delta = 90^0$, also $T = \infty$ sein. Setzt man daher im Systeme I. $T = \infty$, dividirt aber früher durch T selbst, so hat man

$$\left(1 - \frac{a}{T}\right) x + \left(a + \frac{1}{T}\right) y = r \sqrt{(1 + a^2)\left(\frac{1}{T^2} + 1\right)},$$

$$\left(1 - \frac{a}{T}\right) x + \left(a + \frac{1}{T}\right) y = - r \sqrt{(1 + a^2)\left(\frac{1}{T^2} + 1\right)},$$

und für $T = \infty$

$$x + a y = r \sqrt{1 + a^2}$$

$$\text{und} \quad x + a y = - r \sqrt{1 + a^2}.$$

Aufgabe 68. Es sollen an einen Kreis Tangenten gezogen werden, welche mit der Abscissenaxe einen bestimmten Winkel δ einschliessen. Welche sind die Gleichungen dieser Tangenten?

Lösung. Es sei allgemein die Gleichung des gegebenen Kreises $(x-p)^2 + (y-q)^2 = r^2$.

Sind die zu suchenden Berührungs-Coordinaten $x' y'$, so ist (nach Aufg. 66) die Gleichung der Tangente

$$(x-p)(x'-p) + (y-q)(y'-q) = r^2 \quad . \quad . \quad . \quad (\alpha)$$

oder $$y - q = -\frac{x'-p}{y'-q}(x-p) + \frac{r^2}{y'-q},$$

oder da $$-\frac{x'-p}{y'-q} = \operatorname{tang}\delta = T$$

sein soll, so folgen aus dieser und der Gleichung

$$(x'-p)^2 + (y'-q)^2 = r^2$$

die Werthe für x' und y'.

Diese Gleichungen aufgelöst, geben

$$\left.\begin{aligned} x' &= \mp \frac{rT}{\sqrt{1+T^2}} + p \\ y' &= \pm \frac{r}{\sqrt{1+T^2}} + q \end{aligned}\right\} \quad . \quad . \quad . \quad . \quad . \quad \text{I.}$$

Diese Werthe in (α) substituirt, liefern die verlangten Gleichungen.

Zusatz. Da es immer für den Rechner sehr zweckmässig ist, die erhaltenen Resultate zu verificiren, so kann diess hier durch die speciellen Annahmen von $\delta = 0$ und $\delta = \frac{\pi}{2}$ sehr leicht bewerkstelliget werden. Man erhält nämlich für $\delta = 0$, also $T = 0$, aus I.

$$\begin{cases} x' = p, \\ y' = q \pm r, \end{cases}$$

für $\delta = \frac{\pi}{2}$, also $T = \infty$

$$\begin{cases} x' = p \mp r, \\ y' = q, \end{cases}$$

wie es sein muss.

Anmerkung. Die Analogie der Aufgaben 67 und 68 fällt in die Augen.

Aufgabe 69. Man soll die Gleichung jener Geraden suchen, welche zwei der Lage und Grösse nach gegebene Kreise berührt.

Lösung. Es seien die Halbmesser der zwei Kreise R und r, die Entfernung der beiden Mittelpuncte $= p$. Da wir das Coordinatensystem frei wählen können, so benützen wir die Centrallinie als Abscissenaxe, einen der Mittelpuncte als Ursprung, und senkrecht darauf die Ordinatenaxe.

Nach diesen Annahmen sind die Gleichungen der zwei Kreise

$$x^2 + y^2 = R^2 \quad . \quad . \quad . \quad . \quad . \quad . \quad . \quad (1)$$

$$(x-p)^2 + y^2 = r^2 \quad . \quad . \quad . \quad . \quad . \quad . \quad (2)$$

Nennen wir die Berührungs-Coordinaten im Kreise (1) $x'y'$, in (2) $x''y''$, so sind die Formen der Gleichungen der Tangenten an (1) und (2)

$$xx' + yy' = R^2 \quad . \quad . \quad . \quad (3) \quad \text{oder} \quad y = -\frac{x'}{y'} \cdot x + \frac{R^2}{y'} \quad . \quad . \quad . \quad (3')$$

und $$(x-p)(x''-p) + yy'' = r^2 \quad . \quad . \quad . \quad . \quad . \quad (4)$$

oder $$y = -\frac{x''-p}{y''} \cdot x + \frac{r^2 + (x''-p)p}{y''} \quad . \quad . \quad . \quad (4')$$

Sollen aber diese Gleichungen identisch sein, so muss

$$\frac{x''-p}{y''} = \frac{x'}{y'} \quad . \quad . \quad . \quad . \quad . \quad . \quad . \quad . \quad . \quad (5)$$

und $$\frac{r^2 + (x''-p)p}{y''} = \frac{R^2}{y'} \quad . \quad . \quad . \quad . \quad . \quad . \quad (6)$$

sein.

Da überdiess die Beziehungen bestehen:

$$x'^2 + y'^2 = R^2 \quad . \quad . \quad . \quad . \quad . \quad . \quad . \quad (7)$$

$$(x''-p)^2 + y''^2 = r^2 \quad . \quad . \quad . \quad . \quad . \quad . \quad (8)$$

so reichen diese Gleichungen (5) bis (8) vollkommen aus zur Bestimmung der Grössen x', y', x'', y''.

Aus (5) folgt $x' \cdot \frac{y''}{y'} = (x''-p)$.

$(x''-p)$ in (8) substituirt, gibt mit Rücksicht auf Gleichung (7)

$$\frac{y''}{y'} = \pm \frac{r}{R} \quad . \quad . \quad . \quad . \quad . \quad . \quad . \quad . \quad . \quad (9)$$

Aus (6) folgt

$$p(x''-p) = \frac{y''}{y'} \cdot R^2 - r^2,$$

oder nach (9) für das obere und untere Zeichen

$$\left.\begin{aligned} x'' - p &= \frac{r(R-r)}{p} \\ \text{und auch} \quad x'' - p &= -\frac{r(R+r)}{p} \end{aligned}\right\} \quad . \quad . \quad . \quad . \quad . \quad . \quad (\alpha)$$

Diese Ergebnisse in (α) in die Gleichung (8) gesetzt, geben

$$\left.\begin{aligned} \text{für} \quad y'' &= \pm \frac{r}{p} \sqrt{p^2 - (R-r)^2} \\ \text{und auch} \quad y'' &= \pm \frac{r}{p} \sqrt{p^2 - (R+r)^2} \end{aligned}\right\} \quad . \quad . \quad . \quad . \quad . \quad (\beta)$$

Ferner folgt aus (5)

$$x' = \frac{y'}{y''}(x''-p),$$

oder wenn man die bereits gerechneten Resultate benützt,

$$\left.\begin{aligned} x' &= \frac{R(R-r)}{p} \\ \text{und} \quad x' &= \frac{R(R+r)}{p} \end{aligned}\right\} \quad \ldots \ldots \quad (\gamma)$$

Nach Substitution dieser Werthe in (7) folgt

$$\left.\begin{aligned} y' &= \pm \frac{R}{p}\sqrt{p^2-(R-r)^2} \\ \text{und} \quad y' &= \pm \frac{R}{p}\sqrt{p^2-(R+r)^2} \end{aligned}\right\} \quad \ldots \ldots \quad (\delta)$$

Aus den Systemen α, β, γ und δ geht deutlich hervor, dass vier Tangenten im Allgemeinen an die beiden Kreise möglich sind.

Um die Gleichungen dieser vier Tangenten zu finden, hat man bloss nöthig, die Werthe von x' und y' in der Gleichung (3) zu substituiren; man erhält so die Gleichungen vier gerader Linien, nämlich:

$$\left.\begin{aligned} (R-r)\,x + \sqrt{p^2-(R-r)^2}\,.\,y &= Rp \\ (R-r)\,x - \sqrt{p^2-(R-r)^2}\,.\,y &= Rp \end{aligned}\right\} \quad \ldots \quad (m)$$

$$\left.\begin{aligned} (R+r)\,x + \sqrt{p^2-(R+r)^2}\,.\,y &= Rp \\ (R+r)\,x - \sqrt{p^2-(R+r)^2}\,.\,y &= Rp \end{aligned}\right\} \quad \ldots \quad (n)$$

Diese sämmtlichen Gleichungen sind reell, sobald $p \geqq (R+r)$ ist. Ist $p=(R+r)$, so fallen die zwei Gleichungen des Systems (n) in eine einzige zusammen, nämlich in die Gleichung $x=R$, und diess ist die gemeinschaftliche Tangente im Berührungspuncte beider Kreise. Schneiden sich die beiden Kreise, d. h. ist $p<R+r$, wobei aber noch immer $p>(R-r)$ sei, so sind bloss die Gleichungen des Systems (m) reell, man hat also in diesem Falle nur zwei mögliche Tangenten an die Kreise. Ist $p=R-r$, d. h. berühren sich die Kreise von innen, so reduciren sich die Gleichungen (m) auf die einzige $x=R$, und diess ist offenbar wieder die Gleichung der im Berührungspuncte der beiden Kreise gemeinschaftlichen Tangente.

Die Gleichungen (m) repräsentiren die sogenannten äusseren Tangenten, und die Gleichungen (n) die inneren Tangenten.

Setzt man in den Gleichungen des Systems (m) $y=0$, so folgt aus beiden Gleichungen

$$x = \frac{Rp}{R-r};$$

in den Gleichungen (n) $y=0$ gesetzt, fallen auch hier die beiden Durchschnittspuncte zusammen, denn man erhält als die gemeinschaftliche Abscisse $x=\frac{Rp}{R+r}$.

Diese gemeinschaftlichen Durchschnittspuncte der Tangenten in der Centrallinie oder ihrer Verlängerung nennt man Aehnlichkeitspuncte. Es ist leicht zu ersehen, dass der Aehnlichkeitspunct für die inneren Tangenten innerhalb der beiden Kreismittelpuncte selbst fällt, für die äusseren Tangenten jedoch in der Verlängerung der Centrallinie liegt.

Zusatz. Für $R = r$ hat man aus (m)

$$\pm py = Rp$$

$$\text{oder} \quad y = \pm R;$$

diess sind die Gleichungen zweier mit der Abscissenaxe parallelen Geraden. Der Aehnlichkeitspunct dieses Tangentenpaares liegt in unendlicher Entfernung.

Man hat ferner für dieselbe Annahme aus den Gleichungen (n)

$$2Rx + \sqrt{p^2 - 4R^2}.\, y = Rp$$

$$\text{und} \quad 2Rx - \sqrt{p^2 - 4R^2}.\, y = Rp;$$

für den Abstand des Aehnlichkeitspunctes hat man $x = \frac{p}{2}$.

Aufgabe 70. Es soll die Grösse des Winkels im Halbkreise bestimmt werden.

Lösung. Die Gleichung des Kreises sei

$$x^2 + y^2 = r^2 \quad . \quad . \quad . \quad . \quad . \quad . \quad (1)$$

Nehmen wir in der Peripherie des Kreises den willkürlichen Punct $x'y'$ an, und verbinden ihn mit den Endpuncten des Durchmessers, so entsteht ein Winkel im Halbkreis.

Da die Endpuncte des Durchmessers die Coordinaten

$$\begin{cases} x = r \\ y = 0 \end{cases} \quad \text{und} \quad \begin{cases} x = -r \\ y = 0 \end{cases}$$

haben, so sind die Gleichungen der Schenkel des Winkels

$$y - y' = \frac{y'}{r - x'}(x - x')$$

$$\text{und} \quad y - y' = \frac{-y'}{r + x'}(x - x').$$

Nennen wir den Neigungswinkel δ, so hat man

$$\operatorname{tang}\delta = \frac{\frac{y'}{r - x'} + \frac{y'}{r + x'}}{1 - \frac{y'}{r - x'} \cdot \frac{y'}{r + x'}},$$

$$\text{oder reducirt} \quad \operatorname{tang}\delta = \frac{2ry'}{0} = \infty,$$

woraus sofort folgt, dass der Neigungswinkel oder der Winkel im Halbkreise $= 90^0$ ist.

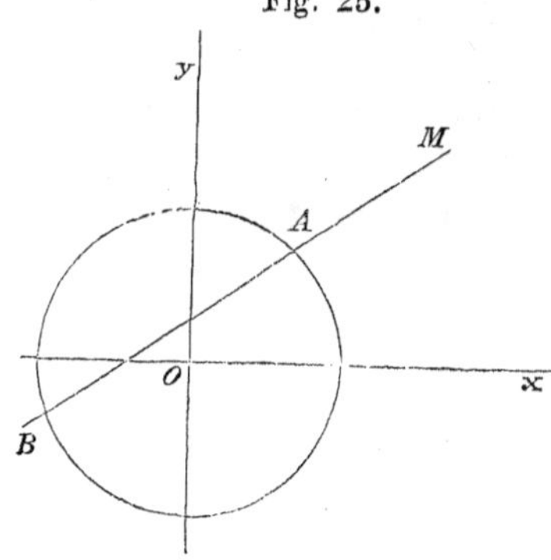

Fig. 25.

Aufgabe 71. Durch den Punct α, β, der etwa ausserhalb des Kreises

$$x^2 + y^2 = r^2 \quad . \quad . \quad (1)$$

angenommen werden soll, ziehe man irgend eine Secante an den Kreis, und bestimme das Product der so entstehenden Segmente AM, BM (Fig. 25).

Lösung. Die Gleichung einer Geraden, die durch M geht, ist

$$y - \beta = a(x - \alpha) \quad . \quad . \quad (2)$$

sucht man den Durchschnitt dieser Geraden mit dem Kreise (1), so findet man nach Auflösung dieser Gleichungen

$$x = \frac{a(a\alpha - \beta) \pm W}{1 + a^2} \quad \text{und} \quad y = \frac{(\beta - a\alpha) \pm aW}{1 + a^2} \quad . \quad . \quad (3)$$

wobei

$$W = \sqrt{r^2(1 + a^2) - (a\alpha - \beta)^2}.$$

Um die Distanzen AM und BM aufzustellen, halte man sich an die Relation

$$(x - \alpha)^2 + (y - \beta)^2 = \overline{AM}^2 \quad . \quad . \quad . \quad . \quad (4)$$

oder für das zweite Zeichen $(x - \alpha)^2 + (y - \beta)^2 = \overline{BM}^2$.

Es folgt aus den Gleichungen (3)

$$x - \alpha = \frac{-(a\beta + \alpha) \pm W}{1 + a^2} \quad \text{und} \quad y - \beta = \frac{-a(a\beta + \alpha) \pm aW}{1 + a^2}.$$

Man bekommt sonach nach Formel (4)

$$\overline{AM}^2 = \frac{(a\beta + \alpha)^2 - 2(a\beta + \alpha)W + W^2}{(1 + a^2)^2},$$

und für das untere Zeichen

$$\overline{BM}^2 = \frac{(a\beta + \alpha)^2 + 2(a\beta + \alpha)W + W^2}{(1 + a^2)^2},$$

$$\overline{AM}^2 \,.\, \overline{BM}^2 = \frac{[(a\beta + \alpha)^2 - W^2]^2}{(1 + a^2)^2},$$

woraus folgt $AM \,.\, BM = \dfrac{(a\beta + \alpha)^2 - W^2}{(1 + a^2)}$,

oder wenn für W^2 der Werth $r^2(1 + a^2) - (a\alpha - \beta)^2$ gesetzt wird,

$$AM \,.\, BM = \alpha^2 + \beta^2 - r^2 \quad . \quad . \quad . \quad . \quad \text{I.}$$

Wir werden hier gewahr, dass das Product dieser Segmente $AM \,.\, BM$ vollkommen unabhängig von a sei, d. i. der Richtung, unter welcher die Secante gezogen wurde. Diese Relation I. gilt also für alle durch den Punct M gezogenen Secanten, und kann die Potenz des Punctes M in Beziehung auf den gegebenen Kreis genannt werden.

Zusatz. Man hätte, ohne der Allgemeinheit des erzielten Resultates zu schaden, die Abscissenaxe durch den gegebenen Punct M und den Mittelpunct des Kreises legen können, wodurch die Rechnung etwas einfacher ausgefallen wäre. In diesem Falle wäre also das Ergebniss $AM \cdot BM = \alpha^2 - r^2$.

Aufgabe 72. Man ziehe in einem Kreis eine Sehne und construire an den Endpuncten derselben Tangenten; ziehe ferner jenen Durchmesser, der die Sehne selbst halbirt, so schneiden sich die erwähnten Tangenten in demselben verlängerten Durchmesser.

Fig. 26.

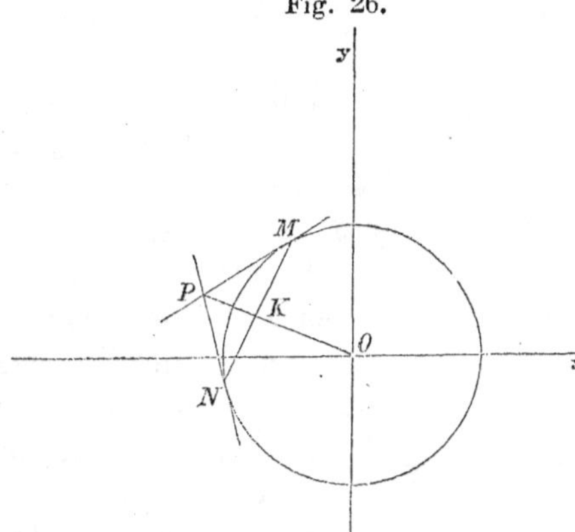

Lösung. Die Gleichung des Kreises sei $x^2 + y^2 = r^2$, die Coordinaten der Endpuncte M und N (Fig. 26) der Sehne beziehungsweise $x'\,y'$ und $x''\,y''$.

Man hat demnach die Gleichung der

$$\overset{\frown}{MP} \ldots x x' + y y' = r^2 \ldots (1)$$

und der

$$\overset{\frown}{NP} \ldots x x'' + y y'' = r^2 \ldots (2)$$

Löst man diese Gleichungen nach x und y auf, so hat man die Coordinaten des Punctes P $\begin{cases} x = \dfrac{r^2(y' - y'')}{y'x'' - y''x'}, \\ y = \dfrac{r^2(x'' - x')}{y'x'' - y''x'}. \end{cases}$

Der Punct K, als Halbirungspunct der MN, hat die Coordinaten

$$\begin{cases} x = \dfrac{x' + x''}{2}, \\ y = \dfrac{y' + y''}{2}, \end{cases}$$

und demnach ist die Gleichung des Durchmessers

$$\overset{\frown}{OK} \quad \ldots \quad y = \frac{y' + y''}{x' + x''} \cdot x \quad \ldots \quad (3)$$

Setzen wir die Coordinaten des Punctes P in (3), so erübriget uns noch die Richtigkeit der Gleichung

$$\frac{r^2(x'' - x')}{y'x'' - y''x'} = \frac{y' + y''}{x' + x''} \cdot \frac{r^2(y' - y'')}{y'x'' - y''x'}$$ nachzuweisen.

Der Ausdruck auf der rechten Seite dieser Gleichung reducirt, gibt

$$\frac{(y' + y'')}{x' + x''} \cdot \frac{r^2 (y' - y'')}{y' x'' - y'' x'} = \frac{r^2 (y'^2 - y''^2)}{(x' + x'')(y' x'' - y'' x')}.$$

Da $x'^2 + y'^2 = r^2$

und auch $x''^2 + y''^2 = r^2$, so hat man

$$y'^2 - y''^2 = x''^2 - x'^2,$$

daher $\dfrac{r^2 (x''^2 - x'^2)}{(x' + x'')(y' x'' - y'' x')} = \dfrac{r^2 (x'' - x')}{y' x'' - y'' x'}.$

Dieser Ausdruck stimmt mit dem linker Hand überein.

Aufgabe 73. Innerhalb eines gegebenen Dreieckes ABC ist ein Punct O derart auszumitteln, dass die Verbindungslinien dieses Punctes mit den drei Eckpuncten des Dreieckes gleiche Neigungswinkel einschliessen.

Fig. 27.

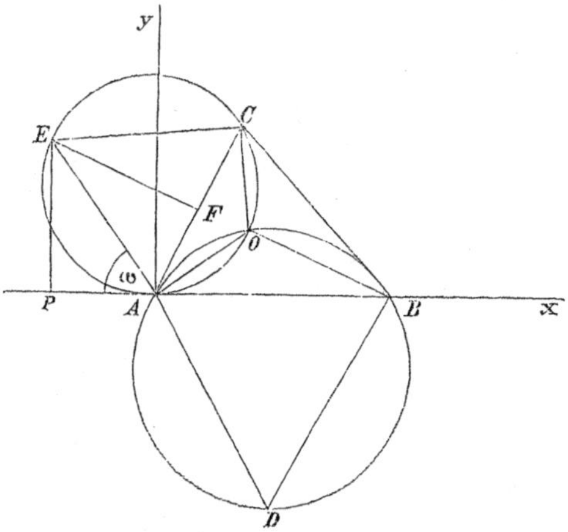

Lösung. Benützen wir, wie in Fig. 27, AB als Abscissenaxe, durch den Punct A gehe senkrecht darauf die Ordinatenaxe. Nennen wir die Coordinaten des Punctes O $x'y'$, die des Punctes B $x = c$, $y = 0$, und für C $x = \alpha$, $y = \beta$.

Stellen wir vor allen die Gleichungen dieser drei Verbindungslinien AO, BO, CO auf, so hat man für

$$\underbrace{AO} \quad \ldots \quad y = \frac{y'}{x'} \cdot x,$$

$$\underbrace{BO} \quad \ldots \quad y - y' = \frac{y'}{x' - c}(x - x'),$$

$$\underbrace{CO} \quad \ldots \quad y - y' = \frac{y' - \beta}{x' - \alpha}(x - x').$$

Man hat die Tangente der Neigungswinkel der Geraden AO und BO

$$\frac{\dfrac{y'}{x' - c} - \dfrac{y'}{x'}}{1 + \dfrac{y'^2}{x'(x' - c)}} = T,$$

wobei aber $T = \text{tang}\, 120^0 = -\sqrt{3}$, da nämlich jeder der drei Winkel $\frac{1}{3}$ von 360^0 in Anspruch nimmt.

Obiger Ausdruck reducirt, gibt

$$x'^2 + y'^2 - cx' - \frac{c}{T}y' = 0 \quad . \quad . \quad . \quad (1)$$

Es ist nun ohne weiters klar, dass der fragliche Punct O in der Peripherie dieses Kreises (1) liegen müsse.

Ferner ist leicht zu ersehen, dass obiger Kreis durch die Puncte A und B gehen muss; was die Fixirung des Mittelpunctes betrifft, so hat man für die Abscisse desselben $p = \frac{c}{2}$, für die Ordinate $q = \frac{c}{2T}$ oder $q = -\frac{c}{2\sqrt{3}}$. Der Radius dieses Kreises ist $= \frac{c}{\sqrt{3}}$.

Für den Neigungswinkel der Geraden AO und CO hat man

$$\frac{\frac{y' - \beta}{x' - \alpha} - \frac{y'}{x'}}{1 + \frac{y'(y' - \beta)}{x'(x' - \alpha)}} = T',$$

wobei $T' = \operatorname{tang} 60^0 = \sqrt{3}$ ist.

Diese Gleichung vollständig reducirt, bekommt man

$$x'^2 + y'^2 - \left(\alpha - \frac{\beta}{T'}\right)x' - \left(\beta + \frac{\alpha}{T'}\right)y' = 0 \quad . \quad . \quad (2)$$

Der Punct O gehört also auch der Peripherie dieses Kreises an.

Für die Lage und Grösse dieses Kreises hat man

$$\begin{cases} p = \frac{1}{2}\left(\alpha - \frac{\beta}{\sqrt{3}}\right), \\ q = \frac{1}{2}\left(\beta + \frac{\alpha}{\sqrt{3}}\right), \\ r = \sqrt{\frac{\alpha^2 + \beta^2}{3}} = \frac{b}{\sqrt{3}}, \end{cases}$$

sohald AC durch b bezeichnet wird.

Zusatz. Um die Gleichung (1) leicht construiren zu können, beschreibe man sich über der Linie AB, aber nach abwärts, ein gleichseitiges Dreieck ABD, und umschreibe diesem Dreiecke einen Kreis, so repräsentirt er die Gleichung (1).

Der Kreis (2) geht durch die Puncte A und C, indem die Gleichung durch die Coordinaten dieser Puncte identisch wird; und was die Construction dieses Kreises anbelangt, so wird sie wieder hewerkstelliget, wenn man über der Seite AC ein gleichseitiges Dreieck zeichnet, und um dieses einen Kreis beschreibt.

Die so construirten Kreise schneiden sich sowohl im Ursprung und dann im Puncte O, welcher sonach der gestellten Anforderung entspricht.

Um die Richtigkeit des angegebenen Constructions-Verfahrens nachzuweisen, genügt es offenbar zu zeigen, dass die Puncte D und E beziehungsweise den Kreisen (1) und (2) angehören.

Man hat für $D\begin{cases} x = \frac{c}{2} \\ y = -\frac{c}{2}\sqrt{3} \end{cases}$, und diese Werthe genügen in der That der Gleichung (1).

Man hat ferner mit Rücksicht auf die Figur für den Punct E die Coordinaten

$$\begin{cases} -x = b\cos\omega, \\ y = b\sin\omega, \end{cases}$$

$$\omega = 180 - (60 + A),$$

$$\operatorname{tang}\omega = -\operatorname{tang}(60 + A) = -\frac{\alpha\sqrt{3} + \beta}{\alpha - \beta\sqrt{3}},$$

demnach
$$\sin\omega = \frac{\beta + \alpha\sqrt{3}}{2b},$$

$$\cos\omega = \frac{\beta\sqrt{3} - \alpha}{2b},$$

also
$$E\begin{cases} x = \dfrac{\alpha - \beta\sqrt{3}}{2}, \\ y = \dfrac{\beta + \alpha\sqrt{3}}{2}. \end{cases}$$

Substituirt man die Werthe von E in die Gleichung (2), so wird sie identisch.

Aufgabe 74. Zwei Linien a und b sind der Lage und Grösse nach gegeben; man soll jenen Punct bestimmen, von welchem jede der Linien unter einem Winkel von 45^0 gesehen wird.

Fig. 28.

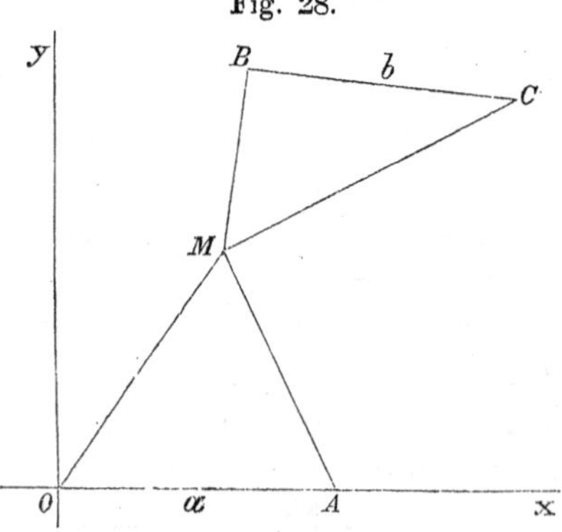

Lösung. Versetzen wir den Ursprung des rechtwinkeligen Coordinatensystems in den einen Endpunct der Linie a, und ihre Verlängerung sei die Abscissenaxe (Fig. 28).

Es sei $AO = a$, $BC = b$, die unbekannten Coordinaten des Punctes M seien $x'y'$; ferner für den Punct

$$B\begin{cases} x'' \\ y'' \end{cases}, \quad C\begin{cases} x''' \\ y''' \end{cases}, \quad A\begin{cases} x = a \\ y = 0 \end{cases}.$$

Die Gleichungen der Verbindungslinien sind:

$$\underbrace{OM} \quad . \quad . \quad . \quad . \quad y = \frac{y'}{x'} \cdot x,$$

$$\underbrace{AM} \quad . \quad . \quad . \quad y - y' = \frac{y'}{x' - a}(x - x'),$$

$$\underbrace{BM} \quad . \quad . \quad . \quad y - y' = \frac{y' - y''}{x' - x''}(x - x'),$$

$$\underbrace{CM} \quad . \quad . \quad . \quad y - y' = \frac{y' - y'''}{x' - x'''}(x - x').$$

Ferner hat man, wenn eine Relation für den Neigungswinkel AOM aufgestellt und gleichzeitig auf Null reducirt wird,

$$x'^2 + y'^2 - ax' - ay' = 0 \quad . \quad . \quad . \quad . \quad (1)$$

Dieser Kreis ist offenbar der geometrische Ort aller Puncte, welche, mit den Puncten O und A verbunden, Winkel von 45^0 geben. Dass dieser Kreis durch die Puncte O und A geht, ist leicht einzusehen, die Construction desselben selbst sehr einfach.

Man findet gemäss der zweiten Bedingung

$$x'^2 + y'^2 - (x'' - y'' + x''' + y''')\,x' - (x'' + y'' - x''' + y''')\,y' +$$
$$+ x''x''' - x'''y''' + x''y''' + y''y''' = 0 \quad . \quad . \quad . \quad (2)$$

Dieser Kreis geht wieder durch die Puncte B und C, wovon man sich leicht überzeugen kann.

Es versteht sich von selbst, dass die Durchschnittspuncte der beiden Kreise, wenn überhaupt ein Durchschnitt erfolgt, der in der Aufgabe gestellten Anforderung genügen.

Aufgabe 75. Eine gerade Linie ist gegeben, und ausserhalb derselben zwei Puncte; man soll in der gegebenen Geraden einen Punct derart finden, dass die Verbindungslinien desselben mit den gegebenen Puncten einen gegebenen Winkel ω einschliessen.

Fig. 29.

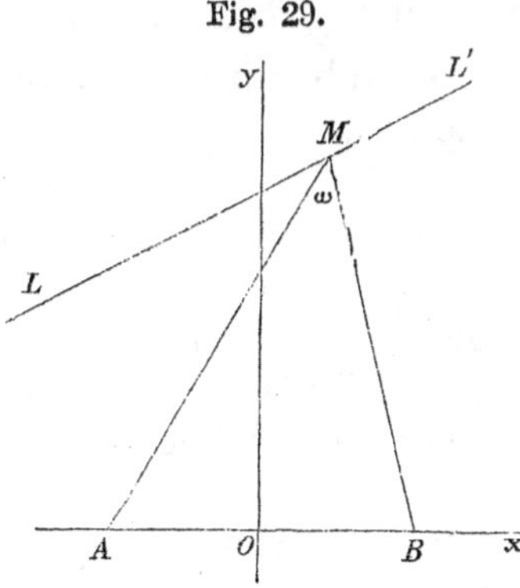

L ö s u n g. (Fig. 29.) Nennen wir die Entfernung der gegebenen zwei Puncte A und B, $2e$, nehmen wir den Halbirungspunct der AB als Ursprung des rechtwinkeligen Coordinatensystems, die verlängerte AB selbst als Abscissenaxe.

Der zu suchende Punct M habe die Coordinaten $x'y'$, so sind die Gleichungen der AM und BM

$$y - y' = \frac{y'}{x' + e}(x - x')$$

und $y - y' = \dfrac{y'}{x' - e}(x - x')$,

daher

$$\operatorname{tang} \omega = T = \frac{2ey'}{x'^2 + y'^2 - e^2} \quad . \quad . \quad . \quad . \quad (1)$$

Um noch eine Gleichung in $x' y'$ aufzustellen, so sei die Gleichung der gegebenen Geraden $y = ax + b$, und da der Punct M in dieser Geraden liegen soll, so muss ferner Statt finden

$$y' = ax' + b \quad . \quad . \quad . \quad . \quad . \quad . \quad . \quad (2)$$

Die Gleichungen (1) und (2) gehörig verbunden, liefern die passenden Werthe von x' und y'.

Da die Relation (1) $x'^2 + y'^2 - \frac{2e}{T} y' - e^2 = 0$ einen Kreis bezeichnet, so entsprechen im geometrischen Sinne die Durchschnittspuncte der gegebenen Geraden mit dem Kreis.

Die Construction obigen Kreises ist sehr leicht auszuführen, wenn man bedenkt, dass er durch die Puncte A und B geht. Ferner hat man für die Abscisse des Mittelpunctes $x = 0$ für die Ordinate $\frac{e}{T}$, der Radius des Kreises ist $= \frac{e}{T} \sqrt{1 + T^2}$.

Da die vorgelegte Aufgabe nicht unter allen Umständen gelöst werden kann, so wollen wir kurz jene Bedingung ermitteln, die ihrer Auflösung zum Grunde liegen muss.

Für den Durchschnitt der Geraden mit dem Kreise hat man

$$x = \frac{a(e - bT) \pm \sqrt{e^2 T^2 + a^2 e^2 T^2 + a^2 e^2 - b^2 T^2 + 2beT}}{T(1 + a^2)}.$$

Da uns überhaupt nur um den Ausdruck unter dem Wurzelzeichen zu thun ist, so brauchen wir den Werth von y nicht aufzustellen.

Aus dem Wurzelausdrucke folgt nun, dass beziehungsweise ein oder zwei Durchschnittspuncte sich ergeben werden, wenn

$$e^2 T^2 + a^2 e^2 T^2 + a^2 e^2 - b^2 T^2 + 2beT \overline{\gtrless} 0 \text{ ist.}$$

Wird hier e^2 addirt und auch wieder subtrahirt, so lässt sich der ganze Ausdruck auf die Form bringen:

$$e^2 (1 + a^2)(1 + T^2) \overline{\gtrless} (e - bT)^2,$$

und diess bildet sofort die Bedingung, dass ein oder zwei Puncte von der verlangten Eigenschaft sich ergeben.

Aufgabe 76. Von einem gegebenen Punct aus soll an einen der Lage und Grösse nach gegebenen Kreis eine Secante so gezogen werden, dass die dadurch entstehende Sehne die gegebene Länge $2s$ erhalte.

L ö s u n g. Der gegebene Kreis sei durch die Gleichung

$$x^2 + y^2 = r^2 \quad . \quad . \quad . \quad . \quad . \quad . \quad . \quad (1)$$

gegeben, die Coordinaten des gegebenen Punctes seien $x'y'$, so ist die Gleichung der Geraden durch diesen Punct

$$y - y' = a(x - x') \quad . \quad . \quad . \quad . \quad . \quad (2)$$

Verbindet man die Gleichungen (1) und (2), so folgen für die Durchschnittspuncte die Coordinaten

$$x = \frac{a(ax' - y') \pm \sqrt{r^2(1 + a^2) - (ax' - y')^2}}{1 + a^2},$$

$$y = \frac{(y' - ax') \pm a\sqrt{r^2(1 + a^2) - (ax' - y')^2}}{1 + a^2}.$$

Nennen wir den Wurzelausdruck W, so folgt für die beiden Durchschnittspuncte der Geraden mit dem Kreis

$$M' \begin{cases} x_1 = \dfrac{a(ax' - y') + W}{1 + a^2}, \\ y_1 = \dfrac{(y' - ax') + aW}{1 + a^2}, \end{cases} \qquad M'' \begin{cases} x_2 = \dfrac{a(ax' - y') - W}{1 + a^2}, \\ y_2 = \dfrac{(y' - ax') - aW}{1 + a^2}. \end{cases}$$

Für die Distanz dieser beiden Puncte hat man

$$M'M'' = \frac{2W}{\sqrt{1 + a^2}},$$

oder da $M'M'' = 2s$ sein soll,

$$2s = 2\sqrt{r^2 - \frac{(ax' - y')^2}{1 + a^2}} \quad . \quad . \quad . \quad . \quad . \quad (3)$$

Hieraus folgt für $a = \dfrac{x'y' \pm \sqrt{(r^2 - s^2)(x'^2 + y'^2 + s^2 - r^2)}}{s^2 - r^2 + x'^2} \quad . \quad . \quad . \quad (4)$

Diese letzte Gleichung bestimmt die Richtung der Secante. Soll die Aufgabe überhaupt ausführbar sein, und diess ist so lange, als man für a einen reellen Werth erhält, so muss, da offenbar $2s$ höchstens gleich $2r$ sein kann, $(r^2 - s^2)$ demnach immer positiv ausfallen; so folgt auch noch $x'^2 + y'^2 \geqq r^2 - s^2$.

Diese letzte Bedingung wird an und für sich schon erfüllt, sobald der gegebene Punct ausserhalb des Kreises liegt, da in dem Falle $x'^2 + y'^2 > r^2$, also $x'^2 + y'^2$ nunmehr grösser als $r^2 - s^2$ sein wird.

Liegt der Punct $x'y'$ innerhalb der Peripherie des Kreises, so folgt aus $x'^2 + y'^2 - (r^2 - s^2) \geqq 0$

$$s^2 \geqq r^2 - (x'^2 + y'^2), \quad \text{wobei } r^2 > x'^2 + y'^2.$$

Die kleinstmöglichste Sehne folgt aus der Gleichung

$$s^2 = r^2 - (x'^2 + y'^2).$$

Diese kleinste Sehne ist dann die durch den betreffenden Punct auf den zugehörigen Radius senkrecht gezogene Sehne.

Zusatz 1. Soll $2s = 0$ sein, so folgt aus (4)

$$a = \frac{x'y' \pm r\sqrt{x'^2 + y'^2 - r^2}}{x'^2 - r^2}.$$

Bei dieser Wahl von a tangirt die Gerade (2) den Kreis. Für Puncte ausserhalb, wo also $x'^2 + y'^2 > r^2$ ist, kann die Anforderung $2s$ oder $s = 0$ immer gestellt werden, dann aber nicht, wenn der Punct innerhalb des Kreises angenommen wird, was mit der unmittelbar vorhergehenden Betrachtung genau übereinstimmt.

Zusatz 2. Für $2s = 2r$ oder $s = r$ folgt $a = \frac{y'}{x'}$, demnach heisst die Gleichung der Secante $y - y' = \frac{y'}{x'}(x - x')$, oder reducirt, $y = \frac{y'}{x'} . x$.

Zusatz 3. Soll durch den gegebenen Punct eine Secante an den Kreis derart gezogen werden, dass der von der Sehne abgeschnittene Bogen $\frac{1}{n}$ der Peripherie beträgt, so hat man, wenn der Bogen $2b$ genannt wird,

$$2b : 2r\pi = 1 : n, \quad b = \frac{r\pi}{n},$$

oder ist der der Sehne $2s$ entsprechende Mittelpunctswinkel 2α, so folgt $s = r\sin\frac{\pi}{n}$, und dieser Werth in (4) gesetzt, gibt

$$a = \frac{x'y' \pm m\sqrt{x'^2 + y'^2 - m^2}}{x'^2 - m^2}, \quad \text{wobei} \quad m = r\cos\frac{\pi}{n}.$$

Für $n = 2$, also $m = 0$, folgt wie vorhin $a = \frac{y'}{x'}$.

Aufgabe 77. In der Peripherie eines Kreises ist ein Punct gegeben, man soll durch denselben eine Sehne ziehen, welche einen bestimmten Abstand vom Mittelpuncte hat.

Lösung. Der Kreis sei durch die Gleichung $x^2 + y^2 = r^2$ gegeben, der bestimmte Abstand des Mittelpunctes von der Sehne sei $= e$.

Ist die Gleichung der Sehne $y - y' = a(x - x')$, so ist der Abstand des Mittelpunctes von dieser Sehne $\frac{ax' - y'}{\sqrt{1 + a^2}}$; und da diese Entfernung $= e$ sein soll, so hat man für die Bestimmung von a die Gleichung

$$\frac{ax' - y'}{\sqrt{1 + a^2}} = e.$$

Hieraus folgt mit Rücksicht auf die Gleichung $x'^2 + y'^2 = r^2$

$$a = \frac{x'y' \pm e\sqrt{r^2 - e^2}}{x'^2 - e^2},$$

woraus sofort folgt, dass zwei Sehnen von der verlangten Eigenschaft durch den Punct $x'y'$ gezogen werden können.

Aufgabe 78. Innerhalb eines Kreises ist ein Punct $x'y$ gegeben; man soll durch denselben eine Sehne ziehen, auf dass sie in diesem Punct halbirt wird.

Lösung. Die Gleichung des Kreises sei wieder $x^2+y^2=r^2$, die Gleichung der zu suchenden Sehne $y-y'=a(x-x')$; diese Gerade mit dem Kreis zum Durchschnitte gebracht, liefert für die Durchschnittspuncte nach Aufgabe 76:

$$\begin{cases} x_1 = \dfrac{a(ax'-y')+W}{1+a^2}, \\ y_1 = \dfrac{y'-ax'+aW}{1+a^2}. \end{cases} \qquad \begin{cases} x_2 = \dfrac{a(ax'-y')-W}{1+a^2}, \\ y_2 = \dfrac{y'-ax'-aW}{1+a^2}. \end{cases}$$

Da nun der Punct $x'y'$ der Halbirungspunct der Linie x_1y_1, x_2y_2 sein soll, so muss

$$x' = \frac{x_1+x_2}{2} = \frac{a(ax'-y')}{1+a^2}$$

$$\text{und} \quad y' = \frac{y_1+y_2}{2} = \frac{y'-ax'}{1+a^2} \quad \text{sein.}$$

Dividirt man diese beiden Gleichungen durcheinander, so folgt

$$\frac{x'}{y'} = -a,$$

demnach ist die Gleichung der Sehne

$$y - y' = -\frac{x'}{y'}(x-x').$$

Nun aber ist die Gleichung des durch $x'y'$ gehenden Halbmessers $y = \frac{y'}{x'} \cdot x$, folglich steht die gesuchte Sehne im Puncte $x'y'$ senkrecht auf dem zugehörigen Radius.

Aufgabe 79. Es soll zu zwei Kreisen eine gemeinschaftliche Secante gezogen werden, so zwar, dass die in jedem Kreise entstehende Sehne die Länge $2s$ bekommt.

Lösung. Wie einem Kreise vom Halbmesser r eine Sehne von der Länge $2s$ eingezeichnet werde, ist genugsam bekannt. Construirt man diese Sehne in beliebiger Lage, so werden alle diese Sehnen Tangenten eines Kreises bilden, dessen Halbmesser $\sqrt{r^2-s^2}$ sein wird.

Hat man demnach zwei Kreise von den Halbmessern R und R', so sind die Halbmesser jener zwei Kreise, an welche die

Tangenten gezogen die Sehnen $2s$ abschneiden,

$$\varrho = \sqrt{R^2 - s^2} \quad \text{und} \quad \varrho' = \sqrt{R'^2 - s^2}.$$

Haben sonach die gegebenen Kreise die Gleichungen

$$x^2 + y^2 = R^2 \quad \text{und} \quad (x - p)^2 + y^2 = R'^2,$$

so leistet man der gestellten Aufgabe vollkommen Genüge, wenn man an die Kreise

$$x^2 + y^2 = \varrho^2 \quad \text{und} \quad (x - p)^2 + y^2 = \varrho'^2$$

die betreffenden Tangenten zieht.

Aufgabe 80. Man soll jenen Kreis ausmitteln, der durch einen bestimmten Punct geht und eine gegebene Gerade berührt.

Fig. 30.

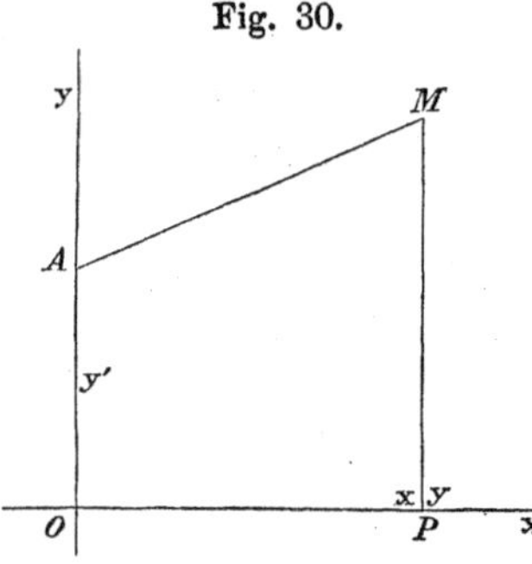

Lösung. Um die Lösung dieser Aufgabe am einfachsten durchzuführen, nehmen wir die gegebene Gerade als Abscissenaxe (Fig. 30), durch den gegebenen Punct darauf senkrecht ziehen wir die Ordinatenaxe. Ist der Punct M der Mittelpunct des zu suchenden Kreises, so muss offenbar die Bedingungsgleichung Statt finden:

$$AM = MP;$$

sind nun die Coordinaten des Punctes $A \begin{cases} x = 0 \\ y = y' \end{cases}$, und die des Punctes M überhaupt x und y, so hat man die Gleichung

$$x^2 + (y - y')^2 = y^2$$

$$\text{oder} \quad x^2 = 2y'\left(y - \frac{y'}{2}\right) \quad . \quad . \quad . \quad . \quad . \quad (1)$$

Diess ist die einzige Gleichung, die man für die Lage des Mittelpunctes aufzustellen vermag. Denkt man sich sonach die Gleichung (1) construirt, so ist jeder Punct dieser Curve Mittelpunct eines Kreises, der die gegebene Gerade berührt und durch den gegebenen Punct geht.

Die Gleichung (1) bezeichnet, vorläufig gesagt, eine Parabel; die Discussion ähnlicher Gleichungen findet man im nächsten Abschnitte, daher wir hier darauf nicht näher eingehen.

Aufgabe 81. Es ist der geometrische Ort der Mittelpuncte jener Kreise auszumitteln, die zwei gegebene Gerade berühren.

Lösung. Wir können uns hier kurz fassen und auf die Lösung der Aufgabe 16 verweisen, denn wir bekommen hier wie dort als geometrischen Ort der Kreismittelpuncte zwei gerade Linien, welche durch den Durchschnittspunct der beiden gegebenen Geraden gehen.

Aufgabe 82. Es soll der geometrische Ort der Mittelpuncte jener Kreise gesucht werden, welche eine gegebene Gerade und einen gegebenen Kreis berühren.

Fig. 31.

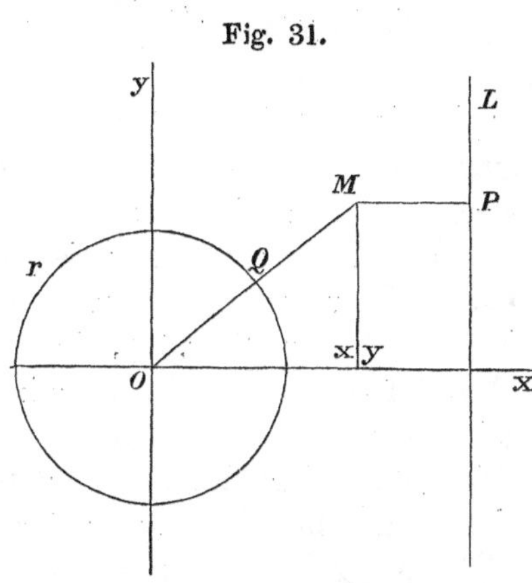

Lösung. Man lege durch den Mittelpunct des Kreises die Abscissenaxe (Fig. 31) senkrecht auf die gegebene Gerade, also die Ordinatenaxe parallel mit derselben, bezeichne die Entfernung des Punctes O von der Geraden durch e, die Coordinaten des noch unbestimmten Mittelpunctes durch x, y, so ist

$$MQ = \sqrt{x^2 + y^2} - r$$

und $MP = e - x$,

daher wegen $MQ = MP$

$$\sqrt{x^2 + y^2} - r = e - x.$$

Macht man diese Gleichung rational, so folgt

$$y^2 + 2(r + e)x - (r + e)^2 = 0 \quad . \quad . \quad . \quad (1)$$

als die Gleichung des geometrischen Ortes der Mittelpuncte jener Kreise, welche die Gerade und den Kreis berühren.

Diese Gleichung (1) stellt wieder eine Parabel vor, deren Constructions-Elemente nach Aufgabe 111 zu berechnen sind.

Ist das durch Gleichung (1) erhaltene Resultat vollständig?

Aufgabe 83. Man suche den geometrischen Ort der Mittelpuncte jener Kreise, welche zwei gegebene Kreise berühren.

Fig. 32.

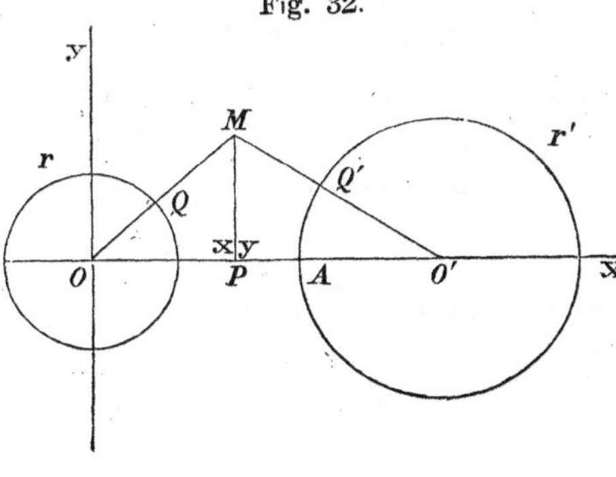

Lösung. Man lege, wie Figur 32 zeigt, durch die Mittelpuncte der beiden Kreise die Abscissenaxe, den einen Mittelpunct O wähle man als Ursprung, nenne die Strecke $AO = e$, $r - r' = \delta$ und $e + r' = m$.

Es sei M der Mittelpunct eines Kreises von der

verlangten Beschaffenheit, seine Coordinaten x und y, so hat man

$$MQ = \sqrt{x^2 + y^2} - r$$

und $$MQ' = \sqrt{(x-m)^2 + y^2} - r,$$

und wegen $MQ = MQ'$

$$\sqrt{x^2 + y^2} - r = \sqrt{(x-m)^2 + y^2} - r'$$

oder $$\sqrt{x^2 + y^2} - \sqrt{(x-m)^2 + y^2} = \delta.$$

Diese Gleichung rational gemacht und geordnet, gibt

$$y^2 - \frac{m^2 - \delta^2}{\delta^2} \cdot x^2 + \frac{m(m^2 - \delta^2)}{\delta^2} \cdot x - \frac{(m^2 - \delta^2)^2}{4\delta^2} = 0 \;...\; \text{I.}$$

und diess ist wieder die Gleichung des geometrischen Ortes der Mittelpuncte der verlangten Kreise.

Sobald $m < \delta$ ist, repräsentirt die Gleichung I. eine Hyperbel.

Ohne uns hier in eine Discussion der Gleichung I. einzulassen, bleibt es doch interessant zu sehen, wie diese Hyperbel in eine Parabel übergeht, wenn der Halbmesser $r' = \infty$, d. h. der zweite Kreis in eine gerade Linie übergeht. Dass man hier genau auf die Gleichung (1) in Aufgabe 82 kommen müsse, versteht sich von selbst. Zu diesem Behufe mitteln wir uns die Grösse der einzelnen Coefficienten des Gleichung I. aus unter der bereits gemachten Voraussetzung für $r' = \infty$.

Da $$\delta = r - r',$$
$$m = e + r',$$

so folgt $$m^2 - \delta^2 = (e + r)(e - r + r')$$

und $$\frac{m^2 - \delta^2}{\delta^2} = \frac{(e + r)(e - r + r')}{r^2 - 2rr' + r'^2}.$$

Zähler und Nenner dieses Bruches durch r'^2 dividirt und dann $r' = \infty$ gesetzt, gibt für $\frac{m^2 - \delta^2}{\delta^2} = 0$, d. i. der Coefficient von x^2; ferner

$$\frac{m(m^2 - \delta^2)}{\delta^2} = \frac{(e + r')(e + r)(e - r + r')}{r^2 - 2rr' + r'^2}.$$

Dieser Bruch so behandelt wie oben, gibt

$$\frac{m(m^2 - \delta^2)}{\delta^2} = 2(e + r),$$

endlich $$\frac{(m^2 - \delta^2)^2}{\delta^2} = \frac{(e + r)^2 (e - r + r')^2}{r^2 - 2rr' + r'^2},$$

oder für $r' = \infty$ $$\frac{(m^2 - \delta^2)^2}{\delta^2} = (e + r)^2.$$

Setzt man diese Ergebnisse in I., so folgt die Gleichung

$$y^2 + 2(e + r)x - (e + r)^2 = 0,$$

welches genau die Gleichung (1) in Aufgabe 82 ist, wie es wohl auch nicht anders sein kann, da sie sich nunmehr auf dieselben Umstände stützt.

Ist das in Aufgabe 83 eingehaltene Verfahren allgemein genug?

Aufgabe 84. Drei Puncte sind ihrer gegenseitigen Lage nach gegeben; man soll durch dieselben einen Kreis legen.

Fig. 33.

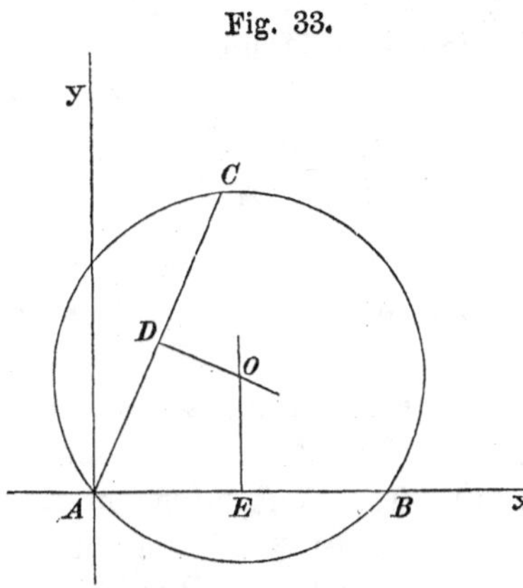

Lösung. Die gegebenen drei Puncte seien A, B und C (Fig. 33). Nehmen wir der Einfachheit halber den Punct A als Ursprung eines rechtwinkeligen Coordinatensystems, durch zwei der gegebenen Puncte, etwa durch A und B, soll die Abscissenaxe gelegt werden.

Nennen wir die Coordinaten des Mittelpunctes p und q, den Halbmesser r, so ist allgemein die Gleichung des zu suchenden Kreises $(x-p)^2 + (y-q)^2 = r^2$.

Da aber diese Gleichung für $x = 0$ und $y = 0$ befriedigt werden muss, so bleibt

$$x^2 + y^2 - 2px - 2qy = 0 \quad . \quad . \quad . \quad . \quad (1)$$

$$\text{nnd} \quad r = \sqrt{p^2 + q^2}.$$

Setzt man in dieser Gleichung (1) die Coordinaten des Punctes B, so kommt

$$x'^2 - 2px' = 0, \quad \text{und hieraus} \quad p = \frac{x'}{2}.$$

Diess ist nichts anderes, als die Gleichung einer im Halbirungspuncte der AB errichteten Senkrechten.

Da der Kreis auch durch B gehen soll, so muss

$$x''^2 + y''^2 - 2px'' - 2qy'' = 0$$

sein, und hieraus

$$q = \frac{x''^2 + y''^2 - 2px''}{2y''} \quad . \quad . \quad . \quad . \quad . \quad . \quad (2).$$

Diese Gleichung (2) lässt sich übrigens auf die Form bringen

$$q - \frac{y''}{2} = -\frac{x''}{y''}\left(p - \frac{x''}{2}\right) \quad . \quad . \quad . \quad . \quad . \quad (3)$$

Dass dies aber nichts anderes als die durch den Halbirungspunct D der Linie AC gehende Gerade ist, welche gleichzeitig auf dieser Verbindungslinie senkrecht steht, ist leicht einzusehen, wenn man bedenkt, dass die Gleichung der Geraden

$$AC \ldots y = \frac{y''}{x''} \cdot x$$

ist, und die Coordinaten des Punctes D, $\frac{x''}{2}$ und $\frac{y''}{2}$ sind.

Der Durchschnittspunct der Geraden (3) mit $p = \frac{x'}{2}$ bildet demnach den Mittelpunct des verlangten Kreises.

Obwohl man für die Construction den Halbmesser nicht weiter zu berechnen nöthig hat, so wollen wir ihn doch der Allgemeinheit wegen anführen. Es folgt aus $r^2 = p^2 + q^2$

$$r = \frac{1}{2y''} \sqrt{(x''^2 + y''^2)\left[(x'' - x')^2 + y''^2\right]}.$$

Aufgabe 85. Zwei Puncte sind gegeben und eine gerade Linie; man soll jenen Kreis suchen, der durch die zwei Puncte geht und die gegebene Gerade berührt.

Fig. 34.

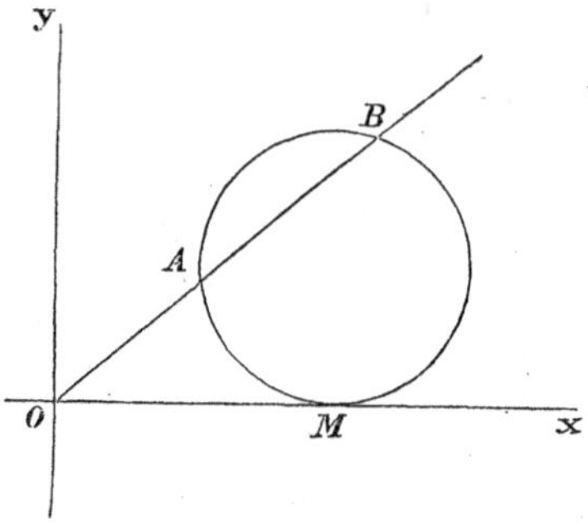

Lösung. Benützen wir die gegebene Gerade als Abscissenaxe (Fig. 34), den Durchschnittspunct derselben mit der durch die zwei gegebenen Puncte geführten Geraden als Ursprung, so wird in Anbetracht dessen, dass die Abscissenaxe durch den Kreis berührt werden muss, die Gleichung des zu suchenden Kreises heissen müssen

$$(x - p)^2 + (y - r)^2 = r^2 \quad . . (1)$$

Da ferner die Puncte $A \begin{cases} x' \\ y' \end{cases}$ und $B \begin{cases} x'' \\ y'' \end{cases}$ Puncte dieses Kreises sein sollen, so müssen die Coordinaten derselben der Gleichung (1) genügen, und man hat demnach

$$(x' - p)^2 + (y' - r)^2 = r^2,$$
$$(x'' - p)^2 + (y'' - r)^2 = r^2.$$

Diese beiden Gleichungen würden sofort zur Bestimmung der Grössen p und r dienen.

Einfacher jedoch verfährt man auf folgende Art:

Die Gleichung der Verbindungslinie AB ist $y = ax$, wobei $a = \frac{y'}{x'} = \frac{y''}{x''}$.

Bringt man diese Gerade mit dem Kreis (1) zum Durchschnitt, so folgt

$$(1 + a^2) x^2 - 2(p + ar) x + p^2 = 0.$$

Aus dieser Gleichung ergeben sich die Wurzeln x', x'', und es bestehen demnach die Relationen

$$x' + x'' = \frac{2(p + ar)}{1 + a^2} \quad . \quad . \quad . \quad . \quad . \quad (2)$$

$$x' x'' = \frac{p^2}{1 + a^2} \quad . \quad . \quad . \quad . \quad . \quad . \quad (3)$$

In (3) aber statt a, $\frac{y'}{x'}$ gesetzt,

$$x' x'' \left(1 + \frac{y'^2}{x'^2}\right) = p^2$$

oder $p = \pm \sqrt{\frac{x''(x'^2 + y'^2)}{x'}}$ . . . . . . (4)

Aus (2) folgt

$$r = \frac{(x' + x'')(1 + a^2) \mp 2p}{2a} \quad . \quad . \quad . \quad . \quad . \quad (5)$$

Was die Construction des Ausdruckes (4) anbelangt, so bemerke man mit Rücksicht auf die Figur 34

$$AO = x' \sqrt{1 + \frac{y^2}{x'^2}},$$

$$BO = x'' \sqrt{1 + \frac{y''^2}{x''^2}} = x'' \sqrt{1 + \frac{y'^2}{x'^2}},$$

sonach $AO \,.\, BO = x' x'' \left(1 + \frac{y'^2}{x'^2}\right) = \frac{x''(x'^2 + y'^2)}{x'}$.

Nun ist aber $AO \,.\, BO = \overline{OM}^2$, wobei M der Berührungspunct des Kreises in der Geraden ist, also

$$OM = \pm \sqrt{\frac{x''(x'^2 + y^2)}{x'}} = p.$$

Da daher p das geometrische Mittel zwischen den Stücken AO und BO ist, so kann es leicht construirt werden, und vom Durchschnittspuncte der gegebenen Geraden und der Verbindungslinie aufgetragen, ergibt sich der Punct M, und es erübriget sofort nur noch durch die Puncte A, B und M einen Kreis zu ziehen. Vermöge des doppelten Vorzeichens von p ergibt sich aber auch nach der negativen x ein zweiter Berührungspunct, also auch ein zweiter Kreis, der denselben Bedingungen entspricht.

Liegen die gegebenen Puncte auf verschiedenen Seiten der gegebenen Tangente, so ist die Lösung unmöglich, da bei derselben Annahme für das Coordinatensystem x' oder x'' negativ, also p selbst imaginär wird.

Aufgabe 86. Es sind zwei Puncte gegeben und ein Kreis; man soll jenen Kreis suchen, der durch die zwei Puncte geht und den gegebenen Kreis berührt.

Lösung. Die gegebenen Puncte haben beziehungsweise die Coordinaten $x' y'$ und $x'' y''$, der gegebene Kreis sei durch die Gleichung bestimmt

$$(x-\alpha)^2 + (y-\beta)^2 = r^2.$$

Nennen wir die Gleichung des zu suchenden Kreises

$$(x-p)^2 + (y-q)^2 = R^2 \quad . \quad . \quad . \quad . \quad (1)$$

so hat man zur Bestimmung der Grössen p, q und R die drei Gleichungen

$$\left.\begin{array}{l} (x'-p)^2 + (y'-q)^2 = R^2 \\ (x''-p)^2 + (y''-q)^2 = R^2 \\ (\alpha-p)^2 + (\beta-q)^2 = (r \pm R)^2 \end{array}\right\} \quad . \quad . \quad . \quad \text{I.}$$

Die dritte Gleichung stellt die Distanz des gegebenen und des zu suchenden Kreismittelpunctes vor, und zwar mit der Berücksichtigung einer äussern oder innern Berührung der Kreise.

Diese drei Gleichungen des Systems I. reichen sofort hin, p, q und R zu bestimmen; setzt man diese Werthe in (1), so ergibt sich die Gleichung des verlangten Kreises.

Wir wollen hier den Weg der Rechnung verlassen und die Construction andeuten.

In Aufgabe 64, Zusatz 3 wurde die Bemerkung gemacht, dass wenn drei Kreise gegeben sind, und zu je zweien die Chordale construirt wird, so schneiden sich die drei Chordalen in einem einzigen Puncte.

Auf Grundlage dieser Bemerkung ist die constructive Lösung der Aufgabe sehr einfach. Denkt man sich den gewünschten Kreis (Fig. 35) construirt, und zieht überdiess durch die Puncte A und B den Hilfskreis O', der den gegebenen Kreis in den Puncten C und D schneidet, so ist der Punct E offenbar ein Punct der Chordale des gegebenen und des zu suchenden Kreises. Da aber der gegebene und der zu suchende Kreis sich berühren sollen, so wird man vom Puncte E an den gegebenen Kreis die Tangenten EM und EN ziehen, und die Puncte M und N sind die Berührungspuncte des gegebenen mit den gesuchten Kreisen, da sich nach

Fig. 35.

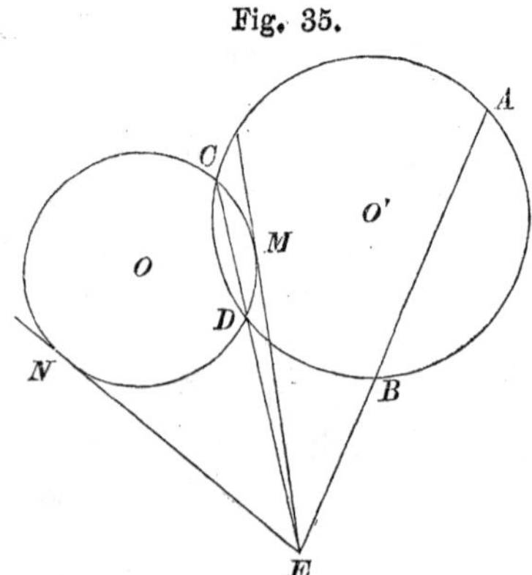

der Construction übereinstimmend mit den Gleichungen I. zwei Kreise ergeben, welche der Aufgabe Genüge leisten.

Schliesslich hat man wieder die Aufgabe zu lösen, durch drei bestimmte Puncte einen Kreis zu ziehen.

Aufgabe 87. Ein Punct und zwei Gerade sind ihrer Lage nach gegeben; man soll einen Kreis finden, der durch den gegebenen Punct geht und die gegebenen Geraden berührt.

Fig. 36.

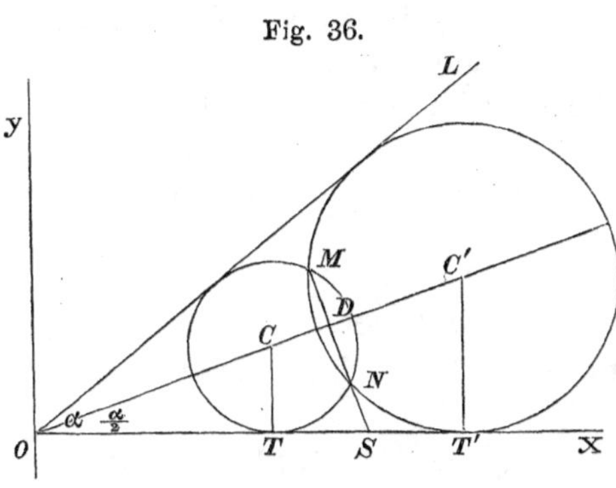

Lösung. Eine der gegebenen Geraden, Ox etwa, werde als Abscissenaxe, der Durchschnittspunct der beiden Geraden Ox, OL als Ursprung benützt (Figur 36). Auf dieses System bezogen, seien die Coordinaten des Punctes M, $x'y'$, die Gleichung des zu suchenden Kreises wird von der Form sein

$$(x - p)^2 + (y - r)^2 = r^2,$$

oder entwichelt

$$x^2 + y^2 - 2px - 2ry + p^2 = 0 \quad . \quad . \quad . \quad (1)$$

Bedenkt man ferner, dass der Mittelpunct des Kreises jedenfalls in der Halbirungslinie des Winkels α liegen müsse, die Gleichung der Halbirungslinie aber $y = a'x$ ist, wobei $a' = \operatorname{tg}\frac{\alpha}{2}$, so folgt weiterhin die Beziehung $r = a'p$; setzt man diesen Werth von r in (1) und bemerkt gleichzeitig, dass der Kreis durch den gegebenen Punct M gehen soll, so folgt

$$p^2 - 2(x' + a'y')p + x'^2 + y'^2 = 0,$$

und hieraus

$$p = x' + a'y' \pm \sqrt{(a'^2 - 1)y'^2 + 2a'x'y'},$$

folglich $r = a'[x' + a'y' \pm \sqrt{(a'^2 - 1)y'^2 + 2a'x'y'}]$, wornach die Aufgabe analytisch gelöst wäre.

Ohne diese gewonnenen Resultate weiter zu benützen, wollen wir die Construction des gestellten Problems auf Aufgabe 85 zurückführen. Führt man durch M eine Senkrechte auf OC, macht $DN = DM$, so ist offenbar der Punct N auch ein Punct des zu suchenden Kreises. Man hat sonach nur durch die Puncte

M und N einen Kreis zu legen, der eine der Linien, etwa Ox, berührt, so muss auch durch diesen Kreis die andere Linie OL tangirt werden. Die zwei sich hier ergebenden Kreise stehen mit obigen Resultaten im Einklange.

Aufgabe 88. Es soll derjenige Kreis gesucht werden, der durch einen gegebenen Punct geht und eine gegebene Gerade und einen Kreis tangirt.

Lösung. Wir nehmen die gegebene Gerade zur Abscissenaxe, und den Fusspunct des vom gegebenen Kreise gezogenen senkrechten Durchmessers als Ursprung. Sind die Coordinaten des gegebenen Punctes $x'y'$, die Gleichung des gegebenen Kreises $x^2 + (y - \beta)^2 = r^2$, und die des zu suchenden Kreises $(x - p)^2 + (y - R)^2 = R^2$, so hat man zur Bestimmung der Grössen p und R die Gleichungen

$$x'^2 + y'^2 - 2px' - 2Ry' + p^2 = 0 \quad . \quad . \quad (1)$$

$$\text{und} \quad \beta^2 - r^2 + p^2 = 2R(\beta \pm r) \quad . \quad . \quad . \quad . \quad (2)$$

Aus jeder dieser Gleichungen $2R$ gesucht, kommt man für p auf die Gleichung

$$[(\beta \pm r) - y']p^2 - 2x'(\beta \pm r)p = y'(\beta^2 - r^2)^2 - (x'^2 + y'^2)(\beta \pm r);$$

hieraus folgt

$$p = \frac{x'(\beta \pm r) \pm \sqrt{y'(\beta \pm r)[x'^2 - r^2 + (y' - \beta)^2]}}{(\beta \pm r) - y'} \quad . \quad . \quad (3)$$

Man ersieht sonach, dass im Allgemeinen vier Auflösungen sich ergeben, zwei Kreise werden einer äusseren, zwei einer inneren Berührung entsprechen, wofür man beziehungsweise in (3) $(\beta + r)$ oder $(\beta - r)$ zu nehmen hat.

Um die Construction anzudeuten, wollen wir etwa annehmen, dass bloss eine äussere Berührung Statt finden soll; wir können dann mit Rücksicht auf Fig. 37, wenn wir uns den Kreis C gefunden denken, auf folgende Art vorgehen: Ist F der Berührungspunct der beiden Kreise, und ziehen wir die Linien AF und BF, so muss die Sehne GT der Durchmesser des Kreises C sein, nachdem

Fig. 37.

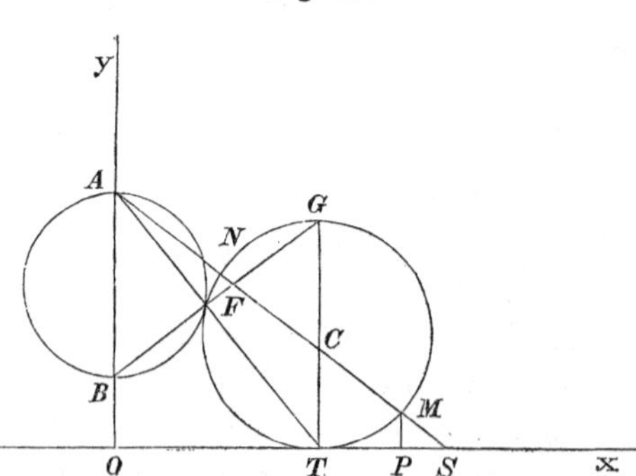

$> GFT = 90^0$ ist. Nach einem bekannten Satze ist aber $GT \parallel AB$, und da $AB \perp Ox$, so ist auch $GT \perp Ox$, also T der Berührungspunct.

Zieht man die Linie AM, so folgt $AN . AM = AF . AT$, und da aus leicht begreiflichen Gründen sich um das Viereck $BOTF$ ein Kreis beschreiben lässt, so hat man auch

$$AB . AO = AF . AT,$$

also $$AN . AM = AO . AB,$$

und hieraus $$AN = \frac{AO . AB}{AM} \quad . \quad . \quad . \quad . \quad . \quad . \quad (4)$$

Nach dieser Relation lässt sich der Punct N ausmitteln, und man hat nunmehr die Aufgabe zu lösen, durch zwei Puncte einen Kreis zu legen, der überdiess eine Gerade berührt. Was die Ausmittelung des Berührungspunctes T betrifft, so hat man

$$ST = \pm \sqrt{SM . SN},$$

daher $$p = OS \pm \sqrt{SM . SN} \quad . \quad . \quad . \quad . \quad (5)$$

Um dieses Ergebniss analytisch nachzuweisen, folgern wir aus den Dreiecken AOS und MPS

$$AO : MP = OS : PS$$

oder $$(AO - MP) : (OS - PS) = AO : OS;$$

oder da $$AO - MP = \beta + r - y',$$

$$OS - PS = x',$$

$$AO = \beta + r \quad \text{ist},$$

$$OS = \frac{x'(\beta + r)}{\beta + r - y'},$$

$$\overline{AS}^2 = (\beta + r)^2 + \frac{x'^2(\beta + r)^2}{(\beta + r - y')^2},$$

$$AS = \frac{(\beta + r)\sqrt{x'^2 + (\beta + r - y')^2}}{\beta + r - y'};$$

ferner $$\overline{AM}^2 = x'^2 + (\beta + r - y')^2$$

oder $$AM = \sqrt{x'^2 + (\beta + r - y')^2},$$

und da nach (4) $AN = \frac{AO . AB}{AM}$, so folgt nach Substitution der betreffenden Werthe

$$AN = \frac{2r(\beta + r)}{\sqrt{x'^2 + (\beta + r - y')^2}},$$

$$\overline{SM}^2 = y'^2 + \frac{x'^2 y'^2}{(\beta + r - y')^2},$$

$$SM = \frac{y'\sqrt{x'^2 + (\beta + r - y')^2}}{\beta + r - y'}.$$

Nun ist weiter

$$SN = AS - AN,$$

oder substituirt und reducirt

$$SN = \frac{(\beta + r)[(\beta + r - y')^2 + x'^2 - 2r(\beta + r - y')]}{(\beta + r - y')\sqrt{x'^2 + (\beta + r - y')^2}},$$

demnach

$$\sqrt{SM \,.\, SN} = \pm \frac{\sqrt{y'(\beta + r)[x'^2 - r^2 + (\beta - y')^2]}}{\beta + r - y'}.$$

Aus Gleichung (3) folgt

$$p = \frac{x'(\beta + r)}{\beta + r - y'} \pm \frac{\sqrt{y'(\beta + r)[x'^2 - r^2 + (\beta - y')^2]}}{\beta + r - y'}$$

$$\text{oder } p = OS \pm \sqrt{SM \,.\, SN},$$

welches Resultat mit den in Gleichung (5) aufgestellten nunmehr vollkommen übereinstimmt.

Zusatz. Verbindet man den Punct B mit dem gegebenen Puncte M, und macht im Uebrigen dieselbe Construction, so erhält man jene Kreise, welche den gegebenen Kreis von innen berühren.

Aufgabe 89. Es soll durch einen gegebenen Punct ein Kreis gelegt werden, der überdiess zwei gegebene Kreise berührt.

Lösung. Es seien die Gleichungen der Kreise

$$x^2 + y^2 = r'^2 \quad . \; . \; . \; (1) \quad \text{und} \quad (x - \alpha)^2 + y^2 = r''^2 \quad . \; . \; . \; (2)$$

die Coordinaten des gegebenen Punctes $x'y'$.

Jener Kreis, welcher der Aufgabe Genüge leisten soll, habe die Gleichung

$$(x - p)^2 + (y - q)^2 = R^2.$$

Mit Rücksicht darauf, dass der Kreis durch den gegebenen Punct geht, so wie für eine äussere oder innere Berührung hat man die drei Gleichungen:

$$(x' - p)^2 + (y' - q)^2 = R^2 \quad . \; . \; . \; . \; (3)$$

$$(\alpha - p)^2 + q^2 = (r'' \pm R)^2 \quad . \; . \; . \; . \; (4)$$

$$p^2 + q^2 = (r' \pm R)^2 \quad . \; . \; . \; . \; . \; (5)$$

Gleichung (3) von (5) subtrahirt

$$2px' + 2qy' - x'^2 - y'^2 = r'^2 \pm 2r'R.$$

Setzt man $x'^2 + y'^2 + r'^2 = 2S$,

$$\text{so folgt } px' + qy' = A \pm r'R \quad . \; . \; . \; . \; . \; (6)$$

Gleichung (4) von (5) abgezogen

$$2\alpha p - \alpha^2 = r'^2 - r''^2 \pm 2r'R \mp 2r''R,$$

oder $r'^2 - r''^2 + \alpha^2 = 2B$

und $r' - r'' = C$ gesetzt,

$$\alpha p = B \pm CR \quad . \; . \; . \; . \; . \; . \; . \; (7)$$

Aus (7)

$$p = \frac{B \pm CR}{\alpha} \quad . \; . \; . \; . \; . \; . \; . \; (8)$$

Dieser Werth in (6) substituirt, liefert für

$$q = \frac{(A \pm r' R)\alpha - (B \pm C R)}{\alpha y'} \quad . \quad . \quad . \quad . \quad . \quad (9)$$

Diese Werthe für p und q in (5) substituirt, geben naturgemäss vier Werthe von R.

Setzt man wieder die Werthe von R in Gleich. (8) und (9), so bekommt man die zugehörigen Mittelpuncts-Coordinaten.

Aufgabe 90. Drei gerade Linien sind ihrer Lage nach gegeben; man bestimme jenen Kreis, der sämmtliche Gerade berührt.

Fig. 38.

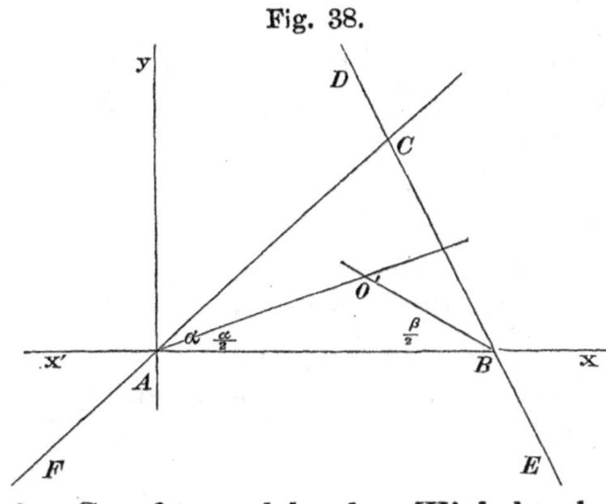

Lösung. Nehmen wir eine der Geraden als Abscissenaxe, den Durchschnitt dieser mit der zweiten Geraden als Ursprung (Fig. 38).

Es ist kaum des Erwähnens werth, wie hier die Mittelpuncte berührender Kreise auszumitteln sind.

Es sei die Gleichung der Geraden, welche den Winkel α halbirt,

$$y = a x \quad . \quad . \quad . \quad . \quad . \quad . \quad A O',$$

$$a = \operatorname{tang} \frac{\alpha}{2},$$

$$y = -b(x - x') \quad . \quad . \quad . \quad B O',$$

wobei $b = \operatorname{tang} \frac{\beta}{2}$ und x' die Abscisse des Punctes B bezeichnet. Nach Früherem ist bekannt, dass der Durchschnitt dieser zwei Geraden $A O'$ und $B O'$ den Punct O' liefert, d. i. den Mittelpunct eines die drei Geraden berührenden Kreises.

Man hat für $O_1 \left\{ \begin{aligned} x &= \frac{b x'}{a + b} \\ y &= \frac{a b x'}{a + b} \end{aligned} \right.$. Dieses y bezeichnet gleichzeitig den Radius dieses Kreises.

Durch die Verlängerung der drei gegebenen Geraden und Halbirung der Winkel ergeben sich noch drei andere Kreise, deren Mittelpuncts-Coordinaten sind:

$$O_2 \begin{cases} x = \dfrac{x'}{1 + ab}, \\ y = \dfrac{a x'}{1 + ab}. \end{cases} \quad O_3 \begin{cases} x = \dfrac{-ab x'}{1 - ab}, \\ y = \dfrac{b x'}{1 - ab}. \end{cases} \quad O_4 \begin{cases} x = \dfrac{a x'}{a + b}, \\ y = \dfrac{-x'}{a + b}. \end{cases}$$

Wie aus diesen Ausdrücken für O_1 bis O_4 hervorgeht, so ist die Lösung der Aufgabe unmöglich, sobald die drei Geraden sämmtlich zu einander parallel sind; eben so für $x' = 0$, d. h. wenn sich die drei Geraden in einem gemeinschaftlichen Puncte schneiden.

Aufgabe 91. Zwei Gerade und ein Kreis sind ihrer Lage nach gegeben; man soll den alle drei Stücke tangirenden Kreis ausmitteln.

Lösung. Eine der Geraden sei die Abscissenaxe, der Durchschnitt beider Geraden bilde den Coordinatenanfang; die Gleichung des gegebenen Kreises sei

$$(x - \alpha)^2 + (y - \beta)^2 = r^2,$$

die Gleichung des zu suchenden Kreises

$$(x - p)^2 + (y - q)^2 = R^2.$$

Bedenkt man, dass der Mittelpunct des Kreises in der Halbirungslinie des Winkels liegen müsse, den beide Gerade einschliessen, so muss, wenn die Tangente dieses halben Winkels mit a bezeichnet wird, $R = ap$ sein, wenn man nämlich noch berücksichtiget, dass $q = R$ ist.

Für eine äussere oder innere Berührung der beiden Kreise hat man noch

$$(\alpha - p)^2 + (\beta - R)^2 = (r \pm R)^2 \quad . \quad . \quad . \quad (1)$$

Diese Gleichung verbunden mit

$$R = ap \quad . \quad . \quad . \quad . \quad . \quad . \quad . \quad . \quad (2)$$

setzt uns vollkommen in die Lage, p und R berechnen zu können.

Substituiren wir den Werth von R in (1), so kommt

$$p^2 - 2(\alpha + a\beta \pm ar)p = r^2 - \alpha^2 - \beta^2,$$

hieraus folgt

$$p = (\alpha + a\beta \pm ar) \pm \sqrt{(\alpha + a\beta \pm ar)^2 + (r^2 - \alpha^2 - \beta^2)}.$$

Es ist ersichtlich, dass die Aufgabe vier Lösungen zulässt. Mit diesen Werthen von p bekommt man nach Gleichung (2) die zugehörigen Werthe von R.

Für die Construction ist es genügend, den Werth von p zu kennen, der Ausdruck dafür lässt sich auch leicht construiren.

Aufgabe 92. Eine Gerade und zwei Kreise seien gegeben; man bestimme den zugehörigen tangirenden Kreis.

Lösung. Die gegebene Gerade bilde wieder die Abscissenaxe, senkrecht darauf gehe durch einen der gegebenen Kreismittelpuncte die Ordinatenaxe. Die Gleichungen der gegebenen Kreise werden dann sein

$$x^2 + (y - \beta_1)^2 = r'^2,$$
$$(x - \alpha)^2 + (y - \beta)^2 = r''^2.$$

Für den zu suchenden Kreis hat man

$$(x - p)^2 + (y - q)^2 = R^2.$$

Berücksichtiget man die einzelnen Berührungen, so erhält man zur Bestimmung von p und R die Gleichungen

$$p^2 + (R - \beta_1)^2 = (r' \pm R)^2 \quad . \quad . \quad . \quad (1)$$
$$(p - \alpha)^2 + (R - \beta)^2 = (r'' \pm R)^2 \quad . \quad . \quad . \quad (2)$$

Aus (1) folgt $2R = \frac{p^2 + \beta'^2 - r'^2}{\beta' \pm r'}$,

„ (2) „ $2R = \frac{p^2 - 2\alpha p + \alpha^2 + \beta^2 - r''}{\beta \pm r''}$.

Setzt man diese Ausdrücke einander gleich, so bekommt man eine Gleichung für p, wofür beziehungsweise acht Werthe folgen können.

Dass die Lösung der Aufgabe unmöglich sein wird, wenn die zwei Kreise auf verschiedenen Seiten der Geraden liegen, leuchtet von selbst ein; überdiess führt aber auch die Rechnung darauf, welche imaginäre Werthe von p liefert.

Aufgabe 93. Drei Kreise sind gegeben; man bestimme jenen Kreis, der alle drei tangirt.

Lösung. Es seien die Gleichungen der gegebenen Kreise

$$x^2 + y^2 = r_1^2 \quad . \quad . \quad . \quad . \quad . \quad . \quad (1)$$
$$(x - \alpha)^2 + (y - \beta)^2 = r_2^2 \quad . \quad . \quad . \quad . \quad (2)$$
$$(x - \alpha_1)^2 + (y - \beta_1)^2 = r_3^2 \quad . \quad . \quad . \quad . \quad (3)$$

die Gleichung des fraglichen Kreises

$$(x - p)^2 + (y - q)^2 = R^2.$$

Man hat dann zur Auffindung der Grössen p, q und R die Gleichungen:

$$p^2 + q^2 = (R \pm r_1)^2 \quad . \quad . \quad . \quad . \quad . \quad (4)$$
$$(p - \alpha)^2 + (q - \beta)^2 = (R \pm r_2)^2 \quad . \quad . \quad . \quad (5)$$
$$(p - \alpha_1)^2 + (q - \beta_1)^2 = (R \pm r_3)^2 \quad . \quad . \quad . \quad (6)$$

Da die Auflösung dieser Gleichungen nicht ohne bedeutende Schwierigkeiten geschehen könnte, so wollen wir die Auflösung der gegebenen Aufgabe auf eine frühere zurückführen, und zwar dadurch, dass wir uns die Berührungs-Coordinaten im Kreise (1) auszumitteln suchen; wir nennen sie $x'y'$, und wollen etwa des Beispieles halber bloss eine äussere Berührung voraussetzen, denken uns also im Verlaufe der weiteren Rechnung in den Gleichungen (4), (5) und (6) rechter Hand bloss die oberen Zeichen genommen.

In Betreff des Berührungspunctes haben wir noch die zwei Gleichungen

$$x'^2 + y'^2 = r_1^2 \quad . \quad . \quad . \quad . \quad . \quad . \quad (7)$$

$$(x' - p)^2 + (y' - q)^2 = R^2 \quad . \quad . \quad . \quad . \quad (8)$$

Die Gleichungen (4) und (7) addirt und davon Gleich. (8) abgezogen,

$$px' + qy' = r_1(R + r_1) \quad . \quad . \quad . \quad . \quad . \quad (9)$$

Aus (4) und (7) folgt weiter

$$r_1(R + r_1) = \sqrt{x'^2 + y'^2} \, . \, \sqrt{p^2 + q^2},$$

daher $px' + qy' = \sqrt{x'^2 + y'^2} \, . \, \sqrt{p^2 + q^2}$,

oder rational gemacht, folgt

$$py' - qx' = 0 \quad . \quad . \quad . \quad . \quad . \quad . \quad (10)$$

Diese Gleichungen (9) und (10) in Bezug auf p und q aufgelöst, geben

$$p = \frac{(R + r_1)\, x'}{r_1} \quad \text{und} \quad q = \frac{(R + r_1)\, y'}{r_1},$$

Zieht man ferner die Gleichungen (5) und (6) nacheinander von (4) ab, so kommt

$$2\alpha p + 2\beta q - 2(r_1 - r_2)R = \alpha^2 + \beta^2 + (r_1 + r_2)(r_1 - r_2)$$

und

$$2\alpha' p + 2\beta' q - 2(r_1 - r_3)R = \alpha'^2 + \beta'^2 + (r_1 + r_3)(r_1 - r_3),$$

oder wenn man von diesen zwei Gleichungen beiderseits beziehungsweise $2r_1(r_1 - r_2)$ und $2r_1(r_1 - r_3)$ abzieht,

$$2\alpha p + 2\beta q - 2(r_1 - r_2)(R + r_1) = \alpha^2 + \beta^2 - (r_1 - r_2)^2,$$

$$2\alpha' p + 2\beta' q - 2(r_1 - r_3)(R + r_1) = \alpha'^2 + \beta'^2 - (r_1 - r_3)^2.$$

Setzt man in diesen beiden Relationen für p und q die bereits schon früher ermittelten Werthe, so folgt

$$2[\alpha x' + \beta y' - r_1(r_1 - r_2)](R + r_1) = r_1[\alpha^2 + \beta^2 - (r_1 - r_2)^2],$$

$$2[\alpha' x' + \beta' y' - r_1(r_1 - r_3)](R + r_1) = r_1[\alpha'^2 + \beta'^2 - (r_1 - r_3)^2].$$

Aus diesen beiden Gleichungen durch Division R eliminirt,

$$[\alpha x' + \beta y' - r_1(r_1 - r_2)][\alpha'^2 + \beta'^2 - (r_1 - r_3)^2] =$$

$$= [\alpha' x' + \beta' y' - r_1(r_1 - r_3)][\alpha^2 + \beta^2 - (r_1 - r_2)^2] \quad . \quad . \quad (11)$$

Die Gleichungen (7) und (11) enthalten ausser x' und y' keine anderweitigen Unbekannten, und können demnach für die Darstellung dieser Grössen dienen.

Man erhält einfacher durch Construction der Gleichung (11), die in Bezug auf die Grössen $x'y'$ vom ersten Grade ist, und demnach eine Gerade repräsentirt, durch den Durchschnitt derselben mit dem Kreis $x'^2 + y'^2 = r_1^2$ den verlangten Berührungspunct.

Die Lösung der vorgelegten Aufgabe ist alsdann auf jene zurückgeführt, einen Kreis zu suchen, der durch einen bestimmten Punct geht und zwei der Grösse und Lage nach gegebene Kreise berührt.

Was die Construction der Geraden (11) betrifft, so bemerke man noch Folgendes:

Die Gleichung (11) wird identisch, entweder wenn

$$\alpha x' + \beta y' - r_1 (r_1 - r_2) = 0 \quad . \quad . \quad . \quad (12)$$

und $$\alpha' x' + \beta' y' - r_1 (r_1 - r_3) = 0 \quad . \quad . \quad . \quad (13)$$

oder

$$\alpha x' + \beta y' - r_1 (r_1 - r_2) = \alpha^2 + \beta^2 - (r_1 - r_2)^2 \quad . \quad . \quad (14)$$

und $$\alpha' x' + \beta' y' - r_1 (r_1 - r_3) = \alpha'^2 + \beta'^2 - (r_1 - r_3)^2 \quad . \quad . \quad (15)$$

Diejenigen Werthe, welche die Gleichungen (12) und (13) oder (14) und (15) gleichzeitig befriedigen, genügen auch der Gleichung (11). Da die Gleichungen (12) und (13) für sich wieder gerade Linien vorstellen, so ist ihr Durchschnittspunct jedenfalls ein Punct der Linie (11). Dasselbe gilt von den Gleichungen (14) und (15).

Durch diese beiden Durchschnittspuncte ist demnach die Gerade (11) bestimmt.

Die Gleichungen (14) und (15) nehmen noch die passendere Form an:

$$\alpha (x' - \alpha) + \beta (y' - \beta) = r_2 (r_1 - r_2),$$
$$\alpha' (x' - \alpha') + \beta' (y' - \beta') = r_3 (r_1 - r_3).$$

Aufgabe 94. Es ist die Bedingung aufzustellen, unter der ein Kreis durch vier gegebene Puncte gezogen werden kann.

Lösung. $A \left\{ \begin{matrix} x' \\ y' \end{matrix} \right.$, $B \left\{ \begin{matrix} x'' \\ y'' \end{matrix} \right.$, $C \left\{ \begin{matrix} x''' \\ y''' \end{matrix} \right.$, $D \left\{ \begin{matrix} x^{IV} \\ y^{IV} \end{matrix} \right.$ seien die Puncte.

Legen wir den Ursprung des rechtwinkeligen Coordinatensystems in D, die Abscissenaxe in die CD, so folgt für die Gleichung des gesuchten Kreises der Form nach

$$x^2 + y^2 - 2px - 2qy = 0 \quad . \quad . \quad . \quad . \quad \text{I.}$$

Für die Bestimmung der Grössen p und q hat man die Gleichungen

$$x'^2 + y'^2 - 2px' - 2qy' = 0 \quad . \quad . \quad . \quad (1)$$
$$x''^2 + y''^2 - 2px'' - 2qy'' = 0 \quad . \quad . \quad . \quad (2)$$
$$x'''^2 - 2px''' = 0 \quad . \quad . \quad . \quad . \quad . \quad . \quad . \quad (3)$$

Aus (3) folgt $p = \frac{x'''}{2}$, und damit aus den Gleichungen (1) und (2) beziehungsweise für q

$$\frac{x'^2 + y'^2 - x'x'''}{2y'} \quad \text{und} \quad \frac{x''^2 + y''^2 - x''x'''}{2y''},$$

daher $\frac{x'^2 + y'^2 - x'x'''}{y'} = \frac{x''^2 + y''^2 - x''x'''}{y''}$

oder $x'y''(x' - x''') + y'y''(y' - y'') = x'''(x'y'' - x''y')$

als die verlangte Bedingungsgleichung.

Aufgabe 95. Zu zwei gegebenen Puncten einen dritten derart zu bestimmen, dass die Summe der Quadrate der Verbindungslinien einem gegebenen Quadrate gleich werde.

Lösung. Wählen wir das Coordinatensystem ganz in der vorigen Weise, so haben wir, wenn das gegebene Quadrat etwa a^2 ist, die Gleichung

$$(x^2 + y^2) + [(x - x')^2 + y^2] = a^2,$$

oder reducirt

$$x^2 + y^2 - xx' + \frac{x'^2 - a^2}{2} = 0 \quad . \quad . \quad . \quad (1)$$

Diess ist wieder die Gleichung des geometrischen Ortes solcher Puncte, welche die verlangte Eigenschaft besitzen.

Diese Gleichung (1) bezeichnet aber nichts anderes als einen Kreis, dessen Mittelpunct die Coordinaten $\begin{cases} x = \frac{x'}{2} \\ y = 0 \end{cases}$ hat, und dessen Radius $r = \frac{1}{2}\sqrt{2a^2 - x'^2}$ ist.

Aufgabe 96. Ein Kreis und ein Punct A sind gegeben; man soll einen Punct M von der Beschaffenheit suchen, dass, wenn der Berührungspunct der durch diesen Punct an den Kreis gezogenen Tangente B heisst, $\overline{AM}^2 + \overline{BM}^2 = a^2$ ist.

Lösung. Wählen wir das Coordinatensystem derart, dass der Mittelpunct des gegebenen Kreises der Anfangspunct ist, und die Abscissenaxe überdiess noch durch den gegebenen Punct A geht. Wir nennen dann die Abscisse des letzteren α, die Coordinaten des Punctes M, $x'\,y'$, und die Gleichung des Kreises $x^2 + y^2 = r^2$.

Sind die Berührungspuncte der Tangente am Kreis $x''\,y''$, so bestimmen sich dieselben aus den Gleichungen

$$x''^2 + y''^3 = r^2 \quad . \quad . \quad . \quad . \quad . \quad (1)$$

$$x'x'' + y'y'' = r^2 \quad . \quad . \quad . \quad . \quad . \quad (2)$$

Hieraus folgt, wenn man gleichzeitig auch nur eines der Zeichen berücksichtiget,

$$x'' = \frac{x'r^2 + y'rW}{x'^2 + y'^2} \quad \text{und} \quad y'' = \frac{y'r^2 - x'rW}{x'^2 + y'^2},$$

wobei $W = \sqrt{x'^2 + y'^2 - r^2}$ ist.

Man hat sonach

$$\overline{BM}^2 = (x' - x'')^2 + (y' - y'')^2,$$

oder ausgeführt

$$\overline{BM}^2 = x'^2 + y'^2 - r^2$$

$$\text{und} \quad \overline{AM}^2 = (\alpha - x')^2 + y'^2,$$

$$\text{daher} \quad x'^2 + y'^2 - \alpha x' + \frac{\alpha^2 - r^2 - a^2}{2} = 0$$

als Gleichung des geometrischen Ortes von Puncten der verlangten Eigenschaft.

Aufgabe 97. Es sind zwei Kreise gegeben; man soll wieder einen solchen Punct M finden, auf dass $\overline{AM}^2 + \overline{BM}^2 = a^2$ wird, wobei A und B wieder die Berührungspuncte der Tangenten an beide Kreise vorstellen, und a^2 ein gegebenes Quadrat ist.

Lösung. Einer der Kreismittelpuncte sei der Ursprung, die Centrallinie selbst die Abscissenaxe, die beiden Kreise haben die Halbmesser beziehungsweise r und r', die Coordinaten des zu suchenden Punctes M seien $x'y'$. Man hat

$$\overline{AM}^2 = x'^2 + y'^2 - r^2$$

$$\text{und} \quad \overline{BM}^2 = (x' - \alpha)^2 + y'^2 - r'^2,$$

demnach

$$x'^2 + y'^2 - \alpha x' + \tfrac{1}{2}(\alpha^2 - r^2 - r'^2 - a^2) = 0.$$

Diess ist die Gleichung des geometrischen Ortes, der wieder ein Kreis ist.

Aufgabe 98. Zwei Puncte sind gegeben; man soll solche Puncte ausmitteln, deren Entfernungen von den gegebenen Puncten in dem Verhältnisse von $m : n$ stehen.

Lösung. Nennen wir die rechtwinkeligen Coordinaten der gegebenen Puncte $x'y'$ und $x''y''$, so sind die Entfernungen derselben von dem Puncte x, y

$$\sqrt{(x - x')^2 + (y - y')^2} \quad \text{und} \quad \sqrt{(x - x'')^2 + (y - y'')^2},$$

sonach

$$[(x - x')^2 + (y - y')^2] : [(x - x'')^2 + (y - y'')^2] = m^2 : n^2,$$

hieraus folgt

$$x^2 + y^2 - 2 \cdot \frac{n^2 x' - m^2 x''}{n^2 - m^2} \cdot x - 2 \cdot \frac{n^2 y' - m^2 y''}{n^2 - m^2} \cdot y +$$
$$+ \frac{n^2 (x'^2 + y'^2) - m^2 (x''^2 + y''^2)}{n^2 - m^2} = 0 \quad . \; . \; . \; (1)$$

Diess ist die Gleichung eines Kreises, und gleichzeitig der Ort für Puncte der verlangten Eigenschaft.

Man hat für die Lage des Mittelpunctes

$$\begin{cases} p = \dfrac{n^2 x' - m^2 x''}{n^2 - m^2}, \\ q = \dfrac{n^2 y' - m^2 y''}{n^2 - m^2}, \end{cases}$$

und für den Halbmesser

$$r = \frac{nm}{n^2 - m^2} \sqrt{(x' - x'')^2 + (y' - y'')^2}.$$

Zusatz. Für $n = m$ geht die Gleichung (1) über in

$$y - \frac{y' + y''}{2} = - \frac{x' - x''}{y' - y''} \left(x - \frac{x' + x''}{2} \right),$$

als die Gleichung derjenigen Geraden, die im Halbirungspuncte der $x' x''$, $y' y''$ senkrecht steht auf der durch die gegebenen Puncte gehenden Geraden.

Dieses letztere Ergebniss haben wir schon in Aufgabe 10 gefunden.

Anmerkung. Einfacher würde sich die Gleichung (1) noch ergeben haben, wenn wir die Abscissenaxe durch die gegebenen Puncte, und einen derselben als Ursprung gewählt hätten. Wie heisst dann die Gleichung des Kreises?

Aufgabe 99. Man soll den geometrischen Ort des Scheitels aller Dreiecke suchen, die auf einerlei Grundlinie, etwa $2g$, aufstehen, und denselben Scheitelwinkel α haben.

Lösung. Nimmt man die Grundlinie zur Abscissenaxe, und in ihrer Mitte senkrecht die Ordinatenaxe, so sollen bei irgend einer Lage des Dreieckes die Coordinaten des Scheitels x und y sein.

Die trigonometrischen Tangenten der Neigungswinkel der Seiten des Dreieckes mit der Abscissenaxe werden dann sein

$$\frac{y}{g + x} \quad \text{und} \quad \frac{-y}{g - x},$$

sonach

$$\operatorname{tang} \alpha = \frac{\dfrac{-y}{g - x} - \dfrac{y}{g + x}}{1 - \dfrac{y^2}{g^2 - x^2}},$$

$$x^2 + y^2 - 2g \, . \, \text{cotang}\, \alpha \, . \, y - g^2 = 0,$$

die Gleichung des geometrischen Ortes

$$p = 0, \quad q = g \, \text{cotang}\, \alpha, \quad r = g \, \text{cosec}\, \alpha.$$

Aufgabe 100. Es sind n Puncte gegeben; man soll zu diesen einen weiteren Punct derart suchen, dass die Summe der Quadrate der Entfernungen dieses Punctes von allen gegebenen einem bestimmten Quadrate a^2 gleich werde.

Lösung. Die Coordinaten der gegebenen Puncte seien

$$x_1 y_1, \quad x_2 y_2, \quad \ldots \quad x_n y_n,$$

die des zu suchenden Punctes x und y, Man hat sonach die Quadrate der Entfernungen dieses Punctes von den gegebenen

$$[(x - x_1)^2 + (y - y_1)^2]; \quad [(x - x_2)^2 + (y - y_2)^2]; \quad \ldots$$
$$[(x - x_n)^2 + (y - y_n)^2].$$

Bildet man die Summe dieser Quadrate und setzt sie $= a^2$, so kommt

$$(x - x_1)^2 + (y - y_1)^2 + \ldots + (x - x_n)^2 + (y - y_n)^2 = a^2,$$

oder wenn Kürze halber gesetzt wird

$$x_1 + x_2 + x_3 + \ldots + x_n = \Sigma(x_1),$$
$$y_1 + y_2 + y_3 + \ldots + y_n = \Sigma(y_1),$$
$$x_1^2 + x_2^2 + x_3^2 + \ldots + x_n^2 = \Sigma(x_1^2),$$
$$y_1^2 + y_2^2 + y_3^2 + \ldots + y_n^2 = \Sigma(y_1^2),$$

so kommt

$$x^2 + y^2 - \frac{2}{n} \Sigma(x_1) \, . \, x - \frac{2}{n} \Sigma(y_1) \, . \, y + \frac{1}{n} [\Sigma(x_1^2) + \Sigma(y_1^2) - a^2] = 0.$$

Aus dieser Gleichung folgt, dass der Aufgabe wieder unendlich viele Puncte genügen, die einem Kreis angehören, für welchen

$$p = \frac{1}{n} \Sigma(x_1), \quad q = \frac{1}{n} \Sigma(y_1) \quad \text{und}$$

$$r = \frac{1}{n} \sqrt{\Sigma(x_1)^2 + \Sigma(y_1)^2 + n[a^2 - \Sigma(x_1^2) - \Sigma(y_1^2)]}.$$

Anmerkung. Diese Aufgabe involvirt offenbar die Aufgabe 95.

Aufgabe 101. Es ist eine Anzahl von n Geraden gegeben; man soll den geometrischen Ort eines Punctes suchen, der so liegt, dass, wenn man von ihm Lothe auf die gegebenen Linien fällt und die Fusspuncte derselben durch gerade Linien verbindet, dadurch ein Vieleck von gegebenem Flächeninhalte f entsteht.

Lösung. Die Gleichungen der gegebenen Geraden seien

$$y = a_1 x + b_1,$$
$$y = a_2 x + b_2,$$
$$\cdots\cdots$$
$$y = a_n x + b_n.$$

Die Coordinaten des noch unbekannten Punctes seien $x = \alpha$ und $y = \beta$. Die Fusspuncte der Perpendikel seien der Reihe nach $x_1 y_1$, $x_2 y_2$, . . , $x_n y_n$. Man hat sodann für die doppelte Fläche des so entstehenden Polygons nach Aufgabe 59

$$2f = \begin{Bmatrix} y_1 x_2 - y_2 x_1, \\ y_2 x_3 - y_3 x_2, \\ \cdots\cdots \\ y_n x_1 - y_1 x_n. \end{Bmatrix} \quad \ldots\ldots \quad \text{I.}$$

Es wird sich also jetzt darum handeln, die Coordinaten der Fusspuncte ausfindig zu machen.

Die Gleichungen der einzelnen Perpendikel sind offenbar

$$y - \beta = -\frac{1}{a_1}(x - \alpha),$$
$$y - \beta = -\frac{1}{a_2}(x - \alpha),$$
$$\cdots\cdots$$
$$y - \beta = -\frac{1}{a_n}(x - \alpha).$$

Diese Perpendikel mit den beziehlichen Geraden zum Durchschnitt gebracht, erhält man

$$x_1 = \frac{a_1\beta + \alpha - a_1 b_1}{1 + a_1^2}, \quad y_1 = \frac{a_1^2\beta + a_1\alpha + b_1}{1 + a_1^2},$$
$$x_2 = \frac{a_2\beta + \alpha - a_2 b_2}{1 + a_2^2}, \quad y_2 = \frac{a_2^2\beta + a_2\alpha + b_2}{1 + a_2^2},$$
$$\cdots\cdots$$
$$x_n = \frac{a_n\beta + \alpha - a_n b_n}{1 + a_n^2}, \quad y_n = \frac{a_n^2\beta + a_n\alpha + b_n}{1 + a_n^2}.$$

Diese Werthe in I. substituirt, bekommt man für α^2 den Coefficienten

$$\frac{a_1 - a_2}{(1 + a_1^2)(1 + a_2^2)} + \frac{a_2 - a_3}{(1 + a_2^2)(1 + a_3^2)} + \ldots + \frac{a_n - a_1}{(1 + a_n^2)(1 + a_1^2)},$$

für $\alpha\beta$

$$\frac{a_1^2 - a_2^2}{(1 + a_1^2)(1 + a_2^2)} + \frac{a_2^2 - a_3^2}{(1 + a_2^2)(1 + a_3^2)} + \ldots + \frac{a_n^2 - a_1^2}{(1 + a_n^2)(1 + a_1^2)},$$

für β^2

$$\frac{a_1^2 a_2 - a_1 a_2^2}{(1 + a_1^2)(1 + a_2^2)} + \frac{a_2^2 a_3 - a_2 a_3^2}{(1 + a_2^2)(1 + a_3^2)} + \ldots + \frac{a_n^2 a_1 - a_n a_1^2}{(1 + a_n^2)(1 + a_1^2)},$$

für α

$$\frac{(b_1-b_2)(1+a_1a_2)}{(1+a_1^2)(1+a_2^2)}+\frac{(b_2-b_3)(1+a_2a_3)}{(1+a_2^2)(1+a_3^2)}+\ldots+\frac{(b_n-b_1)(1+a_na_1)}{(1+a_n^2)(1+a_1^2)},$$

für β

$$\frac{(a_2b_1-a_1b_2)(1+a_1a_2)}{(1+a_1^2)(1+a_2^2)}+\frac{(a_3b_2-a_2b_3)(1+a_2a_3)}{(1+a_2^2)(1+a_3^2)}+\ldots$$
$$+\frac{(a_1b_n-a_nb_1)(1+a_na_1)}{(1+a_n^2)(1+a_1^2)},$$

endlich der Coefficient ohne α und β

$$\frac{(a_1-a_2)b_1b_2}{(1+a_1^2)(1+a_2^2)}+\frac{(a_2-a_3)b_2b_3}{(1+a_2^2)(1+a_3^2)}+\ldots+\frac{(a_n-a_1)b_nb_1}{(1+a_n^2)(1+a_1^2)}-2f.$$

Man hat demnach die Gleichung des geometrischen Ortes in der Form

$$A\alpha^2+B\alpha\beta+C\beta^2+D\alpha+E\beta+F=0 \quad . \; . \; . \quad (1)$$

Es lässt sich nun sehr leicht zeigen, dass diese Gleichung einen Kreis vorstellt, zu welchem Behufe aber bewiesen werden muss, dass $A=C$ und $B=0$ ist.

Man hat für

$$\frac{a_1-a_2}{(1+a_1^2)(1+a_2^2)}-\frac{a_1^2a_2-a_1a_2^2}{(1+a_1^2)(1+a_2^2)}=\frac{a_1}{1+a_1^2}-\frac{a_2}{1+a_2^2}$$

sonach

$$A-C=\left.\begin{array}{l}\dfrac{a_1}{1+a_1^2}-\dfrac{a_2}{1+a_2^2}\\+\dfrac{a_2}{1+a_2^2}-\dfrac{a_3}{1+a_3^2}\\+\ldots\ldots\ldots\ldots\\+\dfrac{a_n}{1+a_n^2}-\dfrac{a_1}{1+a_1^2}\end{array}\right\}=0,$$

folglich $A=C$.

Da ferner $\dfrac{a_1^2-a_2^2}{(1+a_1^2)(1+a_2^2)}=\dfrac{a_1^2}{1+a_1^2}-\dfrac{a_2^2}{1+a_2^2}$

u. s. w.,

so folgt

$$B=\left.\begin{array}{l}\dfrac{a_1^2}{1+a_1^2}-\dfrac{a_2^2}{1+a_2^2}\\+\dfrac{a_2^2}{1+a_2^2}-\dfrac{a_3^2}{1+a_3^2}\\+\ldots\ldots\ldots\ldots\\+\dfrac{a_n^2}{1+a_n^2}-\dfrac{a_1^2}{1+a_1^2}\end{array}\right\}=0.$$

Die obige Gleichung (1) reducirt sich sonach auf

$$A\alpha^2+A\beta^2+D\alpha+E\beta+F=0,$$

welches die Gleichung eines Kreises ist.

Zusatz. Man sieht, dass die Coefficienten $\frac{D}{A}$ und $\frac{E}{A}$, welche die Lage des Mittelpunctes bestimmen, unabhängig sind von der gegebenen Fläche f, dass demnach der Mittelpunct des Kreises immer derselbe sein wird, wie gross auch immer die gegebene Fläche sein mag.

Aufgabe 102. Es ist der geometrische Ort jener Puncte zu finden, von welchen die an einen der Lage und Grösse nach gegebenen Kreis gezogenen Tangenten denselben Winkel einschliessen.

Lösung. Sind die Coordinaten des fraglichen Punctes α und β, die Berührungs-Coordinaten der zwei Tangenten an den Kreis

$$x^2 + y^2 = r^2 \quad \ldots \ldots \quad (1)$$

$x'y'$ und $x''y''$, so sind die Gleichungen der Tangenten

$$y = -\frac{x'}{y'} \cdot x + \frac{r^2}{y'} \quad \ldots \ldots \quad (2)$$

$$y = -\frac{x''}{y''} \cdot x + \frac{r^2}{y''} \quad \ldots \ldots \quad (3)$$

Nennen wir die Tangente des bestimmten Neigungswinkels φ etwa T, so hat man

$$T = \frac{-\frac{x'}{y'} + \frac{x''}{y''}}{1 + \frac{x'}{y'} \cdot \frac{x''}{y''}} \quad \ldots \ldots \quad (4)$$

Zur Bestimmung der Berührungs-Coordinaten hat man die Gleichungen

$$x\alpha + y\beta = r^2$$

und

$$x^2 + y^2 = r^2,$$

hieraus folgt

$$\begin{cases} x' = r \cdot \dfrac{r\alpha + \beta W}{\alpha^2 + \beta^2}, \\ y' = r \cdot \dfrac{r\beta - \alpha W}{\alpha^2 + \beta^2}, \end{cases} \qquad \begin{cases} x'' = r \cdot \dfrac{r\alpha - \beta W}{\alpha^2 + \beta^2}, \\ y'' = r \cdot \dfrac{r\beta + \alpha W}{\alpha^2 + \beta^2}, \end{cases}$$

wobei $W = \sqrt{\alpha^2 + \beta^2 - r^2}$.

Substituirt man diese Werthe in (4), so folgt

$$T = \frac{-2rW}{r^2 - W^2},$$

und hieraus

$$TW^2 - 2rW = r^2 T$$

oder

$$\alpha^2 + \beta^2 = 2r^2 \cdot \frac{1 + T^2 \pm \sqrt{1 + T^2}}{T^2},$$

woraus ersichtlich ist, dass der geometrische Ort von Puncten der verlangten Eigenschaft ein Kreis ist, welcher mit dem gegebenen concentrisch ist.

Was das doppelte Zeichen betrifft, so gilt das obere für spitze, das untere für stumpfe Winkel.

Zusatz. Man hat für $\varphi = 90^0$, also $T = \infty$,

$$\alpha^2 + \beta^2 = 2r^2;$$

für $\varphi = 45^0$

$$\alpha^2 + \beta^2 = r'^2, \quad \text{wobei} \quad r' = 2{\cdot}61 . r;$$

für $\varphi = 135^0$

$$\alpha^2 + \beta^2 = r''^2, \quad \text{wobei} \quad r'' = 1{\cdot}08 . r.$$

Aufgabe 103. Wenn man durch einen Punct eines Durchmessers im Kreise Sehnen zieht, und durch die Endpuncte dieser Sehnen Tangenten legt, wo ist dann der geometrische Ort der Durchschnittspuncte je zweier Tangenten?

Lösung. Die Gleichung des gegebenen Kreises mag

$$x^2 + y^2 = r^2 \quad . \quad . \quad . \quad . \quad . \quad . \quad (1)$$

die Abscisse des gegebenen Punctes, den wir in der Abscissenaxe uns liegend denken, x' sein.

Die Gleichung einer Sehne wird durch

$$y = a(x - x') \quad . \quad . \quad . \quad . \quad . \quad . \quad (2)$$

dargestellt, so wie die Gleichungen der Tangenten in der Form

$$\left.\begin{aligned} x x' + y y' &= r^2 \\ x x'' + y y'' &= r^2 \end{aligned}\right\}.$$ Aus diesen Gleichungen folgt

$$x = r^2 . \frac{y'' - y'}{x' y'' - y' x''} \quad . \quad . \quad . \quad . \quad . \quad (3)$$

Ferner hat man, wenn (1) mit (2) verbunden wird,

$$\begin{cases} x' = \dfrac{a^2 x' + W}{1 + a^2}, \\ y' = a . \dfrac{-x' + W}{1 + a^2}, \end{cases} \qquad \begin{cases} x'' = \dfrac{a^2 x' - W}{1 + a^2}, \\ y'' = a . \dfrac{-x' - W}{1 + a^2}, \end{cases}$$

$$\text{wo} \quad W = \sqrt{r^2 (1 + a^2) - a^2 x'^2}.$$

Macht man in (3) die gehörigen Substitutionen, so bekommt man

$$x = \frac{r^2}{x'} \quad . \quad . \quad . \quad . \quad . \quad . \quad . \quad . \quad (4)$$

Da nun x constant, d. i. von der willkürlichen Grösse a unabhängig ist, so folgt, dass alle Durchschnittspuncte je zweier Tangenten in einer Geraden liegen werden, welche im Abstande $\frac{r^2}{x'}$ mit der Ordinatenaxe parallel läuft.

Aufgabe 104. Es ist ein Kreis, ein Punct seiner Peripherie und ein Winkel gegeben; man soll die Gleichung einer Geraden finden, welche durch den gegebenen Punct geht und den Kreis unter dem gegebenen Winkel schneidet.

Lösung. Eine Gerade schneidet einen Kreis unter dem Winkel φ, heisst so viel, dass die Gerade mit der an den gegebenen Punct im Kreise gezogenen Tangente den Winkel φ einschliesst.

Ist die Gleichung des Kreises $x^2 + y^2 = r^2$, der gegebene Punct $x'y'$, so wird die Gleichung der fraglichen Linie

$$y - y' = a(x - x') \quad \ldots\ldots \quad (1)$$

sein, so wie die Gleichung der Tangente in demselben Punct

$$y = -\frac{x'}{y'} \cdot x + \frac{r^2}{y'} \quad \ldots\ldots \quad (2)$$

Man hat demnach für den Neigungswinkel der Geraden (1) und (2)

$$\text{tang}\,\varphi = \frac{a + \frac{x'}{y'}}{1 - \frac{a x'}{y'}};$$

hieraus folgt $a = \dfrac{y' \,\text{tang}\,\varphi - x'}{y' + x' \,\text{tang}\,\varphi}$.

Setzt man diesen Werth in (1), so folgt nach kurzer Reduction

$$x(x' - y' \,\text{tang}\,\varphi) + y(y' + x' \,\text{tang}\,\varphi) = r^2$$

als die Gleichung der gesuchten Geraden, welche den Kreis im Puncte $x'y'$ unter dem Winkel φ schneidet.

Zusatz. Die Gerade (1) verlängert, schneidet den Kreis nochmals, und schliesst mit demselben den Winkel $(180 - \varphi)$ ein.

Fig. 39.

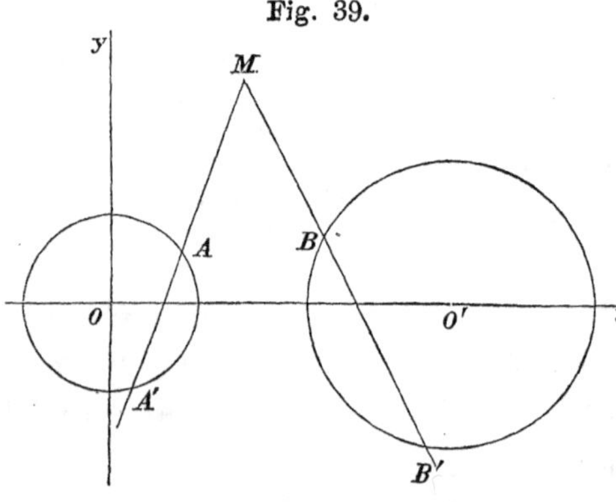

Aufgabe 105. Es sind zwei Kreise gegeben. Man soll den Ort eines Punctes M finden, der so liegt, auf dass, wenn man durch M an die Kreise zwei willkürliche Secanten zieht, die Producte der dadurch entstehenden Abschnitte gleich sind; d. h. es muss nach Fig. 39

$$AM \,.\, A'M = BM \,.\, B'M \quad \text{sein.}$$

Lösung. Die Gleichungen der Kreise seien

$$x^2 + y^2 = r^2 \ldots (1) \quad \text{und} \quad (x - p)^2 + y^2 = r'^2 \ldots (2)$$

die durch M gezogene willkürliche Secante hat die Gleichung

$$y - y' = a(x - x') \quad \ldots\ldots \quad (3)$$

Verbindet man die Gleichungen (1) und (3), so folgt nach Aufgabe 71

$$AM \,.\, A'M = x'^2 + y'^2 - r^2 \quad . \quad . \quad . \quad . \quad (4)$$

Verbindet man die Gleichungen (2) und (3), so folgt

$$\left.\begin{aligned} x - x' &= \frac{p - ay' - x' \pm W}{1 + a^2} \\ y - y' &= a \,.\, \frac{p - ay' - x' \pm W}{1 + a^2} \end{aligned}\right\} \quad . \quad . \quad . \quad . \quad \text{I.}$$

wo $W = \sqrt{r^2 (1 + a^2) - (ax' - ap - y')^2}$.

Man erhält dann, wenn die Distanzen BM und $B'M$ ermittelt werden,

$$BM = \frac{(p - ay' - x') + W}{\sqrt{1 + a^2}}$$

und $$B'M = \frac{(p - ay' - x') - W}{\sqrt{1 + a^2}},$$

daher $$BM \,.\, B'M = p^2 + y'^2 + x'^2 - r'^2 - 2px' \quad . \quad . \quad (5)$$

Dieses Product ist wieder constant, sobald der Punct $x'y'$ gegeben ist.

Soll aber $AM \,.\, A'M = BM \,.\, B'M$ sein, so muss

$$x'^2 + y'^2 - r^2 = p^2 + y'^2 + x'^2 - r'^2 - 2px',$$

und hieraus folgt

$$x' = \frac{r^2 - r'^2 + p^2}{2p} \quad . \quad . \quad . \quad . \quad . \quad . \quad . \quad . \quad (6)$$

d. h. der geometrische Ort aller solcher der Aufgabe Genüge leistenden Puncte ist eine Gerade, parallel zur Ordinatenaxe. Dass diese Linie (6) nichts anderes als die in Aufgabe 64 aufgestellte Chordale ist, ist einfach einzusehen. In der That geht die Gleichung (γ) der genannten Aufgabe in die Gleichung (6) über, wenn $p = 0$, $q = 0$, $p' = p$ und $q' = 0$ gesetzt wird.

Aufgabe 106. Es ist die Gleichung einer Geraden $y = mx + r\sqrt{1 + m^2}$ gegeben, wobei jedoch m eine noch ganz willkürliche Grösse sein soll; indem man nun dem m die aufeinander folgenden Werthe beilegt, soll man die so entstehenden Durchschnitte der aufeinander folgenden Lagen der Geraden angeben.

Lösung. Aendert sich in

$$y = mx + r\sqrt{1 + m^2} \quad . \quad . \quad . \quad . \quad . \quad . \quad (1)$$

nun m um den sehr kleinen Zahlenwerth α, so hat man für die nächste Lage der Geraden (1)

$$y = (m + \alpha)\, x + r\sqrt{1 + (m + \alpha)^2} \quad . \quad . \quad . \quad (2)$$

oder (2) reducirt und die zweite Potenz von α weggelassen, gibt

$$y = mx + \alpha x + r\sqrt{1+m^2}\sqrt{1+\frac{2\alpha m}{1+a^2}}.$$

Bringt man nun (1) und (2) zum Durchschnitt, so erhält man, $\sqrt{1+\frac{2\alpha m}{1+m^2}} = 1 + \frac{\alpha m}{1+m^2}$ gesetzt,

$$\begin{cases} x = -\dfrac{rm}{\sqrt{1+m^2}}, \\ y = \dfrac{r}{\sqrt{1+m^2}}; \end{cases}$$

und um uns von m unabhängig zu machen, eliminiren wir aus diesen beiden Endgleichungen m einfach durch Quadriren und Addiren, so kommt

$$x^2 + y^2 = r^2,$$

d. h. der Durchschnitt je zweier aufeinander folgenden Lagen der Geraden (1) wird ein Punct dieses Kreises sein, oder die Durchschnittspuncte in ihrer Aufeinanderfolge erzeugen den Kreis.

Aufgabe 107. Die Gleichung einer Geraden heisst

$$mx + ny = a^2,$$

m und n seien noch willkürliche Grössen, jedoch an die Bedingung $m^2 + n^2 = b^2$ geknüpft; man soll die Curve der aufeinander folgenden Schnittpuncte suchen.

Lösung. Eine nächste Lage zu

$$mx + ny = a^2 \quad \ldots\ldots\ldots \quad (1)$$

ist $(m+h)x + (n+k)y = a^2 \quad \ldots\ldots \quad (2)$

wo h und k sehr kleine Grössen bezeichnen sollen.

Um eine Relation zwischen h und k zn bekommen, muss noch der Gleichung

$$(m+h)^2 + (n+k)^2 = b^2$$

Genüge geschehen. Aus dieser Gleichung folgt aber

$$\frac{h}{k} = -\frac{n}{m} \quad \ldots\ldots\ldots \quad (3)$$

Löst man nun die beiden Gleichungen (1) und (2) wirklich auf, sucht also den Durchschnittspunct, so findet man mit Rücksicht auf die Gleichung (3)

$$x = \frac{a^2 m}{b^2} \text{ und } y = \frac{a^2 n}{b^2};$$

erhebt man diese Gleichungen zum Quadrat und addirt sie, so folgt

$$x^2 + y^2 = \frac{a^4}{b^2} = r^2$$

als die Curve der aufeinander folgenden Durchschnittspuncte.

Aufgabe 108. Die Gleichung eines Kreises sei (Fig. 40)

$$(x-p)^2+(y-q)^2=r^2 \quad . \quad . \quad . \quad . \quad , \quad (1)$$

Fig. 40.

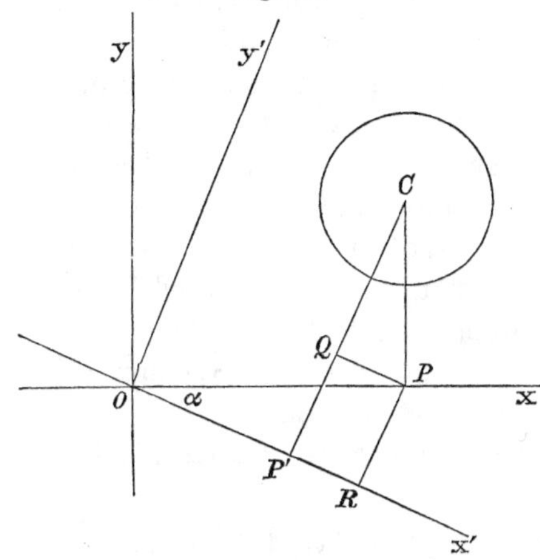

man soll diese Gleichung für ein anderes ebenfalls rechtwinkeliges Coordinatensystem transformiren, wobei wir annehmen wollen, dass der Ursprung derselbe bleibe, und die neue Abscissenaxe mit der ursprünglichen den Winkel α einschliesse.

Lösung. Da die transformirte Gleichung jedenfalls von der Form

$$(x-p')^2+(y-q')^2=r^2 \ . \ . \ (2)$$

sein wird, wobei p' und q' die Coordinaten des Kreismittelpunctes für das neue Axensystem bezeichnen, so genügt es p' und q' zu suchen und in Gleichung (2) zu substituiren.

Nach Figur 40 ist $OP=p$, $CP=q$, $OP'=p'$, $CP'=q'$,

$$\text{daher } p' = OR - P'R = OR - QP,$$

$$p' = p\cos\alpha - q\sin\alpha;$$

$$\text{eben so } q' = CQ + QP' = CQ + PR$$

$$\text{oder } q' = q\cos\alpha + p\sin\alpha,$$

demnach heisst die gesuchte Gleichung

$$(x-p\cos\alpha+q\sin\alpha)^2+(y-q\cos\alpha-p\sin\alpha)^2=r^2.$$

Um einen allgemeineren Weg einzuschlagen, setzen wir in Gleichung (1)

$$x = x'\cos\alpha + y'\sin\alpha,$$

$$y = y'\cos\alpha - x'\sin\alpha.$$

Relationen, die sich aus der Figur selbst ergeben.

Die Substitution ausgeführt und die Accente weggelassen, bekommt man

$$(x\cos\alpha+y\sin\alpha-p)^2+(y\cos\alpha-x\sin\alpha-q)^2=r^2,$$

oder reducirt

$$x^2+y^2-2(p\cos\alpha-q\sin\alpha)x-2(p\sin\alpha+q\cos\alpha)y+$$
$$+p^2+q^2=r^2,$$

welche Gleichung mit der nach dem zuerst angedeuteten Wege erhaltenen vollkommen übereinstimmt.

Aufgabe 109. Die Gleichung eines Kreises ist wieder

$$(x - p)^2 + (y - q)^2 = r^2 \quad . \quad . \quad . \quad . \quad . \quad (1)$$

man soll die Gleichung dieses Kreises auf ein schiefwinkeliges Coordinatensystem mit dem Coordinatenwinkel φ transformiren, und zwar unter der Bedingung, dass der Ursprung und die Abscissenaxe unverändert bleiben.

Fig. 41.

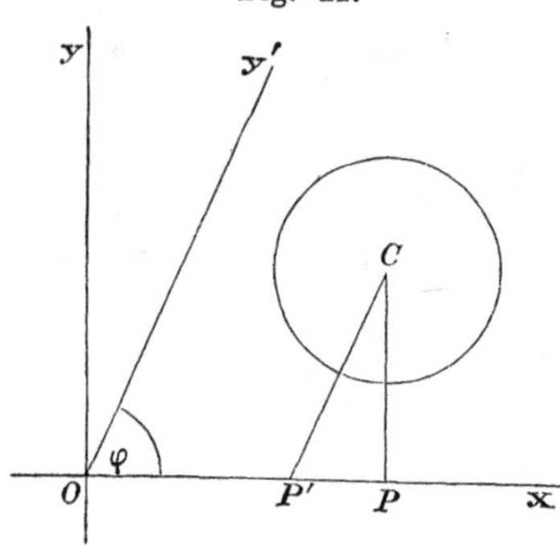

Lösung. (Fig. 41.) Wir können auch hier wieder einen doppelten Weg einschlagen. Jedenfalls wird die Gleichung des Kreises für das schiefe Axensystem nach Aufg. 62 die Form haben

$$x^2 + y^2 + 2\cos\varphi \,.\, xy - 2(p' + q'\cos\varphi)x - 2(q' + p'\cos\varphi) +$$
$$+ p'^2 + q'^2 + 2p'q'\cos\varphi = r^2 \quad . \quad . \quad . \quad (2)$$

wenn $p'q'$ die Mittelpuncts-Coordinaten für das System $x'y'$ sind.

Es wird sich sonach nur darum handeln, p' und q' passend durch p und q auszudrücken und in Gleichung (2) zu substituiren.

Aus Figur 41 folgt unmittelbar

$$\begin{cases} p = p' + q'\cos\varphi, \\ q = q'\sin\varphi, \end{cases}$$

daher $p' = p - q\,\text{cotang}\,\varphi$

und $q' = \frac{q}{\sin\varphi}$.

Nach Substitution dieser Werthe in (2) folgt

$$p' + q'\cos\varphi = p,$$
$$q' + p'\cos\varphi = p\cos\varphi + q\sin\varphi,$$
$$p'^2 + q'^2 + 2p'q'\cos\varphi = p^2 + q^2,$$

demnach heisst die transformirte Gleichung

$$x^2 + y^2 + 2\cos\varphi \,.\, xy - 2px - 2(p\cos\varphi + q\sin\varphi)\,y +$$
$$+ p^2 + q^2 = r^2 \quad . \quad . \quad . \quad (3)$$

Um den zweiten Weg anzudeuten, so folgt wieder für den Zusammenhang der Coordinaten $\begin{cases} x = x' + y'\cos\varphi, \\ y = y'\sin\varphi. \end{cases}$

Substituirt man diese Werthe von x und y in (1), so folgt

$$(x + y\cos\varphi - p)^2 + (y\sin\varphi - q)^2 = r^2,$$

und reducirt

$$x^2 + y^2 + 2 \cos \varphi \,.\, xy - 2px - 2(p \cos \varphi + q \sin \varphi) y +$$
$$+ p^2 + q^2 = r^2.$$

Diese Gleichung stimmt mit der Gleichung (3) wieder überein.

Aufgabe 110. Es ist die Polargleichung des Kreises abzuleiten.

Fig. 42.

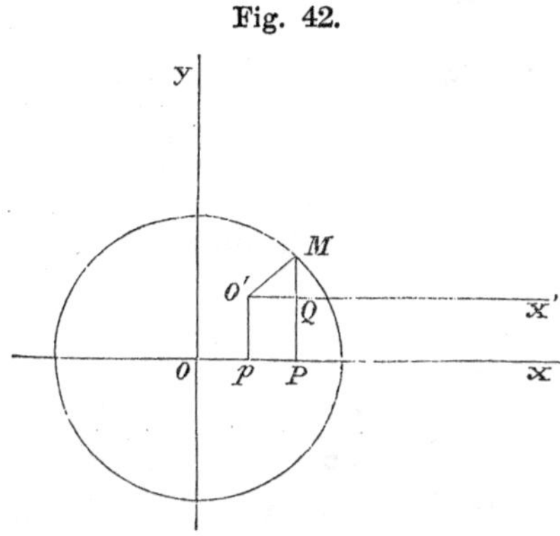

Lösung. Denken wir uns den Kreis auf ein rechtwinkeliges Axensystem bezogen (Fig. 42), seine Gleichung sei

$$x^2 + y^2 = r^2 \quad \ldots (1)$$

und bemühen uns die rechtwinkeligen Coordinaten durch die Polarcoordinaten auszudrücken; diese Ergebnisse dann in (1) substituirt, hat man die Polargleichung des Kreises.

Es sei O' der Pol und $O'x' \parallel Ox$ die Polaraxe. Sind die Coordinaten des Punctes $O' \begin{cases} d \\ \delta \end{cases}$, die rechtwinkeligen Coordinaten des Punctes M, $OP = x$ und $MP = y$, die Polarcoordinaten desselben Punctes $MO' = u$, $\angle MO'x' = \varphi$, so folgt

$$x = d + u \cos \varphi,$$
$$y = \delta + u \sin \varphi,$$

und man hat, diese Werthe in (1) substituirt,

$$(d + u \cos \varphi)^2 + (\delta + u \sin \varphi)^2 = r^2$$

oder

$$u^2 + 2(d \cos \varphi + \delta \sin \varphi) u + d^2 + \delta^2 = r^2$$

als die verlangte Gleichung.

Dritter Abschnitt.

Aufgaben über die Parabel.

Aufgabe 111. Es ist die geometrische Bedeutung der Gleichung

$$My^2 + Ry + Sx + T = 0$$

zu zeigen.

Lösung. Die gewöhnliche Scheitelgleichung der Parabel ist $y^2 = px$. Verlegt man bei parallelen Axen den Anfangspunct, und bezeichnet die Coordinaten des Scheitels für das neue Axensystem durch d und δ, wo d die Abscisse, δ die Ordinate sein soll, so bekommt man die allgemeinere Form

$$(y - \delta)^2 = p(x - d)$$

oder $y^2 - 2\delta . y - px + \delta^2 + pd = 0.$

Diese Gleichung stimmt der Form nach mit der gegebenen Gleichung vollständig überein. Es wird sonach die gegebene Gleichung, wie diess übrigens auch aus anderen Gründen erhellt, eine Parabel vorstellen.

Um diese zu construiren, identificire man die beiden Gleichungen, so folgt

$$-2\delta = \frac{R}{M}, \quad -p = \frac{S}{M}, \quad \delta^2 + pd = \frac{T}{M}$$

oder

$$d = \frac{R^2 - 4MT}{4MS},$$

$$\delta = -\frac{R}{2M},$$

$$p = -\frac{S}{M};$$

so folgt etwa für

$$y^2 - 10y - 6x + 7 = 0 \quad . \quad . \quad . \quad . \quad (1)$$

da $M = 1$, $R = -10$, $S = -6$ und $T = 7$ ist,

$$\begin{cases} d = -3, \\ \delta = 5, \\ p = 6. \end{cases}$$

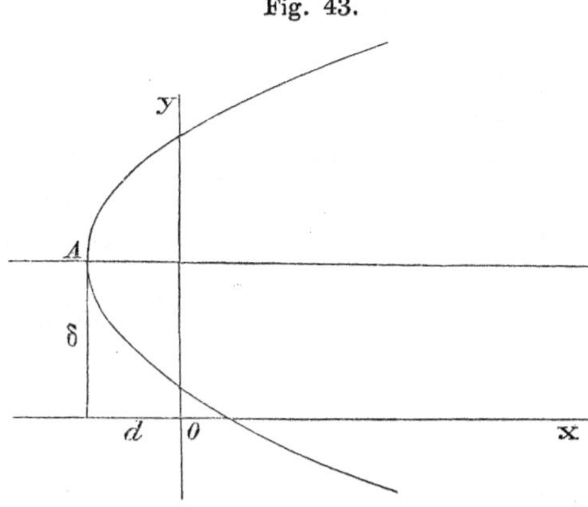

Fig. 43.

Die Form und Lage der Parabel (1) wird durch die Fig. 43 veranschaulichet.

Ist eine Gleichung etwa in der Form

$$Mx^2 + Rx + Sy + T = 0 \quad (2)$$

gegeben, so gilt ganz derselbe Vorgang wie vorhin, sobald in Gleichung (2) x mit y verwechselt wird; die Construction ist alsdann dieselbe, nur hat man die Verwechslung der Axen zu berücksichtigen.

Diese Erläuterung auf die Gleichung

$$4x^2 - 4x + 8y + 17 = 0$$

angewandt gibt, x mit y verwechselt,

$$4y^2 - 4y + 8x + 17 = 0,$$

und nach früheren

$$d = -2,$$
$$\delta = \tfrac{1}{2},$$
$$p = 2.$$

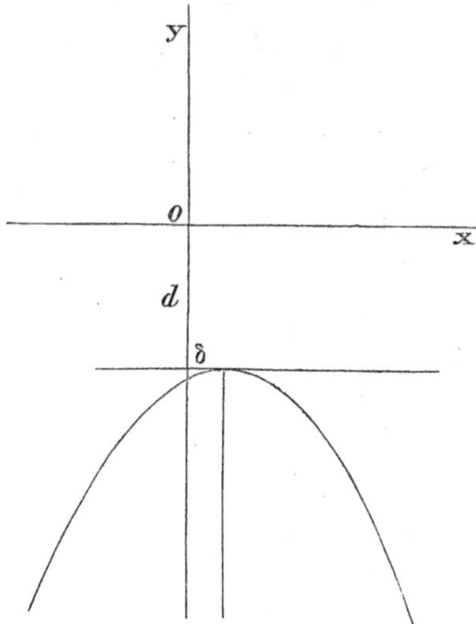

Fig. 44.

Das Bild der gegebenen Gleichung wird durch Fig. 44 gegeben.

Es ist leicht die Bemerkung zu machen, dass für das so veränderte Axensystem d nunmehr die Ordinate, δ die Abscisse des Scheitelpunctes der Parabel für das ursprüngliche Axensystem bezeichnet.

Für $y^2 + 2y - x + 3 = 0$ folgt

$$d = 2, \quad \delta = -1, \quad p = 1;$$

für

$$50y^2 - 20y - 150x - 73 = 0,$$
$$d = -\tfrac{1}{2}, \quad \delta = \tfrac{1}{5}, \quad p = 3.$$

Aufgabe 112. Es soll die Gleichung

$$Ay^2 + Bxy + Cx^2 + Dy + Ex + F = 0 \quad . \quad . \quad (1)$$

construirt werden unter der Voraussetzung, dass $B^2 - 4AC = 0$ sei.

Lösung. Transformirt man die vorgelegte Gleichung (1) auf ein anderes rechtwinkeliges System, indem man den Ursprung lässt, hingegen die Abscissenaxe um den Winkel α dreht, so folgt, wenn man statt x, $x \cos \alpha - y \sin \alpha$

und statt y, $x \sin \alpha + y \cos \alpha$ in (1) setzt, eine Gleichung von der Form

$$My^2 + Pxy + Nx^2 + Ry + Sx + F = 0,$$

wobei
$$M = A \cos \alpha^2 - B \sin \alpha \cos \alpha + C \sin \alpha^2,$$
$$N = A \sin \alpha^2 + B \sin \alpha \cos \alpha + C \cos \alpha^2,$$
$$P = A \sin 2\alpha + B \cos 2\alpha - C \sin 2\alpha,$$
$$R = D \cos \alpha - E \sin \alpha,$$
$$S = D \sin \alpha + E \cos \alpha.$$

Wählt man α so, dass $P = 0$, d. i.

$$\operatorname{tang} 2\alpha = \frac{-B}{A - C},$$

so folgt ferner $M = A + C$

und $N = 0$,

sonach gelangt man zur Gleichung

$$My^2 + Ry + Sx + F = 0 \quad . \quad . \quad . \quad . \quad (2)$$

Diese Gleichung lässt sich aber nach Aufgabe 111 construiren.

Zur leichteren Berechnung von R und S bemerke man,

da $\operatorname{tang} 2\alpha = \frac{-B}{A - C}$ ist, $\operatorname{tang} \alpha = \frac{-B}{2A}$ folgt,

demnach $\sin \alpha = \sqrt{\frac{C}{A + C}}$,

$$\cos \alpha = \frac{-B}{2\sqrt{C(A + C)}}$$

und $R = \cos \alpha (D - E \operatorname{tang} \alpha)$,

$$S = \cos \alpha (D \operatorname{tang} \alpha + E).$$

Nach den gemachten Bemerkungen sollen folgende Gleichungen reducirt werden:

I. $y^2 + 2xy + x^2 - 4y - 5x + 3 = 0.$

Man hat hier

$$\operatorname{tang} 2\alpha = -\infty \quad \text{oder} \quad \alpha = -45^0,$$
$$M = 2, \quad R = -\tfrac{9}{2}\sqrt{2}, \quad S = -\tfrac{1}{2}\sqrt{2},$$

demnach reducirt sich I. auf die einfachere Gleichung

$$4y^2 - 9\sqrt{2} \,.\, y - \sqrt{2} \,.\, x + 6 = 0,$$

hieraus folgt

$$d = -\frac{33}{8\sqrt{2}}, \quad \delta = \tfrac{9}{8}\sqrt{2}, \quad p = \tfrac{1}{4}\sqrt{2}.$$

II. $2y^2 - 8xy + 8x^2 + y + \frac{5}{4}x + 5 = 0.$

$$\operatorname{tang}\alpha = \tfrac{4}{5}, \quad M = 10, \quad R = 0, \quad S = \frac{41}{20\sqrt{5}},$$

$$\text{daher} \quad 10y^2 + \frac{41}{20\sqrt{5}} \cdot x + 5 = 0.$$

III. $y^2 - 2xy + x^2 - 2y + 2x + 1 = 0.$

$$\alpha = 45^0, \quad M = 2, \quad R = -2\sqrt{2}, \quad S = 0,$$

$$2y^2 - 2\sqrt{2} \cdot y + 1 = 0 \quad . \quad . \quad . \quad . \quad (1)$$

hieraus folgt $y = \frac{1}{2}\sqrt{2}$;

die vorgelegte Gleichung bedeutet in diesem Falle keine Parabel, sondern eine einzige Gerade, die im neuen System mit der Abscissenaxe im Abstande $\frac{1}{2}\sqrt{2}$ parallel ist, auf das ursprüngliche System bezogen, die Gleichung $y = x + 1$ hat.

Wird überdiess die Gleichung (1) nach Aufgabe 111 behandelt, so ergibt sich

$$d = \tfrac{0}{0}, \quad \delta = \tfrac{1}{2}\sqrt{2}, \quad p = 0,$$

woraus sonach hervorgeht, dass die gegebene Gleichung keine Parabel sein könne.

Man überzeugt sich von dem oben erlangten Resultate auch dadurch, dass man die Gleichung III. auflöst, wornach folgt

$$y = x + 1.$$

IV. $y^2 + 2xy + x^2 + y + x + 1 = 0.$

Man hat hiefür

$$\alpha = -45^0, \quad \cos\alpha = \tfrac{1}{2}\sqrt{2}, \quad M = 2, \quad R = \sqrt{2}, \quad S = 0,$$

$$\text{daher} \quad 2y^2 + \sqrt{2}y + 1 = 0 \quad . \quad . \quad . \quad . \quad . \quad (1)$$

Aus dieser Gleichung folgt ein imaginärer Werth für y.

Die Gleichung IV. hat demnach keine geometrische Bedeutung, was übrigens schon daraus hervorgeht, dass $d = -\infty$ wird, was bedeutet, dass der Scheitelpunct der Parabel nirgends existirt.

Löst man IV. nach y auf, so folgt

$$y = -x - \tfrac{1}{2} \pm \sqrt{-\tfrac{3}{4}},$$

d. h. für keinen reellen Werth von x fällt y gleichzeitig reell aus, wodurch das oben Gesagte bestätiget wird.

V. $y^2 - 2xy + x^2 + 2y - 2x - 3 = 0.$

$$\alpha = 45^0, \quad M = 2, \quad R = 2\sqrt{2}, \quad S = 0,$$

$$2y^2 + 2\sqrt{2}\,y - 3 = 0,$$

$$y = -\tfrac{1}{2}\sqrt{2} \pm 1.$$

Die Gleichung V. repräsentirt sonach zwei parallele Gerade.

Aufgabe 113. Man ziehe durch den Brennpunct der Parabel eine Sehne, und ermittle eine Beziehung zwischen den Ordinaten der Durchschnittspuncte dieser Sehne und dem Parameter der Parabel.

Lösung. Fassen wir die Scheitelpunctsgleichung der Parabel ins Auge $y^2 = px = 4cx$, so ist die Gleichung einer durch den Brennpunct gezogenen Sehne $y = a(x - c)$.

Aus den Gleichungen $y^2 = 4cx$ und $y = a(x - c)$ y gesucht, folgt

$$y = \begin{cases} \frac{2c}{a}(1 + \sqrt{1 + a^2}) = y', \\ \frac{2c}{a}(1 - \sqrt{1 + a^2}) = y''. \end{cases}$$

Durch Multiplication folgt

$$y' \cdot y'' = -4c^2 = -\frac{p^2}{4}.$$

Zusatz. Man findet für die Abscissen die Durchschnittspuncte

$$\begin{cases} x' = \frac{c(a^2 + 2) + 2c\sqrt{1 + a^2}}{a^2}, \\ x'' = \frac{c(a^2 + 2) - 2c\sqrt{1 + a^2}}{a^2} \end{cases}$$

$$\text{und} \quad x'x'' = c^2 = \frac{p^2}{16}.$$

Aufgabe 114. Durch den Scheitelpunct der Parabel werden zwei Sehnen gezogen, welche einen Winkel δ einschliessen; man ziehe jene Sehne, welche durch die Durchschnittspuncte der ersteren bestimmt wird, und gebe die Entfernung des Durchschnittspunctes derselben mit der Abscissenaxe vom Scheitel an.

Lösung. Die Gleichungen der durch den Scheitel gezogenen Sehnen seien $y = ax$ und $y = a'x$, wo zwischen a und a' die Relation $\tang \delta = \frac{a' - a}{1 + aa'}$ Statt findet.

Jede dieser Gleichungen mit $y^2 = px$ verbunden, gibt für die Durchschnitte

$$M \begin{cases} x' = \frac{p}{a^2}, \\ y' = \frac{p}{a}, \end{cases} \quad N \begin{cases} x'' = \frac{p}{a'^2}, \\ y'' = \frac{p}{a'}, \end{cases}$$

demnach die Gleichung der MN

$$y - \frac{p}{a} = \frac{aa'}{a + a'}\left(x - \frac{p}{a^2}\right).$$

Setzt man hier $y = 0$, so folgt für

$$x = -\frac{p}{a a'},$$

als der verlangte Abstand.

Für $\delta = 90^0$ ist $\quad a a' = -1,$

und demnach die merkwürdige Beziehung $x = p$.

Aufgabe 115. Die Axe und die Richtlinie seien gegeben, überdiess noch ein Punct, dessen Coordinaten mit Bezugnahme darauf, dass die Richtlinie die Ordinatenaxe sei, $x' y'$ sind; es soll die Parabel construirt werden.

Lösung. Die Parabel wird leicht construirt werden können, sobald wir nur in der Kenntniss des Parameters sind. Nennen wir diesen p, und die Gleichung der Parabel, auf den Scheitelpunct bezogen, $y^2 = p x$, so sind nunmehr die Coordinaten des gegebenen Punctes $\left(x' - \frac{p}{4}\right)$ und y'.

Da diese Werthe der Gleichung $y^2 = px$ genügen müssen, so folgt

$$y'^2 = p\left(x' - \frac{p}{4}\right) \quad \text{oder}$$

$$p^2 - 4px' + 4y'^2 = 0,$$

$$\text{und} \quad p = 2x' \pm 2\sqrt{x'^2 - y'^2},$$

oder für die Lage des Brennpunctes

$$\frac{p}{2} = x' \pm \sqrt{x'^2 - y'^2}.$$

Man ersieht aus diesem Ergebniss, dass, so lange $x' \gtreqless y'$, beziehungsweise eine oder auch zwei Parabeln der Anforderung genügen, der Brennpunct genau in den Fusspunct der Ordinate zu liegen kommt, wenn $x' = y'$ ist, und dass endlich die Aufgabe nicht gelöst werden kann, sobald $x' < y'$ ist.

Aufgabe 116. Zwei Puncte und der Brennpunct einer Parabel sind gegeben; man bestimme die Parabel.

Lösung. In diesem Falle kann es genügen, die Richtlinie auszumitteln. Berücksichtiget man, dass in der Parabel jeder Punct vom Brennpunct so weit wie von der Richtlinie absteht, so hat man, wenn vorläufig durch die gegebenen Puncte die Abscissenaxe gelegt wird, und durch einen derselben gleichzeitig senkrecht darauf die Ordinatenaxe, wird ferner die Entfernung der beiden Puncte mit e bezeichnet und die Coordinaten des Brennpunctes mit α und β; so werden offenbar die Kreise

$$x^2 + y^2 = r^2 \quad \text{und} \quad (x - e)^2 + y^2 = r'^2,$$

wo $r = \sqrt{\alpha^2 + \beta^2}$ und $r' = \sqrt{(e - \alpha)^2 + \beta^2}$, die Richtlinie tangiren müssen.

Da sich diese beiden Kreise im Puncte α, β schneiden, so hat man zwei Tangenten, also zwei Richtlinien, und demnach entsprechen der Aufgabe zwei Parabeln. Die Gleichungen der Tangenten für zwei Kreise von obiger Beschaffenheit sind bereits in Aufgabe 69 ermittelt. Wie die Construction nunmehr zu geschehen hat, ist für sich klar.

Aufgabe 117. Von einem Puncte ausserhalb einer Parabel sind an diese die möglichen Tangenten zu ziehen.

Lösung. Die Coordinaten des gegebenen Punctes mögen α und β heissen; bezeichnen wir die Berührungspuncte durch $x'y'$ und $x''y''$, so haben die Tangenten die Gleichungen

$$2yy' = p(x + x') \quad \ldots\ldots \quad (1)$$

$$\text{und} \quad 2yy'' = p(x + x'') \quad \ldots\ldots \quad (2)$$

Um die Berührungs-Coordinaten $x'y'$, $x''y''$ auszumitteln, bemerke man, dass der Punct $\alpha\beta$ in der Tangente liegt, also die Gleichung

$$2\beta y' = p(\alpha + x') \quad \ldots\ldots \quad (3)$$

und da $x'y'$ ein Punct der Parabel ist,

$$y'^2 = px' \quad \ldots\ldots\ldots \quad (4)$$

Statt finden muss.

Aus (3) und (4) folgt

$$\begin{cases} x' = \dfrac{(\beta + W)^2}{p}, \\ y' = \beta + W, \end{cases} \qquad \begin{cases} x'' = \dfrac{(\beta - W)^2}{p}, \\ y'' = \beta - W, \end{cases}$$

hierbei bedeutet $W = \sqrt{\beta^2 - p\alpha}$, folglich für die Gleichungen der zwei Tangenten

$$y = \frac{p}{2(\beta + W)} x + \frac{\beta + W}{2} \quad \ldots\ldots \quad (5)$$

$$\text{und} \quad y = \frac{p}{2(\beta - W)} x + \frac{\beta - W}{2} \quad \ldots\ldots \quad (6)$$

Was die Construction selbst betrifft, so setze man im gegebenen Puncte ein, beschreibe mit der Entfernnng desselben vom Brennpuncte einen Kreis, so wird die Richtlinie in zwei Puncten geschnitten.

Durch jeden dieser Puncte mit der Axe eine Parallele gezogen, so sind die Durchschnittspuncte derselben mit der Parabel die Berührungspuncte, die nunmehr nur noch mit dem gegebenen Punct zu verbinden sind, um die Tangenten zu erhalten.

Begründung. Nimmt man $\alpha\beta$ als Mittelpunct eines Kreises, dessen Halbmesser $r = \sqrt{\left(\alpha - \frac{p}{4}\right)^2 + \beta^2}$ ist, so folgt für die Gleichung des Kreises

$$(x-\alpha)^2 + (y-\beta)^2 = r^2.$$

Die Gleichung der Richtlinie ist $x = -\frac{p}{4}$. Bringt man sie mit dem Kreise zum Durchschnitt, so kommt

$$y = \beta \pm \sqrt{\beta^2 - \alpha p}.$$

Die Geraden $y = \beta \pm \sqrt{p^2 - \alpha p}$ schneiden die Parabel derart, dass die Abscissen der Durchschnittspuncte die Werthe bekommen $x = \frac{\beta \pm W}{p}$, welche aber in Verbindung mit y die Berührungs-Coordinaten geben.

Aufgabe 118. Für eine Parabel ist die Axe gegeben, eine Tangente und der Berührungspunct in derselben; man construire die Parabel.

Lösung. $x'y'$ sei der Berührungspunct und

$$y - y' = a(x - x') \quad . \quad . \quad . \quad . \quad . \quad (1)$$

die gegebene Tangente. Nun ist nach Früherem

$$a = \frac{p}{2y'}, \quad \text{also} \quad p = 2ay';$$

hierbei ist nicht ausser Auge zu lassen, dass sich die Gleich. (1) auf den Scheitel der Parabel als Ursprung bezieht. Setzt man den Werth von a in (1) und gleichzeitig $x = 0$, so folgt $y = \frac{y'}{2}$, d. h. die Ordinatenaxe wird von der Tangente im Abstande $\frac{y'}{2}$ geschnitten.

Halbirt man demnach die Ordinate des gegebenen Punctes, zieht durch diesen Halbirungspunct eine Parallele mit der Axe, so wird der Durchschnittspunct dieser Parallelen mit der Tangente einen Punct der Ordinatenaxe liefern; diese nun wirklich senkrecht auf die gegebene Axe gezogen, liefert in ihrem Durchschnitte mit dieser den Scheitel der Parabel.

Aufgabe 119. Durch drei gegebene Puncte eine Parabel zu zeichnen.

Lösung. Die drei Puncte seien $x'y'$, $x''y''$, $x'''y'''$, die Gleichung der fraglichen Parabel

$$(y - \delta)^2 = p(x - d)$$

oder $y^2 - 2\delta y - px + \delta^2 + pd = 0 \quad . \quad . \quad . \quad (1)$

Man hat sonach zur Bestimmung der Grössen p, d und δ die Gleichungen:

$$y'^2 - 2\delta y' - px' + \delta^2 + pd = 0 \quad . \quad . \quad . \quad (2)$$
$$y''^2 - 2\delta y'' - px'' + \delta^2 + pd = 0 \quad . \quad . \quad . \quad (3)$$
$$y'''^2 - 2\delta y''' - px''' + \delta^2 + pd = 0 \quad . \quad . \quad . \quad (4)$$

Die Gleichungen (3) und (4) nach einander von (2) abgezogen,

$$(y'^2 - y''^2) - 2(y' - y'')\delta - (x' - x'')p = 0,$$
$$(y'^2 - y'''^2) - 2(y' - y''')\delta - (x' - x''')p = 0.$$

Aus diesen Gleichungen folgt nun mit Leichtigkeit p und δ, und nach Substitution dieser Werthe in einer der angezogenen Gleichungen, d.

Aufgabe 120. Der Leitstrahl MF eines Punctes der Parabel ist der Grösse und Lage nach gegeben, und sein Neigungswinkel α gegen die Abscissenaxe bekannt; man construire die Parabel.

Lösung. Nehmen wir den Scheitel der Parabel als Ursprung, so folgt für die Coordinaten des Punctes M

$$y' = r \sin \alpha \quad \text{und} \quad x' = r \cos \alpha + \frac{p}{4};$$

p ergibt sich aus der Gleichung

$$y'^2 = px'$$

oder $$r^2 \sin \alpha^2 = p\left(r \cos \alpha + \frac{p}{4}\right),$$

$$p = 2r(\cos \alpha \pm 1).$$

Aufgabe 121. In eine Parabel eine Sehne so einzuzeichnen, dass sie eine bestimmte Länge hat, und mit der Axe einen bestimmten Winkel einschliesst.

Lösung. Nennen wir die Tangente des gegebenen Winkels a, die Länge der Sehne s, so wird offenbar die Aufgabe als gelöst zu betrachten sein, sobald jener Punct bekannt ist, in welchem die Sehne die Axe schneidet. Es sei x' die Abscisse dieses Punctes.

Die Gleichung der Sehne ist dann

$$y = a(x - x').$$

Bringt man sie mit der Parabel $y^2 = px$ zum Durchschnitt, so folgt für die zwei Durchschnittspuncte

$$\left\{\begin{array}{l} x = \dfrac{2a^2x' + p + W}{2a^2}, \\[2ex] y = \dfrac{p + W}{2a}, \end{array}\right. \qquad \left\{\begin{array}{l} x = \dfrac{2a^2x' + p - W}{2a^2}, \\[2ex] y = \dfrac{p - W}{2a}, \end{array}\right.$$

demnach für die Distanz derselben

$$s^2 = \frac{W^2}{a^4}(1 + a^2) \;.\;.\;.\;.\;.\;.\;.\;(1)$$

wo $W^2 = p(p + 4a^2x')$ ist.

Aus (1) folgt, wenn für W^2 der Werth gesetzt wird,

$$x' = \frac{a^4 s^2 - (1 + a^2) p^2}{4a^2 p (1 + a^2)}.$$

Zur Controlirung dieses Ausdruckes diene die Bemerkung, dass für $a = \infty$ und $s = p$ sofort $x' = \frac{p}{4}$ werden müsse.

Es folgt in der That, wenn der Ausdruck für x' im Zähler und Nenner durch a^4 dividirt, und dann a selbst unendlich gesetzt wird,

$$x' = \frac{s^2}{4p}, \quad \text{oder für } s = p$$

$$x' = \frac{p}{4}, \quad \text{wie es sein muss.}$$

Aufgabe 122. Für eine Parabel zwei conjugirte Axen zu verzeichnen, welche einen gegebenen Winkel einschliessen.

Lösung. Führt man in einer Parabel ein System paralleler Gerader, so liegen die Halbirungspuncte dieser Sehnen in der Geraden

$$y = \frac{p}{2a} \;.\;.\;.\;.\;.\;.\;.\;.\;.\;(1)$$

wenn a die Tangente des Neigungswinkels der parallelen Sehnen mit der Axe bezeichnet.

Die Gleichung (1) stellt demnach einen der Durchmesser vor. Um den conjugirten Durchmesser, der hier strenge genommen nicht existirt, zu finden, so bemerke man, dass diess jene Tangente an die Parabel ist, welche mit dem Sehnensystem parallel läuft. Denn sind $x'y'$ die Durchschnitts-Coordinaten der Geraden (1) mit der Parabel, so ist

$$y - y' = a(x - x'),$$

oder da $a = \frac{p}{2y'}$,

$$y - y' = \frac{p}{2y'}(x - x')$$

die Gleichung der Tangente an die Parabel, welche hier der Analogie halber ein conjugirter Durchmesser genannt wird.

Aufgabe 123. Man ziehe zu irgend einen Punct der Parabel Durchmesser, Tangente und Leitstrahl, und suche eine Beziehung zwischen den Winkeln, welche sowohl Durchmesser als Leitstrahl mit der Tangente bilden.

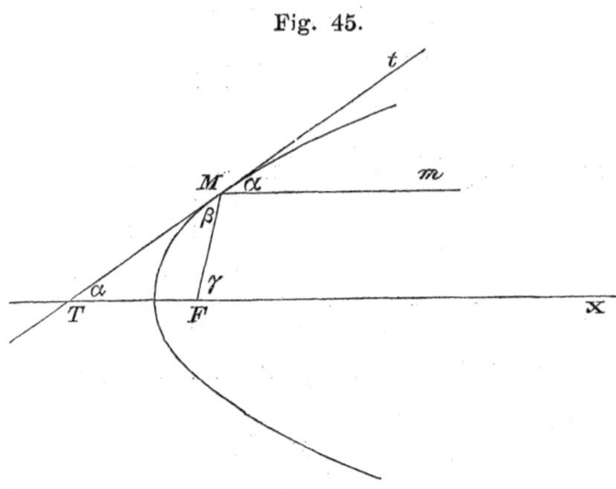

Fig. 45.

Lösung. Es frägt sich um eine Beziehung zwischen den Winkeln mMt und TMF (Fig. 45).

Die Coordinaten des Punctes M seien $x'y'$, man hat dann

$$\operatorname{tang} \alpha = \frac{p}{2y'},$$

$$\operatorname{tang} \gamma = \frac{4y'}{4x' - p},$$

sonach

$$\operatorname{tg} \beta = \frac{\operatorname{tg} \gamma - \operatorname{tg} \alpha}{1 + \operatorname{tg} \alpha \,.\, \operatorname{tg} \gamma},$$

oder nach wirklicher Substitution und Reduction

$$\operatorname{tang} \beta = \frac{p}{2y'}, \quad \text{sonach} \quad \operatorname{tang} \alpha = \operatorname{tang} \beta,$$

oder da α und β Winkel eines Dreieckes sind, so kann man schliessen $\quad > \alpha = \beta.$

Zieht man in diesen Punct M die Normale, so wird, wie sich von selbst versteht, der Winkel FMm halbirt.

Daraus lässt sich folgern, dass bei einem parabolischen Spiegel alle mit der Axe des Paraboloids parallel einfallenden Licht- oder Wärmestrahlen so reflectirt werden, dass sie sich sämmtlich im Brennpuncte vereinigen.

Aufgabe 124. Es soll in der Ebene der Parabel ein Punct von der Beschaffenheit ermittelt werden, dass seine Entfernung von einem beliebigen Puncte der Parabel eine rationale Function der Abscisse sei.

Lösung. $x'y'$ seien die Coordinaten des gesuchten Punctes, xy die Coordinaten eines beliebigen Punctes der Parabel, so ist die Entfernung dieser Puncte

$$d = \sqrt{(x - x')^2 + (y - y')^2},$$

oder wegen $y^2 = px$

$$d = \sqrt{(x - x')^2 + (\sqrt{px} - y')^2}$$

$$= \sqrt{x^2 - \left(2x' - p + 2y'\sqrt{\frac{p}{x}}\right)x + (x'^2 + y'^2)}.$$

Soll nun d rational sein, so muss der Ausdruck unter dem Wurzelzeichen ein vollständiges Quadrat sein, d. h. es muss

$$-\left(2x' - p + 2y'\sqrt{\frac{p}{x}}\right) = 2\sqrt{x'^2 + y'^2} \quad \text{oder}$$

$$p - 2x' - 2y'\sqrt{\frac{p}{x}} = 2\sqrt{x'^2 + y'^2}$$

sein, d. i. eine constante Grösse.

Diess kann offenbar nur möglich sein, wenn $-2y'\sqrt{\frac{p}{x}} = 0$ ist, woraus, da x alle möglichen Werthe annehmen kann, folgt, dass $y' = 0$ sein müsse; dann ergibt sich weiter

$$p - 2x' = 2x' \quad \text{oder} \quad x' = \frac{p}{4}.$$

Jener Punct, der der gemachten Anforderung zu entsprechen vermag, ist demnach der Brennpunct.

Aufgabe 125. Durch den Brennpunct einer Parabel werden Sehnen gezogen, und in den Durchschnittspuncten derselben mit der Curve Tangenten an letztere; man bestimme den geometrischen Ort der Durchschnittspuncte derselben.

Lösung. Eine durch den Brennpunct beliebig gezogene Sehne ist $y = a(x - m)$, wo $\frac{p}{4} = m$ gesetzt wurde. Sind die Durchschnittspuncte derselben mit der Parabel $x'y'$ und $x''y''$, so sind die Gleichungen der Tangenten

$$y = \frac{p}{2y'}(x + x') \quad \ldots\ldots \quad (1)$$

$$y = \frac{p}{2y''}(x + x'') \quad \ldots\ldots \quad (2)$$

Für den Durchschnitt dieser zwei Tangenten folgt

$$\begin{cases} x_1 = \dfrac{y'x'' - y''x'}{y'' - y'}, \\ y_1 = \dfrac{p}{2} \cdot \dfrac{x'' - x'}{y'' - y'}. \end{cases}$$

Eine directe Ausmittelung von $x'y'$ und $x''y''$ ist, wie der folgende Gang zeigen wird, nicht nothwendig.

Es ist

$$\begin{aligned} y''^2 &= p x'' \\ y'^2 &= p x' \\ \hline y''^2 - y'^2 &= p(x'' - x'), \end{aligned}$$

daher $\frac{y'' + y'}{2} = \frac{p}{2} \cdot \frac{x'' - x'}{y'' - y'}$, also $y_1 = \frac{y'' + y'}{2}$.

Ferner ist $y'' - y' = p \cdot \frac{(x'' - x')}{y'' + y'}$,

also $x_1 = \frac{y'x'' - y''x'}{y'' - y'} = \frac{y'x'' - y''x'}{p(x'' - x')} \cdot (y'' + y') = \frac{y'y''}{p}$.

Verbindet man $y^2 = px$

mit $y = a(x - m)$,

so folgt $$y^2 - \frac{4m}{a}y - 4m^2 = 0,$$

$$\text{daher } y' + y'' = \frac{4m}{a},$$

$$y'y'' = -4m^2,$$

$$\text{also } y_1 = \frac{2m}{a} = \frac{p}{2a}$$

$$\text{und } x_1 = -m = -\frac{p}{4}.$$

Aus diesem Resultate folgt, dass die sämmtlichen Durchschnittspuncte je zweier Tangenten in der Leitlinie der Parabel liegen.

Aufgabe 126. Man ziehe in einer Parabel eine beliebige Sehne und den dazu gehörigen Durchmesser, fälle vom Brennpuncte auf die Sehne eine Senkrechte, und suche den Durchschnittspunct derselben mit dem Durchmesser.

Lösung. Eine beliebige Sehne sei

$$y = ax + b \quad \ldots\ldots \quad (1)$$

sonach die Gleichung des Durchmessers

$$y = \frac{p}{2a} \quad \ldots\ldots \quad (2)$$

Die Gleichung jener Geraden, die durch den Brennpunct geht und auf der Sehne (1) senkrecht steht, ist

$$y = -\frac{1}{a}\left(x - \frac{p}{4}\right) \quad \ldots\ldots \quad (3)$$

(2) und (3) zum Durchschnitt gebracht, gibt

$$\begin{cases} x = -\frac{p}{4}, \\ y = \frac{p}{2a}. \end{cases}$$

Daraus geht hervor, dass der Durchschnittspunct stets in der Leitlinie sein wird.

Aufgabe 127. Es soll der geometrische Ort der Durchschnittspuncte zweier Tangenten einer Parabel gesucht werden, wenn der von ihnen eingeschlossene Winkel ein gegebener ist.

Lösung. Die Coordinaten des fraglichen Punctes seien α und β.

Die Gleichungen der durch $\alpha\beta$ gehenden Tangenten sind

$$y = \frac{p}{2y'}(x + x')$$

$$\text{und } y = \frac{p}{2y''}(x + x''),$$

$x'y'$, $x''y''$ sind die Berührungs-Coordinaten.

Nach Aufgabe 117 ist

$$y' = \beta + \sqrt{\beta^2 - p\alpha},$$
$$y'' = \beta - \sqrt{\beta^2 - p\alpha},$$

demnach $\frac{p}{2y'} = \frac{p}{2(\beta + \sqrt{\beta^2 - p\alpha})} = A$

und $\frac{p}{2y''} = \frac{p}{2(\beta - \sqrt{\beta^2 - p\alpha})} = A'$.

Heisst der gegebene Neigungswinkel der beiden Tangenten φ, so ist

$$\operatorname{tang} \varphi = \frac{A' - A}{1 + AA'},$$

oder wenn für A und A' die Werthe wirklich substituirt werden,

$$\operatorname{tang} \varphi = \frac{4\sqrt{\beta^2 - \alpha p}}{4\alpha + p};$$

$\operatorname{tang} \varphi = k$ gesetzt, so ist

$$\frac{4\sqrt{\beta^2 - \alpha p}}{4\alpha + p} = k \quad . \quad . \quad . \quad . \quad . \quad . \quad . \quad (1)$$

die Gleichung des geometrischen Ortes aller jener Puncte, welche die Eigenschaft haben, dass, wenn von diesen an die Parabel Tangenten gezogen werden, diese stets den Winkel φ einschliessen.

Macht man die Gleichung (1) rational, so folgt

$$16\beta^2 - 16k^2\alpha^2 - 8p(2 + k^2)\alpha - k^2p^2 = 0 \quad . \quad . \quad . \quad (2)$$

Diese Gleichung bedeutet eine Hyperbel.

Ist $\varphi = 90^0$, so folgt $k = \infty$.

Dividirt man die Gleichung (2) durch k^2 und setzt $k^2 = \infty$, so ergibt sich

$$-16\alpha^2 - 8\alpha p - p^2 = 0$$

oder $(4\alpha + p)^2 = 0$,

d. i. $\alpha = -\frac{p}{4}$,

d. h. in diesem Falle geht die Hyperbel über in eine Gerade, nämlich in die Leitlinie.

Anmerkung. Die Construction einer Gleichung in der Form (2) werden wir später folgen lassen.

Aufgabe 128. Durch den Brennpunct einer Parabel werden auf die successiven Tangenten Perpendikel gefällt; es wird nach dem Ort der Fusspuncte derselben gefragt.

Lösung. Die Gleichung irgend einer Tangente an die Parabel ist

$$y = \frac{p}{2y'}(x + x') \quad . \quad . \quad . \quad . \quad . \quad . \quad . \quad (1)$$

$x'y'$ bezeichnet einen willkürlichen Punct der Parabel.

Die Gleichung eines durch den Brennpunct gehenden Perpendikels heisst

$$y = -\frac{2y'}{p}\left(x - \frac{p}{4}\right) \quad . \quad . \quad . \quad . \quad . \quad (2)$$

Die Geraden (1) und (2) zum Durchschnitt gebracht, folgt

$$\begin{cases} x = 0, \\ y = \frac{y'}{2}. \end{cases}$$

Wegen $x = 0$ ist klar, dass der Durchschnitt in der Ordinatenaxe erfolgt ist, und diese ist sofort auch der geometrische Ort der Fusspuncte sämmtlicher durch den Brennpunct auf die Tangenten gefällten Perpendikel.

Aufgabe 129. In einer Parabel werde eine beliebige Sehne und der zugehörige Durchmesser gezogen; wenn nun durch die Endpuncte der Sehne Tangenten an die Parabel gezogen werden, wo liegt ihr Durchschnittspunct?

Lösung. Die Gleichung einer Sehne sei

$$y = ax + b,$$

und die Gleichungen der dadurch bestimmten Tangenten

$$y = \frac{p}{2y'}(x + x'),$$

$$y = \frac{p}{2y''}(x + x').$$

Diese beiden Gleichungen aufgelöst, bekommt man, wie in Aufgabe 125,

$$y = \frac{y' + y''}{2} = \frac{p}{2a}.$$

Nun ist aber die Gleichung des Durchmessers selbst $y = \frac{p}{2a}$, es schneiden sich demnach die beiden Tangenten in dem zur Sehne gehörigen Durchmesser.

Aufgabe 130. In einer Parabel wird ein System paralleler Sehnen gezogen. Jede dieser Sehnen wird im Verhältniss $n:m$ getheilt; welches ist der geometrische Ort dieser Theilungspuncte?

Lösung. Die Parabel sei $y^2 = px$, eine beliebige Sehne werde durch die Gleichung $y = ax + b$ vorgestellt; man hat die Durchschnitts-Coordinaten

$$A\begin{cases} x' = \frac{p - 2ab + W}{2a^2}, \\ y' = \frac{p + W}{2a}, \end{cases} \qquad B\begin{cases} x'' = \frac{p - 2ab - W}{2a^2}, \\ y'' = \frac{p - W}{2a}, \end{cases}$$

$$W = \sqrt{p(p - 4ab)}.$$

Nennen wir die Coordinaten eines Theilungspunctes x und y, so folgt nach Aufgabe 10

$$M\begin{cases} x = \dfrac{nx' + my'}{n+m}, \\ y = \dfrac{ny' + my''}{n+m}, \end{cases}$$

oder nach Substitution obiger Werthe

$$2a^2(n+m)x = (n+m)p - 2ab(n+m) + W(n-m) \quad . \; . \; . \; (1)$$

$$2a(n+m)y = (n+m)p + W(n-m) \quad . \; . \; . \; . \; . \; . \; . \; . \; . \; . \; . \; (2)$$

Eliminirt man aus diesen zwei Gleichungen b, welche Grösse die besondere Lage einer Geraden bedingt, so folgt eine Relation für x und y, welche den geometrischen Ort dieser Theilungspuncte repräsentirt.

Beide Gleichungen subtrahirt, folgt

$$b = y - ax.$$

Aus (2) W und beziehungsweise b gesucht, gibt

$$W = \frac{(n+m)(2ay-p)}{n-m}$$

$$\text{oder} \quad p(p-4ab) = \frac{(n+m)^2(2ay-p)^2}{(n-m)^2},$$

$$\text{daher} \quad b = \frac{(n-m)^2p^2 - (n+m)^2(2ay-p)^2}{4ap(n-m)^2},$$

und wegen $b = y - ax$

$$y - ax = \frac{(n-m)^2p^2 - (n+m)^2(2ay-p)^2}{4ap(n-m)^2},$$

oder vollständig reducirt,

$$4a^2(n+m)^2y^2 - 16amnpy - 4a^2p(n-m)^2x + 4mnp^2 = 0,$$

welches sofort die Gleichung einer Parabel ist.

Zur beiläufigen Verification dieses hübschen Resultates diene etwa die Bemerkung, dass für $m = n$ die obige Parabel in einen Durchmesser oder überhaupt in die Gleichung $y = \frac{p}{2a}$ übergehen müsse.

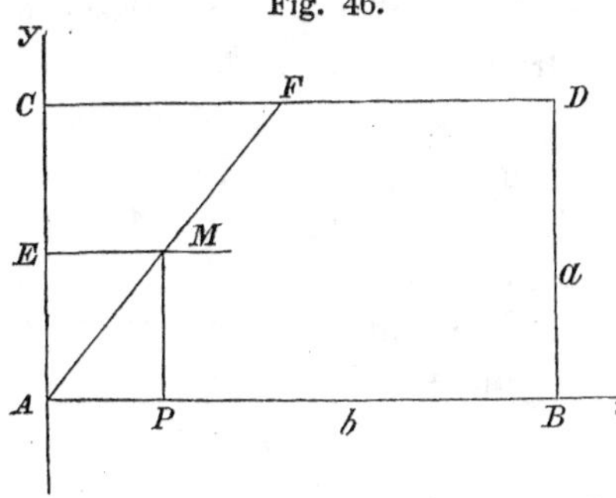

Fig. 46.

Man findet in der That für $m = n$

$$4a^2y^2 - 4apy + p^2 = 0,$$

woraus folgt $y = \frac{p}{2a}$.

Aufgabe 131. Es ist ein Rechteck gegeben (Fig. 46), dessen Seitenlängen a und b sind. a und b werden in eine beliebige Anzahl gleicher Theile getheilt. Zieht man durch den

r^{ten} Theilungspunct von A gegen C mit AB eine Parallele, und verbindet A mit dem r^{ten} Theilungspunct der CD von C gegen D, so werden sich diese Linien EM und AF im Puncte M schneiden; es soll die Curve ausgemittelt werden, der der Punct angehört.

Lösung. Nehmen wir den Punct A als Ursprung, AB zur Abscissen-, AC zur Ordinatenaxe, so folgt, wenn $AP = x$, $MP = y$ die Coordinaten des Punctes M sind, AC und CD in n gleiche Theile getheilt sind, $AE = r \cdot \frac{a}{n}$, $CF = r \cdot \frac{b}{n}$, und da $\triangle AMF \sim \triangle ACF$ ist, folgt

$$x : y = CF : AC,$$

oder $$x : y = r \cdot \frac{b}{n} : a,$$

$$y = \frac{ax}{b} \cdot \frac{n}{r};$$

eliminirt man hieraus r, indem man bemerkt, dass $y = r \cdot \frac{a}{n}$ ist, oder $\frac{n}{r} = \frac{a}{y}$, so folgt

$$y^2 = \frac{a^2}{b} \cdot x,$$

welches die Gleichung einer Parabel ist. Es ist leicht zu bemerken, dass sie durch den Punct D geht, und dem Rechtecke eingeschrieben ist.

Aufgabe 132. Es sind zwei aufeinander senkrecht stehende Gerade $AB = b$ und $CD = 2AC = 2a$ gegeben. Man theile, wieder AD und AB in n gleiche Theile, verbinde C mit E, d. i. mit dem r^{ten} Theilungspunct der AB von A gegen B, errichte in F, d. i. dem r^{ten} Theilungspunct der AD von D gegen A die Senkrechte FM, und ermittle den geometrischen Ort des Punctes M.

Fig. 47.

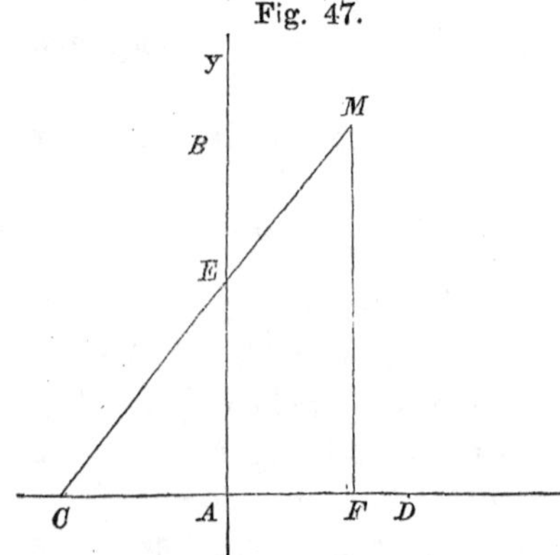

Lösung. A sei der Ursprung (Fig. 47), Ax und Ay die Axen, $AF = x$, $MF = y$ die Coordinaten des Punctes M.

Was auch r sein mag, so ist immer

$$AC : CF = AE : MF,$$

oder wegen $AC = a$,

$CF = a + x$,

$AE = r \cdot \frac{b}{n}$,

$MF = y$,

$$a : (a + x) = r \cdot \frac{b}{n} : y \quad . \quad . \quad . \quad . \quad . \quad (1)$$

und da $x = a - a \cdot \frac{r}{n}$,

so ist $\frac{r}{n} = \frac{a - x}{a}$;

diess in (1) substituirt, gibt

$$a : (a + x) = \frac{b}{a}(a - x) : y,$$

oder endlich $a^2 y = b(a^2 - x^2)$

oder $x^2 = -\frac{a^2}{b}(y - b)$,

welche Gleichung wieder eine Parabel vorstellt.

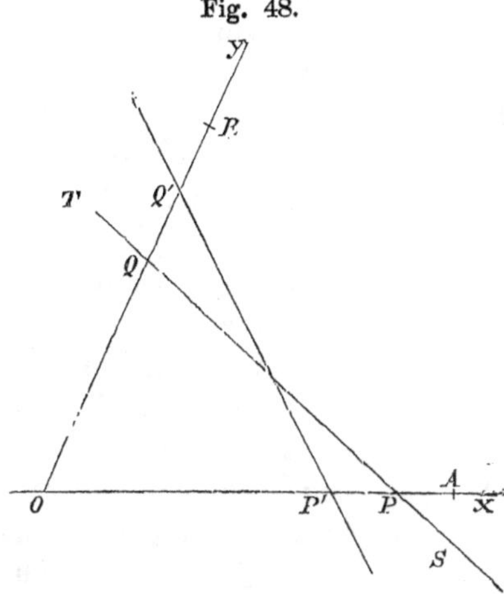

Fig. 48.

Aufgabe 133. Es sei ein Winkel xOy und zwei Puncte A und B auf den Schenkeln gegeben (Fig. 48). Man bewege eine gerade Linie ST so herum, dass die Linien AO und BO immer nach der Proportion

$$AP : PO = OQ : QB$$

geschnitten werden; die fortgehenden Durchschnittspuncte der in diesen aufeinander folgenden Lagen betrachteten Geraden ST bestimmen eine Curve, deren Gleichung gesucht werden soll.

Lösung. Man theile AO und BO in m gleiche Theile, wo m eine beliebig grosse Zahl bezeichnen kann, und nehme an, AP und OQ enthielten jede eine Anzahl n dieser Theile und ziehe PQ; ferner ziehe man die Gerade $P'Q'$, welche auf AO und BO einen Theil weiter als PQ abschneidet. Der Durchschnittspunct M hängt seiner Lage nach offenbar von den Zahlen m und n ab.

Ox und Oy als Coordinatenaxen genommen, $AO = a$, $BO = b$ gesetzt, so folgt nach dem Vorigen $AP = n \cdot \frac{a}{m}$, $OQ = n \cdot \frac{b}{m}$.

Man hat für die Gleichung der PQ

$$\frac{mx}{a(m-n)} + \frac{my}{nb} = 1$$

oder $mnbx + m(m-n)ay = abn(m-n)$ . . (1)

Lässt man n übergehen in $(n+1)$, so hat man für die $P'Q'$ die Gleichung

$$m(n+1)bx + m(m-n-1)ay = ab(n+1)(m-n-1) \quad . . (2)$$

Durch Subtraction dieser Gleichungen folgt

$$amy - bmx = (2n - m + 1)ab,$$

hieraus $n = \frac{m(ay - bx) + (m-1)ab}{2ab}$

und $m - n = \frac{-m(ay - bx) + (m+1)ab}{2ab}$.

Diese Werthe für n und $(m-n)$ in Gleichung (1) substituirt,

$$(ay - bx - ab)^2 - 4ab^2x - \frac{a^2b^2}{m^2} = 0.$$

Um endlich noch die Stätigkeit der Bewegung darzustellen, setze man $m = \infty$, und man hat demnach als Schlussgleichung

$$(ay - bx - ab)^2 - 4ab^2x = 0,$$

welches die Gleichung einer Parabel ist.

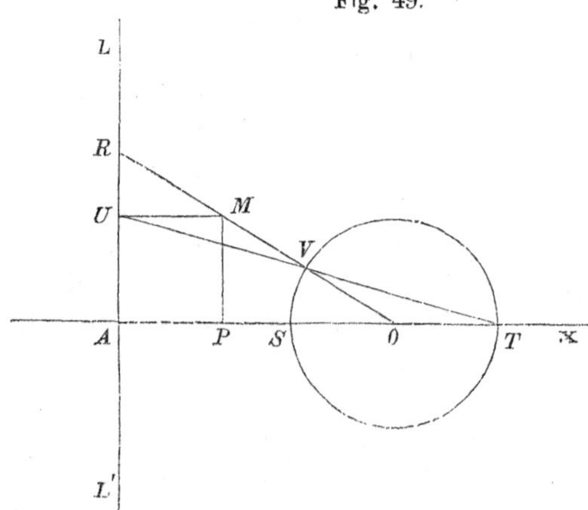

Fig. 49.

Aufgabe 134. Ein Kreis (Fig. 49) vom Halbmesser r ist gegeben; in der Entfernung $AO = r + e$ ist eine Leitlinie LL' senkrecht am verlängerten Durchmesser. Zieht man einen beliebigen Strahl OR, verbindet den so sich ergebenden Durchschnittspunct V mit T, so wird durch diese Linie VT die Leitlinie im Puncte U getroffen, durch U mit der AO eine Parallele gezogen, bestimmt einen Punct M; man soll die Gleichung des geometrischen Ortes des Punctes M suchen.

Lösung. Der Punct A sei der Coordinaten-Anfangspunct, AO und LL' Abscissen- und Ordinatenaxe.

Es gilt für M die Relation

$$\overline{OP}^2 + \overline{MP}^2 = \overline{OM}^2,$$
$$OP = r + e - x,$$
$$MP = y,$$
$$OM = r + x \text{ (wegen } MV = UM),$$

daher $y^2 + (r + e - x)^2 = (r + x)^2$

oder $y^2 = 2(2r + e)\left(x - \frac{e}{2}\right)$,

welche Gleichung sofort eine Parabel ist. Der Brennpunct derselben fällt mit dem Punct O zusammen, denn die Entfernung des Punctes vom Scheitelpunct der Parabel $\left(x = \frac{e}{2}\right)$ ist

$$\frac{2(2r + e)}{4} = r + \frac{e}{2},$$

d. i. $\frac{1}{4}$ des Parameters.

Aufgabe 135. Es soll die Polargleichung der Parabel abgeleitet werden.

Lösung. Versetzen wir den Pol in den Brennpunct, nehmen die Axe der Parabel zur Polaraxe, so hat man, wenn p den Parameter, u den Leitstrahl und φ die Winkeldistanz bezeichnet, nach der Grundeigenschaft der Parabel

$$u = \frac{p}{2} + u \cos\varphi \quad \text{oder} \quad u = \frac{p}{2(1 - \cos\varphi)}$$

als die verlangte Polargleichung.

Die Puncte der Parabel ergeben sich hier, wenn man dem φ der Reihe nach alle Werthe von 0 bis 360° beilegt.

Vierter Abschnitt.

Aufgaben über die Ellipse.

Aufgabe 136. Es soll die geometrische Bedeutung der Gleichung $Ay^2 + Bx^2 = C$ gezeigt werden.

Lösung. Sobald A und B dieselben Vorzeichen haben, bedeutet die gegebene Gleichung eine Ellipse, deren Axen durch Vergleichung mit der Mittelpunctsgleichung $a^2y^2 + b^2x^2 = a^2b^2$ einfach gefunden werden können. Dividirt man die gegebene Gleichung durch C, die eben angeführte Gleichung durch a^2b^2, so folgt $a = \sqrt{\frac{C}{B}}$, $b = \sqrt{\frac{C}{A}}$. Da in diesem Falle a die grössere Halbaxe bezeichnet, also $a > b$ ist, so muss auch $A > B$ sein.

Findet das Gegentheil Statt, so hat man nur zu bemerken dass die grössere Halbaxe nunmehr auf der Ordinatenaxe aufzutragen ist.

So hat man für

I. $x^2 + 3y^2 = 6$

$$a = \sqrt{6}, \quad b = \sqrt{2};$$

II. $14y^2 + 9x^2 = 12$

$$a = \tfrac{2}{3}\sqrt{3}, \quad b = 2\sqrt{\tfrac{3}{14}};$$

III. $3x^2 + 2y^2 = 6$

$$a = \sqrt{2}, \quad b = \sqrt{3}.$$

Hier in III. tritt der letzterwähnte Fall ein, dass $a < b$ ist.

Aufgabe 137. Es soll die Gleichung

$$Ay^2 + Bx^2 + Cy + Dx + E = 0$$

construirt werden.

Lösung. Haben A und B einerlei Zeichen, so repräsentirt die vorgelegte Gleichung eine Ellipse.

Bezeichnet man die Coordinaten des Mittelpunctes der Ellipse mit p und q, so hat man, wenn in der gegebenen Gleichung $x + p$ statt x und $y + q$ statt y gesetzt wird,

$$Ay^2 + Bx^2 + (2Aq + C)y + (2Bp + D)x$$
$$+ (Aq^2 + Bp^2 + Cq + Dp + E) = 0.$$

Aus $2Aq + C = 0$ folgt $q = -\frac{C}{2A}$,

eben so aus $2Bp + D = 0$ folgt $p = -\frac{D}{2B}$. Man hat sonach die einfachere Gleichung

$$Ay^2 + Bx^2 = E'.$$

Die Halbaxen der Ellipse ergeben sich nun weiter nach der vorigen Aufgabe.

I. Es sei $3y^2 + 2x^2 - 4y + 5x + 2 = 0$. Man findet

$$p = -\tfrac{5}{4},\quad q = \tfrac{2}{3},$$

und wegen $-E' = Aq^2 + Bp^2 + Cq + Dp + E$

$$E' = \tfrac{59}{24}.$$

Die Gleichung I. geht demnach in die einfachere über

$$3y^2 + 2x^2 = \tfrac{59}{24},$$

folgt weiter $a = \sqrt{\tfrac{59}{48}}$, $b = \sqrt{\tfrac{59}{72}}$.

II. $9y^2 + 4x^2 + 18y - 40x + 73 = 0$. Hier ist

$$p = 5,\quad q = -1,\quad a = 3,\quad b = 2.$$

III. $y^2 + 3x^2 + y - 10 = 0$,

$$p = 0,\quad q = -2,\quad a = \sqrt{\tfrac{8}{3}},\quad b = \sqrt{8}.$$

Hier ist jedoch $b = \sqrt{8}$ auf der Ordinatenaxe aufzutragen.

IV. $4y^2 + 9x^2 - 24y - 36x + 72 = 0$,

$$p = 2,\quad q = 3,$$

und wegen $E' = 0$ gelangt man zur Gleichung

$$4y^2 + 9x^2 = 0,$$

welche nur für $x = 0$ und $y = 0$ befriedigt wird. Es bedeutet demnach die Gleichung IV. nur einen Punct, dessen Coordinaten für das ursprüngliche rechtwinkelige System $\begin{cases} x = 2 \\ y = 3 \end{cases}$ sind.

V. $5y^2 + 6x^2 + x + 1 = 0$,

$$p = -\tfrac{1}{12},\quad q = 0,\quad E' = -\tfrac{23}{24};$$

daher $5y^2 + 6x^2 = -\tfrac{23}{24}$.

Dieser Gleichung kann aber durch keinen reellen Werth von x oder y genügt werden; die Gleichung V. hat demnach gar keine geometrische Bedeutung.

Aufgabe 138. Man construire die Gleichung

$$Ay^2 + Bxy + Cx^2 + Dy + Ex + F = 0.$$

Lösung. Wir wollen zunächst voraussetzen, es sei für die vorliegende Gleichung $B^2 - 4AC < 0$, wornach wir es demnach mit einer Ellipse zu thun haben.

Vorerst wollen wir die gegebene Gleichung dadurch vereinfachen, dass wir sie auf jenes rechtwinkelige Parallel-System beziehen, dessen Ursprung der Mittelpunct der Ellipse ist.

Zu diesem Behufe setzen wir in der gegebenen Gleichung $x+p$ statt x und $y+q$ statt y, und man bekommt, wenn die Coefficienten der ersten Potenzen von x und y gleich Null gesetzt werden,

$$Ay^2 + Bxy + Cx^2 + F' = 0 \quad . \quad . \quad . \quad (1)$$

wobei $F' = Aq^2 + Bpq + Cp^2 + Dq + Eq + F$,

ferner $p = \frac{2AE - BD}{B^2 - 4AC}$, $q = \frac{2CD - BE}{B^2 - 4AC}$.

Da bei bekannten Werthen von p und q die Berechnung von F' immerhin etwas umständlich wird, so können wir in Vorhinein F' zu vereinfachen suchen, und zwar auf folgende Art:

Die oben angeführten Werthe von p und q sind aus den Gleichungen entstanden

$$2Aq + Bp + D = 0 \quad . \quad . \quad . \quad . \quad . \quad (2)$$

$$2Cp + Bq + E = 0 \quad . \quad . \quad . \quad . \quad . \quad (3)$$

Multiplicirt man (2) mit q und (3) mit p, und addirt beide Gleichungen, so folgt

$$F' = F + \frac{Dq + Ep}{2}.$$

Um die Gleichung (1) noch weiter zu vereinfachen, setze man $x \cos\alpha - y \sin\alpha$ statt x und $x \sin\alpha + y \cos\alpha$ statt y, so erhält man, wenn gleichzeitig $\tang 2\alpha = \frac{-B}{A-C}$ gesetzt wird,

$$My^2 + Nx^2 + F' = 0 \quad . \quad . \quad . \quad . \quad (4)$$

Hierbei ist $M = \frac{1}{2}(A+C) + \frac{1}{2}\sqrt{B^2 + (A-C)^2}$,

$N = \frac{1}{2}(A+C) - \frac{1}{2}\sqrt{B^2 + (A-C)^2}$.

Die Gleichung (4) lässt sich dann nach Aufgabe 136 weiter ausführen.

Diese Bemerkungen mögen nun auf Zahlenbeispiele angewendet werden.

I. $5y^2 + 2xy + 5x^2 - 12y - 12x = 0$,

$A = 5$, $B = 2$, $C = 5$, $D = -12$, $E = -12$, $F = 0$,

$p = 1$, $q = 1$, $F' = -12$,

$5y^2 + 2xy + 5x^2 - 12 = 0$,

$\tang 2\alpha = -\infty$, also $\alpha = -45^0$;

ferner $M = 6$, $N = 4$,

demnach $6y^2 + 4x^2 = 12$,

die Axen: $a = \sqrt{3}$, $b = \sqrt{2}$.

Durch die Grössen α, p, q, a und b ist die gegebene Ellipse I. sowohl ihrer Lage als Grösse nach vollkommen bestimmt.

II. $2y^2 + 10xy + 13x^2 + 1 = 0$,

$$p = 0, \quad q = 0, \quad \tang 2\alpha = \tfrac{10}{11}, \quad M = 14{\cdot}93, \quad N = 0{\cdot}07,$$

$$\text{daher} \quad 14{\cdot}93 y^2 + 0{\cdot}07 x^2 = -1,$$

welche Gleichung nun keine weitere geometrische Bedeutung hat.

Die Gleichung II. lässt sich in der That in der Form darstellen

$$(y + 2x)^2 + (y + 3x)^2 + 1 = 0,$$

die für keinen reellen Werth für x und y befriedigt werden kann.

III. $y^2 - 2xy + 2x^2 + 2y + x + 3 = 0$,

$$p = -\tfrac{3}{2}, \quad q = -3, \quad F' = -\tfrac{3}{4},$$

$$y^2 - 2xy + 2x^2 - \tfrac{3}{4} = 0,$$

$$\tang 2\alpha = -2, \quad M = 2{\cdot}618, \quad N = 0{\cdot}382,$$

$$2{\cdot}618 y^2 + 0{\cdot}382 x^2 = 0{\cdot}75.$$

IV. $y^2 - 2xy + 10x^2 - 18x = 0$,

$$p = 1, \quad q = 10, \quad F' = -90,$$

$$\tang 2\alpha = -\tfrac{2}{9}, \quad M = 10{\cdot}109, \quad N = 0{\cdot}891,$$

$$10{\cdot}109 y^2 + 0{\cdot}891 x^2 = 90.$$

Aufgabe 139. Die Mittelpunctsgleichung der Ellipse ist gegeben; man soll an die Ellipse eine Tangente ziehen, parallel zu einer gegebenen Geraden.

Lösung. Die Ellipse sei $a^2y^2 + b^2x^2 = a^2b^2$ . . . (1)
die gegebene Gerade $y = Ax + B$ . . . . (2)
der zu suchende Berührungspunct in der Ellipse $x'y'$.

Die Gleichung der Tangente ist

$$y = -\frac{b^2x'}{a^2y'} \cdot x + \frac{b^2}{y'} \quad . \; . \; . \; . \; . \; . \quad (3)$$

Da (3) mit (2) parallel sein soll, so muss $-\frac{b^2x'}{a^2y'} = A$ sein, und da überdiess $x'y'$ in der Ellipse liegt, auch die Gleichung

$$a^2y'^2 + b^2x'^2 = a^2b^2$$

Statt finden.

Aus diesen letztgenannten Gleichungen folgen die Berührungs-Coordinaten, die, in (3) substituirt, die verlangte Gleichung der Tangente geben.

Man findet $\begin{cases} y = Ax + \sqrt{a^2A^2 + b^2}, \\ y = Ax - \sqrt{a^2A^2 + b^2}. \end{cases}$

Zusatz. Soll die gesuchte Tangente auf der Geraden (2) senkrecht stehen, so hat man jetzt für die Bestimmung der Berührungs-Coordinaten die Gleichungen

$$\frac{b^2 x'}{a^2 y'} = \frac{1}{A} \quad \text{und} \quad a^2 y'^2 + b^2 x' = a^2 b^2.$$

Sucht man wieder $x' y'$ und substituirt in (3), so folgt

$$\begin{cases} Ay + x = \sqrt{a^2 + A^2 b^2}, \\ Ay + x = -\sqrt{a^2 + A^2 b^2}. \end{cases}$$

Aufgabe 140. Von einem Puncte α, β ausserhalb der Ellipse sollen an diese Tangenten gezogen werden.

Lösung. Sind $x' y'$ die Berührungs-Coordinaten, so ist

$$a^2 y y' + b^2 x x' = a^2 b^2$$

die Gleichung der Tangente; da aber diese Gerade auch durch den Punct α, β gehen muss, so ist

$$a^2 \beta y' + b^2 \alpha x' = a^2 b^2 \quad . \quad . \quad . \quad . \quad . \quad (1)$$

und aus leicht begreiflichen Gründen auch

$$a^2 y'^2 + b^2 x'^2 = a^2 b^2 \quad . \quad . \quad . \quad . \quad . \quad (2)$$

Aus den Gleichungen (1) und (2) folgt

$$x' = \frac{a^2 [b^2 \alpha \pm \beta \sqrt{a^2 \beta^2 + b^2 \alpha^2 - a^2 b^2}]}{a^2 \beta^2 + b^2 \alpha^2},$$

$$y' = \frac{b^2 [a^2 \beta \mp \alpha \sqrt{a^2 \beta^2 + b^2 \alpha^2 - a^2 b^2}]}{a^2 \beta^2 + b^2 \alpha^2}.$$

Da wir vorausgesetzt haben, der Punct $\alpha \beta$ liegt ausserhalb der Ellipse, so ist $a^2 \beta^2 + b^2 \alpha^2 > a^2 b^2$, wornach klar ist, dass in diesem Falle zwei Tangenten an die Ellipse gezogen werden können.

Fig. 50.

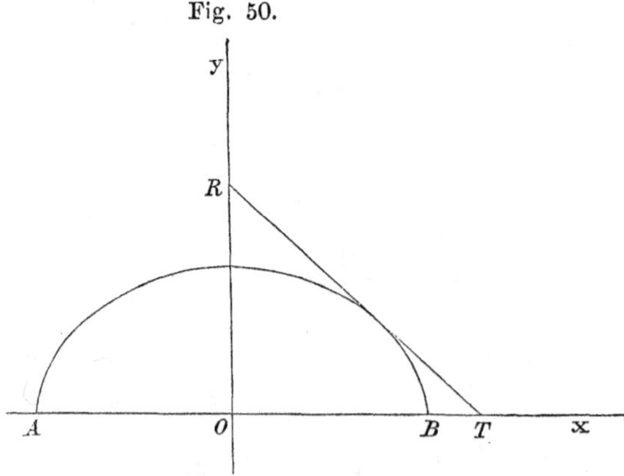

Aufgabe 141. Man soll in der Ellipse einen Punct $x' y'$ von der Beschaffenheit suchen (Fig. 50), dass das Segment der durch diesen Punct gezogenen Tangente zwischen den beiden Hauptaxen der Ellipse einer gegebenen Länge l gleich werde.

Lösung. Die Gleichung der Tangente durch $x' y'$ ist

$$a^2 y y' + b^2 x x' = a^2 b^2.$$

$$\text{Für } y = 0, \quad x = OT = \frac{a^2}{x'},$$

$$x = 0, \quad y = OR = \frac{b^2}{y'},$$

$$\text{wegen } \overline{RT}^2 = \overline{OT}^2 + \overline{OR}^2,$$

$$l^2 = \frac{a^4}{x'^2} + \frac{b^4}{y'^2} \quad \ldots\ldots\ldots \quad (1)$$

und da $x' y'$ auch der Ellipse angehört,

$$a^2 y'^2 + b^2 x'^2 = a^2 b^2 \quad \ldots\ldots \quad (2)$$

Diese zwei Gleichungen (1) und (2) bestimmen die Berührungs-Coordinaten x' und y'.

Man findet

$$x' = \pm \frac{a}{2l} [\sqrt{(l+a)^2 - b^2} \pm \sqrt{(l-a)^2 - b^2}],$$

$$y' = \pm \frac{b}{2l} [\sqrt{(l+b)^2 - a^2} \mp \sqrt{(l-b)^2 - a^2}].$$

Diese Werthe für x' und y' werden nur dann reell ausfallen, wenn, da immer $a > b$ ist,

$$(l-b)^2 \gtreqless a^2 \quad \text{oder} \quad (l-a)^2 \gtreqless b^2,$$

$$\text{d. i.} \quad l \gtreqless a + b.$$

Es ist demnach $l = a + b$ der kleinste Werth für l.

Wie gestalten sich für diesen Fall die Berührungs-Coordinaten?

Aufgabe 142. Es soll in der Ellipse durch einen der Brennpuncte eine Sehne gezogen werden, die eine bestimmte Länge l hat.

Lösung. Es sei wieder die auf ihre Hauptaxe bezogene Ellipse durch die Gleichung

$$a^2 y^2 + b^2 x^2 = a^2 b^2$$

gegeben. Nennen wir die Brennweite c, so ist die Gleichung einer solchen durch den Brennpunct gehenden Sehne

$$y = A(x - c) \quad \ldots\ldots\ldots \quad (1)$$

Der weitere Vorgang wird nun darin bestehen, dass die Coordinaten der Durchschnittspuncte der Sehne (1) mit der Ellipse bestimmt werden; die Entfernung dieser beiden Puncte der gegebenen Länge l gleich gesetzt, gibt eine Gleichung, die als Unbekannte nur mehr A enthalten kann, welches sich sofort daraus besimmen lässt:

Man hat

$$\begin{cases} x' = a \,.\, \dfrac{a c A^2 + b^2 \sqrt{1 + A^2}}{a^2 A^2 + b^2}, \\ y' = b^2 A \,.\, \dfrac{-c + a\sqrt{1 + A^2}}{a^2 A^2 + b^2}, \end{cases}$$

$$\begin{cases} x'' = a \,.\, \dfrac{a c A^2 - b^2 \sqrt{1 + A^2}}{a^2 A^2 + b^2}, \\ y'' = -\, b^2 A \,.\, \dfrac{c + a\sqrt{1 + A^2}}{a^2 A^2 + b^2}, \end{cases}$$

demnach $x' - x'' = \dfrac{2 a b^2 \sqrt{1 + A^2}}{a^2 A^2 + b^2}$,

$$y' - y'' = A \,.\, \frac{2 a b^2 \sqrt{1 + A^2}}{a^2 A^2 + b^2} = A\,(x' - x''),$$

daher $l^2 = (x' - x'')^2 + A^2 (x' - x'')^2$,

oder $l^2 = \dfrac{4 a^2 b^4 (1 + A^2)^2}{(a^2 A^2 + b^2)^2}$,

$$l = \frac{2 a b^2 (1 + A^2)}{a^2 A^2 + b^2};$$

hieraus folgt $A = \pm\, b \sqrt{\dfrac{2a - l}{a\,(a l - 2 b^2)}}$.

Da stets $2a \gtreqless l$ ist, demnach $2a - l \gtreqless 0$, so wird A reell, wenn $l \gtreqless \dfrac{2b^2}{a} = p$ ist, d. i. der Parameter der Ellipse.

Aufgabe 143. Man soll in der Ebene der Ellipse einen Punct von der Beschaffenheit finden, dass seine Entfernung von einem beliebigen Punct der Ellipse durch eine rationale Function der Abscisse ausgedrückt werde.

Lösung. Bezeichnen wir die Coordinaten des fraglichen Punctes durch $x' y'$, so ist die Entfernung desselben von irgend einem Puncte $x y$ der Ellipse

$$e = \sqrt{(x' - x)^2 + (y' - y)^2},$$

und wegen $y = \pm \frac{b}{a} \sqrt{a^2 - x^2}$

$$e = \sqrt{x'^2 - 2 x' x + x^2 + y'^2 + b^2 - \frac{b^2}{a^2} x^2 \pm 2 y' \frac{b}{a} \sqrt{a^2 - x^2}}.$$

Damit aber e für jeden Werth von x rational werde, muss $2 y' \frac{b}{a} \sqrt{a^2 - x^2} = 0$, d. i. $y' = 0$ sein. Demnach hat man für

$$e = \sqrt{x'^2 - 2 x' x + x^2 + b^2 - \frac{b^2}{a^2} x^2},$$

oder wenn $\dfrac{a^2 - b^2}{a^2} = c^2$ gesetzt wird,

$$e = \sqrt{c^2 x^2 - 2 x' x + (b^2 + x'^2)} = c \sqrt{x^2 - \frac{2 x'}{c^2} x + \frac{b^2 + x'^2}{c^2}}.$$

Damit nun der unter dem Wurzelzeichen stehende Ausdruck ein vollständiges Quadrat werde, muss

$$\frac{2}{c}\sqrt{b^2 + x'^2} = -2 \cdot \frac{x'}{c};$$

hieraus folgt $x' = \pm \sqrt{a^2 - b^2}$.

Diess sind aber die Entfernungen der beiden Brennpuncte vom Mittelpunct der Ellipse. Die Brennpuncte sind demnach die einzigen zwei Puncte, welche der Aufgabe Genüge leisten.

Aufgabe 144. In den Endpuncten der grossen Axe einer Ellipse werden auf diese Senkrechte geführt; diese schneiden eine an die Ellipse geführte Tangente, und nun soll das Product aus diesen beiden Senkrechten ermittelt werden.

Lösung. Für einen ganz willkürlichen Berührungspunct $x'\, y'$ sei die Tangente

$$a^2 y y' + b^2 x x' = a^2 b^2 \quad . \quad . \quad . \quad . \quad . \quad . \quad (1)$$

Die Gleichungen der zwei Perpendikel sind beziehungsweise

$$x = + a \quad \text{und} \quad x = - a.$$

Für die Ordinaten der Durchschnittspuncte dieser Geraden mit der Tangente (1) hat man beziehungsweise

$$\frac{b^2 (a - x')}{a y'} \quad \text{und} \quad \frac{b^2 (a + x')}{a y'}.$$

Das Product dieser Abstände ist $= b^2$.

Aufgabe 145. Durch die beiden Brennpuncte einer Ellipse werden Perpendikel auf eine beliebige Tangente gezogen, es soll die Entfernung der betreffenden Durchschnittspuncte vom Mittelpunct gesucht werden.

Lösung. Die Tangente sei durch die Gleichung gegeben

$$y = -\frac{b^2 x'}{a^2 y'} + \frac{b^2}{y'} \quad . \quad . \quad . \quad . \quad . \quad . \quad (1)$$

Nennen wir die Brennpuncte F und F', die Fusspuncte der Perpendikel in der Tangente N und N', so hat man die Gleichung der

$$\underbrace{NF} \quad . \quad . \quad . \quad y = \frac{a^2 y'}{b^2 x'} (x - e),$$

$$\underbrace{N'F'} \quad . \quad . \quad . \quad y = \frac{a^2 y'}{b^2 x'} (x + e),$$

wobei e die Brennweite bezeichnet.

Bringt man diese Geraden mit (1) zum Durchschnitt, so folgt

$$\text{für } N \begin{cases} x = \dfrac{a^2 b^4 x' + a^4 e y'^2}{a^4 y'^2 + b^4 x'^2}, \\ y = \dfrac{a^4 b^2 y' - a^2 b^2 e x' y'}{a^4 y'^2 + b^4 x'^2}; \end{cases}$$

$$\text{für } N' \begin{cases} x = \dfrac{a^2 b^4 x' - a^4 y'^2 e}{a^4 y'^2 + b^4 x'^2}, \\ y = \dfrac{a^4 b^2 y' + a^2 b^2 e x' y'}{a^4 y'^2 + b^4 x'^2}. \end{cases}$$

Heisst der Mittelpunct O, so hat man nach einer leichten Rechnung $ON = ON' = a$, d. i. die grössere Halbaxe der Ellipse.

Diese Fusspuncte N und N' liegen sonach in einem Kreise vom Halbmesser a.

Denkt man sich durch jeden beliebigen Punct der Ellipse eine Tangente gezogen, und fällt aus einem der beiden Brennpuncte ein Perpendikel darauf, so liegen die Durchschnittspuncte aller dieser Perpendikel mit den entsprechenden Tangenten in der Peripherie des über der grossen Axe der Ellipse als Durchmesser beschriebenen Kreises.

Wie wird man mit Hilfe dieser Bemerkung eine Ellipse construiren, wenn einer der Brennpuncte und drei Tangenten gegeben sind?

Aufgabe 146. Es ist das Product der Abstände der Brennpuncte von der Tangente aufzustellen.

L ö s u n g. Heissen die Fusspuncte der von den Brennpuncten auf die Tangente $a^2 y y' + b^2 x x' = a^2 b^2$ gefällten Perpendikel N und N', so folgt

$$FN = \frac{b^2 (c x' - a^2)}{\sqrt{a^4 y'^2 + b^4 x'^2}},$$

$$F'N' = -\frac{b^2 (c x' + a^2)}{\sqrt{a^4 y'^2 + b^4 x'^2}}$$

$$\text{und} \quad FN \,.\, F'N' = b^2.$$

Aufgabe 147. In einer Ellipse wird eine beliebige Sehne gezogen, an die Durchschnittspuncte derselben mit der Ellipse Tangenten; wo liegt der Durchschnittspunct derselben?

L ö s u n g. Die Coordinaten der Durchschnittspuncte der Sehnen seien $x' y'$ und $x'' y''$, demnach heissen die Gleichungen der Tangenten

$$a^2 y y' + b^2 x x' = a^2 b^2 \quad . \quad . \quad . \quad . \quad . \quad (1)$$

$$a^2 y y'' + b^2 x x'' = a^2 b^2 \quad . \quad . \quad . \quad . \quad . \quad (2)$$

Man hat für den Durchschnittspunct dieser Tangenten

$$M\begin{cases} x = \dfrac{a^2(y''-y')}{x'y''-x''y'}, \\ y = \dfrac{b^2(x''-x')}{y'x''-y''x'}, \end{cases}$$

für den Halbirungspunct der Sehne hat man

$$\begin{cases} x = \dfrac{x'+x''}{2}, \\ y = \dfrac{y'+y''}{2}, \end{cases}$$

und für den zur Sehne gehörigen Durchmesser

$$y = \frac{y'+y''}{x'+x''} \cdot x \quad \ldots \ldots \quad (3)$$

Die Coordinaten des Punctes M in (3) gesetzt, machen die Gleichung identisch, zum Beweise, dass der Durchschnittspunct der Tangenten, der Halbirungspunct der Sehne und der Mittelpunct der Ellipse in einer einzigen Geraden liegen.

Bei wirklicher Ausführung des Gesagten hat man noch die Gleichungen zu benützen:

$$a^2y'^2 + b^2x'^2 = a^2b^2,$$
$$a^2y''^2 + b^2x''^2 = a^2b^2.$$

Aufgabe 148. Man ziehe in einer Ellipse eine beliebige Sehne, den dazu gehörigen Durchmesser, und fälle von einem Brennpuncte eine Senkrechte auf die Sehne; dieses Perpendikel schneidet den Durchmesser in der Richtlinie.

Lösung. Die Gleichung einer Sehne sei

$$y = Ax + B,$$

die Gleichung des zugehörigen Durchmessers

$$y = A'x = -\frac{b^2}{a^2A} \cdot x \quad \ldots \ldots \quad (1)$$

die Gleichung des durch den Brennpunct rechts auf die Sehne gefällten Perpendikels

$$y = -\frac{1}{A}(x-c) \quad \ldots \ldots \quad (2)$$

(1) und (2) zum Durchschnitt gebracht, gibt

$$x = \frac{a^2}{c},$$

welches aber die Gleichung der dem erwähnten Brennpuncte nächstliegenden Richtlinie ist.

Aufgabe 149. Es sind die beiden Axen einer Ellipse gegeben; man suche ein paar conjugirte Durchmesser derselben, welche einen gegebenen Winkel ω einschliessen.

Lösung. Sind die Axen a und b,

die conjugirten Axen a' und b',

ihre Neigungswinkel mit der grossen Axe α und α', so hat man zur Bestimmung der Grössen $a' b'$ die bekannten Relationen

$$a'^2 + b'^2 = a^2 + b^2 \quad \ldots\ldots \quad (1)$$

$$a' b' = \frac{a b}{\sin \omega} \quad \ldots\ldots \quad (2)$$

wo $\omega = \alpha' - \alpha$ ist.

Die Gleichung (2) mit 2 multiplicirt, zu (1) einmal addirt und dann abgezogen, folgt

$$(a' + b')^2 = a^2 + b^2 + \frac{2 a b}{\sin \omega},$$

$$(a' - b')^2 = a^2 + b^2 - \frac{2 a b}{\sin \omega},$$

und endlich

$$a' = \frac{1}{2}\sqrt{a^2 + b^2 + \frac{2 a b}{\sin \omega}} + \frac{1}{2}\sqrt{a^2 + b^2 - \frac{2ab}{\sin \omega}},$$

$$b' = \frac{1}{2}\sqrt{a^2 + b^2 + \frac{2ab}{\sin \omega}} - \frac{1}{2}\sqrt{a^2 + b^2 - \frac{2ab}{\sin \omega}}.$$

Um noch α zu bekommen, dient die Relation

$$\text{tang}\,\alpha \,.\, \text{tang}\,\alpha' = -\frac{b^2}{a^2};$$

$\alpha' = \omega + \alpha$ gesetzt, folgt

$$a^2 \,\text{tang}\,\alpha \,.\, \frac{\text{tang}\,\alpha + \text{tang}\,\omega}{1 - \text{tang}\,\alpha \,.\, \text{tang}\,\omega} + b^2 = 0,$$

aus welcher Gleichung sofort tang α gesucht werden kann.

Durch Auflösung der eben angeführten Gleichung lässt sich leicht entnehmen, dass die Aufgabe nur dann möglich sein wird,

wenn $$\text{tang}\,\omega \geqq \frac{2ab}{a^2 - b^2} \text{ ist,}$$

der kleinste Werth für ω ist demnach der, wo $\text{tang}\,\omega = \frac{2ab}{a^2 - b^2}$, und der grösste, wo $\text{tang}\,\omega = -\frac{2ab}{a^2 - b^2}$.

Aufgabe 150. Ein paar conjugirte Durchmesser und der Conjugationswinkel sind gegeben; man bestimme die Axen der Ellipse.

Lösung. Sind $a' b'$ die conjugirten Axen, ω der Conjugationswinkel, a und b die Axen, so hat man nach der früheren Aufgabe

$$a^2 + b^2 = a'^2 + b'^2,$$

$$ab = a' b' \,.\, \sin \omega,$$

hieraus folgt sehr einfach

$$a = \tfrac{1}{2}\sqrt{a'^2 + b'^2 + 2 a' b' \sin \omega} + \tfrac{1}{2}\sqrt{a'^2 + b'^2 - 2 a' b' \sin \omega},$$

$$b = \tfrac{1}{2}\sqrt{a'^2 + b'^2 + 2 a' b' \sin \omega} - \tfrac{1}{2}\sqrt{a'^2 + b'^2 - 2 a' b' \sin \omega};$$

ferner ist $\operatorname{tang} \alpha \cdot \operatorname{tang} (\alpha + \omega) = -\frac{b^2}{a^2}$,
woraus $\operatorname{tang} \alpha$ folgt.

Die Construction der Werthe a und b lässt sich am einfachsten dadurch bewerkstelligen, dass man die Ellipse nach den conjugirten Axen wirklich construirt, und in der so verzeichneten Ellipse die Hauptaxen bestimmt.

Aufgabe 151. An eine Ellipse wird eine willkürliche Tangente Tt (Fig. 51) gezogen, gleichzeitig zwei conjugirte Durch-

Fig. 51.

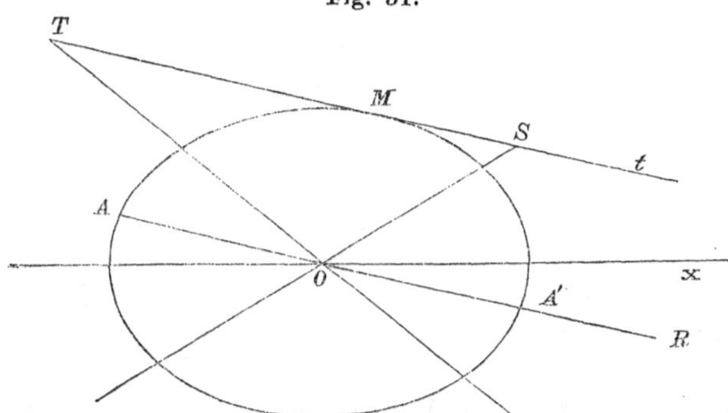

messer TO und SO, so wird die Tangente durch dieselben in den Puncten S und T getroffen; zieht man nun durch O den zu ST parallelen Durchmesser AA', so hat man die Relation

$$MT \cdot MS = \overline{AO}^2.$$

Lösung. Hat der Punct M die Coordinaten $x'y'$, so ist die Gleichung der Tt

$$a^2 yy' + b^2 xx' = a^2 b^2 \quad \ldots \ldots \quad (1)$$

für $OS \quad \ldots \quad y = Ax \quad \ldots \ldots \ldots \quad (2)$

$$OT \quad \ldots \quad y = A'x = -\frac{b^2}{a^2 A} \cdot x \quad \ldots \quad (3)$$

und $OR \quad \ldots \quad y = -\frac{b^2 x'}{a^2 y'} \cdot x \quad \ldots \ldots \quad (4)$

Man hat ferner

$$S \begin{cases} x = \dfrac{a^2 b^2}{a^2 A y' + b^2 x'}, \\ y = \dfrac{a^2 b^2 A}{a^2 A y' + b^2 x'}; \end{cases} \quad T \begin{cases} x = \dfrac{a^2 b^2}{a^2 A' y' + b^2 x'}, \\ y = \dfrac{a^2 b^2 A'}{a^2 A' y' + b^2 x'}, \end{cases} \quad A \begin{cases} x = \dfrac{a}{b} y', \\ y = \dfrac{-b}{a} x'; \end{cases}$$

$$\overline{AO}^2 = \frac{a^4 - c^2 x'^2}{a^2}, \quad \text{wo } c^2 = a^2 - b^2,$$

$$\overline{MS}^2 = \left(x' - \frac{a^2 b^2}{a^2 A y' + b^2 x'}\right)^2 + \left(y' - \frac{a^2 b^2 A}{a^2 A y' + b^2 x'}\right)^2.$$

Berücksichtiget man, dass $b^2 x'^2 - a^2 b^2 = - a^2 y'^2$ und $a^2 y'^2 - a^2 b^2 = - b^2 x'^2$ ist, so folgt

$$\overline{MS}^2 = \frac{(a^4 y'^2 + b^4 x'^2)(A x' - y')^2}{(a^2 A y' + b^2 x')^2},$$

eben so $$\overline{MT}^2 = \frac{(a^4 y'^2 + b^4 x'^2)(A' x' - y')^2}{(a^2 A' y' + b^2 x')^2}$$

und $$MS \,.\, MT = \frac{a^4 - c^2 x'^2}{a^2} = \overline{AO}^2.$$

Fig. 52.

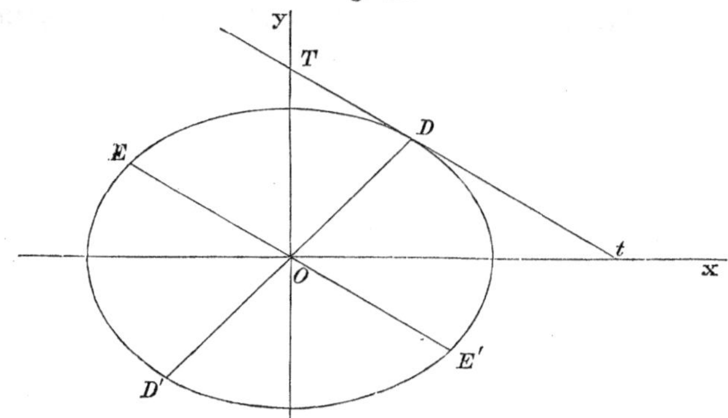

Aufgabe 152. Sind DD' und EE' (Fig. 52) ein paar conjugirte Durchmesser der Ellipse, und zieht man durch D eine Tangente, so werden die Axen in den Puncten T und t geschnitten, und man hat $DT \,.\, Dt = \overline{OE}^2$.

Lösung. Die Gleichungen der Durchmesser sind

$$\underbrace{DD'} \;\ldots\; y = Ax,$$

$$\underbrace{EE'} \;\ldots\; y = A'x = - \frac{b^2}{a^2 A} x.$$

Man hat für D $$\begin{cases} x = \dfrac{ab}{\sqrt{a^2 A^2 + b^2}}, \\ y = \dfrac{abA}{\sqrt{a^2 A^2 + b^2}}, \end{cases}$$

für E $$\begin{cases} x = \dfrac{ab}{\sqrt{a^2 A'^2 + b^2}}, \\ y = \dfrac{abA'}{\sqrt{a^2 A'^2 + b^2}}, \end{cases}$$

für $\underbrace{Tt}$ $$a^2 A y + b^2 x = ab\sqrt{a^2 A^2 + b^2} \quad \ldots \quad (1)$$

$$EO^2 = \frac{a^4 A^2 + b^4}{a^2 A^2 + b^2}.$$

Sucht man nun die Puncte T und t, indem man in (1) nacheinander $x = 0$ und $y = 0$ setzt, so hat man

$$T\begin{cases} x = 0, \\ y = \frac{b}{aA}\sqrt{a^2A^2 + b^2}, \end{cases} \qquad t\begin{cases} x = \frac{a}{b}\sqrt{a^2A^2 + b^2}, \\ y = 0; \end{cases}$$

ferner
$$DT = \frac{b\sqrt{a^4A^2 + b^4}}{aA\sqrt{a^2A^2 + b^2}},$$
$$Dt = \frac{aA\sqrt{a^4A^2 + b^4}}{b\sqrt{a^2A^2 + b^2}},$$
$$DT \cdot Dt = \frac{a^4A^2 + b^4}{a^2A^2 + b^2} = \overline{EO}^2.$$

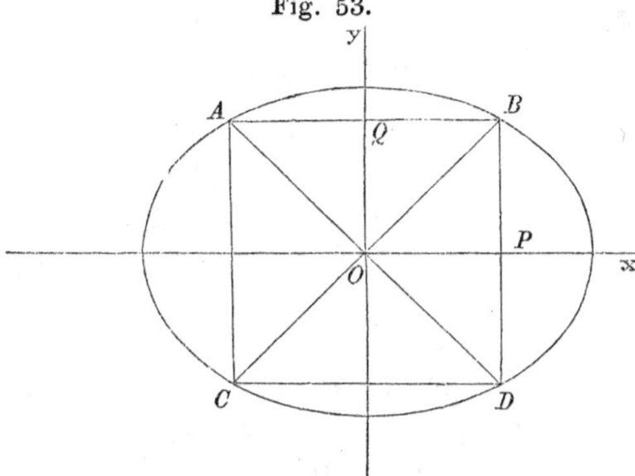

Fig. 53.

Aufgabe 153. Es soll einer gegebenen Ellipse (Fig. 53) ein Quadrat eingeschrieben werden.

Lösung. Ist $ABCD$ das gesuchte Quadrat, so ist wegen $AB = BD$ auch $OP = BP$, also für den Punct B, $x = y$.

Es folgt demnach aus
$$a^2y^2 + b^2x^2 = a^2b^2$$

$$B\begin{cases} x = y = \frac{ab}{\sqrt{a^2 + b^2}}, \text{ sonach die Seite des Quadrates} \\ \quad = \frac{2ab}{\sqrt{a^2 + b^2}}. \end{cases}$$

Die Quadratseite ist allsogleich gefunden, wenn etwa der Punct B bekannt ist; der ergibt sich aber sehr einfach, wenn man bedenkt, dass $\sphericalangle POB = 45^0$ ist.

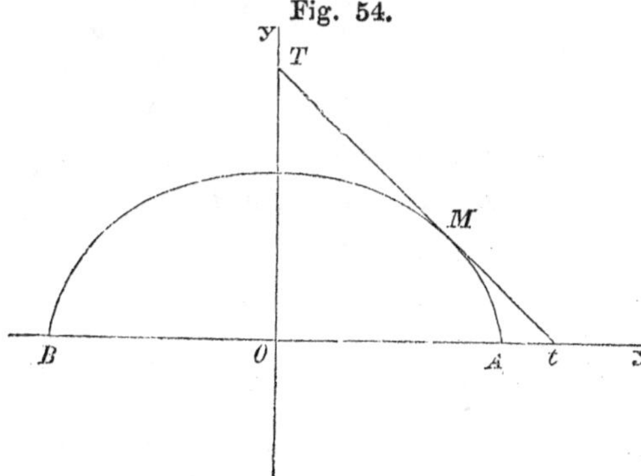

Fig. 54.

Aufgabe 154. Einer Ellipse ein Quadrat umzuschreiben.

Lösung. Es sei (Figur 54) Tt die Seite des umschriebenen Quadrates. Die Diagonalen derselben fallen offenbar mit den verlängerten Axen der Ellipse zusammen.

Sind für den Berührungspunct M die Coordinaten $x'y'$, so hat man für $\quad Tt \ldots a^2yy' + b^2xx' = a^2b^2$,

$$\text{daher} \quad Ot = \frac{a^2}{x'}, \quad OT = \frac{b^2}{y'},$$

und da $Ot = OT$ sein muss,

$$\frac{a^2}{x'} = \frac{b^2}{y'}, \quad \text{also} \quad y' = \frac{b^2}{a^2} \cdot x',$$

durch welche Gleichung die Lage des Punctes M bestimmt wird.

Oder auch $y' = \frac{b^2}{a^2} x'$ in $a^2 y'^2 + b^2 x'^2 = a^2 b^2$ gesetzt, folgt

$$x' = \frac{a^2}{\sqrt{a^2 + b^2}} \quad \text{und} \quad y' = \frac{b^2}{\sqrt{a^2 + b^2}},$$

welche Ausdrücke leicht construirt werden können.

Aufgabe 155. Eine Gerade von gegebener Länge bewegt sich auf den Schenkeln eines rechten Winkels; welches ist der geometrische Ort, den irgend ein Punct der Geraden bei der Bewegung beschreibt?

Fig. 55.

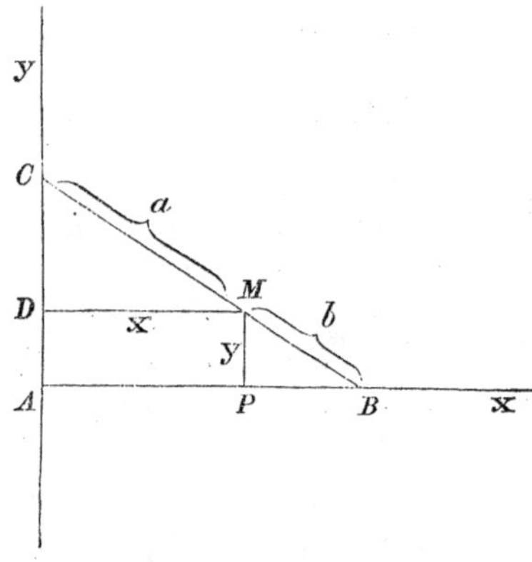

Lösung. Die gegebene Länge sei (Fig. 55) BC, und der Punct M werde dadurch fixirt, dass die Abstände

$$BM = b, \quad CM = a$$

gegeben sind. Die Schenkel des rechten Winkels seien die Coordinatenaxen.

Für jede Lage der Geraden gilt die Beziehung

$$BP : MB = DM : CM,$$

$$\sqrt{b^2 - y^2} : b = x : a,$$

$$a^2 (b^2 - y^2) = b^2 x^2,$$

$$a^2 y^2 + b^2 x^2 = a^2 b^2,$$

welches sofort die Gleichung der Ellipse auf ihre Hauptaxen bezogen vorstellt.

Fg. 56.

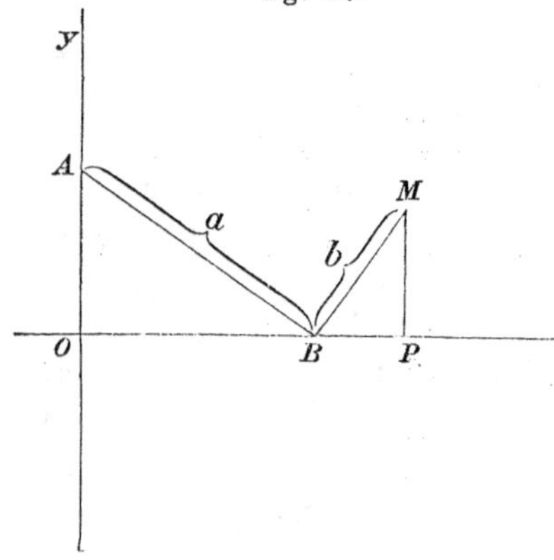

Aufgabe 156. Ein rechter Winkel ABM (Fig. 56) gleitet mit seinem Scheitel B an dem Schenkel Ox eines ebenfalls rechten Winkels yOx,

und der Endpunct des Schenkels AB, d. i. A, am andern Schenkel Oy; welchen Weg beschreibt bei dieser Bewegung der Punct M?

Lösung. Wir wollen hier die Voraussetzung gelten lassen, dass der Punct M stets in der Ebene des Winkels $x\,Oy$ bleibe, und die Axen des festen Winkels die Coordinatenaxen seien.

Da für jede beliebige Situation des Winkels ABM, $\triangle BMP \sim \triangle ABO$ ist, so folgt

$$MP : MB = BO : AB,$$

oder $y : b = x - \sqrt{b^2 - y^2} : a$;

hieraus folgt

$$(a^2 + b^2)\,y^2 - 2abxy + b^2x^2 = b^4$$

als die Gleichung des geometrischen Ortes des Punctes M.

Man untersuche diese Gleichung näher.

Aufgabe 157. Die Curve zu finden, die durch den Scheitel eines rechten Winkel, dessen Schenkel fortwährend Tangenten an eine Ellipse bleiben, beschrieben wird.

Lösung. Es seien die Berührungs-Coordinaten der Tangenten $x'y'$, $x''y''$.

Sind die Coordinaten des Scheitelpunctes des rechten Winkels x und y, so müssen folgende Gleichungen bestehen:

$$a^2yy' + b^2xx' = a^2b^2 \quad \ldots \ldots \quad (1)$$
$$a^2yy'' + b^2xx'' = a^2b^2 \quad \ldots \ldots \quad (2)$$
$$a^2y'^2 + b^2x'^2 = a^2b^2 \quad \ldots \ldots \quad (3)$$
$$a^2y''^2 + b^2x''^2 = a^2b^2 \quad \ldots \ldots \quad (4)$$
$$\frac{b^4x'x''}{a^4y'y''} = -1 \quad \ldots \ldots \quad (5)$$

Aus diesen fünf Gleichungen sind nun die Grössen $x'y'$ $x''y''$ zu eliminiren.

Aus (1) und (3) y' eliminirt, folgt

$$x'^2 - \frac{2a^2b^2}{a^2y^2 + b^2x^2}x' + \frac{a^4(b^2 - y^2)}{a^2y^2 + b^2x^2} = 0 \quad . \quad . \quad (6)$$

Aus (2) und (4) y'' eliminirt, folgt dieselbe Gleichung für x'', woraus folgt, dass x'' eine Wurzel der Gleichung (6) ist, demnach hat man

$$x'x'' = \frac{a^4(b^2 - y^2)}{a^2y^2 + b^2x^2},$$

und auf ähnliche Art

$$y'y'' = \frac{b^4(a^2 - x^2)}{a^2y^2 + b^2x^2}.$$

Diese Producte in Gl. (5) gesetzt, erhält man $x^2 + y^2 = a^2 + b^2$ als die Gleichung des Scheitelpunctes.

Das gefnndene Resultat ist die Mittelpunctsgleichung eines Kreises, dessen Radius $\sqrt{a^2 + b^2}$ ist, und sofort leicht construirt werden kann.

Fig 57.

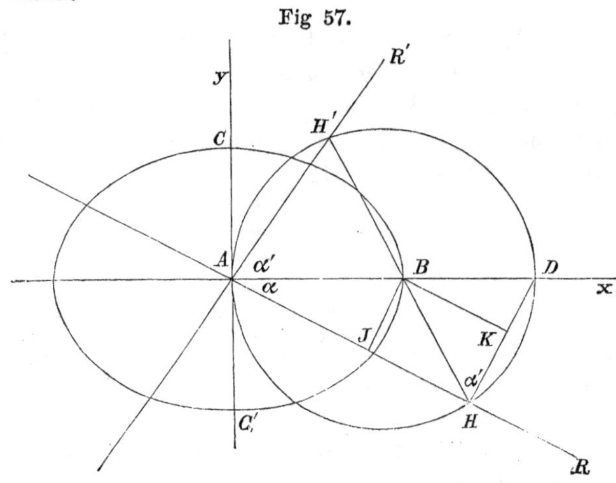

Aufgabe 158. Es sei (Fig. 57) eine Ellipse gegeben; man trage auf der grossen Axe vom Mittelpuncte aus eine Länge $AB + BD$ gleich der halben Summe der Axen auf, und beschreibe über AD als Durchmesser einen Kreis. Durch jenen Endpunct der grossen Axe, der dem Mittelpunct des Kreises am nächsten ist, d. i. durch B, ziehe man die Sehne HBH', und durch die Endpuncte H und H' ziehe man die Linien AR und AR'. Denkt man sich nun, die Puncte H und H' bewegen sich auf AR und AR', ohne dass HH' seine Länge ändert, so beschreibt jener Punct der Linie HH', der zuerst mit dem Puncte B zusammenfiel, eine Curve, deren Gleichung gesucht werden soll.

Fig. 58.

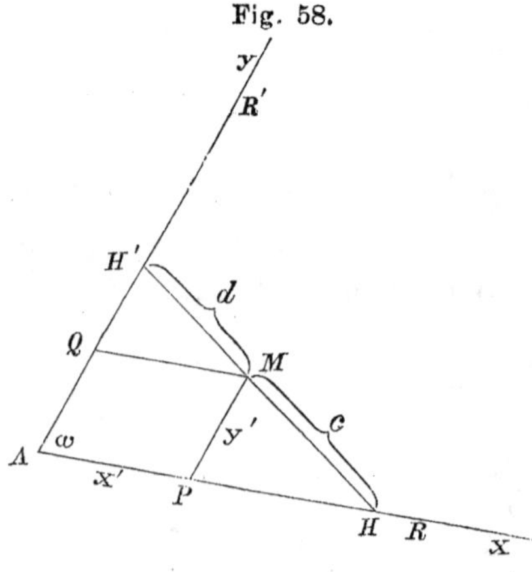

Lösung. Es sei (Fig. 58) HH' eine beliebige Lage und M die Position des beschreibenden Punctes.

Sind AR und AR' die Coordinatenaxen $AP = x'$, $MP = y'$, so ist

$$AH : (c + d) = x' : d,$$
$$AH' : (c + d) = y' : c,$$

also $AH = \frac{(c+d)\,x'}{d}$ und $AH' = \frac{(c+d)\,y'}{c}$,

$$\overline{HH'}^2 = \overline{AH}^2 + \overline{AH'}^2 - 2\,AH\,.\,AH'\,.\cos\omega,$$

$$(c+d)^2 = \frac{(c+d)^2\,x'^2}{d^2} + \frac{(c+d)^2\,y'^2}{c^2} - 2\,.\,\frac{(c+d)^2\,x'y'}{c\,d}\,.\cos\omega,$$

oder $$1 = \frac{x'^2}{d^2} + \frac{y'^2}{c^2} - \frac{2\,x'\,y'}{c\,d}\,.\cos\omega \quad \ldots \quad (1)$$

als die Gleichung der gesuchten Curve, welche mit der gegebenen Ellipse denselben Mittelpunct hat.

Setzen wir $AB = a$, $BD = b$, $> BAR = \alpha$, zieht DH, $BJ \parallel DH$ und $BK \parallel AH$, so ist $HK = BJ = a \sin\alpha$ und $BK = b\cos\alpha$; aus dem $\triangle BHK$ folgt

$$c = \sqrt{\overline{HK}^2 + \overline{BK}^2} = \sqrt{a^2 \sin\alpha^2 + b^2 \cos\alpha^2}.$$

Wegen $DHB = \alpha'$ folgt $\triangle ABH' \sim BDH$, sonach

$$BH' : AB = BD : BH,$$

$$BH' = \frac{a\,b}{\sqrt{a^2 \sin\alpha^2 + b^2\cos\alpha^2}} = d.$$

Ferner ist

$$\sin\alpha' = \frac{BK}{BH} = \frac{b\cos\alpha}{\sqrt{a^2\sin\alpha^2 + b^2\cos\alpha^2}},$$

$$\cos\alpha' = \frac{HK}{BH} = \frac{a\sin\alpha}{\sqrt{a^2\sin\alpha^2 + b^2\cos\alpha^2}},$$

$$\cos\omega = \cos(\alpha + \alpha') = \cos\alpha\cos\alpha' - \sin\alpha\sin\alpha',$$

$$\cos\omega = \frac{(a-b)\sin\alpha\cos\alpha}{\sqrt{a^2\sin\alpha^2 + b^2\cos\alpha^2}}.$$

Setzt man nun die Werthe für c, d und $\cos\omega$ in die Gleichung (1), so kommt

$$\frac{x'^2\,(a^2\sin\alpha^2 + b^2\cos\alpha^2)}{a^2\,b^2} + \frac{y'^2}{a^2\sin\alpha^2 + b^2\cos\alpha^2}$$
$$- \frac{2\,x'y'\,(a-b)\sin\alpha\cos\alpha}{a\,b\sqrt{a^2\sin\alpha^2 + b^2\cos\alpha^2}} = 1 \quad \ldots \quad (2)$$

Um diese Gleichung mit der der gegebenen Ellipse zu vergleichen, transformire man $a^2y^2 + b^2x^2 = a^2b^2$ auf dieselben Axen AR und AR'.

Zu dem Behufe setze man in (1)

$x'\cos\alpha + y'\cos\alpha'$ statt x,
$y'\sin\alpha' - x'\sin\alpha$ „ y,

oder mit Rüchsicht der obigen Werthe für $\sin\alpha'$ und $\cos\alpha'$

$$x = x'\cos\alpha + \frac{a\,y'\sin\alpha}{\sqrt{a^2\sin\alpha^2 + b^2\cos\alpha^2}},$$

$$y = -\,x'\sin\alpha + \frac{b\,y'\cos\alpha}{\sqrt{a^2\sin\alpha^2 + b^2\cos\alpha^2}}.$$

Diese Werthe in (1) wirklich gesetzt, führen genau auf die Gleichung (2), woraus erhellt, dass die erzeugte Curve mit der gegebenen Ellipse identisch ist.

Aufgabe 159. Die Grundlinie eines Dreieckes und das Product der Tangenten der Winkel an der Grundlinie sind gegeben; man soll den Ort des Scheitels finden.

Lösung. Es sei die Grundlinie des Dreieckes $2a$, die Winkel an derselben α und α'.

Nehmen wir die Grundlinie als Abscissenaxe, den Halbirungspunct zum Ursprung der Coordinaten, so folgt, wenn

$$\operatorname{tang}\alpha \,.\, \operatorname{tang}\alpha' = b, \quad \operatorname{tang}\alpha = \frac{y}{a+x}, \quad \operatorname{tang}\alpha' = \frac{y}{a-x},$$

$$\text{demnach } \frac{y}{a+x} \cdot \frac{y}{a-x} = b \text{ ist,}$$

$$y^2 + bx^2 = a^2 b \quad . \quad . \quad . \quad . \quad . \quad . \quad (1)$$

welches sofort die Gleichung einer Ellipse oder Hiperbel ist, je nachdem $b \gtrless 0$ ist.

Nehmen wir b positiv und vergleichen wir die Gleich. (1) mit $\frac{x^2}{A^2} + \frac{y^2}{B^2} = 1$, so folgt $A = a$, $B = a\sqrt{b}$.

Gleichzeitig folgt die höchst wichtige Relation

$$\operatorname{tang}\alpha \,.\, \operatorname{tang}\alpha' = b = \frac{B^2}{A^2}.$$

Die beiden Dreieckseiten bilden sofort Supplementarsehnen der Ellipse, und das Product der Tangenten ihrer Neigungswinkel mit der grossen Axe ist bekanntlich $\frac{B^2}{A^2}$.

Aehnlich verhält sich die Sache bei der Hiperbel.

Aufgabe 160. Aus dem Puncte O (Fig. 59) werden zwei concentrische Kreise beschrieben, deren Radien $AO = a$, $BO = b$ sind. Man ziehe ferner einen beliebigen Radius OD, ziehe $DP \perp AA'$ und $CM \parallel AA'$; es soll der geometrische Ort des Punctes M gesucht werden.

Fig. 59.

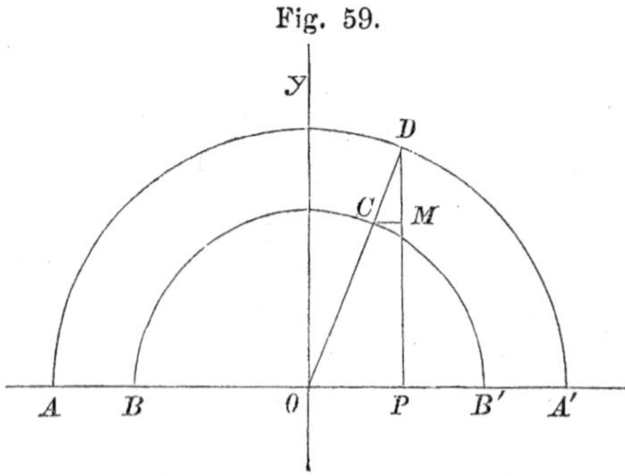

Lösung. Es sei AA' die Abscissenaxe, Oy die Ordinatenaxe, $OP = x$, $MP = y$ die Coordinaten des Punctes M.

$$\begin{aligned} \text{Wegen}\quad MP &: DP = OC : OD \\ y &: \sqrt{a^2 - x^2} = b : a, \\ a^2 y^2 &+ b^2 x^2 = a^2 b^2. \end{aligned}$$

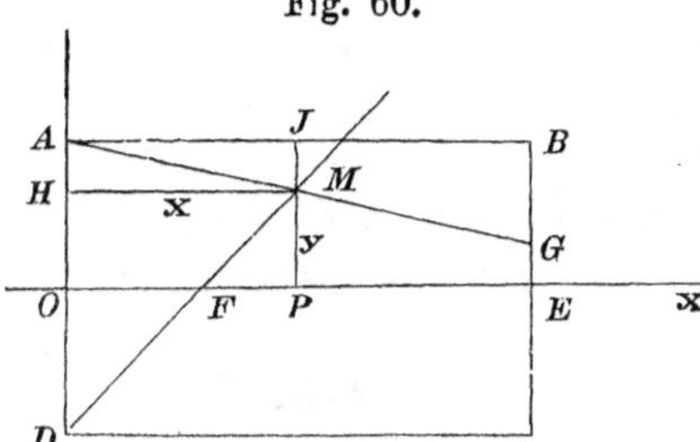

Fig. 60.

Aufgabe 161. $ABCD$ sei ein Rechteck (Figur 60), Ox die Halbirungslinie desselben $OE = a$ werde in n gleiche Theile getheilt, F sei der r^{te} Theilungspunct von O aus gezählt; eben so werde $BE = b$ in n gleiche Theile getheilt, und G sei der r^{te} Theilungspunct von B gegen E. Man verbinde D mit F und A mit G, und bestimme den geometrischen Ort des Punctes M.

Lösung. $OF = r \cdot \frac{a}{n}$, $BG = r \cdot \frac{b}{n}$.

Ox und Oy seien die Axen, $OP = x$, $MP = y$ die Coordinaten des Punctes M.

Wegen $HM \parallel Ox$ folgt $OD : DH = OF : HM$

$$\text{oder}\quad b : (b + y) = r \cdot \frac{a}{n} : x \quad . \; . \; (1)$$

Aus $AJ : AB = JM : BG$ geht hervor

$$x : a = (b - y) : r \cdot \frac{b}{n} \quad . \; . \; . \; . \; . \; . \; . \; (2)$$

Aus (1) und (2) $\frac{r}{n}$ eliminirt, wodurch keine bestimmte Lage des Punctes M betrachtet wird, folgt $a^2 y^2 + b^2 x^2 = a^2 b^2$.

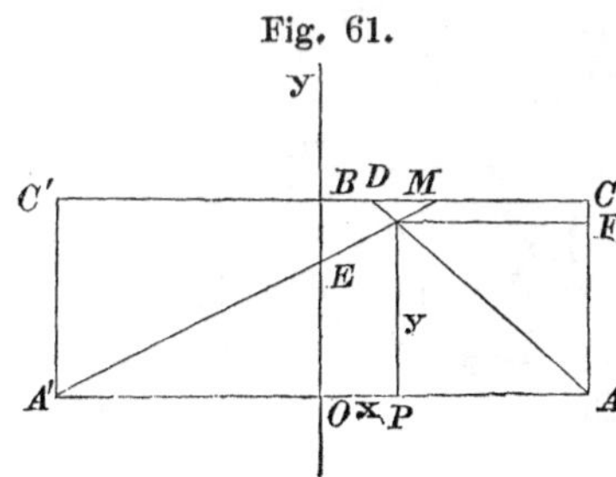

Fig. 61.

Aufgabe 162. Es sei wieder ein Rechteck gegeben (Fig. 61). Die Seiten $BC = a$ und $BO = b$ werden in n gleiche Theile getheilt, $BD = r \cdot \frac{a}{n}$, $BE = r \cdot \frac{b}{n}$. Die Linien AD und $A'E$ bestimmen in ihrem Durchschnitt einen Punct M, dessen geometrischer Ort ermittelt werden soll.

Lösung. Es ist

$$A'O : A'P = OE : MP$$

$$\text{oder}\quad a : (a + x) = b\left(1 - \frac{r}{n}\right) : y \quad . \; . \; . \; . \; (1)$$

ferner $AF : AC = MF : DC$,

$$y : b = (a - x) : a\left(1 - \frac{r}{n}\right) \quad . \quad . \quad . \quad (2)$$

Aus (1) folgt $1 - \frac{r}{n} = \frac{a\,y}{b\,(a + x)}$,

„ (2) „ $1 - \frac{r}{n} = \frac{b\,(a - x)}{a\,y}$.

Durch Gleichsetzung dieser Ausdrückə folgt

$$a^2 y^2 + b^2 x^2 = a^2 b^2.$$

Anmerkung. Wie nach den Andeutungen in den Aufgaben 160, 161 und 162 die Construction der Ellipse ausgeführt werden kann, ist für sich klar.

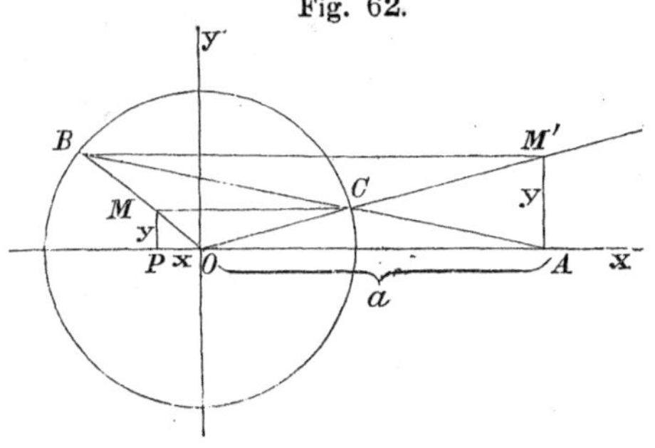

Fig. 62.

Aufgabe 163. Im verlängerten Durchmesser eines Kreises (Fig. 62) sei ein Punct A angenommen, durch diesen werde eine Sekante AB zum Kreise gezogen. Durch den ersteren Durchschnittspunct C mit Ox eine Parallele CM geführt, wird der Radius OB im Puncte M geschnitten; welcher ist der geometrische Ort des Punctes M?

Lösung. Es sei O der Mittelpunct des Kreises und Anfangspunct der Coordinaten, $PO = x$ und $MP = y$ die Coordinaten des Punctes M, so folgt wegen

$$\triangle\, BMC \sim BOA,$$

$$BO : AO = BM : MC,$$

$$BO = r, \quad AO = a, \quad BM = r - \sqrt{x^2 + y^2}$$

$$\text{und} \quad MC = x + \sqrt{r^2 - y^2},$$

$$r : a = (r - \sqrt{x^2 + y^2}) : (x + \sqrt{r^2 - y^2})$$

oder $r\,(x + \sqrt{r^2 - y^2}) = a\,(r - \sqrt{x^2 + y^2}) \quad . \quad . \quad .$ I.

Zieht man den Radius OC, und zieht durch B mit Ox die Parallele BM', so hat man ebenso für die Lage des Punctes M'

$$\triangle\, AOC \sim BCM',$$

$$CO : AO = M'C : BM',$$

$$CO = r, \quad AO = a, \quad M'C = \sqrt{x^2 + y^2} - r$$

$$\text{und} \quad BM' = x + \sqrt{r^2 - y^2}$$

$$r\,(x + \sqrt{r^2 - y^2}) = -\,a\,(r - \sqrt{x^2 + y^2}) \quad . \quad . \quad \text{II.}$$

Die Gleichung I. rational gemacht, gibt

$$(a^2 + r^2)^2 y^2 + (a^2 - r^2)^2 x^2 + \\ + 4ar^2(a^2 - r^2)x - (a^2 - r^2)^2 r^2 = 0 \quad . \quad . \quad \mathrm{I}',$$

welches sofort die Gleichung einer Ellipse ist.

Für den Mittelpunct folgt die Abscisse $d = -\frac{2ar^2}{a^2 - r^2}$, und die Axen $A = r$, $B = \frac{r(a^2 + r^2)}{a^2 - r^2}$.

Macht man die Gleichung II. rational, so kommen für A und B dieselben Werthe, woraus hervorgeht, dass die beiden Ellipsen congruent sein werden; für die Lage des Mittelpunctes hat man jedoch im zweiten Falle $d = +\frac{2ar^2}{a^2 - r^2}$.

Zusatz. Es soll die Rechnung gezeigt werden, wodurch die Gleichung I. rational wird.

Aus $r(x + \sqrt{r^2 - y^2}) = a(r - \sqrt{x^2 + y^2})$ folgt

$$r(a - x) = r\sqrt{r^2 - y^2} + a\sqrt{x^2 + y^2},$$

zum Quadrat erhoben

$$r^2(a^2 - 2ax + x^2) = \\ = r^2(r^2 - y^2) + a^2(x^2 + y^2) + 2ar\sqrt{(x^2 + y^2)(r^2 - y^2)}$$

oder

$$r^2(a^2 - r^2) - (a^2 - r^2)x^2 - (a^2 - r^2)y^2 - 2ar^2x = \\ = 2ar\sqrt{(x^2 + y^2)(r^2 - y^2)},$$

$$(a^2 - r^2)(r^2 - x^2 - y^2) - 2ar^2x = 2ar\sqrt{(x^2 + y^2)(r^2 - y^2)},$$

nochmals quadrirt

$$(a^2 - r^2)^2(r^2 - x^2 - y^2)^2 - 4ar^2x(a^2 - r^2)(r^2 - x^2 - y^2) + 4a^2r^4x^2 = \\ = 4a^2r^4x^2 + 4a^2r^4y^2 - 4a^2r^2x^2y^2 - 4a^2r^2y^4;$$

$4a^2r^4x^2$ beiderseits weggelassen, rechts vom Gleichheitszeichen $4a^2r^2y^2$ zum Factor genommen, und die ganze Gleichung durch $(r^2 - x^2 - y^2)$ dividirt, so folgt

$$(a^2 - r^2)^2(r^2 - x^2 - y^2) - 4ar^2x(a^2 - r^2) = 4a^2r^2y^2.$$

Ordnet man diese Gleichung, so folgt die Gleichung I′.

Aufgabe 164. Es soll eine Ellipse gezeichnet werden, wenn einer ihrer Brennpuncte, ein Punct der Curve und die zwei Axen der Grösse nach gegeben sind.

Lösung. Nennen wir den gegebenen Punct M, den gegebenen Brennpunct F, den andern F'. Können wir die Lage des zweiten Brennpunctes F' auffinden, so ist die Aufgabe als gelöst zu betrachten. Da nun $MF + MF' = 2a$ ist, so folgt, dass wenn aus M mit dem Halbmesser $(2a - MF)$ ein Kreis beschrieben wird, dieser durch den zweiten Brennpunct F' gehen wird; dieser Kreis, durch den aus F mit dem Halbmesser $2\sqrt{a^2 - b^2}$ beschriebenen Kreis geschnitten, liefert den Brennpunct F'. Die weitere Construction ist nunmehr sehr einfach.

Aufgabe 165. An eine Ellipse ist die Tangente sammt dem Berührungspunct gegeben, dann die Lage des Mittelpunctes und die grosse Axe; man soll die Ellipse verzeichnen.

Lösung. Beschreibt man aus dem Mittelpunct O mit dem Halbmesser a einen Kreis, so schneidet dieser die Tangente etwa in den Puncten M und M'; in diesen Puncten auf die Tangente Senkrechte errichtet, so gehen diese durch die Brennpuncte. Zieht man noch MO und führt durch den Berührungspunct N zu MO eine Parallele, so geht diese durch den einen Brennpunct, ebenso kann der zweite bestimmt werden.

Sind die beiden Brennpuncte bestimmt, so bietet die weitere Construction nunmehr keine Schwierigkeit.

Aufgabe 166. Eine Ellipse zu construiren, wenn nebst der Lage und Grösse der grossen Axe noch eine Tangente gegeben ist.

Lösung. Die Lage der Brennpuncte lässt sich allsogleich ausmitteln, wenn man aus dem Mittelpunct, d. i. dem Halbirungspunct der Axe $2a$, mit dem Halbmesser a einen Kreis beschreibt, in den Durchschnittspuncten desselben mit der Tangente auf diese Senkrechte errichtet, welche die grosse Axe sofort in den Brennpuncten schneiden.

Fig. 63.

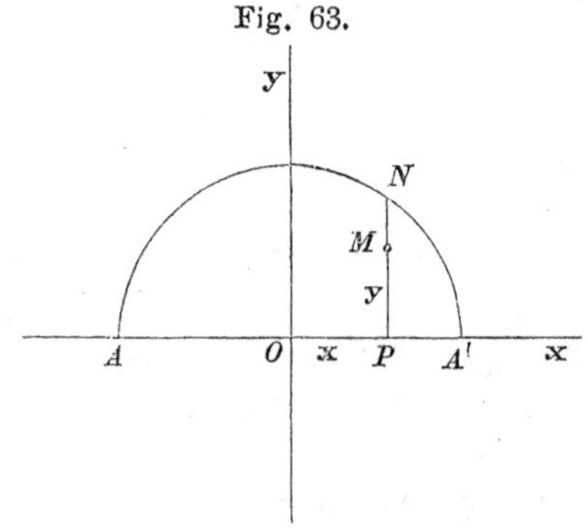

Aufgabe 167. Ueber $AA' = 2a$ (Fig. 63) werde als Durchmesser ein Kreis beschrieben. Man zieht beliebige Sehnen, wie NP, und theilt diese in M, so dass

$$MP : MN = n : 1$$

Statt findet; welches ist der geometrische Ort des Punctes M?

Lösung. Der Halbirungspunct der AA' sei der Ursprung, Oy die Ordinaten-, Ax die Abscissenaxe.

Da $MP = y$, $MN = NP - MP$ ist, so hat man

$$y : \sqrt{a^2 - x^2} - y = n : 1$$

oder $y : \sqrt{a^2 - x^2} = n : n + 1$,

$$(n + 1)^2 y^2 = n^2 (a^2 - x^2),$$
$$(n + 1)^2 y^2 + n^2 x^2 = a^2 n^2,$$

welches nun die Gleichung einer Ellipse ist. Es folgen durch Vergleichung derselben mit $A^2 y^2 + B^2 x^2 = A^2 B^2$ die Axen

$$A = a, \quad B = \frac{a n}{n + 1}.$$

Ist auch B gegeben, so folgt die Verhältnisszahl $n = \frac{B}{A - B}$.

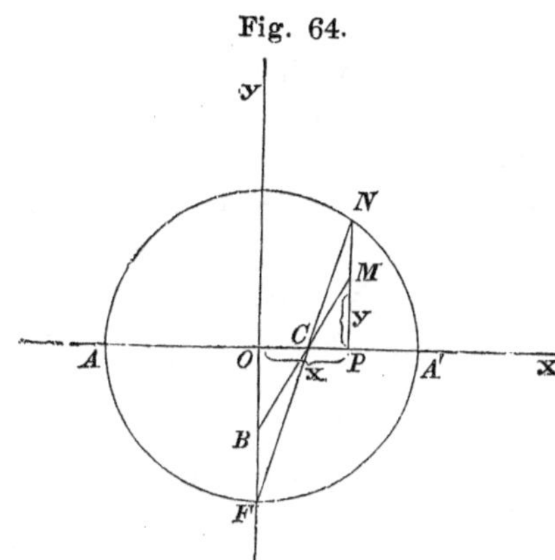

Fig. 64.

Aufgabe 168. Ueber $AA' = 2a$ (Fig. 64) werde wieder ein Kreis beschrieben, Fy sei senkrecht auf AA', und durch F werde ein beliebiger Strahl FN gezogen, durch N eine Senkrechte NP auf $A'O$ geführt, durch B (wobei $BO = b$ ist) werde die Linie BC gezogen, welche die NP im Puncte M schneidet; welches ist der geometrische Ort der nach diesem Erzeugungs-Principe construirten Curve?

Lösung. Wegen $NP : MP = FO : BO$ folgt

$$\sqrt{a^2 - x^2} : y = a : b,$$
$$b^2 (a^2 - x^2) = a^2 y^2$$
$$\text{oder} \quad a^2 y^2 + b^2 x^2 = a^2 b^2$$

als Gleichung des geometrischen Ortes.

Aufgabe 169. Zwei conjugirte Durchmesser sind der Grösse und Lage nach gegeben; man soll die Ellipse construiren.

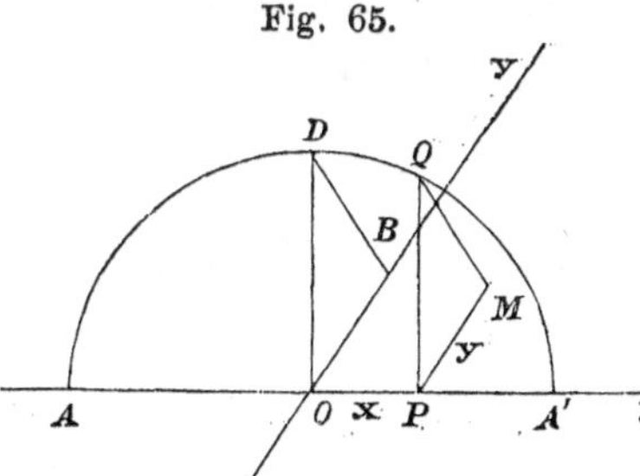

Fig. 65.

Lösung. Es seien (Fig. 65) $AA' = 2a'$ und $BB' = 2b'$ die conjugirten Axen. Man beschreibe mit a' aus O einen Kreis, ziehe DO senkrecht auf AA', und verbinde D mit B.

Zieht man nun durch einen beliebigen Punct P mit OB eine Parallele

$$QP \perp AA' \quad \text{und} \quad QM \parallel BD,$$

so ist M ein Punct der Ellipse, denn es folgt aus den ähnlichen Dreiecken BOD und PMQ

$$MP : PQ = BO : DO$$

oder $$y : \sqrt{a'^2 - x^2} = b' : a',$$

$$a'^2 y^2 + b'^2 x^2 = a'^2 b'^2,$$

welches sofort die Gleichung der Ellipse ist, auf ihre conjugirten Axen bezogen.

Aufgabe 170. Es soll die Polargleichung für die Ellipse gesucht werden.

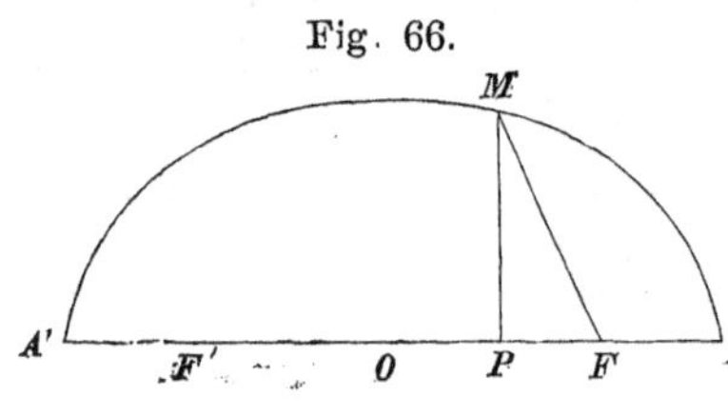

Fig. 66.

Lösung. Verlegen wir den Pol in den Brennpunct F (Figur 66), nennen wir für einen beliebigen Punct M den Leitstrahl u, die Winkeldistanz φ, so folgt, wenn man berücksichtiget, dass

$$MF = u = a - ex,$$

wo e die Excentricität der Ellipse bezeichnet, ferner

$$PF = -u \cos\varphi \quad \text{und} \quad OP = x = c + u\cos\varphi \quad \text{ist,}$$

$$u = a - e(c + u\cos\varphi)$$

und $$u = \frac{a - c \cdot e}{1 + e\cos\varphi},$$

und wegen $e = \frac{c}{a}$ oder $c = ae$

$$u = \frac{a(1 - e^2)}{1 + e\cos\varphi} \quad \ldots\ldots\ldots \quad (1)$$

als die verlangte Polargleichung.

Um alle Puncte der Ellipse zu bekommen, hat man in der Gleichung für φ alle Werthe von 0^0 bis 360^0 zu schreiben.

Zusatz. Dass $MF = a - ex$ ist, folgt aus Folgendem:

$$\overline{MF}^2 = \overline{PF}^2 + \overline{MP}^2,$$

$$\overline{MF}^2 = (c - x)^2 + y^2,$$

oder $y^2 = \frac{b^2}{a^2}(a^2 - x^2)$ gesetzt,

$$a^2 . \overline{MF}^2 = a^2(c - x)^2 + b^2(a^2 - x^2) = (a^2 - cx)^2,$$

also $$a . MF = a^2 - cx$$

und $$MF = a - ex.$$

Fünfter Abschnitt.

Aufgaben über die Hiperbel.

Aufgabe 171. Es soll die Gleichung

$$Ay^2 - Bx^2 = \pm C$$

construirt werden.

Lösung. Betrachten wir vorerst die Gleichung

$$Ay^2 - Bx^2 = - C \quad . \quad . \quad . \quad . \quad . \quad (1)$$

so kann diese Gleichung, da A und B verschiedene Vorzeichen haben, eine Hiperbel vorstellen, deren Axen leicht durch Vergleichung mit

$$a^2y^2 - b^2x^2 = - a^2b^2 \quad . \quad . \quad . \quad . \quad (2)$$

gefunden werden können. Da die Gleichung (2) eine Hiperbel auf ihre Hauptaxen bezogen vorstellt, so folgt, da die gegebene Gleichung mit (1) dieselbe Form hat,

$$a = \sqrt{\frac{C}{B}}, \quad b = \sqrt{\frac{C}{A}}.$$

Die Gleichung

$$Ay^2 - Bx^2 = + C \quad . \quad . \quad . \quad . \quad . \quad (3)$$

stellt wieder eine Hiperbel vor, jedoch mit dem Unterschiede, dass jetzt Ordinaten- und Abscissenaxe vertauscht erscheinen.

Aus (3) folgt $Bx^2 - Ay^2 = - C$,

x mit y vertauscht, $By^2 - Ax^2 = - C$;

jetzt folgt $a = \sqrt{\frac{C}{A}}, \quad b = \sqrt{\frac{C}{B}}$.

Man hat:

I. für $4y^2 - 25x^2 = - 100$

$$a = 2, \quad b = 5;$$

II. „ $x^2 - y^2 = 9$

$$a = b = 3;$$

III. „ $3y^2 - 7x^2 = - 21$

$$a = \sqrt{3}, \quad b = \sqrt{7};$$

IV. „ $5y^2 - 11x^2 = 3$, hier vorerst x mit y vertauscht,

$$a = \sqrt{\tfrac{3}{5}}, \quad b = \sqrt{\tfrac{3}{11}}.$$

Aufgabe 172. Es soll die Gleichung

$$Ay^2 + Bx^2 + Cy + Dx + E = 0 \quad . \; . \; . \quad (1)$$

construirt werden; A und B mögen verschiedene Vorzeichen haben.

Lösung. Haben A und B verschiedene Vorzeichen, so bedeutet die gegebene Gleichung im Allgemeinen eine Hiperbel, oder zwei sich schneidende Gerade.

Versetzt man wieder den Ursprung des rechtwinkeligen Coordinatensystems, worauf sich die gegebene Gleichung bezieht, in den Mittelpunct der Hiperbel, so findet man für die Coordinaten des Mittelpunctes genau so wie bei der Ellipse (Aufg. 137)

$$p = -\frac{D}{2B}, \quad q = -\frac{C}{2A},$$

und man gelangt zur einfacheren Gleichung

$$Ay^2 + Bx^2 = E' \quad . \; . \; . \; . \; . \quad (2)$$

wobei $E' = -(Aq^2 + Bp^2 + Cq + Dp + E)$

oder $E' = -\left(E + \frac{Dp + Cq}{2}\right)$.

Hat man die Gleichung (2) gerechnet, so unterliegt die Axenbestimmung der Hiperbel nunmehr keinen Schwierigkeiten.

Diese Regeln mögen auf einige Beispiele angewendet werden.

I. $x^2 - 2y^2 + 6x - 4y + 12 = 0.$

$$A = -2, \; B = 1, \; C = -4, \; D = 6, \; E = 12,$$

$$p = -3, \; q = -1, \; E' = -5,$$

und I. reducirt sich auf die Gleichung

$$x^2 - 2y^2 = -5.$$

II. $2y^2 - 3x^2 - 4y - 2x + 10 = 0.$

$$p = -\tfrac{1}{3}, \; q = 1, \; E' = -\tfrac{25}{3},$$

$$6y^2 - 9x^2 = -25.$$

III. $4y^2 - x^2 - 40y - 6x + 91 = 0.$

$$p = -3, \; q = 5, \; E' = 0,$$

$$4y^2 - x^2 = 0;$$

hieraus folgt aber $y = \pm \frac{x}{2}$.

Das sind zwei durch den Mittelpunct gehende Gerade. Auf das ursprüngliche Coordinatenszstem bezogen, hat man

$$y = 5 \pm \tfrac{1}{2}(x + 3).$$

Löst man die Gleichung III. unmittelbar nach y auf, so folgt ebenso $\quad y = 5 \pm \frac{1}{2}(x + 3).$

Die Gleichung III. bezeichnet sonach ein System zweier durch den Punct $p = -3$, $q = 5$ gehenden Geraden.

Aufgabe 173. Es soll die Gleichung

$$Ay^2 + Bxy + Cx^2 + Dy + Ex + F = 0$$

construirt werden, wenn $B^2 - 4AC > 0$ ist.

L ö s u n g. Man wird mit der gegebenen Gleichung genau so verfahren, wie diess mit der Ellipse (in Aufgabe 138) geschehen ist.

Bestimmt man sich zuerst die Coordinaten des Mittelpunctes der Hiperbel, so kommt

$$p = \frac{2AE - BD}{B^2 - 4AC}, \quad q = \frac{2CD - BE}{B^2 - 4AC},$$

dadurch gelangt man zur einfacheren Gleichung

$$Ay^2 + Bxy + Cx^2 + F' = 0 \quad . \quad . \quad . \quad (1)$$

$$\text{wobei} \quad F' = F + \frac{Dq + Ep}{2}.$$

Um in (1) das Rechteck xy wegzuschaffen, ist $\operatorname{tg} 2\alpha = \frac{-B}{A-C}$ zu setzen, und man gelangt zur Gleichung

$$My^2 + Nx^2 + F' = 0 \quad . \quad . \quad . \quad . \quad (2)$$

$$\text{wo} \quad M = \tfrac{1}{2}(A + C) + \tfrac{1}{2}\sqrt{B^2 + (A - C)^2},$$

$$N = \tfrac{1}{2}(A + C) - \tfrac{1}{2}\sqrt{B^2 + (A - C)^2}.$$

Die Gleichung wird dann wieder zur Bestimmung der Axen nach Aufgabe 171 weiter ausgeführt werden können.

$$\text{I.} \quad y^2 - 2xy - x^2 - y + x + 1 = 0.$$

Hier ist $B^2 - 4AC > 0$, sonach hat man es mit einer Hiperbel zu thun.

$$\operatorname{tang} 2\alpha = 1, \quad p = 0, \quad q = \tfrac{1}{2}, \quad F' = \quad ,$$

$$y^2 - 2xy - x^2 + \tfrac{3}{4} - 0,$$

$$M = 4\sqrt{2}, \quad N = -4\sqrt{2},$$

sonach ist die Schlussgleichung

$$y^2 - x^2 = -\frac{3}{4\sqrt{2}},$$

$$a = b = \frac{1}{2}\sqrt{\frac{3}{\sqrt{2}}}.$$

$$\text{II.} \quad 2y^2 - 6xy + x^2 + 8y + 2x - 6 = 0.$$

$$\operatorname{tang} 2\alpha = 6, \quad p = 2, \quad q = 1, \quad F' = 0,$$

$$2y^2 - 6xy + x^2 = 0;$$

hieraus folgt unmittelbar

$$y = \frac{3x \pm x\sqrt{7}}{2} = \frac{3 \pm \sqrt{7}}{2} \cdot x \quad . \quad . \quad . \quad . \quad . \quad (1)$$

Es repräsentirt sonach die Gleichung II. zwei gerade Linien, die auf das ursprüngliche Axensystem bezogen

$$y - \frac{3 \pm \sqrt{7}}{2} \cdot x + 2 \pm \sqrt{7} = 0.$$

$$\text{III.}\quad y^2 - 2xy - 2y + 4x = 0.$$
$$\operatorname{tang} 2\alpha = 2,\quad p = 1,\quad q = 2,\quad F' = 0,$$
$$y^2 - 2xy = 0,$$
$$y(y - 2x) = 0,$$

Es ist $y = 0$ oder $y - 2x = 0$, d. i. $y = 2x$, wornach die Gleichung III. wieder zwei Gerade vorstellt, oder auf das ursprüngliche Axensystem bezogen,

$$y = 2,\quad y = 2x.$$

Aufgabe 174. Man soll die Gleichung der Tangente für die Hiperbel bestimmen, wenn diese auf ihre Asymptoten bezogen ist.

Lösung. Es sei demgemäss die Gleichung der Hiperbel $xy = k^2$, der Berührungspunct $x'y'$, und die durch diesen Punct gezogene Secante $y - y' = \frac{y' - y''}{x' - x''}(x - x')$, wo $x''y''$ die weiteren Endpuncte dieser Secante in der Hiperbel bezeichnen.

Drückt man nun aus, dass die Puncte $x'y'$, $x''y''$ der Hiperbel angehören, so hat man

$$x'y' = k^2,$$
$$x''y'' = k^2, \text{ demnach } x'y' - x''y'' = 0$$
$$\text{oder } x'y' - x'y'' + x'y'' - x''y'' = 0,$$
$$x'(y' - y'') + y''(x' - x'') = 0,$$
$$\frac{y' - y''}{x' - x''} = -\frac{y''}{x'},$$

also ist die Gleichung der Secante

$$y - y' = -\frac{y''}{x'}(x - x').$$

Soll diese Secante in eine Tangente übergehen, so müssen die Puncte $x'y'$, $x''y''$ aufeinander fallen, daher $x'' = x'$ und $y'' = y'$ werden, so dass man für die Tangente die Gleichung hat

$$y - y' = -\frac{y'}{x'}(x - x').$$

Aufgabe 175. Vom Mittelpunct einer gleichseitigen Hiperbel fällt man auf die Tangenten derselben Perpendikel; welches ist der geometrische Ort der Fusspuncte?

Lösung. Die Gleichung der gleichseitigen Hiperbel ist

$$y^2 - x^2 = -a^2 \quad . \quad . \quad . \quad . \quad . \quad (1)$$

die Gleichung irgend einer Tangente

$$yy' - xx' = -a^2 \quad . \quad . \quad . \quad . \quad . \quad (2)$$

die Gleichung der durch den Mittelpunct darauf senkrechten Geraden

$$y = -\frac{y'}{x'} . x \quad . \quad . \quad . \quad . \quad . \quad . \quad . \quad (3)$$

für den Durchschnitt der Geraden (2) und (3)

$$\begin{cases} x = \dfrac{a^2 x'}{x'^2 + y'^2} & . \quad . \quad . \quad . \quad . \quad . \quad . \quad (4) \\ y = \dfrac{-a^2 y'}{x'^2 + y'^2} & . \quad . \quad . \quad . \quad . \quad . \quad . \quad (5) \end{cases}$$

Eliminirt man aus (4), (5) und $y'^2 - x'^2 = - a^2$, x' und y', so folgt $x^2 + y^2 = a^2$ als Gleichung des geometrischen Ortes.

Fig. 67.

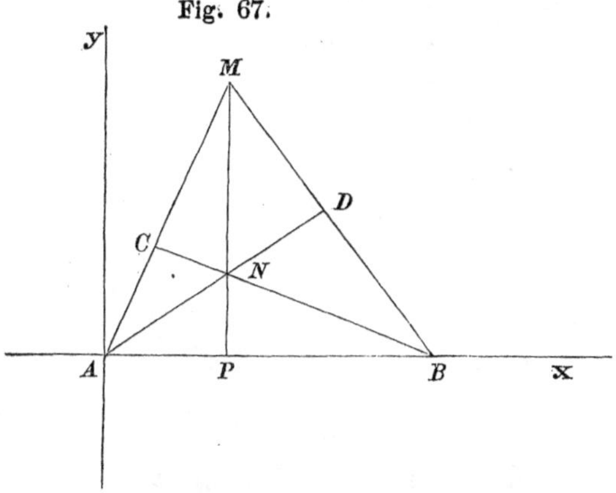

Aufgabe 176. Ueber einer gegebenen Linie AB (Fig. 67) soll ein Dreieck ABM beschrieben werden, auf dass, wenn die auf AM und BM senkrechten Geraden BC und AD gezogen werden, die Summe der Dreiecke ABM und ABN einem gegebenen Quadrate gleich wird.

L ö s u n g. Es handelt sich hier offenbar darum, den Punct M zu finden; nennen wir die Coordinaten desselben x und y, $NP = y'$, $AB = a$, so ist

$$\begin{aligned} \triangle AMB &= \tfrac{1}{2} a y, \\ \triangle ANB &= \tfrac{1}{2} a y', \\ \hline \text{Summe} &= \tfrac{1}{2} a (y + y'). \end{aligned}$$

Nennen wir das gegebene Quadrat q^2, so haben wir die Relation

$$\tfrac{1}{2} a (y + y') = q^2 \quad . \quad . \quad . \quad . \quad . \quad . \quad (1)$$

Da wegen $\triangle NBP \sim AMP$

$$NP : BP = AP : MP,$$

$$y' : a - x = x : y,$$

$$y' = \frac{x(a-x)}{y},$$

und in (1) substituirt

$$\tfrac{1}{2}a\left[y + \frac{x(a-x)}{y}\right] = q^2;$$

$\frac{q^2}{a} = b$ gesetzt, folgt für die Lage des Punctes M

$$y^2 - 2by - x^2 + ax = 0,$$

welches sofort die Gleichung einer Hiperbel ist.

Aufgabe 177. Es soll der Ort des Scheitels derjenigen Dreiecke gefunden werden, welche über einer gegebenen Grundlinie errichtet sind, und in welchen die Differenz der Winkel an der Grundlinie eine gegebene Grösse hat.

Lösung. Ist die Grundlinie $2a$, die gegebene Differenz der Winkel β und β', d, nimmt man ferner die gegebene Grundlinie als Abscissenaxe, im Halbirungspuncte der Grundlinie senkrecht darauf die Ordinatenaxe, so hat man

$$\operatorname{tang}\beta = \frac{y}{a+x}, \quad \operatorname{tang}\beta' = \frac{y}{a-x},$$

und wegen $d = \beta - \beta'$

$$\operatorname{tang} d = \frac{\operatorname{tang}\beta - \operatorname{tang}\beta'}{1 + \operatorname{tang}\beta \operatorname{tang}\beta'},$$

oder nach gehöriger Substitution und Reduction

$$y^2 + 2 \operatorname{cotang} d \,.\, xy - x^2 + a^2 = 0$$

als Gleichung des gesuchten Ortes.

Nach dem charakteristischen Binom $B^2 - 4AC$ ist sehr leicht zu ersehen, dass die gefundene Gleichung eine Hiperbel bezeichnet.

Man findet sehr einfach für jede der Axen dieser Hiperbel $a\sqrt{\sin d}$.

Aufgabe 178. Man soll den Ort der Mittelpuncte aller gleichseitigen Hiperbeln finden, welche durch drei gegebene Puncte gehen.

Lösung. Die Gleichung der Hiperbel ist im Allgemeinen

$$Ay^2 + Bxy + Cx^2 + Dy + Ex + F = 0,$$

und für eine gleichseitige Hiperbel

$$Ay^2 + Bxy - Ax^2 + Dy + Ex + F = 0.$$

Diese Gleichung können wir noch um einen Coefficienten verringern, wenn wir sie durch A dividiren, sonach lässt sie sich auf die Form bringen:

$$y^2 + axy - x^2 + by + cx + d = 0 \quad . \quad . \quad (1)$$

Denken wir uns ferner den Ursprung des rechtwinkeligen Coordinatensystems in einen der drei gegebenen Puncte gelegt, und die Abscissenaxe noch weiters durch einen zweiten Punct, dessen Abscisse wir x'' nennen wollen; die Coordinaten des dritten Punctes seien endlich $x' y'$.

Da die Hiperbel (1) nunmehr auch durch den Ursprung geht, so ist $d=0$, und da sie durch den Punct x'' und $y=0$ geht, so folgt aus (1) $\qquad c = x''$,
und demnach nimmt die Gleichung (1) die Form an

$$y^2 + axy - x^2 + by + x''x = 0 \quad . \quad . \quad . \quad (2)$$

Da auch noch die Coordinaten $x' y'$ der Gleichung (2) genügen müssen, so folgt, dass noch immer einer der Coefficienten a oder b vollkommen willkürlich bleibt, wornach, wie von selbst klar, es unendlich viele Hiperbeln geben wird, die durch die drei gegebenen Puncte gehen werden.

Um übrigens auf die Lage der Mittelpuncte dieser Hiperbeln zu kommen, so folgen diese im Allgemeinen aus den Gleichungen

$$2Aq + Bp + D = 0,$$
$$2Cp + Bq + E = 0.$$

Diese Gleichungen, auf unseren Fall reducirt, lauten

$$2q + ap + b = 0,$$
$$2p - aq - x'' = 0.$$

Diese zwei Gleichungen noch mit der Bedingungsgleichung

$$y'^2 + ax'y' - x'^2 + by' + x'x'' = 0$$

verbunden, indem aus dieser a und b eliminirt wird, so folgt für p und q die Gleichung

$$p^2 + q^2 - \tfrac{1}{2}(2x' + x'')p - \frac{1}{2y'}(y'^2 - x'^2 + x'x'')q + \frac{x'x''}{2} = 0,$$

welche einen Kreis repräsentirt, und für die Lage der Mittelpuncte der gleichseitigen Hiperbeln gilt.

Man überzeugt sich sehr leicht davon, dass dieser Kreis durch die Halbirungspuncte der durch die drei gegebenen Puncte bestimmten Dreiecksseiten geht; hieraus lässt sich Folgendes ziehen:

Schreibt man einer gleichseitigen Hiperbel irgend ein Dreieck ein, halbirt die Seiten desselben, und legt durch diese Halbirungspuncte einen Kreis, so geht dieser durch den Mittelpunct der Hiperbel.

Aufgabe 179. Zwei sich schneidende Gerade und ein Punct D sind gegeben. Um den Punct D dreht sich eine andere Gerade, und schneidet die gegebenen Linien in den Puncten B und C; man soll den Ort jenes Punctes M finden, der die BC so theilt, auf dass $MC = DB$ ist.

Lösung. Man nehme die gegebenen Geraden zu Coordinatenaxen, bezeichne die Coordinaten des Punctes D durch $x = \alpha$, $y = \beta$, nehme an, der Punct B liege auf der Abscissenaxe, und habe die Abscisse $x = x'$, der Punct C hingegen auf der Ordinatenaxe, und habe die Ordinate $y = y'$, man hat alsdann für eine besondere Lage der

$$\underbrace{BC} \quad . \quad . \quad . \quad \frac{x}{x'} + \frac{y}{y'} = 1 \quad . \quad . \quad . \quad . \quad (1)$$

Bezeichnen wir die Coordinaten des veränderlichen Punctes M durch x und y, und setzen den Neigungswinkel der gegebenen Geraden ω, so folgt

$$\overline{BD}^2 = (x' - \alpha)^2 + \beta^2 - 2(x' - \alpha)\beta \cdot \cos\omega,$$

$$\overline{MC}^2 = x^2 + (y - y')^2 + 2x(y - y')\cos\omega,$$

demnach

$$x^2 + (y - y')^2 + 2x(y - y')\cos\omega =$$
$$= (\alpha - x')^2 + \beta^2 + 2(\alpha - x')\beta \cdot \cos\omega \quad . \quad . \quad . \quad (2)$$

Da noch die Puncte D und M der Geraden (1) angehören, so hat man noch die Gleichungen

$$\alpha \cdot \frac{1}{x'} + \beta \cdot \frac{1}{y'} = 1 \quad . \quad . \quad . \quad . \quad . \quad . \quad (3)$$

$$x \cdot \frac{1}{x'} + y \cdot \frac{1}{y'} = 1 \quad . \quad . \quad . \quad . \quad . \quad . \quad (4)$$

Um nun die specielle Lage der Geraden BC zu umgehen, eliminire man aus den Gleichungen (2), (3) und (4) die Grössen $x'y'$.

Aus (3) und (4) folgt $y' = \frac{\beta x - \alpha y}{x - \alpha}$,

$$x' = \frac{\alpha y - \beta x}{y - \beta},$$

und $y - y' = \frac{x(y - \beta)}{x - \alpha}$,

$$x - x' = \frac{y(x - \alpha)}{y - \beta},$$

$$\alpha - x' = \frac{\beta(x - \alpha)}{y - \beta}.$$

Diese Ergebnisse in Gleichung (2) substituirt, führen zur Gleichung

$$\frac{x^2}{(x - \alpha)^2}[(x - \alpha)^2 + (y - \beta)^2 + 2(x - \alpha)(y - \beta)\cos\omega] =$$
$$= \frac{\beta^2}{(y - \beta)^2}[(x - \alpha)^2 + (y - \beta)^2 + 2(x - \alpha)(y - \beta)\cos\omega],$$

oder abgekürzt

$$\frac{x^2}{(x - \alpha)^2} = \frac{\beta^2}{(y - \beta)^2}, \quad \frac{x}{x - \alpha} = \pm \frac{\beta}{y - \beta};$$

hieraus folgt für das obere Zeichen

$$xy = 2\beta x - \alpha\beta \quad . \quad . \quad . \quad . \quad . \quad . \quad (5)$$

und für das untere Zeichen

$$xy = \alpha\beta \quad . \quad . \quad . \quad . \quad . \quad . \quad . \quad . \quad (6)$$

Beide Gleichungen (5) und (6) drücken Hiperbeln aus. Die Gleichung (5) ist der Ort des Punctes M, wenn von den beiden Puncten M und D der eine auf der BC selbst, der andere aber auf ihrer Verlängerung liegen soll. Gleichzeitig sieht man, dass sie durch den Punct D geht.

Die Gleichung (6) ist der Ort des Punctes M, wenn M und D gleichzeitig auf der BC selbst oder auf der Verlängerung derselben liegen; diese geht gleichfalls durch den Punct D.

Aus der Lösung dieser Aufgabe lässt sich folgender Satz herleiten: Jede Sehne einer Hiperbel wird von den Asymptoten so geschnitten, dass die zwischen den Asymptoten und der Hiperbel liegenden Stücke der Sehne einander gleich sind.

Aufgabe 180. Durch die Endpuncte A und A' eines Durchmessers ziehe man zu zwei conjugirten Durchmessern parallele Linien, und suche den Ort des Durchschnittes derselben.

Lösung. Es seien die Coordinaten der Puncte A und A' beziehungsweise $x'\,y'$ und $-x'$, $-y'$; sind die Gleichungen der conjugirten Durchmesser $y = mx$ und $y = m'x$, wo also $mm' = \frac{b^2}{a^2}$ ist, so folgt für die Gleichungen der parallel gezogenen Geraden

$$y - y' = m(x - x'),$$

$$y + y' = m'(x + x'),$$

$$\text{also} \quad m = \frac{y - y'}{x - x'}, \quad m' = \frac{y + y'}{x + x'},$$

$$\text{demnach} \quad \frac{y - y'}{x - x'} \cdot \frac{y + y'}{x + x'} = \frac{b^2}{a^2}, \quad \frac{y^2 - y'^2}{x^2 - x'^2} = \frac{b^2}{a^2}$$

$$\text{oder} \quad a^2y^2 - b^2x^2 = a^2y'^2 - b^2x'^2;$$

$$\text{oder da} \quad a^2y'^2 - b^2x'^2 = -a^2b^2,$$

$$\text{so ist} \quad a^2y^2 - b^2x^2 = -a^2b^2.$$

Da aber x und y die Coordinaten des gemeinschaftlichen Durchschnittspunctes bezeichnen, so folgt, dass dieser selbst sich in der Hiperbel ergeben wird, nachdem seine Coordinaten der Gleichung der Hiperbel Genüge leisten.

Aufgabe 181. Man zieht durch einen beliebigen Punct M der Hiperbel (Fig. 68) zu einem von zwei conjugirten Durchmessern etwa $MM' \parallel DD'$, so folgt das Rechteck

$$MN \,.\, Mn = \overline{DO}^2 = a'^2.$$

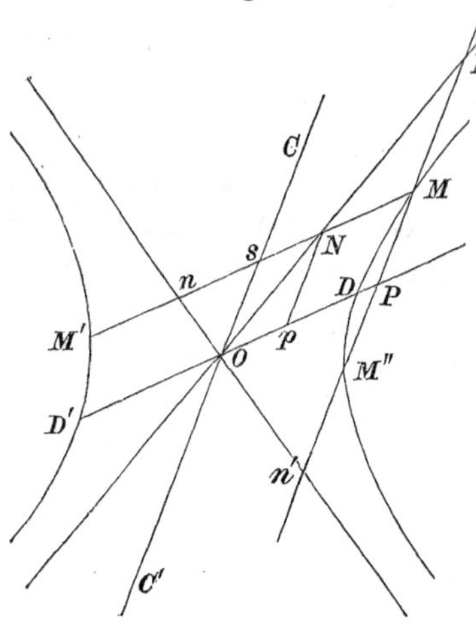

Fig. 68.

Lösung. Die Gleichung der Hiperbel, auf conjugirte Axen bezogen, ist

$$a'^2 y^2 - b'^2 x^2 = - a'^2 b'^2,$$

die Gleichung der Asymptote ON',

$$y = \frac{b'}{a'} \cdot x.$$

Da aber $MM' \parallel DD'$ ist, folgt, wenn wir das y des Punctes M mit y', und das zugehörige x mit x' bezeichnen,

$$\frac{b'^2}{a'^2} \cdot x^2 = \frac{b'^2}{a'^2} (x'^2 - a'^2)$$

oder

$$x'^2 - x^2 = a'^2,$$

$$(x' + x)(x' - x) = a'^2.$$

Wegen $OP = x'$, $Op = x$

$$x' - x = OP - Op = pP = MN,$$

$$x' + x = OP + Op = Ms + Ns;$$

oder da, wie sich leicht zeigen lässt, $Ms = M's$ ist,

$$x' + x = M's + Ns = M'N = Mn,$$

$$MN \cdot Mn = a'^2.$$

Ganz auf dieselbe Weise folgt

$$MN' \cdot Mn' = b'^2.$$

Aufgabe 182. Man fälle vom Brennpunct eine Senkrechte auf die Asymptote, so liegt der Durchschnittspunct gleichzeitig in der Richtlinie.

Lösung. Man hat für die Asymptote $y = \frac{b}{a} x$, das aus dem Brennpunct darauf gefällte Perpendikel ist $y = - \frac{a}{b}(x - c)$, und für die Abscisse des Durchschnittes dieser beiden Geraden folgt $x = \frac{a^2}{c}$, welches sofort auch die Gleichung der Richtlinie ist.

Aufgabe 183. Der Asymptotenwinkel und die auf die Asymptoten bezogenen Coordinaten eines Punctes der Hiperbel sind gegeben; man bestimme die beiden Axen.

Lösung. Nennen wir den Asymptotenwinkel 2α, die Coordinaten des gegebenen Punctes $x'y'$, so folgt nach der Gleichung einer Hiperbel auf ihre Asymptoten bezogen,

$$x' y' = \frac{a^2 + b^2}{4} \quad . \quad . \quad . \quad . \quad . \quad . \quad . \quad (1)$$

und

$$\text{tang}\,\alpha = \pm \frac{b}{a} \quad \ldots\ldots\ldots \quad (2)$$

Aus diesen beiden Gleichungen folgt

$$a = \pm\, 2\sqrt{x'y'}\,.\cos\alpha,$$
$$b = \pm\, 2\sqrt{x'y'}\,.\sin\alpha,$$

wornach die Axen bestimmt sind.

Aufgabe 184. Die Asymptotenwinkel und die Entfernung der beiden Brennpuncte sind gegeben; man construire die Hiperbel.

Lösung. Da die Construction bei bekannten Axen sehr leicht ausgeführt werden kann, so wollen wir diese angeben.

Nennen wir die Entfernung der Brennpuncte $2c$, so ist

$$c^2 = a^2 + b^2 \quad \ldots\ldots\ldots \quad (1)$$

Ist der Asymptotenwinkel 2α, so ist

$$\text{tang}\,\alpha = \pm \frac{b}{a} \quad \ldots\ldots\ldots \quad (2)$$

Aus den Gleichungen (1) und (2) folgen sofort die Werthe für a und b.

Fig. 69.

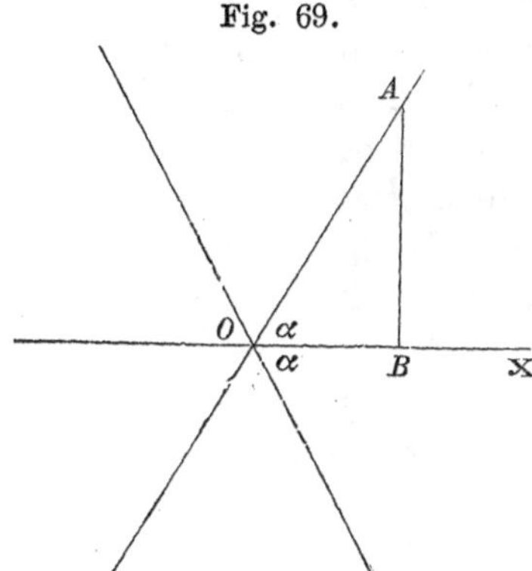

Was die Construction betrifft, so wird man sich einen Winkel $= 2\alpha$ zeichnen, die Schenkel desselben über die Scheitel hinaus verlängern, so sind diese die Asymptoten. Halbirt man noch den Winkel 2α, so bekommt man die Richtung der reellen Axe (Fig. 69).

Macht man noch $AO = c$, und macht $AB \perp Ox$, so sind

$$AB = b, \quad OB = a$$

die Axen der Hiperbel.

Aufgabe 185. Eine Asymptote und drei Puncte der Hiperbel seien ihrer Lage nach gegeben; man soll die Curve construiren.

Lösung. Es seien die gegebenen Puncte A, B und C. Zieht man die Sehnen AB und AC, so werden diese verlängert die gegebene Asymptote in den Puncten D und E schneiden. Trägt man von A und C beziehungsweise auf den Verlängerungen der AD und CE, $AF = BD$ und $CG = AE$ auf, so liegen (Aufg. 179) die Puncte F und G in der zweiten Asymptote, welche nunmehr bestimmt ist.

Sind aber die zwei Asymptoten und überdiess Puncte der Hiperbel bekannt, so unterliegt die weitere Verzeichnung nun keinen Schwierigkeiten mehr.

Aufgabe 186. Die Richtlinie, eine Asymptote und eine Tangente für eine Hiperbel sind gegeben; man bestimme die Axen derselben.

Fig. 70.

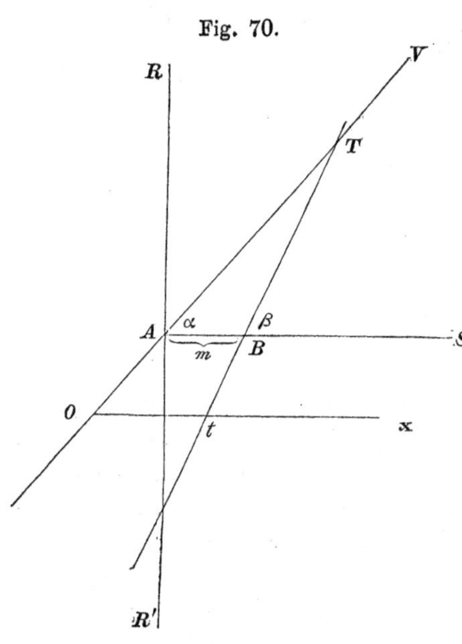

Lösung. Es sei (Fig. 70) RR' die Richtlinie, uv die Asymptote und Tt die gegebene Tangente. Zieht man durch A auf RR' die Senkrechte AS, setzt $\sphericalangle vAS = \alpha$, so bezeichnet AS die Richtung der Axe und $\sphericalangle \alpha$ den halben Asymptotenwinkel.

Das Dreieck ABT ist als gegeben zu betrachten, man setze $AB = m$, $AT = n$.

Nehmen wir ferner an, O sei der Mittelpunct der Curve, und ziehen $Ox \perp RR'$.

Bedenkt man noch, dass $AO = a$ der halben reellen Axe, $\triangle ABT \sim \triangle OtT$, so ist

$$Ot : OT = AB : AT,$$

oder $$\frac{a^2}{x'} : (a + n) = m : n,$$

oder $$a^2 n = m(a + n)\,x' \quad . \; . \; . \; . \; . \; . \quad (1)$$

ferner ist $$\operatorname{tang} \alpha = \frac{b}{a} \quad . \; . \; . \; . \; . \; . \; . \; . \quad (2)$$

$$\operatorname{tang} \beta = \frac{b^2 x'}{a^2 y'} \quad . \; . \; . \; . \; . \; . \; . \quad (3)$$

und da $x'\,y'$ ein Punct der Hiperbel ist,

$$a^2 y'^2 - b^2 x'^2 = -a^2 b^2 \quad . \; . \; . \; . \; . \quad (4)$$

Aus diesen vier Gleichungen folgen nicht nur die Grössen a und b, sondern auch die Berührungs-Coordinaten $x'\,y'$.

Aus (1) folgt $$x' = \frac{a^2 n}{m(a + n)},$$

ferner aus Gleichung (3)

$$y' = \frac{b^2}{a^2 \operatorname{tang} \beta} \cdot x' = \frac{b^2 n}{m(a+n) \operatorname{tang} \beta},$$

oder wegen $b^2 = a^2 \operatorname{tang} \alpha^2$

$$y' = \frac{n a^2 \operatorname{tang} \alpha^2}{m(a+n) \operatorname{tang} \beta};$$

x' und y' in (4) gesetzt, bekommt man

$$a = -n \pm \frac{n}{m} \sqrt{1 - \operatorname{tang} \alpha^2 . \operatorname{cotg} \beta^2},$$

$$b = \operatorname{tang} \alpha \left[-n \pm \frac{n}{m} \sqrt{1 - \operatorname{tang} \alpha^2 . \operatorname{cotg} \beta^2} \right].$$

Zusatz. Wir haben in der vorigen Entwicklung als bekannt angenommen, dass $AO = a$ ist. Die Gleichung der Richtlinie ist $x = \frac{a^2}{c}$, die der Asymptote $y = \frac{b}{a} x$, demnach sind die Coordinaten des Punctes

$$A \begin{cases} x = \frac{a^2}{c}, & \text{und } \overline{AO}^2 = \frac{a^4}{c^2} + \frac{a^2 b^2}{c^2} = a^2, \\ y = \frac{ab}{c}, & \text{sonach } AO = a. \end{cases}$$

Anmerkung. Ueber die Richtlinien an Kegelschnitte ist in Aufgabe 191 nachzusuchen.

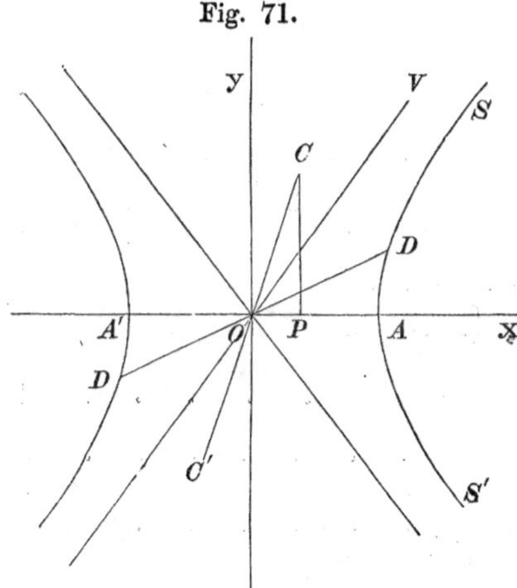

Fig. 71.

Aufgabe 187. Auf dem hiperbolischen Aste SAS' (Figur 71) bewegt sich der Endpunct D des Durchmessers DD', der demnach alle Werthe von $2a$ bis ∞ annimmt. Gleichzeitig mit DD' muss sich auch der conjugirte Durchmesser CC' mitdrehen; man soll den Weg bezeichnen, den der Punct C bei dieser Bewegung beschreibt.

Lösung. Die veränderlichen Halbaxen DO und CO werden mit a' und b' bezeichnet, ferner sei $> AOD = \alpha$, $> AOC = \alpha'$, die Coordinaten des Punctes C allgemein durch x, y.

Aus der Figur folgt unmittelbar, dass

$$\overline{CO}^2 = b'^2 = x^2 + y^2, \quad \operatorname{tang} \alpha . \operatorname{tang} \alpha' = \frac{b^2}{a^2}, \quad \operatorname{tang} \alpha' = \frac{y}{x},$$

$$\tang \alpha'^2 = \frac{b^2}{a^2} \cdot \frac{b'^2 + a^2}{b'^2 - b^2} \quad . \quad . \quad . \quad . \quad . \quad (m)$$

und durch Gleichstellung

$$\frac{y^2}{x^2} = \frac{b^2}{a^2} \cdot \frac{b'^2 + a^2}{b'^2 - b^2},$$

woraus $a^2 y^2 - b^2 x^2 = + a^2 b^2 \quad . \quad . \quad . \quad . \quad (1)$
folgt, wenn die obige Gleichung $b'^2 = x^2 + y^2$ benützt wird. Diese Gleichung (1) repräsentirt offenbar eine Hiperbel, welche zur gegebenen conjugirt ist, und sofort der geometrische Ort des Punctes C ist.

Zusatz. Um die in Gleichung (m) angegebene Relation herzustellen, bemerke man: Transformirt man die Gleichung der Hiperbel $a^2 y^2 - b^2 x^2 = - a^2 b^2$ auf ihre Durchmesser, so kommt man nebenbei zur Relation

$$a^2 b'^2 \sin \alpha'^2 - b^2 b'^2 \cos \alpha'^2 = a^2 b^2.$$

Verbindet man noch diese Gleichung mit

$$\sin \alpha'^2 + \cos \alpha'^2 = 1,$$

so folgt $\sin \alpha'^2 = \frac{b^2}{b'^2} \cdot \frac{b'^2 + a^2}{a^2 + b^2},$

$$\cos \alpha'^2 = \frac{a^2}{b'^2} \cdot \frac{b'^2 - b^2}{a^2 + b^2},$$

demnach $\tang \alpha'^2 = \frac{b^2}{a^2} \cdot \frac{b'^2 + a^2}{b'^2 - b^2}.$

Fig. 72.

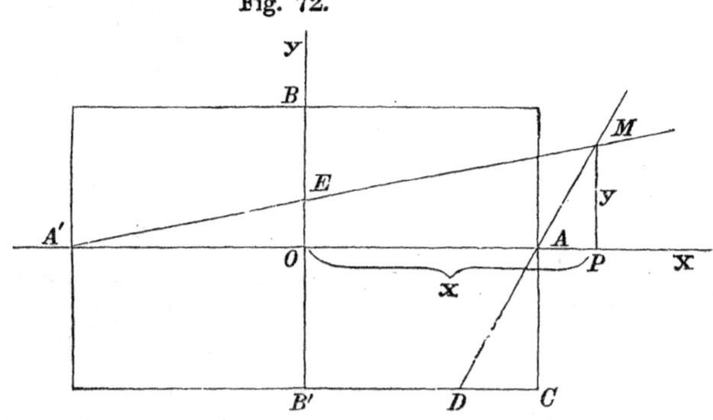

Aufgabe 188. Es sei (Fig. 72) ein Rechteck gegeben,

$$AA' = 2a, \quad BB' = 2b.$$

Man theile $OB = b$ in n gleiche Theile, und ziehe durch den r^{ten} Theilungspunct E, von O aus gezählt, die Linie $A'M$; desgleichen theile man die $CB' = a'$ in n gleiche Theile, und ziehe durch den r^{ten} Theilungspunct D von C aus die Linie DA; welches ist der geometrische Ort des Durchschnittspunctes M der zuvor angegebenen Verbindungslinien?

Lösung. Die Halbirungslinie AA' des Rechteckes sei zur Abscissenaxe, die im Halbirungspuncte O darauf Senkrechte die Ordinatenaxe, so folgt, wegen $\triangle A'EO \sim A'MP$,

$$A'O : A'P = OE : MP,$$

$$\text{d. i.} \quad a : (a + x) = r \cdot \frac{b}{n} : y \quad . \quad . \quad . \quad . \quad . \quad (1)$$

eben so wegen $\triangle ACD \sim AMP$

$$CD : AC = AP : MP,$$

$$\text{d. i.} \quad r \cdot \frac{a}{n} : b = (x - a) : y \quad . \quad . \quad . \quad . \quad . \quad . \quad (2)$$

Aus (1) folgt $\frac{r}{n} = \frac{ay}{b(x+a)}$,

„ (2) „ $\frac{r}{n} = \frac{b(x-a)}{ay}$,

und demnach durch Gleichsetzung dieser Werthe

$$a^2y^2 - b^2x^2 = - a^2b^2$$

für die Gleichung des geometrischen Ortes.

Sind also die beiden Halbaxen für die Hiperbel gegeben, so lässt sich nach Obigem leicht die Curve construiren.

Aufgabe 189. Zwei conjugirte Axen der Hiperbel sind der Grösse und Lage nach gegeben; man construire die Curve.

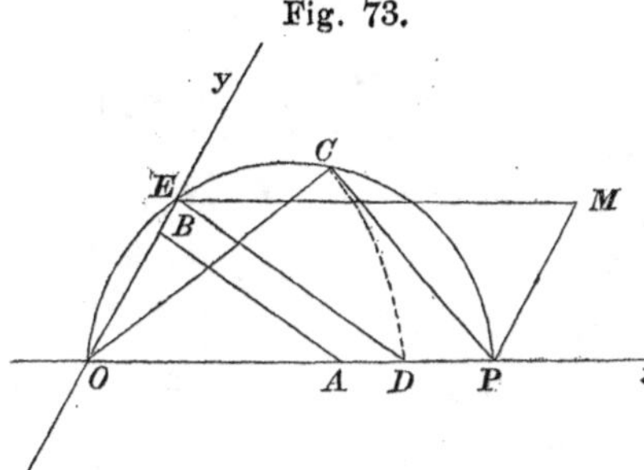

Fig. 73.

Lösung. Es seien (Figur 73) Ox und Oy die Richtungen der Axen, $AO = a'$ und $BO = b'$ ihre Grössen. Um jenen Punct der Hiperbel zu finden, dem die Abscisse $x = OP$ entspricht, beschreibe man über OP als Durchmesser einen Kreis, trage von P aus die Sehne $PC = a'$ ein, mache $OD = OC$, ziehe $DE \parallel AB$ und durch E die $ME \parallel Ox$, so ist der Durchschnittspunct der ME mit $PM (\parallel OE)$ ein Punct der Hiperbel, denn es folgt aus $\triangle AOB \sim DOE$

$$AO : DO = OB : OE$$

oder

$$a' : \sqrt{x^2 - a'^2} = b' : y, \quad \text{d. i.} \quad a'^2y^2 - b'^2x^2 = - a'^2b'^2.$$

Aufgabe 190. Es ist die Polargleichung für die Hiperbel herzuleiten.

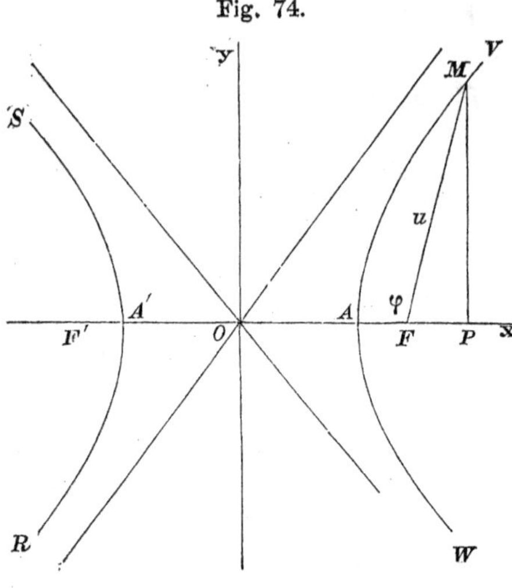

Lösung. Ist (Fig. 74) M ein beliebiger Punct der Hiperbel, F der Pol, Ox die Polaraxe, nennen wir den Winkel $AFM = \varphi$, den Leitstrahl $FM = u$, so folgt

$FP = x - c = - u \cos \varphi$,

also $x = c - u \cos \varphi$,

und wegen $FM = u = ex - a$,

wobei $e = \frac{c}{a}$, daher

$$u = e(c - u \cos \varphi) - a$$

oder $u = \frac{a\,(e^2 - 1)}{1 + e \cos \varphi}$. (1)

als die verlangte Polargleichung der Hiperbel.

Eine einfache Betrachtung dieser Gleichung (1) lehrt, dass sie alle Puncte des Astes AV liefert, wenn man φ von 0 bis zu jenem Werthe zunehmen lässt, wofür

$$\cos \varphi = -\frac{1}{e} \quad \text{oder} \quad \cos \varphi = -\frac{a}{c}$$

wird. Der Leitstrahl wird jetzt unendlich und parallel der Asymptote, da $\operatorname{tang} \varphi = -\frac{b}{a}$ wird.

Nennen wir jenen Werth von φ, wofür $\operatorname{tang} \varphi = -\frac{b}{a}$ wird, ψ, so werden von $\varphi = \psi$ bis $\varphi = 360 - \psi$ alle Puncte des Hiperbel-Astes $RA'S$ erzeugt, von $\varphi = 360 - \psi$ bis $\varphi = 360$ die Puncte des Astes AW.

Sechster Abschnitt.

Aufgaben, welche auf Gleichungen des zweiten und höheren Grades führen.

Aufgabe 191. Ein Punct F und eine Gerade LL' seien gegeben; man bestimme den geometrischen Ort eines Punctes M von der Beschaffenheit, dass $MF : MQ = n : 1$ Stattfindet.

Fig. 75.

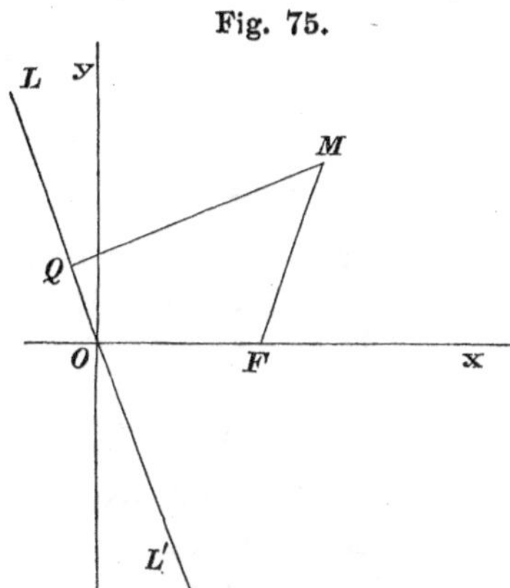

Lösung. Zieht man (Fig. 75) durch F die beliebige Gerade Ox und wählt sie zur Abscissenaxe, nimmt durch den Punct O darauf senkrecht die Ordinatenaxe, setzt $OF = p$, so folgt, wegen

$$\overline{MF}^2 = y^2 + (x-p)^2,$$
$$\overline{MQ}^2 = \frac{(y-ax)^2}{1+a^2},$$
$$y^2 + (x-p)^2 = n^2 . \frac{(y-ax)^2}{1+a^2} \quad . \ (1)$$

Zieht man durch F die Gerade Ox senkrecht auf LL', benützt also diese als Ordinatenaxe, so geht die Gleichung der LL', $y = ax$ in $x = 0$ über, und die Gleichung (1) für $a = \infty$ in

$$y^2 + (x-p)^2 = n^2 x^2,$$
$$y^2 + (1-n^2)x^2 - 2px + p^2 = 0 \quad . \ . \ . \ (2)$$

welches die Gleichung des verlangten geometrischen Ortes ist. Da diese Gleichung vom zweiten Grade ist, so repräsentirt sie eine Kegelschnittslinie, und man hat eine Ellipse, Parabel oder Hiperbel, je nachdem $+4(n^2-1) \lesseqgtr 0$ ist, was beziehungsweise dann eintritt, wenn $n \lesseqgtr 1$ ist.

Zusatz. Ist $n \lessgtr 1$, so folgt die Lage des Mittelpunctes der betreffenden Ellipse oder Hiperbel, wenn in Gleichung (2)

$x + d$ statt x gesetzt wird; es ergibt sich für $d = \frac{p}{1 - n^2}$, und die Gleichung (2) reducirt sich auf

$$\frac{(1 - n^2)}{n^2 p^2} \cdot y^2 + \frac{(1 - n^2)^2}{n^2 p^2} \cdot x^2 = 1 \quad . \quad . \quad . \quad . \quad . \quad (3)$$

$$\text{oder } \frac{(n^2 - 1)}{v^2 p^2} \cdot y^2 - \frac{(n^2 - 1)^2}{n^2 p^2}, x^2 = -1 \quad . \quad . \quad . \quad . \quad (4)$$

Vergleicht man Gleichung (3) unter der Voraussetzung von $n < 1$ mit $\frac{y^2}{b^2} + \frac{x^2}{a^2} = 1$, so folgt

$$a^2 = \frac{n^2 p^2}{(1 - n^2)^2}, \quad b^2 = \frac{n^2 p^2}{1 - n^2}$$

für die Axen der Ellipse.

Ist $n > 1$, so folgt durch Vergleichung von (4) mit $\frac{y^2}{b_1^2} - \frac{x^2}{a_1^2} = -1$,

$$a_1^2 = \frac{n^2 p^2}{(n^2 - 1)^2}, \quad b_1^2 = \frac{n^2 p^2}{n^2 - 1}$$

für die Axen der Hiperbel.

Es folgt weiter $\frac{a^2 - b^2}{a^2} = e^2 = n^2$, und wegen $p = \frac{a(1 - n^2)}{n}$, $d = \frac{a}{e}$, oder wegen $e = \frac{c}{a}$, $d = \frac{a^2}{c}$, d. i. die Entfernung der Richtlinie vom Mittelpuncte der Ellipse. Vermöge des zweiten Brennpunctes F' existirt auch eine zweite Leitlinie oder Richtlinie bei der Ellipse, welche bezüglich des Mittelpunctes mit der ersteren symmetrisch liegt.

Eine ganz ähnliche Beziehung findet bei der Hiperbel Statt.

Aufgabe 192. Vier gerade Linien sind der Lage nach gegeben, auf welche von einem Puncte M aus Perpendikel gefällt werden. Das Verhältniss der Producte dieser Perpendikel auf zwei der Geraden zum Producte der Perpendikel auf die zwei anderen Geraden ist gegeben; man bestimme den geometrischen Ort des Punctes M.

L ö s u n g. Es seien

$$y = a_1 x + b_1 \quad . \quad . \quad . \quad . \quad . \quad . \quad . \quad . \quad (1)$$

$$y = a_2 x + b_2 \quad . \quad . \quad . \quad . \quad . \quad . \quad . \quad . \quad (2)$$

$$y = a_3 x + b_3 \quad . \quad . \quad . \quad . \quad . \quad . \quad . \quad . \quad (3)$$

$$y = a_4 x + b_4 \quad . \quad . \quad . \quad . \quad . \quad . \quad . \quad . \quad (4)$$

Sind die Coordinaten des Punctes M, x, y, so sind die einzelnen Perpendikel

$$\frac{y - a_1 x - b}{\sqrt{1 + a_1^2}}, \quad \frac{y - a_2 x - b_2}{\sqrt{1 + a_2^2}},$$

$$\frac{y - a_3 x - b_3}{\sqrt{1 + a_3^2}}, \quad \frac{y - a_4 x - b_4}{\sqrt{1 + a_4^2}};$$

und wenn das constante Verhältniss der Producte n ist, folgt

$$\frac{y-a_1 x-b_1}{\sqrt{1+a_1^2}} \cdot \frac{y-a_2 x-b_2}{\sqrt{1+a_2^2}} = n \cdot \frac{y-a_3 x-b_3}{\sqrt{1+a_3^2}} \cdot \frac{y-a_4 x-b_4}{\sqrt{1+a_4^2}}$$

oder

$$(y-a_1 x-b_1)(y-a_2 x-b_2)+A(y-a_3 x-b_3)(y-a_4 x-b_4)=0 \;.\;.\; \text{I.}$$

wobei $A = -n \cdot \frac{\sqrt{1+a_1^2}}{\sqrt{1+a_3^2}} \cdot \frac{\sqrt{1+a_2^2}}{\sqrt{1+a_4^2}}$.

Die Gleichung I. ist im Allgemeinen eine Linie zweiter Ordnung. Es ist leicht einzusehen, dass diese Linie durch die Durchschnittspuncte der Geraden (1) mit (3), (1) mit (4), (2) mit (3) oder (2) mit (4) geht; denn die Gleichung I. wird befriediget für alle jene Werthe von x und y, welche den oben genannten Paaren von Gleichungen Genüge leisten.

Aufgabe 193. Es sind vier Puncte gegeben; man soll den Ort der Mittelpuncte aller Linien zweiten Grades, welche durch die gegebenen Puncte gelegt werden können, finden.

Lösung. Durch zwei der gegebenen Puncte werde die Abscissenaxe, und durch einen derselben darauf senkrecht die Ordinatenaxe gelegt.

Die vier Puncte haben demnach die Coordinaten

$$1) \begin{cases} x=0, \\ y=0. \end{cases} \quad 2) \begin{cases} x=x_1, \\ y=0. \end{cases} \quad 3) \begin{cases} x=x_2, \\ y=y_2. \end{cases} \quad 4) \begin{cases} x=x_3, \\ y=y_3. \end{cases}$$

Die Gleichung einer Linie zweiten Grades heisst allgemein

$$Ay^2 + Bxy + Cx^2 + Dy + Ex + F = 0.$$

Dividirt man diese Gleichung durch A und berücksichtiget, dass die Coordinaten des Punctes (1) genügen müssen, so folgt

$$y^2 + B'xy + C'x^2 + D'y + E'x = 0 \;.\;.\; \text{I.}$$

Für die Puncte 2), 3) und 4) hat man beziehungsweise

$$C'x_1 + E' = 0 \;.\;.\;.\;.\;.\;.\;.\;.\; (\alpha)$$

$$y_2^2 + B'x_2 y_2 + C'x_2^2 + D'y_2 + E'x_2 = 0 \;.\;.\; (\beta)$$

$$y_3^2 + B'x_3 y_3 + C'x_3^2 + D'y_3 + E'x_3 = 0 \;.\;.\; (\gamma)$$

Sind die Coordinaten des Mittelpunctes p und q, so hat man für diese nach Aufgabe 138

$$2C'p + B'q + E' = 0 \;.\;.\;.\;.\;.\; (\delta)$$

$$2q + B'p + D' = 0 \;.\;.\;.\;.\;.\; (\varepsilon)$$

Eliminirt man aus den Gleichungen (α) bis (ε) die Grössen B', C', D' und E', so bleibt eine Gleichung zwischen p und q, und stellt demnach den geometrischen Ort des Mittelpunctes der Linien zweiter Ordnung vor, welche sämmtlich durch die gegebenen vier Puncte gehen.

Was die Elimination selbst betrifft, so kann sie etwa so vorgenommen werden, dass der Werth von E' aus Gleich. (α) in die Gleich. (β), (γ) und (δ) substituirt wird. Setzt man eben so in (δ) den Werth von D' aus (ε), löst dann die so vereinfachten Gleichungen (β) und (γ) in Bezug auf die Grössen B' und C', substituirt diese Werthe in (δ), so hat man die gewünschte Relation zwischen p und q; die Gleichung in p und q ist wieder vom zweiten Grade.

Aufgabe 194. Die Gleichung einer Kegelschnittslinie, die durch fünf gegebene Puncte geht, abzuleiten.

Lösung. Es mögen die gegebenen Puncte a, b, c, d, e heissen.

Durch die Puncte a und b soll die Abscissenaxe, durch die Puncte c und d die Ordinatenaxe gelegt werden. Auf dieses Axensystem bezogen seien die Abscissen der Puncte a, b und e beziehungsweise $x_1\ x_2\ x_3$, die Ordinaten der Puncte c, d und e $y_1\ y_2\ y_3$.

Die Gleichung der fraglichen Kegelschnittslinie kann allgemein durch die Form ausgedrückt werden:

$$Ay^2 + Bxy + Cx^2 + Dy + Ex + 1 = 0 \quad . \quad . \quad \text{I.}$$

Setzt man in diese Gleichung nach einander die Coordinaten der Puncte $a \ldots e$, so erhält man

$$\begin{aligned}
&Cx_1^2 + Ex_1 + 1 = 0,\\
&Cx_2^2 + Ex_2 + 1 = 0,\\
&Ay_1^2 + Dy_1 + 1 = 0,\\
&Ay_2^2 + Dy_2 + 1 = 0,\\
&Ay_3^2 + Bx_3y_3 + Cx_3^2 + Dy_3 + Ex_3 + 1 = 0.
\end{aligned}$$

Diese fünf Gleichungen bestimmen sehr einfach die Werthe für A, B, C, D und E, welche, in I. gesetzt, sofort die Gleichung des verlangten Kegelschnittes geben.

Man erkennt sehr leicht, dass die Aufgabe unmöglich wird, wenn drei der gegebenen Puncte in einer gemeinschaftlichen Geraden liegen; denn man findet, dass, wenn die obigen Gleichungen wirklich aufgelöst werden, einzelne der auszumittelnden Coefficienten unendlich werden, wodurch der Widerspruch dargethan ist.

Aufgabe 195. Welche Relationen müssen zwischen den Coefficienten der Gleichung

$$Ay^2 + Bxy + Cx^2 + Dy + Ex + F = 0$$

Statt finden, wenn sie weder einen Punct noch eine Linie, oder bloss einen Punct ausdrücken soll?

Lösung. Die gegebene Gleichung wird im Allgemeinen weder eine Linie noch einen Punct bezeichnen, wenn in derselben für keinen reellen Werth von x sich ein reeller Werth von y ergibt.

Um diess genauer einzusehen, wollen wir die Gleichung

$$Ay^2 + Bxy + Cx^2 + Dy + Ex + F = 0$$

oder $$Ay^2 + (Bx + D)y + (Cx^2 + Ex + F) = 0$$

nach y auflösen. Es folgt

$$y = -\frac{Bx+D}{2A} \pm \frac{1}{2A}\sqrt{(B^2-4AC)x^2+2(BD-2AE)x+(D^2-4AF)} \ldots (m)$$

Hier wird y für jeden reellen Werth von x imaginär, wenn die Beziehungen

$$B^2-4AC=0,\ (BD-2AE)=0 \text{ und } (D^2-4AF)<0 \quad . \; . \text{ I.}$$

gleichzeitig eintreffen; oder auch, wenn

$$B^2-4AC<0 \text{ und } (BD-2AE)^2-(B^2-4AC)(D^2-4AF)<0 \text{ . II.}$$

Treten die Relationen in I. ein, so ist für sich klar, dass für jeden reellen Werth von x der Ausdruck unter dem Wurzelzeichen in (m) negativ, und demnach y selbst imaginär ausfällt. Setzt man zur Begründung von II.

$$(B^2-4AC)x^2 + 2(BD-2AE)x + (D^2-4AF) = 0,$$

so folgt

$$x = \frac{-(BD-2AE) \pm \sqrt{(BD-2AE)^2-(B^2-4AC)(D^2-4AF)}}{B^2-4AC}.$$

Ist nun

$$(BD-2AE)^2 - (B^2-4AC)(D^2-4AF) < 0,$$

so kann die Radikalgrösse in (m) für gar keinen reellen Werth von x verschwinden, und es kann demnach, mit besonderer Rücksicht auf $B^2-4AC<0$, in (m) der Ausdruck unter dem Wurzelzeichen für jeden reellen Werth von x nur negativ, also y selbst imaginär werden.

Soll bezüglich des zweiten Theiles der Aufgabe die gegebene Gleichung nur einen Punct bezeichnen, so muss vorerst $B^2-4AC<0$ sein; denn wäre $B^2-4AC \geqq 0$, so gäbe es eine stetige Folge von Werthen von x, welche den unter dem Wurzelzeichen stehenden Ausdruck positiv, also y reell machen.

Es lässt sich leicht einsehen, dass nebst der Bedingung $B^2-4AC<0$ noch jene

$$(BD-2AE)^2 - (B^2-4AC)(D^2-4AF) = 0$$

Statt finden muss;

$$(BD - 2AE)^2 - (B^2 - 4AC)(D^2 - 4AF) < 0$$

kann nicht eintreten, denn nach dem zuvor Gesagten würde die Gleichung gar keine Bedeutung haben; wäre aber

$$(BD - 2AE)^2 - (B^2 - 4AC)(D^2 - 4AF) > 0,$$

so gäbe es noch immer beliebig viele Werthe von x, welche den Wurzelausdruck und sonach auch y reell machen würden.

So hat man für $2y^2 - 4xy + 11x^2 + 4y - 40x + 38 = 0$

$$B^2 - 4AC = -72$$

und $(BD - 2AE)^2 - (B^2 - 4AC)(D - 4AF) = 0$, es kann demnach die gegebene Gleichung nur einen Punct bezeichnen.

Sie lässt sich überdiess auf die Form

$$2(y - x + 1)^2 + (3x - 6)^2 = 0$$

bringen, welche Gleichung in der That nur besteht für $x = 2$ und $y = 1$, welches sofort die Coordinaten des einzigen Punctes sind.

Aufgabe 196. In einer Curve zweiter Ordnung wird ein System paralleler Sehnen gezogen; es soll der Ort der Halbirungspuncte derselben ausgemittelt werden.

Lösung. Es sei die Linie zweiter Ordnung durch die Gleichung gegeben:

$$Ay^2 + Bxy + Cx^2 + Dy + Ex + F = 0 \quad . \quad . \quad (1)$$

Die Gleichung irgend einer der parallelen Sehnen sei

$$y = ax + b \quad . \quad . \quad . \quad . \quad . \quad . \quad (2)$$

Dieser Werth von y in (1) gesetzt, gibt

$$(Aa^2 + Ba + C)x^2 + (2Aab + Bb + Da + E)x$$
$$+ (Ab^2 + Db + F) = 0 \quad . \quad . \quad . \quad (3)$$

Sind x' und x'' die Wurzeln dieser Gleichung, so hat man, wenn die Abscisse des Halbirungspunctes der Sehne durch X bezeichnet wird:

$$X = \frac{x' + x''}{2}, \quad \text{oder}$$

$$X = -\frac{(2Aab + Bb + Da + E)}{2(Aa^2 + Ba + C)} \quad . \quad . \quad . \quad (4)$$

Eliminirt man aus den Gleichungen (2) und (4) die veränderliche Grösse b, so erhält man die gewünschte Relation in x und y.

Diese sehr einfache Elimination bewerkstelliget, so folgt

$$Y = -\frac{Ba + 2C}{2Aa + B} \cdot X - \frac{Da + E}{2Aa + B} \quad . \quad . \quad . \quad (5)$$

Wir wissen aus Früherem, dass, wenn die Curve einen

Mittelpunct besitzt, also $B^2 - 4AC \gtrless 0$ ist, so sind die Coordinaten desselben (Aufg. 138)

$$\begin{cases} p = \dfrac{2AE - BD}{B^2 - 4AC}, \\ q = \dfrac{2CD - BE}{B^2 - 4AC}, \end{cases}$$

und diese leisten der Gleichung (5) Genüge, wie man sich leicht überzeugen kann; daraus geht hervor, dass bei jenen Linien zweiter Ordnung, welche einen Mittelpunct haben, die Halbirungslinie sämmtlicher paralleler Sehnen durch den Mittelpunct geht. Die Gerade (5) wird alsdann ein Durchmesser der Curve genannt.

Für $(B^2 - 4AC) = 0$, d. h. hat die Curve keinen Mittelpunct, so folgt, wenn $C = \frac{B^2}{4A}$ in (5) substituirt wird:

$$y = -\frac{B}{2A} \cdot x - \frac{Da + E}{2Aa + B} \quad . \quad . \quad . \quad . \quad (6)$$

Da hier $\frac{-B}{2A}$ von a unabhängig ist, so geht daraus hervor, dass bei Curven letzterwähnter Art sämmtliche Durchmesser zu einander parallel werden, es mag die Richtung, in der die parallelen Sehnen gezogen werden, wie immer sein.

Aufgabe 197. Für eine Linie zweiter Ordnung soll die Gleichung der Tangente entwickelt werden, wenn der Berührungspunct gegeben ist.

Lösung. Es sei

$$Ay^2 + Bxy + Cx^2 + Dy + Ex + F = 0 \quad . \quad (1)$$

die Gleichung der Curve; nehmen wir nebst dem gegebenen Berührungspunct $x'y'$ noch einen andern Punct $x''y''$ an, der ebenfalls in der Krummen liegen mag, so folgt für die Gleichung der Sehne

$$y - y' = \frac{y' - y''}{x' - x''}(x - x') \quad . \quad . \quad . \quad . \quad . \quad (2)$$

Ferner hat man

$$Ay'^2 + Bx'y' + Cx'^2 + Dy' + Ex' + F = 0,$$
$$Ay''^2 + Bx''y'' + Cx''^2 + Dy'' + Ex'' + F = 0,$$

und durch Subtraction dieser Gleichungen:

$$A(y'^2 - y''^2) + B(x'y' - x''y'') + C(x'^2 - x''^2) + D(y' - y'') + E(x' - x'') = 0.$$

Dividirt man diese Gleichung durch $(x' - x'')$, berücksichtigt ferner, dass

$$x'y' - x''y'' = x'(y' - y'') + y''(x' - x''),$$

und sucht $\frac{y'-y''}{x'-x''}$, so folgt

$$\frac{y'-y''}{x'-x''} = -\frac{C(x'+x'')+By''+E}{A(y'+y'')+Bx'+D}.$$

Dieser Quotient in Gleichung (2) substituirt, gibt für die Gleichung der Sehne

$$y-y' = -\frac{C(x'+x'')+By''+E}{A(y'+y'')+Bx'+D}(x-x').$$

Lässt man aber die beiden Puncte $x'y'$, $x''y''$ unendlich nahe rücken, so wird $x''=x'$ und $y''=y'$, die Gleichung der Sehne geht in die Gleichung der Tangente über, und man hat schliesslich für die Gleichung dieser letzteren

$$y-y' = -\frac{By'+2Cx'+E}{2Ay'+Bx'+D}(x-x').$$

Aufgabe 198. Es sind die Ausdrücke für die Längen der Tangente, Normale, Subtangente und Subnormale für einen Punct einer Kegelschnittslinie aufzustellen.

Fig. 76.

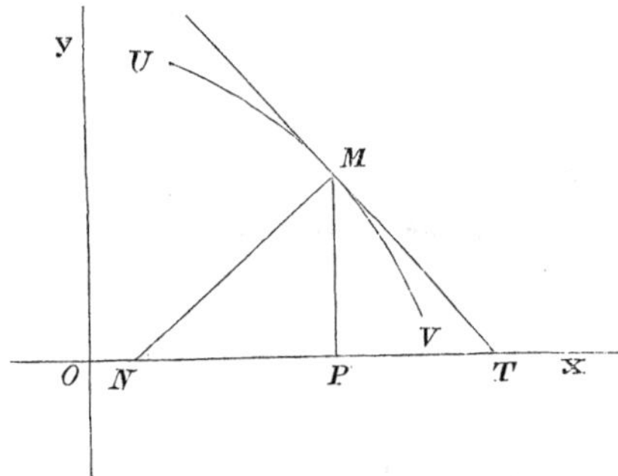

Lösung. Ist UV die gegebene Curve (Fig. 76), M der Berührungspunct der Tangente MT, sind T und N gleichzeitig die Durchschnittspuncte der Tangente und Normale mit der Abscissenaxe, MP die senkrechte Ordinate des Punctes M, so ist bekanntlich für den Punct M

$MT =$ Tangente,
$PT =$ Subtangente,
$MN =$ Normale,
$PN =$ Subnormale.

Die Gleichung der Tangente an eine Kegelschnittslinie ist

$$y-y' = A(x-x');$$

für $y=0$ folgt

$$x = OT \quad \text{oder} \quad x-x' = -\frac{y'}{A} = +PT = \text{subtg.};$$

für die Gleichung der Normale hat man

$$y-y' = -\frac{1}{A}(x-x'),$$

und für $y=0$

$$x-x' = Ay' = PN = \text{Subnormale};$$

ferner hat man Tangente $= \sqrt{y'^2 + \overline{\text{subtg.}}^2}$,

Normale $= \sqrt{y'^2 + \overline{\text{subn.}}^2}$

Das früher Gesagte auf die Linien

$$a^2y^2 + b^2x^2 = a^2b^2,$$
$$a^2y^2 - b^2x^2 = -a^2b^2,$$
$$y^2 = px$$

angewandt, folgt:

	für die Ellipse	für die Hiperbel	für die Parabel
Subtangente	$\frac{a^2 - x'^2}{x'}$	$\frac{a^2 - x'^2}{x'}$	$-2x'$
Subnormale	$-\frac{b^2}{a^2} \cdot x'$	$\frac{b^2}{a^2} \cdot x'$	$\frac{p}{2}$
Tangente .	$\frac{y'}{b^2x'}\sqrt{a^4y'^2 + b^4x'^2}$	$\frac{y'}{b^2x'}\sqrt{a^4y'^2 + b^4x'^2}$	$\sqrt{px' + 4x'^2}$
Normale .	$\frac{1}{a^2}\sqrt{a^4y'^2 + b^4x'^2}$	$\frac{1}{a^2}\sqrt{a^4y'^2 + b^4x'^2}$	$\sqrt{px' + \frac{1}{4}p^2}$

Fig. 77.

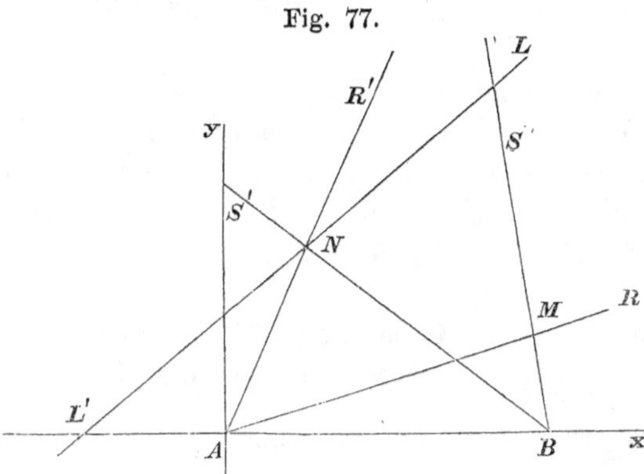

Aufgabe 199. Es seien (Fig. 77) zwei Winkel RAR' und SBS', die man um ihre Scheitel so dreht, dass die Schenkel AR' und BS' sich immer auf einer gegebenen Geraden oder Directrix LL' schneiden; man soll die Gleichung der Curve finden, welche durch die aufeinander folgenden Durchschnittspuncte M der beiden andern Schenkel entsteht.

Lösung. Man lege die Abscissenaxe durch die Scheitel der beiden Winkel, nehme etwa A zum Ursprung und $Ay \perp Ax$ zur Ordinatenaxe. Da die Directrix gegeben ist, so sei ihre Gleichung $y = \alpha(x - \beta)$, ferner sei $AB = d$, tang $RAR' = a$, tang $SBS' = b$. Bei einer bestimmten Position der Winkel schneiden sich die Schenkel BS' und AR' auf der Leitlinie im Puncte N, während sich die zwei andern Schenkel im Puncte M treffen.

Es sind nun drei Bedingungen auszudrücken: 1) dass der Punct N auf der Linie LL' liegt, 2) dass die Tangente $MAN = a$, und 3) dass Tangente $MBN = b$ ist.

Es seien für den Punct M die Coordinaten x und y, für N, $x'y'$, und man hat

$$\begin{cases} y' = \alpha(x - \beta) \quad . \quad . \quad . \quad . \quad . \quad . \quad . \quad . & (1) \\ \dfrac{y'x - x'y}{xx' + yy'} = a \quad . \quad . \quad . \quad . \quad . \quad . \quad . & (2) \\ \dfrac{y'(x-d) - y(x'-d)}{(x-d)(x'-d) + yy'} = b \quad . \quad . \quad . \quad . \quad . & (3) \end{cases}$$

Aus der Verbindung von (1) und (2) folgt

$$x' = \frac{\alpha\beta(x - ay)}{\alpha(x - ay) - (ax + y)},$$

$$y' = \frac{\alpha\beta(ax + y)}{\alpha(x - ay) - (ax + y)}.$$

Diese Werthe in Gleichung (3) gesetzt, entsteht die Gleichung des verlangten geometrischen Ortes:

$$[\alpha\beta(a-b) - (a\alpha + 1)d]y^2 - [(a+b)d + (ab-1)\alpha d]xy$$
$$+ [(a-b)\alpha\beta + (\alpha - a)bd]x^2 - [(ab+1)\alpha\beta d - (a\alpha+1)bd^2]y$$
$$- [(a-b)\alpha\beta d + (\alpha - a)bd^2] = 0.$$

Diese Gleichung bezeichnet im Allgemeinen eine Kegelschnittslinie; allein sie ist zu verwickelt, um zu erkennen, ob sie jede der drei Curven vorstellen könne. Nehmen wir, um diesen Zweifel zu heben, einen sehr speciellen Fall, und zwar: $LL' \perp Ax$, $\measuredangle RAR' = 90^0$ und $\measuredangle SBS' = 0$, so folgt $\alpha = \infty$, $a = \infty$, $b = 0$.

Dividirt man die gefundene Gleichung früher durch $a\alpha$, und führt die so eben genannten Werthe ein, so folgt die Gleichung

$$(\beta - d)y^2 + \beta x^2 - d\beta x = 0 \quad . \quad . \quad . \quad . \quad \text{I.}$$

Diese Gleichung, so speciell sie auch ist, kann noch alle drei Curven vorstellen.

Es geht demnach hervor, dass um so mehr die bereits früher gefundene Gleichung jede der drei Kegelschnittslinien repräsentiren könne.

Es braucht kaum erwähnt zu werden, dass die Curve I. durch die Puncte A und B geht.

Zusatz. Das oben gewonnene Resultat lässt sich nun auch dazu benützen, durch fünf Puncte eine Kegelschnittslinie zu

Fig. 78.

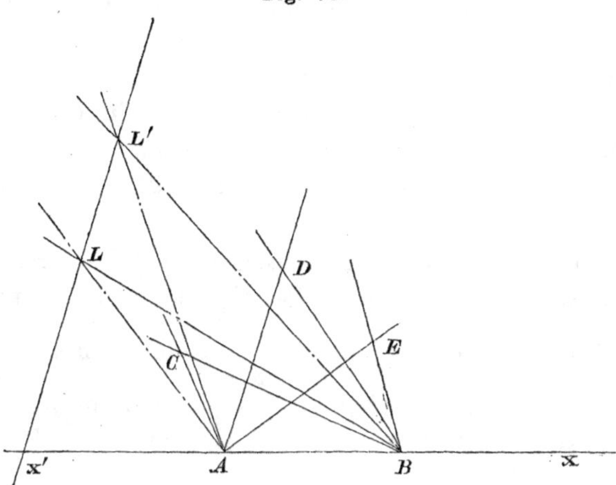

construiren. Es seien (Fig. 78) A, B, C, D, E die gegebenen Puncte. Zunächst handelt es sich hier darum, die beiden Winkel und die Directrix zu bestimmen. Ziehen wir die Linie AB, nehmen CAx' und CBx' als die beiden Winkel, und drehen sie zuerst so, dass die Schenkel AC und BC beziehungsweise in die Lage AD und BD kommen. Gesetzt den Fall, die Schenkel Ax' und Bx' schneiden sich im Puncte L, so ist L offenbar ein Punct der Directrix; bringt man die Schenkel AC und BC beziehungsweise in die Lage AE und BE, so schneiden sich die Schenkel Ax' und Bx' abermals in einem Puncte L' der Directrix, und es ist sofort durch diese zwei Puncte L und L' die Lage der Leitlinie bestimmt. Es ist nun klar, dass, wenn irgend ein Punct der Leitlinie mit den Puncten A und B verbunden wird, und an diese Verbindungslinien die Winkel CAx' und CBx' verzeichnet werden, so schneiden sich die zwei andern Schenkel in einem Puncte derjenigen Kegelschnittslinie, welche durch die fünf Puncte gelegt werden kann. Auf dieselbe Weise kann noch eine beliebige Anzahl von Puncten construirt werden.

Fig. 79.

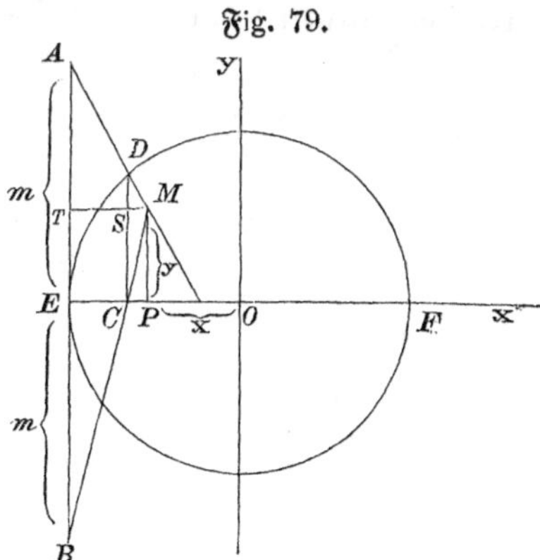

Aufgabe 200. Es sei ein Kreis vom Halbmes. r gegeben (Fig. 79),

im Endpuncte E des Durchmessers EF sei die Tangente AB errichtet und hierbei $AE = BE = m$ aufgetragen; zieht man durch A eine beliebige Secante AD, durch den Durchschnittspunct D die Ordinate CD und verbindet C mit dem zweiten Punct der Tangente, mit B, so gibt der Durchschnitt der verlängerten BC mit der durch A gezogenen Secante AD den Durchschnittspunct M. Es soll die Gleichung der auf diese Weise construirten Curve ermittelt werden.

Lösung. Wir nehmen EF zur Abscissenaxe, den Mittelpunct des Kreises zum Ursprung der Coordinaten, und nennen die Coordinaten des Punctes M, $\begin{cases} PO = x \\ MP = y \end{cases}$. Zieht man von M eine Senkrechte auf AB, so entstehen hierbei die Durchschnittspuncte S und T, und aus der Aehnlichkeit der Dreiecke MSC und MTB folgt

$$MS : MT = CS : BT$$

$$\text{oder } MS : (r-x) = y : (y+m),$$

$$MS = \frac{y(r-x)}{y+m} \quad \ldots \ldots \quad (1)$$

$$\text{ferner ist } \overline{CD}^2 = CE \,.\, CF,$$

$$\overline{CD}^2 = [r - (x + MS)]\,[r + (x + MS)] \quad . \; . \quad (2)$$

$$MS : CD = MT : AB,$$

$$MS : CD = (r - x) : 2m,$$

$$\overline{CD}^2 = \frac{\overline{MS}^2 \,.\, 4m^2}{(r-x)^2} \quad \ldots \ldots \quad (3)$$

Aus (2) und (3) folgt

$$\frac{\overline{MS}^2 \,.\, 4m^2}{(r-x)^2} = r^2 - (x + MS)^2,$$

oder wenn man aus (1) für MS den Werth substituirt und reducirt:

$$4my^2 + 2rxy + mx^2 - 2r^2y - r^2m = 0 \quad . \; . \quad \text{I.}$$

Diese Gleichung stellt eine Ellipse vor für $m > \frac{r}{2}$,

„ „ „ „ Parabel „ „ $m = \frac{r}{2}$,

„ „ „ „ Hiperbel „ „ $m < \frac{r}{2}$.

Aufgabe 201. Es soll die Curve, deren Gleichung

$$y^3 - axy + x^3 = 0$$

ist, construirt werden.

Lösung. Eine ganz gewöhnliche Constructions-Methode besteht insbesondere darin, dass man dem x nach und nach Zahlenwerthe beilegt, die etwa in arithmetischer Progression wachsen, und aus der gegebenen Gleichung die Ordinaten y rechnet.

Dieser Vorgang erscheint in einem Falle, wie der gegebene ist, nicht mehr thunlich, da man für die Ausmittelung von y fort und fort cubische Gleichungen aufzulösen hat; und es erscheint sehr zweckmässig, hiervon Umgang zu nehmen.

Diess kann dadurch geschehen, dass man die Abscissen nicht in arithmetischer Progression wachsen lässt, sondern irgend ein anderes Gesetz des Fortganges nimmt, was durch Einführung einer dritten unbestimmten Grösse ausführbar ist. Setzt man nämlich in der gegebenen Gleichung $y = mx$, so folgt

$$m^3 x - am + x = 0, \quad \text{d. i.} \quad x = \frac{am}{1 + m^3},$$

$$\text{also} \quad y = \frac{am^2}{1 + m^3}.$$

Was auch jetzt das m sein mag, die daraus resultirenden Werthe für x und y werden immerhin der gegebenen Gleichung entsprechen.

Legt man also dem m alle stetig aufeinander folgenden Werthe bei, so ergibt sich je ein Paar zusammengehöriger Werthe von x und y, die der Reihe nach einzelne Puncte der Krummen bezeichnen, und da diese in beliebiger Anzahl leicht gerechnet werden können, so lässt sich schliesslich die Curve selbst einfach construiren.

Man hat eben so für $y^3 + ax^2y + bx^3 + c^3 = 0$, $y = mx$ gesetzt:

$$\begin{cases} x = \dfrac{-c}{m^3 + am + b}, \\ y = \dfrac{-cm}{m^3 + am + b}. \end{cases}$$

Aufgabe 202. Es sollen die Wurzeln der Gleichung

$$x^3 + ax^2 + bx + c = 0$$

durch Construction bestimmt werden.

Lösung. Die Wurzeln dieser cubischen Gleichung lassen sich durch den Durchschnitt zweier Kegelschnittslinien finden und geometrisch darstellen.

Setzt man in der gegebenen Gleichung

$$x^2 = py \quad . \quad . \quad . \quad . \quad . \quad . \quad . \quad . \quad (1)$$

so geht sie über in

$$pxy + apy + bx + c = 0 \quad . \quad . \quad . \quad (2)$$

Die ursprungliche Gleichung ist offenbar das Ergebniss der Elimination von y aus den Gleichungen (1) und (2).

Construirt man nun jene Curven, welche durch die Gleichungen (1) und (2) dargestellt werden, so liefern die Abscissen der Durchschnittspuncte derselben die reellen Wnrzeln der gegebenen Gleichung.

Um die Gleichung (2), welche eine Hiperbel bedeutet, durch einen Kreis zu ersetzen, verfahre man wie folgt:

Man schaffe aus der gegebenen cubischen Gleichung das zweite Glied weg, so entsteht eine Gleichung von der Form

$$x^3 + mx + n = 0 \quad . \quad . \quad . \quad . \quad . \quad (3)$$

(Diese Gleichung wird bekanntlich erhalten, wenn man $x - \frac{a}{3}$ statt x setzt.)

Multiplicirt man Gleichung (3) mit x, und setzt

$$x^2 = py \quad . \quad . \quad . \quad . \quad . \quad . \quad . \quad (4)$$

so folgt $$p^2y^2 + mpy + nx = 0 \quad . \quad . \quad . \quad . \quad . \quad (5)$$

oder $$y^2 + \frac{m}{p} \cdot y + \frac{n}{p^2} x = 0;$$

dazu die Gleichung (4) addirt,

$$x^2 + y^2 + \frac{m - p^2}{p} \cdot y + \frac{n}{p^2} x = 0 \quad . \quad . \quad . \quad (6)$$

welches sofort die Gleichung des Kreises ist.

Da p willkürlich ist, so kann man es so wählen, dass $m - p^2 = 0$ wird, wodurch die Gleichung (6) die einfachere Form annimmt:

$$x^2 + y^2 + \frac{n}{m} x = 0 \quad . \quad . \quad . \quad . \quad . \quad . \quad (7)$$

Die Abscissen der Durchschnitte der Curven (4) und (7) geben wieder die reellen Wurzeln der Gleichung (3).

Dass man die früher hilfsweise eingeführte Wurzel $x = 0$ wegzulassen habe, versteht sich von selbst.

Aufgabe 203. Man construire die Wurzeln der Gleichung

$$x^4 + ax^3 + bx^2 + cx + d = 0.$$

Lösung. Man setze

$$x^2 = py \quad . \quad . \quad . \quad . \quad . \quad . \quad . \quad . \quad (1)$$

so folgt $$p^2y^2 + apxy + bpy + cx + d = 0 \quad . \quad . \quad (2)$$

Die Gleichungen (1) und (2) bezeichnen beziehungsweise eine Parabel und Hiperbel, durch deren Durchschnitt wieder die reellen Wurzeln der gegebenen Gleichung bestimmt sind.

Hat man jedoch die Gleichung vierten Grades in der Form

$$x^4 + ax^2 + bx + c = 0 \quad . \quad . \quad . \quad . \quad (3)$$

so folgen die Wurzeln dieser Gleichung aus dem Durchschnitte einer Parabel mit einem Kreis; denn in (3)

$$x^2 = py \quad . \quad . \quad . \quad . \quad . \quad . \quad . \quad . \quad (4)$$

gesetzt, gibt

$$p^2 y^2 + apy + bx + c = 0,$$

$$y^2 + \frac{a}{p} \cdot y + \frac{b}{p^2} \cdot x + \frac{c}{p^2} = 0,$$

und $x^2 = py$ hier hinzuaddirt, gibt

$$x^2 + y^2 + \frac{a - p^2}{p} \cdot y + \frac{b}{p^2} \cdot x + \frac{c}{p^2} = 0,$$

wird $p^2 = a$ gesetzt,

$$x^2 + y^2 + \frac{b}{a} \cdot x + \frac{c}{a} = 0 \quad . \quad . \quad . \quad . \quad (5)$$

als die Gleichung des zu construirenden Kreises.

Die Gleichungen (4) und (5) geben also wieder, wenn sie als coexistirend betrachtet werden, die reellen Wurzeln der Gleichung (3).

Aufgabe 204. a und b seien gegebene Längen; man construire $\sqrt[3]{a^2 b}$, $\sqrt[5]{a^4 b}$, $\sqrt[5]{a^3 b^2}$.

Lösung. Um $\sqrt[3]{a^2 b}$ zu construiren, setze man

$$x^2 = ay \quad \text{und} \quad y^2 = bx.$$

Aus diesen beiden Gleichungen y eliminirt, folgt $x = \sqrt[3]{a^2 b}$; es liefert demnach die Abscisse des Durchschnittes der beiden Parabeln $x^2 = ay$ und $y^2 = bx$ den verlangten Wurzelausdruck.

Für $\sqrt[5]{a^4 b}$ setze man $x^2 = ay$ . . . . (1)
und wie leicht zu erkennen

$$y^4 = bx^3 \quad . \quad . \quad . \quad . \quad . \quad . \quad . \quad . \quad (2)$$

Aus den Gleichungen (1) und (2) folgt $x = \sqrt[5]{a^4 b}$. Man construire also wieder die beiden Parabeln (1) und (2). Die Abscisse des Durchschnittspunctes gibt den gewünschten Wurzelwerth.

Was die Construction der Gleichung (2) betrifft, setze man nach Aufgabe 200 $y = mx$, wornach $\begin{cases} x = \frac{b}{m^4} \\ y = \frac{b}{m^3} \end{cases}$ folgt.

Was endlich die Construction von $\sqrt[5]{a^3 b^2}$ anbelangt, so lässt sich diese leicht auf die vorige zurückführen, wenn $c = \sqrt{ab}$ zuerst construirt wird, es geht nämlich dann $\sqrt[5]{a^3 b^2}$ über in $\sqrt[5]{ac^4}$.

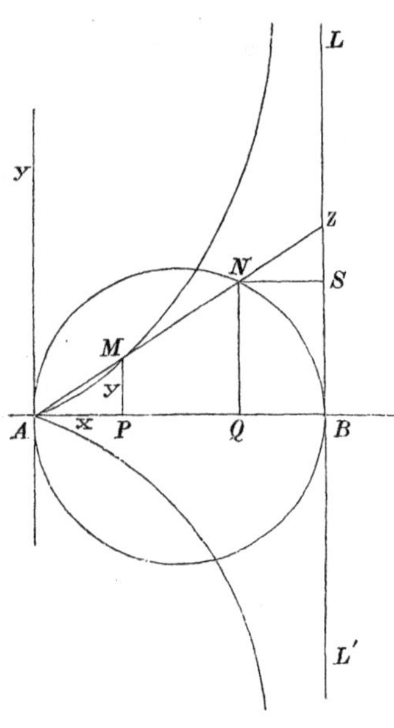

Fig. 80.

Aufgabe 205. Es sei (Fig. 80) ein Kreis vom Halbmesser r gegeben, im Endpuncte B des Durchmessers AB die Gerade LL' senkrecht auf demselben. Durch A werden beliebige Strahlen AZ gezogen, das Stück, das sich innerhalb des Kreises und der Geraden LL' ergibt, d. i. NZ, werde von A gegen Z aufgetragen, wodurch sich der Punct M ergibt; es frägt sich um den geometrischen Ort des Punctes M.

L ö s u n g. Nimmt man den Durchmesser AB zur Abscissenaxe, im Puncte A darauf senkrecht die Ordinatenaxe, so sind $AP = x$ und $MP = y$ die Coordinaten des Punctes M.

Zieht man $NS \perp LL'$, so folgt, wegen der Einerleiheit der Dreiecke AMP und NZS,

$$NS = BQ = AP = x;$$

ferner folgt, wegen $\triangle AMP \sim \triangle ANQ$,

$$AP : AQ = MP : NQ$$

$$\text{oder} \quad x : 2r - x = y : \sqrt{x(2r-x)},$$

$$\text{daher} \quad y^2 = \frac{x^3}{2r - x},$$

und diess ist die Gleichung der fraglichen Curve. Diese Linie führt den Namen C i s s o i d e (Epheulinie).

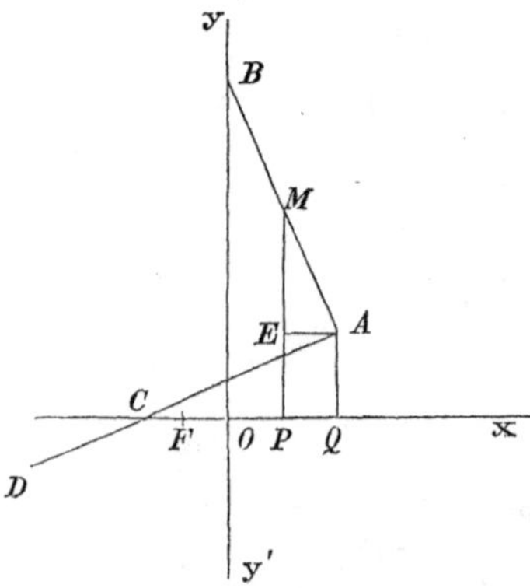

Fig. 81.

A n m e r k u n g. Auf ganz ähnliche Weise lässt sich die Cissoide auch entwickeln für eine Ellipse, Parabel oder Hiperbel.

Aufgabe 206. Es seien Ox und Oy zwei sich unter rechten Winkeln schneidende Gerade, und C ein auf xx' gegebener Punct; bewegt man einen rechten Winkel DAB (Fig. 81) so, dass der Schenkel AD immer durch C geht, $AB = OC$ ist, und der

Endpunct B stets an der yy' gleitet, so beschreibt der Halbirungspunct der AB, d. i. der Punct M, eine Curve, deren Gleichung verlangt wird.

Lösung. Nehmen wir die Axen des gegebenen rechten Winkels xOy zu Coordinatenaxen, nennen wir die Coordinaten des Punctes M, $OP = x$ und $MP = y$, setzen $AB = CO = 2a$, also $AM = a$, machen $AE \perp MP$, so ist $ME = \sqrt{a^2 - x^2}$ (denn wegen $AM = BM$ ist auch $AE = PQ = OP = x$).

Wegen $\triangle ACQ \sim AEM$ folgt die Proportion

$$AQ : CQ = AE : ME$$

oder $$AQ : (2a + 2x) = x : \sqrt{a^2 - x^2},$$

also $$AQ = \frac{2x(a+x)}{\sqrt{a^2 - x^2}};$$

da aber $y = ME + AQ$ ist, so folgt

$$y = \frac{2x(a+x)}{\sqrt{a^2 - x^2}} + \sqrt{a^2 - x^2},$$

oder reducirt und rational gemacht,

$$y^2 = \frac{(a+x)^3}{a-x} \quad . \quad . \quad . \quad . \quad . \quad . \quad . \quad (1)$$

die Gleichung der verlangten Curve.

Aus dieser Gleichung ergibt sich für $x = 0$, $y = \pm a$, für $y = 0$, $x = -a$, woraus folgt, dass der Punct F ein Punct der Curve sei ($CF = OF$).

Diese Gleichung, wie sie gefunden wurde, ist jener der Cissoide sehr ähnlich, und in der That, verlegt man den Ursprung nach F, setzt also $x - a$ statt x in Gleich. (1), so folgt $y^2 = \frac{x^3}{2a - x}$, welches die Gleichung der Cissoide ist, bezogen auf einen Kreis, dessen Halbmesser $= a$ ist.

Aufgabe 207. Die Fusspuncts-Curve der aus dem Scheitel einer Parabel auf die Tangenten gefällten Perpendikel zu finden.

Lösung. Es sei die Gleichung der Parabel $y^2 = px$, die Gleichung der Tangente $y = ax + b$, also die durch den Ursprung darauf senkrechte Gerade $y = -\frac{1}{a} \cdot x$, so bekommt man für die Coordinaten des Fusspunctes

$$\begin{cases} x = \dfrac{-ab}{(1+a^2)}, \\ y = \dfrac{b}{(1+a^2)}, \end{cases}$$

oder vermöge der Bedingungsgleichung $4ab - p = 0$ (analytisches Kennzeichen, dass die Gerade die Parabel tangirt)

$$\begin{cases} x = \dfrac{-p}{4(1+a^2)}, \\ y = \dfrac{p}{4a(1+a^2)}. \end{cases}$$

Aus diesen beiden Gleichungen folgt durch Elimination von a

$$y^2 = \frac{-4x^3}{p+4x}$$

als die Gleichung der Fusspuncts-Curve.

Aus dieser Gleichung folgt offenbar, dass man für x nur solche negative Werthe setzen kann, auf dass $p > 4x$, d. h. man kann nur Werthe von $x = 0$ bis $x = -\frac{p}{4}$ setzen; hiefür wird auch y reell.

Aufgabe 208. Bei einer Parabel $y^2 = px$ werden in den aufeinander folgenden Puncten der Curve die Normalen gezogen; es soll die Gleichung derjenigen Curve gesucht werden, welche durch die Durchschnitte der aufeinander folgenden Normalen entsteht.

Lösung. Betrachten wir zwei unmittelbar aufeinander folgende Puncte $x'y'$ und $x''y''$, so sind die Gleichungen der in diesen Puncten errichteten Normalen

$$y - y' = \frac{-2y'}{p}(x - x'),$$
$$y - y'' = \frac{-2y''}{p}(x - x'').$$

Man findet für den Durchschnitt der beiden Geraden

$$M \begin{cases} x = \dfrac{p}{2} + x' + \dfrac{y''(x' - x'')}{y' - y''}, \\ y = \dfrac{2y'y''(x' - x'')}{p(y' - y'')}. \end{cases}$$

Nehmen wir ferner an, es sei $x'' = x' + \alpha$ und $y'' = y' + \beta$, wo α und β nach der obigen Voraussetzung unendlich kleine Zahlenwerthe sein müssen, so folgt

$$x' - x'' = -\alpha, \quad y' - y'' = -\beta, \quad y'y'' = y'(y' + \beta),$$

und wegen
$$(y' + \beta)^2 = p(x' + \alpha),$$
$$y'^2 + 2\beta y' + \beta^2 = px' + p\alpha$$

folgt, da $y'^2 = px'$ ist, und wenn wir β^2 vernachlässigen,

$$\frac{\alpha}{\beta} = \frac{2y'}{p}.$$

Unter Berücksichtigung des so eben Gesagten reduciren sich die Werthe für M

$$\text{auf}\begin{cases} x = \frac{p}{2} + 3x' \quad \ldots \ldots \ldots \quad (1) \\ y = \frac{4y'^3}{p^2} = \frac{4x'\sqrt{px'}}{p} \quad \ldots \ldots \quad (2) \end{cases}$$

Aus (1) folgt

$$x' = \tfrac{1}{3}\left(x - \frac{p}{2}\right),$$

Gleichung (2) zum Quadrat erhoben

$$y^2 = \frac{16x'^3}{p},$$

oder den Werth von x' hier substituirt, gibt

$$y^2 = \frac{16}{27p}\left(x - \frac{p}{2}\right)^3 \quad \ldots \ldots \quad (3)$$

als die Gleichung der Durchschnittspuncte aufeinander folgender Normalen.

Aus der Gleichung (3) ist ersichtlich, dass die Curve aus zwei Aesten besteht, und dass der kleinste Werth für die Abscisse $x = \frac{p}{2}$ ist.

Aufgabe 209. Einen gegebenen Winkel oder Bogen in drei gleiche Theile zu theilen.

Fig. 82.

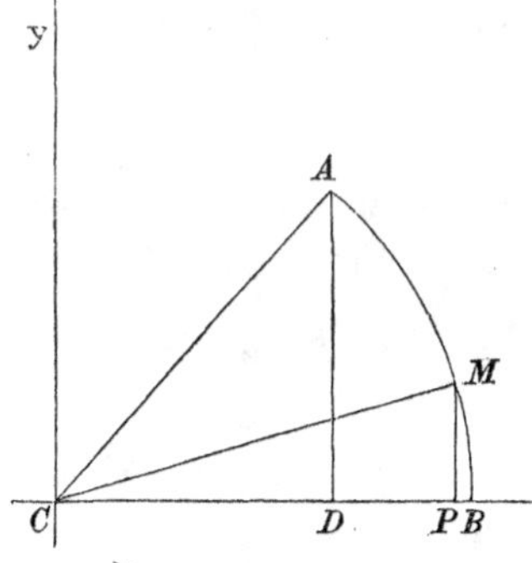

Lösung. Es sei

$$AD = s = \sin\alpha \text{ (Fig. 82).}$$

Um den Theilungspunct M, wo also $\overparen{BM} = \frac{1}{3}\overparen{AB}$ ist, kennen zu lernen, genügt es offenbar

$$\sin\frac{\alpha}{3} = MP = x$$

auszumitteln.

Zwischen $\sin\alpha$ und $\sin\frac{\alpha}{3}$ besteht die Relation

$$\sin\frac{\alpha^3}{3} - \tfrac{3}{4}\sin\frac{\alpha}{3} + \tfrac{1}{4}\sin\alpha = 0.$$

Ist aber $BC = AC = r$, so ist

$$\sin\frac{\alpha^3}{3} - \frac{3r^2}{4}\sin\frac{\alpha}{3} + \frac{r^2}{4}\sin\alpha = 0 \quad \ldots \quad (1)$$

Setzt man nun in diese Gleichung x statt $\sin\frac{\alpha}{3}$, so hat man die Gleichung

$$x^3 - \frac{3r^2}{4} \cdot x + \frac{r^2}{4} \cdot s = 0$$

oder $4x^3 - 3r^2x + r^2s = 0 \quad . \quad . \quad . \quad . \quad (2)$

Diese cubische Gleichung wäre sofort zu construiren.

Setzen wir (nach Aufgabe 201)

$$x^2 = ry \quad . \quad . \quad . \quad . \quad . \quad . \quad . \quad (3)$$

so ist $4rxy - 3r^2x + r^2s = 0$

oder $4xy - 3rx + rs = 0 \quad . \quad . \quad . \quad . \quad (4)$

Es kommt nun ferner darauf an, die Curve (3) und (4) wirklich zu construiren, um ihre Durchschnitte zu erhalten.

Was die Construction der Gleichung (3) betrifft, so ist diese eine höchst einfache, da sie eine Parabel vorstellt, deren Parameter $= r$ ist, und deren Hauptaxe in die Richtung der Ordinatenaxe fällt.

Bezüglich der Gleichung (4), die eine Hiperbel vorstellt, ist es zweckmässig, die Asymptoten dieser Curve zu suchen. Es folgt aus (4) $y = \frac{3}{4}r - \frac{rs}{4x}$ und $x = \frac{rs}{3r - 4y}$.

Für $x = \infty$ und $y = \infty$ folgt beziehungsweise $y = \frac{3}{4}r$ und $x = 0$.

Die eine Asymptote läuft demnach im Abstande $\frac{3}{4}r$ mit der Abscissenaxe parallel, die andere fällt mit der Ordinatenaxe selbst zusammen.

Mittelt man noch einen Punct der Hiperbel aus, setzt etwa $x = s$, so folgt aus (4) $y = \frac{r}{2}$, oder auch für $y = 0$, $x = \frac{s}{3}$, und es lässt sich nunmehr (nach Aufgabe 179) die Hiperbel selbst leicht construiren.

Man bekommt dann drei Durchschnittspuncte, also für die Gleichung (2) drei Auflösungen, nämlich die Sinuse der Bögen $\frac{\alpha}{3}$, $\left(60 - \frac{\alpha}{3}\right)$, $\left(60 + \frac{\alpha}{3}\right)$, von denen offenbar nur $\sin\frac{\alpha}{3}$ der gestellten Aufgabe Genüge leistet.

Aufgabe 210. Zwischen zwei gegebenen Linien a und b zwei mittlere geometrische Proportional-Linien einzuschalten.

Lösung. Sind x und y die fraglichen Linien, so muss die Relation bestehen:

$$a : x : y : b \quad \text{oder} \quad a : x = x : y$$
$$\text{und} \quad x : y = y : b.$$

Aus diesen beiden Proportionen folgt

$$x^2 = ay \quad \text{und} \quad y^2 = bx, \quad \text{oder}$$

$$x = \sqrt[3]{a^2 b} \quad \text{und} \quad y = \sqrt[3]{a b^2},$$

welche Ausdrücke sofort zu construiren wären. Einfacher ist es, die bereits erwähnten Gleichungen $x^2 = ay$ und $y^2 = bx$ zu construiren. Die Coordinaten des Durchschnittspunctes beider Parabeln sind die verlangten Proportional-Linien.

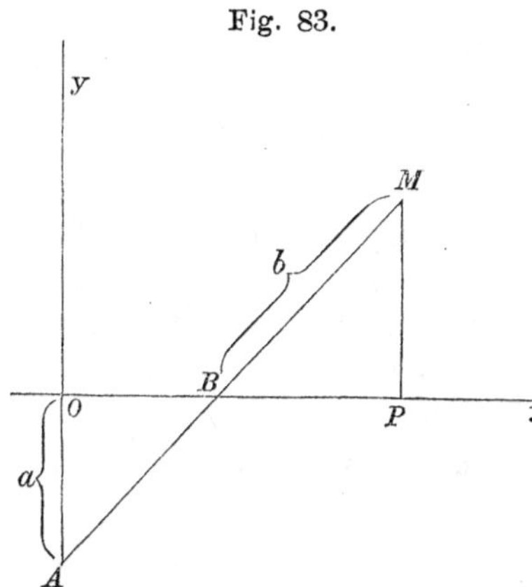

Fig. 83.

Aufgabe 211. Es ist eine Gerade Ox und ein Punct A gegeben (Fig. 83); um diesen Punct A dreht sich eine Gerade, und von dem jeweiligen Durchschnittspuncte B derselben mit Ox werde ein bestimmtes Stück $= b$ aufgetragen, welches ist dann der geometrische Ort des Punctes M?

Lösung. Nehmen wir Ox zur Abscissenaxe, durch A darauf senkrecht ziehen wir die Ordinatenaxe, so hat man für den Punct M, $x = OP$, $y = MP$; es folgt wegen $\triangle BMP \sim \triangle ABO$

$$MP : BP = AO : BO,$$

oder wegen $MP = y$,

$$BP = \sqrt{b^2 - y^2},$$
$$AO = a,$$
$$BO = x - \sqrt{b^2 - y^2},$$
$$y : \sqrt{b^2 - y^2} = a : (x - \sqrt{b^2 - y^2}).$$

Diese Gleichung rational gemacht, gibt

$$x^2 y^2 = (a + y)^2 (b^2 - y^2) \quad . \quad . \quad . \quad . \quad \text{I.}$$

als die verlangte Gleichung. Die Curve, deren Gleichung, wie man sieht, vom vierten Grade ist, führt den Namen Conchoide (Muschellinie). Aus dieser Gleichung folgt, dass für $a = \infty$ $y = b$ wird, d. h. die Conchoide geht in eine gerade Linie über, welche im Abstande b mit der Abscissenaxe parallel läuft.

Für $x = \infty$ folgt $y = 0$, es bildet demnach die Abscissenaxe eine Asymptote zur Curve.

Es folgt ferner aus I. $x = \pm \frac{a + y}{y} \sqrt{b^2 - y^2}$, d. h. es gehören zu jedem Werthe von y zwei gleiche aber entgegengesetzte Werthe von x, es wird demnach die Curve von der Ordinatenaxe in zwei congruente Theile getheilt.

Nimmt man den Punct A zum Ursprung, und nimmt die durch A zur Ox parallele Gerade als Abscissenaxe, so hat man für dieselbe Curve auch die Gleichung

$$(x^2 + y^2)(y - a)^2 = b^2 y^2.$$

Anmerkung. Um die Muschellinie vollständig zu haben, hat man auch vom Durchschnittspunct B des Strahles AM nach abwärts das Stück b aufzutragen.

Aufgabe 212. Es soll eine Curve von der Beschaffenheit gesucht werden, dass die Producte der Entfernungen der einzelnen Puncte von zwei fixen Puncten einer constanten Grösse etwa gleich a^2 sind.

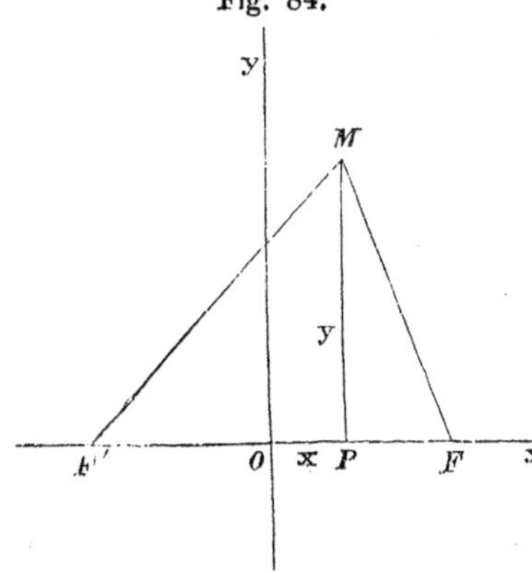

Fig. 84.

Lösung. Nennen wir (Figur 84) die Entfernung der beiden fixen Puncte $FF' = 2e$, nehmen FF' selbst zur Abscissenaxe, im Halbirungspuncte derselben senkrecht darauf die Ordinatenaxe.

Man hat

$$MF = \sqrt{y^2 + (e - x)^2},$$

$$MF' = \sqrt{y^2 + (e + x)^2},$$

wegen $MF \,.\, MF' = a^2$

$$\sqrt{y^2+(e-x)^2} \,.\, \sqrt{y^2+(e-x)^2} = a^2$$

oder $(y^2 + x^2)^2 + 2e^2(y^2 - x^2) = a^4 - e^4 \quad . \quad . \quad \text{I.}$

als Gleichung der gesuchten Curve. Diese Curve, deren Gleichung vom vierten Grade ist, führt nach ihrem Entdecker den Namen Cassinoide oder Cassini'sche Curve.

Um die Gleichung I. nach y oder x aufzulösen, hat man, wenn beiderseits $4e^2x^2$ addirt wird,

$$(y^2 + x^2)^2 + 2e^2(y^2 + x^2) = a^4 - e^4 + 4e^2x^2,$$

$$y^2 + x^2 = -e^2 \pm \sqrt{a^4 + 4e^2x^2},$$

$$y^2 = -x^2 - e^2 \pm \sqrt{a^4 + 4e^2x^2} \quad . \quad . \quad . \quad (1)$$

Wird in I. ebenso $4e^2y^2$ abgezogen,

$$x^2 = -y^2 + e^2 \pm \sqrt{a^4 - 4e^2y^2} \quad . \quad . \quad . \quad (2)$$

Aus (1) folgt, dass die Ordinatenaxe in nicht mehr als zwei Puncten, aus (2), dass die Abscissenaxe wohl auch in vier Puncten geschnitten werden kann.

Die Durchschnitte mit der Ordinatenaxe sind $y' = \pm\sqrt{a^2 - e^2}$, mit der Abscissenaxe $x' = \pm\sqrt{e^2 \pm a^2}$.

Will man von der Gestalt der besprochenen Curve eine nähere Vorstellung erlangen, so hat man zuvörderst drei Fälle zu unterscheiden, nämlich $a \gtreqless e$.

Für $a > e$ erhält sowohl x' als y' zwei Werthe (das negative Zeichen unter der Wurzelgrösse bei x' ist nicht zulässig).

Aus Gleichung (1) folgt, dass, so lange man für x solche Zahlenwerthe schreibt, wofür

$$- e^2 - x^2 \gtreqless \sqrt{a^4 + 4e^2x^2}$$

wird, d. h. so lange $x^2 \gtreqless a^2 + e^2$ ist, bekommt man zwei gleiche und entgegengesetzte reelle Werthe von y.

Die Curve hat dann eine ovale oder ellipsenähnliche Form, oder erscheint an den höchsten Puncten eingedrückt.

Für $a = e$ reducirt sich die Gleichung I. auf

$$(y^2 + x^2)^2 + 2e^2(y^2 - x^2) = 0 \quad . \quad . \quad . \quad \mathrm{I}',$$

$$y^2 = - x^2 - e^2 + e\sqrt{e^2 + 4x^2};$$

$$\text{für } x = 0 \text{ folgt } y = 0,$$

$$\text{und für } x = \pm e\sqrt{2} \quad ,, \quad y = 0.$$

Die Curve schneidet demnach die Abscissenaxe im Ursprung und ausserdem noch in zwei Puncten. Man erhält ferner für jedes $x < e\sqrt{2}$ zwei gleich grosse und entgegengesetzte Werthe für y.

Die Curve hat in diesem Falle eine schleifenartige Gestalt, sie geht zweimal durch den Ursprung, der demnach ein sogenannter doppelter Punct ist, und wird ihrer Form gemäss Lemniscate genannt.

Für $a < e$ ist ersichtlich, dass die Ordinatenaxe, wegen $y' = \pm \sqrt{a^2 - e^2}$ imaginär, nicht geschnitten wird, dafür aber die Abscissenaxe in vier Puncten, die durch die Gleichung $x' = \pm \sqrt{e^2 \pm a^2}$ bestimmt sind.

Sobald die Abscisse $x < \sqrt{e^2 + a^2}$ oder $x > \sqrt{e^2 - a^2}$ ist, erhält man für y zwei gleiche, entgegengesetzt bezeichnete, reelle Werthe für y. Wie die einfache Discussion hier zeigt, so besteht in diesem Falle die Curve aus zwei von einander vollkommen getrennten Aesten.

Aufgabe 213. Von dem Mittelpuncte einer Hiperbel sind auf die Tangenten dieser Curve Perpendikel gefällt; man bestimme den Ort der Fusspuncte dieser Perpendikel.

Lösung. Für den in der Hiperbel liegenden Berührungspunct $x'y'$ ist die Gleichung der Tangente

$$y = \frac{b^2 x'}{a^2 y'} \cdot x - \frac{b^2}{y'} \quad . \quad . \quad . \quad . \quad . \quad . \quad (1)$$

die durch den Mittelpunct darauf senkrechte Gerade hat die Gleichung

$$y = -\frac{a^2 y'}{b^2 x'} \cdot x \quad . \quad . \quad . \quad . \quad . \quad . \quad . \quad (2)$$

die Coordinaten des Fusspunctes sind demnach

$$\begin{cases} x = \dfrac{a^2 b^4 x}{a^4 y'^2 + b^4 x'^2}, \\ y = \dfrac{-a^4 b^2 y'}{a^4 y'^2 + b^4 x'^2}, \end{cases}$$

Diese Gleichungen quadrirt und addirt, folgt

$$x^2 + y^2 = \frac{a^4 b^4}{a^4 y'^2 + b^4 x'^2} \quad . \quad . \quad . \quad . \quad . \quad (3)$$

Durch Division hat man $\frac{x}{y} = -\frac{b^2 x'}{a^2 y'}$; daraus folgt, wegen $a^2 y'^2 - b^2 x'^2 = -a^2 b^2$,

$$x'^2 = \frac{a^4 x^2}{a^2 x^2 - b^2 y^2} \quad \text{und} \quad y'^2 = \frac{b^4 y^2}{a^2 x^2 - b^2 y^2}.$$

Diese Werthe in Gleich. (3) substituirt, geben nach vollständiger Reduction

$$(x^2 + y^2)^2 + (b^2 y^2 - a^2 x^2) = 0$$

als die Gleichung der verlangten Fusspunctscurve.

Ist die Hiperbel gleichseitig, also $a = b$, so folgt

$$(x^2 + y^2)^2 + a^2 (y^2 - x^2) = 0,$$

und diess ist die in der vorigen Aufgabe bereits gefundene Gleichung der Lemniscate.

Aufgabe 214. Den geometrischen Ort der Fusspuncte der von einem Endpuncte des Durchmessers eines Kreises auf die Tangenten desselben gefällten Perpendikel zu finden.

Fig. 85.

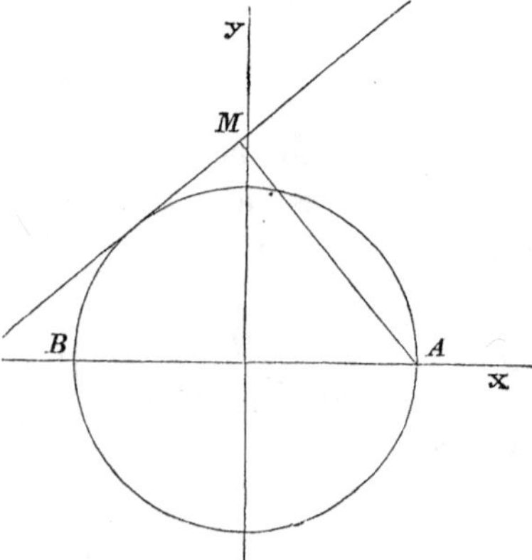

Lösung. Die Gleichung des Kreises sei

$$x^2 + y^2 = r^2 \quad . \quad . \quad (1)$$

für den Berührungspunct $x'y'$ die Gleichung der Tangente

$$x x' + y y' = r^2 \quad . \quad (2)$$

der Endpunct des Durchmessers rechts habe die Coordinaten

$$A \begin{cases} x = r \\ y = 0 \end{cases} \text{(Fig. 85)},$$

die durch diesen Punct auf die Tangente gefällte Senkrechte ist

$$y = \frac{y'}{x'}(x - r) \quad . \quad . \quad . \quad . \quad . \quad . \quad . \quad (3)$$

Um eine Relation zwischen x und y zu erhalten, dürfen wir keinen bestimmten Berührungspunct voraussetzen, und haben demnach aus den Gleichungen

$$\begin{cases} x'^2 + y'^2 = r^2 \quad . \quad . \quad . \quad . \quad . \quad . \quad . \quad (1') \\ x x' + y y' = r^2 \quad . \quad . \quad . \quad . \quad . \quad . \quad (2') \\ y = \frac{y'}{x'}(x - r) \quad . \quad . \quad . \quad . \quad . \quad . \quad . \quad (3') \end{cases}$$

x' und y' zu eliminiren.

Es folgt aus (2') . . . $y' = \frac{r^2 - x x'}{y}$, mit diesem Werth aus (3') . . . $x' = \frac{r^2 (x - r)}{y^2 + x(x - r)}$, daher $y' = \frac{r^2 y}{y^2 + x(x - r)}$.

Setzt man diese Werthe x' und y' in (1'), so folgt für die Fusspunctscurve die Gleichung

$$r^2 [y^2 + (x - r)^2] = [y^2 + x(x - r)]^2,$$

$$y = \pm \sqrt{\frac{r^2 - 2x(x - r) \pm r\sqrt{5r^2 - 4rx}}{2}}.$$

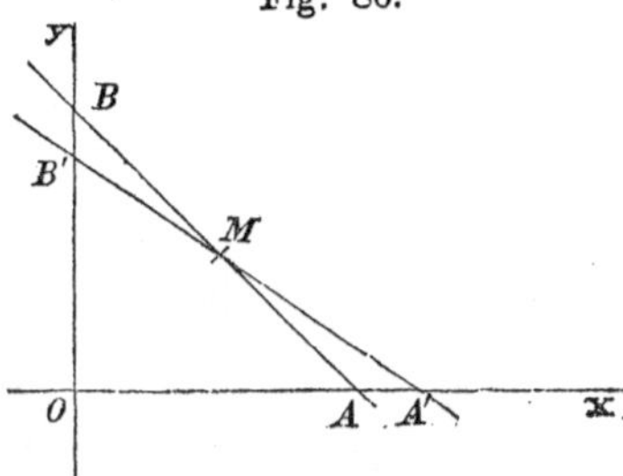

Fig. 86.

Aufgabe 215. Eine Gerade $AB = l$ (Fig. 86) gleitet auf den Schenkeln eines rechten Winkels; man soll die Gleichung jener Curve suchen, welche entsteht durch die Durchschnittspuncte zweier unmittelbar aufeinander folgenden Lagen der beweglichen Geraden.

Lösung. Nehmen wir die Schenkel des Winkels zu Coordinatenaxen, bezeichnen die Abscisse des Punctes A durch α, die Ordinate des Punctes B durch β, so ist die Gleichung der AB

$$\alpha y + \beta x = \alpha\beta \quad . \quad . \quad . \quad . \quad . \quad . \quad (m)$$

Um die Gleichung derselben Geraden für eine nächste Lage zu erhalten, nehmen wir an, α gehe über in $\alpha + \alpha'$, und β beziehungsweise in $\beta + \beta'$, wo aber α' und β' nur unendlich kleine Aenderungen bezeichnen; man hat demnach

$$(\alpha + \alpha')\, y + (\beta + \beta')\, x = (\alpha + \alpha')(\beta + \beta').$$

Hieraus folgt mit Rücksicht auf die Gleichung (m)

$$y + \frac{\beta'}{\alpha'} . x = \beta + \alpha . \frac{\beta'}{\alpha'} \quad . \quad . \quad . \quad . \quad . \quad (n)$$

$\frac{\beta'}{\alpha'}$, d. i. der Quotient zweier Zahlenwerthe, welche ohne Ende gegen Null convergiren, lässt sich als endlicher Zahlenwerth darstellen, wenn man bedenkt, dass $\alpha^2 + \beta^2 = l^2$, also auch $(\alpha + \alpha')^2 + (\beta + \beta')^2 = l^2$ ist.

Es folgt hieraus $\frac{\beta'}{\alpha'} = -\frac{\alpha}{\beta}$, oder diess in Gleich. (n) gesetzt,

$$\beta y - \alpha x = \beta^2 - \alpha^2 \quad . \quad . \quad . \quad . \quad . \quad (p)$$

Wir bekommen nun ganz einfach die Gleichung der gewünschten Curve, wenn wir aus den Gleichungen

$$\alpha^2 + \beta^2 = l^2 \quad . \quad . \quad . \quad . \quad . \quad . \quad . \quad . \quad (1)$$

$$\alpha y + \beta x = \alpha\beta \quad . \quad . \quad . \quad . \quad . \quad . \quad . \quad . \quad (2)$$

$$\beta y - \alpha x = \beta^2 - \alpha^2 \quad . \quad . \quad . \quad . \quad . \quad . \quad (3)$$

die Grössen α und β eliminiren.

Um diese Elimination vorzunehmen, multipliciren wir (2) mit α und (3) mit β, so ist

$$\alpha^2 y + \alpha\beta x = \alpha^2\beta$$

$$\beta^2 y - \alpha\beta x = \beta^3 - \alpha^2\beta$$

addirt $l^2 y = \beta^3$, woraus

$\beta = l^{\frac{2}{3}} y^{\frac{1}{3}}$ folgt.

Multiplicirt man (2) mit β und (3) mit α, so folgt

$$\alpha\beta y + \beta^2 x = \alpha\beta^2$$

$$\alpha\beta y - \alpha^2 x = \alpha\beta^2 - \alpha^3$$

subtrahirt $l^2 x = \alpha^3$

und $\alpha = l^{\frac{2}{3}} x^{\frac{1}{3}}$.

Die so erhaltenen Werthe von α und β in (1) gesetzt, liefern die Gleichung der Curve

$$x^{\frac{2}{3}} + y^{\frac{2}{3}} = l^{\frac{2}{3}} \quad . \quad . \quad . \quad . \quad . \quad . \quad . \quad \text{I.}$$

Zusatz. Um zu untersuchen, von welchem Grade die gefundene Gleichung ist, wollen wir sie rational machen.

Es folgt aus I. $y^2 = (l^{\frac{2}{3}} - x^{\frac{2}{3}})^3$.

Setzen wir $l^2 = c^3$ und $x^2 = z^3$, so kommt

$$y^2 = (c - z)^3 = c^3 - 3c^2 z + 3cz^2 - z^3$$

$$= c^3 - 3c^2 z + 3cz^2 - x^2 \quad . \quad . \quad \text{II.}$$

Multipliciren wir diese Gleichung II. mit z, so kommt

$$zy^2 = c^3 z - 3c^2 z^2 + 3cz^3 - x^2 z \quad . \quad . \quad . \quad \text{III.}$$

II. mit c multiplicirt, gibt

$$cy^2 = c^4 - 3c^3 z + 3c^2 z^2 - cx^2 \quad . \quad . \quad . \quad \text{IV.}$$

III. und IV. addirt,

$$(c+z)\,y^2 = c^4 - 2c^3z + 2cx^2 - x^2z$$

oder $\quad z\,(y^2 + x^2 + 2c^3) = c\,(c^3 + 2x^2 - y^2)$;

erhebt man diese Gleichung zur dritten Potenz und stellt für z^3 und c^3 die früheren Werthe her, so bekommt man schliesslich

$$x^2\,(y^2 + x^2 + 2\,l^2)^3 = l^2\,(l^2 + 2x^2 - y^2)^3,$$

welche Gleichung sofort vom achten Grade ist.

Aufgabe 216. Es ist ein Kreis und ein Punct A gegeben. Durch diesen Punct sind gerade Linien gezogen, und auf denselben, von den Durchschnitten des Kreises an gerechnet, gleiche Stücke von der Länge $= a$ abgeschnitten. Man soll den geometrischen Ort der Endpuncte dieser Abschnitte suchen.

Lösung, Nehmen wir den Punct A als Pol, die Linie durch A und den Mittelpunct des Kreises zur Polaraxe, so ist die Polargleichung des Kreises

$$u^2 - 2pu\cos\varphi + (p^2 - r^2) = 0 \quad . \quad . \quad . \quad . \quad (1)$$

Nennen wir den Endpunct des aufgetragenen Stückes M, so ist der Radiusvector dieses Punctes $u' = u \pm a$, also $u = u' \mp a$. Diess in (1) gesetzt, gibt demnach

$$(u' - a)^2 - 2p\,(u' - a)\cos\varphi + (p^2 - r^2) = 0 \quad . \quad . \quad (2)$$

$$(u' + a)^2 - 2p\,(u' + a)\cos\varphi + (p^2 - r^2) = 0 \quad . \quad . \quad (3)$$

Diese beiden Gleichungen nach u' geordnet, folgt

$$u'^2 - 2\,(a + p\cos\varphi)\,u' + a^2 + 2\,ap\cos\varphi + p^2 - r^2 = 0 \quad . \quad (4)$$

$$u'^2 + 2\,(a - p\cos\varphi)\,u' + a^2 - 2\,ap\cos\varphi + p^2 - r^2 = 0 \quad . \quad (5)$$

und diess sind sofort die Polargleichungen der Curvenäste.

Wollen wir auf rechtwinkelige Axen zurückkehren, so setzen wir $\sqrt{x^2 + y^2}$ statt u' und $\frac{x}{\sqrt{x^2 + y^2}}$ für $\cos\varphi$. Es folgt

$$y^2 + x^2 - 2px - 2a\sqrt{y^2 + x^2} + a^2 + \frac{2apx}{\sqrt{x^2 + y^2}} + p^2 - r^2 = 0,$$

$$y^2 + x^2 - 2px + 2a\sqrt{y^2 + x^2} + a^2 - \frac{2apx}{\sqrt{x^2 + y^2}} + p^2 - r^2 = 0.$$

Diese beiden Gleichungen rational gemacht, führen auf eine und dieselbe Gleichung

$$[y^2 + x^2 - 2px + a^2 + p^2 - r^2]^2\,(y^2 + x^2) -$$
$$- 4a^2\,[y^2 + x^2 - px]^2 = 0 \quad . \quad . \quad \text{I.}$$

Ist $p = r$, geht I. über in

$$[y^2 + x^2 - 2rx + a^2]^2\,(y^2 + x^2) - 4a^2\,[y^2 + x^2 - rx]^2 = 0$$

oder $[(y^2 + x^2 - 2rx)^2 - a^2\,(y^2 + x^2)]\,[y^2 + x^2 - a^2] = 0$;

der geometrische Ort des Punctes M besteht also aus zwei Curven, von denen die eine eine Linie vierten Grades, die zweite aber ein Kreis ist.

Berücksichtiget man nur

$$(y^2 + x^2 - 2rx)^2 - a^2(y^2 + x^2) = 0,$$

so folgt noch für $a = 2r$

$$(y^2 + x^2)^2 - 4r(y^2 + x^2) \,.\, x - 4r^2 y^2 = 0,$$

und die durch diese Gleichung ausgedrückte Curve nennen wir Cardioide.

Anmerkung. Die so eben gelöste Aufgabe in 216 lässt sich noch von einem einfacheren Standpuncte auffassen, wie in Aufgabe 217.

Aufgabe 217. Es sei ein Kreis gegeben vom Halbmesser $\frac{r}{2}$. Aus dem beliebigen Punct A der Peripherie werde die Sehne An gezogen, diese bis M und ebenso nach abwärts bis m verlängert, auf dass $Mn = mn = r$. Wie heisst die Gleichung der so entstehenden Curve?

Fig. 87.

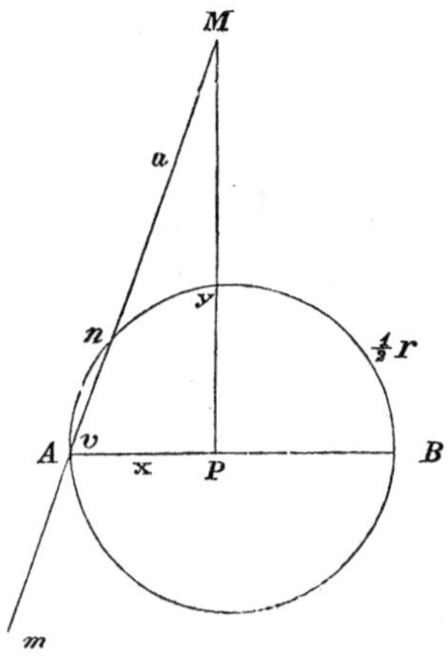

Lösung. Nehmen wir (Fig. 87) A zum Ursprung und den verlängerten Durchmesser AB zur Abscissenaxe eines rechtwinkeligen Coordinatensystems, so folgt, $AM = u$ gesetzt,

$$An = r\cos v,$$

demnach

$$u = r\cos v + r = r(1 + \cos v) \,. \quad (1)$$

d. i. die Polargleichung der fraglichen Curve. Für das rechtwinkelige System haben wir

$$u = \sqrt{x^2 + y^2} \quad \text{und} \quad \cos v = \frac{x}{\sqrt{x^2 + y}}$$

zu setzen, wornach (1) übergeht in

$$\sqrt{x^2 + y^2} = r + \frac{rx}{\sqrt{x^2 + y^2}},$$

oder rational gemacht, folgt

$$x^4 + y^4 + 2x^2y^2 - 2rx^3 - 2rxy^2 - r^2y^2 = 0$$

als Gleichung der gewünschten Curve.

Man kann diese Curve wegen ihrer Form Herzlinie (Cardioide) nennen.

Fig 88.

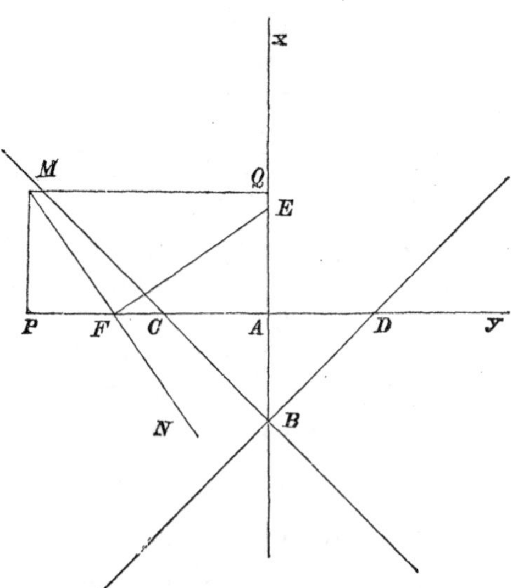

Aufgabe 218. Auf den unter sich senkrechten Geraden Ax und Ay (Fig. 88) nehme man $AB = AC = AD = AE = a$, ziehe die Geraden BC und BD, ebenso durch E eine willkürliche Gerade EF, errichte auf EF in F eine senkrechte Gerade, mache $MF = FN = AF$, und bestimme nun die Gleichung der Curve, der die Puncte M und N angehören.

Lösung. Es ist wegen $MP = x$ und $MQ = y$

$$x^2 = \overline{MF}^2 - \overline{PF}^2, \quad \overline{PF}^2 = (y - AF)^2,$$

$$\text{also} \quad x^2 = \overline{MF}^2 - (y - MF)^2,$$

$$\text{hieraus} \quad MF = \frac{x^2 + y^2}{2y} = AF.$$

Nun ist das Dreieck $AEF \sim \triangle MPF$, mithin die Proportion $$AF : a = x : (y - AF).$$

Setzt man nun in

$$ax = y \,.\, AF - \overline{AF}^2$$

den obigen Werth für AF, so folgt die gewünschte Gleichung

$$y^4 - x^4 = 2axy^2.$$

Diese Curve (Becherlinie, *Scyphois*) hat, wie leicht zu sehen, vier unendliche Aeste. Die Geraden BC und BD verlängert bilden die Asymptoten derselben.

Ueber die letzte Bemerkung lese man im dritten递Haupttheile bei den Beispielen über Asymptoten.

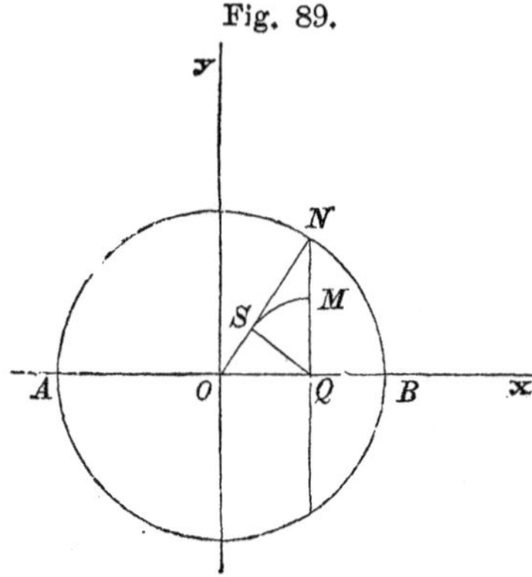

Fig. 89.

Aufgabe 219. In einem gegebenen Kreis ziehe man (Fig. 89) auf einen Durchmesser die senkrechten Ordinaten, wie NQ, ziehe den zugehörigen Radius NO, fälle von Q ein Perpendikel auf NO, d. i. QS, trage QS auf QN auf, mache also $QM = QS$; es frägt sich nun um die Gleichung des geometrischen Ortes der auf diese Weise construirten Puncte M.

Lösung. Es sei der Durchmesser AB die Abscissenaxe, durch O senkrecht darauf gehe die Ordinatenaxe; demnach sind für M die Coordinaten $\begin{cases} x = OQ, \\ y = MQ. \end{cases}$

Sind $x'y'$ die Coordinaten des Punctes N, so ist die Gleichung der $\underbrace{ON}$ ... $y = \frac{y'}{x'} \cdot x$, demnach $QM = QS = \frac{x'y'}{r}$.

Man hat also für M $\begin{cases} x = x', \\ y = \frac{x'y'}{r}. \end{cases}$

Eliminirt man aus diesen beiden Gleichungen, mit Beziehung auf $x'^2 + y'^2 = r^2$, x' und y', so folgt die Gleichung der fraglichen Curve

$$r^2y^2 - r^2x^2 + x^4 = 0.$$

Diese Linie des vierten Grades hat eine der Lemniscate sehr ähnliche Gestalt.

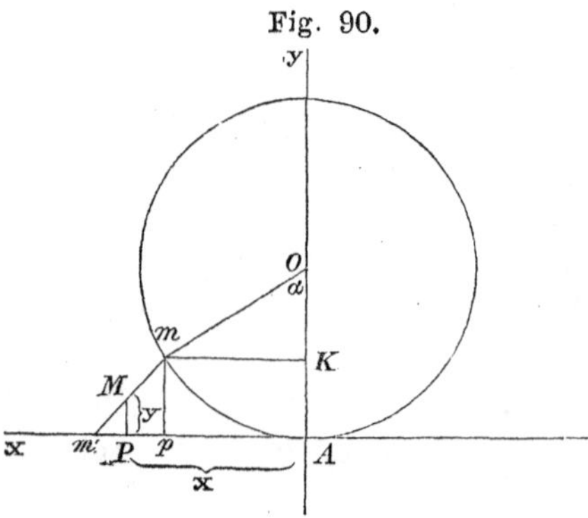

Fig. 90.

Aufgabe 220. Am Kreise vom Halbmesser r (Fig. 90) sei ein Bogenstück Am abgeschnitten. Die Länge dieses Bogenstückes werde von A aus auf der den Kreis berührenden Geraden Ax aufgetragen, so dass also $Am' = \widehat{Am}$ werde, verbinde ferner die Endpuncte m und m', und halbire diese Strecke im Puncte M; wie heisst die Gleichung jener Curve, der der Punct M angehört?

Lösung. Legen wir das rechtwinkelige Coordinatensystem xAy zu Grunde, und man hat für den Punct $M\begin{cases} x = AP, \\ y = MP. \end{cases}$

Es ist $y = MP = \frac{1}{2}mp = \frac{1}{2}Ak = \frac{1}{2}(r - r\cos\alpha)$

$$= \frac{r}{2}(1 - \cos\alpha) \quad . \; . \; . \; (1)$$

$$x = AP = Am' - \tfrac{1}{2}m'p,$$

$$Am' = r\alpha \quad \text{oder} \quad Am' = m'p + Ap = m'p + r\sin\alpha,$$

woraus fogt $\frac{1}{2}m'p = \frac{1}{2}r\alpha - \frac{r}{2}\sin\alpha$,

sonach $x = \frac{r}{2}(\alpha + \sin\alpha)$ . . . . (2)

Eliminirt man aus (1) und (2) den Winkel α, so kommt

$$x = \frac{r}{2}\operatorname{arc\,cos}\left(1 - \frac{2y}{r}\right) + \sqrt{y(r - y)}.$$

Diess ist nun die Gleichung derjenigen Curve, welche nach dem angeführten Erzeugungs-Principe entsteht, und merkwürdigerweise identisch mit der Gleichung der gemeinen Cycloide ist. Es ist demnach diese Curve selbst eine Cycloide, deren Scheitel in A sich befindet, der Halbmesser des Erzeugungskreises ist dem halben Halbmesser des gegebenen Kreises gleich.

Wie dieses Ergebniss benützt werden kann, die Cycloide selbst zu construiren, dürfte für sich einleuchten.

Fig. 91.

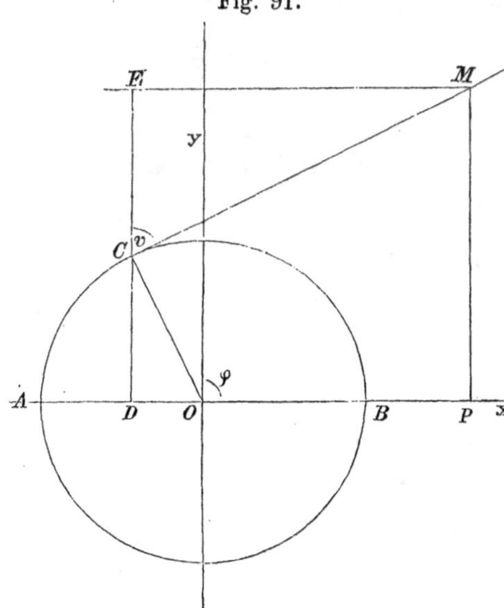

Aufgabe 221. Es sollen die Gleichungen für die Kreisevolvente aufgestellt werden.

Lösung. Es sei für den Kreis (Fig. 91) vom Halbmesser r, M ein Punct der Evolvente, so muss $CM = \widehat{BC}$ sein, welche Relation sofort die Grundgleichung zu unserer weiteren Entwicklung bildet.

Nehmen wir das rechtwinkelige Coordinatensystem, wie es in der Figur angedeutet ist, so haben wir für M die Coordinaten $\begin{cases} x = OP, \\ y = MP. \end{cases}$

Zieht man durch den Berührungspunct C, $CD \perp AB$, und verlängert dieses Perpendikel, führt von M die Linie $ME \perp DE$, so folgt

$x = DP - OD = ME - OD = MC \sin v - r \cdot \cos(180 - \varphi)$,

und wegen $MC = r\varphi$ und $v = 180 - \varphi$

$$x = r \cos\varphi + r\varphi \sin\varphi \quad . \quad . \quad . \quad . \quad (1)$$

Ebenso hat man für $y = MP = DE = CE + CD$

$$y = r \sin\varphi - r\varphi \cos\varphi \quad . \quad . \quad . \quad . \quad (2)$$

Diese beiden Gleichungen

$$x = r \cos\varphi + r\varphi \sin\varphi,$$
$$y = r \sin\varphi - r\varphi \cos\varphi$$

sind demnach die Gleichungen der Kreisevolvente.

Fig. 92.

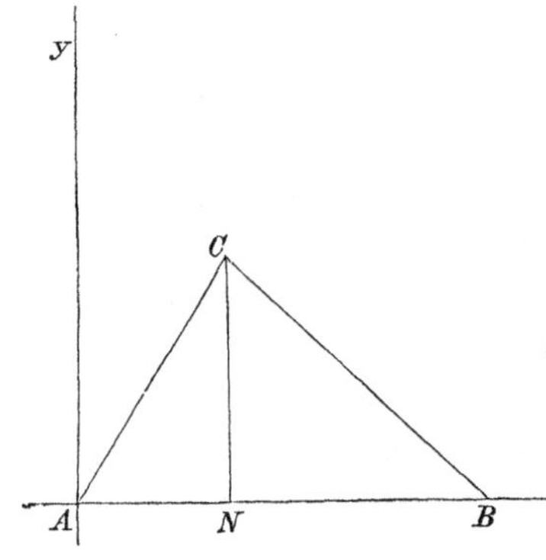

Aufgabe 222. Die Grundlinie AB eines Dreiecks ABC ist gegeben. In diesem Dreiecke (Figur 92) verhält sich ein Abschnitt BN der Grundlinie (wobei $CN \perp AB$) zu AB selbst, wie $\measuredangle BAC : 90^0$; es soll der Ort des Scheitels C gefunden werden.

Lösung. Es sei $AB = a$, $AN = x$, $CN = y$, $\measuredangle BAC = \alpha$, so hat man zufolge der Aufgabe

$$a - x : a = \alpha : \frac{\pi}{2},$$

hieraus folgt $\alpha = \frac{\pi(a - x)}{2a}$.

Die Gleichung der AC ist $y = x \cdot \operatorname{tang} \alpha$, demnach durch Substitution

$$y = x \cdot \operatorname{tang} \frac{\pi(a - x)}{2a} \quad . \quad . \quad . \quad . \quad . \quad . \quad \text{I.}$$

als die Gleichung des gesuchten Ortes.

Für $x = \pm a, \pm 3a, \pm 5a, \ldots$ wird $y = 0$, es wird demnach die Abscissenaxe von der Curve in unendlich vielen Puncten geschnitten.

Für $x = \pm 2a, \pm 4a, \pm 6a, \ldots$ wird $y = \infty$, die Curve hat demnach unendlich viele sich in's Unendliche erstreckende Aeste.

Für $x = 0$ wird $y = 0 \cdot \infty$, oder dieses Product bestimmt, folgt $y = \frac{2a}{\pi}$. Man kann diess auf folgende Art bewerkstelligen:

$$y = x \cdot \operatorname{tang} \frac{\pi(a - x)}{2a} = \frac{x \cdot \sin \frac{\pi(a - x)}{2a}}{\cos \frac{\pi(a - x)}{2a}} = \frac{x \cdot \cos \frac{\pi x}{2a}}{\sin \frac{\pi x}{2a}};$$

oder wenn für $\cos\frac{\pi x}{2a}$ und $\sin\frac{\pi x}{2a}$ die Reihen gesetzt werden, durch x abgekürzt und dann für $x = 0$ geschrieben, folgt für y der bereits oben angegebene Werth.

Nach dem eigentlichen Sinne der Aufgabe kann $> \alpha$ nicht kleiner als Null und nicht grösser als zwei rechte Winkel sein, so dass $\frac{\pi(a-x)}{2a} \geqq 0$ oder $\frac{\pi(a-x)}{2a} \leqq \pi$ sein muss, also $x \leqq a$ oder $x \geqq -a$ folgt; es kann also nur ein Theil der Curve, die durch I. ausgedrückt ist, der Aufgabe entsprechen.

Diese Curve führt den Namen Quadratrix des Dinostratus.

Fig. 93.

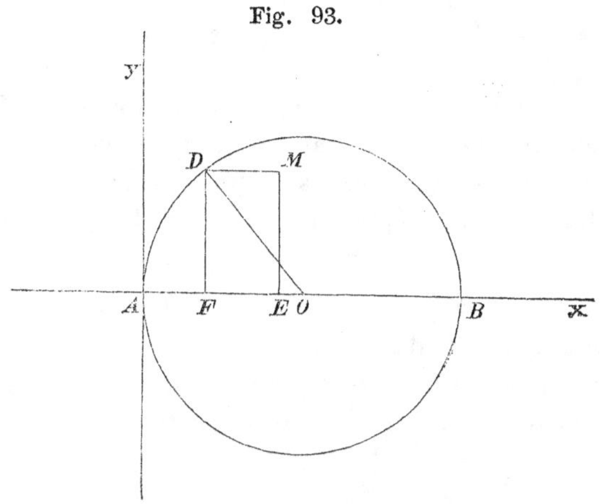

Aufgabe 223. Es sei (Fig. 93) ein Kreis vom Halbmesser r gegeben. Auf dem Durchmesser AB oder auf seiner Verlängerung ist ein Punct E so bestimmt, dass

$$AE : AO = \widehat{AD} : r \,.\, \frac{\pi}{2}$$

Statt findet, wobei D ein willkürlicher Punct in der Peripherie des gegebenen Kreises ist. Fällt man $DF \perp AB$, zieht durch E eine mit DF Parallele, macht $DM \perp EM$, welches ist dann der Ort des Punctes M?

Lösung. Sind Ax und Ay die rechtwinkeligen Axen, demnach für den Punct $M \begin{cases} x = AE \\ y = ME \end{cases}$, setzt den Halbmesser des Kreises $= r$, den Winkel $AOD = \alpha$, so folgt nach der obigen Bedingung

$$x : r = r\alpha : \frac{r.\pi}{2}, \quad \text{also} \quad \alpha = \frac{\pi x}{2r},$$

und wegen $y = r \sin \alpha$ folgt sofort die Gleichung der fraglichen Curve

$$y = r \sin \frac{\pi x}{2r} \quad \ldots \ldots \quad \text{I.}$$

welche ebenfalls unter dem Namen der Quadratrix (des Tschirnhausen) bekannt ist.

Diese Gleichung I. näher zu untersuchen, unterliegt keiner Schwierigkeit.

Aufgabe 224. Eine unbegrenzte gerade Linie drehe sich um einen festen Punct A, auf derselben bewege sich ein Punct M derart, dass die Wege, die dieser Punct auf der Geraden zurücklegt, den Winkeln proportional seien, welche die Gerade zurücklegt; wie heisst die Gleichung der Curve?

Lösung. Nehmen wir den festen Punct A, den wir gleichzeitig als Mittelpunct eines Kreises vom Halbmesser Eins betrachten wollen, zum Pol des Polar-Coordinatensystems, die erste Lage des Halbmessers zur Polaraxe, sind u und φ die Polar-Coordinaten des Punctes M, so hat man die Proportion

$$u : 1 = \varphi : 2\pi,$$

$$\text{demnach} \quad u = \frac{\varphi}{2\pi} \quad \ldots \ldots \ldots \quad (1)$$

die Polargleichung der Curve.

Setzt man $\varphi + 2p\pi$ statt φ, und $\varphi + 2(p+1)\pi$ statt φ in (1), so hat man hiefür die einzelnen Leitstrahlen

$$u' = \frac{\varphi}{2\pi} + r,$$

$$u'' = \frac{\varphi}{2\pi} + r + 1,$$

demnach $u'' - u' = 1$, d. h. das zwischen zwei aufeinander folgenden Windungen der Spirale liegende Stück des Leitstrahles st $= 1$, d. i. die Länge des Kreishalbmessers.

Diess bildet eine der wesentlichsten Eigenschaften der vorhin angeführten Curve, die nach ihrem Erfinder Conon die Conoidische, häufiger jedoch die Archimedische Spirale genannt wird.

Auf rechtwinkelige Axen bezogen ist ihre Gleichung

$$2\pi\sqrt{x^2 + y^2} = \text{arc} \cos \frac{x}{\sqrt{x^2 + y^2}}.$$

Zusatz 1. Die vorhin gefundene Gleichung $u = \frac{\varphi}{2\pi}$ ist offenbar ein specieller Fall der Gleichung $u = a\varphi^m$, welche Gleichung die Spiralen allgemeiner darstellt.

Für $m = -1$ folgt $u \cdot \varphi = a$, welches die Gleichung der hiperbolischen Spirale ist. Bei der fortwährenden Zunahme von φ wird u ohne Ende abnehmen, es kann demnach die Curve den Pol selbst nie erreichen.

Zusatz 2. Legt man die Axe einer gewöhnlichen Parabel $y^2 = px$ um die Peripherie eines Kreises, so bildet die Parabel die sogenannte parabolische Spirale.

Nennen wir den Halbmesser des Grundkreises r, die krummlinige Abscisse eines Punctes x, so ist, wenn der betreffende Mittelpunctswinkel φ heisst, $x = r\varphi$.

Für den Leitstrahl hat man $u = r \pm y$, demnach

$$u = r \pm \sqrt{pr\varphi}$$

als die verlangte Polargleichung der parabolischen Spirale.

Die Construction lässt sich nun leicht nach der Entstehungsweise angeben:

Man trägt zu diesem Behufe auf den Umfang eines Kreises von einem Puncte aus gleiche Theile auf, die man jedoch so klein nimmt, dass Sehne und Bogen verwechselt werden dürfen, zieht die entsprechenden Leitstrahlen, und trägt darauf jene Ordinaten, die den bereits als Bogen aufgetragenen Abscissen entsprechen.

Zusatz 3. Um gleich noch eine Spirale hier anzuführen, sei $u = a^{\varphi}$, welches die sogenannte logarithmische Spirale ist. Ist $a > 1$, so folgt nach der Gleichung, dass für zunehmende φ in der positiven Richtung sich die Spirale vom Pole ohne Ende entfernt, hingegen in der Richtung der negativen Winkel bei wachsenden φ sich die Windungen dem Pole unendlich nähern, ohne ihn übrigens zu erreichen.

Zweiter Theil.

Aufgaben über die analytische Geometrie des Raumes.

Erster Abschnitt.

Der Punct, die gerade Linie und die Ebene.

Aufgabe 1. Es sind die Bedingungen aufzustellen, unter welchen drei Puncte in derselben geraden Linie liegen.

Lösung. Sollen die Puncte $\begin{cases} x' \\ y' \\ z' \end{cases} \begin{cases} x'' \\ y'' \\ z'' \end{cases} \begin{cases} x''' \\ y''' \\ z''' \end{cases}$ in der Geraden $\begin{cases} x = az + \alpha \\ y = bz + \beta \end{cases}$ liegen, so müssen die Gleichungen Statt finden:

$$\left.\begin{aligned} x' &= az' + \alpha \\ y' &= bz + \beta \end{aligned}\right\} (1) \quad \left.\begin{aligned} x'' &= az'' + \alpha \\ y'' &= bz'' + \beta \end{aligned}\right\} (2) \quad \left.\begin{aligned} x''' &= az''' + \alpha \\ y''' &= bz''' + \beta \end{aligned}\right\} (3)$$

Sucht man aus Gleichung (1) und (2) die Grössen a und b, ebenso dieselben Grössen aus (1) und (3), so hat man die Gleichungen:

$$\frac{x' - x''}{z' - z''} = \frac{x' - x'''}{z' - z'''},$$

$$\frac{y' - y''}{z' - z''} = \frac{y' - y'''}{z' - z'''},$$

welche sofort die verlangten Bedingungen ausdrücken.

Aufgabe 2. Es soll untersucht werden, unter welchen Umständen sich zwei Gerade schneiden.

Lösung. Es seien die Gleichungen der gegebenen Geraden

$$\left.\begin{aligned} x &= az + \alpha \\ y &= bz + \beta \end{aligned}\right\} (1) \quad \left.\begin{aligned} x &= a'z + \alpha' \\ y &= b'z + \beta' \end{aligned}\right\} (2)$$

durch Subtraction der einzelnen Gleichungen erhält man

$$z = \frac{\alpha' - \alpha}{a - a'} \quad \text{und} \quad z = \frac{\beta' - \beta}{b - b'}.$$

Diese Werthe von z müssen identisch sein für einen gemeinschaftlichen Durchschnittspunct, demnach werden sich die Geraden nur dann schneiden, wenn zwischen den Constanten a, b, α, β, . . . die Gleichung besteht

$$(\alpha - \alpha')(b - b') = (\beta - \beta')(a - a').$$

Aufgabe 3. Es ist eine Gerade gegeben und ein Punct; man soll durch diesen Punct eine Gerade ziehen, welche mit der gegebenen Geraden einen bestimmten Winkel einschliesst und sie schneidet.

Lösung. Es sei die gegebene Gerade

$$\left.\begin{array}{l} x = az + \alpha \\ y = bz + \beta \end{array}\right\} (1), \quad \text{der Punct} \left\{\begin{array}{l} x' \\ y' \\ z' \end{array}\right.$$

die zu suchende Gerade habe die Gleichungen

$$\left.\begin{array}{l} x = a'z + \alpha' \\ y = b'z + \beta' \end{array}\right\} (2),$$

für welche die Grössen a', b', α' und β' zu bestimmen sind.

Da der gegebene Punct in der Geraden (2) liegt, so hat man

$$x' = a'z' + \alpha' \quad . \; . \; . \; . \; . \; . \; . \quad (3)$$

$$y' = b'z' + \beta' \quad . \; . \; . \; . \; . \; . \; . \quad (4)$$

da (1) und (2) sich schneiden sollen (Aufg. 2.)

$$(\alpha - \alpha')(b - b') = (\beta - \beta')(a - a') \quad . \; . \; . \quad (5)$$

und für den Neigungswinkel w der Geraden (1) und (2)

$$\cos w = \frac{aa' + bb' + 1}{\sqrt{(1 + a^2 + b^2)(1 + a'^2 + b'^2)}} \quad . \; . \; . \quad (6)$$

Aus den Gleichungen (3) bis (6) lassen sich sofort die erwähnten Grössen bestimmen.

Obige Gleichungen reduciren sich leicht auf die zwei folgenden:

$$a'[bz' + \beta - y'] = b'[az' + \alpha - x'] + [a(\beta - y') - b(\alpha - x')] \ldots (7)$$

$$\cos w = \frac{aa' + bb' + 1}{\sqrt{(1 + a^2 + b^2)(1 + a'^2 + b'^2)}} \quad . \; . \; . \quad (8)$$

Durch Substitution von a' oder b' aus (7) in (8) gelangt man zu einer quadratischen Gleichung, der zufolge zwei Gerade der gestellten Aufgabe entsprechen.

Aufgabe 4. Eine Gerade schliesst mit der Abscissenaxe den Winkel α, mit der Ordinatenaxe den Winkel β ein, und geht durch den Punct $x'y'z'$; welche sind ihre Gleichungen?

Lösung. Da die Gerade durch den bestimmten Punct $x'y'z'$ geht, so werden vermöge dem ihre Gleichungen sein

$$\left.\begin{array}{l} x - x' = a(z - z') \\ y - y' = b(z - z') \end{array}\right\} (1)$$

Sind α, β, γ die Neigungswinkel mit den drei Axen, so ist

$$\cos\alpha = \frac{a}{\sqrt{a^2+b^2+1}},$$
$$\cos\beta = \frac{b}{\sqrt{a^2+b^2+1}},$$
$$\cos\gamma = \frac{1}{\sqrt{a^2+b^2+1}},$$

demnach $a = \frac{\cos\alpha}{\cos\gamma}$, $b = \frac{\cos\beta}{\cos\gamma}$.

Diese Werthe in (1) gesetzt, geben die Gleichungen

$$\left.\begin{aligned} x - x' &= \frac{\cos\alpha}{\cos\gamma}(z - z') \\ y - y' &= \frac{\cos\beta}{\cos\gamma}(z - z') \end{aligned}\right\},$$

$\cos\gamma$ folgt aus der Relation $\cos\alpha^2 + \cos\beta^2 + \cos\gamma^2 = 1$.

Aufgabe 5. Es ist die Länge des Perpendikels vom Ursprung auf eine Gerade zu bestimmen.

Lösung. Es sei die gegebene Gerade

$$\left.\begin{aligned} x &= az + \alpha \\ y &= bz + \beta \end{aligned}\right\} (1)$$

die Gleichungen des durch den Ursprung darauf gefällten Perpendikels

$$\left.\begin{aligned} x &= a'z \\ y &= b'z \end{aligned}\right\} (2)$$

die Grössen a' und b' bestimmen sich aus den Gleichungen

$$\left.\begin{aligned} aa' + bb' + 1 &= 0 \\ \alpha(b - b') &= \beta(a - a') \end{aligned}\right\} (3)$$

hieraus folgt $a' = \frac{ab\alpha - \beta(1+a^2)}{a\alpha + b\beta}$,

$$b' = \frac{ab\beta - \alpha(1+b^2)}{a\alpha + b\beta};$$

für den Durchschnitt von (1) und (2) hat man

$$x = \frac{a'\alpha}{a'-a}, \quad y = \frac{b'\alpha}{a'-a} \quad \text{und} \quad z = \frac{\alpha}{a'-a},$$

demnach für die Länge des Perpendikels p

$$p^2 = x^2 + y^2 + z^2, \quad \text{also}$$

$$p = \pm\frac{\alpha\sqrt{a'^2+b'^2+1}}{a'-a} = \pm\sqrt{\alpha^2+\beta^2-\frac{(a\alpha+b\beta)^2}{a^2+b^2+1}}.$$

Aufgabe 6. Auf einer gegebenen Geraden ist ein Punct angenommen; man soll einen andern Punct in der Geraden suchen, der von dem gegebenen Puncte eine bestimmte Entfernung hat.

Lösung. Für die gegebene Gerade seien die Gleichungen

$$\left.\begin{aligned} x &= az + \alpha \\ y &= bz + \beta \end{aligned}\right\} (1)$$

der gegebene Punct sei $x' y' z'$, die Coordinaten des fraglichen Punctes $x'' y'' z''$. Nennen wir die Distanz dieser zwei Puncte e, so besteht die Relation

$$e^2 = (x' - x'')^2 + (y' - y'')^2 + (z' - z'')^2 \quad . \quad . \quad (2)$$

Da nun die Puncte $x' y' z'$ und $x'' y'' z''$ in der Geraden (1) liegen, so hat man die Gleichungen:

$$\begin{aligned} x' &= a z' + \alpha, \\ y' &= b z' + \beta, \\ x'' &= b z'' + \alpha, \\ y'' &= b z'' + \beta, \end{aligned}$$

daraus folgen die Differenzen

$$\begin{aligned} x' - x'' &= a (z' - z''), \\ y' - y'' &= b (z' - z''); \end{aligned}$$

diese in Gleichung (2) substituirt, geben

$$e^2 = (a^2 + b^2 + 1)(z' - z'')^2,$$

$$\text{also} \quad z' - z'' = \frac{\pm e}{\sqrt{a^2 + b^2 + 1}},$$

$$\text{dann} \quad y' - y'' = \frac{\pm b e}{\sqrt{a^2 + b^2 + 1}},$$

$$x' - x'' = \frac{\pm a e}{\sqrt{a^2 + b^2 + 1}},$$

hieraus folgen die Werthe

$$\left\{ \begin{aligned} x'' &= x' \mp \frac{a e}{\sqrt{a^2 + b^2 + 1}}, \\ y'' &= y' \mp \frac{b e}{\sqrt{a^2 + b^2 + 1}}, \\ z'' &= z' \mp \frac{e}{\sqrt{a^2 + b^2 + 1}}. \end{aligned} \right.$$

Das sind die Coordinaten der gesuchten Puncte.

Aufgabe 7. Die Gleichungen dreier gerader Linien sind gegeben; man soll eine vierte Linie finden, welche die drei gegebenen Geraden schneidet.

Lösung. Die gegebenen Geraden seien

$$\left. \begin{aligned} x &= a' z + \alpha' \\ y &= b' z + \beta' \end{aligned} \right\} (1), \quad \left. \begin{aligned} x &= a'' z + \alpha'' \\ y &= b'' z + \beta'' \end{aligned} \right\} (2), \quad \left. \begin{aligned} x &= a''' z + \alpha''' \\ y &= b''' z + \beta''' \end{aligned} \right\} (3),$$

die gesuchte Gerade habe die Gleichungen

$$\left. \begin{aligned} x &= a z + \alpha \\ y &= b z + \beta \end{aligned} \right\} (4).$$

Zur Bestimmung der Grössen a, b, α, β hat man die Bedingungsgleichungen:

$$\left.\begin{array}{l}(\alpha - \alpha')(b - b') = (\beta - \beta')(a - a') \\ (\alpha - \alpha'')(b - b'') = (\beta - \beta'')(a - a'') \\ (\alpha - \alpha''')(b - b''') = (\beta - \beta''')(a - a''')\end{array}\right\} \text{ I.}$$

Da wir für die erwähnten vier Grössen nur drei Gleichungen haben, so bleibt noch immer eine der Grössen willkürlich, woraus sonach erhellt, dass es im Allgemeinen unendlich viele Gerade gibt, welche drei gegebene Gerade schneiden.

Ist die Lösung der gestellten Aufgabe unter allen Verhältnissen möglich?

Aufgabe 8. Die Gleichungen zweier Geraden sind gegeben; es soll das Gleichungssystem derjenigen geraden Linie gefunden werden, welche die gegebenen rechtwinkelig schneidet.

Lösung. Die gegebenen Geraden seien

$$\left.\begin{array}{l}x = a'z + \alpha' \\ y = b'z + \beta'\end{array}\right\} (1), \qquad \left.\begin{array}{l}x = a''z + \alpha'' \\ y = b''z + \beta''\end{array}\right\} (2),$$

die zu suchende Gerade

$$\left.\begin{array}{l}x = az + \alpha \\ y = bz + \beta\end{array}\right\} (3).$$

Damit sich die Geraden (1) und (3) unter rechten Winkeln schneiden, müssen die Gleichungen Statt finden:

$$aa' + bb' + 1 = 0 \quad . \quad . \quad . \quad . \quad . \quad (4)$$

$$(\alpha - \alpha')(b - b') = (\beta - \beta')(a - a') \quad . \quad . \quad . \quad (5)$$

unter denselben Voraussetzungen bei (2) und (3)

$$aa'' + bb'' + 1 = 0 \quad . \quad . \quad . \quad . \quad . \quad (6)$$

$$(\alpha - \alpha'')(b - b'') = (\beta - \beta'')(a - a'') \quad . \quad . \quad (7)$$

Aus diesen vier Gleichungen folgen die Werthe a, b, α, β, welche, in (3) substituirt, die gewünschten Gleichungen geben.

Aufgabe 9. Auf einer gegebenen Geraden steht in einem bestimmten Puncte eine andere Gerade senkrecht, in demselben Punct ist eine dritte Gerade errichtet, welche auf der ersteren ebenfalls senkrecht steht, mit der zweiten aber einen bestimmten Winkel einschliesst; welches ist die Gleichung dieser Geraden?

Lösung. Bezeichnen wir die Coordinaten des gemeinschaftlichen Durchschnittspunctes aller drei Geraden durch $x'\,y'\,z'$, so haben wir für dieselben die Gleichungen:

$$\left.\begin{array}{l}x - x' = a(z - z') \\ y - y' = b(z - z')\end{array}\right\} (1),$$

$$\left.\begin{array}{l}x - x' = a'(z - z') \\ y - y' = b'(z - z')\end{array}\right\} (2),$$

$$\left.\begin{array}{l}x - x' = a''(z - z') \\ y - y' = b''(z - z')\end{array}\right\} (3).$$

Wegen (2) $\perp$ (1) ist $a a' + b b' + 1 = 0$ . . . . . (4)

„ (3) $\perp$ (1) „ $a a'' + b b'' + 1 = 0$ . . . . . (5)

ferner $\cos(2, 3) = \dfrac{a' a'' + b' b'' + 1}{\sqrt{a'^2 + b'^2 + 1} \cdot \sqrt{a''^2 + b''^2 + 1}}$ . . (6)

Da wir zwischen a' und b' nur die einzige Relation (4) haben, so kann die Lage der Geraden (2) sehr mannigfaltig sein; einem Paar zusammengehöriger Werthe von a' und b' entsprechen dann nach den Gleichungen (5) und (6) bestimmte Werthe von a'' und b'', wornach die Gerade (3) ihrer Lage nach festgestellt wird.

Aufgabe 10. Eine gerade Linie ist gegeben, an dieser gleitet eine zweite Gerade, stets parallel mit sich selbst, fort; es soll jener analytische Ausdruck aufgestellt werden, der alle Lagen der gleitenden Geraden repräsentirt.

Lösung. Es sei die fixe Gerade oder Leitlinie durch die Gleichungen gegeben

$\left.\begin{matrix} x = az + \alpha \\ y = bz + \alpha \end{matrix}\right\}$ (1), die Erzeugende durch $\left.\begin{matrix} x = a'z + \alpha' \\ y = b'z + \beta' \end{matrix}\right\}$ (2).

Da die Gerade (2) in jeder ihrer besonderen Lagen die Gerade (1) schneiden muss, so hat man

$$(\alpha - \alpha')(b - b') = (\beta - \beta')(a - a') \quad . \; . \; . \; (3)$$

Da die Grössen α' und β' sich continuirlich ändern, so werden wir, um alle möglichen Lagen der Geraden (2) bestehen zu lassen, aus (3) die Werthe für α' und β' eliminiren, was einfach dadurch geschieht, dass die Werthe für α' und β' aus (2) in Gleichung (3) gesetzt werden, d. i.

$$\alpha' = x - a'z,$$
$$\beta' = y - b'z,$$

man bekommt dadurch die Gleichung

$$(\alpha - x + a'z)(b - b') = (\beta - y + b'z)(a - a'),$$

welche reducirt sich auf die Form bringen lässt:

$$Ax + By + Cz + D = 0 \quad . \; . \; . \; . \; \text{I.}$$

Diese Relation wird, wie nach der Entstehungsweise für sich klar, die Gleichung der Ebene genannt.

Anmerk. Welche Modificationen diese Gleichung I. erleidet bei besonderen Lagen der Ebene gegen die Coordinatenebenen, setzen wir als bekannt voraus.

Zusatz. Unter den mancherlei Methoden, die Gleichung einer Ebene aufzustellen, wollen wir es unternehmen, auf eine sehr bekannte Darstellung zu erinnern, in der Absicht, eine besondere Bemerkung daran zu knüpfen.

Die Entwickelung beruht auf Folgendem:

Errichtet man in einem beliebigen Puncte einer Ebene auf diese eine senkrechte Gerade, trägt auf die nach beiden Richtungen verlängerte Linie gleiche Längen, so hat bekanntlich jeder Punct der Ebene die Eigenschaft, von den beiden Endpuncten der Senkrechten gleichweit entfernt zu sein.

Auf diesen Charakter der Ebene gestützt, unternimmt es die analytische Geometrie, die sogenannte Gleichung der Ebene aufzustellen; denn sind zwei feste Puncte im Raume gegeben, und will man die Lage derjenigen Puncte ermitteln, die von den zwei festen Puncten dieselbe Entfernung haben, so ist offenbar der geometrische Ort derselben eine Ebene, die gleichzeitig senkrecht auf der Verbindungslinie der beiden Puncte ist.

Sind auf Grundlage eines rechtwinkeligen Coordinatensystems die Coordinaten der fixen Puncte A und A' beziehungsweise

$$\begin{cases} x = \alpha, \\ y = \beta, \\ z = \gamma, \end{cases} \qquad \begin{cases} x = \alpha', \\ y = \beta', \\ z = \gamma', \end{cases}$$

sind ferner die Coordinaten eines beliebigen Punctes M der Ebene x, y, z, so folgt wegen $AM = A'M$

$$(x-\alpha)^2 + (y-\beta)^2 + (z-\gamma)^2 = (x-\alpha')^2 + (y-\beta')^2 + (z-\gamma')^2,$$

oder reducirt

$$(\alpha'-\alpha)\,x + (\beta'-\beta)\,y + (\gamma'-\gamma)\,z + \\ + \tfrac{1}{2}(\alpha^2 + \beta^2 + \gamma^2 - \alpha'^2 - \beta'^2 - \gamma'^2) = 0 \quad . \; . \; . \quad (1)$$

oder kürzer

$$Ax + By + Cz + D = 0 \quad . \; . \; . \; . \quad (2)$$

welches sofort die allgemeine Gleichung der Ebene ist.

Gegen die Vollgiltigkeit dieser Gleichung (2) kann übrigens sehr leicht ein Zweifel erhoben werden, wenn man bedenkt, dass die Coefficienten A, B, C und D sich als Functionen der Coordinaten der fixen Puncte ergeben, und es könnte sehr leicht den Anschein gewinnen, dass die Gleichung der Ebene eine andere werde bei jeder Veränderung der Coordinaten von A und A'. Im Allgemeinen ist es auch so; allein ändert man die Lage der Puncte A und A' derart, dass sie sich um gleichviel dem Halbirungspuncte ihrer Distanz nähern oder davon entfernen, und zwar in der ursprünglichen Verbindungslinie AA', so bleibt die Gleichung (2) allgemein in Kraft, d. h. die Coefficienten dieser

Gleichung, oder besser ihre Verhältnisse zu einander, ändern sich nicht, wenn eine solche Aenderung in der Lage der Puncte A und A' eintritt. Um diess zu zeigen, schlagen wir folgenden Weg ein:

Nehmen wir an, die Coordinaten des Punctes A gehen über

in $B \begin{cases} x = \alpha + k, \\ y = \beta + l, \\ z = \gamma + m, \end{cases}$ demnach gehen die Coordinaten des Punctes B

über in $B' \begin{cases} x = \alpha' - k, \\ y = \beta' - l, \\ z = \gamma' - m. \end{cases}$

Für die so veränderte Lage von A und A' findet man nach (1) für die Gleichung der Ebene

$$(\alpha' - \alpha - 2k)\, x + (\beta' - \beta - 2l)\, y + (\gamma' - \gamma - 2m)\, z + \\ + \tfrac{1}{2} \begin{Bmatrix} (\alpha + k)^2 + (\beta + l)^2 + (\gamma + m)^2 \\ - (\alpha' - k)^2 - (\beta' - l)^2 - (\gamma' - m)^2 \end{Bmatrix} = 0 \quad . \; . \; . \quad (3)$$

oder kürzer $\quad A'x + B'y + C'z + D' = 0 \quad . \quad . \quad . \quad (4)$

Soll nun diese Gleichung (4) dieselbe Ebene bezeichnen wie die Gleichung (2), so müssen für die Identität dieser Gleichungen offenbar die Relationen Statt finden:

$$\frac{A}{C} = \frac{A'}{C'}, \quad \frac{B}{C} = \frac{B'}{C'}, \quad \frac{D}{C} = \frac{D'}{C'}.$$

Es kommt also nur mehr darauf an, die Richtigkeit dieser Gleichungen darzuthun.

Nun sind die Gleichungen der durch A und A' gehenden Geraden

$$\left. \begin{aligned} x - \alpha' &= \frac{\alpha' - \alpha}{\gamma' - \gamma}(z - \gamma') \\ y - \beta' &= \frac{\beta' - \beta}{\gamma' - \gamma}(z - \gamma') \end{aligned} \right\} \quad . \; . \; . \; . \; . \quad (5)$$

Setzt man die Coordinaten des Punctes B' in (5), so folgen die Beziehungen

$$\frac{\alpha' - \alpha}{\gamma' - \gamma} = \frac{k}{m}, \quad \frac{\beta' - \beta}{\gamma' - \gamma} = \frac{l}{m},$$

oder daraus

$$\frac{\alpha' - \alpha - 2k}{\gamma' - \gamma - 2m} = \frac{\alpha' - \alpha}{\gamma' - \gamma} \quad \text{und} \quad \frac{\beta' - \beta - 2l}{\gamma' - \gamma - 2m} = \frac{\beta' - \beta}{\gamma' - \gamma},$$

demnach ist auch die Richtigkeit der Gleichungen

$$\frac{A}{C} = \frac{A'}{C'} \quad \text{und} \quad \frac{B}{C} = \frac{B'}{C'}$$

nachgewiesen.

Was endlich noch die Gleichung $\frac{D}{C} = \frac{D'}{C'}$ betrifft, so hat man

$$D' = \tfrac{1}{2}[(\alpha+k)^2 + (\beta+l)^2 + (\gamma+m)^2 - (\alpha'-k)^2 - (\beta'-l)^2 - (\gamma'-m)^2]$$
$$= \tfrac{1}{2}[(\alpha^2-\alpha'^2) + (\beta^2-\beta'^2) + (\gamma^2-\gamma'^2) +$$
$$+ (\alpha+\alpha') \,.\, 2k + (\beta+\beta') \,.\, 2l + (\gamma+\gamma') \,.\, 2m]$$
$$= \tfrac{1}{2}[(\alpha+\alpha')(\alpha-\alpha'+2k) + (\beta+\beta')(\beta-\beta'+2l) +$$
$$+ (\gamma+\gamma')(\gamma-\gamma'+2m)]$$
$$= -\tfrac{1}{2}[(\alpha+\alpha')(\alpha'-\alpha-2k) + (\beta+\beta')(\beta'-\beta-2l) +$$
$$+ (\gamma+\gamma)(\gamma'-\gamma-2m)],$$

also

$$\frac{D'}{C'} = -\tfrac{1}{2}\left[(\alpha+\alpha') \,.\, \frac{\alpha'-\alpha}{\gamma'-\gamma} + (\beta+\beta') \,.\, \frac{\beta'-\beta}{\gamma'-\gamma} + (\gamma+\gamma')\right]$$
$$= \tfrac{1}{2}\left[\frac{\alpha^2+\beta^2+\gamma^2-\alpha'^2-\beta'^2-\gamma'^2}{\gamma'-\gamma}\right] = \frac{D}{C}.$$

Es sind daher die Gleichungen (2) und (4) vollkommen einerlei, wie diess übrigens auch in der Natur der Sache liegt.

Aufgabe 11. Man soll die Gleichung jener Ebene suchen, die durch drei gegebene Puncte gelegt werden kann.

Lösung. Die gegebenen Puncte seien $x'\,y'\,z'$, $x''\,y''\,z''$, $x'''\,y'''\,z'''$, die fragliche Ebene habe die Gleichung

$$Ax + By + Cz + D = 0 \quad . \quad . \quad . \quad . \quad (1)$$

Da sie nun durch die drei gegebenen Puncte gehen soll, so folgen die Gleichungen

$$Ax' + By' + Cz' + D = 0,$$
$$Ax'' + By'' + Cz'' + D = 0,$$
$$Ax''' + By''' + Cz''' + D = 0.$$

Dividirt man jede dieser Gleichungen durch D, so hat man weiter die Grössen $\frac{A}{D}$, $\frac{B}{D}$ und $\frac{C}{D}$ zu suchen, welche Quotienten in Gleichung (1), nachdem man auch diese früher durch D dividirt hat, zu substituiren sind.

Aufgabe 12. Es soll der Durchschnitt einer Geraden mit einer Ebene ermittelt werden.

Lösung. Es sei die Ebene

$$Ax + By + Cz + D = 0 \quad . \quad . \quad . \quad . \quad (1)$$

die gegebene Gerade

$$\left.\begin{aligned} x &= az + \alpha \\ y &= bz + \beta \end{aligned}\right\} \quad . \quad . \quad . \quad . \quad . \quad . \quad . \quad (2)$$

Setzt man die Werthe von x und y aus Gleich. (2) in (1), so folgt

$$(Aa + Bb + C)z + (A\alpha + B\beta + D) = 0 \quad . \quad . \quad . \quad (3)$$

und $$z = -\frac{A\alpha + B\beta + D}{Aa + Bb + C},$$

demnach nach (2)

$$x = \frac{\alpha(Bb + C) - a(B\beta + D)}{Aa + Bb + C},$$

$$y = \frac{\beta(Aa + C) - b(A\alpha + D)}{Aa + Bb + C}.$$

Aus diesen Resultaten geht hervor, dass die Gerade die Ebene nie schneiden wird, also mit ihr parallel ist, sobald $Aa + Bb + C = 0$ ist. Es bildet demgemäss diese Gleichung $Aa + Bb + C = 0$ die analytische Bedingung für den Parallelismus einer Geraden mit einer Ebene.

Soll die Gerade ihrer ganzen Ausdehnung nach in der Ebene liegen, so müssen alle jene Coordinaten, welche den Gleichungen der Geraden entsprechen, auch die Gleichung der Ebene identisch machen; diess führt nun direct auf die Gleichung (3), welche für alle möglichen Werthe von z gelten muss. Diess ist nun der Fall, wenn $\left.\begin{array}{l} Aa + Bb + C = 0 \\ \text{und } A\alpha + B\beta + D = 0 \end{array}\right\}$, welche Gleichungen zusammen bestehend die Bedingung ausdrücken, unter der eine Gerade in einer Ebene zu liegen kommt.

Aufgabe 13. Durch einen gegebenen Punct soll eine Ebene gelegt werden, welche mit einer gleichfalls gegebenen Geraden parallel ist.

Lösung. Es sei die Gerade $\left.\begin{array}{l} x = az + \alpha \\ y = bz + \beta \end{array}\right\} \quad . \quad . \quad . \quad (1),$

der Punct $M\left\{\begin{array}{l} x', \\ y', \\ z', \end{array}\right.$ die gesuchte Ebene hat die Gleichung

$$A(x - x') + B(y - y') + C(z - z') = 0.$$

Zur Bestimmung der Coefficienten A, B, C hat man die einzige Gleichung $Aa + Bb + C = 0$, woraus folgt, dass es unzählige Ebenen gibt, die der Aufgabe entsprechen.

Aufgabe 14. Es soll durch einen Punct und eine Gerade eine Ebene gelegt werden.

Lösung. Es sei die Gerade $\left.\begin{array}{l} x = az + \alpha \\ y = bz + \beta \end{array}\right\}$, der Punct $x'y'z'$, die gesuchte Ebene sei

$$Ax + By + Cz + D = 0 \quad . \quad . \quad . \quad . \quad (1)$$

Zur Bestimmung der Coefficienten hat man

$$\left.\begin{array}{l} Ax' + By' + Cz' + D = 0 \\ Aa + Bb + C \qquad = 0 \\ A\alpha + B\beta + D \qquad = 0 \end{array}\right\}.$$

Aus diesen drei Gleichungen wird man sich wieder die Quotienten $\frac{A}{D}$, $\frac{B}{D}$ und $\frac{C}{D}$ rechnen und in (1) substituiren.

Bringt man die Gleichung (1) durch Division mit $-D$ auf die Form $Mx + Ny + Pz = 1$, welche Gleichung sofort auch als allgemeine Gleichung der Ebene zu gelten hat, so hat man für die vorliegende Aufgabe

$$\left.\begin{array}{l} Mx' + Ny' + Pz' = 1 \\ Ma + Nb + P \quad = 0 \\ M\alpha + N\beta - 1 \quad = 0 \end{array}\right\},$$

und die gesuchte Ebene ist

$$(\beta + bz' - y')x - (\alpha + az' - x')y + [a(y' - \beta) - b(x' - \alpha)]z = \\ = \alpha(bz' - y') - \beta(az' - x').$$

Aufgabe 15. Durch zwei sich schneidende Gerade eine Ebene zu legen.

Lösung. Die gegebenen Geraden seien

$$\left.\begin{array}{l} x = az + \alpha \\ y = bz + \beta \end{array}\right\} (1) \qquad \left.\begin{array}{l} x = a'z + \alpha' \\ y = b'z + \beta' \end{array}\right\} (2)$$

Hat die gesuchte Ebene die Gleichung

$$Ax + By + Cz + D = 0 \quad . \quad . \quad . \quad . \quad (3)$$

so hat man zur Bestimmung der Coefficienten die Gleichungen

$$\left.\begin{array}{l} Aa + Bb + C = 0 \\ A\alpha + B\beta + D = 0 \\ Aa' + Bb' + C = 0 \\ A\alpha' + B\beta' + D = 0 \end{array}\right\} (4)$$

Fügt man diesem Systeme von Gleichungen noch die Bedingung bei, dass die gegebenen Geraden sich schneiden, nämlich die Gleichung

$$(\alpha - \alpha')(b - b') = (\beta - \beta')(a - a') \quad . \quad . \quad . \quad (5)$$

so reduciren sich die obigen vier Gleichungen bloss auf drei, aus denen man wieder durch Division mit D die Quotienten $\frac{A}{D}$, $\frac{B}{D}$ und $\frac{C}{D}$ rechnen kann.

Man bekommt nämlich aus (4) durch Subtraction der ersten und dritten, ebenso der zweiten und vierten Gleichung beziehungsweise

$$A(a - a') + B(b - b') = 0,$$
$$A(\alpha - \alpha') + B(\beta - \beta') = 0,$$

welche zwei Gleichungen sich mit Rücksicht auf Gleichung (5) von einander gar nicht unterscheiden. Verbindet man demnach aus (4) etwa

$$\left.\begin{aligned} Aa + Bb + C &= 0 \\ A\alpha + B\beta + D &= 0 \\ \text{mit}\quad A(\alpha - \alpha') + B(\beta - \beta') &= 0 \end{aligned}\right\} (6)$$

so folgt aus diesem Systeme (6), wenn der Kürze wegen $\frac{\beta - \beta'}{\alpha - \alpha'} = m$ gesetzt wird,

$$\frac{A}{D} = \frac{m}{\beta - \alpha m}, \quad \frac{B}{D} = \frac{-1}{\beta - \alpha m}, \quad \frac{C}{D} = \frac{b - am}{\beta - \alpha m}.$$

Diese Quotienten in (3) gesetzt, geben für die gesuchte Ebene die Gleichung

$$mx - y + (b - am)z + (\beta - \alpha m) = 0.$$

Aufgabe 16. Durch zwei parallele Gerade eine Ebene zu legen.

Lösung. Die Geraden seien

$$\left.\begin{aligned} x &= az + \alpha \\ y &= bz + \beta \end{aligned}\right\} (1), \qquad \left.\begin{aligned} x &= az' + \alpha' \\ y &= bz' + \beta' \end{aligned}\right\} (2),$$

die gesuchte Ebene

$$Ax + By + Cz + D = 0 \quad . \quad . \quad . \quad (3)$$

Damit die Ebene (3) die Gerade (1) enthalte, muss

$$Aa + Bb + C = 0 \quad . \quad . \quad . \quad . \quad . \quad (4)$$

$$A\alpha + B\beta + D = 0 \quad . \quad . \quad . \quad . \quad . \quad (5)$$

sein; für die zweite Gerade

$$Aa + Bb + C = 0 \quad . \quad . \quad . \quad . \quad . \quad (6)$$

$$A\alpha' + B\beta' + D = 0 \quad . \quad . \quad . \quad . \quad . \quad (7)$$

Da die Gleichungen (4) und (6) einerlei sind, so hat man wieder zur Ermittelung der Quotienten $\frac{A}{D}$, $\frac{B}{D}$ und $\frac{C}{D}$ die Gleichungen

$$\left.\begin{aligned} Aa + Bb + C &= 0 \\ A\alpha + B\beta + D &= 0 \\ A\alpha' + B\beta' + D &= 0 \end{aligned}\right\}.$$

Man findet

$$(\beta - \beta')x - (\alpha - \alpha')y + [b(\alpha - \alpha') - a(\beta - \beta')]z + (\alpha\beta' - \alpha'\beta) = 0.$$

Aufgabe 17. Es sind die Neigungswinkel zu bestimmen, die eine Gerade mit den coordinirten Ebenen einschliesst.

Lösung. Hat man die Gerade $\left.\begin{aligned} x &= az + \alpha \\ y &= bz + \beta \end{aligned}\right\}$ . . . (1)

und eine Ebene, allgemein

$$Ax + By + Cz + D = 0 \quad . \quad . \quad . \quad . \quad \text{I.}$$

so hat man bekanntlich für den Neigungswinkel der Geraden mit der Ebene für den Winkel (1, I.)

$$\sin(1, \mathrm{I.}) = \frac{Aa + Bb + C}{\sqrt{a^2 + b^2 + 1} \cdot \sqrt{A^2 + B^2 + C^2}} \quad . \quad . \quad . \quad (2)$$

Soll nun I. in die coordinirte Ebene xy übergehen, so hat man die Gleichung derselben $z = 0$, also in (2) $A = 0$, $B = 0$ und $C = 1$ zu setzen, demnach

$$\sin(1, xy) = \frac{1}{\sqrt{a^2 + b^2 + 1}},$$

ebenso

$$\sin(1, xz) = \frac{b}{\sqrt{a^2 + b^2 + 1}},$$

$$\sin(1, yz) = \frac{a}{\sqrt{a^2 + b^2 + 1}}.$$

Aus diesen drei Gleichungen folgt allsogleich

$$\sin(1, xy)^2 + \sin(1, xz)^2 + \sin(1, yz)^2 = 1.$$

Zusatz. Für die Cosinuse der Neigungswinkel einer Geraden mit den Axen z, y und x wurden dieselben Zahlenwerthe wie oben gefunden. Es folgt demnach

$$\sin(1, xy) = \cos(1, z),$$
$$\sin(1, xz) = \cos(1, y),$$
$$\sin(1, yz) = \cos(1, x).$$

Aufgabe 18. Es soll der Abstand eines Punctes von einer Ebene gesucht werden.

Lösung. Es sei der Punct $x'y'z'$, die gegebene Ebene

$$Ax + By + Cz + D = 0 \quad . \quad . \quad . \quad (1)$$

Die Gerade, die durch $x'y'z'$ geht, ist

$$\left.\begin{aligned} x - x' &= a(z - z') \\ y - y' &= b(z - z') \end{aligned}\right\}$$

Soll aber diese Gerade auf der Ebene (1) senkrecht stehen, so muss bekanntlich a und b so gewählt werden, dass

$$a = \frac{A}{C}, \quad b = \frac{B}{C},$$

demnach sind die Gleichungen des Perpendikels

$$\left.\begin{aligned} x - x' &= \frac{A}{C}(z - z') \\ y - y' &= \frac{B}{C}(z - z') \end{aligned}\right\} (2).$$

Bringt man nun (1) und (2) zum Durchschnitt, und sind die Durchschnitts-Coordinaten x, y und z, so ist die verlangte Entfernung des Punctes von der Ebene

$$d = \sqrt{(x - x')^2 + (y - y')^2 + (z - z')^2} \quad . \quad . \quad . \quad (3)$$

Um allsogleich die Differenzen $(x-x')$, $(y-y')$ und $(z-z')$ zu rechnen, bringe man die Gleichung (1) auf die Form

$$A(x-x') + B(y-y') + C(z-z') + D' = 0 \ldots (4)$$

wobei $D' = Ax' + By' + Cz' + D$ ist.

Aus (2) und (4) diese Differenzen wirklich gesucht und in (3) substituirt, bekommt man

$$d = \pm \frac{Ax' + By' + Cz' + D}{\sqrt{A^2 + B^2 + C^2}} \quad \ldots \ldots (5)$$

Liegt der Punct im Ursprung, so folgt wegen $x' = y' = z' = 0$

$$d = \pm \frac{D}{\sqrt{A^2 + B^2 + C^2}} \quad \ldots \ldots (6)$$

Aufgabe 19. Eine Ebene ist gegeben; man soll solche Puncte suchen, die von der Ebene einen gewissen Abstand d haben.

Lösung. Die gegebene Ebene sei

$$Ax + By + Cz + D = 0 \quad \ldots (1)$$

x, y, z die Coordinaten eines gesuchten Punctes, so hat man der Aufgabe gemäss $\frac{Ax + By + Cz + D}{\sqrt{A^2 + B^2 + C^2}} = d$, welche Gleichung sich auch schreiben lässt

$$Ax + By + Cz + D' = 0 \quad \ldots (2)$$

wenn $D \mp d\sqrt{A^2 + B^2 + C^2} = D'$ gesetzt wird.

Es lässt sich zur Ermittelung der Unbekannten x, y, z nur die Gleichung (2) aufstellen, woraus erhellt, dass es unzählige Puncte gibt, welche der Aufgabe Genüge leisten; alle diese Puncte liegen, wie aus (2) hervorgeht, in einer Ebene, welche mit der gegebenen Ebene parallel läuft.

Da D' zwei verschiedene Werthe annimmt, so hat man eigentlich zwei parallele Ebenen, die mit der gegebenen Ebene parallel sind, und Puncte der verlangten Beschaffenheit geben.

Aufgabe 20. Durch einen gegebenen Punct ist eine Ebene zu legen, welche senkrecht steht auf einer gleichfalls gegebenen Geraden.

Lösung. Es sei der gegebene Punct $x' y' z'$, die gegebene Gerade

$$\left.\begin{aligned} x &= az + \alpha \\ y &= bz + \beta \end{aligned}\right\} \quad \ldots \ldots \ldots (1)$$

die gesuchte Ebene wird die Gleichung haben

$$A(x-x') + B(y-y') + C(z-z') = 0 \quad \ldots (2)$$

Damit (1) auf (2) senkrecht stehe, muss $a = \frac{A}{C}$, $b = \frac{B}{C}$, also geht (2) über in

$$a(x-x')+b(y-y')+(z-z')=0,$$

als die verlangte Gleichung der Ebene.

Aufgabe 21. Es soll der Abstand zweier paralleler Gerader gesucht werden.

Lösung. Es seien die gegebenen Geraden

$$\left.\begin{array}{l} x = az + \alpha \\ y = bz + \beta \end{array}\right\} (1) \qquad \left.\begin{array}{l} x = az + \alpha' \\ y = bz + \beta' \end{array}\right\} (2)$$

Um ihren Abstand zu finden, ist es am einfachsten, durch den Ursprung eine Ebene zu legen, welche senkrecht steht auf beiden Geraden. Diese Ebene wird die Gleichung haben

$$ax + by + z = 0 \quad . \quad . \quad . \quad . \quad . \quad (3)$$

Bringt man (1) mit (3) zum Durchschnitt, nennt die Durchschnitts-Coordinaten $x'\,y'\,z'$, ebenso für (2) und (3) $x''\,y''\,z''$, so folgt für die gewünschte Distanz

$$d = \sqrt{(x'-x'')^2 + (y'-y'')^2 + (z'-z'')^2} \quad . \quad . \quad . \quad (4)$$

Um allsogleich diese Differenzen $(x'-x'')$ etc. herzustellen, benütze man die Gleichungen

$$\left.\begin{array}{l} x' = az' + \alpha \\ y' = bz' + \alpha \end{array}\right\} (5) \qquad \left.\begin{array}{l} x'' = az'' + \alpha' \\ y'' = bz'' + \beta' \end{array}\right\} (6)$$

$$ax' + by' + z' = 0 \quad . \quad . \quad . \quad . \quad . \quad . \quad (7)$$

$$ax'' + by'' + z'' = 0 \quad . \quad . \quad . \quad . \quad . \quad . \quad (8)$$

Aus (7) und (8) folgt

$$a(x'-x'') + b(y'-y'') + (z'-z'') = 0 \quad . \quad . \quad (9)$$

aus (5) und (6)

$$x' - x'' = a(z'-z'') + (\alpha - \alpha') \quad . \quad . \quad . \quad (10)$$

$$y' - y'' = b(z'-z'') + (\beta - \beta') \quad . \quad . \quad . \quad (11)$$

aus den Gleichungen (9), (10) und (11) folgt

$$x' - x'' = -\frac{ab(\beta-\beta') - (b^2+1)(\alpha-\alpha')}{a^2+b^2+1},$$

$$y' - y'' = -\frac{ab(\alpha-\alpha') - (a^2+1)(\beta-\beta')}{a^2+b^2+1},$$

$$z' - z'' = -\frac{a(\alpha-\alpha') + b(\beta-\beta')}{a^2+b^2+1}.$$

Diese Differenzen in (4) substituirt, liefern die verlangte Distanz.

Aufgabe 22. Es soll der Abstand zweier paralleler Ebenen bestimmt werden.

Lösung. Die Ebenen seien durch die Gleichungen gegeben

$$Ax + By + Cz + D = 0 \quad . \quad . \quad . \quad . \quad . \quad \text{I.}$$

$$Ax + By + Cz + D' = 0 \quad . \quad . \quad . \quad . \quad . \quad \text{II.}$$

Um die Entfernung dieser Ebenen zu finden, wird es am einfachsten sein, in einer der beiden Ebenen, etwa in I., einen Punct $x' y' z'$ anzunehmen, und die Entfernung desselben von der Ebene II. zu bestimmen.

Die Entfernung von $x' y' z'$ von II. ist durch die Gleichung gegeben (Aufg. 18.)

$$d = \frac{Ax' + By' + Cz' + D'}{\sqrt{A^2 + B^2 + C^2}} \quad . \quad . \quad . \quad . \quad . \quad (1)$$

wegen $Ax' + By' + Cz' + D = 0$

folgt $-D = Ax' + By' + Cz'$,

demnach $d = \dfrac{D' - D}{\sqrt{A^2 + B^2 + C^2}}$ als die verlangte Entfernung der zwei parallelen Ebenen.

Aufgabe 23. Es soll durch eine Gerade eine Ebene gelegt werden, welche mit einer andern Geraden einen bestimmten Neigungswinkel einschliesst.

Lösung. Die Gleichungen der gegebenen Geraden seien

$$\left.\begin{aligned} x &= az + \alpha \\ y &= bz + \beta \end{aligned}\right\} (1) \qquad \left.\begin{aligned} x &= a'z + \alpha' \\ y &= b'z + \beta' \end{aligned}\right\} (2)$$

für die gesuchte Ebene bestehe die Gleichung

$$Ax + By + Cz + D = 0 \quad . \quad . \quad . \quad . \quad (3)$$

Soll diese Ebene die Gerade (1) enthalten, so muss

$$\left.\begin{aligned} Aa + Bb + C &= 0 \\ A\alpha + B\beta + D &= 0 \end{aligned}\right\} (4) \quad \text{Statt finden.}$$

Für den Neigungswinkel (2, 3) ist

$$\sin(2, 3) = \frac{Aa' + Bb' + C}{\sqrt{a'^2 + b'^2 + 1} \cdot \sqrt{A^2 + B^2 + C^2}} \quad . \quad . \quad (5)$$

Aus (4) und (5) sind wieder die Quotienten $\frac{A}{D}$, $\frac{B}{D}$ und $\frac{C}{D}$ zu bestimmen.

Bezeichnen wir diese Werthe der Reihe nach mit u, v und w, den Sinus des Winkels (2, 3) mit s, so folgt

$$\left.\begin{aligned} au + bv + w &= 0 \\ \alpha u + \beta v + 1 &= 0 \\ \frac{a'u + b'v + w}{\sqrt{a'^2 + b'^2 + 1} \cdot \sqrt{u^2 + v^2 + w^2}} &= s \end{aligned}\right\} (6)$$

Soll die Ebene (3) mit (2) parallel sein, so reducirt sich das System (6) auf die Gleichungen

$$\left.\begin{aligned} au + bv + w &= 0 \\ \alpha u + \beta v + 1 &= 0 \\ a'u + b'v + w &= 0 \end{aligned}\right\} (7)$$

Soll die Ebene (3) auf (2) senkrecht stehen, dann hat man die Gleichungen

$$\left.\begin{aligned} au + bv + w &= 0 \\ \alpha u + \beta v + 1 &= 0 \\ u &= a'w \\ v &= b'w \end{aligned}\right\} \quad (8)$$

daraus folgt aber

$$aa' + bb' + 1 = 0,$$

d. h. man kann durch eine Gerade eine Ebene nur dann senkrecht auf eine andere Gerade führen, wenn diese Geraden selbst auf einander senkrecht stehen.

Setzen wir die Existenz dieser Bedingungsgleichung

$$aa' + bb' + 1 = 0$$

voraus, so reducirt sich das System (8) auf

$$\left.\begin{aligned} \alpha u + \beta v + 1 &= 0 \\ u &= a'w \\ v &= b'w \end{aligned}\right\} \quad (9)$$

aus welchen Gleichungen nun die Werthe u, v, w folgen.

Aufgabe 24. Zwei Gerade sind gegeben und ein Punct; durch diesen soll eine Ebene gelegt werden, welche parallel mit den gegebenen Geraden ist.

Lösung. Die zwei Geraden seien

$$\left.\begin{aligned} x &= az + \alpha \\ y &= bz + \beta \end{aligned}\right\} (1) \qquad \left.\begin{aligned} x &= a'z + \alpha' \\ y &= b'z + \beta' \end{aligned}\right\} (2)$$

der Punct sei durch die Coordinaten gegeben $x' y' z'$.

Die Ebene, welche durch diesen Punct geht, heisst

$$A(x - x') + B(y - y') + C(z - z') = 0 \quad . \quad . \quad (3)$$

Wegen Eb. (3) ‖ mit Gd. (1) ist $Aa + Bb + C = 0$.

„ „ (3) ‖ „ „ (2) „ $Aa' + Bb' + C = 0$.

Aus diesen zwei letzten Gleichungen folgen die Quotienten $\frac{A}{C}$ und $\frac{B}{C}$, welche in (3) substituirt, die Gleichung der verlangten Ebene geben.

Aufgabe 25. Die Gleichungen zweier Geraden und die Coordinaten eines Punctes sind gegeben; es soll der Ort derjenigen Geraden bestimmt werden, welche durch den gegebenen Punct geht und mit den gegebenen Geraden gleiche Winkel einschliesst.

Lösung. Die Geraden seien

$$\left.\begin{aligned} x &= a'z + \alpha' \\ y &= b'z + \beta' \end{aligned}\right\} (1) \qquad \left.\begin{aligned} x &= a''z + \alpha'' \\ y &= b''z + \beta'' \end{aligned}\right\} (2)$$

der Punct $M\begin{cases} x', \\ y', \\ z', \end{cases}$ die Gleichungen der zu suchenden Geraden

$$\left.\begin{aligned} x - x' &= a(z - z') \\ y - y' &= b(z - z') \end{aligned}\right\} \quad (3)$$

Für den Neigungswinkel (1, 3) hat man

$$\cos(1, 3) = \pm \frac{aa' + bb' + 1}{\sqrt{a^2 + b^2 + 1} \cdot \sqrt{a'^2 + b'^2 + 1}},$$

eben so für $\measuredangle (2, 3)$

$$\cos(2, 3) = \pm \frac{aa'' + bb'' + 1}{\sqrt{a^2 + b^2 + 1} \cdot \sqrt{a''^2 + b''^2 + 1}};$$

wegen $\measuredangle (1, 3) = \measuredangle (2, 3)$

$$\frac{aa' + bb' + 1}{\sqrt{a^2 + b^2 + 1} \cdot \sqrt{a'^2 + b'^2 + 1}} = \pm \frac{aa'' + bb'' + 1}{\sqrt{a^2 + b^2 + 1} \cdot \sqrt{a''^2 + b''^2 + 1}}$$

$$\text{oder} \quad \frac{aa' + bb' + 1}{\sqrt{a'^2 + b'^2 + 1}} = \pm \frac{aa'' + bb'' + 1}{\sqrt{a''^2 + b''^2 + 1}} \quad . \quad . \quad . \quad (4)$$

Setzt man $\sqrt{1 + a'^2 + b'^2} = w_1$, $\sqrt{1 + a''^2 + b''^2} = w_2$, und eliminirt a und b aus (3) und (4), so folgt

$$w_2 a'(x - x') + w_2 b'(y - y') + w_2(z - z') =$$
$$= \pm [w_1 a''(x - x') + w_1 b''(y - y') + w_1(z - z')]$$

als Gleichung des gesuchten Ortes, welcher aus zwei Ebenen besteht, nämlich

$$(w_2 a' - w_1 a'')(x - x') + (w_2 b' - w_1 b'')(y - y') +$$
$$+ (w_2 - w_1)(z - z') = 0 \quad . \quad . \quad . \quad \text{I.}$$
$$(w_2 a' + w_1 a'')(x - x') + (w_2 b' + w_1 b'')(y - y') +$$
$$+ (w_2 + w_1)(z - z') = 0 \quad . \quad . \quad . \quad \text{II.}$$

Diese beiden Ebenen stehen auf einander senkrecht.

Aufgabe 26. Die Gleichungen zweier Ebenen sind gegeben; es soll der Ort des Punctes gefunden werden, dessen Entfernungen von beiden gegebenen Ebenen ein gegebenes constantes Verhältniss haben.

Lösung. Die Ebenen seien

$$Ax + By + Cz + D = 0 \quad . \quad . \quad . \quad . \quad \text{I.}$$
$$A'x + B'y + C'z + D' = 0 \quad . \quad . \quad . \quad . \quad \text{II.}$$

Nennen wir den gesuchten Punct $x'y'z'$, so sind die Entfernungen dieses Punctes von den Ebenen

$$\pm \frac{Ax' + By' + Cz' + D}{\sqrt{A^2 + B^2 + C^2}}, \quad \pm \frac{A'x' + B'y' + C'z' + D'}{\sqrt{A'^2 + B'^2 + C'^2}},$$

sonach

$$\frac{Ax' + By' + Cz' + D}{\sqrt{A^2 + B^2 + C^2}} = \pm n \cdot \frac{A'x' + B'y' + C'z' + D'}{\sqrt{A'^2 + B'^2 + C'^2}}.$$

Diess ist die Gleichung des gesuchten Ortes, der aus zwei Ebenen besteht, nämlich

$$\frac{Ax + By + Cz + D}{\sqrt{A^2 + B^2 + C^2}} = n \cdot \frac{A'x + B'y' + C'z + D'}{\sqrt{A'^2 + B'^2 + C'^2}} \quad . \; . \; . \quad \text{III.}$$

$$\frac{Ax + By + Cz + D}{\sqrt{A^2 + B^2 + C^2}} = -\, n \cdot \frac{A'x + B'y + C'z + D'}{\sqrt{A'^2 + B'^2 + C'^2}} \quad . \; . \; . \quad \text{IV.}$$

hierbei sind die nunmehr überflüssigen Accente weggelassen.

Man sieht sehr leicht, dass sich diese gefundenen Ebenen in der Durchschnittslinie der beiden gegebenen Ebenen schneiden; denn alle jene Werthe von x, y, z, welche die Gleichungen I. und II. gleichzeitig befriedigen, genügen offenbar auch den Gleichungen III. und IV.

Ist $n = 1$, so halbiren die Ebenen III. und IV. die Neigungswinkel der Ebenen I. und II., überdiess stehen dann die Ebenen III. und IV. senkrecht auf einander, wovon man sich leicht überzeugen kann.

Aufgabe 27. Es sind die Gleichungen zweier Geraden, so wie die Coordinaten eines Punctes gegeben; man soll die Gleichung derjenigen Ebene finden, welche durch den gegebenen Punct geht, mit der einen Geraden parallel läuft, und mit der andern einen bestimmten Winkel einschliesst.

L ö s u n g. Die Geraden seien

$$\left.\begin{aligned} x &= az + \alpha \\ y &= bz + \beta \end{aligned}\right\} (1) \qquad \left.\begin{aligned} x &= a'z + \alpha' \\ y &= b'z + \beta' \end{aligned}\right\} (2)$$

der Punct $x'y'z'$, die gesuchte Ebene hat die Gleichung

$$A(x - x') + B(y - y') + C(z - z') = 0 \quad . \; . \; . \quad (3)$$

Soll sie parallel sein mit (1), so muss

$$Aa + Bb + C = 0 \quad . \; . \; . \; . \; . \; . \quad (4)$$

soll sie mit (2) einen bestimmten Winkel φ einschliessen, so ist

$$\sin\varphi = \frac{Aa' + Bb' + C'}{\sqrt{a'^2 + b'^2 + 1} \cdot \sqrt{A^2 + B^2 + C^2}} \quad . \; . \; . \quad (5)$$

Aus den Gleichungen (4) und (5) lassen sich die Quotienten $\frac{A}{C}$ und $\frac{B}{C}$ bestimmen, die in (3) substituirt, die verlangte Ebene geben.

Setzen wir $\frac{A}{C} = p$, $\frac{B}{C} = q$, so folgen aus den Gleichungen

$$ap + bq + 1 = 0,$$

$$\frac{a'p + b'q + 1}{\sqrt{a'^2 + b'^2 + 1} \cdot \sqrt{p^2 + q^2 + 1}} = \sin\varphi = m$$

zwei Auflösungen für p und q, es sind demnach zwei Ebenen möglich, welche der gestellten Aufgabe Genüge leisten.

Aufgabe 28. Die Längen der Tracen zwischen je zwei Coordinatenaxen sind gegeben; man bestimme die Gleichung der Ebene.

Lösung. Ist allgemein $Ax + By + Cz + D = 0$ die Gleichung der Ebene, und schneidet diese die Axen x, y, z der Reihe nach in den Abständen a, b und c, so lässt sich die Gleichung der Ebene auch in der Form schreiben

$$\frac{x}{a} + \frac{y}{b} + \frac{z}{c} = 1 \quad . \quad . \quad . \quad . \quad . \quad . \quad . \quad \text{I.}$$

Nennen wir die Länge der Knotenlinie in der Ebene xy, l, in der Ebene yz, l', und in der Ebene xz, l'', so müssen die Gleichungen Statt finden:

$$\left.\begin{aligned} l^2 &= a^2 + b^2 \\ l'^2 &= b^2 + c^2 \\ l''^2 &= a^2 + c^2 \end{aligned}\right\} \quad . \quad . \quad . \quad . \quad . \quad . \quad . \quad \text{II.}$$

Aus diesem Gleichungssysteme II. folgt

$$a = \pm \sqrt{\frac{l^2 - l'^2 + l''^2}{2}},$$

$$b = \pm \sqrt{\frac{l^2 + l'^2 - l''^2}{2}},$$

$$c = \pm \sqrt{\frac{l'^2 + l''^2 - l^2}{2}}.$$

Substituirt man diese Werthe in I., so folgt

$$\pm \frac{\sqrt{2} \,.\, x}{\sqrt{l^2 - l'^2 + l''^2}} \pm \frac{\sqrt{2} \,.\, y}{\sqrt{l^2 + l'^2 - l''^2}} \pm \frac{\sqrt{2} \,.\, z}{\sqrt{l'^2 + l''^2 - l^2}} = 1$$

als die Gleichung der verlangten Ebene.

Aufgabe 29. Die Länge des Perpendikels, welches man vom Ursprung auf eine Ebene fällen kann, ist der Länge und Lage nach gegeben; es soll die Gleichung der Ebene gesucht werden.

Lösung. Nennen wir die Länge des Perpendikels p, die Winkel, das dieses mit den Axen x, y, z einschliesst, beziehungsweise α, β, γ, die Coordinaten des Endpunctes des Perpendikels $x' y' z'$, so hat man für die Ebene die Gleichung

$$A(x - x') + B(y - y') + C(z - z') = 0 \quad . \quad . \quad . \quad (1)$$

für die Gleichungen des Perpendikels

$$\left.\begin{aligned} x &= az \\ y &= bz \end{aligned}\right\} (2) \quad \text{oder (Aufg. 4.)} \quad \left.\begin{aligned} x &= \frac{\cos\alpha}{\cos\gamma} \,.\, z \\ y &= \frac{\cos\beta}{\cos\gamma} \,.\, z \end{aligned}\right\} (3)$$

Es muss demnach in (1) $\frac{A}{C} = a = \frac{\cos\alpha}{\cos\gamma}$

und $\frac{B}{C} = b = \frac{\cos\beta}{\cos\gamma}$ gesetzt werden,

dadurch erhält man

$$(x - x')\cos\alpha + (y - y')\cos\beta + (z - z')\cos\gamma = 0$$

oder

$$x\cos\alpha + y\cos\beta + z\cos\gamma = x'\cos\alpha + y'\cos\beta + z'\cos\gamma.$$

Nun ist $x' = p\cos\alpha$,

$y' = p\cos\beta$,

$z' = p\cos\gamma$,

demnach $x'\cos\alpha + y'\cos\beta + z'\cos\gamma = p$,

also hat man für die gesuchte Ebene die Gleichung

$$x\cos\alpha + y\cos\beta + z\cos\gamma = p.$$

Aufgabe 30. Es sind die Gleichungen dreier Ebenen gegeben; es sollen die Bedingungen gesucht werden, welche Statt finden: 1) wenn die Ebenen sich in derselben Geraden, 2) wenn sie sich in parallelen Geraden schneiden.

Lösung. Die Gleichungen der drei Ebenen seien

$$Ax + By + Cz + D = 0 \quad . \quad . \quad . \quad (1)$$
$$A'x + B'y + C'z + D' = 0 \quad . \quad . \quad . \quad (2)$$
$$A''x + B''y + C''z + D'' = 0 \quad . \quad . \quad . \quad (3)$$

Sucht man die Gleichungen der Durchschnittslinien der Ebenen (1) und (2) dann (1) und (3), so folgt

$$\left.\begin{aligned} x &= \frac{BC' - B'C}{AB' - A'B} \cdot z + \frac{BD' - B'D}{AB' - A'B} \\ y &= \frac{A'C - AC'}{AB' - A'B} \cdot z + \frac{A'D - AD'}{AB' - A'B} \end{aligned}\right\} \quad . \quad . \quad . \quad (4)$$

$$\left.\begin{aligned} x &= \frac{BC'' - B''C}{AB'' - A''B} \cdot z + \frac{BD'' - B''D}{AB'' - A''B} \\ y &= \frac{A''C - AC''}{AB'' - A''B} \cdot z + \frac{A''D - AD''}{AB'' - A''B} \end{aligned}\right\} \quad . \quad . \quad . \quad (5)$$

Sollen nun die Durchschnittslinien der Ebenen (1) und (2) dann (1) und (3) in eine einzige zusammenfallen, so müssen auch die Gleichungen (4) und (5) identisch sein.

Durch Identificirung dieser zwei Gleichungen kommt man auf die Bedingungen:

$$(BC' - B'C)(A''C - AC'') - (A'C - AC')(BC'' - B''C) = 0 \ldots (6)$$
$$(BD' - B'D)(A''D - AD'') - (A'D - AD')(BD'' - B''D) = 0 \ldots (7)$$

Die Coefficienten der Gleichungen (1), (2) und (3) müssen sofort den Gleichungen (6) und (7) Genüge leisten, sollen sich die drei Ebenen in derselben Geraden schneiden.

Was den zweiten Punct der Aufgabe betrifft, so folgt aus den Gleichungen (4) und (5)

$$\frac{BC' - B'C}{AB' - A'B} = \frac{BC'' - B''C}{AB'' - A''B},$$

$$\frac{A'C - AC'}{AB' - A'B} = \frac{A''C - AC''}{AB'' - A''B},$$

oder durch Division dieser Gleichungen und Reduction folgt

$$A(B'C'' - B''C') + A'(B''C - BC'') + A''(BC' - B'C) = 0,$$

und diese Gleichung drückt die Bedingung aus, dass drei Ebenen sich in parallelen Geraden schneiden.

Aufgabe 31. Ein Punct ist gegeben, man soll durch denselben eine Ebene legen, welche mit der Ebene xy den bestimmten Winkel α, mit der coordinirten Ebene xz den Winkel β einschliesst; wie heisst die Gleichung dieser Ebene?

Lösung. Die Gleichung der Ebene, welche durch den bestimmten Punct geht, wird sein

$$A(x - x') + B(y - y') + C(z - z') = 0 \quad . \quad . \quad . \quad (1)$$

für den Neigungswinkel dieser Ebene mit den coordinirten Ebenen hat man

$$\left.\begin{aligned} \cos(1,\ xy) &= \frac{C}{\sqrt{A^2 + B^2 + C^2}} = \cos\alpha \\ \cos(1,\ xz) &= \frac{B}{\sqrt{A^2 + B^2 + C^2}} = \cos\beta \\ \cos(1,\ yz) &= \frac{A}{\sqrt{A^2 + B^2 + C^2}} = \cos\gamma \end{aligned}\right\} \quad . \quad . \quad . \quad (2)$$

Aus diesem Systeme (2) folgt weiter

$$\cos\alpha^2 + \cos\beta^2 + \cos\gamma^2 = 1 \quad . \quad . \quad . \quad (3)$$

sind sonach die Winkel α und β gegeben, so folgt auch $> \gamma$ beziehungsweise $\pm \cos\gamma$, ferner

$$\frac{A}{C} = \pm \frac{\cos\gamma}{\cos\alpha}, \quad \frac{B}{C} = \frac{\cos\beta}{\cos\alpha}.$$

Diese Quotienten in (1) gesetzt, geben die verlangte Gleichung

$$\pm \cos\gamma\,(x - x') + \cos\beta\,(y - y') + \cos\alpha\,(z - z') = 0,$$

wornach also zwei Ebenen der Aufgabe entsprechen.

Aufgabe 32. Es sind zwei Linien gegeben; man bestimme jene, welche auf beiden senkrecht steht, und durch einen gegebenen Punct geht.

Lösung. Es seien die Geraden

$$\left.\begin{aligned} x &= a'z + \alpha' \\ y &= b'z + \beta' \end{aligned}\right\} (1) \qquad \left.\begin{aligned} x &= a''z + \alpha'' \\ y &= b''z + \beta'' \end{aligned}\right\} (2)$$

die Gleichung der gesuchten Geraden wird sein

$$\left.\begin{array}{l} x - x' = a(z - z') \\ y - y' = b(z - z') \end{array}\right\} (3)$$

die Grössen a und b finden sich aus den Bedingungsgleichungen

$$\left.\begin{array}{l} aa' + bb' + 1 = 0 \\ aa'' + bb'' + 1 = 0 \end{array}\right\} (4)$$

Die aus (4) folgenden Werthe von a und b in (3) gesetzt, so erhält man die Gleichungen jener Geraden, die auf den gegebenen senkrecht steht.

Aufgabe 33. Der Abstand eines Punctes von einer gegebenen Geraden soll gesucht werden.

Lösung. Wir verfahren folgendermassen: Wir legen durch den gegebenen Punct eine Ebene senkrecht auf die Gerade, so ist die Entfernung des gegebenen Punctes und des Durchschnittspunctes dieser Ebene mit der Geraden die verlangte Entfernung.

Es sei die gegebene Gerade $\left.\begin{array}{l} x = az + \alpha \\ y = bz + \beta \end{array}\right\}$ (1), der Punct $x'y'z'$, die Ebene, welche durch den Punct $x'y'z'$ geht und auf (1) senkrecht steht, ist

$$a(x - x') + b(y - y') + (z - z') = 0 \quad . \quad . \quad . \quad (2)$$

Aus den Gleichungen (1) und (3) sind die Coordinaten x, y und z zu suchen, und dann hat man für die verlangte Entfernung $\sqrt{(x - x')^2 + (y - y')^2 + (z - z')^2}$ . . . (m)

Um allsogleich die Differenzen $(x - x')$, $(y - y')$, $(z - z')$ zu rechnen, stellen wir die Gleichnngen in (1)

$$\left.\begin{array}{l} x - x' = a(z - z') + az' - x' + \alpha \\ y - y' = b(z - z') + bz' - y' + \beta \end{array}\right\} 1'$$

1' und (2) gehörig verbunden

$$x - x' = \frac{ak}{a^2 + b^2 + 1} - (x' - \alpha),$$

$$y - y' = \frac{bk}{a^2 + b^2 + 1} - (y' - \beta),$$

$$z - z' = \frac{k}{a^2 + b^2 + 1} - z'.$$

Hier ist $k = a(x' - \alpha) + b(y' - \beta) + z'$,
man hat demnach nach Relation (m)

$$d = \pm \sqrt{(x' - \alpha)^2 + (y' - \beta)^2 + z'^2 - \frac{k^2}{a^2 + b^2 + 1}} \quad . \quad . \quad . \quad (3)$$

Für die Entfernung des Ursprunges von der gegebenen Geraden folgt aus (3)

$$d = \pm \sqrt{\alpha^2 + \beta^2 - \frac{(a\alpha + b\beta)^2}{a^2 + b^2 + 1}}.$$

Aufgabe 34. Es soll der kleinste Abstand zweier gerader Linien gesucht werden.

Lösung. Es seien die Geraden

$$\left.\begin{aligned} x &= az + \alpha \\ y &= bz + \beta \end{aligned}\right\} (1) \qquad \left.\begin{aligned} x &= a'z + \alpha' \\ y &= b'z + \beta' \end{aligned}\right\} (2)$$

Denkt man sich durch einen beliebigen Punct der Geraden (1) eine Gerade 1′ gezogen, welche parallel mit der Geraden (2) ist, ebenso durch einen Punct der Geraden (2) eine Linie 2′ gezogen, welche parallel mit (1) ist, denkt sich ferner durch (1) 1′ eine Ebene gelegt, ebenso durch (2) 2′, so werden diese Ebenen offenbar parallel sein; die Entfernung dieser Ebenen bildet dann offenbar die kürzeste Distanz, die dann leicht nach Aufgabe 22 ermittelt werden kann.

Sind die Ebenen $Ax + By + Cz + D = 0 \;.\;.\;.\; \text{I.}$

$A'x + B'y + C'z + D' = 0 \;.\;.\;.\; \text{II.}$

so hat man zu ihrer Bestimmung folgende Gleichungen:

$$\left.\begin{aligned} Aa + Bb + C &= 0 \\ A\alpha + B\beta + D &= 0 \end{aligned}\right\}, \text{ weil (1) in I. liegt;}$$

$$Aa' + Bb' + C = 0, \quad \text{„ I. } \parallel \text{ ist zu (2);}$$

$$\left.\begin{aligned} A'a' + B'b' + C' &= 0 \\ A'\alpha' + B'\beta' + D' &= 0 \end{aligned}\right\}, \quad \text{„ (2) in II. liegt;}$$

$$A'a + B'b + C' = 0, \quad \text{„ II. } \parallel \text{ ist zu (1).}$$

Es folgt $d = \dfrac{(b'-b)(\alpha'-\alpha) - (a'-a)(\beta'-\beta)}{\sqrt{(a'-a)^2 + (b'-b)^2 + (a'b - ab')^2}}$

als die verlangte Distanz der beiden Geraden.

Aufgabe 35. Eine Ebene ist gegeben und ausserhalb derselben zwei Puncte; es sind jene Puncte in der Ebene zu bestimmen, welche von den gegebenen Puncten gleich weit abstehen.

Lösung. Es sei die Ebene

$$Ax + By + Cz + D = 0 \quad . \quad . \quad . \quad (1)$$

die Puncte $m' \begin{cases} x', \\ y', \\ z', \end{cases}$ $m'' \begin{cases} x'', \\ y'', \\ z'' \end{cases}$ die Coordinaten eines gesuchten

Punctes $M \begin{cases} x, \\ y, \\ z, \end{cases}$ so hat man wegen $\overline{Mm'}^2 = \overline{Mm''}^2$

$$(x-x')^2 + (y-y')^2 + (z-z')^2 = (x-x'')^2 + (y-y'')^2 + (z-z'')^2$$

oder

$$(x''-x') \,.\, x + (y''-y') \,.\, y + (z''-z') \,.\, z +$$
$$+ \tfrac{1}{2}(x'^2 + y'^2 + z'^2 - x''^2 - y''^2 - z''^2) = 0 \;.\;.\;.\; (2)$$

Die Gleichungen (1) und (2) dienen sofort zur Bestimmung der Grössen x, y und z.

Diejenigen Werthe von x, y, z, welche diesen Gleichungen gleichzeitig Genüge leisten, gehören offenbar Puncten an, welche in der Durchschnittslinie der beiden Ebenen (1) und (2) liegen. Diese gerade Linie ist demnach der geometrische Ort für Puncte der verlangten Eigenschaft.

Für die Verbindungslinie nun hat man die Gleichungen

$$\left.\begin{aligned} x - x' &= \frac{x'' - x'}{z'' - z'}(z - z') \\ y - y' &= \frac{y'' - y'}{z'' - z'}(z - z') \end{aligned}\right\} \quad . \quad . \quad . \quad . \quad (3)$$

Dass die Ebene (2) auf dieser Linie (3) offenbar senkrecht steht, bedarf nach Früherem keiner weiteren Erörterung; man sieht aber auch, dass die Ebene (2) durch den Halbirungspunct der mm' geht, denn die Coordinaten dieses Halbirungspunctes sind $\frac{x'+x''}{2}$, $\frac{y'+y''}{2}$, $\frac{z'+z''}{2}$, welche sofort der Gleichung (2) Genüge leisten. Aus dem Gesagten fliesst nun sehr einfach die Regel, wie der geometrische Ort construirt wird.

Fig. 1.

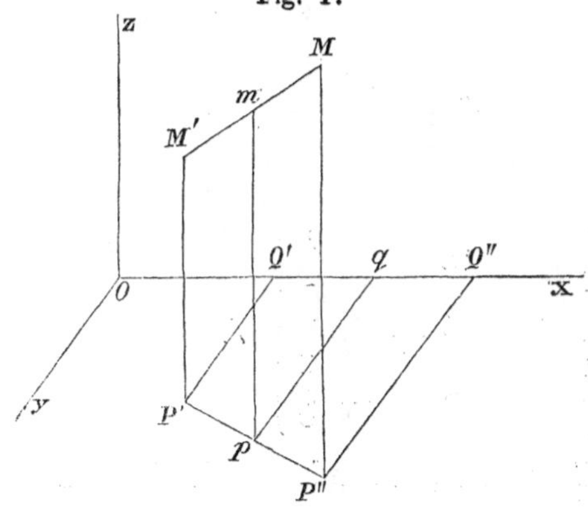

Anmerkung. Sind die Coordinaten zweier Puncte M', M'' (Fig. 1) beziehungsweise $\begin{cases} x', \\ y', \\ z', \end{cases}$ $\begin{cases} x'', \\ y'', \\ z'', \end{cases}$ und liegt m auf M', M'' so, dass $M'm = mM''$ ist, so hat man für $m \begin{cases} x = Oq, \\ y = pq, \\ z = mp, \end{cases}$

$$Oq = x' + \tfrac{1}{2}(x'' - x') = \frac{x' + x''}{2},$$

$$pq = \frac{y' + y''}{2},$$

$$mp = \frac{z' + z''}{2},$$

also hat m die Coordinaten

$$x = \frac{x' + x''}{2}, \quad y = \frac{y' + y''}{2}, \quad z = \frac{z' + z''}{2}.$$

Aufgabe 36. Eine Ebene ist durch ihre Gleichung gegeben; es soll eine Relation aufgestellt werden, welche zwischen den Neigungswinkeln der Ebene mit den Coordinaten-Ebenen und den Winkeln besteht, welche von den Tracen der Ebene gebildet werden.

Fig. 2.

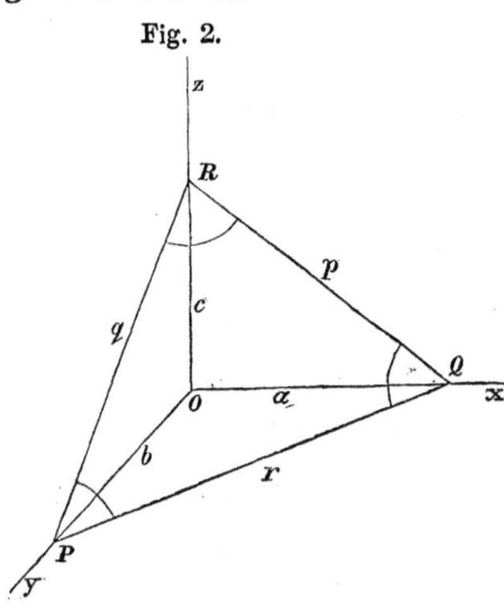

Lösung.

$$Ax + By + Cz + D = 0 \ldots \text{I.}$$

sei die Gleichung der gegebenen Ebene (Fig. 2); a, b, c die Abschnitte auf den Axen x, y, z; p, q, r die Länge der Tracen in den Coordinaten-Ebenen xz, yz, xy.

Es ist

$$\left.\begin{aligned} \cos(\text{I}, xy) &= \frac{C}{\sqrt{A^2+B^2+C^2}} \\ \cos(\text{I}, xz) &= \frac{B}{\sqrt{A^2+B^2+C^2}} \\ \cos(\text{I}, yz) &= \frac{A}{\sqrt{A^2+B^2+C^2}} \end{aligned}\right\} \text{II.}$$

Ferner

$$\left.\begin{aligned} \cos P &= \frac{q^2+r^2-p^2}{2qr} \\ \cos Q &= \frac{p^2+r^2-q^2}{2pr} \\ \cos R &= \frac{p^2+q^2-r^2}{2pq} \end{aligned}\right\} \text{III.}$$

$$\left.\begin{aligned} p^2 &= a^2 + c^2 \\ q^2 &= b^2 + c^2 \\ r^2 &= a^2 + b^2 \end{aligned}\right\} \text{IV.} \qquad \left.\begin{aligned} a &= -\frac{D}{A} \\ b &= -\frac{D}{B} \\ c &= -\frac{D}{C} \end{aligned}\right\} \text{V.}$$

Wird $p + q + r = 2S$ gesetzt, so folgt nach einem bekannten Satze

$$\sin P = \frac{2}{qr}\sqrt{S(S-p)(S-q)(S-r)},$$

$$\sin Q = \frac{2}{pr}\sqrt{S(S-p)(S-q)(S-r)},$$

$$\sin R = \frac{2}{pq}\sqrt{S(S-p)(S-q)(S-r)},$$

daher

$$\operatorname{cotang} P = \frac{q^2 + r^2 - p^2}{4\sqrt{S(S-p)(S-q)(S-r)}},$$

$$\operatorname{cotang} Q = \frac{p^2 + r^2 - q^2}{4\sqrt{S(S-p)(S-q)(S-r)}},$$

$$\operatorname{cotang} R = \frac{p^2 + q^2 - r^2}{4\sqrt{S(S-p)(S-q)(S-r)}},$$

$$\left.\begin{array}{l} q^2 + r^2 - p^2 = 2 \,.\, \frac{D^2}{B^2} \\ p^2 + r^2 - q^2 = 2 \,.\, \frac{D^2}{A^2} \\ p^2 + q^2 - r^2 = 2 \,.\, \frac{D^2}{C^2} \end{array}\right\} \sqrt{S(S-p)(S-q)(S-r)} = \triangle PQR,$$

und nach einem bekannten Satze über Projectionen

$$(\triangle PQR)^2 = (\triangle OPQ)^2 + (\triangle OPR)^2 + (\triangle OQR)^2,$$

daher

$$S(S-p)(S-q)(S-r) = \frac{a^2 b^2 + a^2 c^2 + b^2 c^2}{4}.$$

Bildet man das Product der Cotangenten der Winkel P, Q und R, so folgt

$$\operatorname{cotang} P \,.\, \operatorname{cotang} Q \,.\, \operatorname{cotang} R =$$

$$= \frac{2a^2 \,.\, 2b^2 \,.\, 2c^2}{64 \,.\, \frac{a^2 b^2 + a^2 c^2 + b^2 c^2}{4} \,.\, \frac{1}{2}\sqrt{a^2 b^2 + a^2 c^2 + b^2 c^2}},$$

oder mit Rücksicht auf V.

$$\operatorname{cotang} P \,.\, \operatorname{cotang} Q \,.\, \operatorname{cotang} R = \frac{ABC}{(A^2 + B^2 + C^2)\sqrt{A^2 + B^2 + C^2}}.$$

Ebenso folgt aus II.

$$\cos(\mathrm{I}, xy) \,.\, \cos(\mathrm{I}, xz) \,.\, \cos(\mathrm{I}, yz) =$$

$$= \frac{ABC}{A^2 + B^2 + C^2)\sqrt{A^2 + B^2 + C^2}},$$

wornach sich die bemerkenswerthe Relation ergibt:

$$\cos(\mathrm{I}, xy) \,.\, \cos(\mathrm{I}, xz) \,.\, \cos(\mathrm{I}, yz) = \operatorname{cotg} P \,.\, \operatorname{cotg} Q \,.\, \operatorname{cotg} R,$$

d. h. es ist unter Voraussetzung eines rechtwinkeligen Coordinatensystems immer das Product der Cosinuse der drei Neigungswinkel einer Ebene gegen die Coordinaten-Ebenen dem Producte der Cotangenten der drei Winkel gleich, welche die Tracen der Ebene mit einander bilden.

Aufgabe 37. Es sind die Coordinaten dreier Puncte gegeben; es soll durch einen derselben eine Ebene derart gelegt werden, dass diese zwischen den beiden andern Puncten hindurchgeht, und von diesen gleichweit absteht.

Lösung. Es seien die Puncte

$$1)\begin{cases}x_1,\\ y_1,\\ z_1,\end{cases}\quad 2)\begin{cases}x_2,\\ y_2,\\ z_2,\end{cases}\quad 3)\begin{cases}x_3,\\ y_3,\\ z_3.\end{cases}$$

Man hat

$$A(x-x_1)+B(y-y_1)+C(z-z_1)=0\ \ .\ \ .\ \ .\ \ \text{I.}$$

für das Perpendikel von (2) auf I. ist

$$\frac{A(x_2-x_1)+B(y_2-y_1)+C(z_2-z_1)}{\sqrt{A^2+B^2+C^2}},$$

ebenso für die Entfernung von (3) und I.

$$-\frac{A(x_3-x_1)+B(y_3-y_1)+C(z_3-z_1)}{\sqrt{A^2+B^2+C^2}},$$

demnach hat man für die Coefficienten A, B und C die Gleichung
$$A(x_2+x_3-2x_1)+B(y_2+y_3-2y_1)+C(z_2+z_3-2z_1)=0.$$
Es gibt also unzählige Ebenen, welche der gestellten Anforderung Genüge leisten.

Aufgabe 38. $ABCD$ sei ein Tetraëder; es sollen die Gleichungen der Seitenflächen und Kanten so wie derjenigen Ebenen ausgemittelt werden, welche durch eine der Kanten und die Mitte derjenigen gehen, welche sie nicht trifft.

Lösung. Die Kanten AB, AC, AD seien beziehungsweise a, b, c. Nehmen wir diese drei Kanten zu Coordinatenaxen, so haben wir für

$$A\begin{cases}x=0,\\ y=0,\\ z=0,\end{cases}\quad B\begin{cases}x=a,\\ y=0,\\ z=0,\end{cases}\quad C\begin{cases}x=0,\\ y=b,\\ z=0,\end{cases}\quad D\begin{cases}x=0,\\ y=0,\\ z=c,\end{cases}$$

für die Begrenzungsebenen

$$ABC\ \ .\ \ .\ \ .\ \ z=0,$$
$$ABD\ \ .\ \ .\ \ .\ \ y=0,$$
$$ACD\ \ .\ \ .\ \ .\ \ x=0,$$
$$BCD\ \ .\ \ .\ \ .\ \ \frac{x}{a}+\frac{y}{b}+\frac{z}{c}=1,$$

für die Kanten

$$AB\ \ .\ \ .\ \ .\ \ \begin{cases}y=0,\\ z=0,\end{cases}$$
$$AC\ \ .\ \ .\ \ .\ \ \begin{cases}x=0,\\ z=0,\end{cases}$$
$$BC\ \ .\ \ .\ \ .\ \ \begin{cases}\frac{x}{a}+\frac{y}{b}=1,\\ z=0,\end{cases}$$

$$AD \quad . \quad . \quad . \quad \begin{cases} x = 0, \\ y = 0, \end{cases}$$

$$BD \quad . \quad . \quad . \quad \begin{cases} \frac{x}{a} + \frac{z}{c} = 1, \\ y = 0, \end{cases}$$

$$CD \quad . \quad . \quad . \quad \begin{cases} \frac{y}{b} + \frac{z}{c} = 1, \\ x = 0. \end{cases}$$

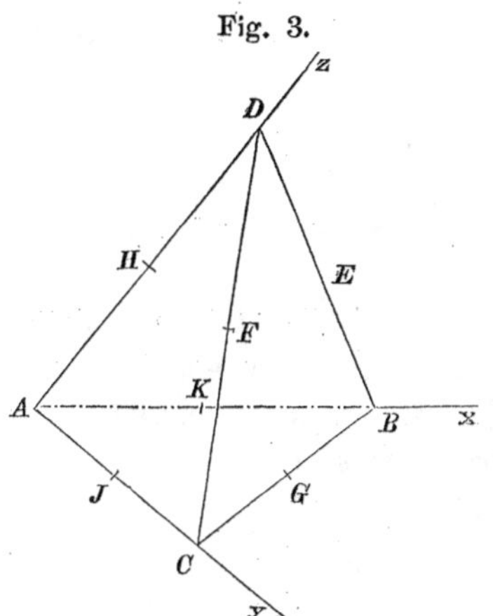

Fig. 3.

Es sei ferner (Fig. 3) E der Halbirungspunct der BD, ebenso F, G, H, J und K die Halbirungspuncte der anderen Kanten.

Man hat für die Ebene

$$ACE \quad . \quad . \quad . \quad \frac{x}{a} - \frac{z}{c} = 0,$$

$$ABF \quad . \quad . \quad . \quad \frac{y}{b} - \frac{z}{c} = 0,$$

$$ADG \quad . \quad . \quad . \quad \frac{x}{a} - \frac{y}{b} = 0,$$

$$BCH \quad . \quad . \quad . \quad \frac{x}{a} + \frac{y}{b} + \frac{2z}{c} = 1,$$

$$BDJ \quad . \quad . \quad . \quad \frac{x}{a} + \frac{2y}{b} + \frac{z}{c} = 1,$$

$$CDK \quad . \quad . \quad . \quad \frac{2x}{a} + \frac{y}{b} + \frac{z}{c} = 1.$$

Aufgabe 39. Die rechtwinkeligen Coordinaten der Eckpuncte eines im Raume befindlichen Dreiecks sind gegeben; es soll der Rauminhalt jenes prismatischen Körpers gefunden werden, welcher von dem genannten Dreiecke, von seiner Projection auf der coordinirten Ebene xy und den projicirenden Ebenen der Seitenlinien des Dreieckes eingeschlossen wird.

Lösung. Wir setzen bei unserer Rechnung voraus, dass jenes Dreieck die Projections-Ebene xy nicht schneidet, nennen die Puncte des Dreieckes $A\begin{cases} x_1, \\ y_1, \\ z_1, \end{cases}$ $B\begin{cases} x_2, \\ y_2, \\ z_2, \end{cases}$ $C\begin{cases} x_3, \\ y_3, \\ z_3, \end{cases}$ und nehmen noch ferner an, dass $z_1 < z_2 < z_3$.

Denken wir uns nun durch den Punct A eine Ebene parallel mit xy gelegt, so wird der in Rede stehende Körper in ein dreiseitiges Prisma mit parallelen Grundflächen und in eine Pyramide zerlegt, deren Spitze in A ist.

Es sei die Projection des Dreieckes $=f$, so ist der Inhalt des Prismas $f \, . \, z_1$.

Um die Pyramide zu rechnen, so haben wir für die Grundfläche derselben $\frac{1}{2}[(z_2 - z_1) + (z_3 - z_1)] \, . \, B' C'$, wobei $(z_2 - z_1)$ und $(z_3 - z_1)$ die parallelen Seiten des Trapezes, $B' C'$ die horizontale Projection der BC ist. Ist die horizontale Projection des Punctes A in A', so ist die senkrechte Entfernung des Punctes A' von $B' C'$ offenbar die Höhe der Pyramide; nennen wir sie h, so ist die Pyramide $= \frac{1}{2}(z_2 + z_3 - 2z_1) B' C' \, . \, \frac{h}{3}$, und wegen $\frac{1}{2} \, . \, B' C' . \, h = f$

$$\text{Pyramide} = \tfrac{1}{3}(z_2 + z_3 - 2z_1) \, . \, f,$$

demnach für das zu rechnende Prisma

$$\tfrac{1}{3}(z_2 + z_3 - 2z_1) f + f z_1 = \tfrac{1}{3}(z_1 + z_2 + z_3) \, . \, f$$

oder

$$k = \tfrac{1}{6}(z_1 + z_2 + z_3)(x_2 y_1 + x_3 y_2 + x_1 y_3 - x_1 y_2 - x_2 y_3 - x_3 y_1).$$

Aufgabe 40. Die Coordinaten der Eckpuncte eines Tetraëders sind gegeben; man bestimme den Rauminhalt desselben.

Lösung. Die Eckpuncte des Tetraëders sind

$$A \begin{cases} x_1, \\ y_1, \\ z_1, \end{cases} \quad B \begin{cases} x_2, \\ y_2, \\ z_2, \end{cases} \quad C \begin{cases} x_3, \\ y_3, \\ z_3, \end{cases} \quad D \begin{cases} x_4, \\ y_4, \\ z_4. \end{cases}$$

Nehmen wir an, dass der Körper ganz im Raume der positiven x, y, z liegt, A sei unter den genannten Puncten am tiefsten liegend, und nennen wir die Inhalte der prismatischen Körper, welche durch die Projectionen der Dreiecke BCD, CDA, DBA und BCA auf xy entstehen, k_1, k_2, k_3 und k_4, so folgt für den Rauminhalt des Tetraëders offenbar

$$k = k_1 - k_2 - k_3 - k_4.$$

Nun ist nach der vorigen Aufgabe

$$\begin{aligned} k_1 &= \tfrac{1}{3} f_1 \, (z_2 + z_3 + z_4), \\ k_2 &= \tfrac{1}{3} f_2 \, (z_1 + z_3 + z_4), \\ k_3 &= \tfrac{1}{3} f_3 \, (z_1 + z_2 + z_4), \\ k_4 &= \tfrac{1}{3} f_4 \, (z_1 + z_2 + z_3), \end{aligned}$$

und man hat sonach mit Rücksicht auf $f_1 = f_2 + f_3 + f_4$

$$k = \tfrac{1}{3}(f_2 z_2 + f_3 z_3 + f_4 z_4 - f_1 z_1).$$

Für die Grössen f_1, f_2, f_3, f_4 hat man

$$\begin{aligned} 2f_1 &= (y_2 x_3 - x_2 y_3) + (y_3 x_4 - x_3 y_4) + (y_4 x_2 - x_4 y_2), \\ 2f_2 &= (y_1 x_3 - x_1 y_3) + (y_3 x_4 - x_3 y_4) + (y_4 x_1 - x_4 y_1), \\ 2f_3 &= (y_1 x_2 - x_1 y_2) + (y_2 x_4 - x_2 y_4) + (y_4 x_1 - x_4 y_1), \\ 2f_4 &= (y_1 x_2 - x_1 y_2) + (y_2 x_3 - x_2 y_3) + (y_3 x_1 - x_3 y_1). \end{aligned}$$

Aufgabe 41. Eine gerade Linie von bestimmter Länge ist durch ihre zwei Endpuncte gegeben; man rechne die Längen der Projectionen auf den drei coordinirten Ebenen.

Lösung. Soll die Linie, welche durch die Puncte A und B gegeben ist, projicirt werden, so nehmen wir vor allem für die Gleichungen der durch die Puncte A und B gehenden Geraden

$$\left.\begin{array}{l} x = az + \alpha \\ y = bz + \beta \end{array}\right\} \quad (1)$$

Für die Neigungswinkel dieser Geraden mit den einzelnen Projections-Ebenen hat man

$$\left.\begin{array}{l} \sin(1, xy) = \dfrac{1}{\sqrt{a^2+b^2+1}} \\ \sin(1, xz) = \dfrac{b}{\sqrt{a^2+b^2+1}} \\ \sin(1, yz) = \dfrac{a}{\sqrt{a^2+b^2+1}} \end{array}\right\} \text{I.}$$

Ist die Länge der zu projicirenden Linie $AB = l$, so hat man für die Längen der Projectionen auf den coordinirten Ebenen xy, xz, yz

$$l' = l\cos(1, xy), \quad l'' = l\cos(1, xz), \quad l''' = l\cos(1, yz).$$

Mit Zuhilfenahme des Systemes I. folgt

$$\cos(1, xy) = \sqrt{\frac{a^2+b^2}{a^2+b^2+1}},$$

$$\cos(1, xz) = \sqrt{\frac{a^2+1}{a^2+b^2+1}},$$

$$\cos(1, yz) = \sqrt{\frac{b^2+1}{a^2+b^2+1}}.$$

Man findet ferner noch die bemerkenswerthe Beziehung

$$l'^2 + l''^2 + l'''^2 = 2l^2.$$

Aufgabe 42. Eine Anzahl Puncte im Raume und eine Ebene sind gegeben. Von diesen Puncten werden auf die Ebene Lothe gefällt, und diese beziehungsweise multiplicirt mit m_1, m_2, m_3, ... Es soll ein anderer Punct gesucht werden von der Beschaffenheit, dass das Product aus dem Lothe, welches von demselben auf die Ebene gefällt in die Summe $(m_1 + m_2 + m_3 + \ldots)$, gleich wird der Summe aus den Producten der Lothe aus den einzelnen Puncten in die gegebenen Zahlen $m_1\, m_2\, m_3$ ...

Lösung. Es seien die gegebenen Puncte

$$\left.\begin{array}{c} x_1 \\ y_1 \\ z_1 \end{array}\right\}, \quad \left.\begin{array}{c} x_2 \\ y_2 \\ z_2 \end{array}\right\}, \quad \ldots \quad \left.\begin{array}{c} x_n \\ y_n \\ z_n \end{array}\right\},$$

die Ebene

$$Ax + By + Cz + D = 0,$$

die einzelnen Lothe sind

$$\frac{Ax_1 + By_1 + Cz_1 + D}{\sqrt{A^2 + B^2 + C^2}} = p_1,$$

$$\frac{Ax_2 + By_2 + Cz_2 + D}{\sqrt{A^2 + B^2 + C^2}} = p_2,$$

$$\cdot \quad \cdot \quad \cdot \quad \cdot \quad \cdot \quad \cdot \quad \cdot \quad \cdot \quad \cdot \quad \cdot$$

$$\frac{Ax_n + By_n + Cz_n + D}{\sqrt{A^2 + B^2 + C^2}} = p_n.$$

Hat der gesuchte Punct die Coordinaten x, y, z, so gilt für das zugehörige Loth

$$\frac{Ax + By + Cz + D}{\sqrt{A^2 + B^2 + C^2}} = P.$$

Der Aufgabe gemäss muss folgende Gleichung Statt finden

$$(m_1 + m_2 + m_3 + \ldots + m_n)\,P =$$
$$= m_1 p_1 + m_2 p_2 + m_3 p_3 + \ldots + m_n p_n,$$

oder nach Substitution obiger Werthe

$$(m_1 + m_2 + m_3 + \ldots + m_n)(Ax + By + Cz + D) =$$
$$= m_1 (Ax_1 + By_1 + Cz_1 + D)$$
$$+ m_2 (Ax_2 + By_2 + Cz_2 + D)$$
$$+ \cdot \quad \cdot \quad \cdot \quad \cdot \quad \cdot \quad \cdot \quad \cdot \quad \cdot \quad \cdot \quad \cdot$$
$$+ m_n (Ax_n + By_n + Cz_n + D).$$

Da diese Gleichung Statt finden muss, welches auch die Werthe von A, B, C und D sein mögen, so folgt

$$\begin{cases} x = \dfrac{\Sigma (m_1 x_1)}{\Sigma m_1}, \\ y = \dfrac{\Sigma (m_1 y_1)}{\Sigma m_1}, \\ z = \dfrac{\Sigma (m_1 z_1)}{\Sigma m_1} \end{cases}$$

als die Coordinaten des gesuchten Punctes.

Anmerkung. Sind m_1 m_2 ... Massentheilchen, so sind x, y, z die Coordinaten des Schwerpunctes des Systemes von Puncten.

Aufgabe 43. Ein Dreieck ist im Raume gegeben; man bestimme die Projectionen desselben.

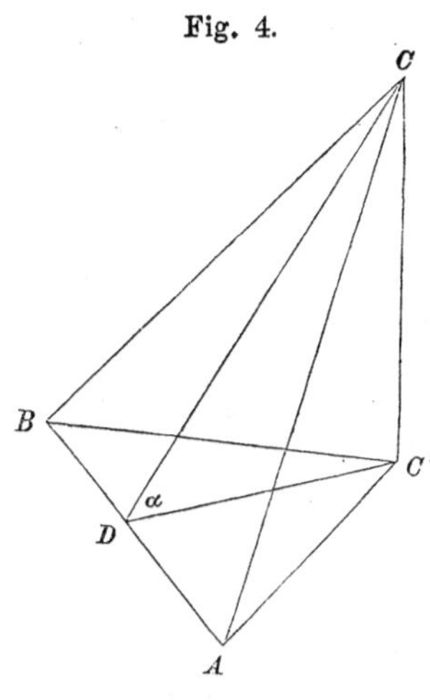

Fig. 4.

Lösung. Nehmen wir vorerst an, eine der Dreiecksseiten liege in der Projectionsebene, wie AB (Fig. 4). Bildet man sich die Projection des Punctes C, d. i. C', so ist $\triangle ABC'$ die Projection vom $\triangle ABC$. Ist die Ebene $CC'D \perp AB$, so ist $> \alpha$ der Neigungswinkel der Ebene des gegebenen Dreieckes mit der Projectionsebene.

$$CD \perp AB, \quad C'D \perp AB,$$
$$\triangle ABC = \tfrac{1}{2} AB \,.\, CD,$$
$$\triangle ABC' = \tfrac{1}{2} AB \,.\, C'D$$
$$= \tfrac{1}{2} AB \,.\, CD \,.\, \cos\alpha,$$

demnach

$$\triangle ABC' = \triangle ABC \,.\, \cos\alpha.$$

Ist keine Seite des Dreieckes parallel mit der Projectionsebene, so lässt sich in diesem Falle doch denken, dass eine

Fig. 5.

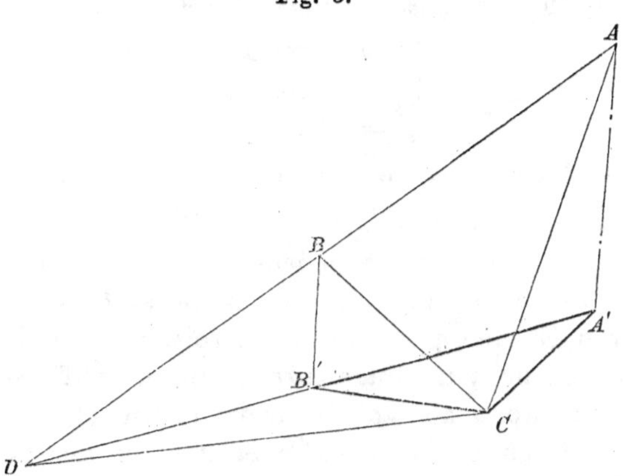

Spitze in derselben liegt (Fig. 5). Nehmen wir an, die verlängerte Dreiecksebene schneide die Projectionsebene in der Linie CD, so sind $A'CD$ und $B'CD$ beziehungsweise die Projectionen der Dreiecke ACD und BCD; $A'B'C$ ist dann offenbar die Projection des Dreieckes ABC.

$$A'CD = ADC \,.\, \cos\alpha$$
$$B'CD = BCD \,.\, \cos\alpha$$
$$\overline{A'CD - B'CD = (ADC - BCD)\cos\alpha,}$$

also wieder
$$\triangle A'B'C = \triangle ABC \,.\, \cos\alpha.$$

Zusatz. Hat man irgend ein ebenes Polygon von der Fläche P, und nennen wir die Dreiecke, in die sich dasselbe zerlegen lässt, $p_1, p_2, p_3, \ldots p_n$, die diesen entsprechenden Projectionen
$$q_1, q_2, q_3, \ldots q_n,$$
so folgt nach dem Früheren
$$\begin{aligned} q_1 &= p_1 \cos\alpha \\ q_2 &= p_2 \cos\alpha \\ &\ldots\ldots \\ q_n &= p_n \cos\alpha \\ \hline \text{und}\quad Q &= P.\cos\alpha, \end{aligned}$$
wo $Q = q_1 + q_2 + \ldots + q_n$ die Projection von P bezeichnet.

Es gilt also derselbe Satz, wie er für die Dreiecke aufgestellt wurde, auch für ein beliebiges Polygon.

Projicirt man ein solches Polygon P auf die drei Coordinaten-Ebenen, sind die Projectionen auf xy, xz, yz P_1, P_2, P_3, die Winkel, welche P mit xy, xz, yz einschliesst, α, β, γ, so ist
$$\begin{aligned} P_1 &= P\cos\alpha, \\ P_2 &= P\cos\beta, \\ P_3 &= P\cos\gamma; \end{aligned}$$
daraus folgt die merkwürdige Relation
$$P_1^2 + P_2^2 + P_3^2 = P^2.$$

Aufgabe 44. Es ist ein beliebiges Polygon von der Fläche F gegeben. Man bilde die Projectionen dieses Polygons auf die drei coordinirten Ebenen, projicire diese Projectionen auf die Ebene der gegebenen Figur neuerdings zurück, projicire die so erhaltenen Projectionen abermals auf die coordinirten Ebenen u. s. w., so entstehen dadurch Projectionen einer höheren Ordnung. Was lässt sich über die Summe der Projectionen der $2n^{\text{ten}}$ Ordnung sagen?

Lösung. Bezeichnen wir die Projectionen von F auf die coordinirten Ebenen yz, xz, xy beziehungsweise durch F_x, F_y, F_z, und die Neigungswinkel derselben mit der Ebene F durch α, β, γ, so folgt
$$\left.\begin{aligned} F_x &= F\cos\alpha \\ F_y &= F\cos\beta \\ F_z &= F\cos\gamma \end{aligned}\right\} \text{I.}$$

Die Projectionen der F_x, F_y, F_z auf die Ebene F zurück, sind

$$\left.\begin{array}{l} F_x \cos\alpha = F\cos\alpha^2 \\ F_y \cos\beta = F\cos\beta^2 \\ F_z \cos\gamma = F\cos\gamma^2 \end{array}\right\} \text{II.}$$

Projicirt man von Neuem diese drei Flächen $F\cos\alpha^2$, $F\cos\beta^2$, $F\cos\gamma^2$ auf die drei Coordinatenebenen, so erhält man die Projectionen der dritten Ordnung:

$$\left.\begin{array}{lll} F\cos\alpha^3, & F\cos\alpha^2\cos\beta, & F\cos\alpha^2\cos\gamma \\ F\cos\beta^3, & F\cos\alpha\cos\beta^2, & F\cos\beta^2\cos\gamma \\ F\cos\gamma^3, & F\cos\alpha\cos\gamma^2, & F\cos\beta\cos\gamma^2 \end{array}\right\} \text{III.}$$

demnach sind die Projectionen der vierten Ordnung:

$$\left.\begin{array}{lll} F\cos\alpha^4, & F\cos\alpha^2\cos\beta^2, & F\cos\alpha^2\cos\gamma^2 \\ F\cos\beta^4, & F\cos\alpha^2\cos\beta^2, & F\cos\beta^2\cos\gamma^2 \\ F\cos\gamma^4, & F\cos\alpha^2\cos\gamma^2, & F\cos\beta^2\cos\gamma^2 \end{array}\right\} \text{IV.}$$

Man findet nun sehr einfach, dass die Summe der drei Projectionen der zweiten Ordnung, oder die Summe der neun Projectionen der vierten Ordnung stets die ursprüngliche Fläche F gibt; allgemein lässt sich hier schliessen, dass die Summe der 3^n Projectionen der $2n^{\text{ten}}$ Ordnung immer gleich der gegebenen Fläche ist.

Aufgabe 45. Man hat zwei Ebenen, und in der ersten eine begrenzte Figur F; es soll die Relation gesucht werden zwischen dieser Figur und ihrer Projection in der zweiten Ebene.

Lösung. Nennen wir den Neigungswinkel der zwei Ebenen ω, die Neigungswinkel der Projectionsebene mit den Coordinatenebenen yz, xz, xy beziehungsweise α, β, γ, in derselben Art die Neigungswinkel der die Figur enthaltende Ebene α', β', γ', so folgt, wenn die beiden Ebenen kurz durch I und II bezeichnet werden,

$$\cos\omega = \frac{AA' + BB' + CC'}{\sqrt{A^2+B^2+C^2}\,.\,\sqrt{A'^2+B'^2+C'^2}}.$$

Nun ist

$$\left.\begin{array}{l} \cos(\text{I}, xy) = \dfrac{C}{\sqrt{A^2+B^2+C^2}} \\ \cos(\text{I}, xz) = \dfrac{B}{\sqrt{A^2+B^2+C^2}} \\ \cos(\text{I}, yz) = \dfrac{A}{\sqrt{A^2+B^2+C^2}} \end{array}\right\} \begin{array}{l} \cos(\text{II}, xy) = \dfrac{C'}{\sqrt{A'^2+B'^2+C'^2}}, \\ \cos(\text{II}, xz) = \dfrac{B'}{\sqrt{A'^2+B'^2+C'^2}}, \\ \cos(\text{II}, yz) = \dfrac{A}{\sqrt{A'^2+B'^2+C'^2}}, \end{array}$$

demnach ist

$$\cos(\text{I}, \text{II}) = \cos\omega = \cos(\text{I}, xy)\cos(\text{II}, xy) + \cos(\text{I}, xz)\cos(\text{II}, xz) + \cos(\text{I}, yz)\cos(\text{II}, yz),$$

oder nach unserer angenommenen Bezeichnungsweise

$$\cos\omega = \cos\alpha\cos\alpha' + \cos\beta\cos\beta' + \cos\gamma\cos\gamma'.$$

Multipliciren wir diese Gleichung durch F,

$$F.\cos\omega = F.\cos\alpha\cos\alpha' + F.\cos\beta\cos\beta' + F.\cos\gamma\cos\gamma'.$$

Nun ist $F\cos\omega$ die Projection der Figur auf der zweiten gegebenen Ebene, und $F\cos\alpha'$, $F\cos\beta'$, $F\cos\gamma'$ bedeuten die Projectionen von F auf die Coordinatenebenen yz, xz, xy; bezeichnen wir diese Projectionen kurz der Reihe nach mit F_x, F_y, F_z, so folgt

$$F.\cos\omega = F_x.\cos\alpha + F_y.\cos\beta + F_z.\cos\gamma,$$

d. h. die Projection einer ebenen Figur auf irgend eine beliebige Ebene ist gleich der Summe der Projectionen derselben Figur auf die drei rechtwinkeligen Coordinatenebenen, multiplicirt mit den Cosinusen der Neigungswinkel der Projectionsebene gegen dieselben drei rechtwinkeligen Coordinatenebenen.

Aufgabe 46. Man soll von einem rechtwinkeligen Coordinatensystem auf ein schiefwinkeliges übergehen; welche Beziehung besteht zwischen den Coordinaten eines Punctes für beide Systeme?

Fig. 6.

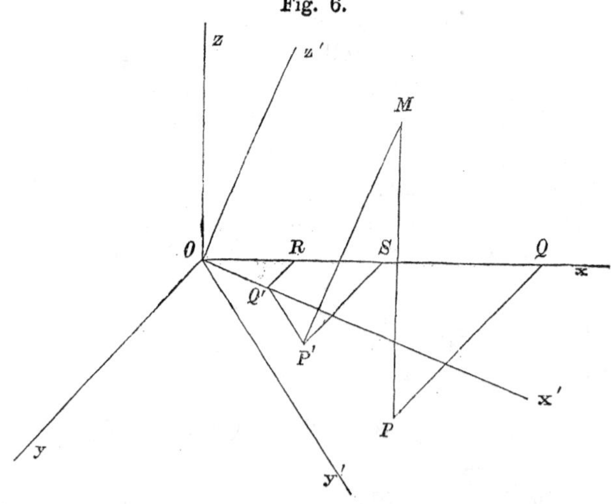

Lösung. Nach Fig. 6 sei xyz das rechtwinkelige, $x'y'z'$ das schiefwinkelige Axensystem. Für das rechtwinkelige System

sei für $M \begin{cases} x = OQ, \\ y = PQ, \\ z = MP, \end{cases}$ für das schiefwinkel. System $M \begin{cases} x' = OQ', \\ y' = PQ', \\ z' = MP'. \end{cases}$

Bilden wir uns von $OQ' = x'$, $P'Q' = y'$, $MP' = z'$ die Projectionen auf die Axen x, y und z, so folgt etwa für die Projectionen auf die Axe x

$$OR = x' \cos(xx'), \quad RS = y' \cos(xy'), \quad QS = z' \cos(xz'),$$

und wegen $x = OR + RS + QS$

$$x = x' \cos(xx') + y' \cos(xy') + z' \cos(xz'),$$

eben so

$$y = x' \cos(yx') + y' \cos(yy') + z' \cos(yz'),$$
$$z = x' \cos(zx') + y' \cos(zy') + z' \cos(zz').$$

Setzen wir

$$\cos(xx') = a, \quad \cos(yx') = a', \quad \cos(zx') = a'',$$
$$\cos(xy') = b, \quad \cos(yy') = b', \quad \cos(zy') = b'',$$
$$\cos(xz') = c, \quad \cos(yz') = c', \quad \cos(zz') = c'',$$

so hat man

$$\left.\begin{array}{l} x = a x' + b y' + c z' \\ y = a' x' + b' y' + c' z' \\ z = a'' x' + b'' y' + c'' z' \end{array}\right\} \text{I.},$$

welches sofort die verlangten Transformations-Formeln sind.

Die Constanten a, a', a'', b, . . . sind noch an die Bedingungen geknüpft:

$$\left.\begin{array}{l} a^2 + a'^2 + a''^2 = 1 \\ b^2 + b'^2 + b''^2 = 1 \\ c^2 + c'^2 + c''^2 = 1 \end{array}\right\} \text{II.},$$

sechs Constante können demnach beliebig gewählt werden.

Zusatz 1. Soll von einem rechtwinkeligen System wieder auf ein rechtwinkeliges System übergegangen werden, so bemerke man Folgendes:

$$\cos(x'y') = \cos(xx')\cos(xy') + \cos(yx')\cos(yy') + \cos(zx')\cos(zy'),$$
$$\cos(x'z') = \cos(xx')\cos(xz') + \cos(yx')\cos(yz') + \cos(zx')\cos(zz'),$$
$$\cos(y'z') = \cos(xy')\cos(xz') + \cos(yy')\cos(yz') + \cos(zy')\cos(zz'),$$

und wegen $\sphericalangle x'y' = \sphericalangle x'z' = \sphericalangle y'z' = 90^0$ folgen die Gleichungen

$$\left.\begin{array}{l} ab + a'b' + a''b'' = 0 \\ ac + a'c' + a''c'' = 0 \\ bc + b'c' + b''c'' = 0 \end{array}\right\} \text{III.}$$

In dem erwähnten Falle kommen also zu den Bedingungsgleichungen II. noch jene in III. hinzu, und es bleiben nunmehr nur noch drei Constante zur freien Verfügung.

Zusatz 2. Soll man beim Uebergange vom rechtwinkeligen System auf ein anderes rechtwinkeliges die neuen Coordinaten durch die alten ausdrücken, so verfahre man auf folgende Art:

Man multiplicire die Gleichungen des Systemes I. der Reihe nach mit a, a', a'' und addire dieselben, so ergibt sich mit Rücksicht auf die Relationen in II. und III. $x' = f(x, y, z)$. Auf ähnliche Weise bekommt man y' und z'.

Man hat für x'

$$\begin{aligned} ax &= a^2 x' + ab y' + ac z' \\ a' y &= a'^2 x' + a' b' y' + a' c' z' \\ a'' z &= a''^2 x' + a'' b'' y' + a'' c'' z' \end{aligned}$$

$$ax + a'y + a''z = (a^2 + a'^2 + a''^2) x' + (ab + a'b' + a''b'')y' + (ac + a'c' + a''c'') z',$$

hieraus folgt

$$x' = ax + a'y + a''z,$$

eben so

$$y' = bx + b'y + b''z,$$

$$z' = cx + c'y + c''z.$$

Aufgabe 47. Es soll die Entfernung eines Punctes vom Anfangspunct im schiefwinkeligen Axensystem bestimmt werden.

Lösung. Wir können nach den vorigen Entwickelungen die Frage als Transformations-Aufgabe betrachten.

Denken wir uns das gegebene schiefwinkelige Axensystem sei auf ein rechtwinkeliges festgelegt. Nennen wir die Coordinaten eines Punctes für das rechtwinkelige System $x y z$, für das schiefwinkelige $x' y' z'$, und bezeichnen wir die verlangte Entfernung durch d, so folgt

$$d^2 = x^2 + y^2 + z^2 \quad . \quad . \quad . \quad . \quad . \quad (1)$$

das Quadrat der Entfernung des gegebenen Punctes vom Ursprung, noch ausgedrückt durch die rechtwinkeligen Coordinaten des Punctes. Für das schiefwinkelige System hat man jedoch statt x, y und z die Werthe aus I., Aufgabe 46 zu setzen, dann folgt

$$\begin{aligned} d^2 &= (ax' + by' + cz')^2 + (a'x' + b'y' + c'z')^2 + (a''x' + b''y' + c''z')^2 \\ &= (a^2 + a'^2 + a''^2) x'^2 + (b^2 + b'^2 + b''^2) y'^2 + (c^2 + c'^2 + c''^2) z'^2 \\ &+ 2(ab + a'b' + a''b'') x'y' + 2(ac + a'c' + a''c'') x'z' \\ &+ 2(bc + b'c' + b''c'') y'z'. \end{aligned}$$

Nun hat man nach der vorigen Aufgabe

$$a^2 + a'^2 + a''^2 = 1,$$

$$b^2 + b'^2 + b''^2 = 1,$$

$$c^2 + c'^2 + c''^2 = 1,$$

$$ab + a'b' + a''b'' = \cos(x'y'),$$
$$ac + a'c' + a''c'' = \cos(x'z'),$$
$$bc + b'c' + b''c'' = \cos(y'z'),$$

daher schliesslich

$$d^2 = x'^2 + y'^2 + z'^2 + 2x'y' \cos(x'y') + 2x'z' \cos(x'z') + 2y'z' \cos(y'z') \ldots (2)$$

Denkt man sich durch den gegebenen Punct Ebenen gelegt, parallel zu den coordinirten Ebenen des schiefwinkeligen Systems, so entsteht dadurch ein schiefes, schiefwinkeliges Parallelopiped, wo nach obiger Formel das Quadrat der Diagonale durch die Seiten des Parallelopipeds und durch die Cosinuse der Winkel, welche die einzelnen Seiten des Parallelopipeds einschliessen, ausgedrückt wird.

Aufgabe 48. Es soll die Distanz zweier Puncte im schiefwinkeligen Axensystem ermittelt werden.

Lösung. Es seien die gegebenen Puncte $A\begin{cases}x',\\y',\\z',\end{cases}$ $B\begin{cases}x'',\\y'',\\z'',\end{cases}$ und um die vorige Lösung zu benützen, denken wir uns den Ursprung nach A gelegt, die weiteren Coordinatenebenen parallel mit den ursprünglichen, so hat man für $B\begin{cases}x''-x',\\y''-y',\\z''-z',\end{cases}$ demnach nach Aufgabe 47

$$\overline{AB}^2 = (x''-x')^2 + (y''-y')^2 + (z''-z')^2 + 2(x''-x')(y''-y') \cos(xy) + 2(x''-x')(z''-z') \cos(xz) + 2(y''-y')(z''-z') \cos(yz).$$

Aufgabe 49. Es sind die Gleichungen der Geraden und der Ebene für ein schiefwinkeliges Axensystem abzuleiten.

Lösung. Sind die Gleichungen der Geraden für das rechtwinkelige System $\left.\begin{matrix} x = mz + \alpha \\ y = nz + \beta \end{matrix}\right\}$ (1), so hat man für das schiefwinkelige nach I., Aufgabe 46, die Gleichungen

$$\left.\begin{matrix} ax' + by' + cz' = m(a''x' + b''y' + c''z') + \alpha \\ a'x' + b'y' + c'z' = n(a''x' + b''y' + c''z') + \beta \end{matrix}\right\} (2).$$

Diese Gleichungen selbst lassen sich auf die Form bringen

$$\left.\begin{matrix} Ax' + By' + Cz' + D = 0 \\ A'x' + B'y' + C'z' + D' = 0 \end{matrix}\right\}.$$

Aus diesen Gleichungen folgen durch successive Elimination die einfacheren Formen:

$$\left.\begin{aligned} x' &= m'z' + \alpha' \\ y' &= n'z' + \beta' \end{aligned}\right\} (3),$$

welches sofort die Gleichungen der Geraden für das schiefe Axensystem sind. Wie leicht zu sehen, sind die Gleichungen in (3) mit denen in (1) der Form nach einerlei.

Um die Gleichung der Ebene für schiefe Axen zu bestimmen, setzen wir in $Ax + By + Cz + D = 0 \quad . \quad . \quad . \quad (4)$, welche Gleichung uns eine Ebene für rechtwinkelige Coordinaten bezeichnen soll, statt x, y, z die mehrmals erwähnten Werthe in x', y', z',

$$A(ax'+by'+cz')+B(a'x'+b'y'+c'z')+C(a''x'+b''y'+c''z')+D=0$$

$$(Aa + Ba' + Ca'')x' + (Ab + Bb' + Cb'')y'$$
$$+ (Ac + Bc' + Cc'')z' + D = 0 \ldots (5),$$

oder der Form nach $A'x' + B'y' + C'z' + D = 0 \quad . \quad . \quad . \quad (6)$. Die Gestalt der Gleichung der Ebene ist also für jedes Axensystem dieselbe.

Aufgabe 50. Die Gleichung einer Ebene für rechtwinkelige Axen sei gegeben $Ax + By + Cz + D = 0 \quad . \quad . \quad . \quad (1)$; ein anderes rechtwinkeliges System, welches mit dem erstgenannten denselben Ursprung hat, ist seiner Lage nach durch die Winkel xx', yx', zx', xy', yy', zy', xz', yz', zz' bestimmt. Wie heisst die Gleichung der Ebene für dieses neue System?

Lösung. Die Gleichung (1) auf das neue System transformirt, gibt die Form

$$A'x + B'y + C'z + D = 0 \quad . \quad . \quad . \quad (2) \text{ (nach Aufg. 49).}$$

Nennen wir wie früher

$$\begin{aligned} \cos(xx') &= a, & \cos(yx') &= a', & \cos(zx') &= a'', \\ \cos(xy') &= b, & \cos(yy') &= b', & \cos(zy') &= b'', \\ \cos(xz') &= c, & \cos(yz') &= c', & \cos(zz') &= c'', \end{aligned}$$

wo bei der Wahl von a, a', a'', ... noch die Bedingungen massgebend sind:

$$\begin{aligned} a^2 + a'^2 + a''^2 &= 1, & ab + a'b' + a''b'' &= 0, \\ b^2 + b'^2 + b''^2 &= 1, & ac + a'c' + a''c'' &= 0, \\ c^2 + c'^2 + c''^2 &= 1. & bc + b'c' + b''c'' &= 0. \end{aligned}$$

Man hat dann für die Berechnung der Grössen A' B' C' (nach Aufg. 49, Gl. 5)

$$\begin{aligned} A' &= Aa + Ba' + Ca'', \\ B' &= Ab + Bb' + Cb'', \\ C' &= Ac + Bc' + Cc''. \end{aligned}$$

Zweiter Abschnitt.

Aufgaben über die Flächen.

---

a) Kugelfläche.

Aufgabe 51. Die Gleichung einer Kugelfläche
$$x^2 + y^2 + z^2 + 2ax + 2by + 2cz + d = 0 \quad . \quad . \quad . \quad (1)$$
ist gegeben; es ist die Lage des Mittelpunctes anzugeben, so wie die Länge des Halbmessers.

Lösung. Sind die Coordinaten des Mittelpunctes α, β, γ, und bezeichnen wir den Halbmesser durch r, so ist die Gleichung der Kugelfläche $(x-\alpha)^2 + (y-\beta)^2 + (z-\gamma)^2 = r^2$ oder
$$x^2 + y^2 + z^2 - 2\alpha x - 2\beta y - 2\gamma z + \alpha^2 + \beta^2 + \gamma^2 - r^2 = 0 \ldots (2)$$

Durch Identificiren der Gleichungen (1) und (2) folgt
$$\alpha = -a, \quad \beta = -b, \quad \gamma = -c$$
und $\alpha^2 + \beta^2 + \gamma^2 - r^2 = d$ oder $r = \sqrt{a^2 + b^2 + c^2 - d}.$

So ist z. B. für $x^2 + y^2 + z^2 - 2x + 6y - 10z = 13$
$$\alpha = 1, \quad \beta = -3, \quad \gamma = 5, \quad r = 7;$$
für $x^2 + y^2 + z^2 + 4y - 2z + 10 = 0$ folgt
$$\alpha = 0, \quad \beta = -2, \quad \gamma = 1, \quad r = \sqrt{-5}.$$

Da r imaginär ist, hat die vorgelegte Gleichung keine geometrische Bedeutung.

Aufgabe 52. Es seien n Puncte gegeben; es soll jener Punct bestimmt werden, auf dass die Summe der Quadrate der Entfernungen desselben von den gegebenen Puncten einem gegebenen Quadrate, etwa a^2, gleich werde.

Lösung. Es seien die gegebenen Puncte
$$\left.\begin{matrix} x' \\ y' \\ z' \end{matrix}\right\}, \quad \left.\begin{matrix} x'' \\ y'' \\ z'' \end{matrix}\right\}, \quad \left.\begin{matrix} x''' \\ y''' \\ z''' \end{matrix}\right\}, \quad . \quad . \quad . \quad .$$

Die Coordinaten des fraglichen Punctes seien $x\,y\,z$, so hat man

$$\left.\begin{array}{l}(x-x')^2 + (y-y')^2 + (z-z')^2 \\ + (x-x'')^2 + (y-y'')^2 + (z-z'')^2 \\ + (x-x''')^2 + (y-y''')^2 + (z-z''')^2 \\ + \ldots\ldots\ldots\ldots\ldots\ldots\end{array}\right\} = a^2$$

oder

$$x^2 + y^2 + z^2 - 2 \,.\, \frac{x' + x'' + x''' + \ldots}{n} \,.\, x - 2 \,.\, \frac{y' + y'' + y''' + \ldots}{n} \,.\, y$$
$$- 2 \,.\, \frac{z' + z'' + z''' + \ldots}{n} \,.\, z + \frac{1}{n}\left[x'^2 + y'^2 + z'^2 + x''^2 + y''^2 + z''^2 + \ldots\right] = \frac{a^2}{n}.$$

Diess ist die Gleichung des gesuchten Ortes, der demnach eine Kugelfläche ist.

Diese Gleichung lässt sich etwas einfacher schreiben:

$$x^2 + y^2 + z^2 - \frac{2\,\Sigma(x')}{n} \,.\, x - \frac{2\,\Sigma(y')}{n} \,.\, y - \frac{2\,\Sigma(z')}{n} \,.\, z$$
$$+ \frac{1}{n}\left[\Sigma(x'^2) + \Sigma(y'^2) + \Sigma(z'^2) - a^2\right] = 0.$$

Welche sind die Coordinaten des Mittelpunctes dieser Kugel, und wie gross ist der Radius?

Aufgabe 53. Es soll die Gleichung der Tangentialebene für die Kugelfläche angegeben werden, wenn der Berührungspunct gegeben ist.

Lösung. Es sei die Kugelfläche durch die Gleichung

$$(x-\alpha)^2 + (y-\beta)^2 + (z-\gamma)^2 = r^2 \quad . \; . \; . \quad (1)$$

gegeben, der Berührungspunct habe die Coordinaten $x'\, y'\, z'$, die gesuchte Ebene wird die Gleichung haben

$$A(x-x') + B(y-y') + C(z-z') = 0 \quad . \; . \; . \quad (2)$$

Da aber diese Ebene am Radius, der zu $x'\, y'\, z'$ gezogen werden kann, senkrecht sein muss, so ist wegen

$$\left.\begin{array}{l} x - x' = \dfrac{x'-\alpha}{z'-\gamma}(z-z') \\ y - y' = \dfrac{y'-\beta}{z'-\gamma}(z-z') \end{array}\right\} (3)$$

$$\frac{A}{C} = \frac{x'-\alpha}{z'-\gamma}, \quad \frac{B}{C} = \frac{y'-\beta}{z'-\gamma}.$$

Diese Quotienten in (2) substituirt, folgt

$$(x'-\alpha)(x-x') + (y'-\beta)(y-y') + (z'-\gamma)(z-z') = 0 \quad . \; . \; . \quad (4)$$

Um ferner noch auszudrücken, dass der Punct $x'\, y'\, z'$ in der Kugelfläche liegt, muss die Gleichung bestehen

$$(x'-\alpha)^2 + (y'-\beta)^2 + (z'-\gamma)^2 = r^2 \quad . \; . \; . \quad (5)$$

Die Gleichungen (4) und (5) addirt, und es ist für die Gleichung der Tangentialebene

$$(x'-\alpha)(x-\alpha) + (y'-\beta)(y-\beta) + (z'-\gamma)(z-\gamma) = r^2 \quad . \; . \; . \quad (6)$$

Fällt der Mittelpunct der Kugel mit dem Coordinaten-Anfang zusammen, so ist $\alpha = \beta = \gamma = 0$, demnach die Gleichung der Tangentialebene $x x' + y y' + z z' = r^2$.

Aufgabe 54. Eine Kugelfläche sei gegeben und eine Ebene; es soll an die Kugelfläche eine tangirende Ebene gelegt werden, welche mit der gegebenen Ebene parallel ist.

Lösung. Die Kugelfläche sei gegeben durch

$$(x-\alpha)^2 + (y-\beta)^2 + (z-\gamma)^2 = r^2 \quad . \quad . \quad . \quad (1)$$

die Ebene

$$A x + B y + C z + D = 0 \quad . \quad . \quad . \quad . \quad . \quad (2)$$

Nennen wir den noch unbekannten Berührungspunct $x'\ y'\ z'$, so ist die Gleichung der Tangentialebene

$$(x'-\alpha)(x-\alpha) + (y'-\beta)(y-\beta) + (z'-\gamma)(z-\gamma) = r^2 \quad . \quad . \quad . \quad (3)$$

oder

$$(x'-\alpha)\,x + (y'-\beta)\,y + (z'-\gamma)\,z -$$
$$- \left[(x'-\alpha)\,\alpha + (y'-\beta)\,\beta + (z'-\gamma)\,\gamma + r^2\right] = 0 \quad . \quad . \quad . \quad (4)$$

Soll die Ebene (4) mit (2) parallel sein, so muss

$$\frac{A}{x'-\alpha} = \frac{B}{y'-\beta} = \frac{C}{z'-\gamma}.$$

Daraus folgen die Gleichungen

$$\frac{A}{x'-\alpha} = \frac{B}{y'-\beta} \quad . \quad . \quad . \quad . \quad . \quad . \quad . \quad (5)$$

$$\frac{A}{x'-\alpha} = \frac{C}{z'-\gamma} \quad . \quad . \quad . \quad . \quad . \quad . \quad . \quad (6)$$

Verbindet man diese Gleichungen noch mit

$$(x'-\alpha)^2 + (y'-\beta)^2 + (z'-\gamma)^2 = r^2 \quad . \quad . \quad . \quad (7)$$

so lassen sich aus diesen drei Gleichungen die Werthe von $x'\ y'\ z'$ rechnen.

Aus (5) folgt $y' - \beta = (x'-\alpha)\,.\,\frac{B}{A}$,

" (6) " $z' - \gamma = (x'-\alpha)\,.\,\frac{C}{A}$,

und somit aus (7)

$$x' - \alpha = \pm \frac{A r}{\sqrt{A^2 + B^2 + C^2}},$$

ebenso $$y' - \beta = \pm \frac{B r}{\sqrt{A^2 + B^2 + C^2}},$$

$$z' - \gamma = \pm \frac{C r}{\sqrt{A^2 + B^2 + C^2}}.$$

Also sind wegen der doppelten Werthe von $x'\ y'\ z'$ zwei Tangentialebenen, welche der Aufgabe genügen.

Aufgabe 55. Durch eine gegebene Gerade eine Tangentialebene an die Kugelfläche zu legen.

Lösung. Die Kugelfläche sei

$$(x-\alpha)^2 + (y-\beta)^2 + (z-\gamma)^2 = r^2 \quad . \; . \; . \quad (1)$$

die Gerade

$$\left.\begin{aligned} x &= az + m \\ y &= bz + n \end{aligned}\right\} \quad . \; . \; . \; . \; . \; . \; . \quad (2)$$

die Tangentialebene wird die Gleichung haben

$$Ax + By + Cz + D = 0 \quad . \; . \; . \; . \quad (3)$$

Damit die Ebene (3) durch (2) gehe, müssen (Aufgabe 12) die Gleichungen bestehen:

$$\left.\begin{aligned} Aa + Bb + C &= 0 \\ Am + Bn + D &= 0 \end{aligned}\right\} \quad . \; . \; . \; . \; . \; . \quad (4)$$

Da es sich zunächst nur um die Berührungspuncte in der Kugelfläche handeln kann, so nehmen wir für einen Augenblick an, sie seien $x'\, y'\, z'$, dann kann man für Gleichung (3) schreiben

$$(x'-\alpha)(x-\alpha) + (y'-\beta)(y-\beta) + (z'-\gamma)(z-\gamma) = r^2,$$

daher $A = x' - \alpha$,

$B = y' - \beta$,

$C = z' - \gamma$,

$D = -\left[(x'-\alpha)\alpha + (y'-\beta)\beta + (z'-\gamma)\gamma + r^2\right].$

Man hat daher statt der Gleichungen (4)

$$(x'-\alpha)a + (y'-\beta)b + (z'-\gamma) = 0 \quad . \; . \; . \quad (5)$$

$$(x'-\alpha)m + (y'-\beta)n -$$
$$- \left[(x'-\alpha)\alpha + (y'-\beta)\beta + (z'-\gamma)\gamma + r^2\right] = 0 \quad . \; . \; . \quad (6)$$

Die Berührungs-Coordinaten ergeben sich sofort aus den Gleichungen

$$\left.\begin{aligned} &(x'-\alpha)a + (y'-\beta)b + (z'-\gamma) = 0 \\ &(x'-\alpha)(m-\alpha) + (y'-\beta)(n-\beta) - (z'-\gamma)\gamma = r^2 \\ &(x'-\alpha)^2 + (y'-\beta)^2 + (z'-\gamma)^2 = r^2 \end{aligned}\right\} \quad . \; . \; . \quad (7)$$

Wie man leicht sieht, sind wieder zwei Berührungspuncte möglich, und demnach auch zwei Tangentialebenen, was mit der Natur der Sache übereinstimmt.

Bei welcher besonderen Lage der Geraden (2) wird es unmöglich sein, eine tangirende Ebene an die Kugel zu legen?

Aufgabe 56. Welche ist die geometrische Bedeutung der Summe oder Differenz der Gleichungen zweier Kugelflächen?

Lösung. Es seien die Kugelflächen durch die Gleichungen gegeben:

$$(x-\alpha)^2 + (y-\beta)^2 + (z-\gamma)^2 = r^2 \quad . \; . \; . \quad (1)$$

$$(x-\alpha')^2 + (y-\beta')^2 + (z-\gamma')^2 = r'^2 \quad . \; . \; . \quad (2)$$

Die Summe dieser Gleichungen ist

$$2x^2 + 2y^2 + 2z^2 - 2(\alpha + \alpha')x - 2(\beta + \beta')y - 2(\gamma + \gamma')z +$$
$$+ [\alpha^2 + \beta^2 + \gamma^2 + \alpha'^2 + \beta'^2 + \gamma'^2 - r^2 - r'^2] = 0.$$

Nennen wir den eckig eingeklammerten Ausdruck etwa M, so kommt man auf die Gleichung

$$x^2 + y^2 + z^2 - (\alpha + \alpha')x - (\beta + \beta')y - (\gamma + \gamma')z + \tfrac{1}{2}M = 0.$$

Es ist für sich klar, dass diese Gleichung eine Kugelfläche repräsentirt, für welche sich nach Aufgabe 51 die Coordinaten des Mittelpunctes und der Radius rechnen lassen.

Die Differenz der Gleichungen (1) und (2) gebildet,

$$(\alpha' - \alpha)x + (\beta' - \beta)y + (\gamma' - \gamma)z +$$
$$+ \tfrac{1}{2}[\alpha^2 + \beta^2 + \gamma^2 - \alpha'^2 - \beta'^2 - \gamma'^2 - r^2 + r'^2] = 0.$$

Diess ist offenbar die Gleichung einer Ebene, welche auf der Centrallinie

$$\begin{cases} x - \alpha = \dfrac{\alpha' - \alpha}{\gamma' - \gamma}(z - \gamma) \\ y - \beta = \dfrac{\beta' - \beta}{\gamma' - \gamma}(z - \gamma) \end{cases}$$

senkrecht steht. Diese Ebene ist die sogenannte Collineationsebene der beiden Kugelflächen.

Aufgabe 57. Vier Kugelflächen seien gegeben; man soll eine fünfte Kugelfläche bestimmen, welche die gegebenen berührt.

Lösung. Es seien die Gleichungen der gegebenen Kugelflächen

$$\left.\begin{aligned} (x - \alpha_1)^2 + (y - \beta_1)^2 + (z - \gamma_1)^2 &= r_1^2 \\ (x - \alpha_2)^2 + (y - \beta_2)^2 + (z - \gamma_2)^2 &= r_2^2 \\ (x - \alpha_3)^2 + (y - \beta_3)^2 + (z - \gamma_3)^2 &= r_3^2 \\ (x - \alpha_4)^2 + (y - \beta_4)^2 + (z - \gamma_4)^2 &= r_4^2 \end{aligned}\right\}.$$

Die Gleichung der gesuchten Kugelfläche sei

$$(x - \alpha)^2 + (y - \beta)^2 + (z - \gamma)^2 = R^2.$$

Nehmen wir an, um einen bestimmten Fall vor Augen zu haben, es handle sich durchaus nur um eine äussere Berührung, so bekommen wir zur Bestimmung der Grössen α, β, γ und R die Gleichungen:

$$(\alpha - \alpha_1)^2 + (\beta - \beta_1)^2 + (\gamma - \gamma_1)^2 = (R + r_1)^2 \quad . \; . \; . \; (1)$$
$$(\alpha - \alpha_2)^2 + (\beta - \beta_2)^2 + (\gamma - \gamma_2)^2 = (R + r_2)^2 \quad . \; . \; . \; (2)$$
$$(\alpha - \alpha_3)^2 + (\beta - \beta_3)^2 + (\gamma - \gamma_3)^2 = (R + r_3)^2 \quad . \; . \; . \; (3)$$
$$(\alpha - \alpha_4)^2 + (\beta - \beta_4)^2 + (\gamma - \gamma_4)^2 = (R + r_4)^2 \quad . \; . \; . \; (4)$$

Ziehen wir nach einander die Gleichungen (2), (3) und (4) von Gleichung (1) ab, so ist

$$(\alpha_2 - \alpha_1)\alpha + (\beta_2 - \beta_1)\beta + (\gamma_2 - \gamma_1)\gamma = (r_1 - r_2)R + M_1 \ldots (5)$$
$$(\alpha_3 - \alpha_1)\alpha + (\beta_3 - \beta_1)\beta + (\gamma_3 - \gamma_1)\nu = (r_1 - r_3)R + M_2 \ldots (6)$$
$$(\alpha_4 - \alpha_1)\alpha + (\beta_4 - \beta_1)\beta + (\gamma_4 - \gamma_1)\gamma = (r_1 - r_4)R + M_3 \ldots (7)$$

hierbei ist

$$M_1 = \tfrac{1}{2}[r_1^2 - r_2^2 - \alpha_1^2 - \beta_1^2 - \gamma_1^2 + \alpha_2^2 + \beta_2^2 + \gamma_2^2],$$
$$M_2 = \tfrac{1}{2}[r_1^2 - r_3^2 - \alpha_1^2 - \beta_1^2 - \gamma_1^2 + \alpha_3^2 + \beta_3^2 + \gamma_3^2],$$
$$M_3 = \tfrac{1}{2}[r_1^2 - r_4^2 - \alpha_1^2 - \beta_1^2 - \gamma_1^2 + \alpha_4^2 + \beta_4^2 + \gamma_4^2].$$

Löst man die Gleichungen (5), (6), (7), da sie bezüglich der Grössen α, β, γ vom ersten Grade sind, nach diesen Unbekannten auf, die offenbar durch R ausgedrückt erscheinen werden, und setzt die so erhaltenen Resultate in eine der Gleichungen (1), (2), (3), (4), so ergibt sich eine Gleichung für R, welches sofort daraus bestimmt werden kann.

b) **Cylinderflächen.**

Erklärung. Ist eine Curve im Raume durch ihre Gleichungen gegeben

$$\left.\begin{array}{l} F(x, y, z) = 0 \\ F_1(x, y, z) = 0 \end{array}\right\} (1),$$

und lässt man an dieser Leitlinie (1) eine Gerade (Erzeugende)

$$\left.\begin{array}{l} x = az + \alpha \\ y = bz + \beta \end{array}\right\} (2)$$

so fortgleiten, dass sie beständig dieselbe Richtung beibehält, so wird die auf diese Art erzeugte Fläche eine Cylinderfläche genannt.

Um auszudrücken, dass die Linie (2) mit der Linie (1) einen Punct gemeinschaftlich hat, müssen die Coordinaten eines Punctes der Linie (1) auch die Gleichungen (2) befriedigen; diess führt, da a und b constante Grössen sind, offenbar auf eine Relation zwischen α und β, das sind jene Grössen, die sich fortwährend ändern. Man erhält also

$$f(\alpha, \beta) = 0 \quad \ldots\ldots \quad (3)$$

ein Zusammenhang zwischen α und β, der für jede besondere Lage der Erzeugenden bestehen muss. Eliminirt man aus den Gleichungen (2) und (3) die Grössen α und β, so bekommt man $f(x - az, y - bz) = 0$, d. i. eine Relation, die für alle möglichen Lagen der Erzeugenden gilt, also die Gleichung der Cylinderfläche vorstellt.

Aufgabe 58. Es sei als Leitlinie ein in der Ebene xy liegender Kreis und die Richtung der Erzeugungslinie gegeben; man suche die Gleichung der Cylinderfläche.

Lösung.
$$\left.\begin{aligned}(x-p)^2 + (y-q)^2 &= r^2\\ z &= 0\end{aligned}\right\}\ \text{(1) Leitlinie,}$$

$$\left.\begin{aligned}x &= az + \alpha\\ y &= bz + \beta\end{aligned}\right\}\ \text{(2) Erzeugende.}$$

Eliminirt man aus den Gleichungen (1) und (2) x, y, z, so folgt
$$(\alpha - p)^2 + (\beta - q)^2 = r^2 \quad . \quad . \quad . \quad . \quad (3)$$

Aus (2) und (3) α und β eliminirt, folgt für die Gleichung der Cylinderfläche
$$(x - az - p)^2 + (y - bz - q)^2 = r^2.$$

Aufgabe 59. Die Leitlinie sei eine in der Ebene xy liegende Kegelschnittslinie.

Lösung.
$$\left.\begin{aligned}Ax^2 + Bxy + Cy^2 + Dx + Ey + F &= 0\\ z &= 0\end{aligned}\right\}\ \text{Leitlinie,}$$

$$\left.\begin{aligned}x &= az + \alpha\\ y &= bz + \beta\end{aligned}\right\}\ \text{Erzeugende,}$$

$$f(\alpha, \beta) = A\alpha^2 + B\alpha\beta + C\beta^2 + D\alpha + E\beta + F = 0$$

Cylinderfläche,
$$A(x-az)^2 + B(x-az)(y-bz) + C(y-bz)^2 + D(x-az) + E(y-bz) + F = 0$$

oder
$$(Aa^2 + Bab + Cb^2)z^2 + A^2x^2 + Cy^2 - (2Aa + Bb)xz - (Ba + 2Cb)yz + Bxy - (Da + Eb)z + Ey + Dx + F = 0.$$

Man behandle noch folgende Fälle:

I. Eine Ellipse, deren Ebene parallel zur xz ist, mit dem Mittelpuncte in der y-Axe, die Axen a und b beziehungsweise parallel mit der x und z-Axe diene als Leitlinie; wie heisst die Gleichung der Cylinderfläche, welche entsteht, wenn eine Gerade parallel zu sich selbst an der gegebenen Ellipse fortgleitet?

Man hat
$$\left.\begin{aligned}\frac{x^2}{a^2} + \frac{z^2}{b^2} &= 1\\ y &= d\end{aligned}\right\}\ \text{Leitlinie,}$$

$$\left.\begin{aligned}x &= Ay + \alpha\\ z &= By + \beta\end{aligned}\right\}\ \text{erzeugende Linie,}$$

$$b^2(Ad + \alpha)^2 + a^2(Bd + \beta)^2 = a^2b^2 \quad . \quad . \quad . \quad f(\alpha, \beta) = 0,$$

$$b^2[A(d-y) + x]^2 + a^2[B(d-y) + z]^2 = a^2b^2$$

die Gleichung der verlangten Cylinderfläche.

II. Man habe als Leitlinie eine Parabel $\left.\begin{matrix} y^2 = p(x-d) \\ z = \delta \end{matrix}\right\}$, die Erzeugende sei parallel mit der yz, hat also die Gleichungen

$$\left.\begin{matrix} y = Az + \alpha \\ x = \beta \end{matrix}\right\},$$

$$p(\beta - d) = (A\delta + \alpha)^2 \;\ldots\; f(\alpha, \beta) = 0,$$

$$p(x-d) = [A(\delta - z) + y]^2.$$

III. Man habe als Leitlinie eine Hiperbel

$$\left.\begin{matrix} \frac{x^2}{a^2} - \frac{y^2}{b^2} = 1 \\ z = m \end{matrix}\right\}, \text{ die erzeugende Gerade } \left.\begin{matrix} x = Az + \alpha \\ y = Bz + \beta \end{matrix}\right\},$$

$$b^2(Am + \alpha)^2 - a^2(Bm + \beta)^2 = a^2 b^2 \;\ldots\; f(\alpha, \beta) = 0,$$

$$b^2[A(m-z) + x]^2 - a^2[B(m-z) + y]^2 = a^2 b^2.$$

Aufgabe 60. Eine Kugelfläche ist gegeben und die Richtung der Erzeugungslinie; man soll die Gleichung des Cylinders finden, der um die gegebene Kugelfläche beschrieben werden kann.

Lösung. Die Kugelfläche sei

$$x^2 + y^2 + z^2 = r^2 \quad \ldots\ldots \quad (1)$$

die Richtung der Erzeugenden sei gegeben durch die Gleichungen

$$\left.\begin{matrix} x = az + \alpha \\ y = bz + \beta \end{matrix}\right\} (2).$$

Bedenkt man, dass die Berührungsebene an den gesuchten Cylinder auch gleichzeitig eine Berührungsebene für die Kugel ist, und diese in einem Puncte die Leitlinie des Cylinders berührt, so wird, wenn $x'y'z'$ die Coordinaten eines solchen Punctes der Leitlinie sind, die Gleichung der Tangentialebene an diesen Punct sein $\quad xx' + yy' + zz' = r^2 \quad \ldots\ldots \quad (3)$
und da (3) mit (2) parallel sein muss, so findet die Bedingungsgleichung Statt $\quad ax' + by' + z' = 0 \quad \ldots\ldots \quad (4)$

Diese Gleichung, verbunden mit

$$x'^2 + y'^2 + z'^2 = r^2 \quad \ldots\ldots \quad (5)$$

gibt uns die nöthige Relation für $x'y'z'$, d. i. für die Puncte der Leitlinie.

Nun stellt die Gleichung (4) eine durch den Ursprung gehende Ebene vor, was demnach zeigt, dass die Berührungscurve ein grösster Kreis der Kugel ist; auch sieht man leicht, dass diese Ebene auf der Erzeugungslinie (2) senkrecht steht.

Da nun die Leitlinie $\left\{\begin{matrix} x^2 + y^2 + z^2 = r^2 \quad \ldots \quad (1) \\ ax + by + z = 0 \quad \ldots \quad (2) \end{matrix}\right.$

bekannt ist, so wird durch Verbindung der Gleichungen (1), (2) und $\left.\begin{aligned} x &= az + \alpha \\ y &= bz + \beta \end{aligned}\right\}$ (3) leicht die Cylinderfläche gefunden werden können.

Es folgt aus (2) und (3) $\left\{\begin{aligned} x &= \frac{(b^2+1)\alpha - ab\beta}{a^2+b^2+1}, \\ y &= \frac{(a^2+1)\beta - ab\alpha}{a^2+b^2+1}, \\ z &= -\frac{a\alpha + b\beta}{a^2+b^2+1}; \end{aligned}\right.$

diese Werthe in (1) substituirt, führen zur Bedingungsgleichung
$F(\alpha, \beta) = (b^2+1)\alpha^2 + (a^2+1)\beta^2 - 2ab\alpha\beta - r^2(a^2+b^2+1) = 0,$

oder wegen $\left\{\begin{aligned} \alpha &= x - az, \\ \beta &= y - bz, \end{aligned}\right.$

$$(1+b^2)x^2 + (1+a^2)y^2 + (a^2+b^2)z^2 - \\ - 2abxy - 2axz - 2byz = r^2(a^2+b^2+1)$$

als die Gleichung des der Kugel umschriebenen Cylinders.

Aufgabe 61. Eine Gleichung zwischen den Coordinaten x, y, z ist gegeben; man untersuche, ob diese Gleichung eine Cyliderfläche ausdrückt.

Lösung. Soll die gegebene Fläche eine Cylinderfläche sein, so muss sich ihre Gleichung auf die Form $f(x - az,\ y - bz) = 0$ bringen lassen.

Um diess zu entscheiden, setzen wir $x - az = \alpha$, $y - bz = \beta$ d. i. $x = az + \alpha$, $y = bz + \beta$ in die gegebene Gleichung, so wird das Substitutions-Resultat von der Form sein

$$A_0 + A_1 z + A_2 z^2 + \ldots = 0,$$

wo A_0 nur eine Function von α und β sein kann, während die Coefficienten A_1 A_2 ... ausser α und β noch im Allgemeinen die Grössen a und b enthalten. Lässt sich für a und b ein Paar constanter, reeller Werthe finden, wodurch $A_1 = 0$, $A_2 = 0$, ... wird, so stellt die gegebene Gleichung eine Cylinderfläche vor.

Es wäre z. B. gegeben

$$x^3 + y^3 - 7z^3 - 6x^2z + 3y^2z + 12xz^2 + 3yz^2 \\ + x + y - z + 1 = 0;$$

für x, $az + \alpha$ und für y, $bz + \beta$ gesetzt, folgt

$$A_0 + A_1 z + A_2 z^2 + A_3 z^3 = 0,$$

wobei

$$\begin{aligned} A_0 &= \alpha^3 + \beta^3 + \alpha + \beta + 1, \\ A_1 &= 3a\alpha^2 + 3b\beta^2 - 6\alpha^2 + 3\beta^2 + a + b + 1, \\ A_2 &= 3a^2\alpha + 3b^2\beta - 12a\alpha + 6b\beta + 12\alpha + 3\beta, \\ A_3 &= a^3 + b^3 - 6a^2 + 3b^2 + 12a + 3b - 7. \end{aligned}$$

Um jene Werthe von a und b zu finden, wofür die Polynome A_1, A_2, A_3 verschwinden, berücksichtige man, dass für $A_2 = 0$ die Gleichung sich ergibt

$$\alpha (a - 2)^2 + \beta (b + 1)^2 = 0,$$

für $A_3 = 0$, $\quad '(a - 2)^3 + (b + 1)^3 = 0;$

beiden Gleichungen wird gleichzeitig genügt für $a = 2$ und $b = -1$. Für diese Werthe verschwindet aber auch der Coefficient A_1, wornach die vorgelegte Gleichung wirklich eine Cylinderfläche vorstellt.

c) Kegelflächen.

Erklärung. Die Kegelfläche entsteht dadurch, dass eine Gerade (Erzeugende) durch einen fixen Punct $(x' \, y' \, z')$ geht, und gleichzeitig an einer gegebenen Curve $\left.\begin{matrix} F(x, y, z) = 0 \\ f(x, y, z) = 0 \end{matrix}\right\} \quad \ldots \quad (1)$ fortgleitet. Die Gleichungen der erzeugenden Geraden werden demnach sein

$$\left.\begin{matrix} x - x' = a(z - z') \\ y - y' = b(z - z') \end{matrix}\right\} \quad \ldots\ldots \quad (2)$$

Soll die Gerade (2) mit der Curve (1) stets einen Punct gemeinschaftlich haben, so müssen die Coordinaten dieses Punctes den Gleichungen (1) und (2) genügen. Diess führt naturgemäss auf eine Bedingungsgleichung zwischen a und b, nämlich

$$\varphi(a, b) = 0 \quad \ldots\ldots \quad (3)$$

Diese Gleichung muss für jede besondere Lage der Erzeugenden Statt finden. Um daraus die Gleichung der Kegelfläche selbst abzuleiten, eliminire man aus den Gleichungen (2) und (3) die Grössen a und b, so erhält man

$$\varphi\left(\frac{x - x'}{z - z'}, \frac{y - y'}{z - z'}\right) = 0$$

als die allgemeine Gleichung einer Kegelfläche.

Aufgabe 62. Es sei die Gleichung des schiefen kreisförmigen Kegels aufzustellen.

Lösung. Nehmen wir den Kreis in der Ebene xy liegend, so haben wir für

die Leitlinie $\left.\begin{matrix} (x - p)^2 + (y - q)^2 = r^2 \\ z = 0 \end{matrix}\right\} \quad \ldots\ldots \quad (1)$

die Erzeugende $\left.\begin{matrix} x - x' = a(z - z') \\ y - y' = b(z - z') \end{matrix}\right\} \quad \ldots\ldots \quad (2)$

Es folgt

$$\varphi(a, b) = (x' - az' - p)^2 + (y' - bz' - q)^2 - r^2 = 0,$$

und für die Gleichung der Kegelfläche

$$[(x'-p)(z-z')-(x-x')z']^2$$
$$+[(y'-q)(z-z')-(y-y')z']^2 = r^2(z-z')^2 \quad . \; . \; . \; (3)$$

Liegt die Spitze des Kegels in der z-Axe, so ist $x'=0$, $y'=0$, und demnach geht (3) über in

$$[p(z-z')+xz']^2+[q(z-z')+yz']^2 = r^2(z-z')^2 \quad . \; . \; . \; (4)$$

Kommt überdiess noch der Mittelpunct des gegebenen Kreises in den Anfangspunct, so ist auch $p=0$, $q=0$, und demgemäss die Gleichung der Kegelfläche für diesen ganz speciellen Fall $$x^2z'^2+y^2z'^2 = r^2(z-z')^2.$$

Aufgabe 63. Um eine Kugel soll eine Kegelfläche beschrieben werden, deren Spitze sich im Ursprunge befindet.

Lösung. Es sei die Gleichung der Kugelfläche

$$(x-\alpha)^2+(y-\beta)^2+(z-\gamma)^2 = r^2 \quad . \; . \; . \; (1)$$

Bedenkt man, dass eine durch den Ursprung gehende Tangentialebene die Kugelfläche gerade in einem Puncte der noch fraglichen Leitlinie der Kegelfläche berühren muss, so wird durch die sämmtlichen Tangentialebenen die erwähnte Leitlinie erzeugt.

Sind die Berührungs-Coordinaten der tangirenden Ebene auf der Kugelfläche überhaupt $x'\ y'\ z'$, so ist nach Aufg. 53

$$(x-\alpha)(x'-\alpha)+(y-\beta)(y'-\beta)+(z-\gamma)(z'-\gamma) = r^2.$$

Soll diese Ebene durch den Ursprung gehen, also die vorliegende Gleichung für $x=0$, $y=0$, $z=0$ identisch werden, so folgt zwischen $x'\ y'\ z'$ die Gleichung

$$\alpha(x'-\alpha)+\beta(y'-\beta)+\gamma(z'-\gamma) = -r^2.$$

Diese Relation in $x'\ y'\ z'$ bezeichnet eine Ebene, durch welche die Kugel in der verlangten Leitlinie geschnitten wird. Wir wollen sie auf die Form bringen

$$\alpha x'+\beta y'+\gamma z' = s^2-r^2 \quad . \; . \; . \; . \; (2)$$

wobei $s^2=\alpha^2+\beta^2+\gamma^2$.

Für $$(x'-\alpha)^2+(y'-\beta)^2+(z'-\gamma)^2 = r^2$$
lässt sich nach derselben Bemerkung und mit Rücksicht auf Gleichung (2) schreiben

$$x'^2+y'^2+z'^2 = s^2-r^2.$$

Die Accente weglassend, haben wir für die zu bestimmende Kegelfläche:

$$\left.\begin{array}{r}\alpha x+\beta y+\gamma z = s^2-r^2\\ x^2+y^2+z^2 = s^2-r^2\end{array}\right\}\text{ Leitlinie,}$$

$$\left.\begin{array}{r}x = az\\ y = bz\end{array}\right\}\text{ Erzeugende.}$$

Es folgt durch Elimination von x, y, z aus den vier vorstehenden Gleichungen

$$\varphi(a, b) = (a^2 + b^2 + 1)(s^2 - r^2) - (a\alpha + b\beta + \gamma)^2 = 0,$$

oder für $a = \frac{x}{z}$, $b = \frac{y}{z}$ gesetzt, folgt für die verlangte Kegelfläche die Gleichung

$$(x^2 + y^2 + z^2)(s^2 - r^2) - (\alpha x + \beta y + \gamma z)^2 = 0.$$

Man behandle noch folgende Fälle:

I. Man formire die Gleichung des schiefen, elliptischen Kegels.

$$\left.\begin{aligned} a^2 y^2 + b^2 x^2 &= a^2 b^2 \\ z &= 0 \end{aligned}\right\} \text{Leitlinie,}$$

$$\left.\begin{aligned} x - x' &= A(z - z') \\ y - y' &= B(z - z') \end{aligned}\right\} \text{Erzeugende,}$$

$x'\ y'\ z'$ sind die Coordinaten der Kegelspitze,

$$a^2(y' - Bz')^2 + b^2(x' - Az')^2 = a^2 b^2 \quad \ldots f(A, B) = 0,$$

$$a^2(y'z - yz')^2 + b^2(x'z - xz')^2 = a^2 b^2 (z - z')^2$$

die Gleichung der gewünschten Kegelfläche.

Verlegt man die Spitze in die z-Axe, setzt also $x' = 0$, $y' = 0$, so kommt

$$a^2 y^2 + b^2 x^2 = a^2 b^2 \cdot \frac{(z - z')^2}{z'^2};$$

für $z' = \infty$, $a^2 y^2 + b^2 x^2 = a^2 b^2$.

II. Man formire die Gleichung des schiefen hiperbolischen Kegels.

$$\left.\begin{aligned} a^2 y^2 - b^2 x^2 &= -a^2 b^2 \\ z &= m \end{aligned}\right\} \text{Leitlinie,}$$

$$\left.\begin{aligned} x - x' &= A(z - z') \\ y - y' &= B(z - z') \end{aligned}\right\} \text{Erzeugende,}$$

$$a^2[y' + B(m - z')]^2 - b^2[x' + A(m - z')]^2 =$$
$$= -a^2 b^2 \quad \ldots f(A, B) = 0;$$

für die Gleichung der Kegelfläche hat man

$$a^2\left[y' + \frac{y - y'}{z - z'}(m - z')\right]^2 - b^2\left[x' + \frac{x - x'}{z - z'}(m - z')\right]^2 = -a^2 b^2 \ldots (1)$$

Verlegt man die Spitze des Kegels in den Ursprung, so ist $x' = 0$, $y' = 0$, $z' = 0$, und man hat

$$a^2 y^2 - b^2 x^2 = -\frac{a^2 b^2}{m^2} \cdot z^2.$$

Setzt man in (1) $m = 0$, so folgt genau die Gleichung der Kegelfläche, die bereits in I. erhalten wurde, wo nur $-b^2$ statt b^2 gesetzt ist.

III. Es sei noch $\left.\begin{array}{r}a^2(y-q)^2+b^2(x-p)^2=a^2b^2\\ z=m\end{array}\right\}$ die Leitlinie,

und $x'\,y'\,z'$ die Spitze des Kegels.

$$a^2(Bm-q)^2+b^2(Am-p)^2=a^2b^2\;\ldots f(A,\,B).$$

Man findet für die fragliche Gleichung des Kegels

$$a^2(my-qz)^2+b^2(mx-pz)^2=a^2b^2\,.\,z^2.$$

Verlegt man den Mittelpunct der Ellipse in die z-Axe, so folgt wegen $p=q=0$,

$$a^2y^2+b^2x^2=\frac{a^2b^2}{m^2}\,.\,z^2.$$

Aufgabe 64. Eine Gleichung zwischen den Coordinaten von Puncten ist gegeben; man untersuche, ob diese Gleichung eine Kegelfläche ausdrückt.

Lösung. Wir haben für die Gleichung einer Kegelfläche überhaupt aufgestellt

$$\varphi\left(\frac{x-x'}{z-z'},\;\frac{y-y'}{z-z'}\right)=0\;\ldots\ldots\;(1)$$

wo $x'\,y'\,z'$ die Coordinaten der Kegelspitze bezeichnen. Denken wir uns den Ursprung des Coordinatensystems in die Spitze verlegt, die neuen Axen mögen parallel zu den früheren sein, so geht die Gleichung (1) über in

$$\varphi\left(\frac{x}{z},\;\frac{y}{z}\right)=0\;\ldots\ldots\;(2)$$

welche Gleichung in Beziehung auf x, y, z homogen ist.

Setzen wir daher in (1) $x+x'$, $y+y'$, $z+z'$ statt x, y, z, so wird die jetzt erhaltene Gleichung in allen Coefficienten, mit Ausnahme jener, die bei den höchsten Potenzen von x, y, z vorkommen, die Grössen $x'\,y'\,z'$ im Allgemeinen enthalten. Setzen wir nun jene Coefficienten, die $x'\,y'\,z'$ in der ersten Potenz haben, gleich Null, und bestimmen $x'\,y'\,z'$, so werden diese Grössen nothwendig reell sein; und sind sie gleichzeitig von der Beschaffenheit, dass sie auch alle übrigen Coefficienten der Gleichung annulliren, so, dass nur die Glieder mit den höchsten Potenzen übrig bleiben, so drückt die vorgelegte Gleichung eine Kegelfläche aus.

Man hat beispielsweise für $x^2+y^2-nz^2+2mnz-nm^2=0$

$$(x+x')^2+(y+y')^2-n(z+z')^2+2mn(z+z')-nm^2=0,$$

$$x^2+y^2-nz^2+2x'.x+2y'.y-2n(z'-m)z$$
$$+x'^2+y'^2-nz'^2+2mnz'-nm^2=0,$$

$$2x' = 0 \;.\;.\;.\; x' = 0,$$
$$2y' = 0 \;.\;.\;.\; y' = 0,$$
$$z' - m = 0 \;.\;.\;.\; z' = m,$$
$$x^2 + y^2 = nz^2 \;.\;.\;.\; \varphi\left(\frac{x}{z}, \frac{y}{z}\right) = 0.$$

Die vorgelegte Gleichung repräsentirt demnach eine Kegelfläche.

d) Rotationsflächen.

Erkärung. Dreht sich eine Curve von einfacher oder doppelter Krümmung derart um eine gegebene Gerade als Drehungsaxe, dass jeder Punct der Curve bei der Drehung einen Kreis beschreibt, dessen Ebene senkrecht auf der Drehungsaxe ist, so wird auf diese Weise eine Rotations- oder Umdrehungsfläche erzeugt.

Jede Ebene, die sonach senkrecht auf die Axe geführt wird, schneidet die Drehungsfläche in einer Kreislinie, die man wieder durch den Durchschnitt einer Ebene mit einer Kugelfläche sich entstanden denken kann.

Ist α, β, γ ein ganz beliebiger Punct der Axe, so sind ihre Gleichungen
$$\left.\begin{aligned} x - \alpha &= a(z - \gamma) \\ y - \beta &= b(z - \gamma) \end{aligned}\right\} \quad (1).$$

Nehmen wir diesen Punct $\alpha\beta\gamma$ zum Mittelpunct einer Kugel, deren Radius die Entfernung des eben genannten Punctes von jenem Puncte der gegebenen Curve ist, durch welchen die schneidende Ebene gelegt wird, so hat man, wenn dieser veränderliche Durchmesser mit $2r$ bezeichnet wird, für die Kugelfläche die Gleichung
$$(x - \alpha)^2 + (y - \beta)^2 + (z - \gamma)^2 = r^2 \quad . \; . \; . \quad (2)$$
Die durch denselben Punct der Curve auf die Axe senkrecht geführte Ebene hat die Gleichung
$$ax + by + z = d \quad . \; . \; . \; . \; . \quad (3)$$
wobei wieder d von jenem Puncte der Curve abhängt, durch den die Ebene gelegt wird. Man hat demnach für die entstehende Kreislinie als Schnittfigur die Gleichungen
$$\left.\begin{aligned} (x - \alpha)^2 + (y - \beta)^2 + (z - \gamma)^2 &= r^2 \\ ax + by + z &= d \end{aligned}\right\} \quad (4).$$

Um nun auszudrücken, dass diese Kreislinie die gegebene Curve
$$\left.\begin{aligned} F(x, y, z) &= 0 \\ F_1(x, y, z) &= 0 \end{aligned}\right\} \quad (5)$$
schneidet, müssen die Gleichungen in (4) und (5) gleichzeitig

bestehen, was aber nothwendig auf eine Bedingungsgleichung zwischen r und d führt, nämlich

$$d = f(r^2) \quad . \quad . \quad . \quad . \quad . \quad . \quad . \quad (6)$$

Um sich unabhängig zu machen von jedem speciellen Schnitt, so hat man aus (4) und (6) die Grössen d und r zu eliminiren, wodurch man

$$ax + by + z = f[(x - \alpha)^2 + (y - \beta)^2 + (z - \gamma)^2]$$

als die allgemeine Gleichung der Rotationsflächen erhält.

Nimmt man eine der drei Coordinatenaxen zur Rotationsaxe, z. B. die z-Axe, so geht das System (4) über in

$$\left.\begin{aligned} x^2 + y^2 &= r^2 \\ z &= d \end{aligned}\right\},$$

also ist die Gleichung der Rotationsfläche

$$z = \varphi(x^2 + y^2).$$

Aufgabe 65. Eine gerade Linie $\left.\begin{aligned} x &= az + \alpha \\ y &= bz + \beta \end{aligned}\right\}$ (1) sei gegeben; man suche die Gleichung der Rotationsfläche, welche entsteht durch Umdrehung der Geraden (1) um die Axe z.

Lösung. $\left.\begin{aligned} x &= az + \alpha \\ y &= bz + \beta \end{aligned}\right\}$ (1) erzeugende Curve,

$\left.\begin{aligned} x^2 + y^2 &= r^2 \\ z &= d \end{aligned}\right\}$ (2) Kreislinie, deren Ebene senkrecht ist auf der z-Axe.

Aus (1) und (2) x, y, z eliminirt, folgt

$$(ad + \alpha)^2 + (bd + \beta)^2 = r^2 \quad . \quad . \quad . \quad . \quad (3)$$

In (3) statt d und r^2 die Werthe aus (2) gesetzt, erhält man

$$(az + \alpha)^2 + (bz + \beta) = x^2 + y^2$$

als die Gleichung der verlangten Rotationsfläche.

Aufgabe 66. Ein in der Ebene xz liegender Kreis drehe sich um die Axe der x; man gebe die Gleichung der Rotationsfläche an.

Lösung. $\left.\begin{aligned} (x - p)^2 + (z - q)^2 &= R^2 \\ y &= 0 \end{aligned}\right\}$ (1) erzeugende Curve,

$$\left.\begin{aligned} y^2 + z^2 &= r^2 \\ x &= d \end{aligned}\right\} (2),$$

$x = d$, $z = \pm r$ in (1) gesetzt,

$$(d - p)^2 + (\pm r - q)^2 = R^2 \text{ und}$$

$$(x^2 + y^2 + z^2) \mp 2q\sqrt{y^2 + z^2} - 2px + p^2 + q^2 = R^2$$

ist die Gleichung der Rotationsfläche.

Für $q = 0$ folgt $(x - p)^2 + y^2 + z^2 = R^2$

Aufgabe 67. In der Ebene xy liege eine Hiperbel, mit dem Mittelpunct im Ursprung, die reelle Axe in der Richtung der x, die imaginäre Axe in der Richtung der y. Diese Hiperbel drehe sich a) um die x-Axe und b) um die y-Axe; welche sind die Gleichungen der entstehenden Rotationsflächen?

Lösung. $$\left.\begin{aligned} a^2y^2 - b^2x^2 &= -a^2b^2 \\ z &= 0 \end{aligned}\right\} \text{(1) erzeugende Curve,}$$

$$\left.\begin{aligned} y^2 + z^2 &= r^2 \\ x &= d \end{aligned}\right\} \text{(2).}$$

Es folgt für a) $\frac{x^2}{a^2} - \frac{y^2}{b^2} - \frac{z^2}{b^2} = 1,$

" b) $\frac{x^2}{a^2} - \frac{y^2}{b^2} + \frac{z^2}{a^2} = 1.$

Aufgabe 68. Die Curve $\left.\begin{aligned} z^2 &= \frac{x^3}{2a-x} \\ y &= 0 \end{aligned}\right\}$ rotire um die x-Axe; man suche die Gleichung der Rotationsfläche.

Lösung. $$\left.\begin{aligned} z^2 &= \frac{x^3}{2a-x} \\ y &= 0 \end{aligned}\right\} \text{(1),}$$

$$\left.\begin{aligned} y^2 + z^2 &= r^2 \\ x &= d \end{aligned}\right\} \text{(2),}$$

$$r^2 = \frac{d^3}{2a-d} \quad . \quad . \quad . \quad r^2 = f(d),$$

demnach die Gleichung der Fläche

$$y^2 + z^2 = \frac{x^3}{2a-x}.$$

Aufgabe 69. Eine Ellipse, deren grosse Axe mit der Richtung der x, und deren kleine Axe mit der Richtung der z parallel ist und sich in der Ebene $y = \beta$ befindet, drehe sich um die grössere Axe; man suche die Gleichung der Rotationsfläche.

Lösung. Es ist

$$\left.\begin{aligned} a^2(z-\gamma)^2 + b^2(x-\alpha)^2 &= a^2b^2 \\ y &= \beta \end{aligned}\right\} \text{(1) erzeugende Curve,}$$

α, β, γ seien die Coordinaten des Mittelpunctes der Ellipse,

$$\left.\begin{aligned} (y-\beta)^2 + (z-\gamma)^2 &= r^2 \\ x &= d \end{aligned}\right\} \text{(2)}$$

Gleichungen der Schnittlinie, senkrecht auf der Rotationsaxe.

Es folgt

$$a^2r^2 + b^2(d-\alpha)^2 - a^2b^2 = 0, \quad \text{d. i.} \quad \varphi(d, r^2) = 0,$$

und die Gleichung der Rotationsfläche

$$a^2[(y-\beta)^2 + (z-\gamma)^2] + b^2(x-\alpha)^2 = a^2b^2.$$

Wird die kleinere Axe der Ellipse zur Umdrehungsaxe gewählt, so hat man wegen

$$\left.\begin{aligned} a^2(z-\gamma)^2 + b^2(x-\alpha)^2 &= a^2 b^2 \\ y &= \beta \end{aligned}\right\} (1)$$

und

$$\left.\begin{aligned} (x-\alpha)^2 + (y-\beta)^2 &= r^2 \\ z &= d \end{aligned}\right\} (2)$$

für die Gleichung der Rotationsfläche

$$a^2(z-\gamma)^2 + b^2\left[(x-\alpha)^2 + (y-\beta)^2\right] = a^2 b^2.$$

Aufgabe 70. Ein Punct und eine Ebene sind gegeben; es soll der Ort desjenigen Punctes gefunden werden, dessen Entfernungen von jenem Puncte und von dieser Ebene in einem gegebenen Verhältnisse stehen.

Lösung. Nehmen wir den gegebenen Punct zum Ursprung eines rechtwinkeligen Coordinatensystemes, die Ebene xy parallel mit der gegebenen Ebene, so ist dann die Gleichung derselben für das so angenommene System $z = m$.

Nennen wir die Coordinaten des gesuchten Punctes $x'\,y'\,z'$, so ist die Entfernung desselben vom Ursprung $\sqrt{x'^2 + y'^2 + z'^2}$, die Entfernung desselben von der Ebene $z = m$; ist $z' = m$, sonach der Anforderung gemäss

$$\sqrt{x'^2 + y'^2 + z'^2} : z' - m = 1 : n,$$

$$n^2(x'^2 + y'^2 + z'^2) = (z-m)^2,$$

oder $n^2 x'^2 + n^2 y'^2 + (n^2 - 1) z'^2 + 2mz' = m^2$ . . . (1)

als die Gleichung des geometrischen Ortes.

Schneiden wir die Fläche (1) durch Ebenen parallel mit der xy, setzen also $z' = k$, so folgt $x'^2 + y'^2 = h^2$, d. h. die gefundene Gleichung repräsentirt eine Rotationsfläche, deren Drehungsaxe die Axe z ist.

Aufgabe 71. Ein Punct und eine Gerade sind gegeben; es soll der Ort desjenigen Punctes gefunden werden, dessen Entfernungen von jenem Puncte und von dieser Geraden in einem gegebenen Verhältnisse stehen.

Lösung. Nehmen wir den gegebenen Punct wieder zum Ursprung des rechtwinkeligen Systems, die z-Axe parallel mit der gegebenen Geraden, so sind die Gleichungen derselben

$$\left.\begin{aligned} x &= \alpha \\ y &= \beta \end{aligned}\right\} (1).$$

Nennen wir die Coordinaten des gesuchten Punctes $x'\,y'\,z'$, so ist seine Entfernung vom Ursprung $\sqrt{x'^2 + y'^2 + z'^2}$, und von der Geraden (1) $\pm\sqrt{(x'-\alpha)^2+(y'-\beta)^2}$ [nach Formel (3), Aufg. 33, $a=0$, $b=0$], demnach

$$\sqrt{x'^2+y'^2+z'^2} : \pm\sqrt{(x'-\alpha)^2+(y'-\beta)^2} = 1 : n,$$

hieraus folgt als Gleichung des geometrischen Ortes

$$(n^2-1)x'^2+(n^2-1)y'^2+n^2z'^2+2\alpha x'+2\beta y'=\alpha^2+\beta^2 \ldots (2)$$

Es ist leicht zu erkennen, dass diese Gleichung eine Rotationsfläche vorstellt, deren Rotationsaxe die Gleichungen hat

$$\begin{cases} x = -\dfrac{\alpha}{n^2-1}, \\ y = -\dfrac{\beta}{n^2-1}. \end{cases}$$

Für $n=1$ geht (2) über in

$$z'^2+2\alpha x'+2\beta y'=\alpha^2+\beta^2 \quad . \; . \; . \; (3)$$

welches die Gleichung einer Cylinderfläche ist, da die mit xy parallelen Ebenen die Fläche (3) nach geraden Linien schneiden.

Es folgt für $z'=\gamma$ sofort $\alpha x'+\beta y'=\delta^2$, und diese zwei letztgenannten Gleichungen gehören einer mit der xy parallelen Geraden an.

e) Windschiefe Flächen.

Erklärung. Man nennt windschiefe Flächen im Allgemeinen jene, welche durch eine Gerade erzeugt werden, welche bei ihrer Bewegung beständig durch drei gegebene Curven geht.

Um für diesen allgemeinsten Fall die Gleichung der windschiefen Fläche aufzustellen, seien

$$\left.\begin{matrix} F(x,y,z)=0 \\ F_1(x,y,z)=0 \end{matrix}\right\} (1), \quad \left.\begin{matrix} f(x,y,z)=0 \\ f_1(x,y,z)=0 \end{matrix}\right\} (2), \quad \left.\begin{matrix} \varphi(x,y,z)=0 \\ \varphi_1(x,y,z)=0 \end{matrix}\right\} (3)$$

die Gleichungen der drei Leitlinien, $\left.\begin{matrix} x=az+\alpha \\ y=bz+\beta \end{matrix}\right\}$ . . . (4)

sei die erzeugende Gerade.

Soll nun die Gerade (4) mit der Leitlinie (1) einen Punct gemeinschaftlich haben, so müssen dieselben Werthe von x, y, z den vier Gleichungen gleichzeitig genügen; diess muss offenbar zwischen den Constanten a, b, α, β auf eine bestimmte Bedingungsgleichung $\psi(a,b,\alpha,\beta)=0$ . . . . . . (5)
führen, eben so hat man für den Durchschnitt der Geraden

(4) mit (2) . . . $\psi_1(a,b,\alpha,\beta)=0$ . . . (6)

und bei (4) „ (3) . . . $\psi_2(a,b,\alpha,\beta)=0$ . . . (7)

Haben nun die Gleichungen (5), (6) und (7) gleichzeitig zu bestehen, so bleibt noch immer eine der vier Grössen a, b, α, β

vollkommen willkürlich, woraus hervorgeht, dass es in der That unendlich viele Gerade geben wird, welche die drei gegebenen Leitcurven gleichzeitig schneiden. Um nun die Lagen aller dieser Geraden durch eine einzige Gleichung zu geben, eliminire man aus (4), (5), (6) und (7) a, b, α, β, so bleibt

$$\Gamma(x, y, z) = 0$$

als die Gleichung der verlangten windschiefen Fläche.

Statt der dritten Leitlinie (3) kann eine Ebene (Richtebene) gegeben sein, mit der die erzeugende Gerade während ihrer Bewegung stets parallel bleiben soll.

Denken wir uns also jetzt nun zwei Leitcurven

$$\left.\begin{array}{l} F(x, y, z) = 0 \\ F_1(x, y, z) = 0 \end{array}\right\} (1) \quad \left.\begin{array}{l} f(x, y, z) = 0 \\ f_1(x, y, z) = 0 \end{array}\right\} (2)$$

und die Richtebene

$$Ax + By + Cz + D = 0 \quad . \quad . \quad . \quad (3)$$

gegeben. Ist wieder $\left.\begin{array}{l} x = az + \alpha \\ y = bz + \beta \end{array}\right\} \quad . \quad . \quad . \quad . \quad . \quad . \quad . \quad . \quad (4)$

die erzeugende Gerade, so folgen die Bedingungsgleichungen

$$\varphi(a, b, \alpha, \beta) = 0 \quad . \quad . \quad . \quad . \quad . \quad (5)$$

$$\varphi_1(a, b, \alpha, \beta) = 0 \quad . \quad . \quad . \quad . \quad . \quad (6)$$

$$Aa + Bb + C = 0 \quad . \quad . \quad . \quad . \quad . \quad (7)$$

Eliminirt man wieder aus (4), (5), (6), (7) die Grössen a, b, α, β, so erhält man wie vorhin $\Gamma(x, y, z) = 0$ als die Gleichung der verlangten windschiefen Fläche.

Aufgabe 72. Die zwei Leitlinien seien $\left.\begin{array}{l} F(x, y, z) = 0 \\ F_1(x, y, z) = 0 \end{array}\right\} (1)$

und die z-Axe, die erzeugende Gerade selbst bleibe mit der coordinirten Ebene xy parallel; wie heisst die Gleichung der dadurch entstehenden windschiefen Fläche?

Lösung. Die Gleichungen der erzeugenden Geraden

$$\left.\begin{array}{l} y = mx \\ z = n \end{array}\right\} \quad . \quad . \quad . \quad . \quad . \quad . \quad . \quad . \quad (2)$$

drücken aus, dass diese einen Punct mit der z-Axe stets gemeinschaftlich hat, und überdiess mit der coordinirten Ebene xy parallel läuft.

Aus den Gleichungen (1) und (2) x, y, z eliminirt, folgt

$$n = f(m) \quad . \quad . \quad . \quad . \quad . \quad . \quad . \quad (3)$$

oder aus (2) und (3) n und m eliminirt, ergibt sich die Gleichung der Fläche $z = f\left(\frac{y}{x}\right)$.

Hat man so statt (1) . . . $\left.\begin{array}{r} y^2 + z^2 = r^2 \\ x = d \end{array}\right\}$ . . . . (4)

so folgt durch Verbindung dieser Gleichungen mit den Gleichungen in (2) $m^2 d^2 + n^2 = r^2$ . . . . . . (5)
und durch Elimination von m und n aus (2) und (5)

$$\left(\frac{y}{x}\right)^2 d^2 + z^2 = r^2$$

$$y^2 d^2 + x^2 z^2 = r^2 x^2$$

für die Gleichung der verlangten windschiefen Fläche.

Ist die zweite Leitlinie eine Ellipse, deren Ebene senkrecht auf der Axe der x steht, deren grosse Axe in der xy, der Mittelpunct in der Axe x liegt, und vom Ursprung um die Grösse d absteht, so folgt:

$$\left.\begin{array}{r} a^2 z^2 + b^2 y^2 = a^2 b^2 \\ x = d \end{array}\right\},$$

$$\left.\begin{array}{r} y = mx \\ z = n \end{array}\right\},$$

$$a^2 n^2 + b^2 m^2 d^2 = a^2 b^2,$$

$$a^2 z^2 + b^2 d^2 . \frac{y^2}{x^2} = a^2 b^2,$$

$$a^2 x^2 z^2 + b^2 d^2 y^2 = a^2 b^2 x^2.$$

Windschiefe Flächen der erwähnten Art, wo eine Leitlinie eine gerade Linie ist, werden conoidische Flächen genannt; steht diese gerade Leitlinie noch überdiess senkrecht auf der Richtebene, so heisst die Fläche gerades Conoid.

Aufgabe 73. Es seien die Leitlinien

$$\left.\begin{array}{r} y^2 = px \\ z = 0 \end{array}\right\} (1) \quad \text{und} \quad \left.\begin{array}{r} x^2 = p'z \\ y = 0 \end{array}\right\} (2),$$

die Richtebene $x - y = 0$ . . . . (3),

die Erzeugende $\left.\begin{array}{r} x = az + \alpha \\ y = bz + \beta \end{array}\right\}$ . . . . (4);

wie heisst die Gleichung der windschiefen Fläche?

Lösung. Die Gleichungen (1) und (4) verbunden, führen zur Bedingung $\beta^2 = p\alpha$ . . . . (5)
die Gleichungen (2) und (4) geben

$$(b\alpha - a\beta)^2 = -p' . b\beta \quad . \; . \; . \; . \; . \; (6)$$

wegen (4) parallel mit (3)

$$a - b = 0 \quad . \; . \; . \; . \; . \; . \; . \; (7)$$

Jetzt hat man noch aus (4), (5), (6), (7), α, β, a und b zu eliminiren. In (5) und (6) $\alpha = x - az$ und $\beta = y - bz$ gesetzt,

$$(y - bz)^2 = p(x - az) \quad . \quad . \quad . \quad . \quad . \quad (8)$$
$$[b(x - az) - a(y - bz)]^2 = - p'b(y - bz) \quad . \quad . \quad (9)$$

Wegen $a = b$ folgt aus (9)

$$a^2(x - y)^2 = - p'a(y - az),$$
$$a[(x - y)^2 - p'z] = - p'y,$$
$$a = \frac{p'y}{p'z - (x - y)^2}.$$

Dieser Werth von a in (8) substituirt, gibt für die Gleichung der windschiefen Fläche

$$y^2(x - y)^3 = p[p'z - (x - y)^2].$$

Aufgabe 74. Es seien die Leitlinien

$$\left.\begin{array}{l} x = 3z + 4 \\ y = z - 1 \end{array}\right\} (1), \qquad \left.\begin{array}{l} x = 2z + 3 \\ y = z - 5 \end{array}\right\} (2),$$

die Erzeugende sei parallel mit der Ebene xz; man suche die Gleichung der entstehenden windschiefen Fläche.

Lösung. Für die erzeugende Gerade hat man

$$\left.\begin{array}{l} x = pz + q \\ y = m \end{array}\right\} (3).$$

Gleich. (1) mit Gleich. (3) verbunden, gibt $\frac{q - 4}{3 - p} = m + 1,$

„ (2) „ „ (3) „ „ $\frac{q - 3}{2 - p} = m + 5.$

In diesen so erhaltenen Gleichungen $m = y$ und $q = x - pz$ gesetzt, folgt

$$x - pz - 4 = (y + 1)(3 - p),$$
$$x - pz - 3 = (y + 5)(2 - p);$$

hieraus noch p eliminirt, hat man für die Gleichung der verlangten windschiefen Fläche

$$y^2 - yz + 7y + 6z - 4x + 22 = 0.$$

Aufgabe 75. Man entwickle die Gleichung der windschiefen Fläche für die Leitlinien

$$\left.\begin{array}{l} x = a'z + \alpha' \\ y = b'z + \beta' \end{array}\right\} (1), \quad \left.\begin{array}{l} x = a''z + \alpha'' \\ y = b''z + \beta'' \end{array}\right\} (2), \quad \left.\begin{array}{l} x = a'''z + \alpha''' \\ y = b'''z + \beta''' \end{array}\right\} (3),$$

und die erzeugende Gerade $\left.\begin{array}{l} x = az + \alpha \\ y = bz + \beta \end{array}\right\} (4).$

Lösung. Für den Durchschnitt der Geraden (1), (2), (3) mit (4) hat man beziehungsweise die Bedingungen:

$$(b - b')(\alpha' - \alpha) = (a - a')(\beta' - \beta) \quad . \quad . \quad . \quad (1')$$
$$(b - b'')(\alpha'' - \alpha) = (a - a'')(\beta'' - \beta) \quad . \quad . \quad . \quad (2')$$
$$(b - b''')(\alpha''' - \alpha) = (a - a''')(\beta''' - \beta) \quad . \quad . \quad (3')$$

Aus diesen Gleichungen und $\begin{cases} x = az + \alpha \\ y = bz + \beta \end{cases}$ sind die Grössen a, b, α, β zu eliminiren. $\alpha = x - az$, $\beta = y - bz$ in (1'), (2'), (3') gesetzt,

$$(b - b')(\alpha' - x + az) = (a - a')(\beta' - y + bz) \quad \ldots \quad (4')$$

$$(b - b'')(\alpha'' - x + az) = (a - a'')(\beta'' - y + bz) \quad \ldots \quad (5')$$

$$(b - b''')(\alpha''' - x + az) = (a - a''')(\beta''' - y + bz) \quad \ldots \quad (6')$$

Aus (4') $a = \dfrac{a'(\beta' - y + bz) + (b - b')(\alpha' - x)}{b'z + \beta' - y}$,

„ (5') $a = \dfrac{a''(\beta'' - y + bz) + (b - b'')(\alpha'' - x)}{b''z + \beta'' - y}$,

„ (6') $a = \dfrac{a'''(\beta''' - y + bz) + (b - b''')(\alpha''' - x)}{b'''z + \beta''' - y}$.

Noch erübriget aus den Gleichungen

$$\frac{a'(\beta' - y + bz) + (b - b')(\alpha' - x)}{b'z + \beta' - y} = \frac{a''(\beta'' - y + bz) + (b - b'')(\alpha'' - x)}{b''z + \beta'' - y}$$

$$\frac{a''(\beta'' - y + bz) + (b - b'')(\alpha'' - x)}{b''z + \beta'' - y} = \frac{a'''(\beta''' - y + bz) + (b - b''')(\alpha''' - x)}{b'''z + \beta''' - y}$$

die Grösse b zu eliminiren. Die weitere Arbeit ist einfach, indem sich aus jeder der letztgenannten Gleichungen b, als in der ersten Potenz vorhanden, ohne weitere Schwierigkeit ausdrücken lässt; die erhaltenen Werthe von b gleichgesetzt, liefern die Gleichung der windschiefen Fläche, die in diesem Falle vom vierten Grade ist.

Aufgabe 76. Die drei Leitlinien zur Erzeugung einer windschiefen Fläche seien die Ellipsen

$$\left.\begin{matrix} \frac{x^2}{a^2} + \frac{y^2}{b^2} = 1 \\ z = 0 \end{matrix}\right\} (1), \quad \left.\begin{matrix} \frac{x^2}{a^2 k^2} + \frac{y^2}{b^2 k^2} = 1 \\ z = m \end{matrix}\right\} (2), \quad \left.\begin{matrix} \frac{x^2}{a^2 l^2} + \frac{y^2}{b^2 l^2} = 1 \\ z = n \end{matrix}\right\} (3),$$

die Axen dieser Ellipsen sind, wie leicht zu erkennen, proportional; wie heisst die Gleichung der entstehenden windschiefen Fläche?

L ö s u n g. Es sei die erzeugende Gerade $\left.\begin{matrix} x = Az + \alpha \\ y = Bz + \beta \end{matrix}\right\} (4).$

(1) mit (4) verbunden, $b^2\alpha^2 + a^2\beta^2 = a^2b^2$,

(2) „ (4) „ $b^2(Am + \alpha)^2 + a^2(Bm + \beta)^2 = a^2b^2 . k^2$,

(3) „ (4) „ $b^2(An + \alpha)^2 + a^2(Bn + \beta)^2 = a^2b^2 . l^2$.

In diesen drei Bedingungsgleichungen $\alpha = x - Az$ und $\beta = y - Bz$ gesetzt,

$$b^2(x - Az)^2 + a^2(y - Bz)^2 = a^2b^2 \quad \ldots \quad (5),$$

$$b^2[A(m - z) + x]^2 + a^2[B(m - z) + y]^2 = a^2b^2 . k^2 \quad \ldots \quad (6),$$

$$b^2[A(n - z) + x]^2 + a^2[B(n - z) + y]^2 = a^2b^2 . l^2 \quad \ldots \quad (7),$$

entwickelt

$$(A^2 b^2 + B^2 a^2) z^2 - 2(A b^2 x + B a^2 y) z =$$
$$= a^2 b^2 - (a^2 y^2 + b^2 x^2) \quad . \quad . \quad . \quad (5')$$
$$(A^2 b^2 + B^2 a^2)(m - z)^2 + 2(A b^2 x + B a^2 y)(m - z) =$$
$$= a^2 b^2 . k^2 - (a^2 y^2 + b^2 x^2) \quad . \quad . \quad . \quad (6')$$
$$(A^2 b^2 + B^2 a^2)(n - z)^2 + 2(A b^2 x + B a^2 y)(n - z) =$$
$$= a^2 b^2 . l^2 - (a^2 y^2 + b^2 x^2) \quad . \quad . \quad . \quad (7')$$

Setzt man Kürze halber $A^2 b + B^2 a^2 = g$,
$A b^2 x + B a^2 y = h$,

so folgt, wenn man nach einander (6′) und (7′) von (5′) abzieht,

$$g = \frac{a^2 b^2}{m - n}\left[\frac{k^2 - 1}{m} - \frac{l^2 - 1}{n}\right].$$

Stellt man zwischen den Verhältnisszahlen k und l und den Höhen m und n noch die Gleichungen fest

$$k^2 - 1 = \frac{m^2}{c^2}, \quad l^2 - 1 = \frac{n^2}{c^2},$$

so ist $g = \frac{a^2 b^2}{c^2} = A^2 b^2 + B^2 a^2$

und $2h = 2z . \frac{a^2 b^2}{c^2} = 2(A b^2 x + B a^2 y)$.

Setzt man diese Werthe in die Gleichung (5′) und reducirt, so folgt für die Gleichung der windschiefen Fläche

$$\frac{x^2}{a^2} + \frac{y^2}{b^2} - \frac{z^2}{c^2} = 1,$$

d. i. die Gleichung des Hiperboloids mit Einem Flächenaste.

Aufgabe 77. Es seien die drei Leitlinien die Parabeln

$$\left.\begin{matrix} y^2 = px \\ z = 0 \end{matrix}\right\} (1), \quad \left.\begin{matrix} y^2 = p(x + d) \\ z = m \end{matrix}\right\} (2), \quad \left.\begin{matrix} y^2 = p(x + \delta) \\ z = n \end{matrix}\right\} (3),$$

die erzeugende Gerade sei $\left.\begin{matrix} x = az + \alpha \\ y = bz + \beta \end{matrix}\right\} \quad . \quad . \quad . \quad . \quad . \quad (4);$

wie heisst die Gleichung der durch diese Curven bestimmten windschiefen Fläche?

Lösung. (1) mit (4) verbunden, $\beta^2 = p\alpha$,
(2) „ (4) „ $(bm + \beta)^2 = p(am + \alpha + d)$,
(3) „ (4) „ $(bn + \beta)^2 = p(an + \alpha + \delta)$.

In diese Gleichungen $\alpha = x - az$, $\beta = y - bz$ gesetzt und entwickelt:

$$y^2 - 2byz + b^2 z^2 = px - apz \quad . \quad . \quad . \quad . \quad . \quad . \quad . \quad . \quad . \quad . \quad . \quad . \quad (5)$$
$$y^2 + 2by(m - z) + b^2 (m - z)^2 = px + ap(m - z) + pd \quad . \quad . \quad . \quad (6)$$
$$y^2 + 2by(n - z) + b^2 (n - z)^2 = px + ap(n - z) + p\delta \quad . \quad . \quad . \quad (7)$$

Gleichung (5) von (6) und (7) abgezogen:

$$2by + b^2(m - 2z) = ap + \frac{p}{m} . d \quad . \quad . \quad . \quad (8)$$

$$2by + b^2(n - 2z) = ap + \frac{p}{n} . \delta \quad . \quad . \quad . \quad (9)$$

durch Subtraction dieser Gleichungen

$$b^2(m - n) = p\left(\frac{d}{m} - \frac{\delta}{n}\right).$$

Stellt man zwischen m, n, d und δ die Beziehungen auf $d = \frac{m^2}{p'}$, $\delta = \frac{n^2}{p'}$, so folgt $b^2 = \frac{p}{p'}$.

Die Gleichung (8) reducirt sich wegen $d = \frac{m^2}{p'}$ und $\frac{p}{p'} = b^2$ wie folgt:

$$2by - 2b^2 z = ap,$$

hieraus $a = 2 . \frac{by - b^2 y}{p}$.

Setzt man diesen Werth von a in Gleich. (5) und gleichzeitig $b^2 = \frac{p}{p'}$, so hat man für die Gleichung der windschiefen Fläche

$$\frac{y^2}{p} - \frac{z^2}{p'} = x,$$

d. i. die Gleichung des hiperbolischen Paraboloids.

f) Flächen des zweiten Grades.

Aufgabe 78. Es soll für eine Fläche der zweiten Ordnung der Mittelpunct gesucht werden.

Lösung. Der Mittelpunct halbirt bekanntlich alle durch ihn gezogenen Sehnen. Wird er zum Ursprung des Coordinatensystems gemacht, so bleibt die Gleichung der Fläche ungeändert, wenn man $-x$, $-y$, $-z$ statt x, y, z setzt.

Nehmen wir an, es seien für die Fläche

$$Ax^2 + A_1 y^2 + A_2 z^2 + 2Bxy + 2B_1 xz + 2B_2 yz + 2Cx + 2C_1 y + 2C_2 z + D = 0 \quad . \quad . \quad . \quad (1)$$

α, β, γ die Coordinaten des Mittelpunctes, und geht man vom ursprünglichen, rechtwinkeligen Axensystem, was wir hier voraussetzen wollen, auf ein anderes gleichfalls rechtwinkeliges Axensystem über, dessen Axen mit den früheren parallel sein sollen, und dessen Ursprung eben der Punct α, β, γ ist, so hat man nur in (1) statt x $x + \alpha$, statt y $y + \beta$, und statt z $z + \gamma$ zu setzen, und man hat

$$A(x+\alpha)^2 + A_1(y+\beta)^2 + A_2(z+\gamma)^2 +$$
$$+ 2B(x+\alpha)(y+\beta) + 2B_1(x+\alpha)(z+\gamma) + 2B_2(y+\beta)(z+\gamma) +$$
$$+ 2C(x+\alpha) + 2C_1(y+\beta) + 2C_2(z+\gamma) + D = 0 \quad \text{oder}$$

$$Ax^2 + A_1y^2 + A_2z^2 + 2Bxy + 2B_1xz + 2B_2yz +$$
$$+ 2(A\alpha + B\beta + B_1\gamma + C)x + 2(A_1\beta + B\alpha + B_2\gamma + C_1)y +$$
$$+ 2(A_2\gamma + B_1\alpha + B_2\beta + C_2)z + A\alpha^2 + A_1\beta^2 + A_2\gamma^2 + 2B\alpha\beta +$$
$$+ 2B_1\alpha\gamma + 2B_2\beta\gamma + 2C\alpha + 2C_1\beta + 2C_2\gamma + D = 0.$$

Soll die gegebene Fläche einen Mittelpunct haben, so können in der zuletzt erhaltenen Gleichung die ersten Potenzen von x, y, z nicht bestehen, wornach man zur Bestimmung von α, β, γ die Gleichungen hat:

$$\left.\begin{array}{l} A\alpha + B\beta + B_1\gamma + C = 0 \\ B\alpha + A_1\beta + B_2\gamma + C_1 = 0 \\ B_1\alpha + B_2\beta + A_2\gamma + C_2 = 0 \end{array}\right\} (2).$$

Gehen aus diesem Systeme (2) für α, β, γ bestimmte und endliche Werthe hervor, so hat die gegebene Fläche einen Mittelpunct, denn die vereinfachte Gleichung

$$Ax^2 + A_1y^2 + A_2z^2 +$$
$$+ 2Bxy + 2B_1xz + 2B_2yz + F = 0 \quad . \quad . \quad . \quad \text{I.}$$

hat in der That nur quadratische Glieder, wodurch die Eingangs erwähnte Eigenschaft der Gleichung, welche die Anwesenheit eines Mittelpunctes andeutet, wirklich besteht.

Aus (2) folgt der Form nach für $\alpha = \frac{M}{N}$,

$$\beta = \frac{M_1}{N},$$

$$\gamma = \frac{M_2}{N}.$$

Sind die Werthe M, M_1, $M_2 \gtrless 0$, und $N = 0$, so sind α, β, γ unendlich, und die vorgelegte Fläche hat keinen Mittelpunct.

Ist M, M_1, M_2 und $N \gtrless 0$, so hat die Fläche Einen Mittelpunct.

Für $M = 0$, $M_1 = 0$, $M_2 = 0$ und $N = 0$, wegen $\alpha = \frac{0}{0}$, $\beta = \frac{0}{0}$, $\gamma = \frac{0}{0}$ hat die Fläche unendlich viele Mittelpuncte.

Es ist übrigens noch zu bemerken, dass aus der Realität der Coordinaten des Mittelpunctes einer Fläche noch nicht auf die Realität der Fläche selbst gefolgert werden kann.

Anmerkung. Versetzt man den Coordinaten-Anfangspunct in den Mittelpunct der Fläche, so geht die Gleichung (I) über in I. oder

$$A x^2 + A_1 y^2 + A_2 z^2 + 2 B x y + 2 B_1 x z + 2 B_2 y z + F = 0,$$

wobei

$$F = A\alpha^2 + A_1 \beta^2 + A_2 \gamma^2 + 2 B \alpha\beta + 2 B_1 \alpha\gamma + 2 B_2 \beta\gamma + \\ + 2 C\alpha + 2 C_1 \beta + 2 C_2 \gamma + D.$$

Dieser Ausdruck in F vereinfacht sich wesentlich, wenn man die Gleichungen (2) mit α, β, γ multiplicirt, addirt und von F abzieht; es folgt dann

$$F = C\alpha + C_1 \beta + C_2 \gamma + D.$$

Aufgabe 79. Es ist für die Fläche

$$x^2 + y^2 + (a^2 + b^2) z^2 - 2 a x z - 2 b y z = r^2$$

der Mittelpunct zu suchen.

Lösung. Setzt man nach dem Vorgange in der vorigen Aufgabe $x + \alpha$, $y + \beta$, $z + \gamma$ statt x, y, z, so folgt, wenn gleich nach x, y, z geordnet wird,

$$x^2 + y^2 + (a^2 + b^2) z^2 - 2 a x z - 2 b y z + 2(\alpha - a\gamma) x + 2(\beta - b\gamma) y \\ + 2[(a^2 + b^2)\gamma - a\alpha - b\beta] + \alpha^2 + \beta^2 + (a^2 + b^2)\gamma^2 \\ - 2 a\alpha\gamma - 2 b\beta\gamma = r^2,$$

$$\left.\begin{aligned} (a^2 + b^2)\gamma - a\alpha - b\beta &= 0 \;.\;.\;. \;(1) \\ \alpha - a\gamma &= 0 \;.\;.\;. \;(2) \\ \beta - b\gamma &= 0 \;.\;.\;. \;(3) \end{aligned}\right\}.$$

Aus (2) $\alpha = a\gamma$, aus (3) $\beta = b\gamma$ in (1) gesetzt,

$$0 . \gamma = 0,$$

$$\gamma = \tfrac{0}{0}, \quad \text{ebenso} \quad \alpha = \tfrac{0}{0}, \quad \beta = \tfrac{0}{0}.$$

Die vorgelegte Fläche hat also unendlich viele Mittelpuncte, was mit der Natur der gegebenen Fläche vollkommen übereinstimmt, da sie in der That eine Cylinderfläche ist, wovon man sich leicht überzeugen kann.

Diametralebene.

Erklärung. Halbirt man alle parallelen Sehnen, welche man in einer Fläche ziehen kann, so nennt man die Fläche, welche durch die sämmtlichen Halbirungspuncte der Sehnen bestimmt wird, Diametralfläche.

Berücksichtigen wir, dass eine Fläche der n^{ten} Ordnung von einer Geraden im Allgemeinen in n Puncten getroffen wird, so haben wir in derselben Sehne $\frac{n(n-1)}{2}$ Halbirungspuncte, und da die Diametralfläche durch diese $\frac{n(n-1)}{2}$ Puncte durchgehen muss, also von einer Geraden in $\binom{n}{2}$ Puncten getroffen wird, so muss sie vom Grade $\frac{n(n-1)}{2}$ sein.

Für eine Fläche der zweiten Ordnung wird demnach die Diametralfläche von der ersten Ordnung, d. i. eine Ebene sein, welche wir Diametralebene nennen.

Aufgabe 80. Es soll die Gleichung der Diametralebene für die Flächen der zweiten Ordnung aufgestellt werden.

Lösung. Es sei die Fläche

$$Ax^2 + A_1 y^2 + A_2 z^2 + 2Bxy + 2B_1 xz + 2B_2 yz + \\ + 2Cx + 2C_1 y + 2C_2 z + D = 0 \quad . \quad . \quad . \quad (1),$$

die Gleichung irgend einer der unendlich vielen parallelen Sehnen sei

$$\left.\begin{array}{l} x = az + \alpha \\ y = bz + \beta \end{array}\right\} (2).$$

Man hat

$$A(az+\alpha)^2 + A_1(bz+\beta)^2 + A_2 z^2 + \\ + 2B(az+\alpha)(bz+\beta) + 2B_1(az+\alpha)z + 2B_2(bz+\beta)z + \\ + 2C(az+\alpha) + 2C_1(bz+\beta) + 2C_2 z + D = 0,$$

$$(Aa^2 + A_1 b^2 + A_2 + 2Bab + 2B_1 a + 2B_2 b) z^2 + \\ 2(Aa\alpha + A_1 b\beta + Ba\beta + B\alpha b + B_1\alpha + B_2\beta + C\alpha + C_1 b + C_2) z + \\ + A\alpha^2 + A_1\beta^2 + 2B\alpha\beta + 2C\alpha + 2C_1\beta + D = 0.$$

Diese Gleichung in z hat die Form $Mz^2 + Nz + P = 0$, und hieraus für die Wurzeln z', z''

$$\frac{z' + z''}{2} = z_1 = -\frac{N}{2M},$$

für das z des Halbirungspunctes der gezogenen Sehne

$$z_1 = -\frac{Aa\alpha + A_1 b\beta + Ba\beta + Bb\alpha + B_1\alpha + B_2\beta + Ca + C_1 b + C_2}{Aa^2 + A_1 b^2 + A_2 + 2Bab + 2B_1 a + 2B_2 b} \quad . \quad . \quad . \quad (3)$$

mit diesem Werthe von z_1 folgen aus

$$x_1 = az_1 + \alpha \quad . \quad . \quad . \quad (4) \quad \text{und} \quad y_1 = bz_1 + \beta \quad . \quad . \quad . \quad (5)$$

die zu z_1 gehörigen Werthe x_1 und y_1.

Um es nicht mit einer speciellen Sehne zu thun zu haben, eliminire man aus (3), (4) und (5) die Grössen α und β, das Eliminations-Resultat ist die verlangte Gleichung der Diametralebene

$$(Aa^2 + A_1 b^2 + A_2 + 2Bab + 2B_1 a + 2B_2 b) z = \\ = -(Aa + Bb + B_1)(x_1 - az_1) - (A_1 b + Ba + B_2)(y_1 - bz_1) - \\ - (Ca + C_1 b + C_2),$$

oder schliesslich

$$(Aa+Bb+B_1)x_1 + (A_1 b + Ba + B_2) y_1 + (A_2 + B_1 a + B_2 b) z_1 + \\ + (Ca + C_1 b + C_2) = 0 \quad . \quad . \quad . \quad (6)$$

Für die Gleichung $Ax^2 + A_1 y^2 + A_3 z^2 + D = 0$ findet man die Diametralebene nach (6), indem sämmtliche B und C verschwinden,

$$Aa \,.\, x + A_1 b \,.\, y + A_2 \,.\, z = 0.$$

Soll die Gleichung (6) eine sogenannte Diametral-Hauptebene werden, so muss (2) senkrecht auf (6) sein, nämlich

$$a = \frac{Aa + Bb + B_1}{A_2 + B_1 a + B_2 b}, \quad b = \frac{A_1 b + Ba + B_2}{A_2 + B_1 a + B_2 b},$$

aus welchen Gleichungen die Werthe von a und b sich folgern lassen. Bei der Auflösung dieser Gleichungen werden die Werthe von a und b von der Auflösung einer Gleichung des dritten Grades abhängig gemacht, und da diese Gleichung wenigstens Eine, möglicherweise aber auch drei reelle Wurzeln besitzt, so folgt hieraus, dass die Flächen der zweiten Ordnung wenigstens Eine, höchstens aber drei Diametral-Hauptebenen haben.

Wir wollen hier kurz den Weg andeuten, wie man zur Kenntniss von a und b gelangen kann.

$$A_2 + B_1 a + B_2 b = \mu \quad . \quad . \quad . \quad . \quad . \quad \text{I.}$$

$$\left.\begin{aligned} Aa + Bb + B_1 &= a\mu \\ Ba + A_1 b + B_2 &= b\mu \end{aligned}\right\} \text{I}',$$

$$\left.\begin{aligned} (A-\mu)a + \quad Bb \quad &= -B_1 \\ Ba + (A_1-\mu) b &= -B_2 \end{aligned}\right\} \begin{matrix} A_1 - \mu \\ B \end{matrix}$$

$$[(A-\mu)(A_1-\mu) - B^2]\,a = BB_2 - B_1(A_1-\mu),$$

$$a = \frac{BB_2 - B_1(A_1-\mu)}{(A-\mu)(A_1-\mu) - B^2},$$

eben so

$$b = \frac{BB_1 - B_2(A-\mu)}{(A-\mu)(A_1-\mu) - B^2}.$$

Die Werthe von a und b in I. gesetzt,

$$A_2 + B_1 \,.\, \frac{BB_2 - B_1(A_1-\mu)}{(A-\mu)(A_1-\mu) - B^2} + B_2 \,.\, \frac{BB_1 - B_2(A-\mu)}{(A-\mu)(A_1-\mu) - B^2} = \mu,$$

oder reducirt

$$\mu^3 - (A + A_1 + A_2)\mu^2 + \\ + (AA_1 + AA_2 + A_1 A_2 - B^2 - B_1^2 - B_2^2)\mu + k = 0 \quad . \quad . \quad . \quad \text{II.}$$

$$\left.\begin{aligned} k = &- AA_1 A_2 \\ &+ A_2 B^2 \\ &+ A_1 B_1^2 \\ &+ AB_2^2 \\ &- 2BB_1 B_2 \end{aligned}\right\}.$$

Aus II. μ bestimmt und in I' substituirt, ergeben sich die Werthe für a und b.

Die Gleichung II., Aufg. 80, führt uns zur Kenntniss der Hauptebene einer Fläche.

Nehmen wir an, für die vorgelegte Fläche

$$Ax^2 + A_1 y^2 + A_2 z^2 + 2Bxy + 2B_1 xz + 2B_2 yz + \\ + 2Cx + 2C_1 y + 2C_2 z + D = 0$$

findet sich ein Mittelpunct α, β, γ, und verlegen wir den Ursprung des Coordinatensystems in diesen Mittelpunct, so folgt die einfachere Gleichung

$$Ax^2 + A_1 y^2 + A_2 z^2 + 2Bxy + 2B_1 xz + 2B_2 yz + F = 0 \quad . \; . \; . \; (m)$$

wobei $F = C\alpha + C_1\beta + C_2\gamma + D$.

Dividiren wir (m) durch $-F$, so folgt für die transformirte Gleichung der Form nach

$$Ax^2 + A_1 y^2 + A_2 z^2 + 2Bxy + 2B_1 xz + 2B_2 yz = 1 \quad . \; . \; . \; (n)$$

Setzen wir demgemäss in II.

$$-\frac{A}{F}, \; -\frac{A_1}{F}, \; -\frac{A_2}{F}, \; . \; . \; . \; \text{statt } A, \; A_1, \; A_2, \; . \; . \; .$$

so folgt die Gleichung

$$\mu^3 - R\mu^2 + S\mu - T = 0 \quad . \; . \; . \; . \; (p)$$

wobei $R = -\frac{A + A_1 + A_2}{F}$,

$$S = \frac{AA_1 + AA_2 + A_1A_2 - B^2 - B_1^2 - B_2^2}{F^2},$$

$$T = \frac{AB_2^2 + A_1B_1^2 + A_2B^2 - AA_1A_2 - 2BB_1B_2}{F^3}.$$

Sind nun $\left.\begin{matrix} x = az \\ y = bz \end{matrix}\right\}$ (q) die Gleichungen einer Axe, und nennen wir die Coordinaten des Punctes, wo dieser Durchmesser die Fläche trifft, x, y, z, so ist die Länge der halben Axe bestimmt durch

$$L^2 = x^2 + y^2 + z^2 = (a^2 + b^2 + 1)z^2;$$

oder setzt man die Werthe von (q) in die Gleichung (n), so folgt

$$L^2 = \frac{+(a^2 + b^2 + 1)}{Aa^2 + A_1 b^2 + A_2 + 2Bab + 2B_1 a + 2B_2 b}.$$

Nimmt man übrigens Rücksicht auf die Gleichungen I. und I' in Aufgabe 80, so folgt

$$L^2 = \frac{1}{\mu}.$$

Sind demnach aus (p) die Wurzeln $\mu' \; \mu'' \; \mu'''$, so hat man beziehungsweise für die halben Axen der Fläche

$$\sqrt{\frac{1}{\mu'}},\ \sqrt{\frac{1}{\mu''}},\ \sqrt{\frac{1}{\mu'''}}.$$

Da ferner die Wurzeln der Gleichung (p) reell sein müssen (Untersuchungen von Jacobi in Crelle's Journal), so folgt schon aus der Anzahl der Zeichenwechsel die Zahl der positiven Wurzeln, welche offenbar allein schon für die Axen der Fläche massgebend sind. Stellt man sich demnach im gegebenen Falle die Gleichung (p) her, und hat diese durchaus Zeichenwechsel, so sind die sämmtlichen Wurzeln der Gleichung positiv, die Fläche hat dann drei reelle Axen, und ist sofort ein Ellipsoid.

Kommen nur zwei Zeichenwechsel vor, so repräsentirt die gegebene Fläche ein Hiperboloid mit Einem Flächenaste, bei einem Zeichenwechsel ein Hiperboloid mit zwei Flächenästen, und hat die Gleichung bloss Zeichenfolgen, so werden die drei Axen imaginär, und die gegebene Gleichung hat weiter keine Bedeutung.

Anmerkung. Was die geometrische Bedeutung der Gleichung

$$Mx^2 + M'y^2 + M''z^2 = P$$

betrifft, so erinnern wir, wie folgt.

Nehmen wir auf die verschiedenen Vorzeichen der obigen Coefficienten Bedacht, so erstreckt sich unsere Untersuchung auf folgende Gleichungen:

$$Mx^2 + M'y^2 + M''z^2 = +P \quad \ldots \quad (1)$$
$$Mx^2 + M'y^2 + M''z^2 = 0 \quad \ldots\ldots \quad (2)$$
$$Mx^2 + M'y^2 + M''z^2 = -P \quad \ldots \quad (3)$$
$$Mx^2 + M'y^2 - M''z^2 = +P \quad \ldots \quad (4)$$
$$Mx^2 + M'y^2 - M''z^2 = 0 \quad \ldots\ldots \quad (5)$$
$$Mx^2 + M'y^2 - M''z^2 = -P \quad \ldots \quad (6)$$
$$Mx^2 - M'y^2 - M''z^2 = +P \quad \ldots \quad (7)$$
$$Mx^2 - M'y^2 - M''z^2 = 0 \quad \ldots\ldots \quad (8)$$
$$Mx^2 - M'y^2 - M''z^2 = -P \quad \ldots \quad (9)$$

I. Die Gleichung (1) bezeichnet ein Ellipsoid. Sind die Axen desselben $2a$, $2b$, $2c$, wobei

$$a = \pm\sqrt{\frac{P}{M}},\quad b = \pm\sqrt{\frac{P}{M'}},\quad c = \pm\sqrt{\frac{P}{M''}},$$

so lässt sich (1) auch schreiben

$$\frac{x^2}{a^2} + \frac{y^2}{b^2} + \frac{z^2}{c^2} = 1.$$

Für $b=c$ hat man ein Rotations-Ellipsoid, eben so für $a=c$ und $a=b$. Die Rotationsaxen sind dann beziehungsweise die Axe der x, y oder z.

Für $a=b=c$ hat man die Kugelfläche.

II. Die Gleichung (2) kann nur den Punct $x=0$, $y=0$, $z=0$ bezeichnen.

III. Die Gleichung (3) hat keine geometrische Bedeutung, oder stellt eine imaginäre Fläche dar.

IV. Die Gleichung (4) lässt sich auf die Form bringen

$$\frac{x^2}{a^2}+\frac{y^2}{b^2}-\frac{z^2}{c^2}=1, \quad \text{wobei}$$

$$a=\pm\sqrt{\frac{P}{M}}, \quad b=\pm\sqrt{\frac{P}{M'}}, \quad c=\pm\sqrt{\frac{P}{M''}}\cdot\sqrt{-1}.$$

Diese Fläche ist das Hiperboloid mit Einem Flächenaste.

V. Gleichung (5) bezeichnet eine Kegelfläche, denn es folgt

$$M\cdot\frac{x^2}{z^2}+M'.\frac{y^2}{z^2}=M''$$

$$\text{oder} \quad \frac{x}{z}=f\left(\frac{y}{z}\right).$$

VI. Gleichung (6) ist das sogenannte Hiperboloid mit zwei Höhlungen oder Flächenästen.

Man kann die Gleichung auch schreiben

$$\frac{z^2}{c^2}-\frac{x^2}{a^2}-\frac{y^2}{b^2}=1.$$

$$\text{Hier ist} \quad a=\pm\sqrt{\frac{P}{M}}\cdot\sqrt{-1},$$

$$b=\pm\sqrt{\frac{P}{M'}}\cdot\sqrt{-1},$$

$$c=\pm\sqrt{\frac{P}{M''}}.$$

VII. Gleichung (7) hat dieselbe geometrische Bedeutung wie Gleichung (6).

VIII. Gleichung (8) stellt einen Kegel vor, gerade so wie Gleichung (5).

IX. Gleichung (9) bezeichnet wie Gleichung (4) ein Hiperboloid mit Einem Flächenaste.

Eben so ist für die geometrische Bedeutung der Gleichung

$$My^2+M'z^2=Qx$$

Folgendes zu bemerken:

Nimmt man auf die Zeichen der Coefficienten der gegebenen Gleichung Rücksicht, so folgen die Fälle:

$$My^2 + M'z^2 = + Qx \quad . \quad . \quad . \quad . \quad . \quad (1)$$
$$My^2 + M'z^2 = 0 \quad . \quad . \quad . \quad . \quad . \quad . \quad (2)$$
$$My^2 + M'z^2 = - Qx \quad . \quad . \quad . \quad . \quad . \quad (3)$$
$$My^2 - M'z^2 = + Qx \quad . \quad . \quad . \quad . \quad . \quad (4)$$
$$My^2 - M'z^2 = 0 \quad . \quad . \quad . \quad . \quad . \quad . \quad (5)$$
$$My^2 - M'z^2 = - Qx \quad . \quad . \quad . \quad . \quad . \quad (6)$$

I. Die Gleichung (1) bezeichnet das sogenannte elliptische Paraboloid.

Die Gleichung lässt sich auch auf die Form bringen

$$\frac{y^2}{p} + \frac{z^2}{p'} = x, \text{ wobei } p = \frac{Q}{M} \text{ und } p' = \frac{Q}{M'}.$$

II. Die Gleichung (2) bezeichnet, da sie nur für $y = 0$ und $z = 0$ bestehen kann, die Abscissenaxe.

III. Gleichung (3) stellt wie Gleichung (1) ein elliptisches Paraboloid vor, welches sich jedoch nach der Richtung der negativen x erstreckt.

IV. Gleichung (4) bedeutet das sogenannte hiperbolische Paraboloid, dessen Gleichung auch die Form annimmt

$$\frac{y^2}{p} - \frac{z^2}{p'} = x, \text{ wobei } p = \frac{Q}{M}, \; p' = \frac{Q}{M'}.$$

V. Diese Gleichung bezeichnet zwei auf der coordinirten Ebene yz senkrecht stehende Ebenen.

VI. Die Gleichung (6) hat dieselbe geometrische Bedeutung wie Gleichung (4).

Aufgabe 81. Man soll die geometrische Bedeutung der Gleichung

$$x^2 + 2y^2 + 2z^2 + 2xy - 2x - 4y - 4z = 0$$

angeben.

Lösung. Um diese Gleichung zu vereinfachen, verlege man den Ursprung nach dem etwaigen Mittelpunct der Fläche. Setzt man nämlich in der gegebenen Gleichung $x + \alpha$, $y + \beta$, $z + \gamma$ statt x, y, z, und setzt die Coefficienten der ersten Potenzen von x, y, z gleich Null, so hat man (Aufg. 78, System 2)

$$\left.\begin{aligned} \alpha + \beta - 1 &= 0 \\ \alpha + 2\beta - 2 &= 0 \\ \gamma - 1 &= 0 \end{aligned}\right\}, \text{ hieraus } \left.\begin{aligned} \alpha &= 0 \\ \beta &= 1 \\ \gamma &= 1 \end{aligned}\right\},$$

demnach geht die gegebene Gleichung über in

$$x^2 + 2y^2 + 2z^2 + 2xy - 4 = 0 \quad . \quad . \quad . \quad (1)$$

Von dieser Fläche wissen wir bereits, dass sie einen Mittelpunct besitzt.

Ziehen wir jetzt durch den Ursprung eine beliebige Gerade

$$\left.\begin{array}{l} x = az \\ y = bz \end{array}\right\} (2),$$

so folgt zunächst $z = \frac{\pm 2}{\sqrt{(a+b)^2 + b^2 + 2}}$.

Da dieser Werth von z für jeden beliebigen Werth von a und b reell ausfällt, also auch x und y, so folgt, dass die Fläche durch alle durch den Ursprung gezogenen Geraden getroffen wird; die geometrische Bedeutung der vorgelegten Gleichung ist demnach ein Ellipsoid.

Es folgt diess übrigens auch noch daraus, wenn die gegebene Fläche durch Ebenen geschnitten wird, die etwa der Einfachheit halber parallel zu den coordinirten Ebenen gewählt werden; sämmtliche Schnitte sind in diesem Falle Ellipsen, oder wegen $A = 1$, $A_1 = 2$, $A_2 = 2$, $B = 1$, $B_1 = 0$, $B_2 = 0$ folgt

$$\mu^3 - \tfrac{5}{4}\mu^2 + \tfrac{7}{16}\mu - \tfrac{1}{32} = 0.$$

Diese Gleichung hat drei positive Wurzeln, sonach besitzt die gegebene Fläche auch drei reelle Axen, und ist ein Ellipsoid.

Aufgabe 82. Es soll die Bedeutung der Gleichung

$$x^2 + y^2 + 2z^2 - 2xy - 2xz + 4yz + 2y - 3 = 0$$

angegeben werden.

Lösung. Zunächst folgen hier für die Lage des Mittelpunctes die Gleichungen

$$\alpha - \beta - \gamma = 0,$$
$$\beta - \alpha + 2\gamma + 1 = 0,$$
$$2\gamma - \alpha + 2\beta = 0,$$

und hieraus $\alpha = 0$, $\beta = 1$, $\gamma = -1$,

demnach reducirt sich die gegebene Gleichung auf

$$x^2 + y^2 + 2z^2 - 2xy - 2xz + 4yz - 1 = 0,$$

und wegen $A = 1$, $A_1 = 1$, $A_2 = 2$, $B = -1$, $B_1 = -1$, $B_2 = 2$, $F = -1$,

$$\mu^3 - 2\mu^2 - \tfrac{1}{4}\mu + \tfrac{1}{8} = 0.$$

Diese Gleichung hat zwei Zeichenwechsel, also bezeichnet die gegebene Gleichung ein Hiperboloid mit einem Flächenaste.

Aufgabe 83. Man untersuche

$$x^2 + y^2 + z^2 - 4xy + 6x - 4y + 1 = 0.$$

Lösung. $A = 1$, $A_1 = 1$, $A_2 = 1$, $B = -2$, $B_1 = 0$, $B_2 = 0$, $C = 3$, $C_1 = -2$, $C_2 = 0$, $D = 1$.

Man hat für den Mittelpunct

$$\alpha - 2\beta + 3 = 0,$$
$$-2\alpha + \beta - 2 = 0,$$
$$\gamma = 0,$$

$$\text{hieraus} \quad \alpha = -\tfrac{1}{3}, \quad \beta = \tfrac{4}{3}, \quad \gamma = 0,$$
$$\text{sonach} \quad x^2 + y^2 + z^2 - 4xy - \tfrac{8}{3} = 0,$$
$$R = \tfrac{9}{8}, \quad S = -\tfrac{9}{64}, \quad T = \tfrac{81}{512},$$
$$\mu^3 - \tfrac{9}{8}\mu^2 - \tfrac{9}{64}\mu - \tfrac{81}{512} = 0.$$

Diese Gleichung bietet nur einen Zeichenwechsel, hat sonach nur eine positive Wurzel, die vorgelegte Gleichung bezeichnet somit ein Hiperboloid mit zwei Flächenästen.

Aufgabe 84. Es sollen noch die Gleichungen untersucht werden:

$$36x^2 + 9y^2 + 4z^2 + 72x + 36y + 24z + 72 = 0 \quad \ldots \quad \text{I.}$$
$$2x^2 + y^2 - z^2 + 2xy + 2xz - 6yz + 6 = 0 \quad \ldots \quad \text{II.}$$
$$xy + xz + yz - 3z - 2y - x + 3 = 0 \quad \ldots \ldots \quad \text{III.}$$

Lösung. Es folgt für I.

$$\alpha = -1, \quad \beta = -2, \quad \gamma = -3,$$
$$36x^2 + 9y^2 + 4z^2 - 36 = 0,$$
$$\mu^3 - \frac{49}{36}\mu^2 + \frac{504}{36^2}\mu - \frac{1296}{36^3} = 0,$$
$$\mu = \frac{\lambda}{36},$$
$$\lambda^3 - 49\lambda^2 + 504\lambda - 1296 = 0,$$
$$\lambda' = 36, \quad \lambda'' = 9, \quad \lambda''' = 4,$$
$$\text{also} \quad \mu' = 1, \quad \mu'' = \tfrac{1}{4}, \quad \mu''' = \tfrac{1}{9};$$

die Axen des Ellipsoides sind $\sqrt{\frac{1}{\mu'}}$, $\sqrt{\frac{1}{\mu''}}$, $\sqrt{\frac{1}{\mu'''}}$, oder

$$a = 1, \quad b = 2, \quad c = 3.$$

Für II. $\quad \alpha = 0, \quad \beta = 0, \quad \gamma = 0,$

$$\mu^3 + \tfrac{1}{3}\mu^2 - \tfrac{1}{3}\mu - \tfrac{13}{108} = 0;$$

die Gleichung II. ist sonach ein Hiperboloid, mit zwei Flächenästen.

Für III. $\quad \alpha = 2, \quad \beta = 1, \quad \gamma = 0,$

$$\mu^3 - \tfrac{3}{4}\mu - \tfrac{1}{32} = 0$$
$$\text{oder} \quad \mu^3 \pm 0 \cdot \mu^2 - \tfrac{3}{4}\mu - \tfrac{1}{32} = 0;$$

Gleichung III. bezeichnet auch hier wieder ein Hiperboloid mit zwei Flächenästen.

Aufgabe 85. Es soll die geometrische Bedeutung der Gleichung

$$3x^2 + 5y^2 + 6z^2 + 6x + 40y - 84z + 327 = 0$$

angegeben werden.

Lösung. $\alpha = -1, \quad \beta = -4, \quad \gamma = 7,$

$$3x^2 + 5y^2 + 6z^2 + 10 = 0.$$

Man sieht, dass diese Gleichung keine Bedeutung haben könne, nachdem sie für keine reellen Werthe von x, y, z auf Null gebracht werden kann.

Bilden wir uns aber überdiess noch die Gleichung für die Grösse μ, so folgt

$$\mu^3 + \tfrac{7}{5}\mu^2 + \tfrac{63}{100}\mu + \tfrac{9}{100} = 0,$$

und da die Wurzeln dieser Gleichung sämmtlich negativ sind, so hat die vorgelegte Fläche nur imaginäre Axen, und sofort keine geometrische Bedeutung.

Aufgabe 86. Man discutire die Gleichung

$$2x^2 + 3y^2 + 2z^2 + 2xz + 2x - 2z + 2 = 0.$$

Lösung. Man findet für den Mittelpunct der gegebenen Fläche $\alpha = -1,\ \beta = 0,\ \gamma = +1.$

Bezieht man den Ursprung auf diesen Punct, so folgt die Gleichung

$$2x^2 + 3y^2 + 2z^2 + 2xz = 0 \quad . \quad . \quad . \quad (1)$$

welche aber nur für die Werthe $x = 0$, $y = 0$, $z = 0$ identisch werden kann. Es bezeichnet demnach die gegebene Gleichung einen einzigen Punct, und zwar

$$x = -1,\quad y = 0,\quad z = 1.$$

Die Gleichung (1) lässt sich auch schreiben:

$$2(x+z)^2 + 3y^2 - 2xz = 0.$$

Aufgabe 87. Man betrachte noch die Gleichungen

$$3x^2 + y^2 + z^2 - 2xy - 3xz + yz + y + 2 = 0 \quad . \quad . \quad . \quad . \quad \text{I.}$$

$$3x^2 + 2y^2 + 2z^2 + 2yz + 6x + 6y + 6z + 9 = 0 \quad . \quad . \quad . \quad \text{II.}$$

$$x^2 + y^2 + 3z^2 + 4xz - 6x + 4y - 10z + 12 = 0 \quad . \quad . \quad . \quad \text{III.}$$

Lösung. Für I. folgt

$$\alpha = -\tfrac{1}{4},\quad \beta = -\tfrac{3}{4},\quad z = 0,$$

und ist eine imaginäre Fläche.

Für II. folgt $\alpha = \beta = \gamma = -1$, als einziger Punct, der durch die Gleichung dargestellt wird.

Für III. folgt

$$\alpha = 1,\quad \beta = -2,\quad \gamma = 1;$$

man kommt auf $x^2 + y^2 + 3z^2 + 4xz = 0$

$$\text{oder}\quad \frac{x^2}{z^2} + \frac{y^2}{z^2} + 3 + \frac{4x}{z} = 0,$$

$$\text{hieraus}\quad \frac{x}{z} = f\left(\frac{y}{z}\right).$$

Die Gleichung III. repräsentirt demnach eine Kegelfläche.

Flächen mit unendlich vielen Mittelpuncten.

Aufgabe 88. Man bestimme die geometrische Bedeutung der Gleichung

$$x^2 + y^2 + 29z^2 - 10xz - 4yz - 9 = 0.$$

Lösung. Für die Lage des Mittelpunctes hat man die Gleichungen

$$\alpha - 5\gamma = 0,$$
$$\beta - 2\gamma = 0,$$
$$5\alpha + 2\beta - 29\gamma = 0.$$

Da hier die dritte Gleichung eine Folge der zwei ersten ist, so ist durch die Gleichungen $\alpha = 5\gamma$ und $\beta = 2\gamma$ die Lage des Mittelpunctes nicht vollkommen bestimmt. Es gibt sonach für die vorgelegte Fläche unzählige Mittelpuncte, welche sämmtlich in der Geraden $\left.\begin{matrix} x = 5z \\ y = 2z \end{matrix}\right\}$ liegen.

Führt man, um die Natur der Fläche näher kennen zu lernen, Schnitte parallel mit der xy, setzt also in der gegebenen Gleichung etwa $z = k$, fo folgt für die Schnittcurve

$$\left.\begin{matrix} x^2 + y^2 - 10kx - 4ky + 29k^2 - 9 = 0 \\ z = k \end{matrix}\right\}.$$

Diese Schnittlinie ist aber, wie auch k sein mag, ein Kreis vom Halbmesser 3. Die vorgelegte Gleichung gehört demnach einer Cylinderfläche von kreisförmiger Basis an.

Aufgabe 89. Es sei zu untersuchen

$$x^2 + 4y^2 + 25z^2 + 4xy + 10xz + 20yz - 2x - 4y - 10z + 1 = 0.$$

Lösung. Bei der Bestimmung der Lage des Mittelpunctes findet man die einzige Gleichung

$$\alpha + 2\beta + 5\gamma = +1,$$

also hat jeder Punct der Ebene $x + 2y + 5z = 1$ die Eigenschaft, ein Mittelpunct der gegebenen Fläche zu sein.

Schneidet man die Fläche durch Ebenen, welche der xy parallel sind, so folgt für $z = k$

$$(x + 2y)^2 + 2(5k - 1)(x + 2y) + (5k - 1)^2 = 0,$$

hieraus $x + 2y = 1 - 5k.$

Nachdem sofort die Schnittlinie eine gerade Linie ist

$$\left\{\begin{matrix} y = -\frac{x}{2} + \frac{1}{2}(1 - 5k), \\ z = 0, \end{matrix}\right.$$

so bezeichnet die gegebene Gleichung nichts weiter als die Ebene

$$x + 2y + 5z - 1 = 0.$$

Flächen ohne Mittelpunct.

Aufgabe 90. Es sei gegeben
$$y^2 + z^2 - 2yz - 5x - 4y + 19z + 9 = 0.$$

Lösung. Könnte diese Fläche einen Mittelpunct haben, so würde er durch die Gleichungen bestimmt werden müssen:
$$\left.\begin{aligned} -\tfrac{5}{2} &= 0 \\ \beta - \gamma &= 2 \\ \beta - \gamma &= -\tfrac{19}{2} \end{aligned}\right\}.$$

Der Widerspruch, der in diesen Gleichungen liegt, zeigt uns ganz deutlich, dass die vorliegende Fläche keinen Mittelpunct besitzt.

Um zu näherer Kenntniss der Fläche zu gelangen, führen wir etwa mit der xy parallele Schnitte, so kommt $z = k$ und
$$y^2 - 2(k+2)y - 5x + (k^2 + 19k + 9) = 0.$$
Diess ist aber offenbar die Gleichung einer Parabel vom Parameter $= 5$.

Die vorgelegte Gleichung entspricht demnach einem parabolischen Cylinder.

Aufgabe 91. Es sei gegeben
$$x^2 + 3y^2 + 2z^2 + 2xy + 4yz - 4x - 6y - 4z = 0.$$

Lösung. Für den Mittelpunct hätte man die Gleichungen
$$\left.\begin{aligned} \alpha + \beta &= 2 \\ \alpha + 3\beta + 2\gamma &= 3 \\ 2\beta + 2\gamma &= 2 \end{aligned}\right\}.$$

Aus der ersten Gleichung folgt $\alpha = 2 - \beta$, aus der dritten Gleichung $\gamma = 1 - \beta$, und diese Werthe in die zweite Gleichung substituirt, geben $4 = 3$, woraus hervorgeht, dass die gegebene Fläche keinen Mittelpunct besitzt. Sie kann demnach bloss ein elliptisches oder hiperbolisches Paraboloid bezeichnen, je nachdem ein beliebiger Schnitt mit einer Ebene eine Ellipse oder Hiperbel ist. (Mit einer Cylinderfläche haben wir es im gegebenen Falle nicht zu thun.)

Schneiden wir also die Fläche durch xy, so folgt für $z = 0$
$$x^2 + 3y^2 + 2xy - 4x - 6y = 0,$$
welches sofort die Gleichung einer Ellipse ist. Die gegebene Gleichung bezeichnet demnach ein elliptisches Paraboloid.

Dasselbe gilt von der Gleichung
$$3y^2 + 2z^2 + 30y - 16z - 6x + 35 = 0.$$

Aufgabe 92. Man untersuche die Gleichung

$$x^2+y^2-3z^2+2xy+2xz+2yz-8x-4y-2z=0.$$

Lösung. Für den Mittelpunct hätte man

$$\left.\begin{array}{l}\alpha+\beta+\ \gamma=4\\ \alpha+\beta+\ \gamma=2\\ \alpha+\beta-3\gamma=1\end{array}\right\}.$$

Die erste und zweite dieser Gleichungen deuten genugsam auf einen Widerspruch, also besitzt die gegebene Fläche keinen Mittelpunct.

Der Schnitt mit xy gibt eine Parabel, nämlich

$$x^2+2xy+y^2-8x-4y=0.$$

Der Schnitt mit yz gibt eine Hiperbel, nämlich

$$y^2-3z^2+2yz-4y-2z=0.$$

Die vorgelegte Gleichung entspricht demnach einem hiperbolischen Paraboloid.

Vermischte Aufgaben.

Aufgabe 93. Zwei Kreise, der erste in der coordinirten Ebene xy, mit dem Mittelpuncte im Ursprung, ein zweiter parallel zur xy, mit dem Mittelpuncte in der z-Axe, seien als Leitlinien gegeben; an diesen Kreisen gleite eine Gerade, welche zur xy eine constante Neigung beibehält. Wie heisst die Gleichung der so entstehenden Fläche?

Lösung. Es seien die Leitlinien

$$\left.\begin{array}{r}x^2+y^2=r^2\\ z=0\end{array}\right\}\ (1),\qquad \left.\begin{array}{r}x^2+y^2=R^2\\ z=m\end{array}\right\}\ (2),$$

die erzeugende Gerade habe die Gleichungen

$$\left.\begin{array}{l}x=az+\alpha\\ y=bz+\beta\end{array}\right\}\ (3),$$

wobei der Zusammenhang zwischen a und b durch die Gleichung

$$\sin(3, xy)=\frac{1}{\sqrt{a^2+b^2+1}}=\frac{1}{k}\quad\text{oder}\quad a^2+b^2+1=k^2\ \ldots\ (4)$$

gegeben ist.

Verbindet man (3) mit (1) und (2), so folgen die Bedingungsgleichungen

$$\alpha^2+\beta^2=r^2\ \ldots\ldots\ (5)$$

$$(am+\alpha)^2+(bm+\beta)^2=R^2\ \ldots\ (6)$$

Eliminirt man jetzt aus den Gleichungen (3), (4), (5), (6) die Grössen a, b, α, β, so gelangt man zur gewünschten Fläche.

$\alpha = x - az$ und $\beta = y - bz$ in (5) und (6) gesetzt und mit Rücksicht auf Gleichung (4) reducirt,

$$x^2 + y^2 + (k^2 - 1)z^2 - 2(ax + by)z = r^2 \quad \ldots\ldots\ldots \quad (7)$$

$$x^2 + y^2 + (k^2 - 1)(m - z)^2 + 2(ax + by)(m - z) = R^2 \quad \ldots \quad (8)$$

hieraus $(ax + by)$ eliminirt, gibt schliesslich

$$x^2 + y^2 - (k^2 - 1)z^2 + \frac{1}{m}[m^2(k^2 - 1) + (r^2 - R^2)]z = r^2 \ldots \text{I.}$$

als Gleichung der verlangten Fläche.

Setzt man der Kürze halber

$$k^2 - 1 = d^2, \quad \frac{1}{m}[m^2(k^2 - 1) + (r^2 - R^2)] = s,$$

so hat man für die Fläche

$$x^2 + y^2 - d^2 z^2 + sz = r^2$$

die Coordinaten des Mittelpunctes $\begin{cases} x' = 0, \\ y' = 0, \\ z' = \frac{s}{2d^2}. \end{cases}$

Verlegt man den Ursprung in den Mittelpunct, so geht die Gleichung I. über in

$$x^2 + y^2 - d^2 z^2 = r^2 - \frac{s^2}{4d^2} \quad \ldots\ldots \quad \text{I}'.$$

Diese Gleichung stellt das Rotations-Hiperboloid mit einer oder zwei Höhlungen vor, je nachdem $r^2 \gtrless \frac{s^2}{4d^2}$ ist.

Für $r^2 = \frac{s^2}{4d^2}$ repräsentirt I′, also auch I. eine Kegelfläche.

Aus $r = \frac{s}{2d}$ folgt

$$k = \frac{1}{m}\sqrt{m^2 + (r \pm R)^2} \quad \text{und} \quad \sin(3, xy) = \frac{m}{\sqrt{m^2 + (r \pm R)^2}}.$$

Die Gleichung I. bezeichnet eine Cylinderfläche, wenn $R = r$ und $k = 1$ wird; es sind jetzt die Coordinaten des Mittelpunctes $x' = 0$, $y' = 0$, $z' = \frac{0}{0}$. Bloss für $R = r$ hat man die Coordinaten des Mittelpunctes $x' = 0$, $y' = 0$, $z' = \frac{m}{2}$.

Soll in diesem Falle die Gleichung I. eine Kegelfläche sein, so muss, wie man leicht findet,

$$\sin(3, xy) = \frac{m}{\sqrt{m^2 + 4r^2}}.$$

Aufgabe 94. Eine Gerade und eine Ebene sind ihrer Lage nach gegeben; es ist der geometrische Ort solcher Puncte zu suchen, deren Entfernungen von der Geraden und der Ebene in einem gegebenen Verhältnisse $n : 1$ stehen.

Lösung. Wir wollen das Coordinatensystem so wählen, auf dass die gegebene Ebene zur xy werde, die gegebene Gerade durch den Ursprung gehe und in der coordinirten Ebene xz liege. Die Gleichungen dieser Geraden sind dann
$$\left.\begin{aligned} x &= az \\ y &= 0 \end{aligned}\right\} \quad (1)$$

Nennen wir einen Punct von der verlangten Beschaffenheit $M\begin{cases} x', \\ y', \\ z', \end{cases}$

so ist seine Entfernung von der Geraden (1) durch $\sqrt{y'^2 + \frac{(az' - x')^2}{1 + a^2}}$ auszudrücken, die Entfernung von der gegebenen Ebene ist z', sonach hat man

$$y'^2 + \frac{(az' - x')^2}{1 + a^2} : z'^2 = n^2 : 1,$$

oder reducirt und die Accente weggelassen,

$$x^2 + (1 + a^2) y^2 + (a^2 - a^2 n^2 - n^2) z^2 - 2axz = 0.$$

Man erkennt leicht, dass diess die Gleichung einer Kegelfläche ist, mit der Spitze im Anfangspunct.

Dividirt man übrigens die Gleichung durch z^2, so folgt daraus $\frac{x}{z} = f\left(\frac{y}{z}\right)$, durch welche Darstellung die Gleichung der vorgelegten Fläche am deutlichsten charakterisirt wird.

Aufgabe 95. Es sei eine Anzahl Ebenen gegeben. Eine gerade Linie bewegt sich einer gegebenen Richtung parallel, und auf derselben bewegt sich ein Punct M derart, dass die Summe der Quadrate seiner Entfernungen von den Durchschnittspuncten der Geraden mit den gegebenen Ebenen eine constante Grösse a^2 sei; es soll der Ort des Punctes M gefunden werden.

Lösung. Nehmen wir die z-Axe der gegebenen Richtung parallel.

Die Ebenen seien

$$\begin{aligned} z &= A_1 x + B_1 y + C_1, \\ z &= A_2 x + B_2 y + C_2, \\ &\cdots\cdots\cdots \\ z &= A_n x + B_n y + C_n. \end{aligned}$$

Nennen wir das z der einzelnen Durchschnittspuncte der Geraden mit den Ebenen $z_1\ z_2 \ldots z_n$, die Coordinaten des Punctes $M\begin{cases} x \\ y, \\ z \end{cases}$ so folgt

$$(z - z_1)^2 + (z - z_2)^2 + \ldots + (z - z_n)^2 = a^2$$

oder

$$n z^2 - 2(z_1 + z_2 + \ldots + z_n) z + \\ + (z_1^2 + z_2^2 + \ldots + z_n^2) = a^2 \quad . \quad . \quad . \quad (1)$$

Nun müssen aber folgende Gleichungen Statt finden:

$$z_1 = A_1 x + B_1 y + C_1,$$
$$z_2 = A_2 x + B_2 y + C_2,$$
$$. \quad . \quad . \quad . \quad . \quad . \quad . \quad . \quad .$$
$$z_n = A_n x + B_n y + C_n;$$

ferner ist

$$z_1 + z_2 + \ldots + z_n = (A_1 + A_2 + \ldots + A_n) x \\ + (B_1 + B_2 + \ldots + B_n) y \\ + (C_1 + C_2 + \ldots + C_n);$$

$$z_1^2 = A_1^2 x^2 + B_1^2 y^2 + 2 A_1 B_1 x y + 2 A_1 C_1 x + 2 B_1 C_1 y + C_1^2,$$
$$z_2^2 = A_2^2 x^2 + B_2^2 y^2 + 2 A_2 B_2 x y + 2 A_2 C_2 x + 2 B_2 C_2 y + C_2^2,$$
$$. \quad .$$
$$z_n^2 = A_n^2 x^2 + B_n^2 y^2 + 2 A_n B_n x y + 2 A_n C_n x + 2 B_n C_n y + C_n^2;$$

$$z_1^2 + z_2^2 + \ldots + z_n^2 = (A_1^2 + A_2^2 + \ldots + A_n^2) x^2 \\ + (B_1^2 + B_2^2 + \ldots + B_n^2) y^2 \\ + 2(A_1 B_1 + A_2 B_2 + \ldots + A_n B_n) x y \\ + 2(A_1 C_1 + A_2 C_2 + \ldots + A_n C_n) x \\ + 2(B_1 C_1 + B_2 C_2 + \ldots + B_n C_n) y \\ + C_1^2 + C_2^2 + \ldots + C_n^2.$$

Diese Entwicklungen in (1) substituirt, geben eine Gleichung von der Form

$$A x^2 + B y^2 + n z^2 + 2 D x y + 2 E x z + 2 F y z + 2 G x + \\ + 2 H y + 2 K z + L - a^2 = 0,$$

welches sofort die allgemeine Gleichung einer Fläche zweiten Grades ist.

Aufgabe 96. Zwei nicht in einer Ebene liegende Gerade (1) und (2), und auf jeder derselben zwei fixe Puncte M, N und M', N' sind gegeben. Eine dritte Gerade (3) bewegt sich so, dass sie die gegebenen Geraden fortwährend schneidet, und zwar dergestalt, dass wenn P und P' die Durchschnittspuncte bezeichnen, die Proportion Statt findet:

$$\frac{MP}{NP} : \frac{M'P'}{N'P'} = 1 : n \quad . \quad . \quad . \quad . \quad . \quad \text{I.}$$

es soll die durch die Gerade (3) erzeugte Fläche angegeben werden.

L ö s u n g. Um ein zweckmässiges Coordinatensystem anzunehmen, wählen wir die MM' zur Axe der z, nehmen den Halbirungspunct A der $MM' = 2a$ zum Coordinaten-Ursprung, und die durch denselben die mit (1) und (2) parallel gezogenen Geraden zur Axe der x und y. Bezeichnen wir ferner die Strecken $M'N'$ und MN durch b und c, setzen $MP = x'$, $M'P' = y'$, so hat man für $P\begin{cases} x = x', \\ y = 0, \\ z = a, \end{cases}$ $P'\begin{cases} x = 0, \\ y = y', \\ z = -a, \end{cases}$ und wegen $NP = c - x'$ und $N'P' = b - y'$ nach I.

$$\frac{x'}{c - x'} : \frac{y'}{b - y'} = 1 : n$$

oder $$n x'(b - y') = y'(c - x') \quad . \quad . \quad . \quad . \quad . \quad (\alpha)$$

Ferner hat man für die Gleichungen der Geraden (3)

$$\begin{cases} x - x' = \frac{x'}{2a}(z - a), \\ y - y' = \frac{y'}{-2a}(z + a), \end{cases} \quad \text{und hieraus} \quad \begin{cases} x' = \frac{2ax}{a + z}, \\ y' = \frac{2ay}{a - z}. \end{cases}$$

Diese Werthe in die Relation (α) gesetzt, folgt

$$2a(n - 1)xy + bnxz + cyz + acy - abnx = 0$$

als Gleichung der erzeugten Fläche.

Man untersuche diese Fläche nach früher angegebenen Regeln.

Aufgabe 97. Von zwei beweglichen Ebenen soll die erste durch den einen, die andere durch den andern Schenkel eines gegebenen Winkels gehen, und beide Ebenen sollen während ihrer Bewegung stets auf einander senkrecht bleiben; es ist jene Fläche zu bestimmen, welche durch die aufeinander folgenden Durchschnittslinien der beiden Ebenen gebildet wird.

Lösung. Nehmen wir den Scheitel des gegebenen Winkels zum Coordinaten-Anfang, so haben wir für die beweglichen Ebenen die Gleichungen

$$Ax + By + Cz = 0 \quad . \quad . \quad . \quad . \quad . \quad (1)$$
$$A'x + B'y + C'z = 0 \quad . \quad . \quad . \quad . \quad . \quad (2)$$

Sollen diese Ebenen auf einander senkrecht stehen, so muss

$$AA' + BB' + CC' = 0 \quad . \quad . \quad . \quad . \quad (3)$$

sein.

Sucht man sich etwa aus den Gleichungen (1) und (2) die Grössen C und C', und substituirt diese Ergebnisse in (3), so folgt für die Gleichung der verlangten Fläche

$$(AA' + BB')z^2 + BB'y^2 + AA'x^2 + (AB' + A'B)xy = 0.$$

Diese Gleichung gehört einer Kegelfläche an.

Aufgabe 98. Durch den Ursprung des Coordinatensystems seien zwei Gerade gezogen. Eine Ellipse mit veränderlichen Axen, deren Mittelpunct in der z-Axe bleibt, die Axen beziehungsweise parallel mit der Richtung der x und y, und deren Ebene parallel mit xy ist, bewegt sich so, dass die gegebenen Geraden stets geschnitten werden; es soll die dadurch entstehende Fläche gesucht werden.

Lösung. Die gegebenen Geraden seien

$$\left.\begin{array}{l} x = az \\ y = bz \end{array}\right\} (1), \quad \left.\begin{array}{l} x = a'z \\ y = b'z \end{array}\right\} (2),$$

die erzeugende Ellipse hat die Gleichungen

$$\left.\begin{array}{r} A^2 y^2 + B^2 x^2 = A^2 B^2 \\ z = n \end{array}\right\} (3).$$

Verbindet man (3) mit (1) und (2), so folgt

$$\left.\begin{array}{r} A^2 b^2 n^2 + B^2 a^2 n^2 = A^2 B^2 \\ A^2 b'^2 n^2 + B^2 a'^2 n^2 = A^2 B^2 \end{array}\right\} (4).$$

Aus den Gleichungen (3) und (4) die Grössen A, B und n eliminirt, folgt

$$(b^2 - b'^2) x^2 + (a'^2 - a^2) y^2 + (a^2 b'^2 - a'^2 b^2) z^2 = 0$$

als die Gleichung der erzeugten Fläche, die, wie leicht zu bemerken, einen elliptischen Kegel vorstellt.

Aufgabe 99. In den Ebenen xy und xz seien Parabeln mit den respectiven Parametern p und p' gegeben, die Scheitel im Ursprung und die Axen in der x-Axe. Eine Ellipse bewegt sich wieder derart, dass ihr Mittelpunct in der x-Axe bleibt, die Halbaxen beziehungsweise mit der y- und z-Axe parallel, ihre Ebene parallel mit yz ist, und fortwährend die gegebenen Parabeln schneidet; welche ist die dadurch entstehende Fläche?

Lösung. Die Leitlinien sind

$$\left.\begin{array}{r} y^2 = px \\ z = 0 \end{array}\right\} (1), \quad \left.\begin{array}{r} z^2 = p'x \\ y = 0 \end{array}\right\} (2),$$

die erzeugende Ellipse

$$\left.\begin{array}{r} A^2 z^2 + B^2 y^2 = A^2 B^2 \\ x = d \end{array}\right\} (3).$$

Verbindet man (3) mit (1) und (2), so folgt

$$A^2 = pd \quad \text{und} \quad B^2 = p'd,$$

und mit Rücksicht auf die Gleichungen (3) ergibt sich

$$\frac{y^2}{p} + \frac{z^2}{p'} = x$$

als die Gleichung der gesuchten Fläche. Diese Fläche führt den Namen: elliptisches Paraboloid.

Zusatz. Wir können diese Fläche auch noch auf eine andere Art erzeugen, wenn wir, wie oben, eine in der xy liegende

Parabel als Leitlinie wählen, und als erzeugende Linie abermals eine Parabel nehmen, die ihren Scheitelpunct in ersterer Parabel hat, und in einer Ebene sich befindet, die mit der xz parallel ist, so dass man für die genannten Parabeln die Gleichungen hat:

$$\left.\begin{aligned} y^2 &= px \\ z &= 0 \end{aligned}\right\} (1), \qquad \left.\begin{aligned} z^2 &= p'(x-d) \\ y &= \delta \end{aligned}\right\} (2),$$

d und δ sind die Coordinaten des Scheitelpunctes der erzeugenden Parabel. Setzt man aus (2) die Werthe für d und δ in $\delta^2 = p \cdot d$, so folgt, wie vorhin, die Gleichung

$$\frac{y^2}{p} + \frac{z^2}{p'} = x.$$

Aufgabe 100. Ein Ellipsoid ist gegeben, dessen Gleichung

$$\frac{x^2}{a^2} + \frac{y^2}{b^2} + \frac{z^2}{c^2} = 1$$

sei; es soll die Fläche bestimmt werden, welche durch die Bewegung des Durchschnittspunctes von drei unter einander senkrechten Ebenen entsteht, deren jede das Ellipsoid in einem Puncte tangirt.

Lösung. Die Coordinaten der Berührungspuncte des Ellipsoides mit den drei tangirenden Ebenen seien

$$x'\,y'\,z', \quad x''\,y''\,z'', \quad x'''\,y'''\,z'''.$$

Es sind demnach die Gleichungen der Berührungsebenen

$$\left.\begin{aligned} \frac{x'x}{a^2} + \frac{y'y}{b^2} + \frac{z'z}{c^2} &= 1 \\ \frac{x''x}{a^2} + \frac{y''y}{b^2} + \frac{z''z}{c^2} &= 1 \\ \frac{x'''x}{a^2} + \frac{y'''y}{b^2} + \frac{z'''z}{c^2} &= 1 \end{aligned}\right\} \text{I.}$$

Da aber diese Ebenen auch auf einander senkrecht stehen,

$$\left.\begin{aligned} \frac{x'x''}{a^4} + \frac{y'y''}{b^4} + \frac{z'z''}{c^4} &= 0 \\ \frac{x'x'''}{a^4} + \frac{y'y'''}{b^4} + \frac{z'z'''}{c^4} &= 0 \\ \frac{x''x'''}{a^4} + \frac{y''y'''}{b^4} + \frac{c''c'''}{c^4} &= 0 \end{aligned}\right\} \text{II.}$$

Ueberdiess müssen noch die Gleichungen bestehen:

$$\left.\begin{aligned} \frac{x'^2}{a^2} + \frac{y'^2}{b^2} + \frac{z'^2}{c^2} &= 1 \\ \frac{x''^2}{a^2} + \frac{y''^2}{b^2} + \frac{z''^2}{c^2} &= 1 \\ \frac{x'''^2}{a^2} + \frac{y'''^2}{b^2} + \frac{z'''^2}{c^2} &= 1 \end{aligned}\right\} \text{III.}$$

Damit wir uns von den besondern Berührungspuncten unabhängig machen, schlagen wir folgenden Weg ein: Wir setzen der Kürze wegen

$$\frac{x'}{a^2} = A, \quad \frac{y'}{b^2} = B, \quad \frac{z'}{c^2} = C,$$
$$\frac{x''}{a^2} = A', \quad \frac{y''}{b^2} = B', \quad \frac{z''}{c^2} = C',$$
$$\frac{x'''}{a^2} = A'', \quad \frac{y'''}{b^2} = B'', \quad \frac{z'''}{c^2} = C'',$$

sonach für das System II.

$$\left.\begin{array}{l} AA' + BB' + CC' = 0 \\ AA'' + BB'' + CC'' = 0 \\ A'A'' + B'B'' + C'C'' = 0 \end{array}\right\} \text{IV.},$$

eben so gehen die Gleichungen aus III. über in

$$\left.\begin{array}{l} A^2 a^2 + B^2 b^2 + C^2 c^2 = 1 \\ A'^2 a^2 + B'^2 b^2 + C'^2 c^2 = 1 \\ A''^2 a^2 + B''^2 b^2 + C''^2 c^2 = 1 \end{array}\right\} \text{V.}$$

Es seien ferner v, v', v'' drei unbekannte Hilfsgrössen, zwischen welchen die Gleichungen bestehen:

$$\left.\begin{array}{l} Av + A'v' + A''v'' = \alpha \\ Bv + B'v' + B''v'' = \beta \\ Cv + C'v' + C''v'' = \gamma \end{array}\right\} \text{VI.},$$

wo α, β, γ beliebige Zahlenwerthe sind.

Quadrirt und addirt man die Gleichungen in VI., so folgt, mit Rücksicht auf das System in IV.:

$$\frac{v^2}{M^2} + \frac{v'^2}{N^2} + \frac{v''^2}{P^2} = \alpha^2 + \beta^2 + \gamma^2 \quad . \quad . \quad . \quad \text{VII.}$$

wo $M^2 = A^2 + B^2 + C^2$,
$N^2 = A'^2 + B'^2 + C'^2$,
$P^2 = A''^2 + B''^2 + C''^2$.

Multipliciren wir die Gleichungen in VI. beziehungsweise mit $A\,B\,C$, $A'\,B'\,C'$, $A''\,B''\,C''$, und addiren diese Producte, so folgt mit Hinblick auf IV.

$$A\alpha + B\beta + C\gamma = \frac{v}{M^2},$$
$$A'\alpha + B'\beta + C'\gamma = \frac{v'}{N^2},$$
$$A''\alpha + B''\beta + C''\gamma = \frac{v''}{P^2},$$

demnach $v = M^2(A\alpha + B\beta + C\gamma)$,
$v' = N^2(A'\alpha + B'\beta + C'\gamma)$,
$v'' = P^2(A''\alpha + B''\beta + C''\gamma)$.

Diese Werthe in VII. substituirt,

$$M^2(A\alpha + B\beta + C\gamma)^2 + N^2(A'\alpha + B'\beta + C'\gamma)^2 + \\ + P^2(A''\alpha + B''\beta + C''\gamma)^2 = \alpha^2 + \beta^2 + \gamma^2$$

oder

$$(A^2M^2 + A'^2N^2 + A''^2P^2)\alpha^2 + (B^2M^2 + B'^2N^2 + B''^2P^2)\beta^2 + \\ + (C^2M^2 + C'^2N^2 + C''^2P^2)\gamma^2 + \\ + 2(ABM^2 + A'B'N^2 + A''B''P^2)\alpha\beta + \\ + 2(ACM^2 + A'C'N^2 + A''C''P^2)\alpha\gamma + \\ + 2(BCM^2 + B'C'N^2 + B''C''P^2)\beta\gamma = \alpha^2 + \beta^2 + \gamma^2;$$

und da diese Gleichung für alle Werthe von α, β und γ gelten muss, so folgt

$$\left.\begin{aligned} A^2M^2 + A'^2N^2 + A''^2P^2 &= 1 \\ B^2M^2 + B'^2N^2 + B''^2P^2 &= 1 \\ C^2M^2 + C'^2N^2 + C''^2P^2 &= 1 \end{aligned}\right\} \text{VIII.}$$

$$\left.\begin{aligned} ABM^2 + A'B'N^2 + A''B''P^2 &= 0 \\ ACM^2 + A'C'N^2 + A''C''P^2 &= 0 \\ BCM^2 + B'C'N^2 + B''C''P^2 &= 0 \end{aligned}\right\} \text{IX.}$$

Multipliciren wir ferner die Gleichungen in I. mit M, N, P, quadriren und addiren, so kommt

$$\frac{x^2}{a^4}(M^2x'^2 + N^2x''^2 + P^2x'''^2) + \\ + \frac{y^2}{b^4}(M^2y'^2 + N^2y''^2 + P^2y'''^2) + \\ + \frac{z^2}{c^4}(M^2z'^2 + N^2z''^2 + P^2z'''^2) + \\ + \frac{2xy}{a^2b^2}(M^2x'y' + N^2x''y'' + P^2x'''y''') + \\ + \frac{2xz}{a^2c^2}(M^2x'z' + N^2x''z'' + P^2x'''z''') + \\ + \frac{2yz}{b^2c^2}(M^2y'z' + N^2y''z'' + P^2y'''z''') = M^2 + N^2 + P^2.$$

Diese Gleichung reducirt sich aber mit Anwendung der Gleichungen VIII. und IX. auf

$$x^2 + y^2 + z^2 = M^2 + N^2 + P^2.$$

Multiplicirt man die Gleichungen des Systems V. mit M^2, N^2 und P^2, und addirt diese Producte, so hat man mit Rücksicht auf VIII.

$$M^2 + N^2 + P^2 = a^2 + b^2 + c^2,$$

und demnach die Gleichung der verlangten Fläche

$$x^2 + y^2 + z^2 = a^2 + b^2 + c^2,$$

welche einer Kugel angehört, deren Mittelpunct im Mittelpuncte des Ellipsoides, und deren Radius $\sqrt{a^2 + b^2 + c^2}$ ist.

Aufgabe 101. Es soll der Schnitt der Ebene

$$Ax + By + Cz + D = 0$$

mit der Fläche $F(x, y, z) = 0$ bestimmt werden.

Lösung. Durch Elimination einer der drei Grössen x, y, z aus den gegebenen Gleichungen kommt man beziehungsweise auf die Gleichungen $f(y, z) = 0$, $f_1(x, z) = 0$, $f_2(x, y) = 0$, welche nichts anderes als die Projectionen der Schnittlinie in der Ebene yz, xz oder xy ausdrücken. Da sich jedoch aus den Projectionen einer Curve die Beschaffenheit derselben nur mit Mühe erkennen lässt, so nehme man die schneidende Ebene zur coordinirten Ebene der $x'y'$, die Durchschnittslinie dieser Ebene mit der ursprünglichen coordinirten Ebene xy zur Axe der x', in einem Puncte derselben O' als neuen Ursprung errichten wir senkrecht darauf in $x'y'$ die Axe der y', und auf $O'x'$ und $O'y'$ in O' senkrecht die Axe der z'. Nennen wir den Winkel $(xx') = \varphi$, den Neigungswinkel der Ebenen $x'y'$ und xy, Θ, und die Coordinaten des neuen Ursprungs $O' \begin{cases} x = d, \\ y = \delta, \\ z = 0, \end{cases}$ so ist durch diese Bestimmungsstücke das neue ebenfalls rechtwinkelige Coordinatensystem festgestellt, und die Formeln in I., Aufg. 46 lassen sich mit Benützung sphärisch-trigonometrischer Grundformeln in folgende umwandeln:

$$\left.\begin{aligned} x &= d + \cos\varphi \,.\, x' - \sin\varphi \,.\, \cos\Theta \,.\, y' + \sin\varphi \,.\, \sin\Theta \,.\, z' \\ y &= \delta + \sin\varphi \,.\, x' + \cos\varphi \,.\, \cos\Theta \,.\, y' - \cos\varphi \,.\, \sin\Theta \,.\, z' \\ z &= \sin\Theta \,.\, y' + \cos\Theta \,.\, z'. \end{aligned}\right\} \text{I.}$$

Diese Ausdrücke für x, y, z sind in der Gleichung der Fläche $F(x, y, z) = 0$ zu substituiren, und dann $z' = 0$ zu setzen, man erhält dann die Gleichung des Schnittes, die dann zur weiteren analytischen Behandlung tauglich ist.

Anstatt nachträglich $z' = 0$ zu setzen, substituiren wir allsogleich in $F(x, y, z) = 0$

$$\left.\begin{aligned} x &= d + \cos\varphi \,.\, x' - \sin\varphi \,.\, \cos\Theta \,.\, y' \\ y &= \delta + \sin\varphi \,.\, x' + \cos\varphi \,.\, \cos\Theta \,.\, y' \\ z &= \sin\Theta \,.\, y' \end{aligned}\right\} \text{II.,}$$

man gelangt dann unmittelbar zur Gleichung des Schnittes $F_1(x', y') = 0$.

Aufgabe 102. Man stelle die Gleichung des ebenen Schnittes für einen geraden elliptischen Kegel auf.

Lösung. Nehmen wir die Basis des Kegels in der Ebene xy, die Spitze desselben in der Axe der z, so hat man für die Gleichung der Kegelfläche

$$a^2 m^2 y^2 + b^2 m^2 x^2 = a^2 b^2 (z - m)^2.$$

Setzt man in diese Gleichung die in der vorigen Aufgabe angedeuteten Werthe aus II., so folgt für die Gleichung des Schnittes

$$Ay'^2 + Bx'y' + Cx'^2 + Dy' + Ex' + F = 0 \quad . \; . \; . \; (1)$$

wobei die Coefficienten dieser Gleichung folgende Werthe annehmen:

$$\begin{aligned} A &= a^2 m^2 \cos\varphi^2 \cos\Theta^2 + b^2 m^2 \sin\varphi^2 \cos\Theta^2 - a^2 b^2 \sin\Theta^2, \\ B &= 2 m^2 \sin\varphi \cos\varphi \cos\Theta (a^2 - b^2), \\ C &= a^2 m^2 \sin\varphi^2 + b^2 m^2 \cos\varphi^2, \\ D &= 2 m (a^2 m \delta \cos\varphi \cos\Theta - b^2 m d \sin\varphi \cos\Theta + a^2 b^2 \sin\Theta), \\ E &= 2 m^2 (a^2 \delta \sin\varphi + b^2 d \cos\varphi), \\ F &= m^2 (a^2 \delta^2 + b^2 d^2 - a^2 b^2). \end{aligned}$$

Die obige Gleichung (1) ist geeignet, jede der bekannten Linien zweiten Grades zu repräsentiren, und man überzeugt sich davon sehr leicht, wenn man das charakteristische Binom $(B^2 - 4AC)$ aufstellt, das in unserem Falle positiv, negativ oder auch Null sein kann.

Machen wir es uns zur Aufgabe, die Richtung jener Ebenen auszumitteln, welche den Kegel nach Kreisen schneiden, so muss, wenn die Gleichung (1) in die Gleichung eines Kreises übergehen soll, $B = 0$ und $A = C$ sein.

Der Ausdruck für B kann verschwinden

1) für $\sin\varphi = 0$, d. i. $\varphi = 0$,
2) „ $\cos\varphi = 0$, „ $\varphi = 90^0$,
3) „ $\cos\Theta = 0$, „ $\Theta = 90^0$.

Man erhält nach der ersten Hypothese $\varphi = 0$, aus der Bedingungsgleichung $A = C$, $\cos\Theta = \pm \frac{b}{a} \sqrt{\frac{a^2 + m^2}{b^2 + m^2}}$.

Für $\varphi = 90^0$ folgt $\cos\Theta = \pm \frac{a}{b} \sqrt{\frac{b^2 + m^2}{a^2 + m^2}}$,

„ $\Theta = 90^0$ „ $\sin\varphi = \pm \frac{b}{m} \sqrt{\frac{a^2 + m^2}{b^2 - a^2}}$.

Dieser Werth von $\sin\varphi$ ist aber offenbar imaginär wegen $b < a$, wornach die Annahme von $\Theta = 90^0$ als unzulässig erscheint.

Geht der elliptische Kegel in einen Kreiskegel über, so ist für $a = b$, $\cos\Theta = \pm 1$, d. i. $\Theta = 0$ oder 270^0. Man erhält also, wie ohnedem bekannt, als Schnittcurve nur dann einen Kreis, wenn die schneidende Ebene mit dem Kreis parallel geführt wird.

Aufgabe 103. Man suche den Schnitt des Ellipsoides $\frac{x^2}{a^2} + \frac{y^2}{b^2} + \frac{z^2}{c^2} = 1$ mit einer beliebigen Ebene.

Lösung. Schreiben wir die vorgelegte Gleichung einfacher

$$Mx^2 + Ny^2 + Pz^2 = Q,$$

wo M, N, P und Q positive Grössen sind. Man erhält für die Gleichung des Schnittes

$$Ay'^2 + Bx'y' + Cx'^2 + Dy' + Ex' + F = 0$$
$$A = M\sin\varphi^2\cos\Theta^2 + N\cos\varphi^2\cos\Theta^2 + P\sin\Theta^2,$$
$$B = 2\sin\varphi\cos\varphi\cos\Theta\,(N - M),$$
$$C = M\cos\varphi^2 + N\sin\varphi^2,$$
$$D = 2(N\delta\cos\varphi - Md\sin\varphi)\cos\Theta,$$
$$E = 2(Md\cos\varphi + N\delta\sin\varphi),$$
$$F = Md^2 + N\delta^2 - Q.$$

Es ist ferner

$$B^2 - 4AC =$$
$$= -4[MN\cos\Theta^2 + MP\cos\varphi^2\sin\Theta^2 + NP\sin\varphi^2\sin\Theta^2].$$

Diese Differenz ist entschieden negativ, da nach der Voraussetzung M, N und P nur positiv sein können; es wird demnach ein Ellipsoid durch eine beliebige Ebene nur nach einer Ellipse geschnitten werden können, wobei die Varietäten derselben mit inbegriffen sind.

Wollen wir auch hier wieder diejenige schneidende Ebene finden, welche Kreise erzeugt, so bestimmen sich die Werthe von φ und Θ aus den Gleichungen $B = 0$ und $A = C$.

B verschwindet 1) für $\sin\varphi = 0$, d. i. $\varphi = 0$,
2) „ $\cos\varphi = 0$, „ $\varphi = 90^0$,
3) „ $\cos\Theta = 0$, „ $\Theta = 90^0$.

Nach diesen Annahmen folgt beziehungsweise

nach 1) $\cos\Theta = \pm\sqrt{\frac{M-P}{N-P}}$,

nach 2) $\cos\Theta = \pm\sqrt{\frac{N-P}{M-P}}$,

und nach 3) $\cos\varphi = \pm\sqrt{\frac{P-N}{M-N}}$;

eben so findet man

$$\sin\Theta = \pm\sqrt{\frac{M-N}{P-N}},$$

$$\sin\Theta = \pm\sqrt{\frac{N-M}{P-M}},$$

$$\sin\varphi = \pm\sqrt{\frac{P-M}{N-M}},$$

oder auch für $\varphi = 0$, $\operatorname{tang}\Theta = \pm\sqrt{\frac{M-N}{P-M}}$

„ $\varphi = 90^0$, $\operatorname{tang}\Theta = \pm\sqrt{\frac{N-M}{P-N}}$ I.

„ $\Theta = 90^0$, $\operatorname{tang}\varphi = \pm\sqrt{\frac{P-M}{N-P}}$

Wegen

$$\frac{M-N}{P-M}\cdot\frac{N-M}{P-N}\cdot\frac{P-M}{N-P} = \left(\frac{M-N}{N-P}\right)^2$$

folgt, dass mindestens einer dieser drei Factoren positiv sein muss. Nehmen wir nun an, dass $\frac{M-N}{P-M}$ positiv ist, so ist diess der Fall, wenn

a) $M > N$ und $P > M$ ist,

oder b) $M < N$ „ $P < M$.

Nach der Voraussetzung a) ist

$(N-M) < 0$ und $(P-N) > 0$, demnach $\frac{N-M}{P-N} < 0$;

nach b) ist

$(N-M) > 0$ und $(P-N) < 0$, d. i. $\frac{N-M}{P-N} < 0$.

Eben so findet man nach den gemachten Voraussetzungen $\frac{P-M}{N-P} < 0$.

Man hat ganz auf dieselbe Weise für $\frac{N-M}{P-N} > 0$ die zwei übrigen Brüche $\frac{M-N}{P-M}$ und $\frac{P-M}{N-P}$ negativ; für $\frac{P-M}{N-P} > 0$, $\frac{M-N}{P-M}$ und $\frac{N-M}{P-N}$ negativ. Es ist demnach nur einer der Wurzelausdrücke im Systeme I. reell.

Da nun Θ oder φ zwei Werthe bekommt, jedoch die Coordinaten des neuen Ursprungs d und δ dadurch nicht bestimmt sind, so gibt es zwei Folgen paraller Ebenen, durch welche das Ellipsoid nach Kreisen geschnitten werden kann.

Schreibt man statt M, N und P die Werthe, so folgt

$$\text{für}\quad \varphi = 0, \quad \operatorname{tang}\Theta = \pm \frac{c}{b}\sqrt{\frac{b^2 - a^2}{a^2 - c^2}},$$

$$„\quad \varphi = 90^0, \quad \operatorname{tang}\Theta = \pm \frac{c}{a}\sqrt{\frac{a^2 - b^2}{b^2 - c^2}},$$

$$„\quad \Theta = 90^0, \quad \operatorname{tang}\varphi = \pm \frac{b}{a}\sqrt{\frac{a^2 - c^2}{c^2 - b^2}}.$$

Aufgabe 104. Man fälle vom Mittelpuncte eines Ellipsoides auf die Tangentialebenen desselben Perpendikel, und bestimme den geometrischen Ort für die Fusspuncte dieser Senkrechten.

Lösung. Es sei $\frac{x^2}{a^2} + \frac{y^2}{b^2} + \frac{z^2}{c^2} = 1$ die Gleichung der Fläche. Für irgend einen Punct $x'\,y'\,z'$ dieser Fläche ist

$$\frac{x'x}{a^2} + \frac{y'y}{b^2} + \frac{z'z}{c^2} = 1 \quad . \quad . \quad . \quad . \quad . \quad (1)$$

die Gleichung der Tangentialebene. Für die Gleichungen des aus dem Mittelpuncte des Ellipsoides auf die Berührungsebene gefällten Perpendikels ist

$$\left.\begin{aligned} x &= \frac{c^2 x'}{a^2 z'} \cdot z \\ y &= \frac{c^2 y}{b^2 z'} \cdot z \end{aligned}\right\} (2).$$

Eliminirt man aus den Gleichungen (1), (2) und

$$\frac{x'^2}{a^2} + \frac{y'^2}{b^2} + \frac{z'^2}{c^2} = 1 \quad . \quad . \quad . \quad . \quad . \quad (3)$$

die Grössen $x'\,y'\,z'$, so folgt die Gleichung der verlangten Fläche.

Aus (2) ist $\frac{x'}{z'} = \frac{a^2 x}{c^2 z}$, $\frac{y'}{z'} = \frac{b^2 y}{c^2 z}$, und mit diesen Werthen gibt die Gleichung (1)

$$z' = \frac{c^2 z}{x^2 + y^2 + z^2}, \quad y' = \frac{b^2 y}{x^2 + y^2 + z^2}, \quad x' = \frac{a^2 x}{x^2 + y^2 + z^2}.$$

Diese Werthe in (3) substituirt, kommt

$$a^2 x^2 + b^2 y^2 + c^2 z^2 = (x^2 + y^2 + z^2)^2$$

für die gesuchte Fläche. (Sie führt nach Fresnel den Namen: Oberfläche der Elasticität.)

Aufgabe 105. Eine Gerade und eine Kugelfläche sind gegeben. Eine zweite Gerade bewegt sich derart, dass die feste Gerade rechtwinkelig geschnitten und die Kugelfläche berührt wird. Man bestimme die Gleichung der durch die bewegliche Gerade erzeugten Fläche.

Lösung. Für die Wahl unseres Coordinatensystems nehmen wir die fixe Gerade zur Axe der z, durch den Mittelpunct der Kugel die auf dieser senkrechte Gerade zur Axe der y, und die auf diesen beiden Axen senkrechte Gerade zur x-Axe.

Nennen wir das y des Kugelmittelpunctes q, so folgt für die Gleichung der Kugelfläche

$$x^2 + y^2 + z^2 - 2qy + q^2 = r^2 \quad . \quad . \quad . \quad (1)$$

Die Gleichungen der erzeugenden Geraden sind $\left.\begin{array}{l} y = mx \\ z = n \end{array}\right\} (2)$

Um die Bedingung zu finden, unter der die Gerade (2) die Kugelfläche berührt, so folgt für den Durchschnitt der Geraden mit der Kugelgfläche

$$x = \frac{qm \pm \sqrt{q^2m^2 - (1+m^2)(q^2+n^2-r^2)}}{1+m^2},$$

demnach die gewünschte Bedingungsgleichung für die Berührung

$$q^2m^2 = (1+m^2)(q^2+n^2-r^2).$$

Eliminirt man aus dieser Gleichung und den Gleichungen (2) die Werthe m und n, also jene Grössen, welche eine specielle Lage der Erzeugenden bedingen, so folgt

$$(x^2+y^2)(r^2-z^2) = q^2x^2$$

für die Gleichung der erzeugten Fläche.

Aufgabe 106. Im Mittelpuncte einer gegebenen Ellipse ist auf ihrer Ebene eine Senkrechte errichtet. Ein Kreis von veränderlichem Radius bewegt sich so, dass sein Mittelpunct in dem Mittelpunct der Ellipse bleibt, seine Ebene die Senkrechte enthält, und die gegebene Curve schneidet; man bestimme die Gleichung der so entstehenden Fläche.

Lösung. Man hat offenbar für die Leitlinie

$$\left.\begin{array}{r} a^2y^2 + b^2x^2 = a^2b^2 \\ z = 0 \end{array}\right\} (1),$$

für die Erzeugende $\left.\begin{array}{r} x^2 + y^2 + z^2 = r^2 \\ y = mx \end{array}\right\} (2).$

Aus (1) und (2) folgt durch Elimination der Grössen x, y und z

$$a^2m^2r^2 + b^2r^2 = a^2b^2(1+m^2).$$

Eliminirt man auch hieraus mit Hilfe der Gleichungen in (2) m und r^2, so ergibt sich schliesslich für die Gleichung der gesuchten Fläche

$$(a^2y^2 + b^2x^2)(x^2+y^2+z^2) = a^2b^2(x^2+y^2).$$

Wäre die gegebene Curve eine Hiperbel, so käme

$$(a^2y^2 - b^2x^2)(x^2+y^2+z^2) = -a^2b^2(x^2+y^2),$$

wo also nur nöthig war $-b^2$ für b^2 zu setzen.

Aufgabe 107. Man soll die allgemeine Gleichung einer Fläche finden, welche von einer Geraden erzeugt wird, die bei ihrer Bewegung einer gegebenen festen Ebene parallel bleibt.

Lösung. Es sei die feste Ebene durch die Gleichung

$$ax + by + cz = d \quad . \quad . \quad . \quad . \quad . \quad (1)$$

gegeben. Eine Gerade parallel mit der Ebene (1) lässt sich durch das System $\left.\begin{aligned} ax + by + cz &= \delta \\ mx + ny &= 1 \end{aligned}\right\}$ (2) bestimmen.

δ, m, n sind solche Werthe, welche einer willkürlichen Aenderung fähig sind. Betrachten wir m und n als Functionen von δ, setzen also $m = f(\delta)$, $n = F(\delta)$, so sind die Gleichungen der erzeugenden Geraden $\left.\begin{aligned} ax + by + cz &= \delta \\ f(\delta) \,.\, x + F(\delta) y &= 1 \end{aligned}\right\}$ (3)

Eliminirt man aus diesen Gleichungen (3) die Grösse δ, so kommt als allgemeine Gleichung der gesuchten Fläche

$$f(ax + by + cz) \,.\, x + F(ax + by + cz) \,.\, y = 1.$$

Aufgabe 108. Die Gleichungen einer Curve im Raume sind gegeben; man bestimme, ob diese Curve von einfacher oder doppelter Krümmung ist.

Lösung. Es seien $\left.\begin{aligned} f(x, y, z) &= 0 \\ F(x, y, z) &= 0 \end{aligned}\right\} \quad . \quad . \quad . \quad . \quad . \quad (1)$

die Gleichungen der gegebenen Curve im Raume. Bringen wir diese Curve mit einer Ebene

$$ax + by + cz = 1 \quad . \quad . \quad . \quad . \quad . \quad (2)$$

zum Durchschnitt.

Eliminiren wir aus den Gleichungen (1) und (2) die Grössen x und y, so folgt die Finalgleichung in z, welche offenbar alle diejenigen Werthe dieser Grösse zu Wurzeln hat, die mit den noch zu bestimmenden Werthen von x und y die Gleichungen (1) und (2) befriedigen. Für den Fall aber, dass die Curve in der Ebene liegt, folgen aus der genannten Finalgleichung nicht mehr einzelne Zahlenwerthe für z, sondern es müssen deren unendlich viele folgen, d. h. die Finalgleichung muss das z unbestimmt lassen, was aber nur möglich ist, wenn alle Coefficienten dieser Gleichung verschwinden.

Diess gibt uns das geeignete Mittel an die Hand, die Ebene der Curve, falls diese von einfacher Krümmung ist, zu finden.

Man eliminire aus den Gleichungen (1) und (2) die Werthe x und y, so kommt man zur Finalgleichung in z. Setzt man drei Coefficienten dieser Gleichung gleich Null, so folgen die Werthe für a, b und c. Werden durch diese Werthe auch alle übrigen Coefficienten der Finalgleichung annullirt, so ist die Curve von einfacher Krümmung, und nachdem die Werthe für a, b

und c bestimmt sind, so ergibt sich durch deren Substitution in (2) die Gleichung jener Ebene, welche die genannte Curve in sich enthält.

Fig. 7.

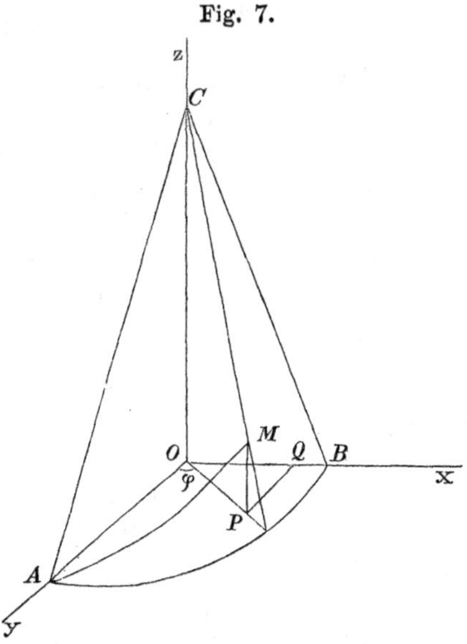

Aufgabe 109. Ein Punct M (Fig. 7) bewegt sich auf einem geraden, kreisförmigen Kegel derart, dass die Höhe, die er von einem bestimmten Punct A der Basis durch Ansteigen erhält, in einem constanten Verhältnisse zu seiner Winkelgeschwindigkeit stehe; welche sind die Gleichungen der dadurch entstehenden Schraubenlinie?

Lösung. Nehmen wir an, der Punct habe sich von A aus bewegend in M, die Höhe $MP = z$ erreicht, hierbei von Oy aus gerechnet den Winkel φ zurückgelegt, so folgt nach der gestellten Bemerkung

$$z = a \,.\, r\varphi,$$

und wegen $\varphi = \text{arc tang}\,\frac{x}{y}$

$$z = ar \,.\, \text{arc tang}\,\frac{x}{y}.$$

Um aber auszudrücken, dass bloss jene Puncte dieser Fläche gemeint sind, welche gleichzeitig auch auf der Kegelfläche liegen, so haben wir schliesslich für die Gleichungen der gewünschten Curve

$$\left.\begin{aligned} z &= ar \,.\, \text{arc tang}\, \frac{x}{y} \\ x^2 + y^2 &= \frac{r^2}{c^2}(z-c)^2 \end{aligned}\right\} \text{ I.}$$

Aufgabe 110. Unter denselben Umständen, unter denen sich, nach der vorigen Aufgabe, ein Punct auf einer Kegelfläche bewegt hat, soll er sich jetzt auf einem geraden, kreisförmigen Cylinder fortbewegen; welche sind die Gleichungen der dadurch entstehenden Schraubenlinie?

Lösung. Es folgt auch hier

$$\frac{z}{r\varphi} = a,$$

$$\text{d. i. } z = ar \,.\, \varphi$$

und

$$\varphi = \text{arc. tang}\, \frac{x}{y},$$

daher

$$z = ar \,.\, \text{arc tang}\, \frac{x}{y},$$

folglich gelten für die Schraubenlinie die Gleichungen:

$$\left.\begin{aligned} z &= ar \,.\, \text{arc tang}\, \frac{x}{y} \\ x^2 + y^2 &= r^2 \end{aligned}\right\} \text{ II.}$$

Die Gleichungen I., Aufgabe 109, gehen in diese II. über, wenn $c = \infty$ gesetzt wird.

Aus den Gleichungen II. die Grösse y eliminirt, folgt für die Gleichung der Projection der Schraubenlinie in xz

$$z = ar \,.\, \text{arc sin}\, \frac{x}{r} \quad . \quad . \quad . \quad . \quad . \quad . \quad (\alpha)$$

Die Elimination geschieht auf folgende Art:

$$\text{arc tang}\, \frac{x}{y} = \frac{z}{ar},$$

$$\frac{x}{y} = \text{tang}\, \frac{z}{ar},$$

$$y = x \,.\, \text{cotang}\, \frac{z}{ar},$$

daher

$$x^2 + x^2 .\, \text{cotang}^2 \frac{z}{ar} = r^2,$$

$$x^2 \left(1 + \text{cotang}^2 \frac{z}{ar}\right) = r^2,$$

$$x^2 .\, \text{cosec}^2 \frac{z}{ar} = r^2,$$

$$x = r \cdot \sin \frac{z}{ar},$$

folglich $z = ar \cdot \text{arc}\sin \frac{x}{r}$.

Auf ähnliche Weise folgt auch für die Projection der Schraubenlinie in der yz

$$z = ar \cdot \text{arc}\cos \frac{y}{r} \quad . \quad . \quad . \quad . \quad . \quad . \quad (\beta)$$

Zusatz. Um etwa die Gleichung (α) zu construiren, so folgt für $x = 0$

$$\text{arc}\sin 0 = 0, \ \pi, \ 2\pi, \ 3\pi, \ . \ . \ .$$

d. i. $z = 0, \ ar \cdot \pi, \ 2ar \cdot \pi, \ 3ar \cdot \pi, \ . \ . \ .$

für $x = r$

$$\text{arc}\sin 1 = \frac{\pi}{2}, \ 5 \cdot \frac{\pi}{2}, \ 9 \cdot \frac{\pi}{2}, \ 13 \cdot \frac{\pi}{2}, \ . \ . \ .$$

d. i. $z = ar \cdot \frac{\pi}{2}, \ 5ar \cdot \frac{\pi}{2}, \ 9ar \cdot \frac{\pi}{2}, \ 13ar \cdot \frac{\pi}{2}, \ . \ . \ .$

für $x = -r$

$$\text{arc}\sin(-1) = 3 \cdot \frac{\pi}{2}, \ 7 \cdot \frac{\pi}{2}, \ 11 \cdot \frac{\pi}{2}, \ 15 \cdot \frac{\pi}{2}, \ . \ . \ .$$

d. i. $z = 3ar \cdot \frac{\pi}{2}, \ 7ar \cdot \frac{\pi}{2}, \ 11ar \cdot \frac{\pi}{2}, \ 15ar \cdot \frac{\pi}{2}, \ . \ . \ .$

allgemein für $x = x'$

$\text{arc}\sin \frac{x'}{r} = b, \ (\pi - b), \ -(\pi + b), \ -(2\pi - b), \ (2\pi + b) \ . \ . \ .$

daher

$$z = arb, \ ar(\pi - b), \ -ar(\pi + b), \ -ar(2\pi - b), \ . \ . \ .$$

Polarcoordinaten.

Erklärung. Wir nehmen, um von rechtwinkeligen Coordinaten auf Polarcoordinaten überzugehen (Fig. 8), die Ax als feste Polaraxe, die xy zur Basis des Polarcoordinaten-Systems.

Fig. 8.

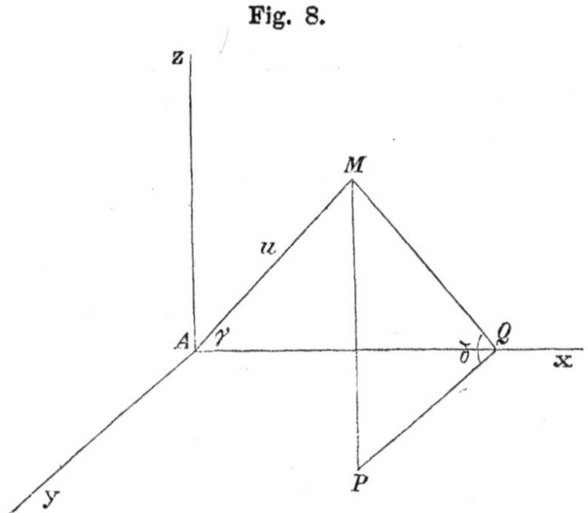

Bezeichnen wir ferner den Leitstrahl AM durch u, den Polarwinkel durch γ (Länge), nennen den Winkel der Ebene des Leitstrahls mit der xy, d. i. Winkel $PQM = \delta$ (Breite), so folgt aus Fig. 8 sehr leicht

$$M\begin{cases} x = u\cos\gamma, \\ y = u\sin\gamma\cos\delta, \\ z = u\sin\gamma\sin\delta, \end{cases}$$

und daraus wieder die Polarcoordinaten durch die rechtwinkeligen ausgedrückt:

$$u = \sqrt{x^2 + y^2 + z^2}, \quad \cos\gamma = \frac{x}{\sqrt{x^2+y^2+z^2}}, \quad \operatorname{tang}\delta = \frac{z}{y}.$$

Aufgabe 111. Man bestimme die Polargleichungen nachfolgender Flächen:

I. $Ax + By + Cz = D.$

Substituirt man hier die vorher entwickelten Ausdrücke für x, y und z, so folgt

$$u = \frac{D}{A\cos\gamma + B\sin\gamma\cos\delta + C\sin\gamma\sin\delta}.$$

II. $\frac{x^2}{a^2} + \frac{y^2}{b^2} + \frac{z^2}{b^2} = 1,$

$$u = \pm \frac{a\,b}{\sqrt{b^2 \cos\gamma^2 + a^2 \sin\gamma^2}},$$ für $a = b$ folgt $u = \pm a.$

III. $y^2 + z^2 = p\,x,$

$$u = p \operatorname{cotang}\gamma \;.\; \operatorname{cosec}\gamma.$$

IV. $\frac{y^2}{p} - \frac{z^2}{p'} = x,$

$$u = \frac{p\,p' \cos\gamma}{(p' \cos\delta^2 - p \sin\delta^2) \sin\gamma^2}.$$

V. $y^2 + z^2 = \frac{x^3}{2a - x},$

$$u = 2a \sin\gamma^2 \operatorname{tang}\gamma.$$

Dritter Theil.

Die Anwendung der Differenzial- und Integralrechnung auf die analytische Geometrie.

Erster Abschnitt.

Erklärung. Ist $f(x, y) = 0$ die Gleichung einer ebenen Curve, so ist für irgend einen Punct xy derselben die Gleichung der Tangente

$$y' - y = \frac{dy}{dx}(x' - x),$$

demnach für denselben Punct die Gleichung der Normale

$$y' - y = -\frac{dx}{dy}(x' - x);$$

x' und y' bezeichnen die laufenden Coordinaten dieser Geraden.

Gleichzeitig hat man für die Länge der Subtangente den Ausdruck $y \cdot \frac{dx}{dy}$, für die Subnormale $y \cdot \frac{dy}{dx}$;

für die Länge der Tangente $y\sqrt{1 + \frac{dx^2}{dy^2}}$,

" " " " Normale $y\sqrt{1 + \frac{dy^2}{dx^2}}$.

Aufgabe 1. Man suche die Gleichungen der Tangenten und Normalen, so wie die Längen der Subtangente, Subnormale, Tangente und Normale für die nachfolgenden Curven:

1) Es sei $xy = k^2$ die gegebene Curve.

Hier folgt $\frac{dy}{dx} = -\frac{k^2}{x^2}$, man hat demnach

für die Gleichung der Tangente $y' - y = -\frac{k^2}{x^2}(x' - x)$, oder reducirt $xy' + x'y = 2k^2$,

" " " " Normale $y' - y = \frac{x^2}{k^2}(x' - x)$;

die Länge der Subtangente $= -x$,

" " " Subnormale $= -\frac{k^4}{x^3}$,

" " " Tangente $= \frac{1}{x}\sqrt{k^4 + x^4}$,

" " " Normale $= \frac{k^2}{x^3}\sqrt{k^4 + x^4}$.

Wie lässt sich an die gegebene Curve mit Hilfe der Subtangente die Tangente construiren?

2) $y^2 = px + qx^2$.

Wegen $\frac{dy}{dx} = \frac{p + 2qx}{2y}$ folgt

$y' - y = \frac{p + 2qx}{2y}(x' - x)$ . . . Gleich. der Tangente,

$y' - y = -\frac{2y}{p + 2qx}(x' - x)$ „ „ Normale.

$$\text{Subtg.} = 2 \cdot \frac{px + qx^2}{p + 2qx},$$

$$\text{Subn.} = \frac{p}{2} + qx,$$

$$\text{Tangt.} = \frac{y}{p + 2qx}\sqrt{(p + 2qx)^2 + 4y^2},$$

$$\text{Norm.} = \tfrac{1}{2}\sqrt{(p + 2qx)^2 + 4y^2}.$$

3) $Ax^2 + By^2 = C$.

$$\frac{dy}{dx} = -\frac{Ax}{By},$$

$y' - y = -\frac{Ax}{By}(x' - x)$, oder reducirt

$Axx' + Byy' = C$ die Gl. der Tangente,

$y' - y = \frac{By}{Ax}(x' - x)$ oder $Axy' - Byx' = xy(A - B)$

die Gl. der Normale.

$$\text{Subtg.} = x - \frac{C}{Ax},$$

$$\text{Subn.} = -\frac{Ax}{B},$$

$$\text{Tangt.} = \frac{y}{Ax}\sqrt{A^2x^2 + B^2y^2},$$

$$\text{Norm.} = \frac{1}{B}\sqrt{A^2x^2 + B^2y^2}.$$

Man hat demnach für $\frac{x^2}{a^2} + \frac{y^2}{b^2} = 1$ wegen

$$A = b^2, \quad B = a^2, \quad C = a^2b^2$$

die Gleichung der Tangente $b^2xx' + a^2yy' = a^2b^2$,

„ „ „ Normale $a^2yx' - b^2xy' = c^2xy$.

$$\text{Subtg.} = \frac{x^2 - a^2}{x},$$

$$\text{Subn.} = -\frac{b^2}{a^2} \cdot x,$$

$$\text{Tangt.} = \frac{y}{b^2x}\sqrt{a^4y^2 + b^4x^2},$$

$$\text{Norm.} = \frac{1}{a^2}\sqrt{a^4y^2 + b^4x^2}.$$

4) $y^2 = \frac{x^3}{2r - x}$.

$$\frac{dy}{dx} = \frac{(3r - x)\,x^2}{(2r - x)^2\,y},$$

$$y' - y = \frac{(3r - x)\,x^2}{(2r - x)^2\,y}(x' - x) \text{ die Gl. der Tangente,}$$

$$y' - y = -\frac{(2r - x)^2\,y}{(3r - x)\,x^2}(x' - x) \quad \text{„ „ „ Normale.}$$

$$\text{Subtg.} = \frac{(2r - x)\,x}{(3r - x)},$$

$$\text{Subn.} = \frac{(3r - x)\,x^2}{(2r - x)^2},$$

$$\text{Tangt.} = \frac{r\,x\sqrt{8r - 3x}}{(3r - x)\sqrt{2r - x}},$$

$$\text{Norm.} = \frac{r\,x\sqrt{x}\sqrt{8r - 3x}}{(2r - x)^2}.$$

Anmerk. Wir haben die gegebene Gleichung $y^2 = \frac{x^3}{2r - x}$ bereits im ersten Theile, Aufg. 205, näher betrachtet.

Fig. 1.

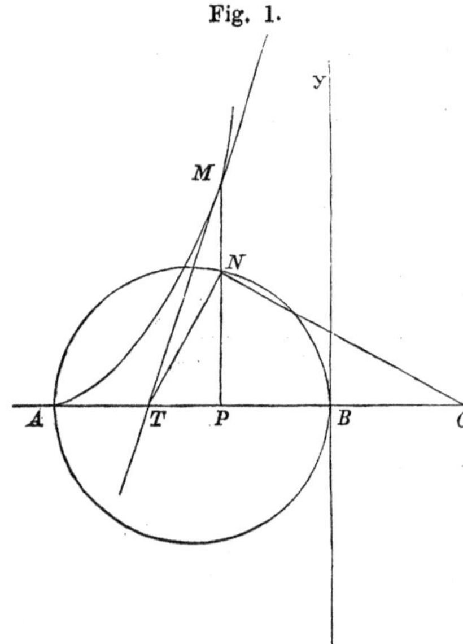

Ist MT die Tangente im Puncte M (Fig. 1), also PT die Subtangente, so folgt diese auf folgende Art: Man verlängere AB, mache $BC = r$, und verbinde C mit N, d. i. der Durchschnittspunct der Ordinate MP mit der Kreisperipherie, errichte in N die auf NC senkrechte Linie NT, so ist T der verlangte Punct, der mit M verbunden, die Lage der Tangente vollkommen bestimmt.

Um diess einzusehen, bedenke man, dass

$$\overline{NP}^2 = PT\,.\,PC$$

ist. Wegen $\overline{NP}^2 = x(2r - x)$ und $PC = (3r - x)$,

$$PT = \frac{x(2r - x)}{3r - x},$$

welcher Ausdruck nach der früher geführten Rechnung mit der Subtangente einerlei ist.

5) $x^m + y^m = a^m$.

$$\frac{dy}{dx} = -\frac{x^{m-1}}{y^{m-1}},$$

$$y' - y = -\frac{x^{m-1}}{y^{m-1}}(x' - x) \text{ oder } y^{m-1}.\,y' + x^{m-1}.\,x' = a^m,$$

Gl. der Tangente,

$$y' - y = \frac{y^{m-1}}{x^{m-1}}(x' - x), \text{ Gl. der Normale.}$$

$$\text{Subtg.} = \frac{x^m - a^m}{x^{m-1}},$$

$$\text{Subn.} = -\frac{x^{m-1}}{y^{m-2}},$$

$$\text{Tangt.} = \frac{y}{x^{m-1}}\sqrt{x^{2m-2} + y^{2m-2}},$$

$$\text{Norm.} = \frac{1}{y^{m-2}}\sqrt{x^{2m-2} + y^{2m-2}}.$$

6) $y^m = ax^{m-1}$.

$$\frac{dy}{dx} = \frac{(m-1)y}{mx},$$

$$y' - y = \frac{(m-1)y}{mx}(x' - x) \text{ Gl. der Tangente,}$$

$$y' - y = \frac{mx}{(1-m)y}(x' - x) \quad \text{„ „ Normale.}$$

$$\text{Subtg.} = \frac{mx}{m-1},$$

$$\text{Subn.} = \frac{(m-1)y^2}{mx},$$

$$\text{Tangt.} = \frac{1}{m-1}\sqrt{m^2x^2 + (m-1)^2y^2},$$

$$\text{Norm.} = \frac{y}{mx}\sqrt{m^2x^2 + (m-1)^2y^2}.$$

7) $xy^m = a^{m+1}$.

$$\frac{dy}{dx} = \frac{-y}{mx},$$

$$y' - y = -\frac{y}{mx}(x' - x) \text{ Gl. der Tangente,}$$

$$y' - y = \frac{mx}{y}(x' - x) \quad \text{„ „ Normale.}$$

$$\text{Subtg.} = -mx,$$

$$\text{Subn.} = -\frac{y^2}{mx},$$

$$\text{Tangt.} = \sqrt{m^2x^2 + y^2},$$

$$\text{Norm.} = \frac{y}{mx}\sqrt{m^2x^2 + y^2}.$$

8) $y = \frac{m}{2}\left(e^{\frac{x}{m}} + e^{-\frac{x}{m}}\right)$.

$$\frac{dy}{dx} = \tfrac{1}{2}\left(e^{\frac{x}{m}} - e^{-\frac{x}{m}}\right),$$

$$y' - y = \tfrac{1}{2}\left(e^{\frac{x}{m}} - e^{-\frac{x}{m}}\right)(x' - x) \text{ Gl. der Tangente,}$$

$$y' - y = -\frac{2}{e^{\frac{x}{m}} - e^{-\frac{x}{m}}}(x' - x) \quad \text{„ „ Normale.}$$

$$\text{Subtg.} = m \,.\, \frac{e^{\frac{2x}{m}} + 1}{e^{\frac{2x}{m}} - 1},$$

$$\text{Subn.} = \frac{m}{4}\left(e^{\frac{2x}{m}} - e^{-\frac{2x}{m}}\right),$$

$$\text{Tangt.} = \frac{m}{2} \,.\, \frac{\left(e^{\frac{x}{m}} + e^{-\frac{x}{m}}\right)^2}{e^{\frac{x}{m}} - e^{-\frac{x}{m}}},$$

$$\text{Norm.} = \frac{y^2}{m}.$$

9) $y = a \,.\, l\frac{x}{m}$.

$$\frac{dy}{dx} = \frac{a}{x},$$

$$y' - y = \frac{a}{x}(x' - x) \text{ Gl. der Tangente,}$$

$$y' - y = -\frac{x}{a}(x' - x) \quad \text{„ „ Normale.}$$

$$\text{Subtg.} = x\, l \,.\, \frac{x}{m},$$

$$\text{Subn.} = \frac{a^2\, l \,.\, \frac{x}{m}}{x},$$

$$\text{Tangt.} = l \,.\, \frac{x}{m}\sqrt{a^2 + x^2},$$

$$\text{Norm.} = \frac{y}{x}\sqrt{a^2 + x^2}.$$

10) $x = r \arccos \frac{r - y}{r} - \sqrt{2ry - y^2}$.

$$\frac{dy}{dx} = \sqrt{\frac{2r - y}{y}},$$

$$y' - y = \sqrt{\frac{2r - y}{y}}(x' - x) \text{ Gl. der Tangente,}$$

$$y' - y = -\sqrt{\frac{y}{2r - y}}(x' - x) \quad \text{„ „ Normale.}$$

$$\text{Subtg.} = y\sqrt{\frac{y}{2r-y}},$$
$$\text{Subn.} = \sqrt{2ry-y^2},$$
$$\text{Tangt.} = y\sqrt{\frac{2r}{2r-y}},$$
$$\text{Norm.} = \sqrt{2ay}.$$

Aufgabe 2. Man soll den Winkel bestimmen, unter welchem sich zwei gegebene Curven schneiden.

Lösung. Sind die Gleichungen der Curven

$$y = f(x) \;.\;.\;.\; (1) \quad \text{und} \quad y' = F(x') \;.\;.\;.\; (2),$$

und $x = x'$, $y = y'$ die Coordinaten eines Durchschnittspunctes der gegebenen Curven, so verstehen wir unter Neigungswinkel derselben im Punct $\begin{cases} x = x' \\ y = y' \end{cases}$ den Neigungswinkel, welchen die in diesem Puncte an die Curven gezogenen Tangenten einschliessen.

Es folgt demnach sehr einfach für die Tangente des Winkels

$$\operatorname{tang}\delta = \frac{\frac{dy'}{dx'} - \frac{dy}{dx}}{1 + \frac{dy'}{dx'} \cdot \frac{dy}{dx}} \quad . \; . \; . \; . \; . \; . \quad \text{I.}$$

1) Es seien die Curven

$$x'^2 + y'^2 = r^2 \quad \text{und} \quad y = ax + b.$$

Man hat hier $\frac{dy'}{dx'} = \frac{-x}{\sqrt{r^2-x^2}}$, $\frac{dy}{dx} = a$

und $\operatorname{tang}\delta = \frac{a\sqrt{r^2-x^2}+x}{ax-\sqrt{r^2-x^2}}$, wobei $\frac{-ab \pm \sqrt{r^2(1+a^2)-b^2}}{1+a^2}$.

2) Es seien die Curven gegeben $\left.\begin{matrix} a^2y'^2 + b^2x'^2 = a^2b^2 \\ y^2 = px \end{matrix}\right\}$.

Es ist $\frac{dy'}{dx'} = -\frac{b^2x'}{a^2y'}$,

$$\frac{dy}{dx} = \frac{1}{2}\sqrt{\frac{p}{x}},$$

und nach I. $\operatorname{tang}\delta = \frac{2b^2x + a^2p}{y(b^2-2a^2)}$.

3) Für $y'^2 = \frac{b^2}{a^2}(2ax' - x'^2)$

und $y^2 = 2bx - x^2$

folgt $\frac{dy'}{dx'} = \frac{b}{a} \cdot \frac{a-x}{\sqrt{2ax-x^2}}$,

$$\frac{dy}{dx} = \frac{b-x}{\sqrt{2bx-x^2}},$$

$$\operatorname{tang}\delta = \frac{b(a-x)\sqrt{2bx-x^2} - a(b-x)\sqrt{2ax-x^2}}{a\sqrt{2ax-x^2}\sqrt{2bx-x^2} + b(a-x)(b-x)}.$$

Für die Grösse x folgen aus $\frac{b^2}{a^2}(2ax - x^2) = 2bx - x^2$ die Werthe $x = 0$ und $x = \frac{2ab}{a+b}$.

Aufgabe 3. Man soll für eine gegebene Curve die Gleichung der Tangente finden, welche mit den Coordinatenaxen gegebene Winkel bildet.

Lösung. Es sei $y = f(x)$ . . . . (1) die Gleichung der Curve.

Ist ferner $f'(x) = \frac{dy}{dx} = a$ die gegebene Tangente des Neigungswinkels, so folgen aus den Gleichungen $y = f(x)$ und $f'(x) = a$ die Coordinaten des Berührungspunctes.

So hat man beispielsweise für die Gleichung $y = \pm\sqrt{x^2 - m^2}$,

$$\frac{dy}{dx} = \pm \frac{x}{\sqrt{x^2 - m^2}} = a,$$

und hieraus $\begin{cases} x = \frac{\pm am}{\sqrt{a^2 - 1}}, \\ y = \frac{\pm m}{\sqrt{a^2 - 1}} \end{cases}$

als die Berührungs-Coordinaten.

Für $a = 1$, $\begin{cases} x = \pm \infty, \\ y = \pm \infty. \end{cases}$

Fig. 2.

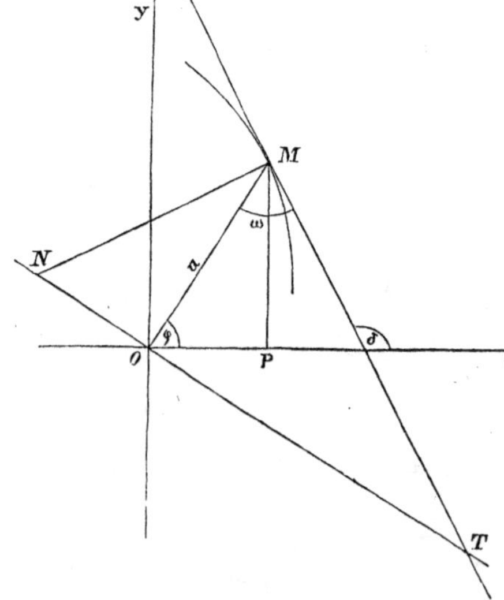

Für die gemeine Parabel $y^2 = px$ ist $\frac{dy}{dx} = \frac{1}{2}\sqrt{\frac{p}{x}}$, und wegen $\frac{1}{2}\sqrt{\frac{p}{x}} = a$,

$$x = \frac{p}{4a^2} \text{ und } y = \frac{p}{2a}$$

die Coordinaten des Berührungspunctes.

Aufgabe 4. Man drücke die Längen: Subtangente, Subnormale, Tangente, Normale durch Polarcoordinaten aus.

Lösung. Ist die Gleichung der Curve RS (Fig. 2) für rechtwinkelige Axen

$$f(x, y) = 0 \quad . \quad . \quad (1)$$

und belassen wir den Ursprung als Pol des Systems, die x-Axe als Polaraxe, so hat man für den Punct $M \begin{cases} x = u \cos\varphi, \\ y = u \sin\varphi. \end{cases}$

Man hat demnach nach (1) $f(u\cos\varphi,\ u\sin\varphi) = 0$ oder $u = F(\varphi)$, die Polargleichung der Curve.

Ferner ist
$$dx = \cos\varphi\,.\,du - u\sin\varphi\,.\,d\varphi,$$
$$dy = u\cos\varphi\,.\,d\varphi + \sin\varphi\,.\,du,$$
daher
$$\frac{dy}{dx} = \frac{\sin\varphi\,.\,\frac{du}{d\varphi} + u\cos\varphi}{\cos\varphi\,.\,\frac{du}{d\varphi} - u\sin\varphi} = \operatorname{tang}\delta.$$

Wegen $\omega = \delta - \varphi$,
$$\operatorname{tang}\omega = \frac{\operatorname{tang}\delta - \operatorname{tang}\varphi}{1 + \operatorname{tang}\delta\,.\,\operatorname{tang}\varphi},\quad \operatorname{tang}\omega = u\,.\,\frac{d\varphi}{du}.$$

Nach Figur 2 ist OT die Subtangente und ON die Subnormale, wobei NT senkrecht am Leitstrahl OM gezogen ist.

Es folgt demnach aus dem Dreiecke TOM
$$OT = \text{Subtg.} = u^2.\,\frac{d\varphi}{du},$$
$$ON = \text{Subn.} = \frac{du}{d\varphi},$$
$$MT = \text{Tangt.} = u\sqrt{1 + u^2.\,\frac{d\varphi^2}{du^2}},$$
$$MN = \text{Norm.} = \sqrt{u^2 + \frac{du^2}{d\varphi^2}}.$$

Diese Formeln wende man anf nachstehende Gleichungen an:

1) $u = a\varphi$ (Archimedische Spirale).
$$\text{Subtg.} = \frac{u^2}{a},$$
$$\text{Subn.} = a,$$
$$\text{Tangt.} = u\sqrt{1 + \varphi^2},$$
$$\text{Norm.} = \sqrt{u^2 + a^2}.$$

2) $u\,.\,\varphi = a$ (hiperbolische Spirale).
$$\frac{du}{d\varphi} = -\frac{a}{\varphi^2}.$$
$$\text{Subtg.} = -a,$$
$$\text{Subn.} = -\frac{a}{\varphi^2},$$
$$\text{Tangt.} = u\sqrt{1 + \varphi^2},$$
$$\text{Norm.} = \frac{a}{\varphi^2}\sqrt{1 + \varphi^2}.$$

3) $u = a e^{m\varphi}$ (logarithmische Spirale).

$$\frac{du}{d\varphi} = m \,.\, a e^{m\varphi}.$$

$$\text{Subtg.} = \frac{u}{m},$$

$$\text{Subn.} = m \,.\, u,$$

$$\text{Tangt.} = \frac{u}{m} \sqrt{1 + m^2},$$

$$\text{Norm.} = u \sqrt{1 + m^2}.$$

Wir bemerken hier noch überdiess, dass wegen $\tang \omega = \frac{1}{m}$ der Radius Vector immer eine gleiche Neigung gegen die Tangente hat.

4) $\frac{a + \sqrt{a^2 - u^2}}{u} = e^{\varphi}$.

$$\varphi = l \,.\, \frac{a + \sqrt{a^2 - u^2}}{u},$$

$$\frac{d\varphi}{du} = -\frac{a}{u\sqrt{a^2 - u^2}}.$$

$$\text{Subtg.} = \frac{-au}{\sqrt{a^2 - u^2}},$$

$$\text{Subn.} = -\frac{u\sqrt{a^2 - u^2}}{a},$$

$$\text{Tangt.} = \sqrt{\frac{2a^2 - u^2}{a^2 - u^2}},$$

$$\text{Norm.} = \frac{u}{a} \sqrt{2a^2 - u^2}.$$

5) $u = \frac{a(1 - e^2)}{1 - e \cos \varphi}$.

$$\frac{du}{d\varphi} = -\frac{e u^2 \sin \varphi}{a(1 - e^2)}.$$

$$\text{Subtg.} = -\frac{a(1 - e^2)}{e u \sin \varphi},$$

$$\text{Subn.} = -\frac{e u^2 \sin \varphi}{a(1 - e^2)},$$

$$\text{Tangt.} = \frac{1}{e \sin \varphi} \sqrt{a^2(1 - e^2) + e^2 u^2 \sin \varphi^2},$$

$$\text{Norm.} = \frac{u}{1 - e \cos \varphi} \sqrt{1 - 2e \cos \varphi + e^2}.$$

6) $u = a\varphi^m$, $\frac{du}{d\varphi} = am\varphi^{m-1}$.

$$\text{Subtg.} = \frac{a}{m} \varphi^{m+1},$$

$$\text{Subn.} = am\varphi^{m-1},$$

$$\text{Tangt.} = \frac{u}{m} \sqrt{m^2 + \varphi^2},$$

$$\text{Norm.} = a\varphi^{m-1} \sqrt{e^2 + m^2}.$$

7) $u = r + \sqrt{p r \varphi}$.

$$\frac{d u}{d \varphi} = \frac{1}{2} \sqrt{\frac{p r}{\varphi}}.$$

$$\text{Subtg.} = 2 u \sqrt{\frac{\varphi}{p r}},$$

$$\text{Subn.} = \frac{1}{2} \sqrt{\frac{p r}{\varphi}},$$

$$\text{Tangt.} = u \sqrt{1 + \frac{4 u^2 \varphi}{p r}},$$

$$\text{Norm.} = \sqrt{u^2 + \frac{p r}{4 \varphi}}.$$

Zweiter Abschnitt.

A s y m p t o t e n.

Erklärung. Die Gleichung der Tangente in einem beliebigen Punct x, y der Curve $y = f(x)$ ist

$$y' - y = \frac{dy}{dx}(x' - x) \quad \text{oder} \quad y' = f'(x) \,.\, x' + f(x) - xf'(x).$$

Nähern sich die Ausdrücke $f'(x)$ und $f(x) - xf'(x)$ für unendlich wachsende x oder y bestimmten Grenzen, so gibt es eine bestimmte Grenzlage der Tangenten, welche feste Gerade man eine Asymptote nennt.

Setzt man für unendlich wachsende x oder y

$$\lim f'(x) = A \quad \text{und} \quad \lim\,[f(x) - xf'(x)] = B,$$

so ist die Gleichung der Asymptote

$$y' = Ax' + B.$$

Zuweilen ist es einfacher, die Abschnitte der Asymptoten auf den Coordinatenaxen zu rechnen. Für den Abschnitt auf der Abscissenaxe hat man dann $AT = x - y \,.\, \frac{dx}{dy}$, auf der Ordinatenaxe, wie früher, $f(x) - xf'(x)$ oder $y - x \,.\, \frac{dy}{dx} = AS$.

Aufgabe 5. Man bestimme für die folgenden Curven ihre Asymptoten.

1) $axy + by + cx + d = 0$.

Hieraus $\frac{dy}{dx} = -\frac{ay + c}{ax + b}$

$$\text{und } A = \lim -\frac{ay + c}{ax + b} \quad \ldots\ldots \quad (\alpha)$$

$$B = \lim\left[y + x \,.\, \frac{ay + c}{ax + b}\right] \quad \ldots\ldots \quad (\beta)$$

Aus (1) folgt $y = -\frac{cx + d}{ax + b}$ und $x = -\frac{by + d}{ay + c}$,

$$\left.\begin{array}{l} \text{für } x = \infty \text{ ergibt sich } y = -\frac{c}{a} \\ \text{„ } y = \infty \text{ „ „ } x = -\frac{b}{a} \end{array}\right\} \quad \ldots \quad (\gamma)$$

Mit Rücksicht auf die gegebene Gleichung (1) ist

$$B = \lim \frac{-d + axy}{ax + b} \quad . \quad . \quad . \quad . \quad (\delta)$$

In (α) und (δ) die Werthe aus (γ) gesetzt, folgt

$$A = 0, \quad B = -\frac{c}{a}$$

$$\text{und} \quad A = \infty, \quad B = \infty;$$

die Asymptoten haben hier demnach die Gleichungen

$$y = -\frac{c}{a} \quad \text{und} \quad x = -\frac{b}{a},$$

diess sind Gerade, beziehungsweise parallel mit den Axen x und y.

2) $3xy - 2y + 3x - 5 = 0$.

Mit Rücksicht auf die vorige Lösung hat man auch hier zwei Asymptoten, deren Gleichungen $y = -1$ und $x = \frac{2}{3}$ sind.

3) $y^2 - 3x^2 + 2y + 5x + 6 = 0$.

$$\frac{dy}{dx} = \frac{6x - 5}{2(y + 1)},$$

$$A = \lim \frac{6x - 5}{2(y + 1)},$$

$$B = \lim \frac{-(2y + 5x + 12)}{2(y + 1)},$$

$$y = \frac{-1 \pm 2\sqrt{3x^2 - 5x - 6}}{2},$$

demnach $A = \lim \dfrac{6x - 5}{1 \pm 2\sqrt{3x^2 - 5x - 6}} = \pm\sqrt{3}$,

$$B = \lim -\frac{5x + 11 \pm 2\sqrt{3x^2 - 5x - 6}}{1 \pm 2\sqrt{3x^2 - 5x - 6}} = \mp \frac{5 \pm 2\sqrt{3}}{2\sqrt{3}};$$

die Gleichungen der Asymptoten sind demnach

$$y = +\sqrt{3} \,.\, x - \frac{5 + 2\sqrt{3}}{2\sqrt{3}},$$

$$\text{und} \quad y = -\sqrt{3} \,.\, x + \frac{5 - 2\sqrt{3}}{2\sqrt{3}}.$$

4) $5y^2 - x^2 + 6y + 4x - 10 = 0$.

$$\frac{dy}{dx} = \frac{x - 2}{5y + 3},$$

$$x = 2 \pm \sqrt{5y^2 + 6y - 6},$$

$$A = \lim \frac{x - 2}{5y + 3} = \lim \frac{\pm\sqrt{5y^2 + 6y - 6}}{5y + 3} = \pm\frac{1}{\sqrt{5}},$$

$$B = \lim \frac{10 - 3y - 2x}{5y + 3} = \lim \frac{6 - 3y \mp 2\sqrt{5y^2 + 6y - 6}}{5y + 3} = -\frac{3 \pm 2\sqrt{5}}{5},$$

$$\text{Asympt.} \begin{cases} y = +\dfrac{1}{\sqrt{5}} \,.\, x - \dfrac{3 + 2\sqrt{5}}{5}, \\[2ex] y = -\dfrac{1}{\sqrt{5}} \,.\, x - \dfrac{3 - 2\sqrt{5}}{5}. \end{cases}$$

5) $(x-1)\,y - (x+1)\,.\,x = 0.$

$$\frac{dy}{dx} = \frac{x^2 - 2x - 1}{(x-1)^2},$$

$$A = \lim \frac{x^2 - 2x - 1}{(x-1)^2} = 1 \quad \text{und} \quad = \infty,$$

$$B = \lim \frac{2x^2}{(x-1)^4} \quad = 2 \quad \text{„} \quad = \infty,$$

Asympt. $y = x + 2$ und $x = + 1.$

6) $x y^4 = a.$

$$\frac{dy}{dx} = -\frac{y}{4x},$$

$$AS = y - x\,.\,\frac{dy}{dx} = \tfrac{5}{4}\,y,$$

$$AT = x - y\,.\,\frac{dx}{dy} = 5x.$$

Aus 6) folgt für $x = \infty,\ y = 0,$

„ $y = \infty,\ x = 0,$

demnach $AS = 0,\quad AT = \infty,$

und $AS = \infty,\quad AT = 0,$

daher sind für die vorgelegte Curve die Coordinatenaxen die Asymptoten.

7) $y^2 = px + qx^2.$

$$\frac{dy}{dx} = \frac{p + 2qx}{2y},$$

$$A = \lim \frac{p + 2qx}{2y} = \lim \frac{p + 2qx}{\pm 2\sqrt{px + qx^2}} = \pm \sqrt{q},$$

$$B = \lim \frac{px}{2y} \quad = \lim \frac{px}{\pm 2\sqrt{px + qx^2}} = \pm \frac{p}{2\sqrt{q}}.$$

Diese zusammengehörigen Werthe von A und B können natürlich nur so lange bestehen, als q eine von Null verschiedene positive Zahl ist, woraus folgt, dass unter den Kegelschnittslinien, welche durch die Gleichung 7) repräsentirt werden, nur die Hiperbel Asymptoten besitzt.

Für den vorliegenden Fall

$$y = \pm \sqrt{q}\,.\,x \pm \frac{p}{2\sqrt{q}}.$$

8) $y^2 - (1 - e^2)\,(a^2 - x^2) = 0.$

$$\frac{dy}{dx} = \frac{(e^2 - 1)\,x}{y},$$

$$A = \lim \frac{(e^2 - 1)\,.\,x}{y} = \lim \frac{(e^2 - 1)\,.\,x}{\pm \sqrt{(1 - e^2)\,(a^2 - x^2)}} = \pm \sqrt{e^2 - 1},$$

$$B = \lim \frac{(e^2 - 1)\,a^2}{y} = 0.$$

demnach Asympt. $y = \pm \sqrt{e^2 - 1}\,.\,x.$

Dass hier die wesentliche Voraussetzung $e > 1$ besteht, bedarf wohl keiner näheren Erörterung.

9) $y^2 = -\frac{x^3}{p+4x}$.

$$\frac{dy}{dx} = -\frac{4y^2+3x^2}{2y(p+4x)}, \text{ oder wegen } p+4x = \frac{-x^3}{y^2}$$

$$\frac{dy}{dx} = \frac{4y^2+3x^2}{2x^3} \cdot y.$$

Für $x = \infty$, y imaginär,

„ $y = \infty$, $x = -\frac{p}{4}$,

$$A = \lim \frac{4y^2+3x^2}{2x^3} \cdot y = \infty,$$

$$AT = x - y \cdot \frac{dx}{dy} = \frac{4xy^2+x^3}{4y^2+3x^2},$$

oder für $y = \infty$ und $x = -\frac{p}{4}$

$$AT = -\frac{p}{4}.$$

Die einzige Asymptote für die vorgelegte Curve hat demnach die Gleichung $x = -\frac{p}{4}$.

10) $y^2 = \frac{x^3}{2r-x}$.

$$\frac{dy}{dx} = \frac{(3r-x)x^2}{y.(2r-x)^2}, \quad AT = \frac{rx}{3r-x}.$$

Für $x = \infty$ ist y imaginär,

„ $y = \infty$ „ $x = 2r$.

Es ist $A = \lim \frac{(3r-x)x^2}{y(2r-x)^2} = \infty$, $AT = 2r$, daher $x = 2r$ die Gleichung der gewünschten Asymptote.

11) $y = ae^{mx}$.

$$\frac{dy}{dx} = ame^{mx}, \text{ für } x = \infty \text{ auch } y = \infty,$$

$$A = \lim ame^{mx} = \infty,$$

$$AT = x - y \cdot \frac{dx}{dy} = x - \frac{1}{m},$$

demnach auch $AT = \infty$.

Die vorgelegte Curve hat also keine Asymptoten, so lange m positiv vorausgesetzt wird.

Ist jedoch m negativ, so hat man wegen

$$\frac{dy}{dx} = -ame^{-mx}, \quad A = 0$$

$$B = \lim\left(y - x \cdot \frac{dy}{dx}\right) = \lim \frac{1+mx}{ae^{mx}} = 0,$$

demnach ist $y = 0$, d. i. die Abscissenaxe, eine Asymptote zur Curve $y = ae^{-mx}$.

12) $x^3 + y^3 = a^3$.

$$\frac{dy}{dx} = -\frac{x^2}{y^2} = \frac{-x^2}{\sqrt[3]{(a^3-x^3)^2}} = \frac{-1}{\sqrt[3]{\frac{a^6}{x^6} - \frac{2a^3}{x^3} + 1}},$$

und für $x = \infty$ $\qquad A = -1,$

$$AS = y - x \, . \, \frac{dy}{dx} = \frac{a^3}{y^2}.$$

Da für $x = \infty$ $y = \infty$ folgt, so ist $\lim AS = B = 0$, demnach die Gleichung der Asymptote $y = -x$.

13) $y^2(x^2 + y^2) = R^4$.

$$\frac{dy}{dx} = \frac{-xy}{x^2 + 2y^2},$$

$$y^2 = \frac{-x^2 \pm \sqrt{x^4 + 4R^4}}{2} \text{ oder } \frac{y}{x} = \pm\sqrt{\frac{-1 \pm 1}{2}}, \text{ also } \frac{y}{x} = 0,$$

d. i. für $x = \infty$ folgt $y = 0$, daher

$$A = 0 \text{ und } AS = \frac{2x^2y + 2y^3}{x^2 + 2y^2},$$

oder für $x = \infty$ und $y = 0$, $\lim AS = B = 0$. Es ist sofort die Abscissenaxe selbst eine Asymptote zur gegebenen Curve.

14) $(a + y)^2(b^2 - y^2) = x^2y^2$.

$$\frac{dy}{dx} = \frac{xy^2}{(b^2 - y^2)(a + y) - y(a + y)^2 - yx^2},$$

$$AS = \frac{y(b^2 - y^2)(a + y) - y^2(a + y)^2 - 2x^2y^2}{(b^2 - y^2)(a + y) - y(a + y)^2 - y^2x^2}.$$

Aus Gleich. 14) folgt für $x = \infty$, $y = 0$,

„ $y = \infty$, x imaginär.

Jeder dieser Brüche durch x^2 dividirt, dann $x = \infty$ und $y = 0$ gesetzt, gibt $A = B = 0$. Es ist demnach wieder die Abscissenaxe eine Asymptote für die vorgelegte Curve.

15) $ay^2 + bxy + cx^2 + dy + ex + f = 0$.

$$\frac{dy}{dx} = -\frac{by + 2cx + e}{2ay + bx + d} \quad . \quad . \quad . \quad . \quad . \quad . \quad (1)$$

$$AS = -\frac{dy + ex + 2f}{2ay + bx + d} \quad . \quad . \quad . \quad . \quad . \quad . \quad (2)$$

Da in diesem Falle, so wie in vielen ähnlichen es nicht leicht ist zu sagen, was aus y wird, wenn das x unendlich ist, so bestimmt man unter solchen Umständen besser das Verhältniss $\frac{x}{y}$, indem man in Gleich. 15) $y = k \, . \, x$ setzt, und den Coefficienten k für $x = \infty$ ermittelt.

In diesem Falle folgt

$$(ak^2 + bk + c)x^2 + (dk + e)x + f = 0,$$

und hieraus

$$x = \frac{-(dk+e) \pm \sqrt{(dk+e)^2 - 4f(ak^2+bk+c)}}{2(ak^2+bk+c)}.$$

Dieses x wird aber nur unendlich, wenn $ak^2 + bk + c = 0$ oder $k = \frac{-b \pm \sqrt{b^2 - 4ac}}{2a}$ ist.

Nennen wir diese beide Werthe von k, k_1 und k_2, so folgt jetzt weiter, wenn man in (1) und (2) $y = k_1 x$ und $y = k_2 x$ setzt und x unendlich werden lässt,

$$A = \begin{cases} -\frac{bk_1 + 2c}{2ak_1 + b} \\ -\frac{bk_2 + 2c}{2ak_2 + b} \end{cases} \text{ und } B = \begin{cases} -\frac{dk_1 + c}{2ak_1 + b}, \\ -\frac{dk_2 + c}{2ak_2 + b}. \end{cases}$$

Die Werthe von k_1 und k_2 in die Ausdrücke für A substituirt, so sieht man leicht, dass $-\frac{bk+2c}{2ak+b} = k$ ist; bezeichnet man noch die respectiven Werthe für B mit β_1 und β_2, so hat man für die vorgelegte Curve die Asymptoten

$$y = k_1 x + \beta_1 \text{ und } y = k_2 x + \beta_2.$$

Die vorgelegte Gleichung repräsentirt eine Kegelschnittslinie, und da ist klar, dass keine Asymptoten vorhanden sind, wenn $b^2 - 4ac < 0$, d. h. die gegebene Gleichung eine Ellipse vorstellt, nachdem hier die Werthe k_1 und k_2 imaginär werden. Ebenso existiren keine Asymptoten, wenn $b^2 = 4ac$, d. h. die gegebene Gleichung eine Parabel vorstellt, da in dem Falle β_1 und β_2 unendlich werden. Es bleibt also nur die Hiperbel übrig, welche aber stets zwei Asymptoten besitzt.

16) $y^3 + x^3 - 3xy = 0$.

$$\frac{dy}{dx} = \frac{y - x^2}{y^2 - x}, \quad AS = \frac{xy}{y^2 - x}.$$

$y = kx$ in 16) gibt $k^3 x + x - 3k = 0$, hieraus $x = \frac{3k}{k^3+1}$. x wird nun unendlich für $k = -1$, demnach $y = -x$, und hiermit $A = B = -1$, also $y = -x - 1$ die Gleichung der Asymptote.

17) $y^4 - x^4 - 4axy^2 = 0$.

$$\frac{dy}{dx} = \frac{x^3 + ay^2}{y^3 - 2axy}, \quad AS = \frac{axy}{y^2 - 2ax}.$$

Für $y = kx$ folgt aus 17) $x = \frac{4ak^2}{k^4 - 1}$, und für $k = \pm 1$ wird $x = \infty$, somit

$$y = x + a$$

und $y = -x - a$ die Asymptoten.

18) $ax^4 + 4b^3xy - cy^4 = 0.$

$$\frac{dy}{dx} = \frac{ax^3 + b^3y}{cy^3 - b^3x}, \quad AS = \frac{2b^3xy}{cy^3 - b^3x}.$$

In diesem Falle ist $k = \pm \sqrt[4]{\frac{a}{c}}$, hiermit

$$A = \pm \sqrt[4]{\frac{a}{c}}, \quad B = 0,$$

demnach für die Asymptoten

$$y = \pm \sqrt[4]{\frac{a}{c}} \, . \, x.$$

19) $y^m = ax^{m-1} + x^m.$

$$\frac{dy}{dx} = \frac{a(m-1)x^{m-2} + mx^{m-1}}{my^{m-1}}, \quad AS = \frac{ax^{m-1}}{my^{m-1}}.$$

Hier $y = kx$ in 19) gesetzt, gibt $x = \frac{a}{k^m - 1}$. Nehmen wir $k = 1$, so haben wir für die Gleichung der Asymptote

$$y = x + \frac{a}{m}.$$

20) $y = a \, . \sin \frac{b}{x}.$

$$\frac{dy}{dx} = -\frac{ab}{x^2} \, . \cos \frac{b}{x},$$

$$AS = y + \frac{ab}{x} \, . \cos \frac{b}{x}.$$

Da für $x = \infty$, $y = 0$ wird, so folgt $A = 0$ und $B = 0$; also ist die Abscissenaxe eine Asymptote.

21) $y^2 = \cos \frac{y}{x}.$

$$\frac{dy}{dx} = \frac{y \sin \frac{y}{x}}{x \sin \frac{y}{x} + 2x^2y},$$

$$AS = \frac{2xy^2}{2xy + \sin \frac{y}{x}}.$$

Wegen $x = \infty$, $y = \pm 1$ folgt

$$A = 0 \quad \text{und} \quad B = \pm 1,$$

die Curve 21) hat sonach die Asymptote $y = \pm 1$.

22) $y = \frac{a + \sin x}{x^m}.$

$$\frac{dy}{dx} = \frac{\cos x - myx^{m-1}}{x^m},$$

$$AS = (m+1)y - \frac{\cos x}{x^{m-1}}.$$

Da für $x = \infty$, $y = 0$ wird, so hat man $A = B = 0$, demnach die Abscissenaxe als Asymptote.

23) $x^3 + y^3 + \sin\frac{y}{x} = 0$.

$$\frac{dy}{dx} = \frac{y\cos\frac{y}{x} - 3x^4}{3x^2y^2 + x\cos\frac{y}{x}},$$

$$AS = \frac{-3x \,.\, \sin\frac{y}{x}}{3xy^2 + \cos\frac{y}{x}}.$$

In 23) $y = kx$ gesetzt, folgt dann $x^3 = \frac{-\sin k}{1+k^3}$, also wird für $k = -1$, $x = \infty$, demnach ist das entsprechende Verhältniss zwischen x und y, $\frac{y}{x} = -1$ oder $y = -x$, daher $y = -x$ in die oberen Ausdrücke für $\frac{dy}{dx}$ und AS gesetzt und $x = \infty$ genommen, so hat man als Gleichung der Asymptote

$$y + x = 0.$$

Dritter Abschnitt.

Concavität und Convexität.

Erklärung. Es ist bekanntlich eine Curve in irgend einem Puncte gegen die Abscissenaxe convex oder concav, je nachdem der zweite Differential-Quotient $\frac{d^2 y}{dx^2}$ für diesen Punct mit der Ordinate y dasselbe oder das entgegengesetzte Zeichen erhält.

Die Concavität oder Convexität einer Curve lässt sich demnach nach einer beliebigen Gegend hin untersuchen, was dann weiter bloss von der angenommenen Lage der Abscissenaxe abhängt.

Aufgabe 6. Es soll diese Regel auf die nachfolgenden Beispiele angewendet werden:

1) $(x-\alpha)^2 + (y-\beta)^2 = r^2$.

Differenzirt man diese Gleichung zweimal, so kommt

$$(x-\alpha)\,dx + (y-\beta)\,dy = 0,$$
$$dx^2 + dy^2 + (y-\beta)\,d^2y = 0,$$

und hieraus $\frac{d^2 y}{dx^2} = -\frac{r^2}{(y-\beta)^3}$.

Man sieht hier leicht, dass für ein positives y und $> \beta$ $\frac{d^2 y}{dx^2} < 0$ ist, daher die Curve in diesen Puncten concav ist.

Für ein positives y und $< \beta$ ist $\frac{d^2 y}{dx^2} > 0$, daher die Curve in diesen Puncten convex ist.

Diese Betrachtung ist erschöpft, so lange β positiv und $\geqq r$ ist.

Ist β positiv aber $< r$, so kommt zu dem Obigen noch hinzu β negativ, und dann ist $\frac{d^2 y}{dx^2}$ positiv, d. h. die Curve unterhalb der Abscissenaxe durchaus concav gestaltet.

Wie verhält es sich, wenn β selbst negativ ist?

2) $axy + by + cx + d = 0$.

Hieraus folgt $\frac{d^2 y}{dx^2} = 2a \cdot \frac{ay + c}{(ax + b)^2}$.

Sind a und c positive Zahlengrössen, so wird für jeden positiven Werth von y auch $\frac{d^2 y}{dx^2}$ positiv ausfallen, und demnach die Curve für sämmtliche Puncte oberhalb der Abscissenaxe convex sein.

Ist y negativ aber numerisch $< \frac{c}{a}$, so bleibt $\frac{d^2 y}{dx^2}$ positiv, also dieses Curvenstück concav; macht man jedoch y negativ aber numerisch $> \frac{c}{a}$, so wird auch $\frac{d^2 y}{dx^2} < 0$, und die Curve ist convex.

Der Nenner $(ax + b)^2$ im zweiten Differential - Quotienten wurde bei der Untersuchung weiter nicht gebraucht, da er unter allen Umständen positiv ist, x mag positiv oder negativ genommen werden.

3) $3xy - 2y + 3x - 5 = 0$.

$$\frac{d^2 y}{dx^2} = \frac{18(y + 1)}{(2 - 3x)^2},$$

oder drückt man $\frac{d^2 y}{dx^2}$ durchaus durch y aus, so folgt auch

$$\frac{d^2 y}{dx^2} = 2(y + 1)^3.$$

Es ist hier

für y pos., $\frac{d^2 y}{dx^2}$ pos., daher die Curve convex,

„ y neg. und < 1, $\frac{d^2 y}{dx^2}$ pos., „ „ „ concav,

„ y neg. „ > 1, $\frac{d^2 y}{dx^2}$ neg., „ „ „ convex.

4) $(x - 1)y = x(x + 1)$.

$$\frac{d^2 y}{dx^2} = \frac{4}{(x - 1)^3},$$

für $x > 1$ ist y pos. und $\frac{d^2 y}{dx^2}$ pos. Curve: convex,

„ $x < 1$ „ y neg. „ „ neg. „ convex,

„ x neg. und < 1, y pos. „ „ neg. „ concav,

„ x neg. „ > 1, y neg. „ „ neg. „ convex.

5) $y^2 - (1 - e^2)(a^2 - x^2) = 0$.

$$\frac{d^2 y}{dx^2} = -\frac{a^2 (e^2 - 1)}{y^3}.$$

Unter der Voraussetzung, dass $e > 1$ sei, hat man

für pos. y, $\frac{d^2 y}{dx^2}$ neg.,

„ neg. y, „ pos.

Die Krümmungsverhältnisse sind also für sich klar.

6) $5y^2 - x^2 + 6y + 4x - 10 = 0$.

$$\frac{d^2y}{dx^2} = \frac{39}{(5y+3)^3},$$

für y pos. ist $\frac{d^2y}{dx^2}$ pos. und die Curve convex,

„ y neg. aber $< \frac{3}{5}$ „ „ pos. „ „ „ concav,

„ y neg. „ $> \frac{3}{5}$ „ „ neg. „ „ „ convex.

7) $y^2 - 3x^2 + 2y + 5x + 6 = 0$.

$$\frac{d^2y}{dx^2} = -\frac{85}{4(y+1)^3}.$$

Das Raisonnement wie in 6).

Note. Es folgt nach einer einfachen Rechnung allgemein aus $ay^2 + bxy + cx^2 + dy + ex + f = 0$

$$\frac{d^2y}{dx^2} = \frac{(bde - cd^2 - ae^2) - f(b^2 - 4ac)}{(2ay + bx + d)^3}.$$

8) $(1 + x^2)y = x$.

$$\frac{d^2y}{dx^2} = -2y^3 \cdot \frac{3 - x^2}{x^2},$$

$x \begin{cases}\text{pos.}\\ \text{neg.}\end{cases}$ aber num. $> \sqrt{3}$, dann $y \begin{cases}\text{pos.}\\ \text{neg.}\end{cases}$ und $\frac{d^2y}{dx^2} \begin{cases}\text{pos.}\\ \text{neg.}\end{cases}$

$x \begin{cases}\text{pos.}\\ \text{neg.}\end{cases}$ „ „ $< \sqrt{3}$, „ $y \begin{cases}\text{pos.}\\ \text{neg.}\end{cases}$ „ $\frac{d^2y}{dx^2} \begin{cases}\text{neg.}\\ \text{pos.}\end{cases}$

Nach diesem lässt sich nun die Krümmung leicht beurtheilen.

9) $x = b + c(y-a)^{\frac{2}{3}}$.

Man hat $dx = \frac{2c}{3}(y-a)^{-\frac{1}{3}}dy$,

$$0 = -\tfrac{1}{3} \cdot \frac{d^2y}{dx^2} + (y-a) \cdot \frac{d^2y}{dx^2},$$

hieraus $\frac{d^2y}{dx^2} = \frac{3}{4c^2(y-a)^{\frac{1}{3}}}$;

für y pos. und $> a$, $\frac{d^2y}{dx^2}$ pos.,

„ y pos. „ $< a$, „ neg.,

„ y neg. „ $\gtrless a$, „ neg.

Das Verhältniss der Krümmung ist wieder für sich klar.

10) $y^2 = \frac{x^3}{2r - x}$.

Hier ist $ydy = \frac{(3r-x)x^2}{(2r-x)^2} \cdot dx$;

nochmals differenzirt und durch dx^2 dividirt,

$$y \cdot \frac{d^2y}{dx^2} + \frac{dy^2}{dx^2} = \frac{12r^2x - 6rx^2 + x^3}{(2r-x)^3},$$

$$y \cdot \frac{d^2y}{dx^2} = \frac{12r^2x - 6rx^2 + x^3}{(2r-x)^3} - \frac{(3r-x)^2 \cdot x^4}{y^2(2r-x)^4}.$$

Im letzten Ausdrucke statt y^2 seinen Werth in x, folgt

$$\frac{d^2 y}{d x^2} = \frac{3 r^2 x}{y (2r - x)^3}.$$

Nun ist aus der gegebenen Gleichung

$$(2r - x)^3 = \frac{x^9}{y^6},$$

demnach $$\frac{d^2 y}{d x^2} = \frac{3 r^2 y^5}{x^8} \quad . \; . \; . \; . \; . \; . \; . \; . \quad (\alpha)$$

Hieraus ist ersichtlich, dass die Curve oberhalb und unterhalb der Abscissenaxe gegen dieselbe convex gestaltet ist.

11) $y^2 = - \frac{x^3}{p + 4x}$.

Hier ergibt sich der zweite Differential-Quotient mit Hilfe des in 10) gefundenen Resultates.

Zu dem Behufe schreiben wir die Gleichung 11)

$$y^2 = \frac{\left(\frac{x}{2}\right)^3}{-\frac{p}{8} - \left(\frac{x}{2}\right)},$$

und in obiger Gleichung (α) $\frac{x}{2}$ statt x und $-\frac{p}{8}$ statt $2r$, dann ist

$$\frac{d^2 y}{d x^2} = 3 p^2 . \frac{y^5}{x^8}.$$

12) $x y^4 = a$.

$$\frac{d^2 y}{d x^2} = \frac{5 y}{16 x^2}.$$

Die Krümmungsverhältnisse ähnlich wie vorhin.

13) $y^2 - x^4 + x^5 = 0$.

Hieraus ist $$y = x^2 \sqrt{1 - x}$$

$$\frac{d^2 y}{d x^2} = \frac{15 x^2 - 24 x + 8}{4 \sqrt{1 - x}}.$$

Betrachten wir bloss den Curvenzweig oberhalb der Abscissenaxe, so bleibt y reell und positiv für alle Werthe von $x = -\infty$ bis $x = +1$; hingegen $\frac{d^2 y}{d x^2}$ bleibt nur positiv von $x = -\infty$ bis zu jenem Werthe von x, wofür $15x^2 - 24x + 8$ zum ersten Male Null wird, d. i. bis $x = 0{\cdot}473\ldots$

Es ist daher die Curve convex gegen die Abscissenaxe innerhalb $x = -\infty$ bis $x = 0{\cdot}473\ldots$

Von diesem Werthe von x, d. i. von $0{\cdot}473$ angefangen bis $x = 1$, bleibt y positiv; hingegen wird $\frac{d^2 y}{d x^2}$ negativ und die Curve ist innerhalb der Abscissen $x = 0{\cdot}473\ldots$ bis $x = 1$ concav gegen die Abscissenaxe gestaltet. Für $x > 1$ wird y imaginär, und entfällt demnach eine weitere Untersuchung.

14) $y = a e^{mx}$.

$$\frac{d^2 y}{d x^2} = a m^2 e^{mx}.$$

Verstehen wir unter a eine positive Zahl, so hat man für ein positives oder negatives x sowohl y als auch $\frac{d^2 y}{d x^2}$ positiv, und demnach die Curve in ihrer ganzen Erstreckung gegen die Abscissenaxe convex gestaltet.

Es ist leicht begreiflich, dass dasselbe Statt finden muss, wenn a eine negative Zahl ist.

15) $x = a \cdot \text{arc} \cos \frac{a - y}{a} - \sqrt{2ay - y^2}$.

$$dx = \frac{y\, dy}{\sqrt{2ay - y^2}}.$$

Die Gleichung $\sqrt{2ay - y^2}\, dx = y\, dy$ nochmals differenzirt,

$$\frac{a - y}{\sqrt{2ay - y^2}} \cdot dx\, dy = y\, d^2 y + dy^2,$$

hieraus $\frac{d^2 y}{d x^2} = - \frac{a}{y^2}$.

Die Curve ist demnach gegen die Abscissenaxe concav.

Vierter Abschnitt.

Besondere Puncte der Curven.

---

a) Wendepuncte.

Erklärung. Wenn die Concavität einer Curve in die Convexität übergeht, so muss $\frac{d^2 y}{d x^2}$ sein Zeichen ändern, und folglich durch Null oder durch das Unendliche gehen; die Puncte, wo diese Aenderung vorgeht, heissen Wendepuncte (Inflexionspuncte). Hat man ferner aus $\frac{d^2 y}{d x^2} = 0$ oder ∞ mit Zuhilfenahme der gegebenen Gleichung $y = f(x)$ die correspondirenden Werthe für x und y gefunden, wofür möglicherweise ein Wendepunct bestehen kann, so hat man doch noch überdiess den Lauf dieser Curve in der Nähe dieses Punctes zu untersuchen, und zu sehen, ob (bei willkürlich kleinen Werthen von h) für $(x+h)$ oder $(x-h)$ statt x, $\frac{d^2 y}{d x^2}$ wirklich entgegengesetzte Zeichen erhält.

Aufgabe 7. Man bestimme die Wendepuncte folgender Curven:

1) $y = b + c(x-a)^n$.

Wir setzen voraus, es sei n ganz, positiv und > 2,

$$\frac{d^2 y}{d x^2} = c n (n-1)(x-a)^{n-2} \quad . \quad . \quad . \quad . \quad (\alpha)$$

$\frac{d^2 y}{d x^2} = 0$ gesetzt, folgt $x = a$, und hiermit aus 1) $y = b$.

Es lässt sich also erwarten, dass im Puncte $\begin{cases} x = a \\ y = b \end{cases}$ ein Wendepunct sich befinde.

Setzen wir nun $a \pm h$ in (α), so folgt

$$\frac{d^2 y}{d x^2} = \begin{cases} c n (n-1)(+h)^{n-2}, \\ c n (n-1)(-h)^{n-2}. \end{cases}$$

Diese zweiten Differential-Quotienten für die nächsten Puncte der Curve nehmen verschiedene Zeichen an, wenn n ungerade ist, und nur dann hat man einen Wendepunct.

2) $y = b + c(x-a)^{\frac{3}{5}}$.

$$\frac{d^2y}{dx^2} = \frac{-6c}{25(x-a)^{\frac{7}{5}}},$$

für $x=a$ wird $\frac{d^2y}{dx^2}=\infty$, und für $a \pm h$ statt a nimmt $\frac{d^2y}{dx^2}$ verschiedene Vorzeichen an, daher ist $\begin{cases} x=a \\ y=b \end{cases}$ ein Wendepunct der gegebenen Curve.

3) $y = x + (x-a)^{\frac{5}{3}}$.

$$\frac{d^2y}{dx^2} = \frac{10}{9(x-a)^{\frac{1}{3}}},$$

für $x=a$ wird $\frac{d^2y}{dx^2}=\infty$, und für $x=a \pm h$ ist $\frac{d^2y}{dx^2} = \frac{10}{\pm 9h^{\frac{1}{3}}}$, also positiv und negativ, es findet demnach im Puncte $\begin{cases} x=a \\ y=a \end{cases}$ eine Wendung Statt.

4) $y = x + 36x^2 + 2x^3 - x^4$.

$$\frac{d^2y}{dx^2} = 72 + 12x - 12x^2 \quad \ldots \quad (\alpha)$$

$\frac{d^2y}{dx^2}=0$ gesetzt, folgt $x=3$ und $x=-2$,

$x = 3 \pm h$ in α gesetzt, $\frac{d^2y}{dx^2} = 12(\mp 5h + h^2)$,

eben so für $x = -2 \pm h$, $\frac{d^2y}{dx^2} = 12(\pm h - h^2)$.

Die vorgelegte Curve hat demnach zwei Wendepuncte

$$\begin{cases} x = 3 \\ y = 300 \end{cases} \text{ und } \begin{cases} x = -2, \\ y = 110. \end{cases}$$

5) $(x-1)y = x^2 + x$.

$$\frac{d^2y}{dx^2} = \frac{4}{(x-1)^3},$$

für $x=1$ wird $\frac{d^2y}{dx^2}=\infty$, jedoch ist $y=\infty$, und der Punct $\begin{cases} x=1 \\ y=\infty \end{cases}$ kann offenbar kein Wendepunct sein.

6) $x^3 - axy - b^2y = 0$.

$$\frac{d^2y}{dx^2} = \frac{2a^2x^3 + 6ab^2x^2 + 6b^4x}{(ax+b^2)^3},$$

$\frac{d^2y}{dx^2}=0$ gesetzt, folgt bloss die reelle Wurzel $x=0$; hiefür ist $y=0$, und es ist möglich, dass der Ursprung ein Wendepunct ist.

Setzt man $x = 0 \pm h$ in $\frac{d^2y}{d^2x}$, so folgt

$$\frac{d^2 y}{dx^2} = \frac{2a^2h^3 + 6ab^2h^2 + 6b^4h}{(ah+b^2)^3}$$

$$\text{und} \quad \frac{d^2 y}{dx^2} = -\frac{2a^2h^3 - 6ab^2h^2 + 6b^4h}{(b^2-ah)^3},$$

welche Differential-Quotienten für die kleinsten Werthe von h offenbar entgegengesetzte Vorzeichen haben, demnach ist der Ursprung wirklich ein Wendepunct.

7) $y = \frac{x}{1+x^2}$.

$$\frac{d^2 y}{dx^2} = \frac{x^3 - 3x}{(1+x^2)^3},$$

$$\frac{d^2 y}{dx^2} \text{ wird Null für } \begin{cases} x = 0, \\ x = \pm\sqrt{3}, \end{cases}$$

$$\text{für } x = 0 \pm h \text{ wird } \frac{d^2 y}{dx^2} = \frac{h^3 - 3h}{(1+h^2)^3}, \text{ d. i neg.,}$$

$$\text{und} \quad „ \quad = \frac{-h^3 + 3h}{(1+h^2)^3}, \quad „ \text{ pos.;}$$

$$\text{für } x = +\sqrt{3} \pm h \text{ wird } \frac{d^2 y}{dx^2} = \frac{6h + 3\sqrt{3}\,h^2 + h^3}{(4 + 2\sqrt{3}h + h^2)^3}, \text{ d. i. pos.,}$$

$$\text{und} \quad „ \quad = \frac{-6h^2 + 3\sqrt{3}\,h^2 - h^3}{(4 - 2\sqrt{3}\,h + h^2)^3}, \quad „ \text{ neg.}$$

Eben so haben für $x = -\sqrt{3} \pm h$ die Differential-Quotienten verschiedene Zeichen.

Es sind sämmtliche drei Puncte

$$\begin{cases} x = 0, \\ y = 0, \end{cases} \quad \begin{cases} x = +\sqrt{3}, \\ y = +\frac{\sqrt{3}}{4}, \end{cases} \quad \begin{cases} x = -\sqrt{3} \\ y = -\frac{\sqrt{3}}{4} \end{cases}$$

Wendepuncte der Curve.

8) $x^2 y + a^2 y - a x^2 = 0$.

$$\frac{d^2 y}{dx^2} = \frac{2a^3(a^2 - 3x^2)}{(a^2+x^2)^3},$$

$$\text{für } \frac{d^2 y}{dx^2} = 0 \text{ folgt } x = \pm\frac{a}{\sqrt{3}}.$$

Man überzeugt sich sehr leicht, dass die Puncte

$$\begin{cases} x = +\frac{a}{\sqrt{3}}, \\ y = \frac{a}{4}, \end{cases} \quad \begin{cases} x = -\frac{a}{\sqrt{3}} \\ y = \frac{a}{4} \end{cases}$$

Wendepuncte sind.

9) $(ay - x^2)^2 = a(a-x)^3$.

$$ay = x^2 \pm a^{\frac{1}{2}}(a-x)^{\frac{3}{2}},$$

$$\frac{d^2 y}{dx^2} = \frac{2}{a} \pm \frac{3}{4\sqrt{a^2 - ax}}.$$

Man findet hier einen Wendepunct, dessen $x = \frac{55}{64}a$ ist.

10) $xy^4 = a$.

$$\frac{d^2 y}{d x^2} = \frac{5 \sqrt[4]{a}}{16 x^{\frac{9}{4}}}.$$

Für den einzig hier denkbaren Werth $x = 0$ findet aus leicht begreiflichen Gründen kein Wendepunct Statt.

11) $a^3 y = (x - b)^4$.

$$\frac{d^2 y}{d x^2} = \frac{12 (x - b)^2}{a^3},$$

$$\frac{d^2 y}{d x^2} = 0 \text{ gesetzt, folgt } x = b,$$

$x = b \pm h$ in $\frac{d^2 y}{d x^2}$ substituirt, bedingt

$$\frac{d^2 y}{d x^2} = \frac{12 (\pm h)^2}{a^3}.$$

Da die Differential-Quotienten für die dem Puncte $\begin{cases} x = b \\ y = 0 \end{cases}$ nächstliegenden Puncte der Curve das nämliche Vorzeichen behalten, so kann die gegebene Curve keinen Wendepunct besitzen.

12) $a^4 y = (x - b)^5$.

Hier sind $\begin{cases} x = b \\ y = 0 \end{cases}$ die Coordinaten eines Wendepunctes.

13) $y^2 - x^4 - x^5 = 0$.

$$\frac{d^2 y}{d x^2} = \frac{15 x^2 - 24 x + 8}{4 \sqrt{1 - x}}.$$

Die vorgelegte Curve hat einen Wendepunct, dessen $x = 0{\cdot}473\ldots$ ist.

Für den zweiten Werth, der $\frac{d^2 y}{d x^2}$ auf Null bringt, nämlich für $x = 1{\cdot}126\ldots$ hat man keinen Wendepunct, weil für die besagte Abscisse die Ordinate y imaginär wird.

14) $y = b + c (x - a)^{\frac{2}{3}}$.

$$\frac{d^2 y}{d x^2} = \frac{-2c}{9 (x - a)^{\frac{4}{3}}},$$

$$\text{für } x = a \text{ folgt } \frac{d^2 y}{d x^2} = \infty.$$

Setzt man aber $x = a \pm h$ in $\frac{d^2 y}{d x^2}$, so wird

$$\frac{d^2 y}{d x^2} = \frac{-2c}{9 h^{\frac{4}{3}}},$$

die Curve besitzt sonach keinen Wendepunct.

15) $(a^2 + x^2) y = a^3$.

$$\frac{d^2 y}{d x^2} = 2 a^3 \cdot \frac{3 x^2 - a^2}{(a^2 + x^2)^3}.$$

Die vorgelegte Curve hat zwei Wendepuncte, nämlich:

$$\begin{cases} x = +\frac{a}{\sqrt{3}}, \\ y = \frac{3}{4}a, \end{cases} \quad \begin{cases} x = -\frac{a}{\sqrt{3}}, \\ y = \frac{3}{4}a, \end{cases}$$

denn für $x = +\frac{a}{\sqrt{3}} \pm h$ oder $-\frac{a}{\sqrt{3}} \pm h$ in $\frac{d^2 y}{dx^2}$ gesetzt, folgt

$$\frac{d^2 y}{dx^2} = \begin{cases} 2a^3 . \dfrac{\pm 6ah + 3\sqrt{3} . h^2}{\sqrt{3(a^2+x^2)^3}} = \begin{cases}\text{pos.}\\ \text{neg.}\end{cases} \\ 2a^3 . \dfrac{\mp 6ah + 3\sqrt{3} . h^2}{\sqrt{3(a^2+x^2)^3}} = \begin{cases}\text{neg.}\\ \text{pos.}\end{cases} \end{cases}$$

16) $x^3 + y^3 = a^3$.

$$\frac{d^2 y}{dx^2} = -\frac{2a^3 x}{(a^3 - x^3)^{\frac{5}{3}}}.$$

Man hat hier die Wendepuncte: $\begin{cases} x = 0, \\ y = a, \end{cases} \quad \begin{cases} x = a, \\ y = 0. \end{cases}$

Statt $x = 0 \pm h$ folgt $\frac{d^2 y}{dx^2} = \mp \frac{2a^3 h}{(a^3 \pm h^3)^{\frac{5}{3}}}$,

„ $x = a \pm h$ „ $\frac{d^2 y}{dx^2} = -\frac{2a^3(a \pm h)}{(\mp 3a^2 h - 3ah^2 \mp h^3)^{\frac{5}{3}}}$.

17) $y = x + \cos x$.

$$\frac{d^2 y}{dx^2} = -\cos x,$$

$\frac{d^2 y}{dx^2}$ wird $= 0$ für $x = \frac{\pi}{2}, \; 3 . \frac{\pi}{2}, \; 5 . \frac{\pi}{2}, \ldots\ldots$

Die Curve hat die Wendepuncte:

$$\begin{cases} x = \frac{\pi}{2}, \\ y = \frac{\pi}{2}, \end{cases} \quad \begin{cases} x = \frac{3\pi}{2}, \\ y = \frac{3\pi}{2}, \end{cases} \quad \begin{cases} x = \frac{5\pi}{2}, \\ y = \frac{5\pi}{2}, \end{cases} \quad \ldots\ldots$$

Setzt man allgemein $(2n+1)\frac{\pi}{2} \pm h$ statt x in $\frac{d^2 y}{dx^2}$, so folgt

$$\frac{d^2 y}{dx^2} = -\cos\left[(2n+1)\frac{\pi}{2} \pm h\right] = -\cos\left[\frac{\pi}{2} + (n\pi \pm h)\right]$$
$$= +\sin(n\pi \pm h) = \pm \sin h \quad \text{oder} \quad \mp \sin h,$$

je nachdem n gerade oder ungerade ist. Hiedurch ist die obige Behauptung gerechtfertigt.

18) $y = \frac{a}{l . \frac{x}{a}}$.

$$\frac{d^2 y}{dx^2} = a . \frac{2 + l . \frac{x}{a}}{x^2 \left(l . \frac{x}{a}\right)^3}.$$

$$2 + l \,.\, \frac{x}{a} = 0,$$

$$x = \frac{a}{e^2} = \frac{a}{7{\cdot}389\ldots};$$

diesem x entspricht $y = -\frac{a}{2}$.

Es lässt sich nun auch hier zeigen, dass die Curve für $\begin{cases} x = \frac{a}{7{\cdot}389} \\ y = -\frac{a}{2} \end{cases}$ einen Wendepunct besitzt.

Man erhält für $\frac{a}{e^2} \pm h$ statt x

$$\frac{d^2 y}{d x^2} = a \,.\, \frac{2 + l\left(\frac{1}{e^2} \pm \frac{h}{a}\right)}{\left(\frac{a}{e^2} \pm h\right)^2 \left[l\left(\frac{1}{e^2} \pm \frac{h}{a}\right)\right]^3}$$

$$= \frac{a}{-8\left(\frac{a}{e^2} \pm h\right)^2} \,.\, \frac{l\left(1 \pm \frac{e^2 h}{a}\right)}{\left[1 - \frac{1}{8} l\left(1 \pm \frac{e^2 h}{a}\right)\right]^3};$$

$l\left(1 \pm \frac{e^2 h}{a}\right)$ in eine Reihe entwickelt, folgt

$$\frac{d^2 y}{d x^2} = \mp \frac{e^2 h}{8\left(\frac{a}{e^2} \pm h\right)\left(1 \mp \frac{1}{8} \frac{e^2 h}{a}\right)^3}.$$

19) $y = a \sin v \,.\, 2x$.

$$\frac{d^2 y}{d x^2} = 4a \,.\, \cos 2x.$$

Man hat hier die Wendepuncte:

$$\begin{cases} x = \frac{\pi}{4} \\ y = a \end{cases} \qquad \begin{cases} x = 3 \,.\, \frac{\pi}{4} \\ y = a \end{cases} \qquad \begin{cases} x = 5 \,.\, \frac{\pi}{4} \\ y = a \end{cases} \quad \ldots\ldots$$

Die nähere Begründung ist genau so wie in Beispiel 17).

20) $x = a \sin v \,.\, y$.

$$y = \operatorname{arc} \cos \frac{a - x}{x},$$

$$\frac{d^2 y}{d x^2} = \frac{x - a}{(2ax - x^2)^{\frac{3}{2}}}.$$

Man bemerkt hier leicht, dass die angeführte Curve die Wendepuncte besitzt:

$$\begin{cases} x = a \\ y = \frac{\pi}{2} \end{cases} \qquad \begin{cases} x = a \\ y = \frac{3\pi}{2} \end{cases} \qquad \begin{cases} x = a \\ y = \frac{5\pi}{2} \end{cases} \quad \ldots\ldots$$

Man untersuche noch die Curven: $y = \sin x$, $y = \cos x$, $y = \operatorname{tang} x$, $y = \frac{\operatorname{tang} x}{x}$, $y = x \operatorname{tang} x$.

b) Rückkehrpuncte oder Spitzen.

Erklärung. Rückkehrpuncte nennen wir solche, wo eine Curve in ihrem Laufe plötzlich inne hält, und die Curvenäste, die sich in demselben vereinigen, sich entweder ihre convexen Seiten einander zukehren (Spitze der ersten Art, Fig. 3), oder die convexe Seite des einen kehrt sich gegen die concave Seite des anderen (Spitzen zweiter Art, Fig. 4).

Fig. 3.

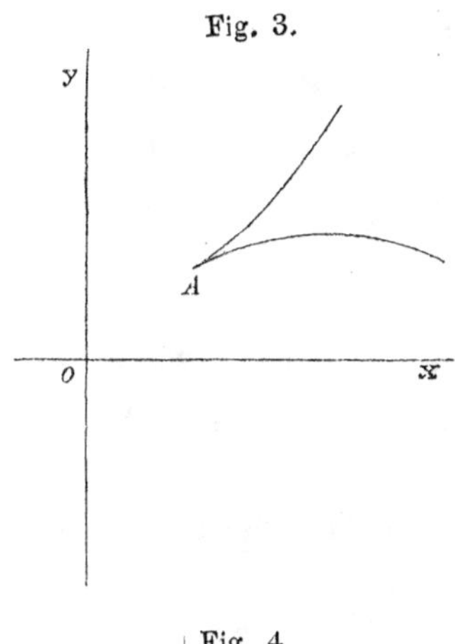

Hat A die Coordinaten $\begin{cases} x = a, \\ y = b, \end{cases}$ so ist aus den Figuren genügend ersichtlich, dass aus $y = f(x)$ für $x = a + h$ zwei reelle Werthe, für $x = a - h$ zwei imaginäre Werthe erhalten werden, wie klein auch h gewählt werden mag.

Fig. 4.

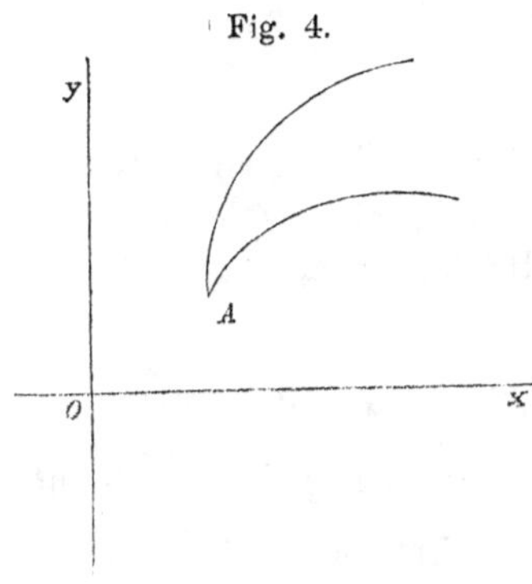

Da nun bei einer Spitze erster Art die Curve aus der Concavität in die Convexität übergeht, muss für die Coordinaten des erhaltenen Punctes $\frac{d^2 y}{d x^2} = 0$ oder ∞ werden, und für $x = a + h$ in $\frac{d^2 y}{d x^2}$ gesetzt, müssen Resultate mit entgegengesetzten Zeichen entstehen.

Die Rückkehrpuncte zweiter Art lassen sich aber nicht aus dem zweiten Differential-Quotienten bestimmen, indem man diesen $= 0$ oder ∞ setzt; dagegen muss aber dieser Quotient für $x = a + h$ zwei Werthe von einerlei Zeichen annehmen.

Im Vorstehenden ist sonach die Regel gegeben, die Rückkehrpuncte erster oder zweiter Art zu bestimmen.

Aufgabe 8. Es sind die Spitzen folgender Curven zu suchen:

1) $y = x \pm (x - a)^{\frac{3}{2}}$.

Für $x = a$ bekommt man hier den einzigen Werth $y = a$. Da ferner für $x = a + h$, $y = a + h \pm h\sqrt{h}$, d. i. zwei reelle

Werthe, für $x = a - h$, $y = a - h \mp h\sqrt{-h}$ zwei imaginäre Werthe annimmt, so lässt sich vermuthen, dass $\begin{cases} x = a \\ y = a \end{cases}$ eine Spitze der gegebenen Curve sei. Man hat aber ferner

$$\frac{d^2 y}{d x^2} = \pm \frac{3}{4\sqrt{x - a}},$$

und für $x = a + h$ nimmt der zweite Differential-Quotient die zwei Werthe an: $+\frac{3}{4\sqrt{h}}$, $-\frac{3}{4\sqrt{h}}$, wornach erhellt, dass der oben besagte Punct ein Rückkehrpunct der ersten Art ist.

2) $y^2 = x^3$.

$$y = \pm x\sqrt{x}.$$

Für $x = 0$ wird $y = 0$; für $x = 0 + h$ erhält y zwei reelle, für $x = 0 - h$ zwei imaginäre Werthe, eben so $\frac{d^2 y}{d x^2} = \pm \frac{3}{4\sqrt{x}}$ zwei reelle Werthe dem Zeichen nach verschieden für $x = 0 + h$. Man hat daher im Ursprung einen Rückkehrpunct der ersten Art.

3) $y = x \pm \sqrt{x^3}$.

Auch hier ist der Ursprung ein Rückkehrpunct, und zwar der ersten Art.

4) $y = x^2 \pm x^2\sqrt{x}$.

Für $x = 0$ hat man $y = 0$, daher im Ursprung einen Rückkehrpunct, denn es ist y für $x = 0 - h$ imaginär, während man für $x = 0 + h$ zwei reelle Werthe erhält; ferner ist

$$\frac{d^2 y}{d x^2} = 2 \pm \frac{15}{4}\sqrt{x},$$

und für $x = 0 + h$ erhält man zwei verschiedene aber gleichbezeichnete Werthe für $\frac{d^2 y}{d x^2}$, wornach der Ursprung in der That ein Rückkehrpunct, und zwar der zweiten Art ist.

5) $y^2 = \frac{x^3}{2r - x}$.

Für diese Curve hat man im Ursprung einen Rückkehrpunct der ersten Art.

Für $x = 0 + h$ zwei reelle Werthe für y.
„ $x = 0 - h$ „ imaginäre „ „ y.

$\frac{d^2 y}{d x^2} = \frac{\pm 3r^2}{\sqrt{x}\sqrt{(2r - x)^5}}$ nimmt zwei reelle verschieden bezeichnete Werthe für $x = 0 + h$ an.

6) $y^2 = -\frac{x^3}{p + 4x}$. Man hat hier gleichfalls im Ursprunge einen Rückkehrpunct der ersten Art.

Man hat ferner für $x = 0 + h$ zwei imaginäre Werthe für y, hingegen für $x = 0 - h$ zwei reelle Werthe. Eben so bekommt der zweite Differential-Quotient $\frac{d^2 y}{d x^2} = \pm \frac{3 p^2 \sqrt{-x}}{\sqrt{(p + 4x)^5}}$ verschieden bezeichnete reelle Werthe für $x = 0 - h$.

7) $y = b + p(x - a)^2 \pm q \sqrt{(x - a)^5}$.

Es wird hier für $x = a$, $y = b$; für $x = a + h$ erhält y zwei reelle Werthe, hingegen für $x = a - h$ wird y imaginär. Für den angegebenen Punct hält also die Curve in ihrem Laufe inne, und es ist möglich, dass $x = a$, $y = b$ ein Rückkehrpunct ist. Um diess festzustellen, hat man $\frac{d^2 y}{d x^2} = 2p \pm \frac{15}{4} . q \sqrt{x - a}$, und für ein beliebig kleines h ist immer, $x = a + h$ in $\frac{d^2 y}{d x^2}$ gesetzt, $\frac{d^2 y}{d x^2} = 2p \pm \frac{15}{4} q \sqrt{h}$ positiv.

Beide Curvenäste sind also gegen die Abscissenaxe convex, und der Punct $x = a$, $y = b$ ist sonach ein Rückkehrpunct der zweiten Art.

8) $a(y - a)^2 = (a - x)^3$ oder $y = a \pm \frac{1}{\sqrt{a}} (a - x)^{\frac{3}{2}}$.

Hier ist der Punct $\begin{cases} x = a \\ y = a \end{cases}$ ein Rückkehrpunct der ersten Art.

9) $y = a + bx + cx^2 + dx^3 + ex^{\frac{5}{2}}$.

Für $x = 0$ kommt der einzige Werth $y = a$, für $x = 0 + h$ gesetzt, kommt y reell und zweiwerthig; $x = 0 - h$ gesetzt, wird y imaginär. Ferner ist

$$\frac{d^2 y}{d x^2} = 2c + 6dx \pm \frac{15}{4} e \sqrt{x},$$

und $x = 0 + h$ in $\frac{d^2 y}{d x^2}$ gesetzt, wird

$$\frac{d^2 y}{d x^2} = 2c + 6dh \pm \frac{15}{4} e \sqrt{h},$$

d. i. zweiwerthig, aber mit demselben Vorzeichen behaftet, wornach der angegebene Punct ein Rückkehrpunct der zweiten Art ist.

10) $y = b + c(x - a)^{\frac{2}{3}}$.

Es ist $\frac{d^2 y}{d x^2} = \frac{-2c}{9(x - a)^{\frac{4}{3}}}$, $\frac{d^2 y}{d x^2} = \infty$ folgt $x = a$, und hiefür aus Gleichung 10) $y = b$.

Setzt man aber $x = a \pm h$, so bleibt y einwerthig und reell, es kann demnach die gegebene Curve in der Richtung der

Abscissenaxe nicht inne halten. Das ist aber noch immer möglich, wenn man die Curve in der Richtung der y-Axe untersucht.

Verwechselt man in der gegebenen Gleichung x und y, so ist

$$x = b + c\,(y - a)^{\frac{2}{3}},$$

und hieraus $y = a \pm \sqrt{\left(\frac{x-b}{c}\right)^3}$.

Aus dieser Gleichung folgt, dass die Curve in ihrem Laufe im Puncte $x = b$, $y = a$ inne hält, denn es wird für $x = b + h$ y reell und zweiwerthig, während dem es für $x = b - h$ imaginär wird. Um zu sehen, ob der Punct $x = b$, $y = a$ wirklich ein Rückkehrpunct ist, betrachte man $\frac{d^2 y}{d x^2} = \pm \frac{3}{4\sqrt{c^3(x-b)}}$; und da für $x = b + h$, $\frac{d^2 y}{d x^2} = \pm \frac{3}{4c\sqrt{ch}}$ ist, so folgt, dass $x = b$, $y = a$ in der That ein Rückkehrpunct der ersten Art ist.

11) $y = 2x^2 \pm \sqrt{(x-a)^3}$.

Es kann hier nur für den Punct $x = a$, $y = 2a^2$ ein Rückkehrpunct Statt finden, denn für $x = a + h$ nimmt y zwei reelle, für $x = a - h$ hingegen zwei imaginäre Werthe an. Ferner wird $\frac{d^2 y}{d x^2} = 4 \pm \frac{3}{4\sqrt{x-a}}$, und für $x = a + h$, $\frac{d^2 y}{d x^2} = 4 \pm \frac{3}{4\sqrt{h}}$.

Da aber h so klein gewählt werden kann, dass $4 < \frac{3}{4\sqrt{h}}$, so nimmt $\frac{d^2 y}{d x^2}$ zwei reelle verschieden bezeichnete Werthe an, und es bildet der gegebene Punct einen Rückkehrpunct der ersten Art.

12) $y = (x+1)^2 \pm (x-5)^{\frac{5}{2}}$.

Diese Curve besitzt in $x = 5$, $y = 36$ einen Rückkehrpunct der zweiten Art.

Anmerkung. Es bietet allgemein die Gleichung

$$y = \varphi(x) + (x-a)^{\frac{2n+1}{2m}} f(x)$$

Rückkehrpuncte, und zwar solche der ersten Art, wenn $\frac{2n+1}{2m} > 1$, aber kleiner als 2 ist, Rückkehrpuncte der zweiten Art für $\frac{2n+1}{2m} > 2$; ferner darf nicht Statt finden $\varphi''(a) = 0$.

c) **Die vielfachen Puncte.**

Erklärung. Vielfache Puncte sind solche, durch welche mehrere Zweige einer Curve gehen, und in welchen man demgemäss mehrere Tangenten ziehen kann. Ist $u = f(x, y) = 0$ eine algebraische Gleichung in rationaler Form, so folgt hieraus

$$\frac{dy}{dx} = -\frac{\left(\frac{du}{dx}\right)}{\left(\frac{du}{dy}\right)}.$$

Soll nun $\frac{dy}{dx}$ mehrere Werthe annehmen, so kann, da auch $\left(\frac{du}{dx}\right)$ und $\left(\frac{du}{dy}\right)$ rationale Functionen sind, diess nur erreicht werden, wenn $\frac{dy}{dx}$ in der Form $\frac{0}{0}$ erscheint.

Jene Werthe von x und y, welche sowohl $\left(\frac{du}{dx}\right) = 0$, $\left(\frac{du}{dy}\right) = 0$ und auch $f(x, y) = 0$ machen, können möglicherweise vielfache Puncte sein.

Hat man nun reelle Werthe gefunden, welche den eben genannten Gleichungen genügen, so bestimmen sich die Werthe von $\frac{dy}{dx}$ aus den Gleichungen:

$$\alpha) \ldots \left(\frac{d^2 u}{dx^2}\right) + 2 \cdot \left(\frac{d^2 u}{dx\, dy}\right) \cdot \frac{dy}{dx} + \left(\frac{d^2 u}{dy^2}\right) \cdot \left[\frac{dy}{dx}\right]^2 = 0,$$

$$\beta) \ldots \left(\frac{d^3 u}{dx^3}\right) + 3 \cdot \left(\frac{d^3 u}{dx^2\, dy}\right) \cdot \frac{dy}{dx}$$

$$+ 3 \cdot \left(\frac{d^3 u}{dx\, dy^2}\right) \cdot \left[\frac{dy}{dx}\right]^2 + \left(\frac{d^3 u}{dx^3}\right) \cdot \left[\frac{dy}{dx}\right]^3 = 0$$

u. s. w.

Die Gleichung α) genügt offenbar, wenn der zu untersuchende Punct ein doppelter, die Gleichung β), wenn er ein dreifacher ist, u. s. f.

Folgen aus den Gleichungen α), β), . . . gleiche Werthe für $\frac{dy}{dx}$, so ist diess ein Zeichen, dass im besagten Punct die Curvenäste sich nicht schneiden, sondern berühren.

Anmerkung. Was die Gleichungen α) und β) betrifft, so vergegenwärtige man sich die Aufgabe:

Aus $u = f(x, y) = 0$ den Werth von $\frac{dy}{dx}$ für die Zahlen $x = a$, $y = b$ zu bestimmen, wenn eben $\frac{dy}{dx}$ in der Form $\frac{0}{0}$ erscheint. Die Gleichung α) entsteht nun, indem man sich $d^2 u = 0$ aufstellt, unter der Voraussetzung, dass dy variabel und $\left(\frac{du}{dy}\right) = 0$ ist.

Auf dieselbe Weise entsteht die Gleich. β), wenn die Coefficienten der Gleich. α) abermals verschwinden, u. s. f.

Aufgabe 9. Es sind die vielfachen Puncte für folgende Curven zu suchen:

1) $u = ay^2 - 3x^2 + 3x + \frac{3}{4} = 0.$

Man hat hier $\left(\frac{du}{dx}\right) = -6x + 3,$

$$\left(\frac{du}{dy}\right) = 2ay.$$

Aus $\left(\frac{du}{dx}\right) = 0$ und $\left(\frac{du}{dy}\right) = 0$ folgen die Werthe $\begin{cases} x = \frac{1}{2}, \\ y = 0. \end{cases}$
Diese Werthe genügen auch der gegebenen Gleichung, und es kann daher der Punct $\begin{cases} x = \frac{1}{2} \\ y = 0 \end{cases}$ ein vielfacher Punct sein.

Bestimmt man sich jetzt, um für die Gleichung α) vorzubereiten, $\left(\frac{d^2 u}{dx^2}\right) = -6$, $\left(\frac{d^2 u}{dx\, dy}\right) = 0$, $\left(\frac{d^2 u}{dy^2}\right) = 2a$, so folgt nach wirklicher Substitution

$$-6 + 2a \,.\left(\frac{dy}{dx}\right)^2 = 0, \text{ d. i. } \frac{dy}{dx} = \pm \sqrt{\frac{3}{a}}.$$

Die vorgelegte Curve hat demnach in $\begin{cases} x = \frac{1}{2} \\ y = 0 \end{cases}$ einen doppelten Punct, und zwar schneiden sich in demselben die zwei Aeste der Curve.

2) $u = ay^2 - bx^2 + x^3 = 0.$

$$\left(\frac{du}{dx}\right) = -2bx + 3x^2, \quad \left(\frac{du}{dy}\right) = 2ay.$$

Aus diesen Bedingungsgleichungen folgen die Wurzelpaare $\begin{cases} x = 0, \\ y = 0, \end{cases}$ $\begin{cases} x = \frac{2}{3}b, \\ y = 0. \end{cases}$

Der gegebenen Gleichung genügen aber bloss die Coordinaten des Punctes $\begin{cases} x = 0, \\ y = 0, \end{cases}$ der demnach ein vielfacher Punct sein kann.

Ferner ist

$$\left(\frac{d^2 u}{dx^2}\right) = -2b + 6x, \quad \left(\frac{d^2 u}{dx\, dy}\right) = 0, \quad \left(\frac{d^2 u}{dy^2}\right) = 2a,$$

demnach geht die Gleichung α) über in

$$(-2b + 6x) + 2a \,.\left[\frac{dy}{dx}\right]^2 = 0.$$

Hieraus folgt $\frac{dy}{dx} = \pm \sqrt{\frac{b - 3x}{a}},$

und wegen $x = 0$, $\frac{dy}{dx} = \pm \sqrt{\frac{b}{a}}.$

Für die vorgelegte Curve ist demnach der Ursprung ein doppelter Punct.

3) $y = b \pm (x-a)^3 \sqrt{x-c}$.

Diese Gleichung rational gemacht und auf Null reducirt, folgt $u = (y-b)^2 - (x-a)^6 (x-c) = 0.$

Hieraus folgen die Bedingungsgleichungen

$$\left(\frac{du}{dx}\right) = -6(x-a)^5(x-c) - (x-a)^6,$$

$$\left(\frac{du}{dy}\right) = 2(y-b),$$

aus welchen durch Nullification $x=a$, $y=b$ sich ergibt.

Die Gleich. α) reducirt sich auf $\left[\frac{dy}{dx}\right]^2 = 0$, woraus $\frac{dy}{dx} = \pm 0$ folgt.

Die höheren Differentialgleichungen β) . . . liefern keine höhere Potenz von $\frac{dy}{dx}$ mehr, woraus ersichtlich ist, dass die Curve nur aus zwei Aesten besteht, die sich im Puncte $\begin{cases} x=a \\ y=b \end{cases}$ berühren.

Man findet sehr leicht, dass in diesem doppelten Punct für beide Curvenäste $\frac{dy}{dx} = 0$, $\frac{d^2y}{dx^2} = 0$, hingegen $\frac{d^3y}{dx^3}$ von Null verschieden ist, wornach sich die beiden Curvenäste in der zweiten Ordnung berühren.

4) $a^2y^2 = a^2x^2 + x^4$.

Es ist $u = a^2y^2 - a^2x^2 - x^4 = 0$.

$$\text{Aus } \left(\frac{du}{dx}\right) = -2a^2x - 4x^3 = 0$$

$$\text{und } \left(\frac{du}{dy}\right) = 2a^2y = 0$$

folgen die einzigen brauchbaren Werthe $\begin{cases} x=0, \\ y=0. \end{cases}$

Hiermit findet man nach α)

$$\frac{dy}{dx} = \pm 1.$$

Im Puncte $\begin{cases} x=0 \\ y=0 \end{cases}$ schneiden sich sonach zwei Curvenäste.

5) $u = x^3 + xy^2 - 2x^2 - 2y + 2 = 0$.

$$\left(\frac{du}{dx}\right) = 3x^2 + y^2 - 4x,$$

$$\left(\frac{du}{dy}\right) = 2xy - 2.$$

Diese partiellen Differential-Quotienten gleich Null gesetzt, folgt $\begin{cases} x = 1 \\ y = 1 \end{cases}$ als derjenige Punct, der möglicherweise ein vielfacher sein kann.

Um sich hierüber volle Gewissheit zu verschaffen, stelle man die Gleichung α) auf:

$$(3x - 2) + 2y \cdot \frac{dy}{dx} + x \cdot \left(\frac{dy}{dx}\right)^2 = 0.$$

Wegen $x = y = 1$

$$\left(\frac{dy}{dx}\right)^2 + 2 \cdot \frac{dy}{dx} + 1 = 0.$$

Aus dieser Gleichung folgen nun zwei gleich grosse Werthe für $\frac{dy}{dx}$, nämlich jeder $= 1$.

Im Puncte $\begin{cases} x = 1 \\ y = 1 \end{cases}$ berühren sich demnach zwei Curvenäste der vorgelegten Curve.

6) $u = y^4 - a^2y^2 + 2a^2x^2 - x^4 = 0.$

$$\left(\frac{du}{dx}\right) = 4a^2x - 4x^3, \quad \left(\frac{du}{dy}\right) = 4y^3 - 2a^2y,$$

$$\left(\frac{d^2u}{dx^2}\right) = 4a^2 - 12x^2, \quad \left(\frac{d^2u}{dx\,dy}\right) = 0, \quad \left(\frac{d^2u}{dy^2}\right) = 12y^2 - 2a^2.$$

Aus $\left(\frac{du}{dx}\right) = 0$ und $\left(\frac{du}{dy}\right) = 0$ folgt das einzige brauchbare Wurzelpaar: $\begin{cases} x = 0, \\ y = 0. \end{cases}$

Ferner folgt aus $(4a^2 - 12x^2) + (12y^2 - 2a^2)\left[\frac{dy}{dx}\right]^2 = 0$ $\frac{dy}{dx} = \pm\sqrt{2}$, wornach der Ursprung ein doppelter Punct der Curve ist.

7) $u = y^3 - x(x - a)^3 = 0.$

Aus $\left(\frac{du}{dx}\right) = 0$ und $\left(\frac{du}{dy}\right) = 0$ folgen die Werthe: $\begin{cases} x = a, \\ y = 0. \end{cases}$

Die Gleichung α) reducirt sich auf

$$(-12x^2 + 18ax - 6a^2) + 6y \cdot \left[\frac{dy}{dx}\right]^2 = 0.$$

Setzt man hier $x = a$ und $y = 0$, so verschwinden sämmtliche Coefficienten der Gleichung, und es kann demnach hieraus $\frac{dy}{dx}$ nicht bestimmt werden.

Geht man daher zur Gleichung β) über, so kommt

$$(-24x + 18a) + 6 \cdot \left[\frac{dy}{dx}\right]^3 = 0.$$

Hieraus folgt aber bloss $\frac{dy}{dx} = +\sqrt[3]{a}$, d. i. ein einziger Zahlenwerth, woraus hervorgeht, dass die vorgelegte Curve keine vielfachen Puncte besitzt. Es erhellt diess übrigens auch aus der vorgelegten Gleichung selbst, indem $y = (x - a)\sqrt[3]{x}$ ist, was deutlich zeigt, dass die Curve nur aus einem Ast besteht.

8) $u = (x^2 + y^2)^2 - 2c^2(x^2 - y^2) = 0.$

Aus $\left(\frac{du}{dx}\right) = 0$ und $\left(\frac{du}{dy}\right) = 0$ folgt $\begin{cases} x = 0, \\ y = 0. \end{cases}$

Die Gleichung (α) gibt

$$(12x^2 + 4y^2 - 4c^2) + 16xy \cdot \frac{dy}{dx} + \\ + (4x^2 + 12y^2 + 4c^2) \cdot \left[\frac{dy}{dx}\right]^2 = 0,$$

und hieraus folgt für $x = 0$ und $y = 0$

$$\frac{dy}{dx} = \pm 1,$$

wornach die Curve im Ursprung einen doppelten Punct besitzt.

9) $u = x^4 + 2ax^2y - ay^3 = 0.$

Von den Auflösungen des Systems

$$\left(\frac{du}{dx}\right) = 0 \text{ und } \left(\frac{du}{dy}\right) = 0$$

leistet nur $x = 0$, $y = 0$ auch der Gleichung 9) Genüge.

Die Differentialgleichung zweiter Ordnung gibt hier keinen Aufschluss; geht man daher zur Differentialgleichung dritter Ordnung über, so folgt

$$\frac{dy}{dx} = 0 \text{ und } \pm\sqrt{2}.$$

Es ist also der Punct $\begin{cases} x = 0 \\ y = 0 \end{cases}$ ein dreifacher Punct.

10) $u = (x^2 + y^2)^3 - a^2(x^2 - y^2)^2 = 0.$

Aus $\left(\frac{du}{dx}\right) = 0$ und $\left(\frac{du}{dy}\right) = 0$ folgt $\begin{cases} x = 0, \\ y = 0. \end{cases}$

Geht man hier bis

$$\left(\frac{d^4u}{dx^4}\right) + 4 \cdot \left(\frac{d^4u}{dx\,dy}\right) \cdot \frac{dy}{dx} + \ldots + \left(\frac{d^4u}{dy^4}\right) \cdot \left[\frac{dy}{dx}\right]^4 = 0,$$

so ist für $x = 0$, $y = 0$

$$\left[\frac{dy}{dx}\right]^4 - 2 \cdot \left[\frac{dy}{dx}\right]^2 + 1 = 0,$$

und hieraus $\frac{dy}{dx} = +1, \ +1, \ -1, \ -1,$

wornach der Ursprung für die Curve ein vierfacher Punct ist.

11) $u = 3(y - b)^3 - (x - a)^2 = 0.$

$$\left(\frac{du}{dx}\right) = -2(x - a), \quad \left(\frac{du}{dy}\right) = 9(y - b)^2.$$

Aus diesen Bedingungsgleichungen folgt $x = a$, $y = b$, durch welche Werthe auch die gegebene Gleichung befriedigt wird.

Auf die Glieder der zweiten Ordnung übergehend, folgt

$$-2 + 18(y-b) \cdot \left[\frac{dy}{dx}\right]^2 = 0,$$

woraus bloss folgt $\frac{dy}{dx} = \infty$.

Die gegebene Curve hat sonach keine vielfachen Puncte; aus der vorgelegten Gleichung selbst ist ersichtlich, dass wegen $y = b + \sqrt[3]{\frac{1}{3}(x-a)^2}$ die Curve nur Einen Ast besitzt.

12) $u = x^4 - 8x^2y + 2y^3 = 0.$

$$\left(\frac{du}{dx}\right) = 4x^3 - 16xy; \quad \left(\frac{du}{dy}\right) = -8x^2 + 6y^2.$$

Hieraus die brauchbaren Werthe: $\begin{cases} x = 0, \\ y = 0. \end{cases}$

Ferner nach β)

$$24x - 48 \cdot \frac{dy}{dx} + 12 \cdot \left[\frac{dy}{dx}\right]^3 = 0,$$

und für $x = 0$ folgt hieraus

$$\frac{dy}{dx} = 0, \quad \pm 2.$$

Die vorgelegte Curve besitzt sonach einen dreifachen Punct.

13) $u = x^4 - 2ay^3 - 3a^2y^2 - 2a^2x^2 + a^4 = 0.$

Unter allen Werthen von x und y, die aus

$$\left(\frac{du}{dx}\right) = 0 \quad \text{und} \quad \left(\frac{du}{dy}\right) = 0$$

folgen, genügen $\begin{cases} x = +a \\ y = 0 \end{cases}$ und $\begin{cases} x = -a \\ y = 0 \end{cases}$ der gegebenen Gleichung.

Nach α) ist

$$(12x^2 - 4a^2) - (12ay + 6a^2) \cdot \left[\frac{dy}{dx}\right]^2 = 0,$$

und hieraus für $x = \pm a$ und $y = 0$

$$\frac{dy}{dx} = \pm \frac{2}{\sqrt{3}}.$$

Die Curve besitzt also zwei doppelte Puncte.

14) $u = y^4 - 96a^2y^2 + 100a^2x^2 - x^4 = 0.$

Man findet hier bloss $\begin{cases} x = 0, \\ y = 0, \end{cases}$ und damit aus

$$(200a^2 - 12x^2) + (12y^2 - 192a^2) \cdot \left[\frac{dy}{dx}\right]^2 = 0$$

$$\frac{dy}{dx} = \pm \tfrac{5}{4}\sqrt{\tfrac{2}{3}}.$$

15) $u = y^4 - 8y^3 - 12xy^2 + 16y^2 + 48xy +$
$+ 4x^2 - 64x = 0.$

$$\left(\frac{du}{dx}\right) = -12y^2 + 48y + 8x - 64,$$

$$\left(\frac{du}{dy}\right) = 4y^3 - 24y^2 - 24xy + 32y + 48x.$$

Annullirt man diese Differential-Quotienten, so hat man die Gleichungen:

$$3y^2 - 12y - 2x + 16 = 0 \quad . \quad . \quad . \quad . \quad (1)$$

$$y^3 - 6y^2 - 6xy + 8y + 12x = 0 \quad . \quad . \quad . \quad (2)$$

Multiplicirt man die Gleichung (1) mit y, die Gleichung (2) mit 3 und subtrahirt, so kommt, wenn man gleich durch 2 abkürzt, $3y^2 + 8xy - 4y - 18x = 0 \quad . \quad . \quad . \quad (3)$

Die Gleichungen (1) und (3) von einander subtrahirt, geben $8xy + 8y - 16x - 16 = 0$, was sich auch schreiben lässt:

$$(y-2)(x+1) = 0.$$

Nimmt man $y = 2$, so folgt aus (3) $x = 2$, welche Werthe auch der vorgelegten Gleichung genügen.

Man hat ferner nach α)

$$8 + 2(48 - 24y) \cdot \frac{dy}{dx} + (12y^2 - 48y - 24x + 32) \cdot \left[\frac{dy}{dx}\right]^2 = 0,$$

und für $x = 2$, $y = 2$, $\frac{dy}{dx} = \frac{\pm 1}{2\sqrt{2}}$.

Die Curve, deren Gleichung in 15) gegeben ist, hat sonach in $\begin{cases} x = 2 \\ y = 2 \end{cases}$ einen doppelten Punct.

d) Die conjugirten oder beigeordneten Puncte.

Erklärung. Beigeordnete Puncte pflegt man solche zu nennen, deren Coordinaten wohl der Gleichung einer Curve $f(x, y) = 0$ Genüge leisten, ohne jedoch selbst in der Curve zu liegen. Um solche Puncte auszumitteln, bedenke man Folgendes:

Ist $x = a$ die Abscisse eines solchen Punctes, so muss das y aus $f(x, y) = 0$ reell ausfallen, hingegen für $x = a \pm h$ wird wenigstens bei den kleinsten Werthen von h das y aus $f(x, y) = 0$ imaginär werden müssen.

Ferner muss auch $\frac{dy}{dx}$ imaginär werden für diesen Punct. Ist aber $u = f(x, y) = 0$ eine rationale Gleichung, so kann $\frac{dy}{dx} = -\left(\frac{du}{dx}\right) : \left(\frac{du}{dy}\right)$ nur dann imaginär werden, wenn $\frac{dy}{dx}$ in der Form $\frac{0}{0}$ auftritt, d. h. es muss für die Coordinaten dieses isolirten Punctes $\left(\frac{du}{dx}\right) = 0$ und $\left(\frac{du}{dy}\right) = 0$ sein, wodurch auch die

Regel gegeben ist, wie man solche Puncte aufsucht. Wir stellen die Regel im Nachstehenden zusammen:

Man leite sich aus der in rationaler Form gegebenen Gleichung $u = f(x, y) = 0$ die Quotienten $\left(\frac{du}{dx}\right)$ und $\left(\frac{du}{dy}\right)$ ab, setze dieselben gleich Null, und bestimme die entsprechenden Wurzelpaare; jene Coordinaten, welche gleichzeitig die vorgelegte Gleichung befriedigen, können die Coordinaten isolirter Puncte sein. Man verschafft sich schliesslich darüber Gewissheit, indem man y für $x = a \pm h$ aus der gegebenen Gleichung berechnet. Wird dieses für beliebig kleine Werthe von h imaginär, so hat man wirklich einen Punct von der obigen Beschaffenheit gefunden.

Aufgabe 10. Man untersuche, ob die nachfolgenden Curven beigeordnete Puncte besitzen.

1) $y = (a + x)\sqrt{x}$.

Diese Gleichung rational gemacht, gibt

$$u = y^2 - x^3 - 2ax^2 - a^2x = 0,$$

$$\left(\frac{du}{dx}\right) = -3x^2 - 4ax - a^2,$$

$$\left(\frac{du}{dy}\right) = 2y.$$

Aus den Bedingungsgleichungen $\left(\frac{du}{dx}\right) = 0$ und $\left(\frac{du}{dy}\right) = 0$ folgt das Wurzelpaar $\begin{cases} x = -a, \\ y = 0, \end{cases}$ welche Werthe auch der vorgelegten Gleichung 1) genügen. Derjenige Punct, dessen Coordinaten $\begin{cases} x = -a \\ y = 0 \end{cases}$ sind, kann ein beigeordneter oder sogenannter isolirter Punct sein. Um darüber Gewissheit zu erlangen, setze man in der vorgelegten Gleichung $-a \pm h$ statt x, wodurch y übergeht in $y' = \pm h\sqrt{-a \pm h}$. Diese beiden Werthe für y' sind jedoch stets imaginär, wenn nur h mindestens so gewählt wird, dass es kleiner als a ist.

2) $y = 3 \pm x\sqrt{x - 3}$.

$$u = (y - 3)^2 - x^2(x - 3) = 0.$$

Aus $\left(\frac{du}{dx}\right) = 0$ und $\left(\frac{du}{dy}\right) = 0$ folgt $\begin{cases} x = 0, \\ y = 3; \end{cases}$ $0 \pm h$ statt x in 2) gesetzt, gibt

$$y' = 3 \pm h\sqrt{\pm h - 3},$$

welche Werthe von y' wieder entschieden imaginär ausfallen, wornach der Punct $\begin{cases} x = 0 \\ y = 3 \end{cases}$ ein conjugirter Punct ist.

3) $y = (x - a)\sqrt{x - b}$.

$$u = y^2 - (x - a)^2 (x - b) = 0.$$

Aus $\left(\frac{du}{dx}\right) = 0$ und $\left(\frac{du}{dy}\right) = 0$ folgen die Lösungen $\begin{cases} x = a, \\ y = 0, \end{cases}$ welche auch der Gleichung 3) genügen.

Ferner hat man für $x = a \pm h$

$$y' = \pm h\sqrt{a \pm h - b}.$$

Diese beiden Werthe von y' werden nur dann imaginär, wenn $a < b$ ist. Sonach besitzt die Curve einen isolirten Punct $\begin{cases} x = a, \\ y = 0, \end{cases}$ wenn $a < b$ ist.

4) $u = y^2 - x(x + a)^2 = 0$.

Aus $\left(\frac{du}{dx}\right) = 0$, $\left(\frac{du}{dy}\right) = 0$ folgt die brauchbare Auflösung $\begin{cases} x = -a, \\ y = 0. \end{cases}$

Für $x = -a \pm h$ kommt ferner $y' = \pm h\sqrt{-a \pm h}$.

Sobald $h < a$ ist, wird y' in beiden Fällen imaginär. Der obige Punct ist sonach wirklich ein conjugirter Punct der Curve.

5) $ay^2 = x(x + b)^2$.

$$u = ay^2 - x(x + b)^2 = 0.$$

$$\left(\frac{du}{dx}\right) = -2x(x + b) - (x + b)^2,$$

$$\left(\frac{du}{dy}\right) = 2ay.$$

Aus diesen Gleichungen folgt $\begin{cases} x = -b, \\ y = 0; \end{cases}$ ferner $x = -b \pm h$ in $y = \pm\sqrt{\frac{x}{a}}(x + b)$ gesetzt, liefert

$$y' = \pm h\sqrt{\frac{-b \pm h}{a}},$$

d. i. zwei imaginäre Werthe, und der oben angegebene Punct ist in der That ein isolirter.

6) $u = a^2(y - a)^2 + x(x - b)^3 = 0$.

Es ist $\left(\frac{du}{dx}\right) = 3x(x - b)^2 + (x - b)^3$,

$$\left(\frac{du}{dy}\right) = 2a^2(y - a).$$

Für $\begin{cases} x = b \\ y = a \end{cases}$ hat man einen isolirten Punct; denn für $x = b \pm h$ folgt aus der gegebenen Gleichung

$$y' = a \pm \frac{h}{a} \sqrt{\pm h} \sqrt{-b \mp h}.$$

Der Punct $\begin{cases} x = b \\ y = a \end{cases}$ ist also wirklich ein beigeordneter Punct.

7) $y = a \pm (x - b)^3 \sqrt{x - c}$.

Aus $\left(\frac{du}{dx}\right) = 0$ und $\left(\frac{du}{dy}\right) = 0$ folgt die brauchbare Auflösung $\begin{cases} x = b, \\ y = a. \end{cases}$

$x = b \pm h$ in 7) gesetzt, gibt $y' = a \pm h^3 \sqrt{b \pm h - c}$; y' bekommt jedenfalls zwei imaginäre Werthe, wenn $b < c$ ist.

8) $x^2 y^2 = (a^2 - x^2)(x - 2a)^2$.

Aus $\left(\frac{du}{dx}\right) = 0$, $\left(\frac{du}{dy}\right) = 0$ resultirt $\begin{cases} x = 2a, \\ y = 0. \end{cases}$

$x = 2a \pm h$ in 8) gesetzt, folgt

$$y' = \pm \frac{h}{2a \pm h} \sqrt{-3a^2 \mp 4ah - h^2}.$$

Auch hier sieht man wieder, dass die zwei Werthe für y' nothwendig imaginär werden müssen, dass demnach $\begin{cases} x = 2a \\ y = 0 \end{cases}$ die Coordinaten eines isolirten Punctes der gegebenen Curve sind.

9) $y^2 = x^2 \left(\frac{b}{x - a}\right)^2 - x^2$.

Für diese Curve ist $\begin{cases} x = 0 \\ y = 0 \end{cases}$ ein isolirter Punct, und zwar wenn $b^2 < a^2$ ist; denn für $x = \pm h$ folgt aus 9)

$$y' = \pm \frac{h}{\pm h - a} \sqrt{(b^2 - a^2) - h^2 \pm 2ah}.$$

10) $xy^2 = (x - 9)(x - 2)^2$.

Hier ist $\begin{cases} x = 2 \\ y = 0 \end{cases}$ ein isolirter Punct.

$$y' = \pm h \sqrt{\frac{\pm h - 7}{2 \pm h}}.$$

Fünfter Abschnitt.

Krümmungskreis und Evoluten.

Erklärung. Der Kreis $(x-\alpha)^2 + (y-\beta)^2 = \gamma^2$, welcher mit der Curve $y = f(x)$ eine Berührung der zweiten Ordnung eingeht, heisst Krümmungskreis dieser Curve.

Für die Coordinaten des Mittelpunctes hat man die Gleichungen:

$$\left.\begin{aligned} x - \alpha &= \frac{dy}{dx} \cdot \frac{1 + \frac{dy^2}{dx^2}}{\frac{d^2 y}{dx^2}} \\ y - \beta &= - \frac{1 + \frac{dy^2}{dx^2}}{\frac{d^2 y}{dx^2}} \end{aligned}\right\} \quad . \quad . \quad . \quad . \quad \text{I.}$$

Der Krümmungshalbmesser γ ist $= - \frac{\left(1 + \frac{dy^2}{dx^2}\right)^{\frac{3}{2}}}{\frac{d^2 y}{dx^2}}$.

Ist dx nicht als constant zu betrachten, dann hat man die Formeln:

$$\left.\begin{aligned} x - \alpha &= \frac{dy\,(dx^2 + dy^2)}{dx \,.\, d^2 y - dy \,.\, d^2 x} \\ y - \beta &= - \frac{dx\,(dx^2 + dy^2)}{dx \,.\, d^2 y - dy \,.\, d^2 x} \\ \gamma &= - \frac{(dx^2 + dy^2)^{\frac{3}{2}}}{dx \,.\, d^2 y - dy \,.\, d^2 x} \end{aligned}\right\} \quad . \quad . \quad . \quad \text{II.}$$

Die Evolute der Curve $y = f(x)$ folgt durch die Elimination von x und y aus den Gleichungen I. mit Hilfe der Gleichung $y = f(x)$. Die Relation in α und β, $F(\alpha, \beta) = 0$, die man dadurch erhält, gibt den geometrischen Ort sämmtlicher Krümmungsmittelpuncte der gegebenen Curve $y = f(x)$ an, und wird wegen anderer charakteristischer Eigenschaften in Bezug auf die vorgelegte Curve **Evolute** genannt.

Aufgabe 11. Für die nachfolgenden Curven soll der Krümmungskreis, beziehungsweise die Grössen α, β, γ, und die Evolute gesucht werden.

1) $y^2 = px$.

Wegen $\frac{dy}{dx} = \frac{p}{2y}$ und $\frac{d^2y}{dx^2} = -\frac{p^2}{4y^3}$ folgt nach I.

$$\left.\begin{aligned}\alpha &= 3x + \frac{p}{2} \\ \beta &= -\frac{4xy}{p}\end{aligned}\right\}$$

$$\gamma = \frac{(4x+p)^{\frac{3}{2}}}{2\sqrt{p}}$$

Aus den Gleichungen $\alpha = 3x + \frac{p}{x}$ und $\beta = -\frac{4x\sqrt{px}}{p}$ folgt sehr einfach durch Elimination von x

$$\beta^2 = \frac{16}{27p}\left(\alpha - \frac{p}{2}\right)^2$$

als die Gleichung der Evolute oder Mittelpunctscurve.

2) $y^2 - 3x + 6 = 0$.

Es ist $\frac{dy}{dx} = \frac{3}{2y}$, $\frac{d^2y}{dx^2} = -\frac{9}{4y^3}$;

ferner $x - \alpha = -\frac{4y^2+9}{6}$,

oder wegen $x = \frac{y^2+6}{3}$, $\alpha = y^2 + \frac{7}{2}$

eben so $y - \beta = \frac{4y^2+9}{9} \cdot y$ oder $\beta = -\frac{4}{9}y^3$

und $\gamma = \frac{1}{18}(4y^2+9)^{\frac{3}{2}}$.

Aus $\beta = -\frac{4}{9}y^3$ ist $y = -\sqrt[3]{\frac{9\beta}{4}}$, und dieses y in $\alpha = y^2 + \frac{7}{2}$ gesetzt, gibt

$$\alpha = \sqrt[3]{\frac{81\beta^2}{16}} + \frac{7}{2} \quad \text{oder} \quad \beta^2 = \frac{16}{81}\left(\alpha - \frac{7}{2}\right)^3$$

als die Gleichung der verlangten Evolute.

3) $y^2 - 3y + 2x - 5 = 0$.

Es ist $\frac{dy}{dx} = \frac{2}{3-2y}$, $\frac{d^2y}{dx^2} = \frac{8}{(3-2y)^3}$,

Wegen $\frac{1 + \frac{dy^2}{dx^2}}{\frac{d^2y}{dx^2}} = (3-2y) \cdot \frac{(3-2y)^2+4}{8}$ ist

$$\alpha = \frac{4x - (3-2y)^2 - 4}{4},$$

oder für $4x$ aus Gleichung 3) den Werth gesetzt, gibt

$$\alpha = -\tfrac{3}{4}(1 - 6y + 2y^2) \quad . \quad . \quad . \quad . \quad (1)$$

eben so folgt $\beta = \frac{3}{2} + \frac{1}{8}(3 - 2y)^3$ . . . . . . (2)

für den Krümmungshalbmesser findet man nach einer leichten Rechnung $\gamma = -\frac{1}{8}(13 - 12y + 4y^2)^{\frac{3}{2}}$.

Um die Evolute zu bestimmen, stelle man die Gleichung (1) in der Form

$$2y^2 - 6y + (1 + \tfrac{4}{3}\alpha) = 0,$$

oder indem man mit 2 multiplicirt,

$$(2y)^2 - 6(2y) + (2 + \tfrac{8}{3}\alpha) = 0,$$

und sonach $2y = 3 \pm \sqrt{7 - \frac{8}{3}\alpha}$ . . . . . . (1′)

Aus Gleichung (2) ist

$$(8\beta - 12) = (3 - 2y)^3$$

und $2y = 3 - \sqrt[3]{8\beta - 12}$ . . . . . (2′)

Setzt man die für $2y$ gefundenen Werthe in (1′) und (2′) einander gleich und reducirt, so folgt für die Gleichung der Evolute

$$(8\beta - 12)^2 = \left(7 - \frac{8\alpha}{3}\right)^3$$

oder $(2\beta - 3)^2 = \frac{1}{16}\left(7 - \frac{8\alpha}{3}\right)^3$.

4) Nehmen wir die allgemeinere Gleichung der Parabel:

$$y^2 + ay + bx + c = 0.$$

Man findet:

$$\frac{dy}{dx} = -\frac{b}{2y + a}, \quad \frac{d^2y}{dx^2} = \frac{-2b^2}{(2y + a)^3},$$

und mit diesen Werthen folgt

$$x - \alpha = \frac{(2y + a)^2 + b^2}{2b} \quad \text{oder} \quad \alpha = x - \frac{(2y + a)^2 + b^2}{2b}.$$

Bringt man hier x auf den Nenner $2b$, und schreibt statt $2bx$ den entsprechenden Werth aus der gegebenen Gleichung, $[2bx = -(2c + 2ay + 2y^2)]$, so folgt nach einer einfachen Reduction

$$\alpha = -\frac{(a^2 + b^2 + 2c) + 6ay + 6y^2}{2b},$$

dann $\beta = -\frac{(2y + a)^3 + ab^2}{2b^2}$,

und endlich $\gamma = +\frac{[(2y + a)^2 + b^2]^{\frac{3}{2}}}{2b^2}$.

Sucht man aus der Gleichung in α die Grösse $2y$ ähnlich wie im vorigen Beispiele, so folgt

$$2y = -a \pm \sqrt{\tfrac{1}{3}(a^2 - 2b^2 - 4c - 4b\alpha)},$$

eben so aus dem Ausdrucke für β ist

$$2y = -a - \sqrt[3]{2b^2\left(\beta + \frac{a}{2}\right)}.$$

Setzt man diese Werthe für $2y$ einander gleich, so folgt die Gleichung der Evolute:

$$27b^4(2\beta + a)^2 = [(a^2 - 2b^2 - 4c) - 4b\alpha]^3.$$

Aus dieser allgemeineren Gleichung folgt, wie man sich leicht überzeugen kann, die Gleichung der Evolute im vorigen Beispiele; man hat bloss $a = -3$, $b = +2$ und $c = -5$ zu setzen.

5) $a^2y^2 + b^2x^2 = a^2b^2$.

Aus $y = \frac{b}{a}\sqrt{a^2 - x^2}$ folgt

$$\frac{dy}{dx} = \frac{-bx}{a\sqrt{a^2 - x^2}} \text{ und } \frac{d^2y}{dx^2} = \frac{-ab}{(a^2 - x^2)^{\frac{3}{2}}}.$$

Der Ausdruck $\dfrac{1 + \frac{dy^2}{dx^2}}{\frac{d^2y}{dx^2}}$ geht in diesem Falle über in

$$\frac{a^2(a^2 - x^2)^{\frac{3}{2}} + b^2x^2(a^2 - x^2)^{\frac{1}{2}}}{-a^3b} = -\frac{(a^4 - c^2x^2)\sqrt{a^2 - x^2}}{a^3b},$$

wobei $c^2 = a^2 - b^2$ ist.

Nun folgt sehr einfach

$$x - \alpha = \frac{x(a^4 - c^2x^2)}{a^4}$$

$$\text{und } y - \beta = \frac{(a^4 - c^2x^2)\sqrt{a^2 - x^2}}{a^3b}.$$

Aus diesen beiden Gleichungen folgt nun α und β, und eben so für den Krümmungshalbmesser

$$\gamma = \frac{(a^4 - c^2x^2)^{\frac{3}{2}}}{a^4b}.$$

Um für die gegebene Ellipse die Gleichung ihrer Evolute zu finden, so folgt aus der Gleichung für $y - \beta$, wenn statt y der obige Werth gesetzt wird,

$$-a^3b\beta = (a^4 - c^2x^2 - a^2b^2)\sqrt{a^2 - x^2}$$

$$\text{oder } -a^3b\beta = c^2(a^2 - x^2)^{\frac{3}{2}}.$$

Hieraus folgt

$$a^2 - x^2 = \frac{a^2b^{\frac{2}{3}}\beta^{\frac{2}{3}}}{c^{\frac{4}{3}}} \quad \ldots\ldots \quad (m)$$

Aus der Gleichung für $x-\alpha$ folgt

$$x = a\,.\,\frac{a^{\frac{1}{3}}\alpha^{\frac{1}{3}}}{c^{\frac{2}{3}}},\quad \text{sonach}\quad a^2 - x^2 = \frac{a^2}{c^{\frac{4}{3}}}(c^{\frac{2}{3}} - a^{\frac{2}{3}}\alpha^{\frac{2}{3}})\quad .\ .\ .\ (n)$$

Diese Werthe für a^2-x^2 aus (m) und (n) gleichgesetzt, so folgt für die Evolute der Ellipse:

$$a^{\frac{2}{3}}\alpha^{\frac{2}{3}} + b^{\frac{2}{3}}\beta^{\frac{2}{3}} = c^{\frac{4}{3}},$$

oder wenn man statt c^2 die Bedeutung setzt

$$(a\alpha)^{\frac{2}{3}} + (b\beta)^{\frac{2}{3}} = (a^2 - b^2)^{\frac{2}{3}}\quad .\ .\ .\ .\ (r)$$

Hieraus folgt augenblicklich die Gleichung der Evolute für die Hiperbel $a^2y^2 - b^2x^2 = -a^2b^2$, indem man in (r), $-b^2$ statt $+b^2$ setzt, wodurch man erhält

$$(a\alpha)^{\frac{2}{3}} - (b\beta)^{\frac{2}{3}} = (a^2 + b^2)^{\frac{2}{3}}.$$

Anmerkung. Man findet noch etwas einfacher die Gleichung der Evolute für die Ellipse auf folgende Art:

Aus der Relation für $x-\alpha$ folgt

$$x^3 = \frac{a^4\alpha}{c^2},\quad \text{daher}\quad \frac{x}{a} = \sqrt[3]{\frac{a\alpha}{c^2}}\quad .\ .\ .\ (m')$$

Setzt man ferner in $y - \beta = \frac{(a^4 - c^2x^2)\sqrt{a^2-x^2}}{a^3b}$

$$\sqrt{a^2-x^2} = \frac{a}{b}\,.\,y\quad \text{und}\quad x^2 = \frac{a^2}{b^2}(b^2 - y^2),$$

so kommt

$$y^3 = -\frac{b^4\beta}{c},\quad \text{also}\quad \frac{y}{b} = -\sqrt[3]{\frac{b\beta}{c^2}}\quad .\ .\ .\ (n')$$

Setzt man diese Werthe von $\frac{x}{a}$ und $\frac{y}{b}$ in die Gleichung der Ellipse $\frac{x^2}{a^2} + \frac{y^2}{b^2} = 1$, so folgt die Gleichung der Evolute genau so wie oben.

6) Es sei die Hiperbel $xy = a^2$ gegeben.

Es ist $\frac{dy}{dx} = -\frac{a^2}{x^2}$, $\frac{d^2y}{dx^2} = +\frac{2a^2}{x^3}$,

$$\alpha = \frac{a^4 + 3x^4}{2x^3},\quad \beta = \frac{a^4 + 3y^4}{2y^3},\quad \gamma = -\frac{(a^4 + x^4)^{\frac{3}{2}}}{2a^2x^3}.$$

Um die Gleichung der Evolute zu finden, beobachte man folgenden Vorgang:

Es ist $\alpha + \beta = \frac{1}{2x^3y^3}[a^4(x^3 + y^3) + 3x^3y^3(x+y)]$,

und wegen $xy = a^2$

$$\alpha + \beta = \frac{1}{2a^6}[a^4(x^3 + y^3) + 3a^4xy(x+y)],$$

$$\text{d. i.}\quad \alpha + \beta = \frac{1}{2a^2}(x+y)^3,$$

$$\text{eben so}\quad \alpha - \beta = \frac{1}{2a^2}(y-x)^3,$$

$$\text{demnach}\quad (\alpha+\beta)^{\frac{1}{3}} = \frac{1}{\sqrt[3]{2a^2}}(y+x),$$

$$(\alpha-\beta)^{\frac{1}{3}} = \frac{1}{\sqrt[3]{2a^2}}(y-x).$$

Wenn man diese Gleichungen addirt und dann subtrahirt, und diese so erhaltenen Gleichungen multiplicirt, so folgt die Gleichung der Evolute:

$$(\alpha+\beta)^{\frac{2}{3}} - (\alpha-\beta)^{\frac{2}{3}} = (4a)^{\frac{2}{3}}.$$

7) Man behandle im Sinne der gegebenen Aufgabe die Cissoide, deren Gleichung $y^2 = \frac{x^3}{2r-x}$ ist.

Man findet hier

$$\frac{dy}{dx} = \frac{(3r-x)\sqrt{x}}{(2r-x)^{\frac{3}{2}}},\quad \frac{d^2y}{dx^2} = \frac{3r^2}{\sqrt{x}\,(2r-x)^{\frac{5}{2}}},$$

$$\text{ferner}\quad \alpha = \frac{-rx(12r-5x)}{3(2r-x)^2}\quad \ldots\ldots\ldots \quad (\text{m})$$

$$\beta = \frac{8r\sqrt{x}}{3\sqrt{2r-x}}\quad \ldots\ldots\ldots \quad (\text{n})$$

$$\gamma = \frac{r\sqrt{x}\,(8r-3x)^{\frac{3}{2}}}{3(2r-x)^2}.$$

Um die Gleichung der Evolute zu finden, bestimme man aus der Gleichung (n) die Grösse $x = \frac{18r\beta^2}{9\beta^2 + 64r^2}$, welcher Werth in die Gleichung (m) gesetzt,

$$27\beta^4 + 1152r^2\beta^2 + 4096r^3\alpha = 0$$

als die Gleichung der verlangten Evolute gibt.

8) Die Gleichung der Zuglinie oder Tractoria ist

$$x = \sqrt{a^2-y^2} + a\,l\,\frac{\sqrt{a^2-y^2}-a}{y}.$$

Durch Differentiation dieser Gleichung folgt

$$\frac{dy}{dx} = \frac{y}{\sqrt{a^2-y^2}},\quad \frac{d^2y}{dx^2} = \frac{a^2y}{(a^2-y^2)^2},$$

$$\text{und damit}\quad x - \alpha = \sqrt{a^2-y^2},$$

$$\text{daher}\quad \alpha = a\,l\,\frac{\sqrt{a^2-y^2}-a}{y}\quad \ldots\ldots\ldots \quad (\text{m})$$

$$\text{eben so einfach}\quad \beta = \frac{a^2}{y}\quad \ldots\ldots\ldots \quad (\text{n})$$

Der Krümmungshalbmesser ist $\gamma = -\frac{a\sqrt{a^2-y^2}}{y}$.

Um die Gleichung der Evolute zu finden, folgt aus (m)

$$\frac{\alpha}{a} = l \cdot \frac{\sqrt{a^2 - y^2} - a}{y},$$

daher $$e^{\frac{\alpha}{a}} = \frac{\sqrt{a^2 - y^2} - a}{y},$$

oder $$e^{\frac{\alpha}{a}} = \sqrt{\frac{a^2}{y^2} - 1} - \frac{a}{y}.$$

Aus Gleichung (n) ist $\frac{a}{y} = \frac{\beta}{a}$; substituirt man sonach $\frac{\beta}{a}$ statt $\frac{a}{y}$ in der letzten Gleichung, so kommt als Gleichung der Evolute:

$$e^{\frac{\alpha}{a}} = \sqrt{\frac{\beta^2}{a^2} - 1} - \frac{\beta}{a},$$

oder hieraus β bestimmt,

$$\beta = -\frac{a}{2}\left(e^{\frac{\alpha}{a}} + e^{-\frac{\alpha}{a}}\right),$$

welches sofort die Gleichung der Kettenlinie ist.

9) Man behandle im Sinne der gegebenen Aufgabe die Kettenlinie, welche durch die Gleichung $y = \frac{a}{2}\left(e^{\frac{x}{a}} + e^{-\frac{x}{a}}\right)$ gegeben ist.

Man hat vorerst

$$\frac{dy}{dx} = \tfrac{1}{2}\left(e^{\frac{x}{a}} - e^{-\frac{x}{a}}\right) \quad \text{und} \quad \frac{d^2y}{dx^2} = \frac{y}{a^2}.$$

Mit diesen Werthen folgt:

$$\alpha = x - \frac{a}{4}\left(e^{\frac{2x}{a}} - e^{-\frac{2x}{a}}\right) \quad \ldots\ldots \quad (m)$$

$$\beta = a\left(e^{\frac{x}{a}} + e^{-\frac{x}{a}}\right) \quad \ldots\ldots\ldots \quad (n)$$

$$\gamma = \frac{y^2}{a}.$$

Um mit Hilfe der Gleichungen (m) und (n) die Evolute zu finden, verfahre man wie folgt:

Aus der Gleichung (n) ist

$$e^{\frac{x}{a}} + e^{-\frac{x}{a}} = \frac{\beta}{a} \quad \ldots\ldots\ldots \quad (n')$$

oder wenn man quadrirt,

$$e^{\frac{2x}{a}} + 2 + e^{-\frac{2x}{a}} = \frac{\beta^2}{a^2};$$

beiderseits 4 subtrahirt, gibt

$$e^{\frac{x}{a}} - e^{-\frac{x}{a}} = \pm\sqrt{\frac{\beta^2}{a^2} - 4}.$$

Diese Gleichung mit der Gleichung (n') multiplicirt, liefert unmittelbar die Differenz

$$e^{\frac{2x}{a}} - e^{-\frac{2x}{a}} = \pm \frac{\beta\sqrt{\beta^2 - 4a^2}}{a^2} \quad . \quad . \quad . \quad . \quad (\mathrm{p})$$

Um noch die Grösse x auszudrücken, folgt gleichfalls aus der Gleichung (n'), wenn mit $e^{\frac{x}{a}}$ beiderseits multiplicirt wird,

$$e^{\frac{2x}{a}} + 1 = \frac{\beta}{a} \cdot e^{\frac{x}{a}};$$

mit $4a^2$ multiplicirt und β^2 addirt,

$$4a^2 e^{\frac{2x}{a}} - 4a\beta e^{\frac{x}{a}} + \beta^2 = \beta^2 - 4a^2,$$

$$(2a e^{\frac{x}{a}} - \beta)^2 = \beta^2 - 4a^2,$$

$$e^{\frac{x}{a}} = \frac{\beta \pm \sqrt{\beta^2 - 4a^2}}{2a},$$

$$x = a \,.\, l \frac{\beta \pm \sqrt{\beta^2 - 4a^2}}{2a}.$$

Mit diesem Werth von x und der in Gleichung (p) berechneten Differenz folgt dann nach Gleichung (m) für die verlangte Evolute:

$$\alpha = a \,.\, l \frac{\beta \pm \sqrt{\beta^2 - 4a^2}}{2a} \mp \frac{\beta\sqrt{\beta^2 - 4a^2}}{4a}.$$

10) Für die verkürzte und beziehungsweise gedehnte Cycloide besteht die Gleichung:

$$x = r \arccos \frac{r \pm a - y}{r \pm a} - \sqrt{2(r \pm a)y - y^2}.$$

Daraus ergibt sich weiter

$$\frac{dy}{dx} = \frac{\sqrt{2(r \pm a)y - y^2}}{y \mp a}, \quad \frac{d^2y}{dx^2} = -\frac{ry \pm ar + a^2}{(y \mp a)^3},$$

$$\alpha = r \arccos \frac{r \pm a - y}{r \pm a} + \frac{r(y \mp a)\sqrt{2(r \pm a)y - y^2}}{ry \pm ra + a^2},$$

$$\beta = \frac{\pm a^3 \pm 3ary - ry^2}{ry \pm ar + a^2},$$

$$\gamma = \frac{(2ry + a^2)^{\frac{3}{2}}}{(ry \pm ar + a^2)}.$$

Aus dem Ausdrucke in β lässt sich wohl die Grösse y bestimmen, welche dann, in den Ausdruck für α gesetzt, die Gleichung der Evolute gibt. Diese Gleichung nimmt aber, wie leicht zu sehen ist, eine sehr complicirte Form an, und wir stellen daher die Evolute für den einfacheren Fall her, wo $a = 0$, d. h. die gegebene Gleichung in die der gewöhnlichen Cycloide übergeht.

Diese Gleichung ist

$$x = r \arccos\left(1 - \frac{y}{r}\right) - \sqrt{2ry - y^2}$$

oder $$x = r \text{ arc sin v. } \frac{y}{r} - \sqrt{2ry - y^2} \quad . \quad . \quad . \quad . \quad (m)$$

Verlegt man den Ursprung des Coordinatensystems in den Scheitelpunct, so geht die Gleichung (m) über in

$$x = r \text{ arc sin v. } \frac{y}{r} + \sqrt{2ry - y^2} \quad . \quad . \quad . \quad (n)$$

Die Gleichung der Evolute bestimmt sich für diesen specielleren Fall aus den Gleichungen

$$\begin{cases} \alpha = r \text{ arc sin v. } \frac{y}{r} + \sqrt{2ry - y^2}, \\ \beta = - y, \end{cases}$$

also ist die Gleichung der Evolute:

$$\alpha = r \text{ arc sin v. } \left(\frac{-\beta}{r}\right) + \sqrt{2r(-\beta) - (-\beta)^2},$$

welche Gleichung offenbar wieder eine gemeine Cycloide repräsentirt, welche mit der durch die Gleichung (n) gegebenen Cycloide vollkommen congruent ist. Was die besondere Lage der durch die letzte Gleichung vertretenen Cycloide betrifft, so ist diese leicht aus der Gleichung selbst bestimmt.

11) Die Gleichung der logarithmischen Linie ist

$$y = a \,.\, l x.$$

Hiefür hat man

$$\frac{dy}{dx} = \frac{a}{x}, \quad \frac{d^2 y}{dx^2} = -\frac{a}{x^2},$$

$$\alpha = \frac{a^2 + 2x^2}{x} \quad . \quad . \quad . \quad . \quad . \quad . \quad . \quad (m)$$

$$\beta = a l x - \frac{a^2 + x^2}{a} \quad . \quad . \quad . \quad . \quad . \quad . \quad (n)$$

$$\gamma = \frac{(a^2 + x^2)^{\frac{3}{2}}}{ax}.$$

Für die Gleichung der Evolute folgt aus (m)

$$x = \frac{\alpha \pm \sqrt{\alpha^2 - 8a^2}}{4},$$

welcher Werth in (n) substituirt,

$$\beta = a \,.\, l \frac{\alpha \pm \sqrt{\alpha^2 - 8a^2}}{4} - \frac{\alpha^2 + 4a^2 \pm \alpha\sqrt{\alpha^2 - 8a^2}}{8a}$$

als die Gleichung der verlangten Evolute gibt.

12) $$\left.\begin{aligned} x &= 2r\cos\varphi - r\cos 2\varphi \\ y &= 2r\sin\varphi - r\sin 2\varphi \end{aligned}\right\} \text{ (Cardioide).}$$

Es ist: $dx = -2r(\sin\varphi - \sin 2\varphi)\,d\varphi$,

$$dy = 2r(\cos\varphi - \cos 2\varphi)\,d\varphi,$$
$$d^2x = -2r(\cos\varphi - 2\cos 2\varphi)\,d\varphi^2,$$
$$d^2y = -2r(\sin\varphi - 2\sin 2\varphi)\,d\varphi^2.$$

Nach den Formeln II. (Fünfter Abschn., Erklär.), das ist

$$\alpha = x - \frac{dy\,(dx^2 + dy^2)}{dx\,d^2y - dy\,d^2x},$$
$$\beta = y + \frac{dx\,(dx^2 + dy^2)}{dx\,d^2y - dy\,d^2x},$$
$$\gamma = -\frac{(dx^2 + dy^2)^{\frac{3}{2}}}{dx\,d^2y - dy\,d^2x},$$

findet man dann

$$\alpha = \frac{r}{3}(2\cos\varphi + \cos 2\varphi) \;.\;.\;.\;.\;.\; (1)$$

$$\beta = \frac{r}{3}(2\sin\varphi + \sin 2\varphi) \;.\;.\;.\;.\;.\; (2)$$

$$\gamma = \frac{8r}{3}\cdot\sin\frac{\varphi}{2} \;.\;.\;.\;.\;.\;.\;.\;.\;.\; (3)$$

Schreibt man in (1) und (2) $180 + \varphi$ statt φ, so ist

$$\left.\begin{aligned}\alpha &= -\frac{r}{3}(2\cos\varphi - \cos 2\varphi)\\ \beta &= -\frac{r}{3}(2\sin\varphi - \sin 2\varphi)\end{aligned}\right\} \;.\;.\;.\;.\;.\; (4)$$

welche zwei Gleichungen in ihrer Zusammengehörigkeit die Evolute der Cardioide bestimmen.

Vergleicht man das System der Gleichungen in 12) mit jenem in (4), so sieht man augenblicklich, dass die Evolute der Cardioide eine Curve genau von derselben Gattung ist, wo jedoch der Halbmesser des erzeugenden Kreises $\frac{r}{3}$ beträgt, und der Ursprung auf der Seite der negativen x sich befindet.

Sechster Abschnitt.

Rectification der Curven.

Erklärung. Eine Curve rectificiren heisst ein beliebiges Bogenstück derselben durch die seinen Endpuncten entsprechenden Abscissen ausdrücken. Man hat für das Differential des Bogens $ds = dx\sqrt{1 + \frac{dy^2}{dx^2}}$ oder $ds = dy\sqrt{1 + \frac{dx^2}{dy^2}}$ sonach

$$s = \int dx\sqrt{1 + \frac{dy^2}{dx^2}} \quad \text{oder} \quad s = \int dy\sqrt{1 + \frac{dx^2}{dy^2}}.$$

Ist die Gleichung der Curve in Polarcoordinaten gegeben, so ist $ds = du\sqrt{r^2 + \frac{dr^2}{du^2}}$, also $s = \int du\sqrt{r^2 + \frac{dr^2}{du^2}}$.

Aufgabe 12. Nachfolgende Curven sind zu rectificiren:

1) $y^2 = px$ (gemeine Parabel).

Hier ist

$$y = \pm\sqrt{px}, \quad \frac{dy}{dx} = \pm\tfrac{1}{2}\sqrt{\frac{p}{x}},$$

und $s = \int dx\sqrt{1 + \frac{p}{4x}}$ oder $\frac{p}{4} = a$ gesetzt,

$$s = \int dx\sqrt{\frac{x+a}{x}} = \int\frac{(x+a)\,dx}{\sqrt{ax+x^2}} = \int\frac{x\,dx}{\sqrt{ax+x^2}} + \int\frac{a\,dx}{\sqrt{ax+x^2}}.$$

Behandelt man $\int\frac{x\,dx}{\sqrt{ax+x^2}}$ nach der Formel $\int\frac{x^n\,dx}{\sqrt{\alpha+\beta x+\gamma x^2}}$, und $\int\frac{a\,dx}{\sqrt{ax+x^2}}$ nach $\int\frac{dx}{\sqrt{\alpha+\beta x+\gamma x^2}}$, so folgt:

$$s = \sqrt{ax+x^2} + \frac{a}{2}\,l\left[(a+2x) + 2\sqrt{ax+x^2}\right] + C;$$

soll die Bogenlänge vom Scheitel an gerechnet werden, so ist $s = 0$ für $x = 0$, und in dem Falle ist $C = -\frac{a}{2}\,l\,a$, demnach

$$s = \sqrt{ax+x^2} + \frac{a}{2}\,l\left[\frac{(a+2x) + 2\sqrt{ax+x^2}}{a}\right],$$

oder für a wieder $\frac{p}{4}$ geschrieben,

$$s = \sqrt{\frac{px}{4} + x^2} + \frac{p}{8}\,l\left[\frac{(p+8x) + 4\sqrt{px+4x^2}}{p}\right].$$

2) $y^2 = p x^3$ (cubische Parabel).

Wegen $\frac{dy}{dx} = \frac{3}{2}\sqrt{px}$ ist

$$s = \int dx \sqrt{1 + \frac{9px}{4}} = \frac{8}{27p}\left(1 + \frac{9p}{4} \, . \, x\right)^{\frac{3}{2}} + C.$$

Rechnet man den Bogen vom Scheitel an, so ist $C = -\frac{8}{27p}$, daher

$$s = \frac{8}{27p}\left[\left(1 + \frac{9p}{4} \, . \, x\right)^{\frac{3}{2}} - 1\right].$$

3) $y^n = p x^m$ (allgemeine Gleichung der Parabeln).

Hier ist $y = p^{\frac{1}{n}} x^{\frac{m}{n}}$, $\frac{dy}{dx} = \frac{m}{n} p^{\frac{1}{n}} x^{\frac{m}{n} - 1}$

und $s = \int dx \sqrt{1 + \frac{m^2}{n^2} p^{\frac{2}{n}} x^{2\left(\frac{m}{n} - 1\right)}}$.

Setzt man der Kürze halber $\frac{m}{n} = \alpha$, $p^{\frac{2}{n}} = \beta$, so ist

$$s = \int dx \sqrt{1 + \alpha^2 \beta^2 x^{2\alpha - 2}}.$$

Dieses Integral kann aber bekanntlich nur dann durch einen geschlossenen Ausdruck angegeben werden, wenn $\frac{1}{2\alpha - 2}$ eine ganze positive Zahl ist.

Setzen wir $\frac{1}{2\alpha - 2} = \gamma$, so ist $\alpha = \frac{1 + 2\gamma}{2\gamma}$.

Wäre z. B. $\gamma = 1$, so muss $\alpha = \frac{3}{2} = \frac{m}{n}$ sein, und man hat $y^2 = px^3$ die in 2) rectificirte Parabel.

Für $\alpha = \frac{1}{2}$, d. i. $m = 1$, $n = 2$, folgt $s = \int dx \sqrt{1 + \frac{px^{-1}}{4}}$, d. i. $s = \int dx \sqrt{\frac{x + a}{x}}$, wenn $\frac{p}{4} = a$ gesetzt wird, und in diesem Falle bezeichnet s die Bogenlänge für die in 1) behandelte gemeine Parabel.

4) Es sei die gemeine Parabel durch die Gleichung $x = py^2$ gegeben.

In diesem Falle würde man die Formel benützen:

$$s = \int dy \sqrt{1 + \frac{dx^2}{dy^2}}.$$

Wegen $\frac{dx}{dy} = 2py$ ist

$$s = \int dy \sqrt{1 + 4p^2y^2} \text{ [nach } \int dx \sqrt{a + bx^2}\text{]},$$

$$s = \frac{y}{2}\sqrt{1 + 4p^2y^2} + \frac{1}{4p} \, l\left[2py + \sqrt{1 + 4p^2y^2}\right] + C.$$

Lässt man den Bogen mit y gleichzeitig verschwinden, so fällt C weg.

5) $a^2 y^2 + b^2 x^2 = a^2 b^2$ (Ellipse).

Es ist $\frac{dy}{dx} = \frac{-bx}{a\sqrt{a^2 - x^2}}$ und

$$s = \int dx \sqrt{1 + \frac{b^2 x^2}{a^2 (a^2 - x^2)}}$$

$$= \int dx \sqrt{\frac{a^2 - \frac{c^2}{a^2} x^2}{a^2 - x^2}} \text{ (wobei } c^2 = a^2 - b^2 \text{ ist).}$$

Setzt man $\frac{c}{a} = e$ und $\frac{x}{a} = z$, dann ist

$$s = a \int dz \sqrt{\frac{1 - e^2 z^2}{1 - z^2}}.$$

Entwickelt man $\sqrt{1 - e^2 z^2}$ nach dem binomischen Satze, so ist

$$\sqrt{1 - e^2 z^2} = 1 - \tfrac{1}{2}(ez)^2 - \frac{1.1}{2.4}(ez)^4 - \frac{1.1.3}{2.4.6}(ez)^6 - \text{etc.}$$

Die Grösse s wird sonach aufgelöst in eine Reihe von Integralen von der Form $\int \frac{z^m dz}{\sqrt{1 - z^2}}$, wobei m wesentlich eine gerade Zahl bedeutet.

Nun ist bekanntlich

$$\int \frac{z^m dz}{\sqrt{1 - z^2}} = -\frac{z^{m-1}\sqrt{1 - z^2}}{m} + \frac{m-1}{m} \int \frac{z^{m-2} dz}{\sqrt{1 - z^2}},$$

und in dieser Formel für m der Reihe nach die Werthe 0, 2, 4, 6, . . . gesetzt, hat man

$$s = a \left\{ \int \frac{dz}{\sqrt{1 - z^2}} - \tfrac{1}{2} e^2 \int \frac{z^2 dz}{\sqrt{1 - z^2}} - \frac{1.1}{2.4} e^4 \int \frac{z^4 dz}{\sqrt{1 - z^2}} - \text{etc.} \right\}.$$

Führt man mit Hilfe der oben gegebenen Formel die einzelnen Integrationen aus, und stellt gleich wieder für z den Werth $\frac{x}{a}$ her, dann ist

$$s = a \,.\, \arcsin \frac{x}{a} + \tfrac{1}{2} a e^2 \left[\frac{x}{2a} \sqrt{1 - \frac{x^2}{a^2}} - \tfrac{1}{2} \arcsin \frac{x}{a} \right] +$$
$$+ \frac{1.1}{2.4} a e^4 \left[\left(\frac{x^3}{4a^3} + \frac{1.3}{2.4} \cdot \frac{x}{a} \right) \sqrt{1 - \frac{x^2}{a^2}} - \frac{1.3}{2.4} \arcsin \frac{x}{a} \right] + \text{etc.}$$

Schreiben wir in dieser Entwicklung für $\arcsin \frac{x}{a}$, A und $\sqrt{1 - \frac{x^2}{a^2}} = X$, und setzen gleichzeitig $e = \frac{c}{a}$, dann ist

$$s = aA + \frac{c^2}{2a} \left[\frac{x}{2a} \,.\, X - \tfrac{1}{2} A \right] +$$
$$+ \frac{1.1}{2.4} \cdot \frac{c^4}{a^3} \left[\left(\frac{x^3}{4a^3} + \frac{1.3}{2.4} \cdot \frac{x}{a} \right) X - \frac{1.3}{2.4} A \right] + \text{etc.},$$

wozu keine Constante kommt, wenn man den Bogen von $x = 0$ anfangen lässt.

Um den Umfang der ganzen Ellipse zu erhalten, hat man in vorstehenden Ausdruck $x = a$ zu setzen, und den so erhaltenen Bogen viermal zu nehmen; man erhält demgemäss

$$u = 2a\pi\left[1 - \frac{1}{1}\left(\frac{1}{2} \cdot \frac{c}{a}\right)^2 - \frac{1}{3}\left(\frac{1.3}{2.4} \cdot \frac{c^2}{a^2}\right)^2 - \frac{1}{5}\left(\frac{1.3.5}{2.4.6} \cdot \frac{c^3}{a^3}\right)^2 - \right.$$
$$\left. - \frac{1}{7}\left(\frac{1a3.5.7}{2.4.6.8} \cdot \frac{c^4}{a^4}\right)^2 - \text{etc.}\right].$$

Für $a = b$ wird $c = 0$, und dann $u = 2a\pi$, d. i. der Umfang des Kreises für den Halbmesser $= a$.

6) $a^2 y^2 - b^2 x^2 = - a^2 b^2$ (Hiperbel).

Hier ist $\frac{dy}{dx} = \frac{b^2 x}{a^2 y}$, und daher nach einer ganz ähnlichen Rechnung wie im vorigen Beispiel $s = a\int\sqrt{\frac{e^2 z^2 - 1}{z^2 - 1}} \cdot dz$, wobei $e^2 = \frac{c^2}{a^2} = \frac{a^2 + b^2}{a^2}$ ist.

Nun ist $\sqrt{e^2 z^2 - 1} = ez - \frac{1}{2} \cdot \frac{1}{ez} - \frac{1.1}{2.4} \cdot \frac{1}{e^3 z^3} -$

$$- \frac{1.1.3}{2.4.6} \cdot \frac{1}{e^5 z^5} - \frac{1.1.3.5}{2.4.6.8} \cdot \frac{1}{e^7 z^7} - \text{etc.},$$

also $$\frac{s}{a} = e\int\frac{z\,dz}{\sqrt{z^2 - 1}} - \frac{1}{2} \cdot \frac{1}{e}\int\frac{dz}{z\sqrt{z^2 - 1}} -$$
$$- \frac{1.1}{2.4} \cdot \frac{1}{e^3}\int\frac{dz}{z^3\sqrt{z^2 - 1}} - \text{etc.} \quad . \quad . \quad . \quad \text{I.}$$

Behandelt man diese sämmtlichen Integrale, mit Ausnahme des ersten, nach der Formel

$$\int\frac{dz}{z^{n+1}\sqrt{z^2 - 1}} = \frac{\sqrt{z^2 - 1}}{n z^n} + \frac{n - 1}{n}\int\frac{dz}{z^{n-1}\sqrt{z^2 - 1}},$$

und substituirt diese Ergebnisse in I., dann folgt

$$\frac{s}{a} = \left[e - \frac{1.1}{2.4.e^3} \cdot \frac{1}{2z^2} - \frac{1.1.3}{2.4.6.e^5}\left(\frac{1}{4z^4} + \frac{1.3}{2.4.z^2}\right) - \text{etc.}\right]\sqrt{z^2 - 1}$$
$$- \left(\frac{\pi}{2} - \text{arc sin}\,\frac{1}{z}\right)\left[\frac{1}{2e} + \frac{1.1}{2.4.e^3} \cdot \frac{1}{2} + \frac{1.1.3}{2.4.6e^5} \cdot \frac{1.3}{2.4} + \text{etc.}\right].$$

Schreibt man wieder $\frac{c}{a}$ statt e und $\frac{x}{a}$ statt z, und multiplicirt die Gleichung mit a, dann ist

$$s = \left[\frac{c}{a} - \frac{1.1}{2.4} \cdot \frac{a^3}{c^3} \cdot \frac{a^2}{2x^2} - \frac{1.1.3}{2.4.6} \cdot \frac{a^5}{c^5}\left(\frac{a^4}{4x^4} + \frac{1.3}{2.4} \cdot \frac{a^2}{x^2}\right) - \text{etc.}\right]\sqrt{x^2 - a^2}$$
$$- a\left(\frac{\pi}{2} - \text{arc sin}\,\frac{a}{x}\right)\left[\frac{a}{2c} + \frac{1.1.a^3}{2.4.c^3} \cdot \frac{1}{2} + \frac{1.1.3}{2.4.6} \cdot \frac{a^5}{c^5} \cdot \frac{1.3}{2.4} + \text{etc.}\right]$$

oder

$$s = \frac{c}{a}\Big[1 - \frac{1}{2}\cdot\frac{1.1}{2.4}\cdot\frac{a^4}{c^4} - \frac{1}{4}\cdot\frac{1.1.3}{2.4.6}\cdot\frac{a^6}{c^6}\Big(\frac{a^4}{x^4}+\frac{3}{2}\cdot\frac{a^2}{x^2}\Big) -$$
$$- \frac{1}{6}\cdot\frac{1.1.3.5}{2.4.6.8}\cdot\frac{a^8}{c^8}\Big(\frac{a^6}{x^6}+\frac{5}{4}\cdot\frac{a^4}{x^4}+\frac{5.3}{4.2}\cdot\frac{a^2}{x^2}\Big) - \text{etc.}\Big]$$
$$- \frac{a^2}{c}\Big(\frac{\pi}{2} - \arcsin\frac{a}{x}\Big)\Big[\frac{1}{2} + \frac{1}{2}\cdot\frac{1.1}{2.4}\cdot\frac{a^2}{c^2} + \frac{1.3}{2.4}\cdot\frac{1.1.3}{2.4.6}\cdot\frac{a^4}{c^4} +$$
$$+ \frac{1.3.5}{2.4.6}\cdot\frac{1.1.3.5}{2.4.6.8}\cdot\frac{a^6}{c^6} + \text{etc.}\Big].$$

Diese Schlussformel für die Bogenlänge der Hiperbel involvirt die Bedingung, dass für $x = a$, $s = 0$ wird.

7) $(ax)^{\frac{2}{3}} + (by)^{\frac{2}{3}} = (a^2 - b^2)^{\frac{2}{3}}$ (Evolute der Ellipse).

Dividirt man diese Gleichung vorerst durch $b^{\frac{2}{3}}$, setzt $\left(\frac{a}{b}\right)^{\frac{2}{3}} = m$ und $\frac{a^2 - b^2}{b} = n$, so ist

$$m x^{\frac{2}{3}} + y^{\frac{2}{3}} = n^{\frac{2}{3}},$$
$$\frac{dy}{dx} = - m x^{-\frac{1}{3}} (n^{\frac{2}{3}} - m x^{\frac{2}{3}})^{\frac{1}{2}}$$

und $s = \int dx \sqrt{(1 - m^3) + m^2 n^{\frac{2}{3}} x^{-\frac{2}{3}}}$.

Setzt man wieder der Kürze halber $1 - m^3 = \alpha$ und $m^2 n^{\frac{2}{3}} = \beta$, so ist

$$s = \int dx \sqrt{\alpha + \beta x^{-\frac{2}{3}}} = \int dx \,.\, x^{-\frac{1}{3}} (\alpha x^{\frac{2}{3}} + \beta)^{\frac{1}{2}}.$$

Setzt man $\alpha x^{\frac{2}{3}} + \beta = z$, und drückt alles durch z aus, so folgt $s = \frac{z^{\frac{3}{2}}}{\alpha} = \frac{1}{\alpha}[\alpha x^{\frac{2}{3}} + \beta]^{\frac{3}{2}}$, oder wenn man wieder für α und β die Werthe substituirt

$$s = \frac{1}{1 - m^3}[(1 - m^3) x^{\frac{2}{3}} + m^2 n^{\frac{2}{3}}]^{\frac{3}{2}} + C.$$

Ist $s = 0$ für $x = 0$, so ist $C = - \frac{m^3 . n}{1 - m^3}$.

8) $x^{\frac{2}{3}} + y^{\frac{2}{3}} = a^{\frac{2}{3}}$.

$$y = (a^{\frac{2}{3}} - x^{\frac{2}{3}})^{\frac{3}{2}}, \quad \frac{dy}{dx} = - x^{-\frac{1}{3}} (a^{\frac{2}{3}} - x^{\frac{2}{3}})^{\frac{1}{2}},$$
$$s = \int dx \sqrt{a^{\frac{2}{3}} x^{-\frac{2}{3}}} = \tfrac{3}{2}\sqrt[3]{a x^2} + C.$$

Soll für $x = 0$ auch $s = 0$ sein, so ist $s = \frac{3}{2}\sqrt[3]{a x^2}$ die verlangte Bogenlänge.

9) $y^2 = \frac{x^3}{a - x}$ (Cissoide).

Es ist $\frac{dy}{dx} = \frac{\sqrt{x}\,(3a - 2x)}{2(a - x)^{\frac{3}{2}}}$, also $s = \frac{a}{2}\int \frac{dx}{(a - x)} \sqrt{\frac{4a - 3x}{a - x}}$.

Um dieses Integral auszuführen, setze man $\sqrt{\frac{4a-3x}{a-x}} = z$, dann ist

$$x = \frac{az^2 - 4a}{z^2 - 3}, \quad a - x = \frac{a}{z^2 - 3}, \quad dx = \frac{2az\,dz}{(z^2-3)^2},$$

$$\text{daher} \quad s = a\int\frac{z^2\,dz}{z^2-3} = az - 3a\int\frac{dz}{3-z^2},$$

$$s = az - \frac{a\sqrt{3}}{2}\,l\,.\,\frac{\sqrt{3}+z}{\sqrt{3}-z} + C.$$

Zählt man den Bogen vom Ursprung an, wo also für $x=0$ auch $s=0$ ist, dann folgt $z=2$, demnach hat man zur Bestimmung der Constanten die Gleichung

$$0 = 2a - \frac{a\sqrt{3}}{2}\,l\,.\,\frac{\sqrt{3}+2}{\sqrt{3}-2} + C,$$

$$C = -2a + \frac{a\sqrt{3}}{2}\,l\,.\,\frac{\sqrt{3}+2}{\sqrt{3}-2},$$

$$s = a(z-2) + \frac{a\sqrt{3}}{2}\,l\,.\,\frac{\sqrt{3}+2}{\sqrt{3}-2}\,.\,\frac{\sqrt{3}-z}{\sqrt{3}+z};$$

für z könnte man hier noch seinen Werth $\sqrt{\frac{4a-3x}{a-x}}$ substituiren.

Thut man diess wirklich, so folgt

$$s = a\sqrt{\frac{4a-3x}{a-x}} - 2a + \frac{a\sqrt{3}}{2}\,l\,.\,\left[\frac{(\sqrt{3}+2)(\sqrt{3a-3x}-\sqrt{4a-3x})}{(\sqrt{3}-2)(\sqrt{3a-3x}+\sqrt{4a-3x})}\right].$$

10) $(x^2+y^2)^2 = 2a^2(x^2-y^2)$ (Lemniscate).

Setzt man $x^2+y^2=u^2$, so folgt

$$u^4 = 2a^2(2x^2-u^2),$$

$$\text{und} \quad x^2 = u^2\left(\frac{u^2}{2c^2}+\frac{1}{2}\right), \quad \text{wobei } c = a\sqrt{2};$$

$$\text{eben so ist} \quad y^2 = u^2\left(\frac{1}{2}-\frac{u^2}{2c^2}\right),$$

$$\text{also} \quad x = \frac{1}{c\sqrt{2}}\sqrt{u^4+c^2u^2},$$

$$y = \frac{1}{c\sqrt{2}}\sqrt{c^2u^2-u^4},$$

$$\text{demnach} \quad dx = \frac{1}{c\sqrt{2}}\,.\,\frac{2u^2+c^2}{\sqrt{u^2+c^2}}\,.\,du,$$

$$dy = \frac{1}{c\sqrt{2}}\,.\,\frac{c^2-2u^2}{\sqrt{c^2-u^2}}\,.\,du.$$

Wegen $ds^2 = dx^2 + dy^2$ ist

$$ds^2 = \frac{c^4\,du^2}{c^4-u^4},$$

demnach

$$ds = \frac{c^2\,du}{\sqrt{c^4-u^4}}$$

und

$$s = c^2 \int \frac{du}{\sqrt{c^4 - u^4}} = c \int \frac{d \cdot \frac{u}{c}}{\sqrt{1 - \frac{u^4}{c^4}}}.$$

Setzt man vorläufig $\frac{u}{c} = z$, und entwickelt $\frac{1}{\sqrt{1 - z^4}}$ in eine Reihe, so ist

$$\frac{1}{\sqrt{1 - z^4}} = 1 + \tfrac{1}{2} \cdot z^4 + \frac{1.3}{1.2} \cdot \frac{z^8}{2^2} + \frac{1.3.5}{1.2.3} \cdot \frac{z^{12}}{2^3} + \text{etc.},$$

also

$$s = c \int \frac{dz}{\sqrt{1 - z^4}} = c \left[z + \tfrac{1}{2} \cdot \frac{z^5}{5} + \frac{1.3}{1.2} \cdot \frac{z^9}{2^2.9} + \frac{1.3.5}{1.2.3} \cdot \frac{z^{13}}{2^3.13} + \text{etc.} \right].$$

Hierzu kommt keine Constante, wenn man wieder die Bogenlänge vom Ursprung an rechnet, denn dann ist für $x = 0$ auch $u = 0$, $z = 0$ und $s = 0$.

Drückt man s durch $\frac{u}{c}$ aus, so ist

$$s = c \left[\frac{u}{c} + \tfrac{1}{2} \left(\frac{u}{c}\right)^5 \cdot \tfrac{1}{5} + \frac{1.3}{1.2} \left(\frac{u}{c}\right)^9 \cdot \frac{1}{2^2.9} + \frac{1.3.5}{1.2.3} \left(\frac{u}{c}\right)^{13} \cdot \frac{1}{2^3.13} + \text{etc.} \right].$$

Um hier noch die Grenzwerthe $x = 0$ und $x = x'$ einzuführen, hätte man für u, $\sqrt{x^2 + y^2}$ zu setzen und gleichzeitig y^2 durch x aus der gegebenen Gleichung auszudrücken.

Um die Totallänge der Lemniscate zu erhalten, hat man die Integration innerhalb der Grenzen von $x = 0$ bis $x = a\sqrt{2}$ vorzunehmen, und den so erhaltenen Werth mit 4 zu multipliciren.

11) $y = \pm a l \, . \, \frac{a + x + \sqrt{2ax + x^2}}{a}$ (Kettenlinie).

Hieraus folgt $\frac{dy}{dx} = \frac{\pm a}{\sqrt{2ax + x^2}}$, demnach

$$s = \int dx \frac{(a + x)}{\sqrt{2ax + x^2}} = a \int \frac{dx}{\sqrt{2ax + x^2}} + \int \frac{x\,dx}{\sqrt{2ax + x^2}}.$$

Nach $\int \frac{x^n\,dx}{\sqrt{\alpha + \beta x + \gamma x^2}}$ ist

$$\int \frac{x\,dx}{\sqrt{2ax + x^2}} = \sqrt{2ax + x^2} - a \int \frac{dx}{\sqrt{2ax + x^2}},$$

also $s = \sqrt{2ax + x^2}$ die Länge des Bogens.

Hier hat man keine Constante hinzuzufügen, wenn man wieder die Bogenlänge vom Ursprung zu zählen beginnt.

Ist die Kettenlinie durch die Gleichung $y = \frac{a}{2}(e^{\frac{x}{a}} + e^{-\frac{x}{a}})$ gegeben, so folgt

$$\frac{dy}{dx} = \tfrac{1}{2}\left(e^{\frac{x}{a}} - e^{-\frac{x}{a}}\right) \quad \text{und}$$

$$s = \int dx \sqrt{1 + \tfrac{1}{4}\left(e^{\frac{x}{a}} - e^{-\frac{x}{a}}\right)^2} = \tfrac{1}{2}\int dx \left(e^{\frac{x}{a}} + e^{-\frac{x}{a}}\right),$$

$$\text{also} \quad s = \frac{a}{2}\left(e^{\frac{x}{a}} - e^{-\frac{x}{a}}\right) + C,$$

wo $C = 0$ wird, wenn bei $x = 0$, $s = 0$ wird, demnach

$$s = \frac{a}{2}\left(e^{\frac{x}{a}} - e^{-\frac{x}{a}}\right).$$

12) $x = r \text{ arc sin v.} \frac{y}{r} - \sqrt{2ry - y^2}$ (gemeine Cycloide).

Es ist $\frac{dx}{dy} = \frac{y}{\sqrt{2ry - y^2}}$, also nach $s = \int dy \sqrt{1 + \frac{dx^2}{dy^2}}$

$$s = \int dy \sqrt{\frac{2ry}{2ry - y^2}} = \sqrt{2r}\int \frac{dy}{\sqrt{2r - y}} = -2\sqrt{2r}\sqrt{2r - y},$$

$$s = C - 2\sqrt{2r}\sqrt{2r - y}.$$

Zählt man den Bogen vom Ursprung der Coordinaten, so ist $s = 0$ für $x = y = 0$, demnach ist

$$0 = C - 2\sqrt{2r}.\sqrt{2r}, \quad \text{d. i.} \quad C = 4r,$$

$$\text{also} \quad s = 4r - 2\sqrt{2r}\sqrt{2r - y}.$$

Um die Länge des ganzen cycloidischen Bogens zu bekommen, hat man $y = 2r$ zu setzen, und der Natur dieser Curve gemäss diese Bogenlänge doppelt zu nehmen, dann ist $s = 8r$.

Ist die Cycloide durch die Gleichungen gegeben:

$$\left.\begin{aligned} x &= r(\omega - \sin\omega) \\ y &= r(1 - \cos\omega) \end{aligned}\right\},$$

wo ω den Wälzungswinkel bedeutet, so ist

$$dx = r(1 - \cos\omega)\,d\omega,$$

$$dy = r.\sin\omega.d\omega.$$

Wegen $ds^2 = dx^2 + dy^2$,

$$ds^2 = 4r^2 \sin\frac{\omega^2}{2}\,d\omega^2,$$

$$ds = 2r.\sin\frac{\omega}{2}\,d\omega$$

$$\text{und} \quad s = 2r\int\sin\frac{\omega}{2}\,d\omega = -4r\cos\frac{\omega}{2},$$

$$\text{also} \quad s = C - 4r.\cos\frac{\omega}{2}.$$

Für $\omega = 0$ wird auch $s = 0$, mithin

$$0 = C - 4r, \quad \text{d. i.} \quad C = 4r,$$

$$\text{also} \quad s = 4r\left(1 - \cos\frac{\omega}{2}\right).$$

Um wieder den ganzen cycloidischen Bogen zu bestimmen, setze man $\omega = 180^0$ und nehme die so entstehende Länge doppelt, dann ist $s = 8r$, wie früher.

13) $$\left.\begin{aligned} x &= (R+r)\cos\varphi - r\cos\left(\frac{R+r}{r}\right)\varphi \\ y &= (R+r)\sin\varphi - r\sin\left(\frac{R+r}{r}\right)\varphi \end{aligned}\right\} \text{(Epicycloide).}$$

Man hat $$\left\{\begin{aligned} dx &= (R+r)\left[-\sin\varphi + \sin\left(\frac{R+r}{r}\right)\varphi\right]d\varphi, \\ dy &= (R+r)\left[\ \ \cos\varphi - \cos\left(\frac{R+r}{r}\right)\varphi\right]d\varphi, \end{aligned}\right.$$

demnach $$ds^2 = 4(R+r)^2 . \sin^2\frac{R}{2r}\varphi . d\varphi^2,$$

$$ds = 2(R+r) . \sin\frac{R}{2r}\varphi . d\varphi,$$

daher $$s = 2(R+r)\int \sin\frac{R}{2r}\varphi . d\varphi,$$

$$s = C - \frac{4r(R+r)}{R} . \cos\frac{R}{2r} . \varphi.$$

Ist für $\varphi = 0$, $s = 0$, dann hat man

$$C = \frac{4r(R+r)}{R},$$

also $$s = \frac{4r(R+r)}{R}\left(1 - \cos\frac{R}{2r}\varphi\right)$$

als die verlangte Bogenlänge für die Epicycloide.

Setzt man $R = r$, so geht die Epicycloide über in die sogenannte Cardioide.

In diesem Falle ist $s = 8r\left(1 - \cos\frac{\varphi}{2}\right)$.

Um den ganzen Umfang dieser Curve zu bestimmen, setze man $\varphi = 360^0$, und dann ist $s = 16r$.

14) $$\left.\begin{aligned} x &= (R-r)\cos\varphi + r\cos\left(\frac{R-r}{r}\right)\varphi \\ y &= (R-r)\sin\varphi - r\sin\left(\frac{R-r}{r}\right)\varphi \end{aligned}\right\} \text{(Hipocycloide).}$$

Man bekommt auf ähnliche Art wie in 13)

$$ds^2 = 4(R-r)^2 . \sin^2\frac{R\varphi}{2r} . d\varphi^2,$$

$$ds = 2(R-r) . \sin\frac{R\varphi}{2r} . d\varphi$$

und $$s = C - \frac{4r(R-r)}{R} . \cos\frac{R\varphi}{2r};$$

für $\varphi = 0$, $s = 0$, daher

$$s = \frac{4r(R-r)}{R}\left(1 - \cos\frac{R\varphi}{2r}\right)$$

die Länge eines hipocycloidischen Bogens.

Für $r = \frac{R}{2}$, d. i. $R = 2r$, geht die Hipocycloide bekanntlich in den Durchmesser des Grundkreises über, und dann ist $s = 2r(1 - \cos\varphi)$, also für $\varphi = 180^0$, $s = 4r$, wie es sein muss.

15) $\left.\begin{aligned} x &= r\cos\varphi + r\varphi\sin\varphi \\ y &= r\sin\varphi - r\varphi\cos\varphi \end{aligned}\right\}$ (Evolvente des Kreises).

Es ist $dx = r\varphi \,.\, \cos\varphi \,.\, d\varphi$,

$dy = r\varphi \,.\, \sin\varphi \,.\, d\varphi$,

demnach $ds^2 = dx^2 + dy^2 = r^2\varphi^2 . \, d\varphi^2$,

also $ds = r\varphi \,.\, d\varphi$ und $s = r\int\varphi \,.\, d\varphi = \frac{r\varphi^2}{2} + C$;

oder da für $\varphi = 0$ auch $s = 0$ sein muss, $s = \frac{1}{2}r \,.\, \varphi^2$.

16) $y = a\,l\,x$ (Logistik).

$$\frac{dy}{dx} = \frac{a}{x}, \quad s = \int dx \frac{\sqrt{a^2 + x^2}}{x}.$$

Bringt man $\sqrt{a^2 + x^2}$ nach einer Reductions-Formel in den Nenner, so ist

$$s = \sqrt{a^2 + x^2} + a^2\int\frac{dx}{x\sqrt{a^2 + x^2}}$$

$\left(\text{dieses letzte Integral nach der Formel } \int\frac{dx}{x\sqrt{\alpha + \beta x + \gamma x^2}}\right)$,

$$s = \sqrt{a^2 + x^2} + a\,l \,.\, \frac{\sqrt{a^2 + x^2} - a}{x} + C.$$

Ist für $x = b$, $s = 0$, so folgt die Constante

$$C = -\sqrt{a^2 + b^2} - a\,l \,.\, \frac{\sqrt{a^2 + b^2} - a}{b}$$

und $s = \sqrt{a^2 + x^2} - \sqrt{a^2 + b^2} + a\,l \,.\, \frac{b(\sqrt{a^2 + x^2} - a)}{x(\sqrt{a^2 + b^2} - a)}$.

17) $r = a\varphi^n$ (Gleichung der Spiralen im Allgemeinen).

Es ist $\frac{dr}{d\varphi} = an\varphi^{n-1}$, und nach der Formel

$$s = \int d\varphi \sqrt{r^2 + \left(\frac{dr}{d\varphi}\right)^2}$$

folgt $s = a\int d\varphi \,.\, \varphi^{n-1}\sqrt{\varphi^2 + n^2}$,

welches Integral sich für specielle Werthe von n ausmitteln lässt.

18) $r = \frac{\varphi}{2\pi}$ (Archimedische Spirale).

$$\frac{dr}{d\varphi} = \frac{1}{2\pi},$$

$s = \frac{1}{2\pi}\int d\varphi\sqrt{1 + \varphi^2}$ (oder nach $\int dx\sqrt{a + bx^2}$)

$$s = \frac{1}{4\pi}\left[\varphi\sqrt{1 + \varphi^2} + l \,.\, (\varphi + \sqrt{1 + \varphi^2})\right].$$

In Betreff der Constanten ist zu bemerken, dass sie Null ist, wenn man bestimmt, dass für $\varphi = 0$ auch $s = 0$ sei.

Setzt man in dem angeführten Integral in 17) $n = 1$ und $a = \frac{1}{2\pi}$, so folgt genau das obige Resultat.

19) $r\varphi = a$ (hiperbolische Spirale).

Wegen $\frac{dr}{d\varphi} = -\frac{r}{\varphi}$ ist $s = a\int\frac{d\varphi}{\varphi^2}\sqrt{1+\varphi^2}$, oder nach einer Reductions-Formel

$$s = C - \frac{a\sqrt{1+\varphi^2}}{\varphi} + a\,l.(\varphi + \sqrt{1+\varphi^2}).$$

Für die Bogenlänge zwischen φ' und φ'' ist

$$s = \frac{a\sqrt{1+\varphi'^2}}{\varphi'} - \frac{a\sqrt{1+\varphi''^2}}{\varphi''} + a\,l.\frac{\varphi'' + \sqrt{1+\varphi''^2}}{\varphi' + \sqrt{1+\varphi'^2}},$$

Man kommt zum selben Ergebniss, wenn man in 17) $n = -1$ und $a = +1$ setzt.

20) $r = a^{\varphi}$ (logarithmische Spirale).

$$\frac{dr}{d\varphi} = a^{\varphi}\,la, \quad s = \int d\varphi\,.\,a^{\varphi}\sqrt{1+\overline{la}^2},$$

$$s = \sqrt{1+\overline{la}^2}\int d\varphi\,.\,a^{\varphi},$$

$$s = \frac{\sqrt{1+\overline{la}^2}}{la}\,.\,a^{\varphi} = r\,.\,\frac{\sqrt{1+\overline{la}^2}}{la}.$$

Hiezu kommt keine Constante, wenn man den Bogen von $r = 0$ an zählt, da hiefür auch $s = 0$ ist. Für $a = e$ ist $s = r\sqrt{2}$.

21. $r = a\sin\varphi$,

$$\frac{dr}{d\varphi} = a\cos\varphi,$$

$$s = \int d\varphi\sqrt{a^2\sin\varphi^2 + a^2\cos\varphi^2},$$

$$s = a\varphi.$$

Die Constante kann auch hier wegbleiben, wenn man den Bogen zu zählen anfängt bei $\varphi = 0$, da in dem Falle auch $s = 0$ ist.

22) $\left(\frac{r}{a}\right)^m = \sec m\varphi$.

Es ist $$r = a(\sec m\varphi)^{\frac{1}{m}},$$

$$\frac{dr}{d\varphi} = a\,\mathrm{tang}\,m\varphi\,.\,(\sec m\varphi)^{\frac{1}{m}},$$

$$s = \int d\varphi\sqrt{a^2(\sec m\varphi)^{\frac{2}{m}} + a^2\,\mathrm{tang}^2 m\varphi\,(\sec m\varphi)^{\frac{2}{m}}},$$

$$s = a \int d\varphi \,.\, (\sec m\varphi)^{\frac{1}{m}} \,.\, \sqrt{1 + \operatorname{tang}^2 m\varphi},$$

$$s = a \int d\varphi \,.\, (\sec m\varphi)^{\frac{1}{m}+1}.$$

Die Integration lässt sich hier nur für besondere Werthe von m ausführen; so hat man

$$\text{für } m = 1, \quad s = a \int \frac{d\varphi}{\cos\varphi^2} = a \,.\, \operatorname{tang} \varphi,$$

$$\text{„} \quad m = \tfrac{1}{2}, \quad s = a \,.\, \frac{\sin \frac{\varphi}{2}}{\cos \frac{\varphi^2}{2}} + a\, l \,.\, \operatorname{tang}\left(45 + \frac{\varphi}{4}\right)$$

u. s. w.

Siebenter Abschnitt.

Quadratur der Curven.

Erklärung. Man hat für das Differential der Fläche bei rechtwinkeligen Coordinaten $df = y\,dx$, d. i. $f = \int y\,dx$; für das Differentiale eines Curvensectors $df = \frac{1}{2}(x\,dy - y\,dx)$, d. i. $f = \frac{1}{2}\int(x\,dy - y\,dx)$, und für die Rechnung in Polarcoordinaten $df = \frac{1}{2}r^2\,d\varphi$ oder $f = \frac{1}{2}\int r^2\,d\varphi$.

Aufgabe 13. Es sollen die nachfolgenden Curven quadrirt werden:

1) $y^n = p\,x^m$ (Parabel höherer Ordnung).

Hier ist
$$y = p^{\frac{1}{n}} \cdot x^{\frac{m}{n}},$$
daher
$$f = \int p^{\frac{1}{n}} \cdot x^{\frac{m}{n}} \cdot dx$$
oder
$$f = \frac{n}{m+n} \cdot p^{\frac{1}{n}} \cdot x^{\frac{m+n}{n}} + C \quad . \quad . \quad . \quad . \quad (1)$$

Wird die Fläche vom Ursprung der Coordinaten gerechnet, so bleibt die Constante C weg, da für $x = 0$ auch $y = 0$ und $f = 0$ wird.

Für die gemeine Parabel ist $n = 2$, $m = 1$, demnach
$$f = \tfrac{2}{3}p^{\frac{1}{2}}x^{\frac{3}{2}} = \tfrac{2}{3}x\sqrt{p\,x};$$
da aber in dem Falle nach der Gleichung $y^2 = p\,x$, $y = \sqrt{p\,x}$ ist, so folgt $f = \frac{2}{3}x\,y$.

Um das Flächenstück zwischen jenen Ordinaten zu finden, denen die Abscissen x' und x'' angehören, hat man das obige Integral für f innerhalb der gegebenen Grenzen von x' bis x'' zu nehmen, und dann ist
$$f = \int_{x'}^{x''} p^{\frac{1}{n}}\,x^{\frac{m}{n}} \cdot dx = \frac{n \cdot p^{\frac{1}{n}}}{m+n}\left[x''^{\frac{m+n}{n}} - x'^{\frac{m+n}{n}}\right].$$

Für $y^2 = p\,x^3$ folgt $f = \frac{2\sqrt{p}}{5}\left[x''^{\frac{5}{2}} - x'^{\frac{5}{2}}\right]$.

2) $a^2 y^2 + b^2 x^2 = a^2 b^2$ (Mittelpunctsgleichung der Ellipse).
Es ist

$$y = \frac{b}{a}\sqrt{a^2 - x^2}; \quad \text{daher} \quad f = \int \frac{b}{a}\sqrt{a^2 - x^2}\,dx \ . \ . \ . \ (1)$$

Nun ist

$$\int dx \sqrt{a^2 - x^2} = \frac{x}{2}\sqrt{a^2 - x^2} + \frac{a^2}{2}\,\text{arc sin}\,\frac{x}{a},$$

$$\text{also} \quad f = \frac{b}{a}\left[\frac{x}{2}\sqrt{a^2 - x^2} + \frac{a^2}{2}\,\text{arc sin}\,\frac{x}{a}\right].$$

Nimmt man dieses Integral von $x = 0$ bis $x = a$, so bekommt man $\frac{1}{4}$ der Ellipse, daher

$$\text{Ellipse} = 4f = ab\pi.$$

3) $y^2 = \frac{2b^2}{a}\,x - \frac{b^2}{a^2}\,.\,x^2$ (Scheitelgleichung der Ellipse. Ursprung im linken Scheitelpunct).

$$y = \frac{b}{a}\sqrt{2ax - x^2} \quad \text{und} \quad f = \frac{b}{a}\int dx \sqrt{2ax - x^2}$$

$$\text{oder} \quad f = \frac{b}{a}\left[-\tfrac{1}{2}(a - x)\sqrt{2ax - x^2} - \frac{a^2}{2}\,\text{arc sin}\,\frac{a - x}{a}\right].$$

Nimmt man, um wieder die ganze Fläche zu bekommen, dieses Integral von $x = 0$ bis $x = 2a$, und die so entstehende Fläche doppelt, so ist wegen arc sin $\frac{a - x}{a} = -$ arc sin $\frac{x - a}{a}$, wie vorhin,

$$\text{Ellipse} = ab\pi.$$

4) $a^2 y^2 - b^2 x^2 = -a^2 b^2$ (Hiperbel).

$$y = \frac{b}{a}\sqrt{x^2 - a^2}, \quad f = \frac{b}{a}\int dx \sqrt{x^2 - a^2}.$$

Bringt man mit Hilfe einer Reductionsformel vorerst $\sqrt{x^2 - a^2}$ in den Nenner, und behandelt $\int \frac{dx}{\sqrt{x^2 - a^2}}$ nach der Formel $\int \frac{dx}{\sqrt{\alpha + \beta x + \gamma x^2}}$, so kommt

$$f = \frac{b}{a}\left[\frac{x}{2}\sqrt{x^2 - a^2} - \frac{a^2}{2}\,l\,(x + \sqrt{x^2 - a^2})\right] + C.$$

Um die Constante C zu bestimmen, bemerke man, dass für $x = a$ die Fläche $f = 0$ wird, sonach ist

$$0 = -\frac{ab}{2}\,la + C \quad \text{und} \quad C = \frac{ab}{2}\,la,$$

$$\text{daher} \quad f = \frac{bx}{2a}\sqrt{x^2 - a^2} - \frac{ab}{2}\,l\,.\left(\frac{x + \sqrt{x^2 - a^2}}{a}\right).$$

Diese Formel gibt die Fläche der Hiperbel vom Scheitelpunct an bis zu einer beliebigen Ordinate, deren zugehörige Abscisse x ist.

5) $y^2 = \frac{2b^2}{a} \cdot x + \frac{b^2}{a^2} \cdot x^2$ (Scheitelgleichung der Hiperbel).

$$y = \frac{b}{a}\sqrt{2ax + x^2}, \quad f = \frac{b}{a}\int\sqrt{2ax + x^2} \cdot dx.$$

Für das Integral $\int\sqrt{2ax + x^2}\, dx$ findet man

$$\int\sqrt{2ax + x^2}\, dx = 2a\int\frac{x\,dx}{\sqrt{2ax + x^2}} + \int\frac{x^2\,dx}{\sqrt{2ax + x^2}}.$$

Behandelt man $\int\frac{x^2\,dx}{\sqrt{2ax + x^2}}$ nach $\int\frac{x^n\,dx}{\sqrt{\alpha + \beta x + \gamma x^2}}$, so folgt

$$\int\frac{x^2\,dx}{\sqrt{2ax + x^2}} = \frac{x}{2}\sqrt{2ax + x^2} - \frac{3a}{2}\int\frac{x\,dx}{\sqrt{2ax + x^2}},$$

demnach

$$\int\sqrt{2ax + x^2}\, dx = \frac{x}{2}\sqrt{2ax + x^2} + \frac{a}{2}\int\frac{x\,dx}{\sqrt{2ax + x^2}}.$$

Wendet man der Reihe nach die Integralformeln für $\int\frac{x\,dx}{\sqrt{\alpha + \beta x + \gamma x^2}}$ und $\int\frac{dx}{\sqrt{\alpha + \beta x + \gamma x^2}}$ an, so kommt nach einer leichten Reduction:

$$\int\sqrt{2ax+x^2}\, dx = \tfrac{1}{2}(x+a)\sqrt{2ax+x^2} - \frac{a^2}{2}\, l\left[(a+x) + \sqrt{2ax+x^2}\right],$$

demnach

$$f = \frac{b}{a}\left\{\tfrac{1}{2}(x+a)\sqrt{2ax + x^2} - \frac{a^2}{2}\, l\left[(a+x) + \sqrt{2ax + x^2}\right]\right\} + C.$$

Soll die Fläche von $x = 0$ an gerechnet werden, so ist

$$C = \frac{ab}{2}\, l\,.\, a.$$

6) $y^m x^n = a$ (Hiperbel).

$$y = a^{\frac{1}{m}} x^{-\frac{n}{m}},$$

$$f = a^{\frac{1}{m}}\int x^{-\frac{n}{m}}\, dx = a^{\frac{1}{m}} \cdot \frac{x^{-\frac{n}{m}+1}}{-\frac{n}{m}+1} + C$$

$$\text{oder } f = C - \frac{m\,a^{\frac{1}{m}}}{(n-m)} \cdot x^{\frac{m-n}{m}}.$$

Bestimmen wir die Constante für den Fall, wo für $x = 0$ auch $f = 0$ ist, so ist $C = 0$, und es ist

$$f = \frac{m}{m-n} \cdot a^{\frac{1}{m}} \cdot x^{\frac{m-n}{m}}.$$

Denkt man sich vorerst $m > n$, und führt in den letzt erhaltenen Ausdruck y ein, so folgt

$$f = \frac{mxy}{m-n}.$$

Dieser Werth ist grösser als das Rechteck xy; denn zieht man dieses Rechteck ab, so bleibt $\frac{nxy}{m-n}$, und die beiden Flächen stehen im Verhältnisse von $m : n$. Geht man umgekehrt von dieser Eigenschaft aus, und sucht die entsprechende Curve, so folgt $$\int y\,dx : (\int y\,dx - xy) = m : n,$$ und hieraus $$(m-n)\int y\,dx = mxy.$$

Differentiirt man, so ist

$$(m-n)\,y\,dx = mx\,dy + my\,dx,$$
$$-\,ny\,dx = mx\,dy,$$

abgesondert $$m \,.\, \frac{dy}{y} = -\,n \,.\, \frac{dx}{x},$$
$$m\,ly = l\,C - n\,lx,$$
$$l\,y^m = l\,C - lx^n,$$
$$l\,y^m x^n = l\,C,$$
$$y^m x^n = C$$

eine Gleichung von der Form der vorgelegten.

Eine ähnliche Betrachtung ergibt sich für $n > m$.

Ist $m = n$, so erscheint die Gleichung in der Form $xy = p^2$. Für diesen Fall ist

$$\int y\,dx = p^2 \int \frac{dx}{x} = p^2\,lx + C.$$

Wollte man auch hier die Fläche von der Axe der y beginnen lassen, so wäre $C = \infty$; hieraus sieht man, dass die zwischen irgend einer Ordinate und der Axe der y liegende Fläche unendlich ist. Lassen wir die Fläche anfangen bei der Abscisse x_0, so ist $C = -\,p^2\,lx_0$, sonach $f = p^2\,l \,.\, \frac{x}{x_0}$. Setzt man $x_0 = p = 1$, so fängt die Fläche an mit der durch den Scheitel der Hiperbel geführten Ordinate; es ist jetzt $f = lx$.

7) $y = \frac{b^3}{(a-x)^2}$.

Soll man hier etwa die über der Abscisse $x = 2a$ stehende Fläche der Curve berechnen, so bemerke man, dass unter der Voraussetzung von a und b positiv, die Curve ihrer ganzen Erstreckung nach über der Abscissenaxe liegt, da für keinen Werth von x, y negativ sein kann; dass ferner die Function discontinuirlich ist, wenn $x = a$ gesetzt wird. Vermöge dem hat man die Fläche als aus zwei gesonderten congruenten Theilen bestehend zu betrachten, welche einzeln gerechnet werden müssen. Man kann daher das Integral $\int \frac{b^3\,dx}{(a-x)^2}$ nicht unmittelbar innerhalb der Grenzen $x=0$ und $x=2a$ nehmen, sondern hat die Integration wie nachstehend zu verrichten:

$$f=\int_0^{a-\varepsilon}\frac{b^3\,dx}{(a-x)^2}+\int_{a+\varepsilon}^{2a}\frac{b^3\,dx}{(a-x)^2},\text{ wobei }\lim\varepsilon=0\text{ ist,}$$

$$f=\left(\frac{b^3}{a-x}\right)_0^{a-\varepsilon}+\left(\frac{b^3}{a-x}\right)_{a+\varepsilon}^{2a}=\frac{2b^3}{\varepsilon}-\frac{2b^3}{a},$$

oder für $\varepsilon=0$, $\qquad f=\infty$.

8) $y^2=\dfrac{x^3}{2r-x}$ (Cissoide).

Es ist $y=\dfrac{x^{\frac{3}{2}}}{(2r-x)^{\frac{1}{2}}}$, daher $f=\displaystyle\int\frac{x^{\frac{3}{2}}\,dx}{(2r-x)^{\frac{1}{2}}}$.

Der Natur der gegebenen Curve nach kann sich die Fläche nur von $x=0$ bis $x=2r$ erstrecken, also hat man

$$f=2\int_0^{2r}\frac{x^{\frac{3}{2}}\,dx}{(2r-x)^{\frac{1}{2}}}.$$

Man hat mit Hilfe der Reductions-Formeln

$$\int\frac{x^{\frac{3}{2}}\,dx}{(2r-x)^{\frac{1}{2}}}=-\frac{x}{2}\sqrt{2rx-x^2}-\frac{3r}{2}\sqrt{2rx-x^2}+\frac{3r^2}{2}\text{ arc sin v. }\frac{x}{r},$$

oder führt man die oben bemerkten Grenzen ein, und nimmt den Werth dieses Integrals doppelt, so folgt $f=3r^2\pi$, d. i. die Fläche, die von der Curve und der im Endpuncte des Kreisdurchmessers senkrecht errichteten Asymptote gebildet wird. Das Resultat ist in so ferne interessant, als ein sich in's Unendliche erstreckender Flächenraum doch durch einen endlichen Zahlenwerth dargestellt werden kann.

9) $y^2=-\dfrac{4x^3}{p+4x}$ (Fusspunctscurve für die Parabel $y^2=px$).

Diese Curve wurde bereits im ersten Theile dieses Buches behandelt, sie erstreckt sich nur nach der Richtung der negativen x, die Richtlinie der Parabel $y^2=px$ bildet eine Asymptote zu derselben; es frägt sich hier um den Flächeninhalt, welchen die Curve mit der Richtlinie einschliesst.

Die Lösung ist ganz analog der in 8) gezeigten, denn setzt man in der gegebenen Gleichung sogleich $-x$ statt x, und schreibt für $\frac{p}{4}$ die Zahl $2c$, so ist $y^2=\dfrac{x^3}{2c-x}$, also wie früher

$$f=2\int_0^{2c}\frac{x^{\frac{3}{2}}\,dx}{\sqrt{2c-x}}=3c^2\pi=\frac{3p^2}{64}$$

die gewünschte Fläche.

10) $x^2y^2 = (a+y)^2(b^2-y^2)$ (Conchoide).

Sucht man, was hier bequemer ist, den Flächeninhalt, welchen ein Bogenstück mit der Ordinatenaxe und den zu den Ordinaten y_1 und y_2 gehörenden Abscissen einschliesst, so hat man aus der gegebenen Gleichung $x = \left(1+\frac{a}{y}\right)\sqrt{b^2-y^2}$ und nach $\int_{y_1}^{y_2} x\,dy$, $f = \int_{y_1}^{y_2}\left(1+\frac{a}{y}\right)\sqrt{b^2-y^2}\,dy$.

Nun ist

$$\int\left(1+\frac{a}{y}\right)\sqrt{b^2-y^2}\,dy = \int\sqrt{b^2-y^2}\,dy + a\int\frac{dy}{y}\sqrt{b^2-y^2}.$$

Behandelt man das erste Integral nach der Formel $\int\sqrt{a-bx^2}\,dx$, so folgt

$$\int\sqrt{b^2-y^2}\,dy = \frac{y}{2}\sqrt{b^2-y^2} + \frac{b^2}{2}\arcsin\frac{y}{b}.$$

Bringt man in $\int\frac{dy}{y}\sqrt{b^2-y^2}$ die Grösse $\sqrt{b^2-y^2}$ in den Nenner mit Hilfe einer Reductions-Formel, so ist

$$\int\frac{dy}{y}\sqrt{b^2-y^2} = \sqrt{b^2-y^2} + b^2\int\frac{dy}{y\sqrt{b^2-y^2}}.$$

Dieses letzte Integral noch nach $\int\frac{dx}{x\sqrt{\alpha+\beta x+\gamma x^2}}$ behandelt, folgt:

$$\int\frac{dy}{y}\sqrt{b^2-y^2} = \sqrt{b^2-y^2} + \frac{1}{b}\,l.\left[\frac{\sqrt{b^2-y^2}-b}{y}\right],$$

daher

$$\int\left(1+\frac{a}{y}\right)\sqrt{b^2-y^2}\,dy =$$

$$= \left(a+\frac{y}{2}\right)\sqrt{b^2-y^2} + \frac{b^2}{2}\arcsin\frac{y}{b} + ab\,.\,l\left[\frac{\sqrt{b^2-y^2}-b}{y}\right].$$

Führt man die gegebenen Grenzen ein, so ist

$$f = \int_{y_1}^{y_2}\left(1+\frac{a}{y}\right)\sqrt{b^2-y^2}\,dy =$$

$$= \left(a+\frac{y_2}{2}\right)\sqrt{b^2-y_2^2} - \left(a+\frac{y_1}{2}\right)\sqrt{b^2-y_1^2} +$$

$$+ \frac{b^2}{2}\left[\arcsin\frac{y_2}{2} - \arcsin\frac{y_1}{2}\right] + ab\,l\,.\left[\frac{(b-\sqrt{b^2-y_2^2})\,y_1}{(b-\sqrt{b^2-y_1^2})\,y_2}\right].$$

11) $x^{2m} + y^{2m} = 1.$

Bezeichnet m eine ganze positive Zahl, so sieht man leicht, dass die gegebene Gleichung eine geschlossene Curve repräsentirt, dass sie aus vier congruenten Bestandtheilen zusammengesetzt ist, und dass die äussersten Puncte auf den Axen durch $x = \pm 1$ und $y = \pm 1$ gegeben sind.

Es folgt sonach wegen $y = (1 - x^{2m})^{\frac{1}{2m}}$

$$f = 4\int_0^1 (1 - x^{2m})^{\frac{1}{2m}} dx.$$

Für $m = 1$ ist $\quad f = 4\int_0^1 (1 - x^2)^{\frac{1}{2}} dx = \pi,$

d. i. die Fläche des Kreises für den Halbmesser $= 1$.

12) $x^{\frac{2m}{2n+1}} + y^{\frac{2m}{2n+1}} = 1.$

Diese Curve besteht wie die frühere aus vier congruenten Theilen. Die grössten Abstände auf den Axen sind $= 1$, denn es kann x oder y nicht grösser als 1 werden. Man hat demnach für die ganze Fläche

$$f = 4\int_0^1 (1 - x^{\frac{2m}{2n+1}})^{\frac{2n+1}{2m}} . dx.$$

Für $m = 1$ ist $\quad f = 4\int_0^1 (1 - x^{\frac{2}{2n+1}})^{\frac{2n+1}{2}} . dx.$

Setzt man $x = \sin\varphi^{2n+1}$, also

$$dx = (2n + 1) \sin\varphi^{2n} . \cos\varphi . d\varphi,$$

dann ist

$$f = 4\,(2n + 1)\int_0^{\frac{\pi}{2}} \cos\varphi^{2n+2} \sin\varphi^{2n}\, d\varphi \quad . \quad . \quad . \quad (1)$$

Die Relation $x = \sin\varphi^{2n+1}$ bestimmt gleichzeitig die neuen Grenzen, denn für $x = 0$ muss $\varphi = 0$ werden, so wie für $x = 1$, $\varphi = \frac{\pi}{2}$ sein muss.

Setzt man auch $n = 1$, so geht die gegebene Gleichung über in $x^{\frac{2}{3}} + y^{\frac{2}{3}} = 1$, demnach ist die Fläche nach (1)

$$f = 12\int_0^{\frac{\pi}{2}} \cos\varphi^4 \sin\varphi^2\, d\varphi.$$

Nun ist

$$\int \cos\varphi^4 \sin\varphi^2\, d\varphi = \frac{\sin\varphi^3 \cos\varphi^3}{6} + \frac{\sin\varphi^3 \cos\varphi}{8} - \frac{\sin\varphi \cos\varphi}{16} + \frac{\varphi}{16}.$$

und nach Einführung der Grenzen

$$f = \frac{3\pi}{8}.$$

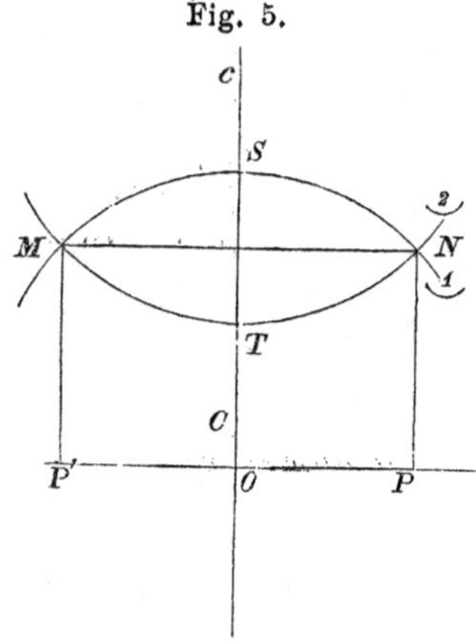

Fig. 5.

13) Die zu suchende Fläche werde von zwei Kreisbögen MSN und MTN eingeschlossen (Fig. 5), deren respective Radien R und r seien. Die gemeinschaftliche Sehne sei $=2a$, und diese parallel mit der Abscissenaxe im Abstande $=b$.

Legt man durch die beiden Mittelpuncte c und C die Ordinatenaxe, und sind q' und q die Ordinaten dieser Mittelpuncte, so hat man für MSN die Gleichung

$$(y-q)^2 + x^2 = R^2 \quad . \quad . \quad . \quad (1)$$

und für MTN die Gleichung

$$(y-q')^2 + x^2 = r^2 \quad . \quad . \quad . \quad (2)$$

oder es ist aus (1) $y = q + \sqrt{R^2 - x^2}$,
„ (2) $y = q' - \sqrt{r^2 - x^2}$.

Es ist die Fläche $MSNPP' = 2\int_0^a (q + \sqrt{R^2 - x^2})\,dx$,

und „ „ $MTNPP' = 2\int_0^a (q' - \sqrt{r^2 - x^2})\,dx$,

also wegen ar. $MTNS =$ ar. $MSNPP'$ — ar. $MTNPP'$

ar. $MTNS =$

$$= 2\int_0^a [(q-q') + \sqrt{R^2 - x^2} + \sqrt{r^2 - x^2}]\,dx$$

$$= 2\Big[(q-q')x + \frac{x}{2}\sqrt{R^2 - x^2} + \frac{x}{2}\sqrt{r^2 - x^2} + \\ + \frac{R^2}{2}\arcsin\frac{x}{R} + \frac{r^2}{2}\arcsin\frac{x}{r}\Big]_0^a$$

$$= 2\Big[(q-q')a + \frac{a}{2}\sqrt{R^2 - a^2} + \frac{a}{2}\sqrt{r^2 - a^2} + \\ + \frac{R^2}{2}\arcsin\frac{a}{R} + \frac{r^2}{2}\arcsin\frac{a}{r}\Big].$$

Bedenkt man, dass $q = b - \sqrt{R^2 - a^2}$
und $q' = b + \sqrt{r^2 - a^2}$,
also $q - q' = -(\sqrt{R^2 - a^2} + \sqrt{r^2 - a^2})$

ist, so folgt: die Fläche

$$= 2\Big[-\frac{a}{2}(\sqrt{R^2 - a^2} + \sqrt{r^2 - a^2}) + \frac{R^2}{2}\arcsin\frac{a}{R} + \frac{r^2}{2}\arcsin\frac{a}{r}\Big]$$

$$= R^2\arcsin\frac{a}{R} + r^2\arcsin\frac{a}{r} - a(\sqrt{R^2 - a^2} + \sqrt{r^2 - a^2}).$$

Dieses Resultat lässt sich leicht erproben, wenn man bedenkt, dass für $R=r$ und $a=r$ die gesuchte Fläche in $r^2\pi$ übergehen muss, was auch in der That der Fall ist.

14) Es sei ein Kreis vom Halbmesser a gegeben, über dem Durchmesser $2a$ sei eine Ellipse construirt, deren kleine Halbaxe $=b$ ist; man bestimme die zwischen dem Kreis und der Ellipse enthaltene Fläche.

Nimmt man für Kreis und Ellipse beziehungsweise die Gleichungen

$$y = \sqrt{2ax-x^2} \quad \text{und} \quad y' = \frac{b}{a}\sqrt{2ax-x^2},$$

so ist die verlangte Fläche $= \int (y-y')\,dx$ oder

$$f = \int \sqrt{2ax-x^2}\left(\frac{a-b}{a}\right).\,dx$$
$$= \frac{a-b}{a}\left[-\tfrac{1}{2}(a-x)\sqrt{2ax-x^2} - \frac{a^2}{2}\text{arc sin}\frac{a-x}{a}\right].$$

Für die ganze mondförmige Fläche hat man obiges Integral von 0 bis $2a$ zu nehmen, und dann ist

$$\int_0^{2a}\sqrt{2ax-x^2}\,.\left(\frac{a-b}{a}\right)dx = (a-b)\,.\,\frac{a\pi}{2}.$$

Fig. 6.

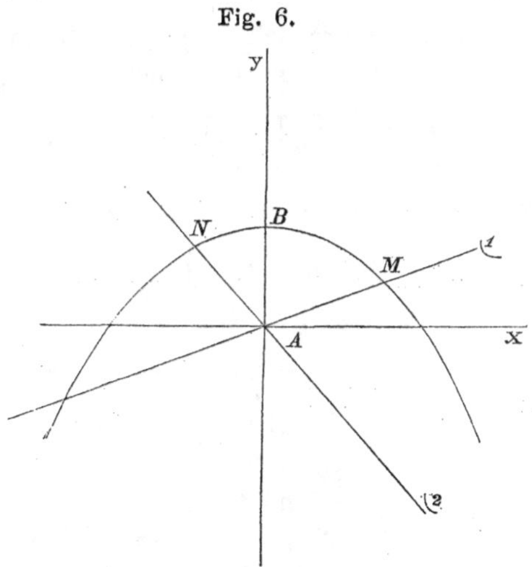

15) Es sei die Parabel $y=1-x^2$ gegeben, durch den Ursprung A seien die Geraden (1 $y_1=\frac{5}{6}x$ und (2 $y_2=-\frac{3}{2}x$ gezogen (Fig. 6). Es soll die Fläche AMN bestimmt werden.

Man findet sehr leicht die Abscisse des Punctes M, $x=\frac{2}{3}$, für N, $x=-\frac{1}{2}$, dann ist offenbar

$$\text{ar.}\, ANM = \int_{-\frac{1}{2}}^{0} (y - y_2)\, dx + \int_{0}^{\frac{2}{3}} (y - y_1)\, dx$$

oder

$$f = \int_{-\frac{1}{2}}^{0} (1 - x^2 + \tfrac{3}{2} x) . dx + \int_{0}^{\frac{2}{3}} (1 - x^2 - \tfrac{5}{6} x) . dx.$$

Diese ganz einfache Integration gemacht und die Grenzen eingeführt, folgt $f = \frac{847}{1296}$.

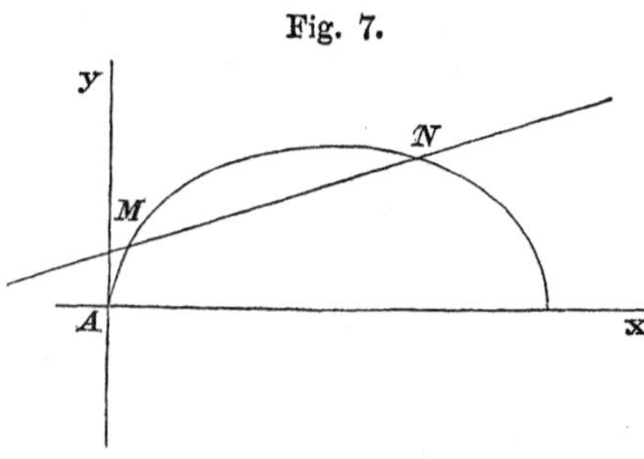

Fig. 7.

16) Es sei eine Ellipse gegeben, welche durch die Gerade MN geschnitten wird (Fig. 7). Es soll die Fläche des elliptischen Segmentes bestimmt werden.

Nehmen wir den Ursprung im Puncte A, so ist

$$y = \frac{b}{a} \sqrt{2ax - x^2}$$

die Gleichung der Ellipse, $y_1 = \alpha x + \beta$ die Gleichung der MN.

Sind die Abscissen der Durchschnittspuncte M und N beziehungsweise x' und x'', so folgt für die Fläche des Segmentes

$$f = \int_{x'}^{x''} (y - y_1)\, dx \quad \text{oder } f = \int_{x'}^{x''} \left[\frac{b}{a} \sqrt{2ax - x^2} - \alpha x - \beta\right] dx$$

und

$$f = \frac{b}{2a} [(a - x') \sqrt{2ax' - x'^2} - (a - x'') \sqrt{2ax'' - x''^2}]$$
$$+ \frac{ab}{2} \left[\text{arc sin} \frac{a - x'}{a} - \text{arc sin} \frac{a - x''}{a}\right]$$
$$+ \frac{\alpha}{2} (x'^2 - x''^2) + \beta (x' - x'').$$

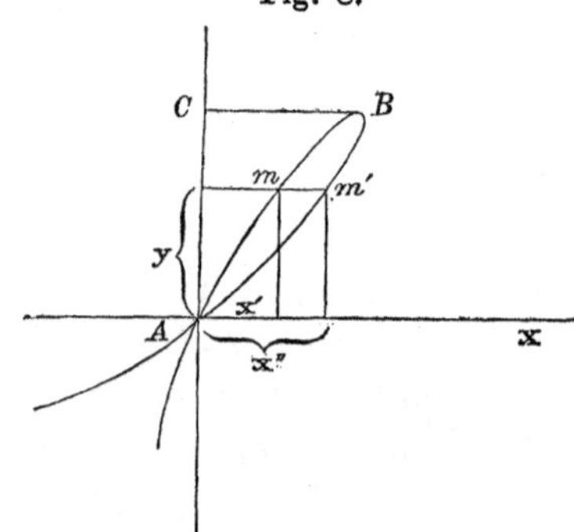

Fig. 8.

17) $y^3 + x^2 y + bx^2 - axy = 0$.

Diese Gleichung gehört einer Curve an, welche in Fig. 8 gezeichnet ist. Sie bildet zum Theile einen für sich abgeschlossenen Raum AB, dessen Flächeninhalt bestimmt werden soll.

Aus der gegebenen Gleichung folgt, wenn man sie nach x auflöst,

$$x = \frac{ay \pm y\sqrt{(a^2+b^2)-(b+2y)^2}}{2(b+y)} = \begin{cases} x'' \\ x' \end{cases},$$

d. h. jedem Werthe von y entsprechen immer zwei Werthe von x. Der grösste Zahlenwerth, welchen y anzunehmen vermag, folgt sus der Bedingungsgleichung

$$a^2 + b^2 = (b + 2y)^2, \quad \text{d. i.} \quad y = \frac{-b+\sqrt{a^2+b^2}}{2}.$$

Nun ist die Fläche

$$AmBm' = \text{ar. } ACBm'A - \text{ar. } ACBmA$$

oder $AmBm' = \int x''.\, dy - \int x' dy = \int (x'' - x')\, dy$, welches Integral schliesslich von $y = 0$ bis $y = AC = \frac{-b+\sqrt{a^2+b^2}}{2} = y_1$ zu nehmen ist.

Wegen $x'' = \dfrac{ay + y\sqrt{a^2+b^2-(b+2y)^2}}{2(b+y)}$

und $x' = \dfrac{ay - y\sqrt{a^2+b^2-(b+2y)^2}}{2(b+y)}$

ist $x'' - x' = \dfrac{y\sqrt{a^2+b^2-(b+2y)^2}}{b+y}$,

demnach hat man für die verlangte Fläche

$$F = \int_0^{y_1} \frac{y\, dy \sqrt{(a^2+b^2)-(b+2y)^2}}{b+y}.$$

Um diese Integration auszuführen, verfahre man auf folgende Art:

Man setze

$$a^2 + b^2 = f^2 \quad \text{und} \quad f^2 - (b+2y)^2 = w^2(f+b+2y)^2,$$

dann ist

$$w^2 = \frac{f-(b+2y)}{f+(b+2y)},$$

$$y = \frac{f(1-w^2)-b(1+w^2)}{2(1+w^2)} = \frac{(f-b)-(f+b)w^2}{2(1+w^2)},$$

$$dy = -\frac{2fw}{(1+w^2)} \cdot dw \quad \text{und}$$

$$b + y = \frac{(f+b)-(f-b)w^2}{2(1+w^2)}.$$

Substituirt man diese Ergebnisse in F, so ist

$$F = -\int_{w_0}^{w_1} \frac{(1-h^2 w^2) \cdot 4f^2 w^2 dw}{(h^2 - w^2)(1+w^2)^3},$$

wenn noch $\dfrac{f+b}{f-b} = h^2$ gesetzt wird.

Durch die Einführung einer neuen veränderlichen Grösse ω ändern sich auch die Grenzen, und bedenkt man, dass für $y = 0$ aus $w^2 = \frac{f - (b + 2y)}{f + (b + 2y)}$, $w = \frac{1}{h}$, für $y = \frac{f - b}{2}$, $w = 0$ folgt, so sind die neuen Integrations-Grenzen $\omega_0 = \frac{1}{h}$, $\omega_1 = 0$, sonach

$$F = 4f^2 \int_0^{\frac{1}{h}} \frac{(1 - h^2\omega^2)\, w^2\, d\omega}{(h^2 - w^2)(1 + w^2)^3}.$$

Zerlegt man den Bruch $\frac{(1 - h^2\omega^2) \cdot w^2}{(h^2 - w^2)(1 + w^2)^3}$ in seine Partialbrüche, so ist

$$F = 4f^2 \int_0^{\frac{1}{h}} \left[\frac{h(1 - h^2)}{2(1 + h^2)^2} \left(\frac{d\omega}{h + w} - \frac{d\omega}{h - w} \right) - \frac{d\omega}{(1 + w^2)^3} - \right.$$
$$\left. - \frac{2h^2}{(1 + h^2)} \cdot \frac{d\omega}{(1 + w^2)^2} + \frac{h^2(1 - h^2)}{(1 + h^2)^2} \cdot \frac{d\omega}{(1 + w^2)} \right].$$

Führt man diese einfachen Integrationen wirklich aus, so folgt nach einer leichten Rechnung

$$F = \tfrac{3}{4} b \sqrt{f^2 - b^2} - b\sqrt{f^2 - b^2}\, l \cdot \frac{f}{b}$$
$$- \tfrac{1}{2}(4b^2 - f^2) \operatorname{arc\,tang} \sqrt{\frac{f - b}{f + b}}$$

als die verlangte Fläche.

Anmerk. Diese Curve, welche unter dem Namen der Ophiuride (Schlangenschwanzlinie) bekannt ist, gründet sich auf die folgende Entstehungsart:

Fig. 9.

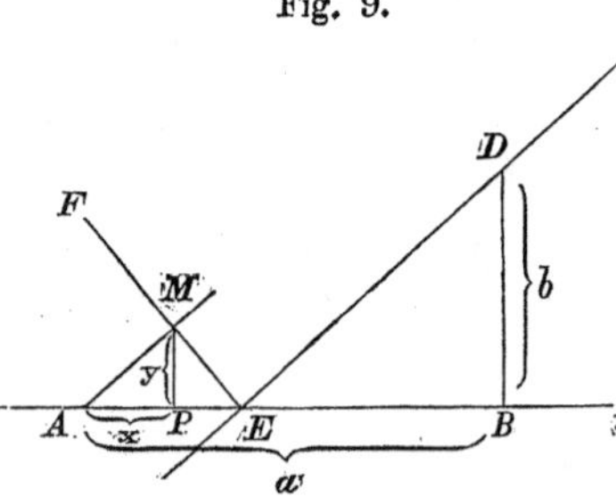

Es ist eine Linie Ax gegeben, und in derselben ein Punct A, überdiess ein zweiter Punct D (Fig. 9). Zieht man durch D die willkürliche Gerade DE, errichtet in E eine senkrechte Linie auf DE, $AM \perp EF$, so ist M ein Punct der oben bezeichneten Curve.

Da AME ein rechtwinkeliges Dreieck ist mit dem rechten Winkel bei M, so folgt

$$y^2 = x \cdot PE, \quad BE = \frac{b \cdot x}{y} \quad \text{und} \quad a = x + PE + BE,$$
$$\text{also} \quad a = x + \frac{y^2}{x} + \frac{bx}{y},$$

demnach

$$y^3 + x^2 y - axy + bx^2 = 0.$$

18) $y = \frac{a}{2}(e^{+\frac{x}{a}} + e^{-\frac{x}{a}})$.

Es ist $f = \int \frac{a}{2}(e^{\frac{x}{a}} + e^{-\frac{x}{a}})\, dx$ oder $f = \frac{a^2}{2}(e^{\frac{x}{a}} - e^{-\frac{x}{a}})$.

Für das zwischen zwei Ordinaten liegende Flächenstück ist

$$f = \frac{a^2}{2}(e^{\frac{x_2}{a}} - e^{-\frac{x_2}{a}}) - \frac{a^2}{2}(e^{\frac{x_1}{a}} - e^{-\frac{x_1}{a}}).$$

19) Es sei eine Parabel $y^2 = px$ gegeben. Durch den Punct $A \begin{cases} x = x' \\ y = 0 \end{cases}$ werde eine Sehne unter dem Winkel φ gezogen. Man soll die durch diese Sehne abgeschnittene Parabelfläche angeben.

Es ist die Gleichung der Sehne $y = \operatorname{tang}\varphi\,(x - x')$, und ihre Länge $\frac{2\sqrt{p}}{\sin\varphi^2}\sqrt{x'\sin\varphi^2 + \frac{p}{4}\cos\varphi^2}$.

Ist allgemein $y = f(x)$ die auf das Coordinatensystem mit dem Winkel φ bezogene Curve, so hat man für die Fläche den Ausdruck $\int y \sin\varphi\,.\,dx$.

Im gegebenen Falle ist die Fläche

$$\int \frac{2\sqrt{p}}{\sin\varphi}\sqrt{x'\sin\varphi^2 + \frac{p}{4}\cos\varphi^2}\,.\,dx' = \frac{4\sqrt{p}}{3}\left(x' + \frac{p}{4}\operatorname{cotg}\varphi^2\right)^{\frac{3}{2}}.$$

Dieses Integral genommen von $x' = -\frac{p}{4}\operatorname{cotg}\varphi^2$ bis $x' = x'$, so bleibt der unveränderte Ausdruck für die Fläche

$$\frac{4\sqrt{p}}{3}\left(x' + \frac{p}{4}\operatorname{cotg}\varphi^2\right)^{\frac{3}{2}}.$$

Anmerkung. Was die Grenze $-\frac{p}{4}\operatorname{cotg}\varphi^2$ anbelangt, so ist dieser Werth nichts anderes als die Abscisse des Durchschnittspunctes der zur Sehne gezogenen Tangente mit der Abscissenaxe.

Fig. 10.

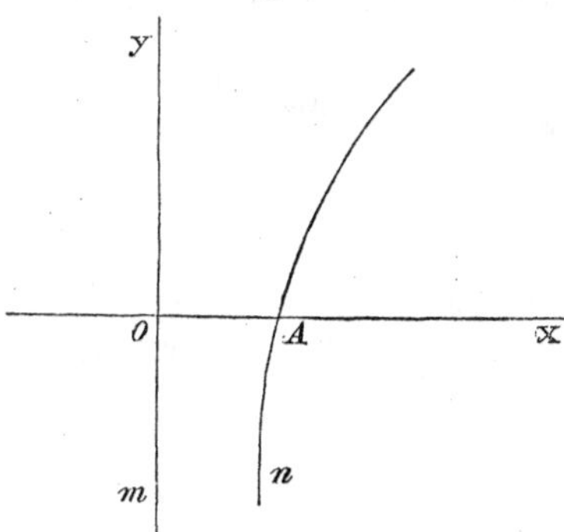

20) $y = lx$.

$f = \int lx\,.\,dx = xlx - x + C$.

Wird die Fläche von $x = 0$ an gerechnet, so ist wegen $f = 0$ und $xlx = 0$ auch $C = 0$, daher $f = xlx - x$.

Setzt man $x = AO = 1$ (Figur 10), dann ist $f = -1$, d. i. der asymptotische Raum $AOmn$.

21) $y = x^x$.

Verwandelt man x^x in eine Reihe, so ist

$$f = \int\left(1 + x\,lx + \frac{x^2}{1.2}(lx)^2 + \frac{x^3}{1.2.3}(lx)^3 + \text{etc.}\right)dx.$$

Integrirt man hier die einzelnen Bestandtheile nach der Formel für $\int x^m (lx)^n\,dx$, so folgt:

$$f = x + (lx - \tfrac{1}{2})\,.\,\frac{x^2}{2} + \left((lx)^2 - \tfrac{2}{3}\,lx + \frac{2.1}{3^2}\right).\frac{x^3}{2.3} +$$
$$+ \left((lx)^3 - \tfrac{3}{4}(lx)^2 + \frac{3.2}{4^2} - \frac{3.2.1}{4^3}\right).\frac{x^4}{2.3.4} + \ldots + C.$$

Nimmt man dieses Integral von $x = 0$ bis $x = 1$, so ist

$$f = 1 - \frac{1}{2^2} + \frac{1}{3^3} - \frac{1}{4^4} + \frac{1}{5^5} - \text{etc.}$$

22) $dx = \dfrac{y\,dy}{\sqrt{2ry - y^2}}$ (Differentialgleichung der gemeinen Cycloide).

$$f = \int y\,dx = \int\frac{y^2\,dy}{\sqrt{2ry - y^2}} = \int\frac{y^{\frac{3}{2}}\,dy}{\sqrt{2r - y}},$$

das ist derselbe Integralausdruck wie in 8). Es ist sonach, da man auch hier die halbe Fläche findet, indem man das obige Integral zwischen den Grenzen $y = 0$ bis $y = 2r$ zu nehmen hat, $f = 3r^2\pi$, d. i. die cycloidische Fläche für den ganzen Raum, der bei einer vollständigen Umwälzung des Kreises erzeugt wird.

Wäre die Cycloide durch die Gleichungen gegeben

$$\begin{cases} x = r\omega - r\sin\omega, \\ y = r - r\cos\omega, \end{cases}$$

dann ist $dx = r(1 - \cos\omega)\,d\omega$, demnach wegen

$$f = \int y\,dx = r^2\int(1 - \cos\omega)^2\,d\omega$$
$$= r^2\left(\tfrac{3}{2}\omega - 2\sin\omega + \tfrac{1}{4}\sin 2\omega\right).$$

Für $\omega = \pi$, d. h. für die halbe Cycloide, hat man $\frac{f}{2} = \frac{3}{2}r^2\pi$, demnach $f = 3r^2\pi$, wie zuvor.

23) $r = a\varphi^n$ (allgemeine Gleichung der Spirallinien).

Es ist $f = \frac{1}{2}\int r^2\,d\varphi$, daher

$$f = \frac{a^2}{2}\int\varphi^{2n}\,d\varphi = \frac{a^2\,\varphi^{2n+1}}{2(2n+1)} + C.$$

Ist n positiv, und zählt man die Fläche von der festen Polaraxe, so wird $f = 0$ für $\varphi = 0$, mithin auch $C = 0$, und man hat

$$f = \frac{a^2\,\varphi^{2n+1}}{2(2n+1)} \quad \ldots\ldots\ldots \quad (1)$$

24) $r = \dfrac{\varphi}{2\pi}$ (archimedische Spirale).

Setzt man im früheren Beispiele $a = \dfrac{1}{2\pi}$ und $n = 1$, so kommt nach (1) $f = \frac{\varphi^3}{24\pi^2}$. Für eine ganze Umdrehung hat man $\varphi = 2\pi$ zu setzen, wornach $f = \frac{\pi}{3}$ wird.

Bei n Umdrehungen des Leitstrahles ist $\varphi = n \,.\, 2\pi$, also

$$f_n = \frac{n^3\pi}{3},$$

bei $(n-1)$ Umdrehung $f_{n-1} = \frac{(n-1)^3 \,.\, \pi}{3}$, sonach ist die Fläche, welche von der $(n-1)^{\text{ten}}$ und n^{ten} Windung eingeschlossen wird,

$$f_n - f_{n-1} = \frac{\pi}{3}[n^3 - (n-1)^3].$$

25) $r = R + \sqrt{pR\varphi}$ (parabolische Spirale, äusserer Ast).

$$\begin{aligned} f &= \tfrac{1}{2}\int (R + \sqrt{pR\varphi})^2 .\, d\varphi \\ &= \tfrac{1}{2}\int (R^2 + 2R\sqrt{Rp} \,.\, \varphi^{\frac{1}{2}} + pR \,.\, \varphi) \,.\, d\varphi \\ &= \tfrac{1}{2}\left[R^2\varphi + \tfrac{4}{3}R\sqrt{Rp} \,.\, \varphi^{\frac{3}{2}} + pR \,.\, \frac{\varphi^2}{2}\right] + C. \end{aligned}$$

Beginnt die Fläche bei $\varphi = 0$, dann ist auch

$$C = 0 \quad \text{und} \quad f = \frac{R\varphi}{2}\left[R + \tfrac{4}{3}\sqrt{Rp\varphi} + p\frac{\varphi}{2}\right].$$

26) $r = a^{\varphi}$ (logarithmische Spirale).

$$f = \tfrac{1}{2}\int a^{2\varphi}\, d\varphi = \tfrac{1}{4} \,.\, \frac{a^{2\varphi}}{la} + C.$$

Nimmt man die Fläche zwischen den zwei Radien-Vectoren, welche den Winkeln φ_1 und φ_2 entsprechen, so hat man

$$f = \frac{1}{4\,la}[a^{2\varphi_2} - a^{2\varphi_1}],$$

oder sind für die Winkel φ_1 und φ_2 die respectiven Leitstrahlen r_1 und r_2, so hat man wegeu $r_1 = a^{\varphi_1}$ und $r_2 = a^{\varphi_2}$

$$f = \frac{1}{4\,la}[r_2^2 - r_1^2].$$

27) $r = \frac{p}{1 + \varepsilon\cos\varphi}$ (Polargleichung der Ellipse).

Der Pol befindet sich nach dieser Gleichung im Brennpuncte rechts, $p = \frac{b^2}{a}$, $\varepsilon = \frac{c}{a} = \frac{\sqrt{a^2 - b^2}}{a}$.

Für die Fläche der Ellipse hat man

$$f = \tfrac{1}{2}\int_0^{2\pi} \frac{p^2\, d\varphi}{(1 + \varepsilon\cos\varphi)^2} = p^2\int_0^{\pi} \frac{d\varphi}{(1 + \varepsilon\cos\varphi)^2}.$$

Setzt man, um $\int\frac{d\varphi}{(1 + \varepsilon\cos\varphi)^2}$ zu bestimmen,

$$1 + \varepsilon\cos\varphi = x, \quad \text{also} \quad d\varphi = -\frac{dx}{\sqrt{-(1-\varepsilon^2) + 2x - x^2}},$$

so hat man, da für $\varphi = 0$, $x = 1 + \varepsilon$, und für $\varphi = \pi$, $x = 1 - \varepsilon$ wird,

$$f = p^2 \int_{1-\varepsilon}^{1+\varepsilon} \frac{dx}{x^2 \sqrt{-(1-\varepsilon^2) + 2x - x^2}}.$$

Nach der Formel für $\int \frac{dx}{x^n \sqrt{\alpha + \beta x + \gamma x^2}}$ folgt

$$\int \frac{dx}{x^2 \sqrt{X}} = \frac{-\sqrt{X}}{\alpha \,.\, x} - \frac{\beta}{2\alpha} \int \frac{dx}{x \sqrt{X}},$$

es ist sonach wegen $\alpha = -(1 - \varepsilon^2)$,

$\beta = 2$,

$\gamma = -1$,

$$\int \frac{dx}{x^2 \sqrt{-(1-\varepsilon^2) + 2x - x^2}} =$$

$$= \frac{\sqrt{-(1-\varepsilon^2) + 2x - x^2}}{(1-\varepsilon^2)\,.\,x} + \frac{1}{1-\varepsilon^2} \int \frac{dx}{x \sqrt{-(1-\varepsilon^2) + 2x - x^2}},$$

und da $\int \frac{dx}{x \sqrt{-\alpha + \beta x + \gamma x^2}} = \frac{1}{\sqrt{\alpha}} \,.\, \text{arc sin} \frac{\beta x - 2\alpha}{x \sqrt{4\alpha\gamma + \beta^2}}$ ist, so folgt endlich

$$\int \frac{dx}{x^2 \sqrt{-(1-\varepsilon^2) + 2x - x^2}} =$$

$$= \frac{\sqrt{-(1-\varepsilon^2) + 2x - x^2}}{(1-\varepsilon^2)\,.\,x} + \frac{1}{(1-\varepsilon^2)^{\frac{3}{2}}} \text{arc sin} \frac{x - (1-\varepsilon^2)}{\varepsilon x}.$$

Bestimmt man dieses Integral innerhalb der Grenzen $(1 + \varepsilon)$ und $(1 - \varepsilon)$, so kommt für $f = \frac{p^2 \pi}{(1-\varepsilon^2)^{\frac{3}{2}}}$, oder wegen $p^2 = \frac{b^4}{a^2}$ und $\varepsilon = \frac{\sqrt{a^2 - b^2}}{a}$, d. i. $1 - \varepsilon^2 = \frac{b^2}{a^2}$,

$$f = \frac{b^4}{a^2} \,.\, \pi : \frac{b^3}{a^3} = ab\pi.$$

28) $(x^2 + y^2)^2 = a^2 (x^2 - y^2)$ (Lemniscate).

Ueberträgt man diese Gleichung auf Polar-Coordinaten, setzt also $x = r \cos\varphi$, $y = r \sin\varphi$, so folgt sehr einfach

$$r^2 = a^2 \cos 2\varphi.$$

Für den vierten Theil der Fläche hat man

$$\tfrac{1}{2} \int_0^{\pi} a^2 \cos 2\varphi \, d\varphi = \frac{a^2}{4},$$

sonach für den vollständigen Raum a^2.

Anmerkung. Der Ursprung ist hier ein doppelter Punct; zieht man in diesem die zwei Tangenten, so folgt für die Gleichungen derselben $y = \pm x$. Da nun $\tan \frac{\pi}{2} = 1$ ist, so wird jetzt klar sein, warum bei der Flächenbestimmung das Integral von $\varphi = 0$ bis $\varphi = \frac{\pi}{2}$ genommen wurde.

29) $r = \frac{2R}{\pi} \cdot \frac{\varphi}{\sin\varphi}$ (Quadratrix des Dinostratus).

Der Flächeninhalt eines Sectors zwischen den Leitstrahlen, die zu den Amplituden φ_1 und φ_2 gehören, ist allgemein

$$f = \frac{2R^2}{\pi^2} \int_{\varphi_1}^{\varphi_2} \frac{\varphi^2 \, d\varphi}{\sin\varphi^2}.$$

Bestimmt man $\int \frac{\varphi^2 \, d\varphi}{\sin\varphi^2}$ durch das theilweise Integriren, so hat man nach $\int u\,dv = uv - \int v\,du$, wenn $u = \varphi^2$ und $dv = \frac{d\varphi}{\sin\varphi^2}$, also $du = 2\varphi \, d\varphi$ und $v = -\operatorname{cotg}\varphi$ gesetzt wird,

$$\int \frac{\varphi^2 \, d\varphi}{\sin\varphi^2} = -\varphi^2 . \operatorname{cotg}\varphi + 2\varphi \, . \, l\sin\varphi - 2\int l\sin\varphi \, . \, d\varphi.$$

Entwickelt man $l . \sin\varphi$ in eine Reihe und integrirt die einzelnen Bestandtheile, so ist

$$\int l\sin\varphi \, d\varphi =$$

$$= \varphi \, l\tfrac{1}{2} - \frac{1}{1.2}\sin 2\varphi - \frac{1}{2.4}\sin 4\varphi - \frac{1}{3.6}\sin 6\varphi - \text{etc.},$$

also

$$\int_{\varphi_1}^{\varphi_2} \frac{\varphi^2 \, d\varphi}{\sin\varphi^2} = \Big\{ -\varphi^2 \operatorname{cotg}\varphi + 2\varphi \, l\sin\varphi -$$

$$- 2\Big[\varphi \, l\tfrac{1}{2} - \frac{1}{1.2}\sin 2\varphi - \frac{1}{2.4}\sin 4\varphi - \ldots\Big]\Big\}_{\varphi_1}^{\varphi_2}.$$

Setzt man gleich $\varphi_2 = \frac{\pi}{2}$ und $\varphi_1 = 0$, dann ist

$$f = \frac{2R^2}{\pi^2} \, . -2 \, . \, \frac{\pi}{2} \, . \, l\tfrac{1}{2} = \frac{2R^2}{\pi} \, . \, l2.$$

Indem man hier die Grenze $\varphi = 0$ einführt, kommt die Function $\varphi^2 \operatorname{cotg}\varphi$ für $\varphi = 0$ in der Form $0 . \infty$, welches Product in dem Falle $= 0$ ist, wie man sich leicht überzeugen kann; eben so wird $\varphi \, l\sin\varphi = 0$ für $\varphi = 0$.

30) $\left.\begin{aligned} x &= 2r\cos\varphi - r\cos 2\varphi \\ y &= 2r\sin\varphi - r\sin 2\varphi \end{aligned}\right\}$ I. (Cardioide.)

Um den von dieser Curve eingeschlossenen Flächenraum zu finden, übertragen wir die Gleich. I., welche sich auf rechtwinkelige Axen bezieht, deren Ursprung im Mittelpuncte des Grundkreises ist, auf Polar-Coordinaten.

Eliminiren wir aus dem Systeme I. den Winkel φ, so folgt

$$(x^2 + y^2)^2 - 6r^2(x^2 + y^2) + 8r^3 x - 3r^4 = 0 \quad . \; . \; . \text{ II.}$$

Verlegt man den Ursprung vom Mittelpunct des Grundkreises in den Punct des Durchschnittes der Peripherie desselben mit der Abscissenaxe, setzt also $r - x$ statt x in II., so folgt nach einer einfachen Reduction

$$(x^2 + y^2)^2 - 4rx(x^2 + y^2) - 4r^2y^2 = 0.$$

Um nun auf die Polargleichung dieser Curve zu kommen, schreibe man $u \cos v$ statt x und $u \sin v$ statt y, dann folgt

$$u = 2r(\cos v - 1).$$

Für die gesammte Fläche ist

$$f = 2 \cdot \tfrac{1}{2}\int_0^\pi u^2 dv = 4r^2\int_0^\pi (\cos v - 1)^2 . \, dv$$

$$= 4r^2\left[\tfrac{1}{4}\sin 2v + \tfrac{3}{2}v - 2\sin v\right]_0^\pi,$$

und nach Einführung der Grenzen $f = 6r^2\pi$.

Ohne übrigens auf Polar-Coordinaten überzugehen, kann man die Curve I. auch auf folgende Art quadriren:

Für das Differential des Sectors hat man

$$df = \tfrac{1}{2}(x\,dy - y\,dx), \quad \text{also} \quad f = \tfrac{1}{2}\int(x\,dy - y\,dx).$$

Im vorliegenden Falle ist

$$dx = -2r(\sin\varphi - \sin 2\varphi)\,d\varphi,$$

$$dy = 2r(\cos\varphi - \cos 2\varphi)\,d\varphi,$$

$$x\,dy - y\,dx = 12r^2 \sin\frac{\varphi}{2}^2 d\varphi,$$

also $f = 6r^2\int \sin\frac{\varphi}{2}^2 . \, d\varphi = 12r^2\int \sin\frac{\varphi}{2}^2 . \, d\frac{\varphi}{2}$.

Nun ist

$$\int \sin\frac{\varphi}{2}^2 . \, d\frac{\varphi}{2} = -\tfrac{1}{2}\sin\frac{\varphi}{2}\cos\frac{\varphi}{2} + \tfrac{1}{2} . \frac{\varphi}{2},$$

folglich $f = 6r^2\left(-\sin\frac{\varphi}{2}\cos\frac{\varphi}{2} + \frac{\varphi}{2}\right) + C.$

Um die ganze Fläche zu erhalten, hat man das obige Integral von $\varphi = 0$ bis $\varphi = 2\pi$ zu nehmen, dann folgt $f = 6r^2\pi$, wie vorhin.

Achter Abschnitt.

Ueber ebene Curven, deren Bestimmung auf Differentialgleichungen führt.

Aufgabe 14. Es ist die Curve zu finden, deren Subtangente einer gegebenen Function der Abscisse gleich ist.

Lösung. Es sei die Subtangente $= f(x)$, so folgt wegen $y \cdot \frac{dx}{dy} = f(x)$, $\frac{dy}{y} = \frac{dx}{f(x)}$, also $y = e^{\int \frac{dx}{f(x)}}$, die Gleichung der verlangten Curve.

a) Es sei die Subtangente gleich dem *m*fachen der Abscisse, dann hat man wegen $f(x) = mx$, $\int \frac{dx}{f(x)} = \int \frac{dx}{mx} = \frac{1}{m} lx + lC'$,

also $ly = lC'x^{\frac{1}{m}}$ und $y = C'x^{\frac{1}{m}}$, d. i. $y^m = Cx$.

Für $m = 2$ folgt $y^2 = Cx$.

b) Die Subtangente sei constant $= a$. Wegen $f(x) = a$ folgt $aly = x + C$. Soll für $x = 0$, $y = 1$ werden, so kommt $aly = x$, oder für $aly = \log y$, $\log y = x$, d. i. die Gleichung der logarithmischen Linie.

c) Das Quadrat der Subtangente sei der Abscisse proportional.

Es gilt hier $\left(y \cdot \frac{dx}{dy}\right)^2 = ax$,

$$y \cdot \frac{dx}{dy} = \sqrt{ax},$$

$$\frac{dy}{y} = \frac{dx}{\sqrt{ax}},$$

integrirt $aly = 2\sqrt{ax} + C$ oder $\log y = 2\sqrt{ax}$.

Aufgabe 15. Die Curve zu bestimmen, deren Subnormale eine gegebene Function der Abscisse ist.

Lösung. Wegen $y \cdot \frac{dy}{dx} = f(x)$ folgt $y^2 = 2\int f(x)\,dx + C$ als die gesuchte Curve.

a) Ist die Subnormale constant, etwa $= a$, so folgt

$$y^2 = 2ax + C.$$

Soll für $x = 0$, $y = 0$ sein, so hat man wegen $C = 0$, $y^2 = 2ax$.

b) Es sei die Subnormale der Quadratwurzel aus der Abscisse proportional.

Wegen $f(x) = a\sqrt{x}$ folgt

$$y^4 = \frac{16a^2}{9} \cdot x^3.$$

Aufgabe 16. Es ist jene Curve zu suchen, deren Tangente constant ist.

Lösung. Tangt. $= y\sqrt{1 + \frac{dx^2}{dy^2}} = a.$

Es folgt $\frac{dy^2}{dx^2} = \frac{y^2}{a^2 - y^2}$,

$$\frac{dy}{dx} = \frac{y}{\sqrt{a^2 - y^2}},$$

$$dx = \pm \frac{\sqrt{a^2 - y^2}}{y} \cdot dy,$$

$$x = \pm \int \frac{\sqrt{a^2 - y^2}}{y} \cdot dy.$$

Führt man dieses Integral mit Hilfe einer Reductions-Formel aus, so kommt

$$x = \pm \left\{\sqrt{a^2 - y^2} + a\, l\, C\left(\frac{\sqrt{a^2 - y^2} - a}{y}\right)\right\}$$

als die Gleichung der verlangten Curve. Bestimmt man die Constante für den Fall, wo für $x = 0$, $y = -a$ wird, so folgt $C = 1$, demnach

$$x = \pm \left\{\sqrt{a^2 - y^2} + a\, l \frac{\sqrt{a^2 - y^2} - a}{y}\right\}$$

die Gleichung der sogenannten Zuglinie (*Tractoria*).

Aufgabe 17. Es ist die Gleichung der Curve zu finden deren Normalen in allen Puncten dieselben sind.

Lösung. Norm. $= y\sqrt{1 + \frac{dy^2}{dx^2}} = a,$

$$\frac{dy}{dx} = \pm \frac{\sqrt{a^2 - y^2}}{y},$$

$$dx = \pm \frac{y\,dy}{\sqrt{a^2 - y^2}},$$

integrirt

$x = C \mp \sqrt{a^2 - y^2}$ oder $x^2 + y^2 - 2Cx + (C^2 - a^2) = 0$, woraus $x^2 + y^2 = 2ax$ folgt, wenn man nämlich die Constante so bestimmt, auf dass für $x = 0$ auch $y = 0$ wird.

Aufgabe 18. Wie heisst jene Curve, wofür die Normale $= \sqrt{x^2 + y^2}$ ist?

Lösung. $y\sqrt{1 + \frac{dy^2}{dx^2}} = \sqrt{x^2 + y^2}$ . . . . . (α)

Hieraus folgt

$$\frac{dy^2}{dx^2} = \frac{x^2}{y^2} \text{ oder } \left(\frac{dy}{dx} + \frac{x}{y}\right)\left(\frac{dy}{dx} - \frac{x}{y}\right) = 0.$$

Dieser Differentialgleichung entsprechen die Integralgleichungen

$$y^2 - x^2 = C \text{ . . . (1) (gleichs. Hiperbel),}$$

$$y^2 + x^2 = C' \text{ . . . (2) (Kreis),}$$

und allgemein $(y^2 - x^2 - C)(y^2 + x^2 - C') = 0$ . . . (3), welche letztere Gleichung jedoch keine andere geometrische Bedeutung mehr zulässt, als die in (1) oder (2) erkannte.

Anmerk. Dass die Auflösungen (1) und (2) der ursprünglichen Differentialgleichung in (α) entsprechen, davon kann man sich sehr leicht überzeugen; man braucht eben nur aus (1) und (2) $\frac{dy}{dx}$ zu bestimmen, so wird hiefür die Gleichung (α) befriedigt.

Dass auch die Gleichung (3) der ursprünglichen Grundgleichung in (α) genügt, davon überzeugt man sich am einfachsten auf folgende Art:

Es ist aus (3) $\frac{dy}{dx} = \frac{x}{y} \cdot \frac{2x^2 + (C - C')}{2y^2 - (C + C'(}$. Setzt man in diesen Ausdruck für y^2 die Werthe $x^2 + C$ oder $-x^2 + C'$, so erhält man für $\frac{dy}{dx}$ beziehungsweise $+\frac{x}{y}$ oder $-\frac{x}{y}$, wie es sein soll.

Aufgabe 19. Es ist jene Curve zu bestimmen, deren Polar-Subtangente eine gegebene Function des Leitstrahles ist.

Lösung. Die Subtangente durch Polar-Coordinaten ausgedrückt ist durch die Gleichung gegeben:

$$\text{Subtg.} = r^2 . \frac{d\varphi}{dr}.$$

Soll nun $r^2 . \frac{d\varphi}{dr} = f(r)$ sein, so folgt

$$\varphi = \int \frac{f(r)\, dr}{r^2} + C,$$

Setzt man $f(r) = A r^n$, dann ist

$$\varphi = \frac{A r^{n-1}}{(n-1)} + C,$$

und hieraus wieder für $n = 0$

$$r(C - \varphi) = A,$$

die Gleichung der hiperbolischen Spirale.

Aufgabe 20. Jene Curve zu finden, deren Polar-Subnormale eine gegebene Function des Leitstrahles ist.

Lösung. Die Polar-Subnormale wird ausgedrückt durch $\frac{dr}{d\varphi}$. Der Aufgabe gemäss ist

$$\frac{dr}{d\varphi} = f(r), \quad \text{daher} \quad \varphi = \int \frac{dr}{f(r)} + C.$$

Setzt man wie oben (Aufg. 19) $f(r) = Ar^n$, dann erhält man

$$\varphi = C - \frac{1}{A(n-1)^{r-1}}.$$

Setzt man $n = 0$, d. h. soll die Subnormale constant sein, so ist $\varphi = C + \frac{r}{A}$ oder $A(\varphi - C) = r$ die Gleichung der archimedischen Spirale.

Aufgabe 21. Es ist jene Curve zu finden, bei welcher die Projection der Normale auf den zugehörigen Leitstrahl constant ist.

Lösung. Ist M mit den Coordinaten x und y ein beliebiger Punct der Curve $f(x, y) = 0$, so ist in diesem Puncte die Normale $n = y\sqrt{1 + \frac{dy^2}{dx^2}}$. Ziehen wir den Leitstrahl durch den Ursprung des Systems, so ist die Gleichung desselben $y' = \frac{y}{x} \cdot x'$. Bezeichnet man den Neigungswinkel zwischen Normale und Leitstrahl durch v, die Projection der Normale durch n', so ist $n' = n \cdot \cos v$. Nach einer leichten Rechnung ist

$$\cos v = \frac{y - x \cdot \frac{dy}{dx}}{\sqrt{x^2 + y^2} \cdot \sqrt{1 + \frac{dy^2}{dx^2}}}, \quad \text{daher} \quad n' = \frac{y\left(y - x\frac{dy}{dx}\right)}{\sqrt{x^2 + y^2}}.$$

Soll nun n' constant, etwa gleich a sein, so hat man die Differentialgleichung

$$y\left(y - x\frac{dy}{dx}\right) = a\sqrt{x^2 + y^2}$$

$$\text{oder} \quad (y^2 - a\sqrt{x^2 + y^2})\,dx - xy\,dy = 0.$$

Ist diese Gleichung auch nicht homogen, so lässt sich doch durch die Substitution $y = xz$ die Integration sehr einfach ausführen. Man erhält dann

$$a\sqrt{1 + z^2} \cdot dx + x^2 z\,dz = 0,$$

oder wenn man absondert

$$\frac{a\,dx}{x^2} + \frac{z\,dz}{\sqrt{1 + z^2}} = 0 \quad \text{und} \quad -\frac{a}{x} + \sqrt{1 + z^2} = c,$$

wo c eine willkürliche Constante bezeichnet. Setzt man für z

den Werth $\frac{y}{x}$ und macht die Gleichung rational, so kommt

$$x^2 + y^2 = (cx + a)^2.$$

Diese Gleichung entspricht den Kegelschnittslinien, das sind jene Curven, welche der vorgelegten Aufgabe genügen.

Aufgabe 22. Es soll jene Curve gesucht werden, bei welcher das Verhältniss der Abscisse des Durchschnittspunctes der Normale zum zugehörigen Leitstrahl constant ist.

L ö s u n g. Ziehen wir auch hier die Leitstrahlen durch den Ursprung, so ist für den Punct x, y der Curve $f(x, y) = 0$ die Länge des Leitstrahles $= \sqrt{x^2 + y^2}$, und nachdem

$$y' - y = -\frac{dx}{dy}(x' - x)$$

die Gleichung der Normale ist, so ist die Abscisse des Durchschnittspunctes $= x + y \cdot \frac{dy}{dx}$, man hat sonach die Differentialgleichung

$$\frac{x + y\frac{dy}{dx}}{\sqrt{x^2 + y^2}} = a \quad \text{oder} \quad (x - a\sqrt{x^2 + y^2})\,dx + y\,dy = 0.$$

Setzt man hier $y = xz$, kürzt durch x ab und sondert die Veränderlichen, so hat man

$$\frac{dx}{x} + \frac{z\,dz}{1 + z^2 - a\sqrt{1 + z^2}} = 0.$$

Für $1 + z^2 = u^2$ ist

$$\frac{dx}{x} + \frac{u\,du}{u^2 - au} = 0 \quad \text{oder} \quad lx + l(u - a) = lc,$$

$$\text{d. i.} \quad x(u - a) = c.$$

Für u den Werth gesetzt, kommt

$$x^2 + y^2 = (ax + c)^2;$$

die in der Aufgabe ausgedrückte Eigenschaft ist also wieder für die Kegelschnittslinien charakteristisch.

Aufgabe 23. Es ist die Curve zu finden, deren Krümmungshalbmesser eine beständige Grösse ist.

L ö s u n g. Nennen wir die beständige Grösse a, so haben wir die Gleichung

$$\pm\left[1 + \left(\frac{dy}{dx}\right)^2\right]^{\frac{3}{2}} = a \cdot \frac{d^2y}{dx^2},$$

oder wenn wir, um kürzer zu schreiben, $\frac{dy}{dx} = p$ und $\frac{d^2y}{dx^2} = q$ setzen,

$$\pm \frac{(1+p^2)^{\frac{3}{2}}}{q} = a,$$

$$\pm (1+p^2)^{\frac{3}{2}} = a\frac{dp}{dx},$$

und hieraus $dx = \pm \frac{a\,dp}{(1+p^2)^{\frac{3}{2}}}$

und $x = C \pm \frac{ap}{\sqrt{1+p^2}}$. . . . . (m)

Wegen $dy = p\,dx$ ist

$$y = \pm \int \frac{ap\,dp}{(1+p^2)^{\frac{3}{2}}},$$

also $y = C' \mp \frac{a}{\sqrt{1+p^2}}$ . . . . . . (n)

Eliminirt man aus den Gleichungen (m) und (n) die Grösse p, indem man beide Gleichungen quadrirt und addirt, so folgt für die verlangte Curve die Gleichung

$$(x - C)^2 + (y - C')^2 = a^2.$$

Diese Gleichung repräsentirt bekanntlich einen Kreis, der demnach die einzige Curve mit constanten Krümmungshalbmesser ist.

Aufgabe 24. Diejenige Curve zu finden, bei welcher das Quadrat des Krümmungshalbmessers der Abscisse proportional ist.

Lösung. Bezeichnen wir den Krümmungshalbmesser durch γ, so besteht die Grundgleichung $\frac{\gamma^2}{x} = a$ oder $\gamma = \sqrt{ax}$, d. i.

$$(1+p^2)^{\frac{3}{2}} = q\sqrt{ax},$$

$$(1+p^2)^{\frac{3}{2}} = \frac{dp}{dx}.\sqrt{ax},$$

oder wenn abgesondert wird,

$$\frac{dx}{\sqrt{ax}} = \frac{dp}{(1+p^2)^{\frac{3}{2}}}.$$

Durch Integration dieser Gleichung folgt

$$2\sqrt{\frac{x}{a}} = \frac{p}{\sqrt{1+p^2}} + C.$$

Die Constante C lässt sich durch die Bedingung wegschaffen, indem man festsetzt, für $x = 0$ soll auch $p = 0$ werden, wodurch also $C = 0$ wird, und dann ist

$$p = \sqrt{\frac{4x}{a-4x}}, \quad \text{daher} \quad y = \int \sqrt{\frac{4x}{a-4x}}\,.\,dx.$$

Dieses Integral lässt sich leicht auf die Form $y = \int \frac{x\,dx}{\sqrt{2mx - x^2}}$ bringen, wobei $2m = \frac{a}{4}$ bezeichnet.

Benützt man zur weiteren Integration des obigen Differentialausdruckes die Formel $\int\frac{x^n dx}{\sqrt{2ax-x^2}}$, so kommt

$$y = -\sqrt{2mx - x^2} + \text{arc sin v.} \frac{x}{m} + C',$$

oder wenn man für m den Werth setzt und C' für den Fall bestimmt, wo für $x=0$ auch $y=0$ ist, so hat man für die Gleichung der verlangten Curve:

$$y = -\tfrac{1}{2}\sqrt{ax - 4x^2} + \frac{a}{8} \text{arc sin v.} \frac{8x}{a},$$

d. i. die gemeine Cycloide.

Aufgabe 25. Der Krümmungshalbmesser sei dem Quadrate der Ordinate proportional.

Lösung. Man hat in diesem Falle die Grundgleichung

$$\frac{(1+p^2)^{\frac{3}{2}}}{q} = \frac{y^2}{a}.$$

Um diese Gleichung zu integriren, multiplicire man sie mit $q = \frac{dp}{dx}$ und dy, so geht sie über in

$$a\,dy\,(1+p^2)^{\frac{3}{2}} = y^2.\,dp\,.\,p,$$

und durch Absonderung

$$\frac{a\,dy}{y^2} = \frac{p\,dp}{(1+p^2)^{\frac{3}{2}}}.$$

Integrirt man beiderseits

$$\frac{a}{y} = \frac{1}{\sqrt{1+p^2}} + C.$$

C bestimmen wir so, dass für $y=a$, $p=0$ folgt, woraus sich $C=0$ ergibt, und dann ist

$$p = \frac{1}{a}\sqrt{y^2 - a^2}, \quad \text{daher} \quad dx = \frac{a\,dy}{\sqrt{y^2-a^2}}.$$

Eine nochmalige Integration $\left[\text{nach der Form} \int\frac{dx}{\sqrt{\alpha+\beta x+\gamma x^2}}\right]$ gibt

$$x = a\,l[y + \sqrt{y^2 - a^2}] + C'.$$

Soll für $y=a$, $x=0$ werden, so ist $C' = -a\,l\,a$, demnach die Gleichung der verlangten Curve $x = a\,.\,l\left[\frac{y+\sqrt{y^2-a^2}}{a}\right]$, welche einer Kettenlinie entspricht.

Aufgabe 26. Der Krümmungshalbmesser sei proportional der Quadratwurzel aus der Ordinate.

Lösung. Um die Curve von der gegebenen Eigenschaft zu finden, muss man von der Gleichung ausgehen:

$$\frac{(1+p^2)^{\frac{3}{2}}}{q} = -\sqrt{ay}.$$

Verfährt man weiter mit dieser Gleichung wie in Aufg. 25, so folgt

$$\frac{dy}{\sqrt{ay}} = \frac{p\,dp}{(1+p^2)^{\frac{3}{2}}}.$$

Diese Gleichung integrirt, gibt

$$2\sqrt{\frac{y}{a}} = \frac{1}{\sqrt{1+p^2}} + C \quad . \quad . \quad . \quad . \quad . \quad (1)$$

Setzt man gleich jetzt die Bedingung, dass für $y = \frac{a}{4}$, $p = 0$ sei, dann ist auch $C = 0$, und es folgt aus Gleichung (1)

$$dx = \sqrt{\frac{4y}{a-4y}}\,.\,dy.$$

Die hier nothwendige Integration wurde bereits in Aufg. 24 durchgeführt, und wir haben sonach, wenn wir im dortigen Resultat bloss x mit y vertauschen:

$$x = \frac{a}{8} \text{ arc sin v. } \frac{8y}{a} - \tfrac{1}{2}\sqrt{ay - 4y^2}.$$

Setzen wir $\frac{a}{8} = r$, so ist

$$x = r \text{ arc sin v. } \frac{y}{r} - \sqrt{2ry - y^2}$$

die verlangte Curve, d. i. eine gemeine Cycloide, wofür der Halbmesser des Wälzungskreises $r = \frac{a}{8}$ ist.

Aufgabe 27. Diejenige Curve zu finden, bei welcher in jedem Puncte der Krümmungshalbmesser der entsprechenden Normale gleich ist.

Lösung. Man hat hier dem Sinne der Aufgabe gemäss die Grundgleichung:

$$\frac{-(1+p^2)^{\frac{3}{2}}}{q} = y\sqrt{1+p^2}.$$

Um diese Gleichung zu integriren, dividire man durch $\sqrt{1+p^2}$, multiplicire beiderseits mit $q = \frac{dp}{dx}$ und dy, so folgt

$$-dy\,.\,(1+p^2) = y\,.\,dp\,.\,\frac{dy}{dx},$$

und wegen $\frac{dy}{dx} = p$ erhält man dann durch Absonderung

$$\frac{dy}{y} = -\frac{p\,dp}{(1+p^2)}.$$

Diese Gleichung integrirt, gibt $y = \frac{C}{\sqrt{1+p^2}}$.

Ferner ist aus dieser Gleichung

$$p = \frac{\sqrt{C^2-y^2}}{y}, \quad \text{d. i.} \quad dx = \frac{y\,dy}{\sqrt{C^2-y^2}},$$

und demnach durch nochmalige Integration

$$x = -\sqrt{C^2 - y^2} + C',$$

sonach $(x - C')^2 = C^2 - y^2$.

Bestimmt man, dass für $x = 0$ auch $y = 0$ werde, so kommt für die Gleichung der verlangten Curve: $y^2 = 2C'x - x^2$, d. i. die Gleichung eines Kreises.

Der Kreis ist aber nicht die einzige Curve von der besprochenen Beschaffenheit, denn nehmen wir den Krümmungshalbmesser im negativen Sinne, so ist die zu integrirende Grundgleichung:

$$+\frac{(1+p^2)^{\frac{3}{2}}}{q} = y\sqrt{1+p^2} \quad . \quad . \quad . \quad . \quad (\alpha)$$

Verfährt man mit dieser Gleichung wie früher, so kommt

$$y = C\sqrt{1+p^2} \quad . \quad . \quad . \quad . \quad . \quad . \quad . \quad (1)$$

Wegen $dx = \frac{dy}{p} = \frac{C\,dp}{\sqrt{1+p^2}}$ ist

$$x = Cl\,[p + \sqrt{1+p^2}] + C' \quad . \quad . \quad . \quad (2)$$

Um die Constanten C und C' zu bestimmen, wollen wir annehmen, dass für $y = a$ und $x = 0$, $p = 0$ werde, dann folgt aus (1) $C = a$, aus (2) $C' = 0$, und es erübriget nur noch, aus den Gleichungen

$$y = a\sqrt{1+p^2},$$
$$x = a\,l(p + \sqrt{1+p^2})$$

die Grösse p zu eliminiren. Diese ganz einfache Elimination ausgeführt, gibt die Gleichung:

$$x = a\,l\left[\frac{y + \sqrt{y^2 - a^2}}{a}\right],$$

d. i. die Gleichung der Kettenlinie. Der vorgelegten Aufgabe leisten also zwei Curven Genüge: der Kreis und die Kettenlinie.

Wir können die Integration der Gleichung auch noch auf andere Weise bewerkstelligen:

Es ist aus Gleichung (α)

$$1 + p^2 = yq \quad . \quad . \quad . \quad . \quad . \quad . \quad . \quad (3)$$

Differenzirt man diese Gleichung, so kommt

$$2p\,dp = y\,dq + q\,dy.$$

Dividirt man diese Gleichung durch dx, so ist auch

$$2pq = yr + pq \quad \text{oder} \quad \frac{p}{y} = \frac{r}{q} \quad . \quad . \quad . \quad (\beta)$$

d. i. $\frac{dy}{y} = \frac{dq}{q}$, daher $ly = lq - la^2$.

Aus der letzten Gleichung folgt $q = a^2 y$. Schreibt man hier statt q die Bedeutung, so ist

$$\frac{d^2 y}{d x^2} - a^2 y = 0 \quad \ldots\ldots \quad (\gamma)$$

Dieser Gleichung entspricht

$$y = e^{mx} \quad \text{und} \quad m = \pm a,$$

sonach das vollständige Integral

$$y = C_1 e^{+ax} + C_2 e^{-ax} \quad \ldots\ldots \quad (\delta)$$

Der ursprünglichen Gleichung (α) kommen ihrer Form nach nur zwei willkürliche Constante zu, während zur Gleichung (β) drei willkürliche Constante gehören.

Substituirt man aus (δ) den Werth von y in (α) oder in (3), so folgt noch zwischen den Constanten a, C_1 C_2 die Relation:

$$4a^2 C_1 C_2 = 1.$$

Es müssen also für die verlangte Curve die Gleichungen bestehen:

$$\begin{cases} y = C_1 e^{ax} + C_2 e^{-ax}, \\ 4a^2 C_1 C_2 = 1. \end{cases}$$

Aufgabe 28. Die Curve zu finden, deren Krümmungshalbmesser sich wie die dritten Potenzen ihrer Normalen verhalten.

Lösung. Bezeichnen wir den Krümmungshalbmesser mit γ, die Normale durch n, so besteht der Aufgabe gemäss die Gleichung $\frac{\gamma}{n^3} = a^2$, oder indem man für γ und n die Werthe setzt,

$$-\frac{(1+p^2)^{\frac{3}{2}}}{q} = a^2 y^3 (1+p^2)^{\frac{3}{2}}.$$

Hieraus folgt weiter

$$\frac{d^2 y}{d x^2} = -\frac{1}{a^2 y^3}$$

[das ist eine Differentialgleichung der zweiten Ordnung und von der Form $f\left(y, \frac{d^2 y}{d x^2}\right) = 0$ oder $\frac{d^2 y}{d x^2} = \varphi(y)$].

Multipliciren wir diese Gleichung mit $2dy$, so lässt sie sich schreiben

$$d \cdot \frac{d y^2}{d x^2} = -\frac{2}{a^2 y^3} \cdot dy,$$

und nun integrirt

$$\frac{dy^2}{dx^2} = \frac{1}{a^2 y^2} + C,$$

$$\frac{dy}{dx} = \frac{\sqrt{1 + a^2 C y^2}}{a y},$$

$$\text{und} \quad dx = \frac{a y\, dy}{\sqrt{1 + a^2 C y^2}},$$

$$x + C' = \frac{1}{a C}(1 + a^2 C y^2)^{\frac{1}{2}},$$

$$a^2 C^2 (x + C')^2 = 1 + a^2 C y^2.$$

Soll für $x = 0$ auch $y = 0$ werden, so muss $a^2 C^2 C'^2 = 1$ sein, demnach ist

$$a^2 C^2 x^2 + 2a^2 C^2 C' . x = a^2 C y^2 \quad \text{oder} \quad y^2 = \frac{2x}{a} + Cx^2$$

die verlangte Curve, nämlich die Gleichung eines Kegelschnittes, und zwar die einer Ellipse, Hiperbel oder Parabel, je nachdem C negativ, positiv oder Null ist.

Aufgabe 29. Man bestimme jene Curve, für welche der Krümmungshalbmesser gleich der doppelten Normale ist.

Lösung. Die Grundgleichung ist

$$-\frac{(1+p^2)^{\frac{3}{2}}}{q} = 2y\sqrt{1+p^2},$$

oder abgekürzt $\qquad -(1+p^2) = 2y \,.\, q \quad \ldots\ldots \quad (1)$

Schreibt man statt q, $\frac{dp}{dx}$, und multiplicirt die Gleichung (1) mit dy, so folgt nach Absonderung

$$\frac{dy}{y} = -\frac{2p\,dp}{1+p^2},$$

integrirt $\quad ly = l \,.\, 2C - l(1+p^2)$

oder $\quad y = \frac{2C}{1+p^2} \quad \ldots\ldots \quad (2)$

Hieraus folgt

$$p = \frac{dy}{dx} = \sqrt{\frac{2C-y}{y}} \quad \text{und} \quad x = \int\frac{y\,dy}{\sqrt{2Cy-y^2}}$$

oder $\quad x = C' + C \text{ arc sin v. } \frac{y}{C} - \sqrt{2Cy - y^2} \quad \ldots \quad (3)$

Soll für $y = 0$ auch $x = 0$ werden, und für $y = 2a$, $p = 0$, dann folgt beziehungsweise aus (3) und (2) $C' = 0$ und $C = a$, demnach ist die Gleichung der verlangten Curve

$$x = a \,.\, \text{arc sin v. } \frac{y}{a} - \sqrt{2ay - y^2}.$$

Aufgabe 30. Es soll jene Curve gefunden werden, deren Krümmungshalbmesser eine gegebene Function der Abscisse oder der Ordinate ist.

Lösung. Es sind bereits in den Aufgaben 24, 25, 26 über dieses Problem specielle Fälle durchgeführt; um allgemein zu sprechen, so sei für den ersten der beiden Fälle

$$\frac{(1+p^2)^{\frac{3}{2}}}{q} = f(x),$$

oder $\quad (1+p^2)^{\frac{3}{2}} = f(x) \,.\, \frac{dp}{dx},$

$$\frac{dp}{(1+p^2)^{\frac{3}{2}}} = \frac{dx}{f(x)},$$

oder integrirt

$$\frac{p}{\sqrt{1+p^2}} = \int \frac{dx}{f(x)} + C.$$

Ist $\int \frac{dx}{f(x)} = X$, dann folgt

$$p = \frac{dy}{dx} = \frac{X+C}{\sqrt{1-(X+C)^2}}, \text{ daher } y = \int \frac{(X+C)\,dx}{\sqrt{1-(X+C)^2}} + C'.$$

Für den zweiten Fall ist

$$\frac{(1+p^2)^{\frac{3}{2}}}{q} = F(y).$$

Es folgt $\frac{p\,dp}{(1+p^2)^{\frac{3}{2}}} = \frac{dy}{F(y)}$, oder integrirt

$$-\frac{1}{\sqrt{1+p^2}} = \int \frac{dy}{F(y)} + C = Y + C.$$

Hieraus folgt

$$p = \frac{dy}{dx} = \frac{\sqrt{1-(Y+C)^2}}{Y+C}, \text{ mithin } x = \int \frac{(Y+C)\,dy}{\sqrt{1-(Y+C)^2}} + C'.$$

Aufgabe 31. Man bestimme jene Curven, in welchen der Krümmungshalbmesser mit der Normale in einem gegebenen Verhältnisse steht.

Lösung. Geht man von der Grundgleichung aus:

Krümmungshalbm. : Norm. $= 1 : m$,

dann ist $m \cdot \frac{(1+p^2)^{\frac{3}{2}}}{q} = y\sqrt{1+p^2}$.

Hieraus folgt $\frac{p\,dp}{1+p^2} = m \cdot \frac{dy}{y}$

und $\left(\frac{y}{C}\right)^{2m} = 1 + p^2$,

$$p = \frac{dy}{dx} = \sqrt{\left(\frac{y}{C}\right)^{2m} - 1},$$

$$x = C^m \int \frac{dy}{\sqrt{y^{2m} - C^{2m}}}.$$

Aus dieser allgemeinen Formel folgt für $m = -1$ ein Kreis, für $m = +1$ die Kettenlinie (Aufg. 27), für $m = -\frac{1}{2}$ die Cycloide (Aufg. 29), für $m = +\frac{1}{2}$ die Parabel, u. s. f.

Aufgabe 32. Es sind jene Curven zu bestimmen, deren Krümmungshalbmesser dem Leitstrahle proportional ist, welchen man von einem festen Puncte zu jenem Puncte sich gezogen denkt, in welchen der Krümmungshalbmesser errichtet ist.

Lösung. Denken wir uns die Gleichung der gewünschten Curve auf Polar-Coordinaten bezogen, dann ist für den Krümmungshalbmesser

$$\varrho = \frac{\left(r^2 + \frac{d r^2}{d \varphi^2}\right)^{\frac{3}{2}}}{r^2 + 2 \cdot \frac{d r^2}{d \varphi^2} - r \cdot \frac{d^2 r}{d \varphi^2}} \quad . \quad . \quad . \quad . \quad (1)$$

Ist m eine constante Zahl, dann folgt die Grundgleichung

$$\frac{\left(r^2 + \frac{d r^2}{d \varphi^2}\right)^{\frac{3}{2}}}{r^2 + 2 \cdot \frac{d r^2}{d \varphi^2} - r \cdot \frac{d^2 r}{d \varphi^2}} = m \cdot r \quad . \quad . \quad . \quad . \quad (2)$$

Um diese Gleichung zu integriren, setze man $\frac{d r}{d \varphi} = p$, also $\frac{d^2 r}{d \varphi^2} = \frac{d p}{d \varphi}$, und dann geht die Gleichung (2) über in

$$\frac{(r^2 + p^2)^{\frac{3}{2}}}{r^2 + 2 p^2 - r \cdot p \frac{d p}{d r}} = m r.$$

Da diese Gleichung homogen ist, setze man $p = r z$, und es ist dann

$$(1 + z^2)^{\frac{3}{2}} = m\left(1 + z^2 - r z \cdot \frac{d z}{d r}\right).$$

Hieraus folgt durch Absonderung

$$\frac{d r}{r} = \frac{m z \, d z}{(1 + z^2)\,[m - \sqrt{1 + z^2}]} \quad . \quad . \quad . \quad . \quad . \quad . \quad (3)$$

$$l r = m \int \frac{z \, d z}{(1 + z^2)\,[m - \sqrt{1 + z^2}]}.$$

Setzt man $1 + z^2 = t^2$, also $z\,dz = t\,dt$, so ist

$$l r = m \int \frac{t \, d t}{t^2\,(m - t)} = m \int \frac{d t}{m t - t^2}$$

(nach $\int \frac{d x}{\alpha + \beta x - \gamma x^2}$ behandelt, wobei $\alpha = 0$, $\beta = m$, $\gamma = -1$ ist); und ferner, wenn man gleichzeitig für t, $\sqrt{1 + z^2}$ und $z = \frac{p}{r}$ substituirt, folgt

$$p = \frac{r}{C + r} \sqrt{r^2 m^2 - (C + r)^2} = \frac{d r}{d \varphi}$$

$$\text{und} \quad \varphi = \int \frac{(C + r)\, d r}{r \sqrt{r^2\,(m^2 - 1) - 2 C r - C^2}} + C'.$$

Diese Integration kann nun ohne weitere Schwierigkeit ausgeführt werden.

Die Integration lässt sich auch noch anders durchführen, wenn man $z\,d\varphi$ statt $\frac{d r}{r}$ in (3) setzt.

Es folgt dann

$$d\varphi = \frac{m\,dz}{(1+z^2)(m-\sqrt{1+z^2})}.$$

Setzt man $z = \tan g\,\alpha$, dann folgt

$$d\varphi = \frac{m\,.\,d\alpha\,.\,\cos\alpha}{m\cos\alpha - 1},$$

$$\text{also}\quad \varphi = m\int\frac{d\alpha\,.\,\cos\alpha}{m\cos\alpha - 1},$$

welches Integral verschieden ausfällt, je nachdem $m = 1$, oder $m > 1$, oder $m < 1$ ist.

Aufgabe 33. Eine Curve zu bestimmen, deren Krümmungshalbmesser der n^{ten} Potenz des von einem gewissen Anfangspuncte an gerechneten Bogens proportional ist.

Lösung. Ist allgemein der Krümmungshalbmesser

$$\frac{ds^3}{dy\,d^2x - dx\,d^2y},$$

und da man hier den Krümmungshalbmesser mit dem Bogen vergleichen soll, so ist es am bequemsten, ds als constant anzusehen, wornach $d\,.\sqrt{dx^2 + dy^2} = 0$ sein muss.

Aus dieser letzten Relation folgt $d^2y = -dx\,.\,\frac{d^2x}{dy}$, und daher der Krümmungshalbmesser $= \frac{ds\,.\,dy}{d^2x}$.

Setzt man nun $\frac{ds\,.\,dy}{d^2x} = \frac{s^n}{a^{n-1}}$, oder wegen $dy = \sqrt{ds^2 - dx^2}$,

$$\frac{ds\,.\sqrt{ds^2 - dx^2}}{d^2x} = \frac{s^n}{a^{n-1}}.$$

Diese Gleichung lässt sich darstellen, wie folgt:

$$\frac{ds}{s^n} = \frac{1}{a^{n-1}}\,.\,\frac{d\,.\left(\frac{dx}{ds}\right)}{\sqrt{1-\left(\frac{dx}{ds}\right)^2}};$$

hieraus folgt durch Integration

$$C - \frac{1}{(n-1)}\,.\,s^{-n+1} = -\frac{1}{a^{n-1}}\,.\,\text{arc cos}\left(\frac{dx}{ds}\right)$$

$$\text{und}\quad \text{arc cos}\left(\frac{dx}{ds}\right) = C' + \frac{1}{n-1}\,.\left(\frac{s}{a}\right)^{-n+1}.$$

Der Winkel, dessen Cosinus $= \frac{dx}{ds}$, ist hier derjenige, den die Berührungslinie in irgend einem Puncte mit der Abscissenaxe bildet; nennen wir ihn φ, dann ist

$$\varphi = C' + \frac{1}{n-1}\,.\left(\frac{s}{a}\right)^{-n+1} \quad . \quad . \quad . \quad . \quad (1)$$

Es ist also $\frac{dx}{ds} = \cos\varphi$, und aus $dx = ds \,.\, \cos\varphi$ folgt durch theilweise Integration

$$x = s \,.\, \cos\varphi - \int s \,.\, d\cos\varphi \quad . \quad . \quad . \quad . \quad (2)$$

Setzt man aus (1) den Werth von s in das Integral von (2), so folgt

$$\int s\, d\cos\varphi = \int \frac{a\, d\cos\varphi}{(\varphi - C)^{\frac{1}{n-1}} \,.\, (n-1)^{\frac{1}{n-1}}}.$$

Dieses Integral lässt sich nicht gut allgemein behandeln; für $n = \frac{1}{2}$ geht es über in

$$\frac{a}{4} \int d \,.\, \cos\varphi\, (\varphi - C)^2 =$$

$$= \frac{a}{4} [C^2 . \cos\varphi - 2\,C \,.\, \varphi \cos\varphi + 2\,C \,.\, \sin\varphi + \\ + \varphi^2 \cos\varphi - 2\varphi \sin\varphi - 2\cos\varphi],$$

sonach ist

$$x = s\cos\varphi - \frac{a}{4} [C^2 \cos\varphi - 2\,C\,\varphi\cos\varphi + 2\,C \,.\, \sin\varphi + \\ + \varphi^2 \cos\varphi - 2\varphi \,.\, \sin\varphi - 2\cos\varphi].$$

Eben so hat man aus $dy = ds \,.\, \sin\varphi$

$$y = s\sin\varphi - \int s \,.\, d\sin\varphi = s\sin\varphi - \frac{a}{4} \int d\sin\varphi \,.\, (C - \varphi)^2$$

oder

$$y = s\sin\varphi - \frac{a}{4} [(C - \varphi)^2 . \sin\varphi - 2\,(C - \varphi) \,.\, \cos\varphi - 2\sin\varphi].$$

Aus (1) folgt für $n = \frac{1}{2}$, $s = \frac{a}{4}(C - \varphi)^2$, also

$$\left.\begin{aligned} x &= \frac{a}{2} [\cos\varphi - (C - \varphi) \,.\, \sin\varphi] \\ y &= \frac{a}{2} [\sin\varphi + (C - \varphi) \,.\, \cos\varphi] \end{aligned}\right\}.$$

Aus diesen Gleichungen folgt:

$$\left.\begin{aligned} x^2 + y^2 &= \frac{a^2}{4} [1 + (C - \varphi)^2] \\ \frac{y}{x} &= \frac{\operatorname{tang}\varphi + (C - \varphi)}{1 - (C - \varphi) \,.\, \operatorname{tang}\varphi} \end{aligned}\right\}.$$

Aus diesen Gleichungen folgt durch Elimination von φ die gewünschte Relation zwischen x und y.

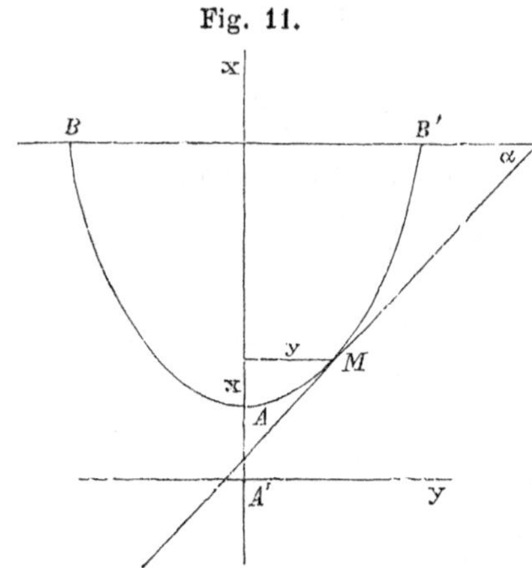

Fig. 11.

Aufgabe 34. Man suche die Curve (Fig. 11), deren Bogen s der Tangente des Winkels α proportional ist, den die berührende Gerade an dem Endpuncte dieses Bogens mit der Axe der y bildet.

Lösung. Ist a eine constante Grösse, so folgt für die fragliche Curve die Grundgleichung

$$s = a \, . \operatorname{tang} \alpha.$$

Differenzirt man diese Gleichung, und bemerkt, dass $\operatorname{tang} \alpha = \frac{dx}{dy}$, so folgt

$$ds = a\, d\frac{dx}{dy} \quad \text{oder} \quad dx \sqrt{1 + \frac{dy^2}{dx^2}} = a \, . \frac{-dx \, . \, d^2y}{dy^2}.$$

Diese Gleichung lässt sich ganz einfach auf die Form bringen

$$p^2 \sqrt{1 + p^2} = -aq.$$

Schreibt man hier $\frac{dp}{dx}$ statt q, so erhält man durch Absonderung

$$dx = \frac{-a\, dp}{p^2 \sqrt{1 + p^2}},$$

und nach Anwendung einer Reductionsformel $[\int x^n dx (a + b x^m)^p]$

$$x = \frac{a\sqrt{1 + p^2}}{p} + C \quad . \quad . \quad . \quad . \quad . \quad . \quad (1)$$

Wegen $dy = p\, dx$ ist $dy = \frac{-a\, dp}{p\sqrt{1 + p^2}}$, daher

$$y = -a\int \frac{dp}{p\sqrt{1 + p^2}} \left[\text{nach} \int \frac{dx}{x\sqrt{\alpha + \beta x + \gamma x^2}}\right],$$

$$y = -a\, l\left(\frac{\sqrt{p^2 + 1} - 1}{p}\right) + C' \quad . \quad . \quad . \quad . \quad . \quad . \quad . \quad (2)$$

Lässt man x und y gleichzeitig mit α verschwinden, so folgt aus Gleichung (1), da $p = \infty$ ist, $C = -a$; aus Gleichung (2) $C' = 0$.

Eliminirt man noch aus den Gleichungen

$$\begin{cases} x = \dfrac{a\sqrt{1 + p^2}}{p} - a, \\ y = -a\, l\left[\dfrac{\sqrt{1 + p^2} - 1}{p}\right] \end{cases}$$

die Grösse p, so kommt

$$y = a\,l\left[\frac{(a+x)+\sqrt{2ax+x^2}}{a}\right] \quad . \quad . \quad . \quad . \quad . \quad (3)$$

die Gleichung der verlangten Curve, welche den Namen Kettenlinie führt.

Diese Gleichung (3) lässt sich wesentlich vereinfachen, oder besser gesagt, auf eine elegantere Form bringen; denn bezeichnet e die Basis der natürlichen Logarithmen, so ist

$$e^{\frac{y}{a}} = \frac{a+x+\sqrt{2ax+x^2}}{a},$$

$$\text{daher} \quad e^{-\frac{y}{a}} = \frac{a}{a+x+\sqrt{2ax+x^2}}.$$

Diese beiden Gleichungen addirt, geben die Summe

$$e^{\frac{y}{a}} + e^{-\frac{y}{a}} = \frac{2(a+x)}{a}$$

$$\text{oder} \quad a + x = \frac{a}{2}(e^{\frac{y}{a}} + e^{-\frac{y}{a}}).$$

Nehmen wir jenen Punct A' als Ursprung, für welchen $AA' = a$ ist, so folgt, da statt x, $x - a$ zu setzen ist, die Gleichung der Kettenlinie in der einfachsten Gestalt:

$$x = \frac{a}{2}(e^{\frac{y}{a}} + e^{-\frac{y}{a}}).$$

Aufgabe 35. Der Bogen (s) sei die mittlere Proportionale zwischen der doppelten Abscisse und der Ordinate des Endpunctes.

Lösung. Die Grundgleichung ist für diesen Fall

$$s^2 = 2x \,.\, y.$$

Diese Gleichung gibt differenzirt

$$s\,ds = x\,dy + y\,dx;$$

wegen $ds = \sqrt{dx^2 + dy^2}$ und $s = \sqrt{2xy}$ folgt für die zu bestimmende Curve die Differentialgleichung:

$$\sqrt{dx^2 + dy^2} = \frac{x\,dy + y\,dx}{\sqrt{2xy}} \quad . \quad . \quad . \quad . \quad . \quad (1)$$

Um diese Gleichung, die, wie man leicht sieht, homogen ist, zu integriren, verfolgen wir nachstehenden Weg:

Dividiren wir die Gleichung (1) durch dx, setzen der Kürze halber $\frac{dy}{dx} = p$ und für $y = xz$, so kommt

$$\sqrt{1 + p^2} = \frac{p + z}{\sqrt{2z}}.$$

Aus dieser Gleichung ist $p = \frac{-z \pm (1-z)\sqrt{2z}}{1 - 2z}$.

Wegen $y = xz$ folgt $p = x \,.\, \frac{dz}{dx} + z$.

Setzt man diese Werthe für p gleich

$$x \cdot \frac{dz}{dx} + z = \frac{-z \pm (1-z)\sqrt{2z}}{1-2z},$$

und daraus

$$\frac{dx}{x} = \frac{(\sqrt{2z} \pm 1)\,dz}{(1-z)\,.\,\sqrt{2z}} = \frac{dz}{1-z} \pm \frac{dz}{(1-z)\sqrt{2z}},$$

$$lx = lC - l(1-z) \pm \int \frac{dz}{(1-z)\sqrt{2z}} \quad . \quad . \quad . \quad (2)$$

Um das letzte Integral in (2) zu bestimmen, setze man $\sqrt{2z} = u\sqrt{2}$, so kommt man auf das Integral

$$\sqrt{2}\int \frac{du}{1-u^2} = \frac{1}{\sqrt{2}}\, l \,.\, \frac{1+u}{1-u},$$

daher $$\int \frac{dz}{(1-z)\sqrt{2z}} = \frac{1}{\sqrt{2}}\, l \,.\, \frac{1+\sqrt{z}}{1-\sqrt{z}},$$

$$lx = lC - l(1-z) \pm \frac{1}{\sqrt{2}}\, l \,.\, \frac{1+\sqrt{z}}{1-\sqrt{2}},$$

hieraus folgt $$x = \frac{C}{1-z}\left(\frac{1+\sqrt{z}}{1-\sqrt{z}}\right)^{\frac{\pm 1}{\sqrt{2}}}.$$

Setzt man für z wieder den Werth $\frac{y}{x}$, so geht diese Gleichung über in

$$x - y = C\left(\frac{\sqrt{x}+\sqrt{y}}{\sqrt{x}-\sqrt{y}}\right)^{\pm\frac{1}{\sqrt{2}}},$$

als die Gleichung der verlangten Curve.

Aufgabe 36. Diejenige Curve zu finden, deren Bogen der Quadratwurzel aus der Abscisse proportional ist.

Lösung. Die Grundgleichung ist hier

$$s = \sqrt{ax}, \quad ds = \sqrt{dx^2 + dy^2} = \tfrac{1}{2}\,dx\sqrt{\frac{a}{x}},$$

hieraus folgt

$$dy = dx\sqrt{\frac{a-4x}{4x}}, \quad y = \int dx\sqrt{\frac{a-4x}{4x}}.$$

Setzen wir, um dieses Integral auszuführen, $\sqrt{\frac{a-4x}{4x}} = u$, so geht y über in $y = -\frac{a}{2}\int\frac{u^2\,du}{(1+u^2)^2}$, und nach Anwendung einer Reductionsformel

$$y = -\frac{a}{2}\left[\frac{u}{-2(1+u^2)} + \tfrac{1}{2}\operatorname{arc\,tang} u\right] + C;$$

für u wieder den Werth gesetzt,

$$y = C - \frac{a}{4}\operatorname{arc\,tang}\sqrt{\frac{a-4x}{4x}} + \tfrac{1}{2}\sqrt{ax - 4x^2}.$$

Setzt man, um die Constante zu bestimmen, voraus, dass x und y gleichzeitig verschwinden, so folgt $C = \frac{a}{4} \cdot \frac{\pi}{2}$, daher

$$y = \frac{a}{4}\left[\frac{\pi}{2} - \text{arc tang} \sqrt{\frac{a-4x}{4x}}\right] + \tfrac{1}{2}\sqrt{ax - 4x^2},$$

$$y = \frac{a}{4} \cdot \text{arc cotang} \sqrt{\frac{a-4x}{4x}} + \tfrac{1}{2}\sqrt{ax - 4x^2}$$

als Gleichung der verlangten Curve.

Aufgabe 37. Diejenige Curve anzugeben, in welcher der Bogen stets gleich dem $m$fachen Unterschiede der Abscisse und Subtangente ist.

Lösung. Es ist $s = m\left(x - y \cdot \frac{dx}{dy}\right)$.

Multiplicirt man mit dy und differenzirt die Grundgleichung, so ist

$$dy \cdot ds + s \cdot d^2y = m \cdot x\, d^2y$$

oder $dy\sqrt{dx^2 + dy^2} + m\left(x - y \cdot \frac{dx}{dy}\right) d^2y = mx\, d^2y.$

Lässt man hier beiderseits $mx\, d^2y$ weg, multiplicirt dann die Gleichung mit dy und dividirt durch dx^3, so folgt

$$\frac{dy^2}{dx^2}\sqrt{1 + \frac{dy^2}{dx^2}} = my \cdot \frac{d^2y}{dx^2}.$$

Setzt man der Kürze halber $\frac{dy}{dx} = p$, also $\frac{d^2y}{dx^2} = \frac{dp}{dx}$, so bleibt schliesslich die Gleichung zu integriren:

$$p^2\sqrt{1 + p^2} = my \cdot \frac{dp}{dx}.$$

Multiplicirt man hier mit dy, schreibt rechts statt $\frac{dy}{dx}$ den Buchstaben p und kürzt durch p ab, so bleibt

$$dy \cdot p\sqrt{1 + p^2} = my \cdot dp,$$

und durch Absonderung und Integration

$$ly = m\int\frac{dp}{p\sqrt{1+p^2}} = ml.\left[\frac{\sqrt{1+p^2}-1}{p}\right] + lC \left(\text{nach} \int\frac{dx}{x\sqrt{\alpha+\beta x+\gamma x^2}}\right),$$

$$\text{hieraus } \frac{y}{C} = \left[\frac{\sqrt{1 + p^2} - 1}{p}\right]^m.$$

Setzt man zur Bestimmung von C voraus, dass für $y = a$, $p = \infty$ werde, so folgt $C = a$, daher

$$y = a\left[\frac{\sqrt{1 + p^2} - 1}{p}\right]^m,$$

$$y^{\frac{1}{m}} = a^{\frac{1}{m}}\left[\frac{\sqrt{1 + p^2} - 1}{p}\right],$$

$$p\left(\frac{y}{a}\right)^{\frac{1}{m}} = \sqrt{1+p^2} - 1,$$

und hieraus $$dx = \tfrac{1}{2} dy \left[\left(\frac{a}{y}\right)^{\frac{1}{m}} - \left(\frac{y}{a}\right)^{\frac{1}{m}}\right] \quad . \quad . \quad . \quad . \quad . \quad (\alpha)$$

also $$x = \frac{a^{\frac{1}{m}}}{2}\left[\frac{y^{1-\frac{1}{m}}}{1-\frac{1}{m}} + \frac{y^{1+\frac{1}{m}}}{1+\frac{1}{m}}\right] + C'.$$

Ist $m = 1$, so folgt aus Gleichung (α)

$$dx = \tfrac{1}{2} dy \left[\frac{a}{y} - \frac{y}{a}\right]$$

oder $$x = \frac{a}{2} l y - \frac{1}{2a} \cdot \frac{y^2}{2} - \frac{a}{2} l C,$$

$$x = \frac{a}{2} l \frac{y}{C} - \frac{y^2}{4a},$$ eine logarithmische Linie.

Aufgabe 38. Diejenige Curve zu finden, deren Bogenlänge stets gleich $\sqrt{x^2 - a^2}$ ist.

Lösung. $$s^2 = x^2 - a^2.$$

Differenzirt man diese Gleichung, so ist $2 s\, ds = 2 x\, dx$, und schreibt statt dx und s die Bedeutung, so folgt

$$\sqrt{x^2 - a^2}\sqrt{dx^2 + dy^2} = x\, dx,$$

und daraus nach vorheriger Division mit dx,

$$\frac{dy}{dx} = \pm \frac{a}{\sqrt{x^2 - a^2}} \text{ und } dy = \pm \frac{a\, dx}{\sqrt{x^2 - a^2}},$$

und nach Integration

$$y = \pm a l [x + \sqrt{x^2 - a^2}] + l C.$$

Setzt man fest, dass für $x = a$, $y = 0$ werde, so ist

$$l C = \mp a l a,$$

sonach $$y = \pm a l [x + \sqrt{x^2 - a^2}] \mp a l a$$

oder $$y = \pm a l \frac{x + \sqrt{x^2 - a^2}}{a}$$

als die Gleichung der verlangten Curve, die wieder eine Kettenlinie ist.

Aufgabe 39. Diejenige Curve zu finden, deren Bogenlänge $s = \sqrt{a x^2 + y^2}$ ist.

Lösung. Differenzirt man $s = \sqrt{a x^2 + y^2}$, so kommt

$$\sqrt{1 + p^2}.\, dx = \frac{a x\, dx + y\, dy}{\sqrt{a x^2 + y^2}}$$

oder $$\sqrt{1 + p^2} = \frac{a x + y \cdot p}{\sqrt{a x^2 + y^2}}.$$

Setzt man, um diese Gleichung zu integriren, $y = xz$, dann ist

$$\sqrt{1+p^2} = \frac{a+zp}{\sqrt{a+z^2}} \quad \ldots\ldots \quad (\alpha)$$

Aus $y = xz$ folgt

$$\frac{dy}{dx} = z + x \cdot \frac{dz}{dx} \quad \text{oder} \quad p - z = x \cdot \frac{dz}{dx},$$

$$\text{und hieraus} \quad lx = \int \frac{dz}{p-z} \quad \ldots\ldots \quad (\beta)$$

Bestimmt man also die Grösse p aus (α), so ist

$$p = z \quad \pm \frac{1}{\sqrt{a}} \sqrt{(a-1)(a+z^2)}$$

$$\text{und} \quad p - z = \pm \frac{1}{\sqrt{a}} \sqrt{(a-1)(a+z^2)}.$$

Diese Differenz in (β) substituirt, gibt

$$lx = \frac{\pm\sqrt{a}}{\sqrt{a-1}} \int \frac{dz}{\sqrt{a+z^2}} = \pm \frac{\sqrt{a}}{\sqrt{a-1}} l(z + \sqrt{a+z^2}) + lC$$

$$\text{und} \quad x = C(z + \sqrt{a+z^2})^{\pm \frac{\sqrt{a}}{\sqrt{a-1}}},$$

oder indem man für z wieder den Werth herstellt,

$$x = C\left(\frac{y + \sqrt{ax^2 + y^2}}{x}\right)^{\pm \frac{\sqrt{a}}{\sqrt{a-1}}}.$$

Aufgabe 40. Man soll die Gleichung der Curve finden, wenn der Bogen s eine gegebene Function des Winkels φ sein soll, den die Tangente am Endpuncte des Bogens mit der Abscissenaxe einschliesst.

Lösung. Ist $s = f(\varphi)$, also

$$ds = f'(\varphi)\,d\varphi \quad \text{oder} \quad \sqrt{1+p^2} = f'(\varphi)\frac{d\varphi}{dx},$$

so hat man wegen

$$p = \operatorname{tang}\varphi \quad \text{und} \quad dx = \frac{f'(\varphi) \cdot d\varphi}{\sqrt{1+p^2}} = f'(\varphi) \cdot d\varphi \cdot \cos\varphi$$

$$x = \int f'(\varphi) \cdot d\varphi \cdot \cos\varphi + C \quad \ldots\ldots \quad (1)$$

Da ferner $dy = \operatorname{tang}\varphi \cdot dx$ ist, so folgt auch

$$y = \int f'(\varphi) \cdot d\varphi \cdot \sin\varphi + C' \quad \ldots\ldots \quad (2)$$

Führt man nun die in (1) und (2) angezeigte Integration wirklich aus, und eliminirt aus diesen Resultaten die Grösse φ, so hat man die gewünschte Curve.

Ist z. B. $s = 4m \cdot \cos\varphi$, d. i. $f(\varphi) = 4m \cdot \cos\varphi$, also $f'(\varphi) = -4m\sin\varphi$, dann ist

$$x = -\int 4m \,.\, \sin\varphi \,.\, d\varphi \,.\, \cos\varphi =$$
$$= -m\int \sin 2\varphi \,.\, d2\varphi = m\cos 2\varphi + C,$$
$$y = -\int 4m \,.\, \sin\varphi \,.\, d\varphi \,.\, \sin\varphi$$
$$= -4m\int \sin\varphi^2 . \, d\varphi = m\sin 2\varphi - 2m\varphi + C'.$$

Soll für $\varphi = 0$ auch $x = 0$ und $y = 0$ werden, dann muss $C = m$ und $C' = 0$ sein.

Aus den nun bleibenden Gleichungen

$$\left.\begin{array}{l} x = m + m\cos 2\varphi \\ y = m\sin 2\varphi - m \,.\, 2\varphi \end{array}\right\}$$

die Grösse 2φ eliminirt, folgt die gewöhnliche Cycloide, als die Curve, welche der Aufgabe entspricht.

Aufgabe 41. Man soll diejenige Curve finden, deren Bögen proportional sind den an die Endpuncte derselben gelegten Tangenten.

L ö s u n g. Dem Sinne der Aufgabe nach muss die Proportion bestehen s : Tangt. $= 1 : a$, d. i.

$$as = \text{Tangt.} = \frac{y}{p}\sqrt{1+p^2},$$

demnach ist $a\,ds = d \,.\, \frac{y}{p}\sqrt{1+p^2}$.

Differenzirt man wirklich, so folgt

$$yq = (1-a) \,.\, p^2(1+p^2),$$

oder wenn man statt q, $\frac{dp}{dx}$ schreibt und diese Gleichung mit dy multiplicirt, dann ist

$$(1-a) \,.\, \frac{dy}{y} = \frac{dp}{p(1+p^2)}$$

oder $(1-a) \,.\, ly = lp - \frac{1}{2}l(1+p^2) + (1-a)\,lC;$
hieraus folgt

$$\left(\frac{y}{C}\right)^{1-a} = \frac{p}{\sqrt{1+p^2}} \quad \text{und} \quad p = \frac{y^{1-a}}{\sqrt{C^{2-2a} - y^{2-2a}}} = \frac{dy}{dx},$$

$$\text{also} \quad x = \int dy \sqrt{\left(\frac{y}{C}\right)^{2a-2} - 1} + C' \quad . \quad . \quad . \quad (1)$$

Für specielle Zahlenwerthe von a hat man die in (1) angezeigte Integration wirklich auszuführen.

So hat man z. B. für $a = \frac{3}{2}$

$$x = \frac{2}{3} \cdot \frac{1}{\sqrt{C}}(y-C)^{\frac{3}{2}} + C' \quad \text{oder} \quad (x-C')^2 = \frac{4}{9C}(y-C)^3$$

als die verlangte Curve. Was die Constanten C und C' betrifft, so kann man annehmen, dass etwa für $x = x_0$, $s = 0$ werde, und dass die Curve durch einen gegebenen Punct $x'y'$ gehen soll.

Aufgabe 42. Eine Gerade von bestimmter Länge bewege sich so, dass der eine Endpunct auf der Abscisse, der andere auf der Ordinatenaxe fortgleitet; man suche diejenige Curve, welche von diesen Geraden während der ganzen Bewegung berührt wird.

Lösung. Sind x und y die Coordinaten irgend eines Curvenpunctes, so ist der Aufgabe gemäss das zwischen den Axen liegende Stück der Tangente constant, und nach dieser Bedingung folgt die Differenzial-Gleichung der Curve:

$$y = px - \frac{ap}{\sqrt{1 + p^2}} \quad . \quad . \quad . \quad . \quad . \quad (1)$$

Differenzirt man diese Gleichung, so ist

$$\left[x - \frac{a}{(1 + p^2)^{\frac{3}{2}}}\right] \cdot \frac{dp}{dx} = 0,$$

also ist entweder $\frac{dp}{dx} = 0$, woraus $p = C$, und mit Hilfe der Gleichung (1)

$$y = Cx - \frac{a}{\sqrt{1 + C^2}} \quad . \quad . \quad . \quad . \quad . \quad (2)$$

folgt, oder es ist

$$x - \frac{a}{(1 + p^2)^{\frac{3}{2}}} = 0; \text{ hieraus folgt } p = \frac{\sqrt{a^{\frac{2}{3}} - x^{\frac{2}{3}}}}{x^{\frac{1}{3}}},$$

und wenn man diesen Werth in (1) setzt,

$$x^{\frac{2}{3}} + y^{\frac{2}{3}} = a^{\frac{2}{3}} \quad . \quad . \quad . \quad . \quad . \quad . \quad (3)$$

Man findet also als Auflösung eine Gerade (2), wie vorauszusehen war, und die Curve (3), die wir schon früher einmal betrachtet haben.

Aufgabe 43. Es sei eine Curve von der Beschaffenheit zu finden, dass alle von einem gegebenen Puncte A auf ihre Tangenten gefällten Perpendikel einer gegebenen Geraden a gleich werden.

Lösung. Ist die Gleichung der Tangente für die fragliche Curve

$$y' - y = \frac{dy}{dx}(x' - x) \quad . \quad . \quad . \quad . \quad . \quad (1)$$

also x und y die Coordinaten des bestimmten Berührungspunctes, und nehmen wir den Punct A zum Ursprung des Coordinaten-Systems, dann ist $a = \frac{-b'}{\sqrt{1 + a'^2}}$ die Entfernung des Punctes A von der Tangente (1).

Nach (1) ist

$$a' = \frac{dy}{dx} \text{ und } b' = y - x \cdot \frac{dy}{dx},$$

folglich die Differentialgleichung der Curve

$$\left(y - x \cdot \frac{dy}{dx}\right)^2 = a^2\left(1 + \frac{dy^2}{dx^2}\right)$$

oder $(y - xp)^2 = a^2(1 + p^2)$;

hieraus ist
$$y = px + a\sqrt{1 + p^2} \quad . \quad . \quad . \quad . \quad . \quad (2)$$

Differenzirt man diese Gleichung, dann ist

$$\left(x + \frac{ap}{\sqrt{1 + p^2}}\right) \cdot \frac{dp}{dx} = 0.$$

Setzt man $\frac{dp}{dx} = 0$, dann ist $p = C$, und sonach aus (2)

$$y = Cx + a\sqrt{1 + C^2} \quad . \quad . \quad . \quad . \quad . \quad (3)$$

Aus $x + \frac{ap}{\sqrt{1 + p^2}} = 0$ folgt

$$p = \frac{x}{\sqrt{a^2 - x^2}} \quad \text{oder} \quad y = \int \frac{x\,dx}{\sqrt{a^2 - x^2}},$$

d. i. $x^2 + y^2 = a^2$ . . . . (4)

Die Gleichung (3) enthält, ähnlich wie in der vorigen Aufgabe, ein System von unzähligen Geraden, nachdem C eine willkürliche Constante ist. Die Durchschnitte dieser sämmtlichen Geraden liefern den Kreis (4); dieser Kreis berührt sonach alle diese Geraden.

Aufgabe 44. Es sind diejenigen Curven zu finden, bei welchen die Normallinie zu der Summe der Abscisse und Subnormallinie ein constantes Verhältniss hat.

Lösung. Man findet sehr leicht die betreffende Grundgleichung

$$y\sqrt{1 + p^2} = a(x + yp) \quad . \quad . \quad . \quad . \quad . \quad (1)$$

Aus dieser Gleichung folgt:

$$p = \frac{a^2 x \pm \sqrt{a^2 x^2 - (1 - a^2) y^2}}{(1 - a^2) y}$$

und
$$dx = \mp \frac{a^2 x\,dx - y(1 - a^2)\,dy}{\sqrt{a^2 x^2 - (1 - a^2) y^2}};$$

integrirt man hier beiderseits, dann ist

$$x - C = \mp \sqrt{a^2 x^2 - (1 - a^2) y^2},$$

und hieraus

$$x^2 + y^2 = \frac{2Cx - C^2}{1 - a^2} \quad . \quad . \quad . \quad . \quad . \quad (2)$$

Diese Gleichung stellt eine Reihe von Kreisen vor, welche der gestellten Aufgabe genügen.

Nach dem Integral in (2) leistet der ursprünglichen Differentialgleichung auch die besondere Auflösung $a^2 x^2 = (1 - a^2) y^2$

Genüge, d. i. $y = \frac{\pm a x}{\sqrt{1 - a^2}}$. Es gibt also zwei gerade Linien, welche dieselbe Eigenschaft haben wie das oben gefundene System von Kreisen. Die beiden geraden Linien sind hier die Grenzlinien, welche einen jeden der Kreise berühren. Die Grenzlinie bildet den Uebergang von einem Puncte des einen Kreises zu einem unendlich nahen Punct des zunächst folgenden Kreises.

Aufgabe 45. Man suche jene Curven, deren Normallinie die mittlere Proportionale ist zwischen einer gegebenen Linie a und der Summe der Abscisse und Subnormale.

Lösung. Die Grundgleichung, von der man auszugehen hat, ist folgende:

$$\left(x + y \cdot \frac{dy}{dx}\right) : y\sqrt{1 + \frac{dy^2}{dx^2}} = y\sqrt{1 + \frac{dy^2}{dx^2}} : a \quad . \quad . \quad . \quad (1)$$

Aus dieser Proportion folgt

$$\frac{dy}{dx} = \frac{a \pm \sqrt{a^2 - 4(y^2 - ax)}}{2y} \quad \text{oder} \quad \mp \frac{a\,dx - 2y\,dy}{2\sqrt{\frac{a^2}{4} + ax - y^2}} = dx.$$

Diese Gleichung gibt integrirt

$$\mp \sqrt{\frac{a^2}{4} + ax - y^2} = x + C$$

oder $x^2 + y^2 + (2C - a)x + (C^2 - \frac{1}{4}a^2) = 0$.

Kreise leisten also der vorgelegten Aufgabe Genüge. Allein der Gleichung (1) entspricht auch noch das Integral $y^2 = \frac{a^2}{4} + ax$. Diess ist die Gleichung einer Parabel, von der sich leicht zeigen lässt, dass sie alle jene Kreise berührt.

Die Integration der Gleichung (1) kann auch auf folgende Art bewerkstelliget werden:

Es ist nach (1)

$$a(x + yp) = y^2(1 + p^2),$$

$$ax = y^2(1 + p^2) - ayp \quad . \quad . \quad . \quad . \quad (2)$$

diese Gleichung differenzirt,

$$(2py - a)\left[y \cdot \frac{dp}{dx} + (1 + p^2)\right] = 0.$$

Setzt man $\quad y \cdot \frac{dp}{dx} + (1 + p^2) = 0,$

so folgt wegen $y \cdot \frac{dp}{dx} = yp \cdot \frac{dp}{dy}$ und nach Absonderung der Variablen

$$\frac{p\,dp}{1 + p^2} = -\frac{dy}{y} \quad \text{oder} \quad \tfrac{1}{2}l.(1 + p^2) = lC - ly,$$

d. i. $p = \frac{1}{y}\sqrt{C^2 - y^2}$.

Setzt man dieses p in die Gleichung (2), so ist

$$ax = C^2 - a\sqrt{C^2 - y^2},$$

$$C^2 = a(x + \sqrt{C^2 - y^2}),$$

und $C^2 = ac$ gesetzt:

$$x^2 + y^2 - 2cx + c^2 - ac = 0;$$

oder $c = \frac{a}{2} - C$ gesetzt, folgt wie nach der ersten Integrationsmethode

$$x^2 + y^2 + (2C - a)x + (C^2 - \tfrac{1}{4}a^2) = 0.$$

Ferner folgt aus $2py - a = 0$, $p = \frac{a}{2y}$, welcher Werth von p in Gleichung (2) substituirt, die besondere Auflösung $y^2 = ax + \frac{a^2}{4}$ liefert.

Aufgabe 46. Man soll aus einer gegebenen Relation zwischen dem Krümmungshalbmesser eines Curvenpunctes und zwischen dem Winkel, welchen dieser Krümmungshalbmesser mit der Ordinatenaxe bildet, die Gleichung der Curve bestimmen.

Lösung. Ist allgemein der Krümmungshalbmesser $= f(\varphi)$, so ist auch $\operatorname{tang}\varphi = p$, also $\varphi = \operatorname{arc\,tang} p$. Man hat sonach wegen $\frac{(1+p^2)^{\frac{3}{2}}}{q} = f(\operatorname{arc\,tang} p)$ und $q = \frac{(1+p^2)^{\frac{3}{2}}}{f(\operatorname{arc\,tang} p)}$, da $q = \frac{dp}{dx}$ ist,

$$x = \int \frac{f(\operatorname{arc\,tang} p) \,.\, dp}{(1+p^2)^{\frac{3}{2}}} + C \quad . \quad . \quad . \quad . \quad (1)$$

Nach $p = \frac{dy}{dx}$ ist $y = \int p\,dx$, also

$$y = \int \frac{p f(\operatorname{arc\,tang} p) \,.\, dp}{(1+p^2)^{\frac{3}{2}}} + C' \quad . \quad . \quad . \quad . \quad (2)$$

Eliminirt man aus (1) und (2) die Grösse p, so folgt nachher $F(x, y) = 0$, die Gleichung der verlangten Curve.

So hat man für $f(\varphi) = a \sec\varphi$, $\operatorname{tang}\varphi = p$, $\varphi = \operatorname{arc\,tang} p$,

$$f(\operatorname{arc\,tang} p) = a\sqrt{1 + p^2}.$$

Es ist daher

$$x = a\int \frac{dp}{1 + p^2} = a \,.\, \operatorname{arc\,tang} p + C \quad . \quad . \quad . \quad (1')$$

und

$$y = a\int \frac{p\,dp}{1 + p^2} = \frac{a}{2} \,.\, l(1 + p^2) + C' \quad . \quad . \quad . \quad (2')$$

Aus (1′) ist $p = \operatorname{tang}\left(\frac{x - C}{a}\right)$, und dieser Werth von p in (2′) substituirt, folgt für die verlangte Curve die Gleichung

$$y - C' = a \,.\, l \,.\, \sec\frac{x - C}{a}.$$

Aufgabe 47. Es ist diejenige Curve zu finden, in welcher die von einer gegebenen Ordinate gerechnete Fläche z in constantem Verhältnisse zu dem Rechtecke steht, dessen eine Seite die letzte Ordinate y der Fläche z, und dessen andere Seite das harmonische Mittel aus der Abscisse x und der Subtangente T ist.

Lösung. Ist $m:1$ das gegebene Verhältniss, so lautet die Grundbedingung:

$$z : \frac{2xT}{x+T} \cdot y = m : 1$$

$$\text{oder} \quad z = m \cdot \frac{2xT}{x+T} \cdot y \quad \ldots \ldots \quad (1)$$

Ist a die Abscisse derjenigen Ordinate, von welcher die Fläche z gerechnet wird, so ist $z = \int_a^x y\,dx$, also $\frac{dz}{dx} = y$

$$\text{die Subtg.} \quad T = y \cdot \frac{dx}{dy} = y : \frac{dy}{dx} = \frac{dz}{dx} : \frac{d^2z}{dx^2}.$$

Substituirt man die Werthe von y und T in Gleichung (1), so kommt man zur Differentialgleichung

$$\frac{d^2z}{dx^2} + \frac{1}{x} \cdot \frac{dz}{dx} - \frac{2m}{z}\left(\frac{dz}{dx}\right)^2 = 0 \quad \ldots \quad (2)$$

Die Integration dieser Gleichung liefert schliesslich

$$\int \frac{dz}{z^{2m}} = C_1\,lx + C_2 \quad \ldots \ldots \quad (3)$$

Für den besonderen Fall, wo $m = \frac{1}{2}$ ist, hat man aus Gl. (3)

$$lz = C_1\,lx + C_2$$

$$\text{oder} \quad lz = l x^{C_1} + l e^{C_2},$$

$$\text{daher} \quad z = e^{C_2} \cdot x^{C_1}.$$

Wegen $y = \frac{dz}{dx}$ ist $y = C_1 e^{C_2} x^{C_1 - 1}$ oder $y = C \cdot x^c$, durch welche Gleichung die Parabeln vertreten sind.

Ist $m \gtrless \frac{1}{2}$, dann ist überhaupt

$$z = [(1-2m)(C_1\,lx + C_2)]^{\frac{1}{1-2m}},$$

sonach wegen $y = \frac{dz}{dx}$,

$$y = \frac{C_1}{x}[(1-2m)(C_1\,lx + C_2)]^{\frac{2m}{1-2m}},$$

oder der Form nach

$$y = \frac{1}{x}(C'\,lx + C'')^{\frac{2m}{1-2m}}.$$

Die Constanten bestimmen sich durch die Bedingungen, dass z für $x = a$ gleichzeitig verschwindet, und dass die Curve durch einen gegebenen Punct gehen soll.

Zusatz 1. Sind die Grössen a, b, c so beschaffen, dass die Proportion Statt findet: $a : c = a - b : b - c$, dann sagt man, die Grössen a, b, c sind harmonisch proportionirt. Die Zahl b pflegt man das harmonische Mittel zu nennen, und es ist $b = \frac{2ac}{a+c}$.

Zusatz 2. Zur Integration der Gleichung (2) bemerke man Folgendes:

Setzt man allgemein in der Gleichung

$$\frac{d^2 z}{dx^2} + X \cdot \frac{dz}{dx} + Z \cdot \left(\frac{dz}{dx}\right)^2 = 0 \quad . \quad . \quad . \quad . \quad \text{I.}$$

wo $X = \varphi(x)$, $Z = \psi(z)$ ist,

$$\frac{dz}{dx} = \omega \cdot e^{-\int X dx} \quad . \quad . \quad . \quad . \quad . \quad \text{(m)}$$

wo ω eine noch unbekannte Function von x bedeutet, so hat man wegen

$$\frac{d^2 z}{dx^2} = e^{-\int X dx}\left[\frac{d\omega}{dx} - \omega X\right], \quad \frac{d\omega}{dx} + Z \cdot \omega^2 e^{-\int X dx} = 0,$$

oder da $\frac{d\omega}{dx} = \frac{d\omega}{dz} \cdot \frac{dz}{dx}$ ist,

$$\left(\frac{d\omega}{dz} + Z\omega\right) \cdot \frac{dz}{dx} = 0.$$

Da im Allgemeinen $\frac{dz}{dx}$ nicht Null ist, so lässt sich folgern

$$\frac{d\omega}{dx} + Z \cdot \omega = 0, \quad \text{d. i.} \quad \omega = C_1 e^{-\int Z dz}.$$

Setzt man diesen Werth in die Gleichung (m),

$$\frac{dz}{dx} = C_1 e^{-\int Z dz} \cdot e^{-\int X dx}.$$

Hier lassen sich neuerdings die Veränderlichen absondern, und man kommt endlich zu dem vollständigen Integral

$$\int e^{\int Z dz} \cdot dz = C_1 \int e^{-\int X dx} \cdot dx + C_2 \quad . \quad . \quad . \quad \text{(n)}$$

Um also auf die Gleichung (3) zu kommen, setze man in diesem Resultate (n)

$$X = \frac{1}{x} \quad \text{und} \quad Z = \frac{-2m}{z}.$$

Aufgabe 48. Es ist eine Parabel, deren Parameter $= p$ ist, gegeben; man soll die Gleichung derjenigen Parabeln suchen, welche durch den Brennpunct jener gehen, ihre Axe mit der Axe jener parallel haben, und jene Parabel selbst in irgend einem Puncte berühren.

Lösung. Die gegebene Parabel sei

$$y^2 = px \quad . \quad . \quad . \quad . \quad . \quad . \quad . \quad . \quad (1)$$

Die fraglichen Parabeln haben jede einen anderen Parameter $= p'$, und ihre Gleichungen werden im Allgemeinen dargestellt durch

$$(y - \delta)^2 = p'(x - d) \quad . \quad . \quad . \quad . \quad . \quad . \quad (2)$$

Jede dieser Parabeln soll durch den Brennpunct der gegebenen gehen; setzt man also in Gleichung (2) $x = \frac{p}{4}$ und $y = 0$, dann ist

$$\delta^2 = p'\left(\frac{p}{4} - d\right) \quad . \quad . \quad . \quad . \quad . \quad . \quad . \quad (\alpha)$$

Soll jedoch (1) und (2) einen gemeinschaftlichen Punct $x'y'$ haben, dann muss $(y' - \delta)^2 = \frac{p'}{p}(y'^2 - pd)$ sein, oder

$$p' = \frac{p(y' - \delta)^2}{y'^2 - pd} = \frac{(y^2 - 2y\delta)p}{y^2 - \frac{p^2}{4}} \quad . \quad . \quad . \quad . \quad . \quad (\beta)$$

Die Parabeln (1) und (2) sollen sich aber auch im Puncte $x'y'$ berühren; sucht man also aus den respectiven Gleichungen die ersten Differential-Quotienten und setzt diese einander gleich, so folgt

$$p' = \left(1 - \frac{\delta}{y'}\right)p \quad . \quad . \quad . \quad . \quad . \quad . \quad . \quad (\gamma)$$

Setzt man die Werthe p' aus (β) und (γ) gleich, so ergibt sich hieraus

$$\delta = \frac{p^2 y'^2}{4y'^3 + p^2}, \quad \text{also} \quad p' = \frac{4y'^2 p}{4y'^2 + p^2},$$

und aus $(y' - \delta)^2 = p'(x' - d)$ wird $d = \frac{py'^2}{4y'^2 + p^2}$.

Substituirt man die durch y' ausgedrückten Grössen δ, d, p in Gleichung (2), so folgt

$$y^2 - \frac{2p^2 y'}{4y'^2 + p^2} \cdot y = \frac{4y'^2 p}{4y'^2 + p^2} \cdot x - \frac{p^2 y'^2}{4y'^2 + p^2}.$$

Multiplicirt man diese Gleichung mit $4y'^2 + p^2$, so lässt sie sich dann leicht auf die Form bringen:

$$\frac{y^2}{y'^2} - \frac{2y}{y'} = 4\left(\frac{x}{p} - \frac{y^2}{p^2}\right) - 1 \quad . \quad . \quad . \quad . \quad . \quad \text{I.}$$

Diese Parabel ist nun vollkommen bestimmt, wenn man y, d. i. den Berührungspunct als gegeben ansieht; um jedoch eine für alle Parabeln geltende Gleichung zu bekommen, eliminire man aus I. die Grösse y'.

Man hat durch Differentiation:

$$\frac{2y\,dy}{y'^2} - \frac{2dy}{y'} = \frac{4dx}{p} - \frac{8y\,dy}{p^2}$$

oder $\frac{y^2}{y'^2} - \frac{y}{y'} = \frac{2y\,dx}{p\,dy} - \frac{4y^2}{p^2}$,

und vorhin $\frac{y^2}{y'} - \frac{2y}{y'} = \frac{4x}{p} - \frac{4y^2}{p^2} - 1$,

also durch Subtraction

$$\frac{y}{y'} = \frac{2y\,dx}{p\,dy} - \frac{4x}{p} + 1;$$

I. gibt auch $\frac{y}{y'} = 1 \pm \sqrt{\frac{4x}{p} - \frac{4y^2}{p^2}}$ . . . . . II.

Aus diesen letzten Relationen fliesst

$$\frac{y\,dx}{dy} = 2x \pm \sqrt{px - y^2} \quad . \; . \; . \; . \; . \; \text{III.}$$

als Differentialgleichung für das ganze System der gesuchten Parabeln.

Um diese Gleichung in III. wieder zu integriren, setze man $px - y^2 = v^2$, dann ist

$$p\,dx - 2y\,dy = 2v\,dv,$$

$$dx = \frac{2v\,dv + 2y\,dy}{p},$$

$$y\,dx - 2x\,dy = \frac{2v}{p}(y\,dv - v\,dy)$$

und $2(y\,dv - v\,dy) = p\,dy$,

oder $\frac{dv}{p + 2v} = \frac{dy}{2y}$, $\frac{1}{2}l(p + 2v) = \frac{1}{2}ly + \frac{1}{2}lC$,

$$p + 2v = Cy,$$

und endlich $Cy = p \pm 2\sqrt{px - y^2}$,

welche Gleichung mit der in II. vollkommen übereinstimmt, wenn $C = \frac{p}{y'}$ gesetzt wird.

Die unbestimmte Constante C gibt daher jedesmal eine andere Parabel, wenn man den durch y' bestimmten Berührungspunct anders nimmt.

Noch ist zu erwähnen, dass der Differentialgleichung III. die besondere Auflösung $y^2 = px$ entspricht, denn diese Parabel ist die Grenzlinie für das System der gesuchten Parabeln.

Aufgabe 49. Es ist eine Parabel, deren Parameter $= p$ ist, gegeben; man suche die Gleichung, welche alle Parabeln umfasst, deren Axe mit der Axe jener Parabel parallel sind, und die jene Parabel berühren.

Lösung. Es sei

$$y^2 = px \quad . \; . \; . \; . \; . \; . \; . \; . \; (1)$$

gegeben. Die gesuchten Parabeln seien in der Gleichung

$(y - \delta)^2 = p'(x - d)$ . . . (2) enthalten.

Sollen vorerst (1) und (2) einen gemeinschaftlichen Punct haben, so muss die Gleichung bestehen:

$$(y' - \delta)^2 = \frac{p'}{p}(y'^2 - pd) \quad . \quad . \quad . \quad . \quad . \quad (3)$$

Soll im Puncte $x'y'$ eine Berührung Statt finden, so muss

$$\frac{p}{2y'} = \frac{p'}{2(y' - \delta)}, \quad \text{also} \quad p' = \frac{(y' - \delta)p}{y'} \quad . \quad . \quad . \quad (4)$$

sein. Weiter folgt aus $(y' - \delta)^2 = p'(x' - d)$

$$-d = \frac{(y' - \delta)^2}{p'} - \frac{y'^2}{p} \quad . \quad . \quad . \quad . \quad . \quad . \quad (5)$$

Substituirt man die Werthe für p' und d in (2), so kommt

$$(y - \delta)^2 = \frac{(y' - \delta)p}{y'}\left[x + \frac{(y' - \delta)^2}{p'} - \frac{y'^2}{p}\right]$$

oder $(y - \delta)^2 = \frac{(y' - \delta)p}{y'} . x - \delta y' + \delta^2,$

oder $$x = \frac{y'y^2}{p(y' - \delta)} - \frac{2\delta y'.y}{p(y' - \delta)} + \frac{\delta y'^2}{p(y' - \delta)} \quad . \quad . \quad . \quad (6)$$

Diese Gleichung hängt noch von den zwei Constanten δ und y' ab, welche durch zweimaliges Differenziren weggeschafft werden können.

Nehmen wir dy als constant an, so folgt

$$\frac{dx}{dy} = \frac{2y'(y - \delta)}{p(y' - \delta)} \quad . \quad . \quad . \quad . \quad . \quad . \quad . \quad (7),$$

$$\frac{d^2x}{dy^2} = \frac{2y'}{p(y' - \delta)} = \frac{dx}{dy} : (y - \delta) \quad . \quad . \quad . \quad (8)$$

also folgt

$$y - \delta = \frac{dx}{dy} \cdot \frac{dy^2}{d^2x}, \quad \text{d. i.} \quad \delta = y - \frac{dx \cdot dy}{d^2x},$$

und mit diesem Werthe aus (7)

$$y' = \frac{p(y\,d^2x - dx \,.\, dy)}{p\,d^2x - 2\,dy^2}.$$

Substituirt man δ und y' in Gleichung (6), so bekommt man die Differentialgleichung des ganzen Systemes aller gesuchten Parabeln, welche Gleichung auch noch die Grenzcurve enthält.

Bildet man sich vor der Substitution $\frac{y'}{y' - \delta} = \frac{p\,d^2x}{2\,dy^2}$, dann folgt:

$$x = \frac{y^2\,d^2x}{2\,dy^2} - \frac{y}{dy^2}(y\,d^2x - dx\,dy) + \frac{p(y\,d^2x - dx\,dy)^2}{2\,dy^2(p\,d^2x - 2\,dy^2)}$$

oder $$d^2x(px - y^2) = 2x\,dy^2 - 2y\,dx\,dy + \frac{p}{2}dx^2 \quad . \quad . \quad . \quad \text{I.}$$

Die wiederholte Differentiation dieser Gleichung gäbe

$$d^3x(px - y^2) = 0.$$

$px - y^2 = 0$ bildet die besondere Auflösung.

$d^3x = 0$ gibt $x = Ay^2 + By + C.$

Diese letztere Gleichung besitzt jedoch nicht drei willkürliche Constante, da die Gleichung I. deren nur zwei zulässt, und es muss demgemäss zwischen A, B und C noch ein bestimmter Zusammenhang existiren. Dieser findet sich sehr leicht, wenn man in I. $x = Ay^2 + By + C$, oder beziehungsweise

$$dx = (2Ay + B)\,dy \quad \text{und} \quad d^2x = 2A\,dy^2$$

substituirt.

Nach einer einfachen Rechnung, wobei y hinausfällt, folgt

$$C = \frac{pB^2}{4(Ap-1)}.$$

Diess stimmt genau mit der Hauptgleichung (6) überein, wenn man $\frac{y'}{p(y'-\delta)} = A$ und $\frac{-2\delta y'}{p(y'-\delta)} = B$ setzt, dann wird

$$\frac{\delta y'^2}{p(y'-\delta)} = \frac{pB^2}{4(Ap-1)} = C.$$

Aufgabe 50. Es sei

$$F(x', y', a) = 0 \quad . \quad . \quad . \quad . \quad . \quad . \quad (1)$$

eine Gleichung, aus welcher durch successive Aenderung von a ein System von Curven derselben Gattung entsteht; man soll jene Curve suchen, welche ein solches System von Curven unter einem gegebenen Winkel schneidet.

Lösung. Bezeichnen wir die fragliche Curve durch

$$f(x, y) = 0 \quad . \quad . \quad . \quad . \quad . \quad . \quad . \quad (2)$$

zieht man an irgend einem der Durchschnittspuncte der Curven (1) und (2) die Tangenten, und nennen wir den constanten Neigungswinkel α, so folgt ganz einfach

$$\operatorname{tang}\alpha = \frac{\frac{dy}{dx} - \frac{dy'}{dx'}}{1 + \frac{dy}{dx}\cdot\frac{dy'}{dx'}} \quad . \quad . \quad . \quad . \quad . \quad . \quad (3)$$

Aus (1) folgt durch Differentiation $\frac{dy'}{dx'} = p'$, worin des gemeinschaftlichen Durchschnittspunct halber $x' = x$ und $y' = y$ zu setzen ist. Schreibt man endlich noch m für $\operatorname{tang}\alpha$, so kommt

$$m\left(1 + p'\cdot\frac{dy}{dx}\right) + p' - \frac{dy}{dx} = 0 \quad . \quad . \quad . \quad (4)$$

Eliminirt man aus dieser Gleichung (4) und der ursprünglichen $F(x', y', a) = 0$ den Parameter a (die Constante a particularisirt in ihren verschiedenen Werthen jede der aufeinander folgenden Curven), so ist das Resultat der Elimination die Differentialgleichung der gewünschten Curve.

Man nennt eine Curve von der oben besprochenen Eigenschaft eine Trajectorie, das ist also jene Curve, welche ein ganzes System von gleichartigen Curven so schneidet, dass der Durchschnittspunct für alle einer und derselben Bedingung entspricht. Soll das System der gleichartigen Curven von der Trajectorie rechtwinkelig geschnitten werden, so hat man in (4) $m = \infty$ zu setzen, und erhält

$$1 + p' . \frac{dy}{dx} = 0 \quad . \quad . \quad . \quad . \quad . \quad . \quad . \quad (5)$$

Hieraus und aus Gleichung (1) a eliminirt, gibt die Differentialgleichung der sogenannten orthogonalen Trajectorie.

Aufgabe 51. Man suche für das System der Geraden, welche durch $y' = ax'$ bezeichnet werden mögen, die Gleichung der Trajectorie.

Lösung. Mit Rücksicht auf die vorige Aufgabe folgt $p' = a$, demnach geht in diesem Falle die Gleichung (4) über in

$$m\left(1 + a\frac{dy}{dx}\right) + a - \frac{dy}{dx} = 0.$$

Setzt man hier wegen $y = ax$, $a = \frac{y}{x}$, so ist die Differentialgleichung der Trajectorie

$$(mx + y)\, dx + (my - x)\, dy = 0.$$

Setzt man hier $y = xz$, so folgt, wenn man durch x abkürzt und dann absondert,

$$lx = l\sqrt{1 + z^2} - \frac{1}{m} \text{arc tang}\, z - m l C,$$

oder indem man für z wieder $\frac{y}{x}$ schreibt,

$$m\, l\sqrt{x^2 + y^2} - \text{arc tang}\, \frac{y}{x} = m\, l\, C$$

$$\text{oder} \quad m\, l\, \frac{\sqrt{x^2 + y^2}}{C} = \text{arc tang}\, \frac{y}{x} \quad . \quad . \quad . \quad . \quad . \quad . \quad \text{I.}$$

als die Gleichung der verlangten Trajectorie.

Setzt man in I. $x = Cu \,.\, \cos\varphi$, $y = Cu \,.\, \sin\varphi$, dann ist

$$\text{arc tang}\, \frac{y}{x} = \varphi \quad \text{und} \quad \frac{\sqrt{x^2 + y^2}}{C} = u,$$

$$\text{sonach} \quad m\, l\, u = \varphi \quad \text{oder} \quad u = a^{\varphi} \quad . \quad . \quad . \quad . \quad \text{I}'.$$

die Gleichung der logarithmischen Spirale.

In I. $m = \infty$ gesetzt, gibt $l\, \frac{\sqrt{x^2 + y^2}}{C} = 0$, d. h.

$$\frac{\sqrt{x^2 + y^2}}{C} = 1 \quad \text{oder} \quad x^2 + y^2 = C^2,$$

die Gleichung der orthogonalen Trajectorie.

Man findet diese auch, wenn man die Gleichung (5) (Aufgabe 50) aufstellt, d. i. $1 + a \cdot \frac{dy}{dx} = 0$, $a = \frac{y}{x}$ setzt, und die Gleichung $1 + \frac{y}{x} \cdot \frac{dy}{dx} = 0$ integrirt, welche dann eben so auf die Gleichung des Kreises führt.

Aufgabe 52. Man bestimme die Trajectorie für die Parabeln $y'^n = a \cdot x'^r$.

Lösung. Es ist $p' = \frac{a r x^{r-1}}{n y^{n-1}}$.

Die Gleichung (4) gibt

$$m\left[1 + \frac{r}{n} a \cdot \frac{x^{r-1}}{y^{n-1}} \cdot \frac{dy}{dx}\right] + \frac{r}{n} \cdot a \cdot \frac{x^{r-1}}{y^{n-1}} - \frac{dy}{dx} = 0,$$

und nach Elimination der Grösse a,

$$(nmx + ry)\,dx + (mry - nx)\,dy = 0.$$

Setzt man $y = xz$, dann folgt

$$lx = \int \frac{(n - mrz)\,dz}{nm + (r-n)z + mrz^2}.$$

Nach $\int \frac{(A + Bx)\,dx}{\alpha + \beta x + \gamma x^2}$ kommt, wenn $4nrm^2 > (r-n)^2$ ist,

$$lx = \frac{n+r}{\sqrt{4nrm^2 - (r-n)^2}} \cdot \text{arc tang} \frac{(r-n) + 2rmz}{\sqrt{4nrm^2 - (r-n)^2}} - $$
$$- \tfrac{1}{2} l\,[nm + (r-n)z + rmz^2] + lC$$

oder

$$0 = \frac{n+r}{\sqrt{4nrm^2 - (r-n)^2}} \text{arc tang} \frac{(r-n)x + 2rmy}{x\sqrt{4nrm^2 - (r-n)^2}} - $$
$$- \tfrac{1}{2} l\,[nmx^2 + (r-n)xy + rmy^2] + lC$$

als die Gleichung der verlangten Trajectorie.

Um die orthogonale Trajectorie zu finden, setze man $m = \infty$, dann folgt, indem der erste Theil zur rechten Seite verschwindet,

$$l\sqrt{nmx^2 + (r-n)xy + rmy^2} = lC\sqrt{m},$$

wenn man statt der ganz willkürlichen Constanten C, $C\sqrt{m}$ setzt; daher

$$\sqrt{m}\sqrt{nx^2 + \frac{(r-n)}{m} \cdot xy + ry^2} = C\sqrt{m}$$

oder $$\sqrt{nx^2 + \frac{r-n}{m} \cdot xy + ry^2} = C,$$

und für $m = \infty$, $\quad nx^2 + ry^2 = C^2$.

Diese Trajectorie ist eine Ellipse, deren eine Axe mit der gemeinschaftlichen Axe der Parabeln zusammenfällt, und deren Mittelpunct in dem allen Parabeln gemeinschaftlichen Scheitelpuncte liegt.

Aufgabe 53. Es ist die orthogonale Trajectorie für ein System von um einen gemeinschaftlichen Mittelpunct beschriebenen ähnlichen Ellipsen zu bestimmen.

Lösung. Sollen die Ellipsen ähnlich sein, so muss $\frac{b}{a} = n$ eine constante Zahl sein, dann folgt aus $a^2 y'^2 + b^2 x'^2 = a^2 b^2$

$$y'^2 + n^2 x'^2 = a^2 n^2 \quad \text{oder} \quad y' = n\sqrt{a^2 - x'^2};$$

hieraus geht hervor

$$p' = -\frac{n x'}{\sqrt{a^2 - x'^2}} = -n^2 \frac{x'}{y'},$$

und wegen Gleichung (5) (Aufgabe 50),

$$\frac{dx}{x} = n^2 . \frac{dy}{y}, \quad \text{d. i.} \quad lC + lx = n^2 ly \quad \text{oder} \quad y^{n^2} = Cx;$$

und wird $n^2 = m$ gesetzt, so ist $y^m = Cx$ die Gleichung der verlangten Trajectorie.

Die Constante C lässt sich leicht bestimmen, indem man die Trajectorie durch einen gegebenen Punct gehen lässt.

Anmerkung. Die Elimination von a konnte oben sehr einfach geschehen, indem bei der Aufstellung von p' allsogleich statt $\sqrt{a^2 - x^2}$, $\frac{y}{n}$ substituirt wurde.

Aufgabe 54. Die krumme Linie zu bestimmen, welche alle um einen Mittelpunct gezogenen Kreise unter gleichen Winkeln schneidet.

Lösung. Sind die Kreise durch die Gleichung $x'^2 + y'^2 = r^2$ vertreten, dann folgt hieraus $p' = \frac{dy'}{dx'} = \frac{-x'}{\sqrt{r^2 - x'^2}}$, daher [Gl. (4), Aufg. 50]

$$m\left[1 - \frac{x}{\sqrt{r^2 - x^2}} . \frac{dy}{dx}\right] - \frac{x}{\sqrt{r^2 - x^2}} - \frac{dy}{dx} = 0.$$

Setzt man hier $\sqrt{r^2 - x^2} = y$, wodurch die Grösse r eliminirt wird, so folgt

$$(my - x)\, dx - (mx + y)\, dy = 0,$$

d. i. die Differentialgleichung der verlangten krummen Linie (Trajectorie).

Die Integration dieser homogenen Gleichung gibt

$$l \frac{\sqrt{x^2 + y^2}}{C} = m . \operatorname{arc\,tang} \frac{y}{x},$$

welche Gleichung genau so wie in Aufgabe 51 auf die Form $u = a^{\varphi}$ gebracht werden kann.

Wird $m = \infty$, so folgt aus Gleichung (5)

$$1 - \frac{x}{y} \cdot \frac{dy}{dx} = 0, \quad \text{und hieraus} \quad y = Cx.$$

Aufgabe 55. Ueber derselben Hauptaxe sind unzählige Parabeln beschrieben, die einen gemeinschaftlichen Scheitel haben; man sucht eine Trajectorie, welche sie alle unter dem Winkel α schneidet.

Lösung. Sämmtliche Parabeln seien durch die Gleichung $y'^2 = px'$ ausgedrückt.

Die Gleichung (4) wird in dem Falle

$$m\left(1 + \frac{p}{2y} \cdot \frac{dy}{dx}\right) + \frac{p}{2y} - \frac{dy}{dx} = 0,$$

wobei $m = \operatorname{tang} \alpha$ ist. Hieraus p eliminirt, indem $p = \frac{y^2}{x}$ gesetzt wird, so kommt man hierdurch auf

$$(2mx + y)\,dx + (my - 2x)\,dy = 0,$$

d. i. die Differentialgleichung der verlangten Trajectorie.

Wir gehen auf jenen speciellen Fall über, wo $\alpha = 90^0$, also $m = \infty$ ist.

Die Gleichung (5) liefert

$$1 + \frac{p}{2y} \cdot \frac{dy}{dx} = 0,$$

oder wegen $p = \frac{y^2}{x}$, $\quad 1 + \frac{y}{2x} \cdot \frac{dy}{dx} = 0;$

integrirt man diese Gleichung, so kommt

$$2x^2 + y^2 = C,$$

d. h. die orthogonale Trajectorie für das gegebene System der Parabeln ist eine Ellipse.

Aufgabe 56. Es soll die orthogonale Trajectorie aller durch die Gleichung $\left(\frac{x'}{a}\right)^n + \left(\frac{y'}{b}\right)^n = 1$ ausgedrückten Curven gefunden werden, wenn a die sich verändernde Grösse bezeichnet.

Lösung. Aus der gegebenen Gleichung folgt, wenn man gleich wieder die Accente von x und y weglässt,

$$p' = -\frac{b\left(\frac{x}{a}\right)^{n-1}}{a\left(\frac{y}{b}\right)^{n-1}}.$$

Die schon mehrmals erwähnte Gleichung (5) gibt

$$1 - \frac{b\left(\frac{x}{a}\right)^{n-1}}{a\left(\frac{y}{b}\right)^{n-1}} \cdot \frac{dy}{dx} = 0$$

oder

$$a^n y^{n-1} . dx - b^n x^{n-1} . dy = 0 \quad . \quad . \quad . \quad . \quad (1)$$

Aus $\left(\frac{x}{a}\right)^n + \left(\frac{y}{b}\right)^n = 1$ folgt $a^n = \frac{b^n x^n}{b^n - y^n}$.

Dieser Werth für a^n in (1) substituirt, führt zur Differentialgleichung der Trajectorie, nämlich

$$x y^{n-1} . dx - (b^n - y^n) dy = 0.$$

Durch Absonderung der Variablen erhält man sehr einfach

$$x^2 + y^2 = \frac{2 b^n}{2 - n} . y^{2-n} + C$$

als die Gleichung der verlangten orthogonalen Trajectorie.

Aufgabe 57. Ein System von Kreisen, deren Halbmesser gleich sind, ist so gezeichnet, dass ihre Mittelpuncte auf einer gegebenen Curve liegen; man suche die Trajectorie, welche sie sämmtlich unter rechten Winkeln schneidet.

Lösung. Das System der Kreise werde repräsentirt durch die Gleichung

$$(x' - p)^2 + (y' - q)^2 = r^2 \quad . \quad . \quad . \quad . \quad (1)$$

Die Mittelpuncte dieser Kreise sollen auf der Curve

$$y = f(x) \quad . \quad . \quad . \quad . \quad . \quad . \quad . \quad . \quad (2)$$

liegen.

Da für den gemeinschaftlichen Durchschnittspunct der Trajectorie $\qquad y = F(x) \quad . \quad . \quad . \quad . \quad . \quad . \quad . \quad . \quad (3)$
mit einem der Kreise aus (1) $x = x'$ und $y = y'$ ist, so folgt aus (1) $p' = -\frac{x - p}{y - q}$, und nach (5)

$$1 - \frac{x - p}{y - q} . \frac{dy}{dx} = 0 \quad . \quad . \quad . \quad . \quad . \quad . \quad (\alpha)$$

Verbindet man mit dieser Gleich. (α) noch die Beziehungen

$$q = f(p) \quad . \quad . \quad . \quad . \quad . \quad . \quad . \quad . \quad (\beta)$$

$$(x - p)^2 + (y - q)^2 = r^2 \quad . \quad . \quad . \quad . \quad (\gamma)$$

und eliminirt aus diesen drei Gleichungen (α), (β), (γ) die Grössen p und q, so gelangt man sofort zur Differentialgleichung der verlangten Trajectorie.

Aufgabe 58. Die Linie, auf der die Kreismittelpuncte liegen, sei die Abscissenaxe; wie heisst in diesem Falle die Trajectorie?

Lösung. Da hier $y = f(x)$ übergeht in $y = 0$, und auch $q = 0$ ist, so hat man für die Elimination von p und q die Gleichungen:

$$\left.\begin{array}{r}(y-q)\,dx-(x-p)\,dy=0\\ q=0\\ (x-p)^2+y^2=r^2\end{array}\right\}.$$

Diese höchst einfache Elimination wirklich ausgeführt, erhält man

$$y^2\left(1+\frac{dx^2}{dy^2}\right)=r^2.$$

Diese Gleichung ist genau dieselbe, wie wir sie bereits in Aufgabe 16 gefunden haben. Ihre Integration gibt die bekannte *Tractoria* oder Zuglinie, welche in dem gegebenen Falle die Trajectorie bildet.

Aufgabe 59. Die Curve, auf welcher die Kreismittelpuncte liegen, sei selbst ein Kreis, dessen Gleichung durch $x^2+y^2=R^2$ gegeben ist; wie heisst in diesem Falle die Trajectorie?

Lösung. In diesem Falle hat man die Grössen p und q aus den Gleichungen

$$\left.\begin{array}{rl}1-\frac{x-p}{y-q}\cdot\frac{dy}{dx}=0 & \ldots(\alpha)\\ p^2+q^2=R^2 & \ldots(\beta)\\ (x-p)^2+(y-q)^2=r^2 & \ldots(\gamma)\end{array}\right\}$$

zu eliminiren.

Aus (α) folgt $(y-q)^2=(x-p)^2.\frac{dy^2}{dx^2}$,

aus Gl. (γ) $(y-q)^2=r^2-(x-p)^2$,

also ist

$$(x-p)^2.\frac{dy^2}{dx^2}=r^2-(x-p)^2 \quad \text{oder} \quad x-p=\frac{r\,dx}{ds},$$

und mit diesem Werthe ist $y-q=\frac{r\,dy}{ds}$, sonach

$$p=x-\frac{r\,dx}{ds},\quad q=y-\frac{r\,dy}{ds};$$

und setzt man diese Werthe für p und q in die Gleichung (β), so ist die Differentialgleichung der gewünschten Trajectorie

$$x^2+y^2+r^2-R^2=2r\left(\frac{x\,dx+y\,dy}{ds}\right)$$

$$\text{oder}\quad ds=\frac{r\,d(x^2+y^2)}{r^2-R^2+x^2+y^2}\quad\ldots\ldots\quad(1)$$

und integrirt

$$s=r\,l\,[r^2-R^2+x^2+y^2]+C\quad\ldots\quad \text{I.}$$

Denkt man sich an irgend einen Punct M dieser Curve eine Tangente gezogen, so ist der Winkel φ, welchen sie mit dem Leitstrahl $MO=\sqrt{x^2+y^2}=\varrho$ (O ist der Coordinaten-Anfangspunct) bildet, durch die Gleichung $\cos\varphi=\frac{d\varrho}{ds}$ gegeben.

Verlängert man die Tangente, bis sie in N jenen Kreis trifft, auf welchen die Mittelpuncte der senkrecht geschnittenen Kreise liegen, so folgt aus dem Dreieck MNO, wenn noch $MN = z$ gesetzt wird,

$$R^2 = \varrho^2 + z^2 - 2\varrho z \cdot \cos\varphi \quad . \quad . \quad . \quad . \quad (2)$$

und hieraus $\cos\varphi = \dfrac{\varrho^2 + z^2 - R^2}{2\varrho z}$ . . . . . . (3)

Aus Gleich. (1) kommt $ds = \dfrac{2r\varrho \cdot d\varrho}{r^2 - R^2 + \varrho^2}$, und hieraus

$$\frac{d\varrho}{ds} = \frac{r^2 - R^2 + \varrho^2}{2r\varrho} = \cos\varphi \quad . \quad . \quad . \quad . \quad . \quad (4)$$

aus den Gleichungen (3) und (4) resultirt sonach

$$\frac{\varrho^2 + z^2 - R^2}{2\varrho z} = \frac{r^2 - R^2 + \varrho^2}{2r\varrho}, \quad \text{d. i.} \quad z = r.$$

Nachdem $z = r$, d. h. constant ist, so bietet diess eine höchst merkwürdige Eigenschaft der gesuchten Curve I.; diese ist nämlich so beschaffen, dass der Kreis vom Halbmesser R auf allen an sie gezogenen Tangenten gleiche Stücke, nämlich $= r$, abschneidet. Die gesuchte Trajectorie ist in dem Falle also jene Zuglinie, welche ein Körper durchläuft, wenn er an einem unveränderlichen Faden fortgezogen wird, dessen Endpunct den Kreis vom Halbmesser R durchläuft.

Aufgabe 60. Es ist eine Parabel gegeben; man sucht eine Curve, deren sämmtliche Tangenten die Eigenschaft haben, immer gleiche Flächentheile der Parabel abzuschneiden.

Lösung. Die fragliche Curve ist offenbar die Grenzcurve, an welcher die sämmtlichen Sehnen der Parabel Tangenten sein sollen. Ist die Gleichung der gegebenen Parabel

$$y^2 = px \quad . \quad . \quad . \quad . \quad . \quad . \quad . \quad . \quad (1)$$

die Gleichung der gesuchten Grenzcurve

$$y = f(x) \quad . \quad . \quad . \quad . \quad . \quad . \quad . \quad . \quad (2)$$

f^2 der bestimmte Flächenraum, der von der Parabel abgeschnitten werden soll, und a die Abscisse, für welche der zwischen der senkrechten Sehne und dem Bogen enthaltene Flächenraum eben $= f^2$ ist, so hat man $f^2 = \frac{4}{3} p^{\frac{1}{2}} a^{\frac{3}{2}}$.

Denkt man sich an die Curve (2) unter dem Winkel φ eine Tangente gezogen, und nennt die Abscisse des Durchschnittspunctes derselben mit der Abscissenaxe $= x'$, so ist die Gleichung der Tangente, beziehungsweise die Gleichung der Sehne

$$y = \operatorname{tang}\varphi\,(x - x') \quad . \quad . \quad . \quad . \quad . \quad (3)$$

die Länge derselben $\frac{2\sqrt{p}}{\sin\varphi^2}\sqrt{x'\sin\varphi^2+\frac{p}{4}\cos\varphi^2}$, die durch dieselbe abgeschnittene Fläche (Aufg. 13, Nr. 19)

$$\frac{4\sqrt{p}}{3}\left(x'+\frac{p}{4}\operatorname{cotang}\varphi^2\right)^{\frac{3}{2}}=\tfrac{4}{3}p^{\frac{1}{2}}a^{\frac{3}{2}},$$

und somit $x'=a-\frac{p}{4}\operatorname{cotang}\varphi^2$,

sonach kann man statt (3) schreiben:

$$y=(x-a)\operatorname{tang}\varphi+\frac{p}{4}\operatorname{cotang}\varphi \quad . \quad . \quad . \quad (4)$$

Eliminirt man aus dieser Gleichung φ, indem nach Gl. (2) $\frac{dy}{dx}=\operatorname{tang}\varphi$ folgt, so hat man

$$\frac{dy^2}{dx^2}-\frac{y}{x-a}\cdot\frac{dy}{dx}+\frac{p}{4(x-a)}=0 \quad . \quad . \quad . \quad (5)$$

als die Differentialgleichung der verlangten Curve.

Man findet leicht aus der Gleichung (5) die besondere Auflösung $y^2=p(x-a)$, d. i. jene Curve, welche durch die Durchschnitte je zweier auf einander folgender Sehnen bestimmt wird.

Die gesuchte Curve ist also eine der gegebenen völlig gleiche Parabel.

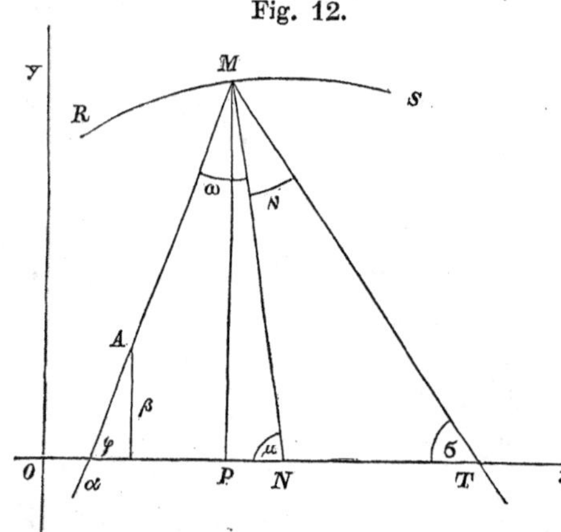

Fig. 12.

Aufgabe 61. Eine Curve RS (Fig. 12) und ein fester Punct A seien gegeben. Man ziehe durch A beliebige Gerade zur Curve RS, wie AM, denke sich im Puncte M die Normale MN construirt, und ziehe die Linie MT derart, dass der Winkel

$$TMN = \sphericalangle\, AMN$$

wird; und nun bestimme man diejenige Curve, welche durch die aufeinander folgenden Durchschnitte dieser Geraden MT entsteht.

Lösung. Ist xOy das Coordinatensystem, worauf sich die Curve RS, deren Gleichung

$$f(x'y')=0 \quad . \quad . \quad . \quad . \quad . \quad . \quad (1)$$

ist, bezieht, sind α und β die Coordinaten des Punctes A, $x'y'$ die des Punctes M, und nennen wir die Coordinaten irgend eines

Punctes der fraglichen Curve x, y, so hat man vorerst für die Gleich. der AM, $y - y' = \frac{y' - \beta}{x' - \alpha}(x - x')$, also $\operatorname{tang}\varphi = \frac{y' - \beta}{x' - \alpha} = t$, und wegen PN (Subn. des Punctes M) $= y' \cdot \frac{dy'}{dx'}$ ist

$$\operatorname{tang}\mu = \frac{y'}{PN} = \frac{dx'}{dy'} = \frac{1}{p'}.$$

Da nun $\varphi + \omega + \mu = 180^0$, so folgt

$$\omega = 180 - (\varphi + \mu) \quad \text{und} \quad \operatorname{tang}\omega = \frac{\operatorname{tang}\varphi + \operatorname{tang}\mu}{\operatorname{tang}\varphi \operatorname{tang}\mu - 1} = t'.$$

Setzt man hier für $\operatorname{tang}\varphi$ und $\operatorname{tang}\mu$ die obigen Werthe, so folgt

$$\operatorname{tang}\omega = t' = \frac{tp' + 1}{t - p'}.$$

Nach der Figur folgt weiter $\mu = \nu + \sigma$, oder da der Aufgabe gemäss $\nu = w$ ist, $\mu = w + \sigma$, also $\sigma = \mu - w$, und

$$\operatorname{tang}\sigma = \frac{\operatorname{tang}\mu - \operatorname{tang} w}{1 + \operatorname{tang}\mu \, . \operatorname{tang} w} \quad \text{oder} \quad \operatorname{tang}\sigma = \frac{1 - p't'}{p' + t'}.$$

Die Gleichung der MT ist $y - y' = -\operatorname{tang}\sigma\,(x - x')$ oder

$$y - y' = \frac{p't' - 1}{p' + t'}(x - x') \quad . \quad . \quad . \quad . \quad (2)$$

Um von dieser Geraden zu einer nächstfolgenden überzugehen, hat man die Gleichung (2) nach x' und y' zu differenziren und zu berücksichtigen, dass auch p' und t' die Grössen x' und y' enthalten. Man hat

$$(y - y')(p' + t') = (p't' - 1)(x - x'), \quad \text{also}$$

$$(y - y')\left(\frac{dp'}{dx'} + \frac{dt'}{dx'}\right) - (p' + t') \, . \, \frac{dy'}{dx'} = -(p't' - 1) + \\ + (x - x')\left(p' . \frac{dt'}{dx'} + t' . \frac{dp'}{dx'}\right).$$

Setzt man hier aus (2) den Werth von $(y - y')$,

$$\frac{dy'}{dx'} = p' \quad \text{und} \quad \frac{dp'}{dx'} = q',$$

so hat man nach einiger Reduction

$$-p'(p' + t')^2 = (p' + t')\left[(x - x')\left(p' . \frac{dt'}{dx'} + q't'\right) - (p't' - 1)\right] - \\ - (p't' - 1)(x - x')\left(q' + \frac{dt'}{dx'}\right).$$

Aus dieser Gleichung folgt mit Leichtigkeit

$$x - x' = \frac{-(p' + t')(1 + p'^2)}{(1 + t'^2)q' + (1 + p'^2) \, . \, \frac{dt'}{dx'}} \quad . \quad . \quad . \quad (3)$$

$$y - y' = \frac{(1 - p't')(1 + p'^2)}{(1 + t'^2)q' + (1 + p'^2) \, . \, \frac{dt'}{dx'}} \quad . \quad . \quad . \quad (4)$$

Um sich von der besonderen Lage des Punctes M unabhängig zu machen, eliminire man aus den Gleichungen (3) und (4) mit Hilfe der Gleichung (1) die Grössen x' und y', wodurch man sofort die Gleichung der verlangten Curve erhält. Man pflegt diese Curve in der Katoptrik die Brennlinie (*Catacaustica*) zu nennen.

Sind die einfallenden Strahlen unter einander und mit der Abscissenaxe parallel, so ist der Punct A als unendlich weit liegend anzusehen, also $\alpha = \infty$ zu setzen; dann wird

$$t = 0, \quad t' = \frac{1}{-p'}, \quad \frac{dt'}{dx'} = \frac{q'}{p'^2},$$

und die Gleichungen (3) und (4) gehen über in

$$x - x' = \frac{p'(1 - p'^2)}{2q'} \quad . \quad . \quad . \quad . \quad . \quad (5)$$

$$y - y' = \frac{p'^2}{q'} \quad . \quad . \quad . \quad . \quad . \quad . \quad . \quad (6)$$

Aufgabe 62. Die reflectirende Curve sei eine gerade Linie; man bestimme die Brennlinie.

Lösung. Nehmen wir die gegebene Gerade zur Abscissenaxe, und lassen die Ordinatenaxe durch den strahlenden Punct gehen, so folgt

$$A \begin{cases} x = 0, \\ y = \beta, \end{cases} \quad t = -\frac{\beta}{x'}, \quad p' = 0, \quad q' = 0, \quad t' = \frac{x'}{-\beta}, \quad \frac{dt'}{dx'} = \frac{1}{-\beta}.$$

Diese Werthe sämmtlich in das System der Gl. (3) und (4) substituirt, geben $x = 0$ und $y = -\beta$.

Die Brennlinie reducirt sich also hier auf einen Punct, der in der Verlängerung der Ordinatenaxe eben so weit unter der reflectirenden Geraden ist, als der strahlende oder leuchtende Punct oberhalb.

Aufgabe 63. Es sei die reflectirende Curve ein Kreis vom Halbmesser $= r$, und der leuchtende Punct A im Endpuncte des Durchmessers; wie heisst die Gleichung der Brennlinie?

Lösung. Es ist die Gleichung der gegebenen Curve $y' = \sqrt{2rx' - x'^2}$, also

$$p' = \frac{r - x'}{y'}, \quad q' = -\frac{r^2}{y'^3}, \quad \alpha = 0, \quad \beta = 0, \quad t = t' = \frac{y'}{x'}, \quad \frac{dt'}{dx'} = -\frac{r}{x'y'}.$$

Diese Werthe in die Gleichungen (4) und (5) (Aufg. 61) gesetzt, kommt man zu

$$x = \frac{6rx' - 2x'^2}{3r}, \quad y = \frac{4ry' - 2x'y'}{3r},$$

aus welchen zwei Gleichungen, mit Rücksicht auf $y' = \sqrt{2rx' - x'^2}$, die Gleichung der verlangten Brennlinie folgt:

$$y^4 + \tfrac{1}{9}(18x^2 - 36rx + 12r^2)y^2 +$$
$$+ \tfrac{1}{9}\left(9x^4 - 36rx^3 + 48r^2x^2 - \frac{64}{3}r^3x\right) = 0.$$

Setzt man in dieser Gleichung $r = \tfrac{3}{2}R$ und dann $2R - x$ statt x, so hat man

$$y^4 - (R^2 + 2Rx - 2x^2)y^2 + x^4 - 2Rx^3 = 0.$$

Diess ist die Gleichung der Cardioide.

Aufgabe 64. Die reflectirende Curve sei eine Parabel, die Strahlen sollen parallel zur Axe derselben einfallen; wie heisst hier die Gleichung der Brennlinie?

Lösung. Ist $y'^2 = px'$ die reflectirende Curve, dann ist

$$\frac{dy'}{dx'} = p' = \tfrac{1}{2}\sqrt{\frac{p}{x'}}, \quad \frac{dp'}{dx'} = q' = -\tfrac{1}{4}\sqrt{\frac{p}{x'}} \cdot \frac{1}{x'},$$

und nach den Gleichungen (5) und (6) (Aufg. 61)

$$\left.\begin{aligned} x - x' &= -x' + \frac{p}{4} \\ y - y' &= -\sqrt{px'} \end{aligned}\right\}, \quad \text{d. i.} \quad x = \frac{p}{4} \text{ und } y = 0.$$

Die gewünschte Brennlinie reducirt sich also in dem Falle auf einen einzigen Punct, den Brennpunct der Parabel.

Neunter Abschnitt.

Maxima und Minima.

Erklärung. Ist $y = f(x)$ eine gegebene Function, so findet man die Werthe von x, wofür y am grössten oder kleinsten ist, aus der Gleichung $\frac{df(x)}{dx} = f'(x) = 0$.

Man kann ferner sagen, dass für solche aus $f'(x) = 0$ folgende Werthe von x, für $f(x)$ nur dann ein Maximum oder ein Minimum eintreten kann, wenn in der Reihe der Differentialquotienten von $f(x)$ der erste für jenen Werth von x nicht verschwindende Differentialquotient von gerader Ordnung ist, und zwar hat man ein Maximum oder Minimum, je nachdem dieser Differentialquotient negativ oder positiv ausfällt.

Um übrigens aus $f'(x)$ alle Werthe von x zu finden, welche möglicherweise ein Maximum oder ein Minimum bedingen, hat man überdiess, sobald die Form von $f'(x)$ es zulässt, auch $f'(x) = \infty$ zu setzen.

Für die hieraus folgenden Werthe von x hat man dann nach $y = f(x)$ unmittelbar die Nachbarwerthe aufzustellen und diese zu beurtheilen; fallen diese gleichzeitig kleiner oder grösser als $f(x)$ aus, dann hat man wieder beziehungsweise ein Maximum oder ein Minimum.

Ist $z = f(x, y)$ eine Function zwischen den zwei absolut veränderlichen Grössen x und y, und frägt man hier um jene Werthe von x und y, wofür z am grössten oder kleinsten wird, so stelle man zunächst $\left(\frac{dz}{dx}\right)$ und $\left(\frac{dz}{dy}\right)$ dar, setze jeden dieser partiellen Differentialquotienten gleich der Nulle, so bekommt man ein System von zwei Gleichungen mit den unbekannten Grössen x und y. Jedes hieraus folgende Paar von Auflösungen liefert möglicherweise für z ein Maximum oder ein Minimum. Um diess endgiltig zu entscheiden, bilde man auch $\left(\frac{d^2 z}{dx^2}\right)$, $\left(\frac{d^2 z}{dx\,dy}\right)$, $\left(\frac{d^2 z}{dy^2}\right)$, setze in diese Differentialquotienten die gefundenen Werthe für x und y, so muss für den Fall eines Maximums oder Minimums

$$\left(\frac{d^2 z}{dx\,dy}\right)^2 - \left(\frac{d^2 z}{dx^2}\right)\left(\frac{d^2 z}{dy^2}\right) < 0 \quad \text{sein.}$$

Aus dieser Bedingungsgleichung geht gleichzeitig hervor, dass sowohl für ein Maximum als auch für ein Minimum $\left(\frac{d^2 z}{dx^2}\right)$ und $\left(\frac{d^2 z}{dy^2}\right)$ einerlei Zeichen besitzen müssen; überdiess fordert aber die Theorie dieses Problemes, dass für ein Maximum $\left(\frac{d^2 z}{dx^2}\right)$ und $\left(\frac{d^2 z}{dy^2}\right)$ negativ, für ein Minimum aber diese selben Quotienten positiv seien.

Fig. 13.

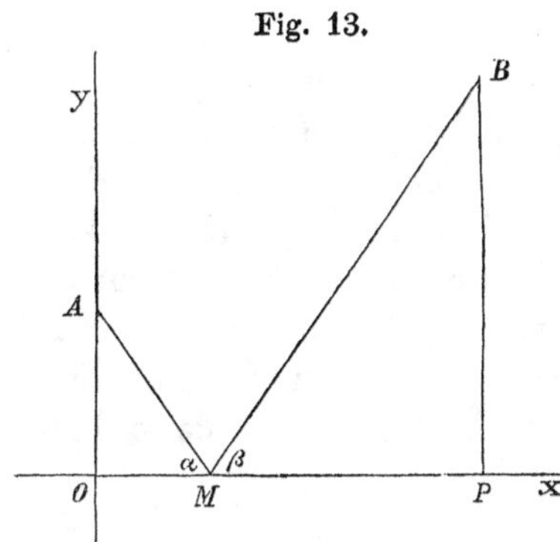

Aufgabe 65. Oberhalb der Linie Ox seien zwei Puncte A und B gegeben (Fig. 13); man bestimme in der Linie Ox den Punct M derart, auf dass die Summe $AM + BM$ am kleinsten werde.

Lösung. Nennen wir die Abscisse des Punctes M, x

$$A\begin{cases} x = 0, \\ y = y', \end{cases} \quad B\begin{cases} x = x', \\ y = y''; \end{cases}$$

es ist sonach $AM = \sqrt{x^2 + y'^2}$,

$$BM = \sqrt{(x' - x)^2 + y''^2},$$

daher $AM + BM = \sqrt{x^2 + y'^2} + \sqrt{(x' - x)^2 + y''^2} = s$.

Für ein Maximum oder ein Minimum muss

$$\frac{ds}{dx} = \frac{x}{\sqrt{x^2 + y'^2}} - \frac{x' - x}{\sqrt{(x' - x)^2 + y''^2}} = 0 \quad . \quad . \quad . \quad (1)$$

sein.

Löst man diese Gleichung nach x auf, so erfährt man die Lage des Punctes M.

Einfacher ist es für die Lage des Punctes folgende Beziehung zu suchen:

Die Gleichung (1) lässt sich schreiben

$$\frac{MO}{AM} - \frac{MP}{BM} = 0 \quad \text{oder} \quad \frac{MO}{AM} = \frac{MP}{BM}.$$

Nun ist $\frac{MO}{AM} = \cos\alpha$ und $\frac{MP}{BM} = \cos\beta$,

und aus $\cos\alpha = \cos\beta$ folgt $\sphericalangle\, \alpha = \beta$.

Durch diese Relation ist die Lage des Punctes M vollkommen charakterisirt.

Dass der so bestimmte Punct M einem Maximum nicht entsprechen kann, geht hier aus der Natur der Aufgabe hervor.

Wie der Punct M durch Construction gefunden wird, wurde in Aufgabe 19, erster Theil, gezeigt.

Zusatz. Löst man die Gleichung (1) nach x wirklich auf, so folgt $x = \frac{x' y'}{y' + y''}$, sonach

$$\operatorname{tang} \alpha = \frac{y'}{x} = \frac{y' + y''}{x'} \quad \text{und} \quad \operatorname{tang} \beta = \frac{y''}{x' - x} = \frac{y' + y''}{x'} = \operatorname{tang} \alpha,$$

daher $\sphericalangle \alpha = \beta$.

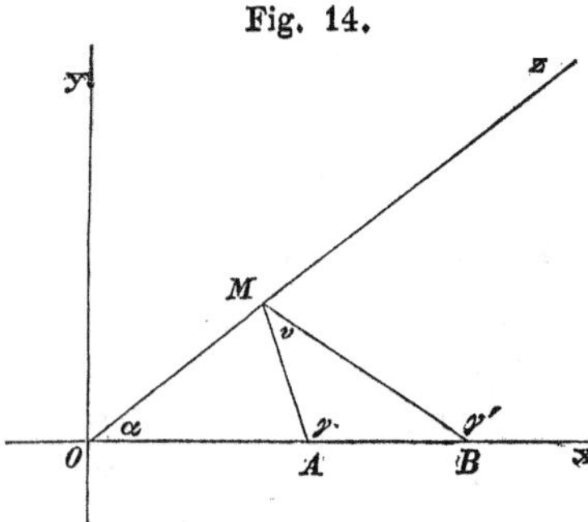

Fig. 14.

Aufgabe 66. Auf dem Schenkel Ox des Winkels α (Fig. 14) sind zwei fixe Puncte A und B gegeben; man bestimme am andern Schenkel die Lage des Punctes M derart, dass der Winkel $AMB = v$ am grössten werde.

Lösung. Setzen wir $AO = a$, $BO = b$, nennen die Coordinaten des Punctes M, $x' y'$, dann hat man

$$\text{für } \overline{AM} \quad . \quad . \quad . \quad y - y' = \frac{y'}{x' - a}(x - x'),$$

$$\text{„} \quad \overline{BM} \quad . \quad . \quad . \quad y - y' = \frac{y'}{x' - b}(x - x'),$$

wegen $\operatorname{tang} v = \frac{\operatorname{tang} \gamma' - \operatorname{tang} \gamma}{1 + \operatorname{tang} \gamma \, . \, \operatorname{tang} \gamma'} = \frac{y'(b - a)}{(x' - a)(x' - b) + y'^2}$.

Oder setzt man $\operatorname{tang} \alpha = k$, dann ist $y' = kx'$, daher

$$\operatorname{tang} v = T = \frac{k(b - a)x'}{(1 + k^2)x'^2 - (a + b)x' + ab}.$$

Aus $\frac{dT}{dx'} = 0$ folgt

$$-x'^2(1 + k^2) + ab = 0 \quad \text{und} \quad x' = \frac{\sqrt{ab}}{\sqrt{1 + k^2}}$$

als die Abscisse des fraglichen Punctes M.

Will man direct den Abstand OM haben, dann folgt wegen $OM = \sqrt{x'^2 + y'^2}$, $OM = \sqrt{ab}$.

Dass für den gefundenen Werth x' der Winkel v wirklich am grössten ausfällt, zeigt der zweite Differentialquotient

$$\frac{d^2 T}{dx'^2} = \frac{-2k(1 + k^2)(b - a) \, . \, x'}{[(1 + k^2)x'^2 - (a + b)x' + ab]^2} \quad . \quad . \quad . \quad (1)$$

Setzt man hier $x' = \frac{\sqrt{ab}}{\sqrt{1+k^2}}$ und reducirt, so folgt $\frac{d^2T}{dx'^2}$ negativ unter der Voraussetzung, dass $\alpha < 90^0$ und $b > a$ ist; sonach wäre entschieden dargethan, dass der gesuchte Werth x', v am grössten macht.

Anmerkung. Der in (1) angegebene Ausdruck ist nicht der vollständige zweite Differentialquotient, sondern derjenige Theil desselben, der für das Zeichen von $\frac{d^2T}{dx'^2}$ massgebend ist. Denn hat man überhaupt $y = f(x)$, und ist $\frac{dy}{dx} = \frac{X}{X_1}$, so wäre dann

$$\frac{d^2y}{dx^2} = \frac{X_1 \cdot \frac{dX}{dx} - X \cdot \frac{dX_1}{dx}}{X_1^2}.$$

Setzt man nun in diesem Ausdrucke jene Werthe für x, wofür $X = 0$ ist, so reducirt sich $\frac{d^2y}{dx^2}$ auf $\frac{\frac{dX}{dx}}{X_1}$, eine Regel, die sich leicht mit Worten geben lässt. In diesem Sinne ist also $\frac{d^2T}{dx^2}$ in der vorgelegten Aufgabe zu verstehen.

Fig. 15.

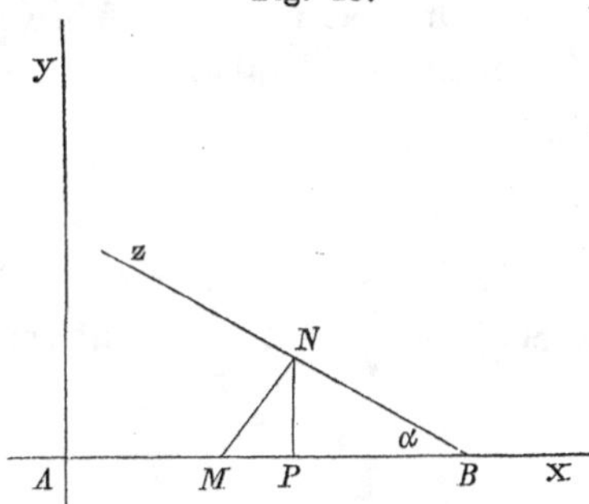

Aufgabe 67. Von A aus bewege sich ein Körper in der Richtung nach x mit der gleichförmigen Geschwindigkeit v, von B aus ein anderer in der Richtung nach z mit der Geschwindigkeit v' (Fig. 15); wenn nun die Beweglichen von A und B gleichzeitig abgehen, nach welcher Zeit t werden sie die kleinste Entfernung von einander haben?

Lösung. Es sei A der Ursprung und AB die Abscissenaxe eines rechtwinkeligen Coordinatensystems, M und N seien die Positionen der Beweglichen nach Verlauf der Zeit t; nennen wir $AB = a$, $AM = x'$, die Coordinaten des Punctes $N \begin{cases} x = AP, \\ y = NP, \end{cases}$ dann ist $\overline{MN}^2 = (x - x')^2 + y^2$.

Nun ist $x' = vt$, $BN = v't$, also $x = a - v't\cos\alpha$ und $y = v't\sin\alpha$, sonach

$$\overline{MN}^2 = v'^2 \sin\alpha^2 . t^2 + (a - v'\cos\alpha \, . \, t - vt)^2 = q;$$

hieraus folgt

$$\frac{dq}{dt} = 2v'^2 \sin\alpha^2 . t - 2(a - v' \cos\alpha . t - vt)(v + v' \cos\alpha)$$

Aus $\frac{dq}{dt} = 0$ ist

$$t = \frac{a(v + v' \cos\alpha)}{v^2 + v'^2 + 2vv' \cos\alpha}, \quad \frac{d^2q}{dt^2} = 2(v^2 + v'^2 + 2vv' \cos\alpha),$$

d. i. eine wesentlich positive Zahl, sonach bestimmt der für t ermittelte Werth in der That ein Minimum, wie diess auch hier wieder aus der Natur der Aufgabe folgt.

Anmerkung. Es wurde hier der Werth von t bestimmt, auf dass $\overline{MN}^2$ ein Minimum ist; es versteht sich wohl von selbst, dass dann auch MN ein Minimum sei.

Aufgabe 68. Ein rechter Winkel ist gegeben und innerhalb desselben ein Punct; man soll durch denselben eine gerade Linie so ziehen, damit das zwischen den beiden Schenkeln begrenzte Stück ein Minimum werde.

Lösung. Denken wir uns die Axen des rechten Winkels als Coordinatenaxen, und bezeichnen die Coordinaten des gegebenen Punctes M durch a und b, nennen die Durchschnittspuncte der gesuchten Geraden auf der Ordinaten- und Abscissenaxe A und B, den Ursprung O, dann ist offenbar

$$\overline{AB}^2 = \overline{AO}^2 + \overline{BO}^2,$$

oder $AO = y'$ und $BO = x'$ gesetzt,

$$\overline{AB}^2 = x'^2 + y'^2 \quad \ldots\ldots \quad (1)$$

Die Gleichung der AB ist aber $\frac{x}{x'} + \frac{y}{y'} = 1$, und hieraus wegen $\frac{a}{x'} + \frac{b}{y'} = 1$, $y' = \frac{bx'}{x' - a}$.

Diess in (1) substituirt, gibt

$$\overline{AB}^2 = x'^2 + \frac{b^2 x'^2}{(x' - a)^2} \quad \ldots\ldots \quad (2)$$

Soll AB möglichst klein werden, so gilt diess offenbar auch vom Quadrate; nennen wir diess kurz z, so kommt es jetzt darauf an, jenen Werth für x' zu finden, wofür z ein Minimum wird.

Man hat $\frac{dz}{dx'} = 2x' - \frac{2ab^2x'}{(x' - a)^3}$, und wegen $\frac{dz}{dx'} = 0$ ist

$$x' = a + \sqrt[3]{ab^2}, \quad \text{also} \quad y' = b + \sqrt[3]{a^2 b}.$$

Für diesen Werth von x' wird z, also auch AB wirklich am kleinsten, wie diess der zweite Differentialquotient zeigt, denn es ist

$$\frac{d^2 z}{dx'^2} = 2 + \frac{2ab^2(a + 2x')}{(x' - a)^4}.$$

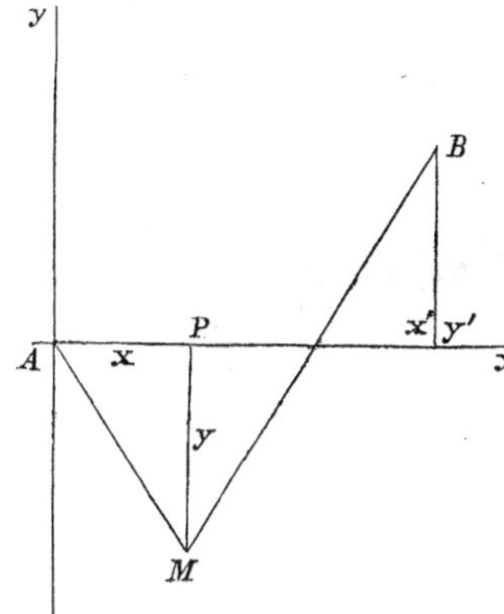

Fig. 16.

Aufgabe 69. An den Puncten A und B (Fig. 16) ist eine Schnur befestigt, auf welcher ein Gewicht gleiten kann; an welchem Puncte M wird das Gewicht in Ruhe bleiben, d. h. am tiefsten hängen?

Lösung. Es ist $AM + BM = a$ die gegebene Schnurlänge, und

$$AM = \sqrt{x^2 + y^2},$$
$$BM = \sqrt{(x - x')^2 + (y - y')^2},$$

daher

$$u = \sqrt{x^2 + y^2} + \\ + \sqrt{(x - x')^2 + (y - y')^2} - a = 0 \ldots (1)$$

Aus dieser unentwickelten Function handelt es sich darum, x so zu bestimmen, auf dass y ein Maximum wird.

Es ist

$$\left(\frac{du}{dx}\right) = \frac{x}{AM} + \frac{x - x'}{BM}; \quad \left(\frac{du}{dy}\right) = \frac{y}{AM} + \frac{y - y'}{BM},$$

also

$$\frac{dy}{dx} = -\left(\frac{du}{dx}\right) : \left(\frac{du}{dy}\right), \text{ d. i. } \frac{dy}{dx} = \frac{-(ax - AMx')}{ay - AMy'};$$

$ax - AM \, . \, x' = 0$ liefert $y = -\frac{x\sqrt{a^2 - x'^2}}{x'}$.

Dieser Werth in (1) gesetzt, gibt

$$\sqrt{x^2 + \frac{x^2(a^2 - x'^2)}{x'^2}} + \sqrt{(x - x')^2 + \left(\frac{x\sqrt{a^2 - x'^2}}{x'} + y'\right)^2} = a$$

oder $(x - x')^2 + \left(\frac{x\sqrt{a^2 - x'^2}}{x'} + y'\right)^2 = \frac{a^2(x' - x)^2}{x'^2}$,

$$(x\sqrt{a^2 - x'^2} + x'y')^2 = (x' - x)^2(a^2 - x'^2),$$
$$x\sqrt{a^2 - x'^2} + x'y' = (x' - x)\sqrt{a^2 - x'^2},$$
$$x = \frac{x'}{2}\left[1 - \frac{y'}{\sqrt{a^2 - x'^2}}\right].$$

Dass für dieses x nur ein Maximum bestehen kann, bedarf wohl keiner besonderen Erwähnung.

Aufgabe 70. Durch den Scheitelpunct einer Parabel soll man eine Sehne so ziehen, auf dass sie mit der Curve den grössten Winkel einschliesst.

Lösung. Wir verstehen unter dem Winkel, den die Sehne mit der Parabel einschliesst, denjenigen, welcher von der Sehne und der im Durchschnittspuncte derselben mit der Parabel an diese gelegten Tangente eingeschlossen wird. Bezeichnen wir demgemäss die Sehne durch

$$y = ax \quad . \quad . \quad . \quad . \quad . \quad . \quad . \quad . \quad (1)$$

den Durchschnittspunct durch $x'y'$, die Tangente durch

$$y - y' = \frac{p}{2y'}(x - x') \quad . \quad . \quad . \quad . \quad . \quad . \quad (2)$$

so hat man für den Neigungswinkel der Geraden (1) und (2)

$$\operatorname{tang}\alpha = \frac{2ay' - p}{2y' + ap} = T, \text{ oder wegen } y' = \frac{p}{a}, \; T = \frac{a}{2 + a^2}.$$

Nun ist $\frac{dT}{da} = \frac{2 - a^2}{(2 + a^2)^2}$, und daher

$$a = \pm\sqrt{2}, \quad \frac{d^2T}{da^2} = -\frac{2a}{(2 + a^2)^2},$$

oder für $a = +\sqrt{2}$, $\frac{d^2T}{da^2} = -\frac{\sqrt{2}}{8}$.

Der Werth $a = -\sqrt{2}$ gibt einen eben so grossen Winkel am unteren Parabelast.

Aufgabe 71. In ein gegebenes Parabelsegment das grösste Dreieck einzuschreiben.

Lösung. $y = ax + b$ sei die gegebene Sehne, welche die Parabel in den Puncten $M\begin{cases}x'\\y'\end{cases}$ und $N\begin{cases}x''\\y''\end{cases}$ schneidet. Denkt man sich MN als Grundlinie des verlangten Dreiecks, und bezeichnet man die Coordinaten der Spitze mit x und y, dann hat man für die doppelte Fläche (erster Theil, Aufg. 59)

$$2f = (yx' - xy') + (y'x'' - x'y'') + (xy'' - x''y).$$

Schreibt man hier noch $x = \frac{y^2}{p}$, $x' = \frac{y'^2}{p}$, $x'' = \frac{y''^2}{p}$, so hat man

$$f = \frac{1}{2p}[(yy'^2 - y^2y') + (y'y''^2 - y'^2y'') + (y^2y'' - y''^2y)],$$

daher $\frac{df}{dy} = \frac{1}{2p}[(y'^2 - 2yy') + (2yy'' - y''^2)]$,

sonach für ein Maximum

$$y'^2 - 2yy' + 2yy'' - y''^2 = 0, \quad \text{d. i.} \quad y = \frac{y' + y''}{2}.$$

Ist y' die Ordinate, welche dem oberen Puncte der Sehne entspricht, dann ist jedenfalls $\frac{d^2f}{dy^2} = \frac{1}{p}(y'' - y')$ entschieden negativ, wornach der oben bemerkte Werth für y wirklich ein Maximum bedingt.

Der gesuchte Punct liegt offenbar im Durchschnitte des zur Sehne $y = ax + b$ gehörigen Durchmessers mit der Parabel.

Aufgabe 72. Bei einer Ellipse ziehe man durch den einen Scheitelpunct der kleinen Axe die grösste Sehne.

Lösung. Ist $a^2y^2 + b^2x^2 = a^2b^2$ die Gleichung der Ellipse; nennen wir den Scheitelpunct B und seine Coordinaten $\begin{cases} x = 0, \\ y = b, \end{cases}$ der zweite Durchschnittspunct M der Sehne mit der Ellipse habe die Coordinaten x und y, dann ist

$$\overline{BM}^2 = x^2 + (y - b)^2.$$

Wegen $a^3y^2 + b^2x^2 = a^2b^2$ ist $x^2 = \frac{a^2}{b^2}(b^2 - y^2)$, daher

$$\overline{BM}^2 = \frac{a^2}{b^2}(b^2 - y^2) + (y - b)^2$$

oder $BM = \frac{1}{b}\sqrt{a^2(b^2 - y^2) + b^2(y - b)^2} = z$,

sonach $\frac{dz}{dy} = \frac{-a^2y + b^2(y - b)}{b\sqrt{a^2(b^2 - y^2) + b^2(y - b)^2}}$;

$\frac{dz}{dy} = 0$ liefert $y = \frac{-b^3}{c^2}$, $\frac{d^2z}{dy^2} = \frac{-c^3}{a^2b^2}$, und endlich ist das zu y gehörige $x = \pm \frac{a^2}{c^2}\sqrt{c^2 - b^2}$.

Um also durch B die längste Sehne zu ziehen, hat man diesen Scheitelpunct mit dem Puncte $\begin{cases} x = \pm \frac{a^2}{c^2}\sqrt{c^2 - b^2} \\ y = -\frac{b^3}{c^2} \end{cases}$ zu verbinden.

Aufgabe 73. In einer Ellipse zwei conjugirte Axen zu verzeichnen, auf dass ihre Summe ein Maximum oder Minimum ist.

Lösung. Sind die Hauptaxen der Ellipse $2a$ und $2b$, die conjugirten Halbaxen a' und b', der Conjugationswinkel $\varphi = \alpha' - \alpha$, so ist bekannt $a'^2 + b'^2 = a^2 + b^2$,

$$a'b' = \frac{ab}{\sin\varphi}.$$

Aus diesen Gleichungen folgt

$$a' + b' = \sqrt{a^2 + b^2 + \frac{2ab}{\sin\varphi}} = s,$$

also $\frac{ds}{d\varphi} = \frac{-ab \cdot \cos\varphi}{\sin\varphi^2\sqrt{a^2 + b^2 + \frac{2ab}{\sin\varphi}}} = 0$,

und hieraus $\cos\varphi = 0$, d. i. $\varphi = \frac{\pi}{2}$.

Dieser Werth von $\varphi = \frac{\pi}{2}$ sagt, dass es ausser dem rechtwinkeligen Systeme kein anderes conjugirtes System geben könne, wofür die Summe der Axen am grössten oder kleinsten ist, und zwar ist für das rechtwinkelige System die Summe der Halbaxen am kleinsten, wie $\frac{d^2 s}{d\varphi^2}$ zeigt, denn es ist

$$\frac{d^2 s}{d\varphi^2} = \frac{+ ab \cdot \sin\varphi}{\sin\varphi^2 \sqrt{a^2 + b^2 + \frac{2ab}{\sin\varphi}}}, \text{ und für } \varphi = \frac{\pi}{2}, \; \frac{d^2 s}{d\varphi^2} = + \frac{ab}{a+b}.$$

Fig. 17.

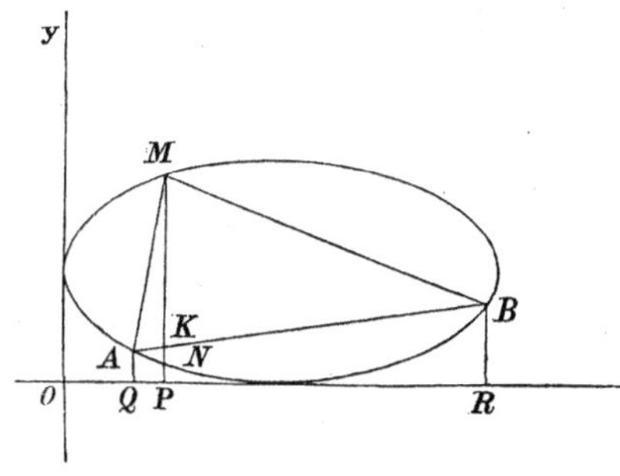

Aufgabe 74. In einer Ellipse (Fig. 17) sind zwei Puncte A und B gegeben; man bestimme den Punct M derart, dass die Fläche des Dreiecks ABM ein Maximum werde.

Lösung. Für das in der Figur angenommene Coordinatensystem ist die Gleichung der Ellipse

$$a^2 (y - b)^2 + b^2 (x - a)^2 = a^2 b^2,$$

und hieraus folgt

$$y = b + \frac{b}{a}\sqrt{2ax - x^2} = MP.$$

Ferner sei $y = mx + n$ die Gleichung der AB, wobei m und n durch $A\begin{cases}\alpha\\ \beta\end{cases}$, $B\begin{cases}\alpha'\\ \beta'\end{cases}$ bestimmt sind.

$$\triangle ABM = \triangle AKM + \triangle BKM$$
$$= \frac{MK}{2} \cdot QR = \frac{\alpha' - \alpha}{2} \cdot MK,$$

sonach $\triangle ABM = \frac{\alpha' - \alpha}{2}(MP - KP)$

oder

$$\triangle ABM = \frac{\alpha' - \alpha}{2}\left[(b - n) - mx + \frac{b}{a}\sqrt{2ax - x^2}\right],$$

$$\frac{d\triangle}{dx} = \frac{\alpha' - \alpha}{2} \cdot \frac{- am\sqrt{2ax - x^2} + b(a - x)}{\sqrt{2ax - x^2}}.$$

Aus $\frac{d\triangle}{dx} = 0$ folgt

$$(a^2 m^2 + b^2) x^2 - 2a(a^2 m^2 + b^2) x + a^2 b^2 = 0$$

und $x = a\left(1 - \frac{am}{\sqrt{a^2 m^2 + b^2}}\right) = OP,$

$$\frac{d^2 \triangle}{d x^2} = - \frac{b \sqrt{2ax - x^2} + am(a-x)}{2ax - x^2},$$

und für x den gefundenen Werth gesetzt,

$$\frac{d^2 \triangle}{d x^2} = - \frac{(a^2 m^2 + b^2)^{\frac{3}{2}}}{ab^2},$$

eine entschieden negative Zahl.

Aufgabe 75. Unter allen Puncten einer gegebenen Curve diejenigen zu finden, deren Entfernung von einem gleichfalls gegebenen Punct ein Maximum oder Minimum wird.

Lösung. Es sei $y = f(x)$ die gegebene Curve, $\left\{ \begin{matrix} \alpha \\ \beta \end{matrix} \right.$ der gegebene Punct. Die Entfernung von α, β und x, y ist

$$u = \sqrt{(x-\alpha)^2 + (y-\beta)^2},$$

$$\frac{du}{dx} = \frac{(x-\alpha) + (y-\beta) \cdot \frac{dy}{dx}}{\sqrt{(x-\alpha)^2 + (y-\beta)^2}}.$$

Wegen $\frac{du}{dx} = 0$ ist

$$(x - \alpha) + (y - \beta) \cdot \frac{dy}{dx} = 0 \quad . \quad . \quad . \quad . \quad (1)$$

Diese Gleichung (1) mit $y = f(x)$ verbunden, gibt jene Werthe von x und y, welche der Aufgabe Genüge leisten. Weiter entscheidet:

$$\frac{d^2 u}{dx^2} = \frac{1 + (y-\beta) \frac{d^2 y}{dx^2} + \frac{dy^2}{dx^2}}{\sqrt{(x-\alpha)^2 + (y-\beta)^2}}.$$

Uebrigens lässt sich zur näheren Charakteristik der verlangten Curvenpuncte Folgendes bemerken:

$$y' - y = \frac{dy}{dx}(x' - x) \quad . \quad . \quad . \quad . \quad . \quad . \quad (2)$$

ist die Gleichung der Tangente in xy,

$$y' - y = - \frac{dx}{dy}(x' - x) \quad . \quad . \quad . \quad . \quad . \quad (3)$$

die Gleichung der Normale im selben Punct.

Nach (1) ist $\beta - y = - \frac{dx}{dy}(\alpha - x)$,

woraus folgt, dass die α, β am nächsten oder am fernsten liegenden Puncte der Curve in der durch $\alpha\beta$ gelegten Normallinien an die Curve sich befinden müssen.

Aufgabe 76. Die Lage zweier gerader Linien und eine Curve ist gegeben; es soll an diese Curve eine Tangente gezogen werden, welche mit den Geraden ein Dreieck bildet, dessen Flächeninhalt ein Maximum oder ein Minimum sei.

Lösung. Die gegebenen Geraden nehme man als Coordinatenaxen, der Coordinatenwinkel sei $= \alpha$, der noch unbekannte Berührungspunct in der Curve $y = f(x) \ldots$ (1) xy, dann ist die Gleichung der Tangente an (1) $y' - y = \frac{dy}{dx}(x' - x) \ldots$ (2), sonach die Abschnitte auf der Abscissen- und Ordinatenaxe

$$AT = x - y \cdot \frac{dx}{dy}, \quad AS = y - x \cdot \frac{dy}{dx},$$

und sonach die Fläche des gewünschten Dreieckes

$$f = \tfrac{1}{2} AT \cdot AS \cdot \sin\alpha$$

oder $f = \frac{1}{2}\left(y - x \cdot \frac{dy}{dx}\right)\left(x - y \cdot \frac{dx}{dy}\right) \cdot \sin\alpha.$

Es ist

$$\frac{df}{dx} = \frac{\left(y - x \cdot \frac{dy}{dx}\right)\left(y + x \cdot \frac{dy}{dx}\right) \cdot \frac{d^2y}{dx^2} \cdot \sin\alpha}{2 \cdot \frac{dy^2}{dx^2}}.$$

Soll $\frac{df}{dx} = 0$ sein, so müsste etwa $y - x \cdot \frac{dy}{dx} = 0$ sein, d. i. $\frac{dy}{dx} = \frac{y}{x}$, sonach ginge (2) über in

$$y' - y = \frac{y}{x}(x' - x) \quad \text{oder} \quad y' = \frac{y}{x} \cdot x'.$$

Durch diese Tangente, nachdem sie durch den Ursprung geht, wird kein Dreieck bestimmt, daher $\frac{dy}{dx} = \frac{y}{x}$ im vorliegenden Falle keine Bedeutung hat.

$$y + x \cdot \frac{dy}{dx} = 0 \quad \text{gibt} \quad \frac{dy}{dx} = -\frac{y}{x},$$

dieser Werth gibt in (2) gesetzt,

$$\frac{y'}{2y} + \frac{x'}{2x} = 1.$$

Aus dieser Gleichung folgt, dass der fragliche Berührungspunct in der halben Entfernung zwischen S und T liegt.

Man findet die Coordinaten dieses Punctes aus den Gleichungen $\begin{cases} y = f(x), \\ \frac{dy}{dx} = -\frac{y}{x}. \end{cases}$

Aufgabe 77. Ein Punct und eine gerade Linie im Raume sind gegeben; man bestimme die kürzeste Entfernung des Punctes von der Geraden.

Lösung. Es sei $\left.\begin{matrix} x = az + \alpha \\ y = bz + \beta \end{matrix}\right\} \ldots \ldots$ (1)

die gegebene Gerade, $x'\, y'\, z'$ der gegebene Punct, Die Entfernung desselben von irgend einem Puncte der Geraden ist

$$u = \sqrt{(x-x')^2 + (y-y')^2 + (z-z')^2}.$$

Wird z als die absolut Veränderliche betrachtet, dann ist

$$\frac{du}{dz} = \frac{(x-x') \cdot \frac{dx}{dz} + (y-y') \cdot \frac{dy}{dz} + (z-z')}{\sqrt{(x-x')^2 + (y-y')^2 + (z-z')^2}}.$$

Wegen $\frac{du}{dz} = 0$ muss

$$(x-x') \cdot \frac{dx}{dz} + (y-y') \cdot \frac{dy}{dz} + (z-z') = 0$$

sein.

Aus (1) folgt aber $\frac{dx}{dz} = a$, $\frac{dy}{dz} = b$, daher

$$a(x-x') + b(y-y') + (z-z') = 0 \quad . \quad . \quad . \quad (2)$$

Diese Gleichung (2) verbunden mit den Gleichungen (1) geben die verlangten Werthe x, y, z, welche u wirklich am kleinsten machen, denn es ist

$$\frac{d^2u}{dz^2} = \frac{(x-x')\frac{d^2x}{dz^2} + \frac{dx^2}{dz^2} + (y-y')\frac{d^2y}{dz^2} + \frac{dy^2}{dz^2} + 1}{u}$$

oder $$\frac{d^2u}{dz^2} = \frac{1 + a^2 + b^2}{u}$$

eine wesentlich positive Zahlengrösse, man hat also in der That ein Minimum.

Man wird wohl noch leicht bemerken, dass die Gleich. (2) für sich betrachtet eine Ebene repräsentirt, welche senkrecht steht auf der gegebenen Geraden und durch den Punct $x'y'$ geht. Der gemeinschaftliche Durchschnittspunct dieser Ebene mit der Geraden bestimmt den verlangten Punct.

Aufgabe 78. Für eine gegebene Fläche $z = f(x, y)$ die Linie des stärksten Falles zu bestimmen.

Lösung. Denkt man sich die gegebene Fläche im Puncte $M\left\{\begin{matrix} x' \\ y' \\ z' \end{matrix}\right.$ durch eine auf die coordinirte Ebene xy senkrechte Ebene geschnitten, und an die Schnittcurve im Puncte M die Tangente, so gibt der Neigungswinkel derselben mit der coordinirten Ebene xy die Grösse des Falles der krummen Fläche in dieser Richtung mit xy an. Man findet sehr leicht für die Grösse dieses Winkels

$$\operatorname{tang} \alpha = \frac{dz}{\sqrt{dx^2 + dy^2}} \quad . \quad . \quad . \quad . \quad . \quad . \quad (1)$$

Ist $y = ax + b$ die schneidende Ebene, dann ist $dy = adx$, und aus $z = f(x, y)$ folgt

$$dz = p\,dx + q\,dy \quad \text{oder} \quad dz = (p + aq)\,dx,$$

$$\text{somit} \quad \tang\alpha = \frac{p + aq}{\sqrt{1 + a^2}} \quad . \quad . \quad . \quad . \quad . \quad . \quad (2)$$

Um die Linie des stärksten Falles zu bestimmen, brauchen wir in (2) nur a so zu wählen, auf dass $\tang\alpha$ am grössten wird. Man hat $\frac{d \tang\alpha}{da} = \frac{q - ap}{(1 + a^2)^{\frac{3}{2}}}$, und wegen $\frac{d \tang\alpha}{da} = 0$,

$$q - ap = 0, \quad \text{d. i.} \quad a = \frac{q}{p},$$

für welchen Werth der zweite Differentialquotient, wie man sich leicht überzeugen kann, negativ wird.

So hat man für die Kugelfläche $x^2 + y^2 + z^2 = r^2$

$p = -\frac{x}{z}$, $q = -\frac{y}{z}$, oder für den bestimmten Punct

$p = -\frac{x'}{z'}$, $q = -\frac{y'}{z'}$, daher $a = \frac{y'}{x'}$.

Die Gleichung der Richtungsebene

$$y = ax + b \quad \text{oder} \quad y - y' = a(x - x')$$

reducirt sich im vorliegenden Falle auf $y = \frac{y'}{x'} \cdot x$, woraus ersichtlich ist, dass dieselbe durch die z-Axe geht, dass also die grösste Kreislinie die Linie des stärksten Falles für die Kugelfläche ist.

Für das Ellipsoid $\frac{x^2}{a^2} + \frac{y^2}{b^2} + \frac{z^2}{c^2} = 1$ folgt als Gleichung der Richtungsebene

$$a^2 . \frac{x}{x'} - b^2 . \frac{y}{y'} = a^2 - b^2.$$

Aufgabe 79. In einer gegebenen Curve soll man unter allen Sectoren, welche dieselbe Spitze haben und von gleich langen Bögen begrenzt werden, denjenigen finden, dessen Fläche ein Maximum oder Minimum ist.

Fig. 18.

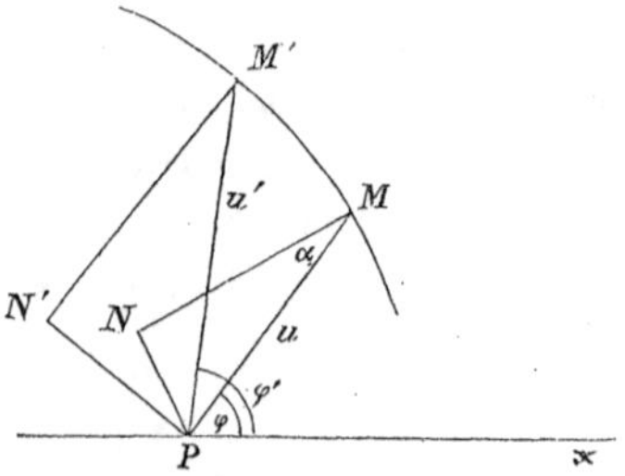

Lösung. Es sei (Fig. 18) PMM' der verlangte Sector und $\widehat{MM'} = a$.

$$\text{Ist} \quad u = f(\varphi) \quad . \quad . \quad . \quad (1)$$

die Polargleichung der gegebenen Curve, dann hat man bekanntlich für die Bogenlänge

$$s = \int \sqrt{u^2 + \frac{du^2}{d\varphi^2}} \, . \, d\varphi,$$

also

$$\widehat{MM'} = a = \int_0^{\varphi'} \sqrt{u^2 + \frac{du^2}{d\varphi^2}} \cdot d\varphi - \int_0^{\varphi} \sqrt{u^2 + \frac{du^2}{d\varphi^2}} \cdot d\varphi \ldots (2)$$

Differenzirt man diese Gleichung (2), so folgt

$$\sqrt{u'^2 + \frac{du'^2}{d\varphi'^2}} \cdot \frac{d\varphi'}{d\varphi} - \sqrt{u^2 + \frac{du^2}{d\varphi^2}} = 0 \ldots (3)$$

die Fläche $MPM' = \frac{1}{2}\int_0^{\varphi'} u^2 d\varphi - \frac{1}{2}\int_0^{\varphi'} u^2 d\varphi = z.$

Soll z ein Maximum oder Minimum werden, so muss $\frac{dz}{d\varphi} = 0$ sein, d. i. $\quad u'^2 . \frac{d\varphi'}{d\varphi} - u^2 = 0 \quad \ldots \ldots (4)$

Eliminirt man aus (3) und (4) $\frac{d\varphi'}{d\varphi}$, dann ist

$$\frac{u'}{\sqrt{1 + \frac{1}{u'^2} \cdot \frac{du'^2}{d\varphi'^2}}} = \frac{u}{\sqrt{1 + \frac{1}{u^2} \cdot \frac{du^2}{d\varphi^2}}} \ldots (5)$$

Die Gleichungen (2) und (5) in Verbindung mit $u = f(\varphi)$ und $u' = f(\varphi')$ bestimmen die Puncte M und M', also den verlangten Sector.

Zur Charakteristik der Puncte M und M' lässt sich noch Folgendes bemerken: Ist MN die Normale zum Puncte M, dann ist $\operatorname{tang} \alpha = \frac{1}{u} \cdot \frac{du}{d\varphi}$, folglich $\cos \alpha = \frac{1}{\sqrt{1 + \frac{1}{u^2} \cdot \frac{du^2}{d\varphi^2}}}$, und ist $PN \perp MN$, $MN = \frac{u}{\sqrt{1 + \frac{1}{u^2} \cdot \frac{du^2}{d\varphi^2}}}$, eben so ist

$$M'N' = \frac{u'}{\sqrt{1 + \frac{1}{u'^2} \cdot \frac{du'^2}{d\varphi'^2}}}.$$

Vermöge der Relation (5) ist $MN = M'N'$, d. h. die Stücke der Normalen, welche durch die aus dem Pole auf die Normalen der Endpuncte des gesuchten Bogens gefällten Perpendikel bestimmt werden, sind einander gleich.

Aufgabe 80. Man soll wieder bei einer gegebenen Curve unter allen Sectoren, welche dieselbe Spitze und einen gegebenen Winkel an der Spitze haben, denjenigen bestimmen, für welchen der zugehörige Bogen ein Maximum oder ein Minimum ist.

Lösung. Ist $u = f(\varphi)$ die gegebene Curve, so wie α der gegebene Winkel an der Spitze, so hat man für den Bogen dieses Sectors

$$s = \int_0^{\varphi'} \sqrt{u^2 + \frac{d u^2}{d\varphi^2}} \cdot d\varphi - \int_0^{\varphi} \sqrt{u^2 + \frac{d u^2}{d\varphi^2}} \cdot d\varphi$$

oder

$$s = \int_0^{\varphi'} \sqrt{\overline{f(\varphi)}^2 + \overline{f'(\varphi)}^2} \cdot d\varphi - \int_0^{\varphi} \sqrt{\overline{f(\varphi)}^2 + \overline{f'(\varphi)}^2} \cdot d\varphi.$$

Für ein Maximum oder ein Minimum muss $\frac{d s}{d \varphi} = 0$ sein, d. i.

$$\sqrt{\overline{f(\varphi + \alpha)}^2 + \overline{f'(\varphi + \alpha)}^2} = \sqrt{\overline{f(\varphi)}^2 + \overline{f'(\varphi)}^2} \quad . \quad . \quad . \quad (1)$$

Nun ist die Normale allgemein

$$\sqrt{u^2 + \frac{d u^2}{d\varphi^2}} \quad \text{oder} \quad \sqrt{\overline{f(\varphi)}^2 + \overline{f'(\varphi)}^2},$$

d. h. es müssen für ein Maximum oder ein Minimum die Normalen der Endpuncte des gesuchten Bogens einander gleich sein.

Die Gleichung (1) reicht übrigens zur Bestimmung von φ hin. Den weiteren Aufschluss hat dann $\frac{d^2 s}{d \varphi^2}$ zu geben.

Aufgabe 81. Es sind zwei Curven gegeben; man soll diejenigen Puncte derselben finden, deren Entfernung ein Maximum oder Minimum ist.

Lösung. Es seien $y = f(x)$ . . . . (1)

und $y' = F(x')$ . . . . (2)

die gegebenen Curven, die Entfernung irgend zweier Puncte derselben

$$z = \sqrt{(x - x')^2 + (y - y')^2}.$$

x und x' sind hier unabhängige Veränderliche, und sollen so bestimmt werden, auf dass z ein Maximum oder ein Minimum werde.

Es ist
$$\left(\frac{d z}{d x}\right) = \frac{(x - x') + (y - y') \cdot \frac{d y}{d x}}{\sqrt{(x - x')^2 + (y - y)^2}},$$

$$\left(\frac{d z}{d x'}\right) = - \frac{(x - x') + (y - y') \cdot \frac{d y'}{d x'}}{\sqrt{(x - x')^2 + (y - y')^2}}.$$

Für ein Maximum oder ein Minimum muss

$$\left(\frac{d z}{d x}\right) = 0 \quad \text{und} \quad \left(\frac{d z}{d x'}\right) = 0$$

sein, sonach

$$(x - x') + (y - y') \cdot \frac{d y}{d x} = 0 \quad . \quad . \quad . \quad . \quad . \quad (3)$$

$$(x - x') + (y - y') \cdot \frac{d y'}{d x'} = 0 \quad . \quad . \quad . \quad . \quad . \quad (4)$$

Diese zwei Gleichungen, verbunden mit $y = f(x)$ und $y' = F(x')$, geben die Werthe für x, x', y, y'.

Uebrigens zeigen die Gleichungen (3) und (4) ganz deutlich, dass die fraglichen Puncte nur in der, beiden Curven gemeinschaftlichen Normalen liegen können, denn es ist

$u - y = -\frac{dx}{dy}(v - x)$ die Gleichung der Norm. in xy an (1),

$q - y' = -\frac{dx'}{dy'}(p - x')$ „ „ „ „ „ $x'y'$ „ (2).

Die erste dieser Gleichungen wird aber durch die Werthe $x'y'$ statt v und u identisch vermöge der Gleichung (3), eben so wird die zweite durch $p = x$ und $q = y$ identisch nach (4), wornach die gemachte Bemerkung gerechtfertiget ist.

Aufgabe 82. Eine Ebene und ein ausserhalb liegender Punct sind gegeben; man soll von diesem Punct die kürzeste Gerade zur Ebene ziehen.

Lösung. Es sei

$$Ax + By + Cz + D = 0$$

die Gleichung der Ebene, $x'\,y'\,z'$ seien die Coordinaten des gegebenen Punctes, und x, y, z die irgend eines Punctes der Ebene, dann ist die Entfernung der beiden Puncte

$$u = \sqrt{(x - x')^2 + (y - y')^2 + (z - z')^2},$$

also
$$\left(\frac{du}{dx}\right) = \frac{(x - x') + (z - z') \cdot \left(\frac{dz}{dx}\right)}{\sqrt{(x - x')^2 + (y - y')^2 + (z - z')^2}},$$

$$\left(\frac{du}{dy}\right) = \frac{(y - y') + (z - z') \cdot \left(\frac{dz}{dy}\right)}{\sqrt{(x - x')^2 + (y - y')^2 + (z - z')^2}}.$$

Wegen $\left(\frac{du}{dx}\right) = 0$ ist $(x - x') + (z - z') \cdot \left(\frac{dz}{dx}\right) = 0$ . . . (1)

„ $\left(\frac{du}{dy}\right) = 0$ „ $(y - y') + (z - z') \cdot \left(\frac{dz}{dy}\right) = 0$ . . . (2)

Nun folgt aus der Gleichung der Ebene

$$\left(\frac{dz}{dx}\right) = -\frac{A}{C}, \quad \left(\frac{dz}{dy}\right) = -\frac{B}{C},$$

sonach
$$\left.\begin{aligned} x - x' &= \frac{A}{C}(z - z') \\ y - y' &= \frac{B}{C}(z - z') \end{aligned}\right\} \quad . \; . \; . \; . \; . \; . \quad (3)$$

Diese Gleichungen bezeichnen jedoch nichts anderes als das von $x'\,y'\,z'$ auf die Ebene gefällte Perpendikel, welches demnach die kürzeste Gerade ist.

Man kann sich jedoch von der Richtigkeit noch weiter überzeugen, indem man auf die zweiten Differentialquotienten übergeht.

Es ist $\left(\frac{d^2 u}{d x^2}\right) = \left(1 + \frac{A^2}{C^2}\right) : u,$

$$\left(\frac{d^2 u}{d x\, d y}\right) = \frac{A B}{C^2} : u,$$

$$\left(\frac{d^2 u}{d y^2}\right) = \left(1 + \frac{B^2}{C^2}\right) : u,$$

und in der That

$$\left(\frac{d^2 u}{d x^2}\right)\left(\frac{d^2 u}{d y^2}\right) > \left(\frac{d^2 u}{d x\, d y}\right),$$

welche Relation offenbar ein Minimum bedingt, da $\left(\frac{d^2 u}{d x^2}\right)$ und $\left(\frac{d^2 u}{d y^2}\right)$ positiv sind.

Aufgabe 83. Es soll der kürzeste Abstand zweier gerader Linien bestimmt werden.

Lösung. Die Gleichungen der Geraden seien

$$\left.\begin{array}{l} y = a x + \alpha \\ z = b x + \beta \end{array}\right\} (1) \quad \text{und} \quad \left.\begin{array}{l} y = a' x + \alpha' \\ z = b' x + \beta' \end{array}\right\} (2).$$

Denken wir uns in beiden Geraden die Puncte $x' y' z'$, $x'' y'' z''$, dann ist die Distanz derselben

$$\sqrt{(x' - x'')^2 + (y' - y'')^2 + (z' - z'')^2}.$$

Soll diess ein Minimum werden, so gilt diess auch vom Quadrate, und es bleibt also zu fernerer Betrachtung

$$u = (x' - x'')^2 + (y' - y'')^2 + (z' - z'')^2.$$

Wegen $\left.\begin{array}{l} y' = a x' + \alpha \\ z' = b x' + \beta \end{array}\right\}$ und $\left.\begin{array}{l} y'' = a' x'' + \alpha' \\ z'' = b' x'' + \beta' \end{array}\right\}$ folgt:

$$u = (x' - x'')^2 + (a x' - a' x'' + \alpha - \alpha')^2 + (b x' - b' x'' + \beta - \beta')^2.$$

Nun ist

$$\left(\frac{d u}{d x'}\right) = 2(1 + a^2 + b^2) x' - 2(1 + a a' + b b') x'' + \\ + 2 a(\alpha - \alpha') + 2 b(\beta - \beta'),$$

$$\left(\frac{d u}{d x''}\right) = - 2(1 + a a' + b b') x' + 2(1 + a'^2 + b'^2) x'' - \\ - 2 a'(\alpha - \alpha') - 2 b'(\beta - \beta').$$

$\left(\frac{d u}{d x'}\right) = 0$ und $\left(\frac{d u}{d x''}\right) = 0$ geben x' und x'', und somit sind auch $y' z'$ und $y'' z''$ bestimmt. Dass die so ermittelten Puncte wirklich die kleinste Entfernung der Geraden bedingen, folgt wieder aus den zweiten Differentialquotienten.

Es ist $\left(\frac{d^2 u}{d x'^2}\right) = 2(1 + a^2 + b^2)$,

$$\left(\frac{d^2 u}{d x' \, d x''}\right) = - 2(1 + a a' + b b'),$$

$$\left(\frac{d^2 u}{d x''^2}\right) = 2(1 + a'^2 + b'^2),$$

$$\left(\frac{d^2 u}{d x'^2}\right) \cdot \left(\frac{d^2 u}{d x''^2}\right) - \left(\frac{d^2 u}{d x' \, d x''}\right) =$$

$$= 4(1 + a^2 + b^2)(1 + a'^2 + b'^2) - 4(1 + a a' + b b')^2$$

$$= 4[(a - a')^2 + (b - b')^2 + (a' b - a b')^2];$$

es ist also

$$\left(\frac{d^2 u}{d x'^2}\right) \cdot \left(\frac{d^2 u}{d x''^2}\right) - \left(\frac{d^2 u}{d x' \, d x''}\right)^2 \geqq 0,$$

und $\left(\frac{d^2 u}{d x'^2}\right)$, $\left(\frac{d^2 u}{d x''^2}\right)$ haben positives Vorzeichen, es gibt also die Verbindungslinie der zwei oben bemerkten Puncte in der That die kleinste Entfernung der gegebenen Geraden.

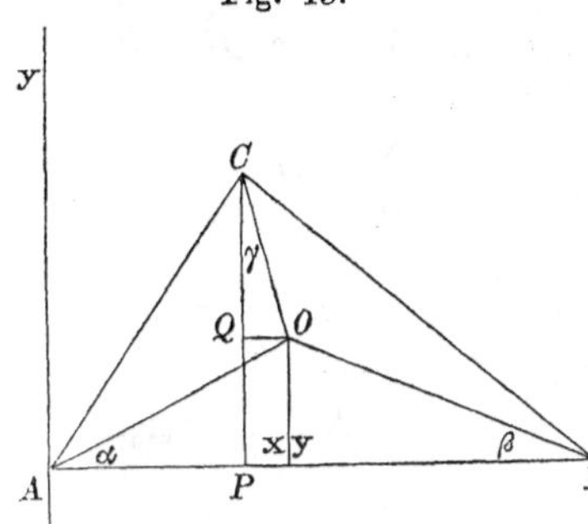

Fig. 19.

Aufgabe 84. Es ist ein Dreieck ABC gegeben (Fig. 19); man soll innerhalb des Dreieckes einen Punct O derart ausmitteln, auf dass die Summe

$$AO + BO + CO = s$$

ein Minimum ist.

Lösung. Nach der Figur hat man

$$B\begin{cases} x = c, \\ y = 0, \end{cases} \quad C\begin{cases} x = x', \\ y = y', \end{cases} \quad O\begin{cases} x, \\ y, \end{cases}$$

$$AO = \sqrt{x^2 + y^2},$$

$$BO = \sqrt{(x - c)^2 + y^2},$$

$$CO = \sqrt{(x - x')^2 + (y - y')^2},$$

$$s = \sqrt{x^2 + y^2} + \sqrt{(x - c)^2 + y^2} + \sqrt{(x - x')^2 + (y - y')^2},$$

sonach $\left(\frac{d s}{d x}\right) = \frac{x}{AO} - \frac{c - x}{BO} + \frac{x - x'}{CO} = 0$,

$$\left(\frac{d s}{d y}\right) = \frac{y}{AO} + \frac{y}{BO} - \frac{y' - y}{CO} = 0.$$

Ohne diese beiden Gleichungen nach x und y aufzulösen, lässt sich die Lage des Punctes O auf folgende Weise charakterisiren:

Es ist

$$\frac{x}{AO} = \cos\alpha, \quad \frac{c - x}{BO} = \cos\beta, \quad \frac{x - x'}{CO} = \sin\gamma,$$

$$\begin{aligned} \text{daher} \quad & \cos\alpha - \cos\beta + \sin\gamma = 0, \\ \text{eben so} \quad & \sin\alpha + \sin\beta - \cos\gamma = 0; \\ \text{oder} \quad & \cos\alpha - \cos\beta = -\sin\gamma, \\ & \sin\alpha + \sin\beta = \cos\gamma. \end{aligned}$$

Diese Gleichungen quadrirt und addirt, geben

$$\cos(\alpha + \beta) = \tfrac{1}{2}, \quad \text{d. i.} \quad \alpha + \beta = 60^0;$$

dann ist aber $> AOB = 120^0$.

Durch blosse Analogie kann man schliessen, dass auch die Winkel AOC und BOC jeder 120^0 sind. Dadurch ist nun die Lage des Punctes O vollkommen fixirt. (Man sehe erster Theil, Aufgabe 73.)

Dass endlich bei dieser Lage des Punctes O, $AO + BO + CO$ nur ein Minimum sei, folgt offenbar schon aus der Natur der Aufgabe.

Aufgabe 85. Ein rechter Winkel und zwei Puncte A und B (Fig. 20) seien gegeben; man bestimme die Puncte M und N derart, damit

$$AN + NM + BM$$

ein Kleinstes werde.

Fig. 20.

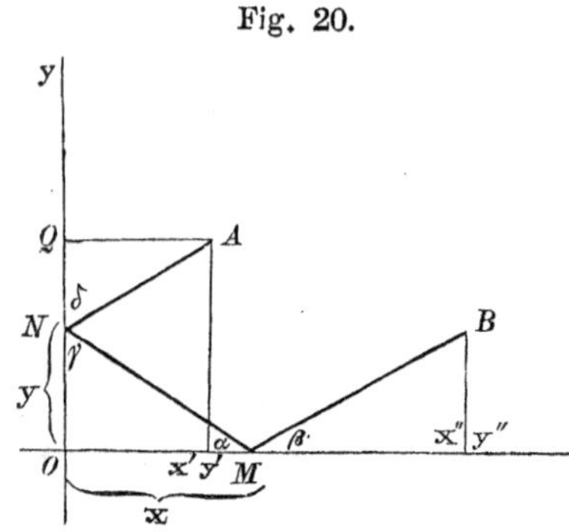

Lösung.

$$AN = \sqrt{x'^2 + (y - y')^2},$$
$$MN = \sqrt{x^2 + y^2},$$
$$BM = \sqrt{(x - x'')^2 + y''^2}.$$

Es ist

$$u = \sqrt{x^2 + y^2} + \sqrt{x'^2 + (y - y')^2} + \sqrt{(x - x'')^2 + y''^2},$$
$$\left(\frac{du}{dx}\right) = \frac{x}{MN} + \frac{x - x''}{BM} = 0,$$
$$\left(\frac{du}{dy}\right) = \frac{y}{MN} + \frac{y - y'}{AN} = 0.$$

Wegen $\dfrac{x}{MN} = \cos\alpha$, $\dfrac{x'' - x}{BM} = \cos\beta$,

$\dfrac{y}{MN} = \cos\gamma$, $\dfrac{y' - y}{AN} = \cos\delta$

folgt

$$\cos\alpha = \cos\beta, \quad \text{d. i,} \quad \alpha = \beta,$$
$$\text{und} \quad \cos\gamma = \cos\delta, \quad \text{„} \quad \gamma = \delta.$$

Mit Hilfe dieser Relationen wird

$$x = \frac{y'x'' - x'y''}{y' + y''} \quad \text{und} \quad y = \frac{y'x'' - x'y''}{x' + x''}.$$

Aufgabe 86. Es sind mehrere Figuren $f_1 f_2 f_3 \ldots$ so wie die respectiven Stellungen der Ebenen dieser Figuren gegen die coordinirten Ebenen gegeben; man bestimme eine Ebene derart, auf dass die Summe der Projectionen der einzelnen Figuren auf dieser neuen Ebene ein Maximum werde.

Lösung. Sind $\alpha_1\ \beta_1\ \gamma_1$ die Winkel, welche das Perpendikel auf die Ebene f_1 mit den drei Axen bildet, haben allgemein $\alpha_n\ \beta_n\ \gamma_n$ dieselbe Bedeutung für die Figur f_n, so bestimmen diese Winkel die sogenannte Stellung der Ebene.

Man hat ferner in

$$a_1 = f_1 \cos\gamma_1,$$
$$b_1 = f_1 \cos\beta_1,$$
$$c_1 = f_1 \cos\alpha_1$$

die Projectionen von f_1 auf die drei coordinirten Ebenen.

Bestimmen die noch unbekannten Winkel u, v, w die Stellung der fraglichen Ebene, und ist φ der Neigungswinkel derselben mit f_1, dann hat man offenbar $p_1 = f_1 \cos\varphi$, die Projection von f_1 auf die gesuchte Ebene.

Wegen

$$\cos\varphi = \cos\alpha_1 \cos u + \cos\beta_1 \cos v + \cos\gamma_1 \cos w$$

ist $$p_1 = c_1 \cos u + b_1 \cos v + a_1 \cos w$$

d. i. die Projection von f_1 auf eine beliebige Ebene, wenn man vorerst die Projectionen von f_1 auf die Coordinaten-Ebenen und die Stellung der neuen Ebene kennt.

Eben so hat man für die Figur f_2

$$p_2 = c_2 \cos u + b_2 \cos v + a_2 \cos w \text{ u. s. w.},$$

sonach die Summe der Projectionen

$$P = p_1 + p_2 + p_3 + \ldots$$

oder $$P = A . \cos u + B . \cos v + C . \cos w \quad \ldots \quad (1)$$

wobei $$A = c_1 + c_2 + c_3 + \ldots$$
$$B = b_1 + b_2 + b_3 + \ldots$$
$$C = a_1 + a_2 + a_3 + \ldots$$

Berücksichtiget man noch

$$\cos u^2 + \cos v^2 + \cos w^2 = 1 \quad \ldots \quad (2)$$

so bleiben von den Grössen u, v, w bloss zwei absolut veränderlich.

Man hat aus (1)

$$\left(\frac{dP}{du}\right) = - A \sin u - C \sin w . \frac{dw}{du},$$
$$\left(\frac{dP}{dv}\right) = - B \sin v - C \sin w . \frac{dw}{dv},$$

und $\left(\frac{dP}{du}\right) = 0, \quad \left(\frac{dP}{dv}\right) = 0,$

$$\left.\begin{aligned} A \sin u + C \sin w \,.\, \frac{dw}{du} = 0 \\ B \sin v + C \sin w \,.\, \frac{dw}{dv} = 0 \end{aligned}\right\} \quad . \quad . \quad . \quad (3)$$

Die Bedingungsgleichung in (2) gibt überdiess

$$\left.\begin{aligned} \cos u \,.\, \sin u + \cos w \,.\, \sin w \,.\, \frac{dw}{du} = 0 \\ \cos v \,.\, \sin v + \cos w \,.\, \sin w \,.\, \frac{dw}{dv} = 0 \end{aligned}\right\} \quad . \quad . \quad . \quad (4)$$

Eliminirt man aus den Gleichungen (3) und (4)

$$\frac{dw}{du} \text{ und } \frac{dw}{dv},$$

so folgt mit Hilfe der Relation (2)

$$\cos u = \frac{A}{\sqrt{A^2 + B^2 + C^2}},$$

$$\cos v = \frac{B}{\sqrt{A^2 + B^2 + C^2}},$$

$$\cos w = \frac{C}{\sqrt{A^2 + B^2 + C^2}}.$$

Durch diese Gleichungen ist die Stellung derjenigen Ebene bestimmt, für welche die Summe der Projectionen aller Figuren den grössten Werth erreicht.

Aufgabe 87. Es sind drei Curven gegeben; man soll in jeder derselben einen Punct finden, der so liegt, dass das durch die Verbindungslinien der drei Puncte entstehende Dreieck einen grössten oder kleinsten Inhalt hat.

Lösung. Die drei Curven seien

$$y = f(x), \quad y' = F(x'), \quad y'' = \varphi(x''),$$

und die in diesen angenommenen Puncte xy, $x'y'$, $x''y''$, dann ist die Fläche des durch die drei Puncte bestimmten Dreieckes

$$u = \tfrac{1}{2}[(x'y - xy') + (x''y' - x'y'') + (xy'' - x''y)];$$

Ferner ist

$$\left(\frac{du}{dx}\right) = \tfrac{1}{2}\left[(x' - x'') \,.\, \frac{dy}{dx} - (y' - y'')\right],$$

$$\left(\frac{du}{dx'}\right) = \tfrac{1}{2}\left[(x'' - x) \,.\, \frac{dy'}{dx'} - (y'' - y)\right],$$

$$\left(\frac{du}{dx''}\right) = \tfrac{1}{2}\left[(x - x') \,.\, \frac{dy''}{dx''} - (y - y')\right].$$

Man hat sonach für ein Maximum oder Minimum

$$(x' - x'') \cdot \frac{dy}{dx} - (y' - y'') = 0 \quad . \quad . \quad . \quad . \quad (1)$$

$$(x'' - x) \cdot \frac{dy'}{dx'} - (y'' - y) = 0 \quad . \quad . \quad . \quad . \quad (2)$$

$$(x - x') \cdot \frac{dy''}{dx''} - (y - y') = 0 \quad . \quad . \quad . \quad . \quad (3)$$

Diese drei Gleichungen, verbunden mit den Gleichungen der gegebenen Curven, bestimmen die drei Dreieckspuncte.

Man kann übrigens noch Folgendes bemerken:

Es ist die Gleichung der Dreieckseite $x'y'$, $x''y''$

$$Y - y' = \frac{y' - y''}{x' - x''}(X - x');$$

nach (1) ist $\frac{y' - y''}{x' - x''} = \frac{dy}{dx}$, also

$$Y - y' = \frac{dy}{dx}(X - x') \quad . \quad . \quad . \quad . \quad . \quad . \quad (4)$$

Die in xy errichtete Normale hat die Gleichung

$$Y - y = -\frac{dx}{dy}(X - x) \quad . \quad . \quad . \quad . \quad (5)$$

Wie man sieht, stehen die Linien (4) und (5) auf einander senkrecht; man kann also sagen, dass die Normalen in den gesuchten Puncten der drei Curven auf den gegenüberliegenden Dreieckseiten senkrecht stehen.

Fig. 21.

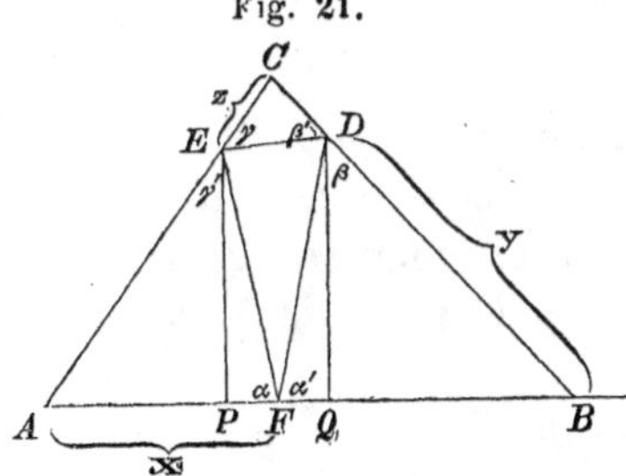

Aufgabe 88. Man soll in den drei Seiten eines Dreieckes ABC (Fig. 21) die Puncte D, E und F so bestimmen, dass der Umfang des Dreieckes DEF ein Minimum werde.

Lösung. Es ist

$$DE = \sqrt{(a - y)^2 + z^2 - 2z(a - y) \cdot \cos C},$$

$$DF = \sqrt{(c - x)^2 + y^2 - 2y(c - x) \cdot \cos B},$$

$$EF = \sqrt{(b - z)^2 + x^2 - 2x(b - z) \cdot \cos A},$$

$$u = DE + DF + EF,$$

$$\left(\frac{du}{dx}\right) = \frac{x - (b - z) \cdot \cos A}{EF} - \frac{(c - x) - y \cdot \cos B}{DF} = 0,$$

$$\left(\frac{du}{dy}\right) = \frac{y - (c - x) \cdot \cos B}{DF} - \frac{(a - y) - z \cdot \cos C}{DE} = 0,$$

$$\left(\frac{du}{dz}\right) = \frac{z - (a - y) \cdot \cos C}{DE} - \frac{(b - z) - x \cdot \cos A}{EF} = 0.$$

Nun ist

$$(b - z) \cos A = AP,$$

also $x - (b - z) \cos A = FP$,

eben so $(c - x) - y \cos B = FQ$,

und nach der ersten Bedingungsgleichung

$$\frac{FP}{EF} = \frac{FQ}{DF}, \text{ daher } > \alpha = \alpha';$$

auf dieselbe Art folgt auch $\beta = \beta'$ und $\gamma = \gamma'$.

Ferner ist

$$C + \beta + \gamma = 180^0,$$

$$\alpha + \beta + B = 180^0,$$

daher $C + \gamma = \alpha + B$ . . . . . . (1)

$$\gamma = 180 - (\alpha + A);$$

γ in (1) gesetzt und $180^0 - C$ statt $A + B$, folgt

$$\alpha = C, \text{ eben so ist } \beta = A \text{ und } \gamma = B.$$

Um x, y und z zu finden, bemerke man:

$$DF : EF = \sin 2B : \sin 2A,$$

$$DF : EF = (c - x) \cdot \frac{\sin B}{\sin A} : \frac{x \sin A}{\sin B},$$

folglich $x = c \cdot \frac{\cos A \cdot \sin B}{\sin C}$,

oder wegen $c \cdot \sin B = b \cdot \sin C$,

$$x = b \cdot \cos A,$$

eben so $y = c \cdot \cos B$

und $z = a \cdot \cos C$.

Um die Puncte D, E und F durch Construction zu finden, hat man bloss aus den Puncten A, B, C Perpendikel auf die gegenüberliegenden Seiten zu fällen; hieraus folgt aber auch gleichzeitig, dass die Aufgabe nur dann gelöst werden kann, wenn das Dreieck spitzwinkelig ist.

A n m e r k u n g. Es tritt bei drei Veränderlichen x, y, z ein Maximum ein, wenn die Bedingungsgleichungen Statt finden:

$$\left(\frac{d^2 u}{d x^2}\right) < 0, \quad \left(\frac{d^2 u}{d y^2}\right) < 0, \quad \left(\frac{d^2 u}{d z^2}\right) < 0;$$

$$\left(\frac{d^2 u}{d x^2}\right)\left(\frac{d^2 u}{d y^2}\right) - \left(\frac{d^2 u}{d x\, d y}\right)^2 > 0, \quad \left(\frac{d^2 u}{d x^2}\right)\left(\frac{d^2 u}{d z^2}\right) - \left(\frac{d^2 u}{d x\, d z}\right)^2 > 0,$$

$$\left(\frac{d^2 u}{d y^2}\right)\left(\frac{d^2 u}{d z^2}\right) - \left(\frac{d^2 u}{d y\, d z}\right)^2 > 0;$$

und endlich

$$\left(\frac{d^2 u}{d x^2}\right)\left(\frac{d^2 u}{d y^2}\right)\left(\frac{d^2 u}{d z^2}\right) + 2\left(\frac{d^2 u}{d x\, d y}\right)\left(\frac{d^2 u}{d x\, d z}\right)\left(\frac{d^2 u}{d y\, d z}\right) -$$

$$- \left(\frac{d^2 u}{d x^2}\right)\left(\frac{d^2 u}{d y\, d z}\right)^2 - \left(\frac{d^2 u}{d y^2}\right)\left(\frac{d^2 u}{d x\, d z}\right)^2 - \left(\frac{d^2 u}{d z^2}\right)\left(\frac{d^2 u}{d x\, d y}\right)^2 < 0.$$

Bei einem Minimum müssen sämmtliche Bedingungen positiv werden; diess letztere tritt bei der vorgelegten Aufgabe wirklich ein.

Fig. 22.

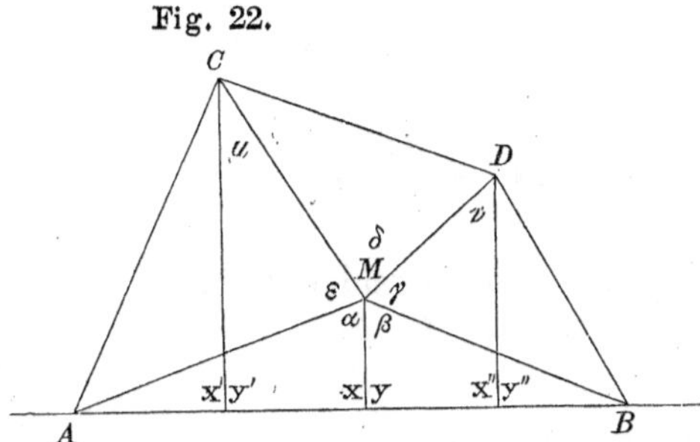

Aufgabe 89. Man soll in einem gegebenen Vierecke (Fig. 22) den Punct M so finden, auf dass die Summe der vier geraden Linien von diesem Puncte nach den vier Ecken des Vierecks ein Minimum wird.

Lösung. Setzen wir

$$AM = z, \quad BM = w, \quad DM = v, \quad CM = u,$$

dann hat man $AB = a$ als Abscissenaxe, und A zum Ursprung gewählt,

$$\begin{aligned} z^2 &= x^2 + y^2, \\ w^2 &= (x - a)^2 + y^2, \\ v^2 &= (x - x'')^2 + (y - y'')^2, \\ u^2 &= (x - x')^2 + (y - y')^2. \end{aligned}$$

Soll $z + w + v + u = S$ ein Minimum werden, dann muss

$$\left(\frac{dS}{dx}\right) = \left(\frac{dz}{dx}\right) + \left(\frac{dw}{dx}\right) + \left(\frac{dv}{dx}\right) + \left(\frac{du}{dx}\right) = 0,$$

$$\left(\frac{dS}{dy}\right) = \left(\frac{dz}{dy}\right) + \left(\frac{dw}{dy}\right) + \left(\frac{dv}{dy}\right) + \left(\frac{du}{dy}\right) = 0 \quad \text{sein.}$$

Nun ist aber

$$\begin{aligned} \left(\frac{dz}{dx}\right) &= \frac{x}{z} = \sin\alpha, \\ \left(\frac{dz}{dy}\right) &= \frac{y}{z} = \cos\alpha, \\ \left(\frac{dw}{dx}\right) &= \frac{x - a}{w} = -\sin\beta, \\ \left(\frac{dw}{dy}\right) &= \frac{y}{w} = \cdot\cos\beta, \\ \left(\frac{dv}{dx}\right) &= \frac{x - x''}{v} = -\sin\nu, \\ \left(\frac{dv}{dy}\right) &= \frac{y - y''}{v} = -\cos\nu, \\ \left(\frac{du}{dx}\right) &= \frac{x - x'}{u} = \sin\mu, \\ \left(\frac{du}{dy}\right) &= \frac{y - y'}{u} = -\cos\mu. \end{aligned}$$

Führt man diese Werthe in die Bedingungsgleichungen

$$\left(\frac{dS}{dx}\right) = 0, \quad \left(\frac{dS}{dy}\right) = 0$$

ein, dann ist

$$\sin\alpha - \sin\beta - \sin\nu + \sin\mu = 0,$$
$$\cos\alpha + \cos\beta - \cos\nu - \cos\mu = 0$$

oder

$$\sin\alpha - \sin\beta = \sin\nu - \sin\mu,$$
$$\cos\alpha + \cos\beta = \cos\nu + \cos\mu.$$

Diese beiden Gleichungen quadrirt und addirt, geben

$$\cos(\alpha + \beta) = \cos(\nu + \mu),$$
$$\text{daher} \quad \alpha + \beta = \nu + \mu.$$

Nun ist aber leicht einzusehen, dass $\delta = \nu + \mu$ ist, also auch $\delta = \alpha + \beta$; hätte man AC als Abscissenaxe genommen, dann würde man erhalten haben $\varepsilon = \gamma$. Aus dem geht hervor, dass der Durchschnittspunct der Diagonalen des Viereckes der verlangte Ort ist.

Dass dieser Punct wirklich ein Minimum bedingt, lässt sich auf folgende Art zeigen:

Es ist

$$\left(\frac{d^2 S}{dx^2}\right) = \left(\frac{d^2 z}{dx^2}\right) + \left(\frac{d^2 w}{dx^2}\right) + \left(\frac{d^2 v}{dx^2}\right) + \left(\frac{d^2 u}{dx^2}\right),$$
$$\left(\frac{d^2 S}{dx\,dy}\right) = \left(\frac{d^2 z}{dx\,dy}\right) + \left(\frac{d^2 w}{dx\,dy}\right) + \left(\frac{d^2 v}{dx\,dy}\right) + \left(\frac{d^2 u}{dx\,dy}\right),$$
$$\left(\frac{d^2 S}{dy^2}\right) = \left(\frac{d^2 z}{dy^2}\right) + \left(\frac{d^2 w}{dy^2}\right) + \left(\frac{d^2 v}{dy^2}\right) + \left(\frac{d^2 u}{dy^2}\right).$$

Nun ist aber $\left(\frac{dz}{dx}\right) = \frac{x}{z}$, also

$$\left(\frac{d^2 z}{dx^2}\right) = \frac{z - x \cdot \frac{dz}{dx}}{z^2} = \frac{1 - \frac{x}{z} \cdot \frac{dz}{dx}}{z} = \frac{1 - \sin\alpha^2}{z} = \frac{\cos\alpha^2}{z},$$

und auf gleiche Weise

$$\left(\frac{d^2 w}{dx^2}\right) = \frac{\cos\beta^2}{w}, \quad \left(\frac{d^2 v}{dx^2}\right) = \frac{\cos\nu^2}{v}, \quad \left(\frac{d^2 u}{dx^2}\right) = \frac{\cos\mu^2}{u};$$
$$\left(\frac{d^2 z}{dy^2}\right) = \frac{\sin\alpha^2}{z}, \quad \left(\frac{d^2 w}{dy^2}\right) = \frac{\sin\beta^2}{w},$$
$$\left(\frac{d^2 v}{dy^2}\right) = \frac{\sin\nu^2}{v}, \quad \left(\frac{d^2 u}{dy^2}\right) = \frac{\sin\mu^2}{u};$$
$$\left(\frac{d^2 z}{dx\,dy}\right) = \frac{-\sin\alpha \cdot \cos\alpha}{z}, \quad \left(\frac{d^2 w}{dx\,dy}\right) = \frac{\sin\beta \cdot \cos\beta}{w},$$
$$\left(\frac{d^2 v}{dx\,dy}\right) = \frac{-\sin\nu \cdot \cos\nu}{v}, \quad \left(\frac{d^2 u}{dx\,dy}\right) = \frac{\sin\mu \cdot \cos\mu}{u}.$$

Bildet man

$$\left(\frac{d^2 S}{d x^2}\right)\left(\frac{d^2 S}{d y^2}\right) - \left(\frac{d^2 S}{d x^2\, d y^2}\right)^2,$$

so folgt diese Differenz

$$= \frac{\sin^2(\alpha+\beta)}{w z} + \frac{\sin^2(\alpha-\nu)}{v z} + \frac{\sin^2(\alpha+\mu)}{u z}$$

$$+ \frac{\sin^2(\beta+\nu)}{w v} + \frac{\sin^2(\beta-\mu)}{u w} + \frac{\sin^2(\nu-\mu)}{v u}.$$

Die Summe dieser Ausdrücke ist wesentlich positiv, sonach entspricht der bezeichnete Punct in der That einem Minimum.

Berichtigungen.

Seite 49, Zeile 11 von oben, fehlt der Factor x

„ 50, „ 4 „ unten, soll stehen: $u = \frac{c}{a \sin\varphi - \cos\varphi}$

„ 85, „ 11 „ oben, lies $m > S$

„ 188, „ 5 „ unten, „ Aufg. 201 statt 200

„ 193, „ 4 „ oben, „ „ 202 „ 201

„ 329, „ 3 „ unten, „ y statt β

„ 380, „ 2 „ „ fehlt der Factor π

„ 388, „ 12 „ „ fehlt nach Sehne das Wort „parallel“

www.ingramcontent.com/pod-product-compliance
Lightning Source LLC
LaVergne TN
LVHW020551110826
845149LV00002B/231

* 9 7 8 1 4 1 8 1 8 4 4 3 8 *